Frech, Fritz

Die Karnischen Alpen

Frech, Fritz

Die Karnischen Alpen

Inktank publishing, 2018

www.inktank-publishing.com

ISBN/EAN: 9783747779880

All rights reserved

ʋ

-tp & prelim...
pages' and
2d part

ABHANDLUNGEN

DER

NATURFORSCHENDEN GESELLSCHAFT
ZU HALLE

ORIGINALAUFSÄTZE

AUS DEM GEBIETE DER GESAMMTEN NATURWISSENSCHAFTEN

XVIII. Band 1. Heft

enthält

Frech, Dr. Fritz, Die Karnischen Alpen. Ein Beitrag zur
vergleichenden Gebirgs-Tektonik Seite 1—161.

HALLE
MAX NIEMEYER
1892

Vorwort.

Das vorliegende Buch beruht auf geologischen Aufnahmen, welche ich in der Karnischen Hauptkette und den angrenzenden Gebirgen während der Sommer 1886—91 ausgeführt habe. Zur Einzeichnung mussten die Generalstabskarten (1 : 75000) benutzt werden, da die Originalmesstischblätter (1 : 25000) nur für den österreichischen Antheil des Gebietes ausgeführt sind und die italienischen Tavolette (1 : 50000) erst neuerdings zur Ausgabe gelangen.

Die photographischen Aufnahmen (ca. 120), welche als Vorlagen für die Lichtkupferdrucke (Heliogravuren) und die Zeichnungen gedient haben, wurden in den ersten Jahren von den Herren Professor MÜLLER (Teplitz) und Dr. VON DEM BORNE, später von mir ausgeführt.

Durch verschiedene, die Geologie und Palaeontologie der Karnischen Alpen betreffende Mittheilungen wurde ich von den Herren Dr. A. BITTNER, Dr. C. DIENER, Dr. F. TELLER, Professor TOULA und Oberbergrath VON MOJSISOVICS unterstützt. Herr Professor Eduard SUESS in Wien hat mir mit seltener Liberalität seine Tagebücher sowie die einen Theil der östlichen Karnischen Alpen betreffenden, mit bekannter Meisterschaft ausgeführten Zeichnungen zur Verfügung gestellt. Bei der Herstellung des Registers haben mich die Herren Dr. LOESCHMANN und Dr. MICHAEL in der liebenswürdigsten

IV

Weise unterstützt. Allen genannten Herren spreche ich hierdurch meinen verbindlichsten Dank aus.

Die Herausgabe des vorliegenden Werkes wurde ermöglicht durch eine Subvention des k. preussischen Ministeriums der geistlichen, Unterrichts- und Medizinalangelegenheiten, die mich zu ehrerbietigstem Danke verpflichtet.

Inhalt.

---

[1]) Ein sinnstörender Druckfehler Ostkarawanken statt Westkarawanken hat sich leider hier eingeschlichen.

B. Beschreibung der Schichtenreihe.

C. Der Gebirgsbau der Karnischen Alpen in seiner Bedeutung für die Tektonik.

Verzeichniss der Illustrationen.

Die Illustrationen bestehen aus:

1. **Abbildungen** (86). Dieselben stellen dar kleine Profile oder Skizzen nach der Natur, Zeichnungen nach Photographien[1]) sowie Reproductionen von Photographien.

2. **Grösseren Profiltafeln** (VIII). Dieselben enthalten schematische Durchschnitte durch die ganze Kette und sind im natürlichen Maassstabe von Höhen und Längen[2]) auf Grund der kartographischen Aufnahmen entworfen.

3. **Lichtkupferdrucken** (Heliogravuren; XVI). Dieselben sind unmittelbar nach den Originalnegativen von der Firma Meisenbach, Riffarth & Co. in mustergiltiger Weise ausgeführt.

4. **Zwei tektonischen Kartenskizzen** (S. 459 und S. 470).

---

[1]) Die von Herrn O. Berner gut ausgeführten Vorlagen sahen in den Probedrucken wesentich besser aus, als in der endgültigen Ausführung durch das Schnellpressverfahren.

[2]) Mit Ausnahme von Profiltafel I.

[1]) Non kalkigen.

Einleitung.

Die Karnischen Alpen sind in doppelter Hinsicht für die Geschichte des gesammten Gebirges von Bedeutung: sie enthalten die vollständigste und versteinerungsreichste Vertretung der palaeozoischen Schichtenfolge im Gebiete der Alpen und erweisen durch die Eigentümlichkeiten ihres tektonischen Aufbaues das Vorhandensein eines carbonischen Hochgebirges auch in diesem Teile Europas.

Eine geologische Einzelbeschreibung des langgestreckten, in orographischer Hinsicht wohl begrenzten Gebirgszuges[1] zwischen Innichen (Tirol) und Villach (Kärnten) erscheint somit in sachlicher Hinsicht wohl begründet.

Die geologische Litteratur über unser Gebiet geht bis auf Leopold von Buch zurück, der das höhere Alter der Karnischen Hauptkette („Transitionsgebirge") gegenüber den umgebenden jüngeren Kalken mit scharfem Blicke erkannte.

In den fünfziger Jahren wurde die erste Übersichtsaufnahme der Ostalpen seitens der k. k. geologischen Reichsanstalt ausgeführt; die palaeozoischen Teile des Gebietes fielen Lipold, Peters und Stur zu, von denen der letztere die Karnischen Alpen aufgenommen hat. Die in verschiedener Hinsicht unvollkommenen Ergebnisse dieser ersten Untersuchung erklären sich im wesentlichen aus der ungewöhnlich kurzen Zeit, in der die Kartirung eines grossen Gebietes abgeschlossen

---

[1] Die Grenzen der Karnischen Hauptkette sind nach Böhm: Kreuzberg (1632 m), Sextenthal, Innichen, Pusterthal bis Sillian, Kartischthal, Thalsattel von Kartisch (1518 m), Lessachthal (Gail), Ober und Unter-Gailthal bis Thörl, Kanalthal [Gailitz, Tarvis, Thalschwelle von Saifnitz (797 m) Fella bis Pontafel], Rio Pontebbana, R. Pradulina, Sattel von Pradulina, Torrente Torrier (auf der G.-St.-K. steht der unrichtige Name Truic), Paularo, Sattel von Ligosullo (1032 m), T. Pontalba, Paluzza, T. Gladegna, Sattel von Ravascletto (954 m), T. Margo, Comeglians, Canal di Gorto (Degano) bis Forni Avoltri, T. Degano, R. Avanza, Colle di Canova, Val dell' Oregione (T. Piave), R. Rindelondo, Val di Londo, Forca di Palumbina, T. Digone, Candide, Padola, Kreuzberg.

Frech, Die Karnischen Alpen. 1

werden musste. Es ist bekannt, dass man auf Grund der bei Bleiberg und Pontafel aufgefundenen Carbonversteinerungen die ganze palaeozoische Schichtenfolge der Karnischen Alpen und Karawanken unter der Bezeichnung „Gailthaler Schichten" der Steinkohlenformation zuwies; allerdings hat schon LIPOLD während des Verlaufes der ersten Aufnahmen das Vorkommen älterer Bildungen vermutet.

Die palaeozoischen „Gailthaler Schichten", ein Name, der in mancher Hinsicht dem mesozoischen „Alpenkalk" vergleichbar ist, wurden von STACHE in ihre Bestandteile aufgelöst; derselbe konnte durch glückliche Versteinerungsfunde das Vorkommen von Unter- und Obersilur sowie von älterem Devon feststellen.

Für die Auffassung des Gebirgsbaues der östlichen Karnischen Alpen sind die allerdings nur in abgekürzter Form veröffentlichten Untersuchungen von SUESS massgebend geworden, dessen Scharfblick die gewaltigen Senkungsbrüche zwischen Trias und Ober-Carbon erkannte.

Auf die Einzelheiten der geologischen Erforschung unseres Gebirges näher einzugehen, liegt keine Veranlassung vor, da dieselben in der Schilderung der einzelnen Gebiete Berücksichtigung finden werden. Zudem enthalten die Arbeiten STACHES (1872—90), vor allem die Abhandlung über die palaeozoischen Gebiete der Ostalpen), eine ausführliche Übersicht der älteren Litteratur. Ebenso glaube ich die sogenannte „oro-hydrographische" Übersicht oder besser die in Worten wiedergegebene Karte dem Leser ersparen zu dürfen, da dieselbe sich wohl leichter von dem Kartenblatte selbst abliest.

Die Karnischen Alpen habe ich zum ersten Male im Sommer 1886 auf einer Studienreise besucht, welche die vergleichende Untersuchung des älteren Devon zum Zweck hatte. Die in diesem und im folgenden Jahre beobachteten Thatsachen über die Ausdehnung des jüngeren Devon, über das Incinanderfliessen der silurischen und devonischen Fauna[2]) waren zum Teil so unerwarteter Art, dass ich mich zu weiteren Forschungen veranlasst sah. Die palaeontologisch-stratigraphischen Ergebnisse derselben entsprachen allerdings nicht ganz den Anfängen, um so eigenartiger und anziehender waren

[1]) Jahrbuch der k. k. geologischen Reichsanstalt 1874.
[2]) Man vergleiche unten die Beschreibung des Wolayer Profils.

dagegen die tektonischen Probleme, deren Lösung mich während der drei folgenden Sommer (1888—90) im wesentlichen beschäftigt hat. Diese verschiedenartigen Richtungen der Forschung haben bereits 1887 ihren Ausdruck in zwei kleinen Aufsätzen „über das Devon der Ostalpen" etc. und „über Bau und Entstehung der Karnischen Alpen"[1]) gefunden, deren weiterer Ausbau im folgenden unternommen werden soll. Trotz der geringen Ausdehnung des damals untersuchten Gebietes und trotz der Unfertigkeit, welche jedem ersten Versuche naturgemäss anhaftet, erwiesen sich die 1887 ausgesprochenen Grundideen bei der Weiterführung der geologischen Aufnahmen als richtig. Im einzelnen musste hingegen manches verbessert und berichtigt werden.[2])

Eine in der Zeitschrift des deutsch-österreichischen Alpenvereins (1890) veröffentlichte Studie über die Karnischen Alpen ist für weitere Kreise bestimmt und behandelt in erster Linie die Oberflächen-Geologie unseres Gebietes.

Die Anordnung der ganzen Arbeit entspricht dem zweifachen Ziel der Forschung: Der erste Teil enthält die Schilderung der einzelnen Abschnitte der Karnischen Alpen und ihrer südlichen und nördlichen Vorlagen; im Anschluss daran werden die tektonischen Grundzüge der Karnischen Hauptkette unter Rücksichtnahme auf den gesammten Bau der Ostalpen übersichtlich dargestellt werden. In einem weiteren Teile erfahren die Formationen unseres Gebietes eine gesonderte Behandlung; eine etwas ausführlichere Darstellung der Oberflächen-Geologie (alte Gletscher, Thalbildung, Seenbildung, Bergstürze) bildet den Schluss. Endlich soll dann noch eine Besprechung und Abbildung der wichtigsten palaeozoischen Versteinerungen des Gebietes folgen, so weit der Raum dies gestattet.

Ein petrographischer Anhang bringt die mikroskopische Beschreibung der wichtigsten Gesteine, welche Herr Dr. MILCH in zuvorkommendster Weise ausgeführt hat.

---

[1]) Zeitschrift d. deutschen geologischen Gesellschaft p. 659 bezw. 739.

[2]) Ich habe nicht bei jeder Kleinigkeit auf die vorgenommene Änderung hingewiesen, sondern begnüge mich, hier hervorzuheben, dass wo nichts besonderes bemerkt wurde, die spätere Darstellung selbstredend die massgebende ist.

Tabellarische Uebersicht der Formationen.

Da die Beschreibung der einzelnen Formationen einem späteren Abschnitte vorbehalten bleibt, so muss dem topographischen Theile eine tabellarische Übersicht den verschiedenen Horizonte vorausgeschickt werden, welche dem **Farbenschema** der **geologischen Karte** entspricht. In der Karnischen Hauptkette und ihren Vorlagen sind die folgenden stratigraphischen Abtheilungen unterscheidbar:

I. **Quarzphyllit,** ? cambrischen Alters, mit eingelagerten Glimmerschiefern und Diorit-Gängen.

II. **Silur,** vornehmlich aus verschiedenen Schiefer- und Grauwackengesteinen bestehend, den Quarzphyllit concordant überlagernd.

1. An der unteren Grenze finden sich local chloritische Schiefer. Feldspathführende Schiefer sowie grüne Quarzite und Schiefer bilden unregelmässige Einlagerungen im Westen der Kette. Lagen von dichtem oder krystallinem Kalke sind allgemein verbreitet. Die Gesammtheit der nur nach petrographischen Gesichtspuncten zu gliedernden Untersilurbildungen wird unter dem Begriff der Mauthener Schichten zusammengefasst.
2. Obersilurische Orthoceren-Kalke (E_2).

III. **Devon.**

1. Tiefstes Unterdevon (Zonen des *Tornoceras inexspectatum* und der *Rhynchonella Megaera*).
2. Unterdevonischer Riffkalk (F_2).
3. Mitteldevonischer Riffkalk (mit unterem Oberdevon).
4. Clymenienkalk.

IV. Carbon.

1. Culm (Thonschiefer, Kieselschiefer, Grauwacke mit Archaeocalamiten).
2. Nötscher Schichten. · Quarzconglomerate und kalkige Schiefer mit *Productus giganteus*).
3. Diabase, Porphyrite, spilitische Mandelsteine und Schalsteine (Tuffe) des Untercarbon.

   Discordanz.

4. Obercarbon.

   Discordanz.

V. Perm.

1. Gröderner Conglomerat („Verrucano") und Sandstein mit Decken von
2. Bozener Quarzporphyr.
3. Bellerophonkalk.

VI. Trias.

1. Werfener Schichten.
2. Muschelkalk; das bunte Kalkcongomerat des unteren Muschelkalkes („Uggowitzer Breccie") wird durch eine besondere Farbe auf der Karte bezeichnet
3. Raibler Quarzporphyr (deckenbildend).
4. Buchensteiner Schichten und grüne Tuffe („Pietra Verde"), letztere z. Th. = oberer Muschelkalk.
5. Wengener Schichten. (Die Mergelentwickelung der Cassianer Schichten fehlt fast ganz.)
6. Schlerndolomit und Kalk; Riffentwickelung der Buchensteiner, Wengener und Cassianer Schichten.
7. Raibler Schichten.
8. Rhaet (nebst der oberen karnischen Stufe): Hauptdolomit, Plattenkalk und Rauchwacke im Norden; Dachsteinkalk und Hauptdolomit im Süden.

VII. Diluvium.

1. Glacialbreccien.
2. Glacialschotter mit Schieferkohlen.
3. Moränen.

VIII. **Jüngere Bildungen.**
    1. Flussterrassen.
    2. Schuttkegel (Recent und Diluvial).
    3. Bergstürze.
    4. Hochmoore.
    5. Alluvium der Thalböden.

A.

Einzelschilderungen.

Die Eintheilung des Gebirges.

Die Hauptkette der Karnischen Alpen birgt eine Reihe verschiedenartiger Landschaftstypen, in denen die Mannigfaltigkeit der geologischen Formationen zum Ausdrucke gelangt. Die einförmigen, grünbewachsenen Schiefer- und Phyllithöhen des Westens gleichen vollkommen den Vorbergen der Tauern, deren Fortsetzung sie sind. Die wildzerrissenen schmalen Kalkkämme in der Mitte des Gebirges, welche orographisch den Schieferhöhen scheinbar aufgesetzt sind, gemahnen an die Ketten der nordwestlichen Tiroler Kalkalpen; nur die Masse der Kellerwand ähnelt den bastionsartigen Plateauformen, welche z. B. die Gegend von Ampezzo kennzeichnen. Auch dem Bergsteiger stellen die, z. Th. noch unerstiegenen Spitzen und Wände des Devonischen Riffkalkes „Probleme", welche denen der Dolomiten vergleichbar sind.

Der Westen der Karnischen Alpen, etwa vom Findenigkofel an, trägt dagegen mehr den Charakter des Mittelgebirges, obwohl einzelne Schieferhöhen wie der Hochwipfel fast 2200 m erreichen. Nur die Dolomitberge wie Trogkofel, Schinouz und Gartnerkofel zeigen schon oberhalb der Baumgrenze, also von 1800 m ab kühnere Formen.

In rein orographischer Hinsicht würde eine Eintheilung in drei Hauptgruppen, die der Königswand, der Kellerwand und des Gartnerkofels am meisten dem Bedürfniss einer einfachen Gliederung entsprechen: Es sind dies die höheren

Erhebungen des Kalkes bezw. Dolomites, welche durch niedrigere Schiefergebiete von einander getrennt sind.

Auch die geologischen Eintheilungsgründe, welche in erster Linie den Gebirgsbau und das Vorherrschen der einen oder anderen Formation berücksichtigen, bedingen eine ungefähr übereinstimmende Gruppirung. Bei dieser Betrachtungsweise ist von der Thatsache auszugehen, dass in unserem Gebiete durch gewaltige Dislocationen die Erdrinde in eine Anzahl verschiedenartiger Schollen zerschnitten ist. Jeder der 4, bei einer geologischen Eintheilung zu unterscheidenden Abschnitte ist durch abweichende Lagerungsformen und das Auftreten verschiedener Formationen gekennzeichnet. Nur das Silur begleitet in langem, nirgends unterbrochenem Zuge den Nordabfall der Hauptkette und setzt stellenweise den Kamm des Gebirges zusammen.

I. Der Westabschnitt entspricht genau der oroplastischen Gruppe der Königswand und reicht von Innichen bis zum Winkler Joch, bezw. bis zur Mitte des Valle Visdende. Die denselben zusammensetzenden alten Formationen, Quarzphyllit (? Cambrium), Silur und eingefaltetes Devon sind durchweg gefaltet und im wesentlichen synclinal angeordnet.

II. Der Mittelabschnitt des Hochweisssteins und der Kellerwand reicht bis zum Promosjoch und zeichnet sich durch monoclinalen Aufbau und bedeutende Dislocationen, sowie durch die grosse Ausdehnung des Culmschiefers aus, welche nur mit einem Ausläufer in den nächsten Abschnitt hinüberreicht. Fast ebenso ausgedehnt sind Silur und der mächtig entwickelte devonische Riffkalk, während der Quarzphyllit auf einen schmalen Streifen am Nordfusse des Gebirges beschränkt ist.

Die östliche oroplastische Gruppe des Gartnerkofels zeichnet sich geologisch gegenüber den beiden westlichen Abschnitten dadurch aus, dass ungefaltete Bildungen, Obercarbon und Trias (nebst untergeordnetem Perm) an der Bildung der Hauptkette theilnehmen:

III. Die geologische Gruppe des Gartnerkofels im engeren Sinne (bis zum Garnitzen- und Vogelbachgraben) wird im nachfolgenden nach ihrer hervorstechenden tektonischen Eigentümlichkeit als die Zone der Querbrüche bezeichnet werden.

Diese Störungen treten sonst hinter den längs verlaufenden Dislocationen zurück oder fehlen (wie im Westen) gänzlich. Man beobachtet in der Zone der Querbrüche Silur, Obercarbon, Trias (nebst Perm) sowie im Südwesten Culm.

IV. Der Osten der Karnischen Alpen sowie der Westen der Karawanken ist gekennzeichnet durch den scharfen Gegensatz der im ganzen flachgelagerten Trias des Südens und der gefalteten Silur- und Devonbildungen im Norden; dieselben sind durch einen gewaltigen Bruch von einander getrennt.

V, VI. Die nördlichen und südlichen Vorlagen der palaeozoischen Haupkette werden in einem fünften und sechsten Kapitel darzustellen sein: im Norden ist das alte Gebirge durch eine tiefeingreifende Verwerfung abgeschnitten, und auch die Transgressionsgrenze der südlichen Triasplatte (VI.) zeigt tektonische Unregelmässigkeiten mannigfachster Art.

I. KAPITEL.

Die Westkarawanken und die östlichen Karnischen Alpen bis zum Garnitzengraben.

(Silur, Devon, Trias.)

Die Hauptkette der Karnischen Alpen und die Karawanken sind zwar durch den tief eingerissenen Cañon des Gailitzbaches orographisch von einander getrennt, bilden jedoch in tekto- nischer und stratigraphischer Beziehung ein Ganzes. Die Furche des Gailitzbaches, dessen Bildung im wesentlichen in postglacialer Zeit erfolgte, ist ein echtes Querthal, dessen beiderseitige Gehänge einen im allgemeinen übereinstimmen- den Bau besitzen.

1. Der Hochwipfelbruch.

Das massgebende Element im Bau unseres Gebirges ist eine gewaltige Längsstörung, die im Osten und Westen über den in der Überschrift bezeichneten Gebirgsabschnitt hinüber- greift und nach dem Berge, auf welchem sie am schönsten zu beobachten ist, als Hochwipfelbruch bezeichnet wird. (Vgl. das betr. Lichtbild in Kap. II.) Dieser Bruch, der der jüngeren, miocaenen Periode der Gebirgsbildung angehört, verläuft, ab- gesehen von einigen kleinen Unregelmässigkeiten, der Haupt- richtung der Kette parallel und trennt die abgesunkene Trias- tafel von der stehengebliebenen bezw. aufgewölbten Silur- Devon - Masse des Nordens. Das tektonische Verhältniss der Gebirgsglieder prägt sich noch in den heutigen Höhen- verhältnissen aus: Die grössten Erhebungen sind durchgehends auf die nördliche Scholle beschränkt. Der Bruch verläuft auf der Südabdachung bis südlich von Villach, wo er am Mittagskofel auf die Nordseite hinüberbiegt (vergl. das Bild des Faaker Sees). Die tektonische Verschiedenheit der steil aufgerichteten Silurschichten des Nordens und der flach gelagerten Triasbildungen des Südens ist auf dem Generalprofil Osternigg-Uggowitz (Taf. 1) zur Darstellung gebracht. Dasselbe trifft die Kette an einer Stelle, wo die tektonischen und stratigraphischen Schwierigkeiten in einer geradezu raffinirten Weise gehäuft sind. Unglücklicherweise ist gerade dieser Durchschnitt, der nur durch die Vergleichung mit den einfacher gebauten, angrenzenden Gebirgstheilen verständlich wird, von früheren Beobachtern, vor allem von STACHE zum Ausgangspunkt der Forschung genommen worden.

Abweichungen von der östlichen bezw. ostsüdöstlichen Richtung des Bruches finden sich bei Thörl und am Kokberge. Oberhalb von Thörl springt der Silurschiefer in Form eines rechtwinkeligen, ungleichseitigen Dreiecks in die Trias vor. Nördlich vom Kok ragt ein spitzer, auf den ersten Blick paradox erscheinender Sporn von Triasdolomit in den Silurschiefer hinein. Bei näherer Betrachtung der Karte verliert dieser eigentümliche, bajonnetförmige Verlauf des Bruches etwas von seinem Wunderbaren: der Hauptbruch verläuft von Kersnitzen bis zum Kok in einer fast genau südöstlichen Richtung. Die steilen Sättel und Mulden des Silurschiefers und vor allem die theils eingefaltete, theils nachträglich eingebrochene Masse des Devonkalkes streicht dagegen genau O.-W.: Der Sporn der Trias, dessen Beobachtung durch den scharfen Farbengegensatz des schneeweissen Dolomits und des dunkelen Schiefers sehr erleichtert wird, bildet gewissermassen eine Interferenzerscheinung zwischen den beiden vorherrschenden tektonischen Spannungs-Richtungen.

2. Die nördliche Silurscholle.

Die nördliche Scholle besteht im wesentlichen aus Silurbildungen und besitzt einen regelmässigen Faltenbau — eine Erscheinung, die für den gesammten nördlichen Abhang der Karnischen Hauptkette bezeichnend ist und im scharfen Gegensatze zu den mannigfachen und eigenartigen Brüchen des südlichen Teiles steht. Den vorherrschenden Schiefergesteinen sind Kalke in wechselnder Mächtigkeit eingelagert und zwar sind im Osten die halbkrystallinen Kalke auf die älteren Horizonte des Silur beschränkt, während dieselben weiter westlich, besonders am Abhang des Osternigg zum Gailthal, das vorherrschende Gestein des gesammten Silur bilden. Ganz im Osten, zwischen Riegersdorf und dem Faaker-See (also schon jenseits der Kartengrenze), erscheint am Nordrande des Gebirges eine ziemlich breite Zone von grauem, halbkrystallinem, von Spathadern durchsetztem Kalk, vielfach unterbrochen von Schuttkegeln und Moränen, welche letztere der alte julische Hauptgletscher hier zurückgelassen hat. Am Neuwirth, bei Kopainig, Ilitsch und am Zwanziger stehen diese hellen Kalke, an ihrer Farbe meist weithin sichtbar an; nordöstlich folgt ein Parallelzug von ähnlichen, durch Schuttkegel getrennten Felsbildungen: St. Canzian (weisser, z. Th. röthlicher Kalk; Fallen flach SO.; vergl. das Bild „Faaker See"), die Ruine Finkenstein und Greuth. Die eigenartige Form dieser Höhen bildet einen malerischen Vordergrund für die höheren Gipfel der Westkarawanken. Die letzteren bestehen von Grajsca (1959 m) an, wo der Hochwipfelbruch auf die Nordseite hinüberschwenkt, aus Triasdolomit und gipfeln in der schönen, weithin sichtbaren Pyramide des Mittagskogels (2144 m; vergleiche das gegenüberstehende Bild). Unter den Triasgesteinen sind die im Rohiza-Graben häufigen Geschiebe von buntem Kalkconglomerat (unt. Muschelkalk) bemerkenswerth.

Im Norden grenzen silurische Thonschiefer an den Bruch, in welche bei der Alphütte Truppe (1440 m G. St. K.) noch ein Kalkzug eingelagert ist. Trias und Silur stossen nicht unmittelbar an einander, vielmehr weisen die Geschiebe von Grödener Sandstein im Goritschacher und Rauschen-Bach darauf hin, dass diese Formation (wie weiter westlich, vergl. unten) in den Bruch eingeklemmt ist.[1]

Besondere Beachtung verdient das Vorkommen eines silurischen Eruptivgesteins, das allseitig von Moränen umgeben, im Goritschacher Bache bei der Höhencote (674 m) anstehend gefunden wurde. Es ist nicht unwahrscheinlich, dass die durch jüngeres Alluvium ausgefüllte, dem allgemeinen Streichen folgende

---

[1] Ich kenne, diesen, jenseits des genauer aufgenommenen Gebietes liegenden Theil der Westkarawanken nur durch einen, den Nordabhang und das Hügelland berührenden Ausflug von Fürnitz nach St. Canzian und Finkenstein.

Abbildung 1.   Nach einer Photographie von A. Beer gez. von U. Berner.

Der Faaker See mit dem Mittagskogel.

Der Mittagskogel im Schiernidolomit (Tr.). Die Berge rechts Mürarolliefer (Gßt). Die Höhen im Mittelgrund Mürarbank (Gßt).

Depression zwischen den nördlichen Kalkhöhen und dem Abfalle des Gebirges einem Schieferzuge entspricht, dem das Eruptivgestein eingelagert ist. Das letztere ist an dem einzigen, bisher beobachteten Aufschluss vollkommen vermorscht. Doch kann man wahrnehmen, dass die Structur im allgemeinen massig, hie und da auch geschiefert ist. Etwas besser scheinen die in den Moränen z. B. bei Techanting vorkommenden Geschiebe erhalten zu sein.

Leider sind die gesammelten Stücke aus der Kiste während der Bahnbeförderung abhanden gekommen. Das Gestein ähnelte einem Diorit und bestand aus grossen, wohl ausgebildeten Krystallen von dunkelgrüner (? Hornblende) und weisser Farbe (? Feldspath).

Auch weiter östlich, etwa von Krainegg an bis Gailitz besteht der Sockel des Nordgehänges der Karawanken aus halbkrystallinem Silurkalk, der bei Pökau und unterhalb des Schlosses Arnoldstein in schroffen weissen Wänden aus dem dunklen Tannenwald hervortritt. Doch schiebt sich bei Krainegg ein dem allgemeinen WNW—OSO Streichen folgender Schieferzug in die Kalke ein. Derselbe tritt auch im Gailthale bei Lind inselartig aus dem Alluvium und Glacialschotter hervor; man beobachtet hier einen grauen, quarzitischen, glimmerreichen Thonschiefer.

Der Kalk von Arnoldstein führt unbestimmbare Orthoceren, die sich am bequemsten in den Quadern der Gailitzbrücke beobachten lassen. Der Kalk ist besonders in der Umgebung des Ortes ziemlich rein, splittrig und anscheinend meist schichtungslos; doch zeigen einige rothe Schiefereinlagerungen am Wege nach Seltschach das allgemeine Streichen bei flachem nach SSW gerichteten Fallen. Weiter westlich treten meist reinere Bänderkalke auf; im östlichen Fortstreichen beobachtet man an der Wurzenstrasse regelmässig gelagerten Kalkphyllit, der meist hellgraue, seltener dunkele oder röthliche Färbung zeigt und ebenso wie westlich bei Greuth durch Übergänge mit dem hangenden Thonschiefer verbunden ist. Der letztere ist also verschieden von dem nördlicher liegenden Schieferzug und besitzt eine Breite von circa 3 km. Untergeordnet finden sich Kieselschiefer-Einlagerungen in dem, die Masse des Gebirges bildenden bläulichen Thon-

14

schiefer, während Grauwackenzüge grössere Bedeutung besitzen. Der Ofen (1511 m) und der Kamenberg (1658 m) bestehen aus diesen widerstandfähigen Gesteinen, die meist eine scheinbar dichte Beschaffenheit besitzen und dann alten Eruptivgesteinen täuschend ähneln. (Dasselbe „pseudo-eruptive" Aussehen besitzen manche Culmgrauwacken, z. B. diejenigen von S. Daniele bei Paluzza, deren klastische Natur sich erst aus der mikroskopischen Untersuchung ergab.) Local finden sich in dem Schiefer Pyritwürfelchen (zwischen Krainburg und Polaneg); auf ähnlichen Ursprung dürften braune Eisenockerbeschläge hinweisen, welche an der Schiefergrenze bei Krainburg die Klüfte eines dunkelen Kalkes überziehen und Veranlassung zu einem, natürlich verunglückten Bergbauversuch gegeben haben.

Der Nordabhang der Westkarawanken und auch die Karnischen Alpen bis zum Achomitzer Bach erinnern in Bezug auf die Gesteinsbeschaffenheit und die Form der bis zum Gipfel hinauf bewaldeten Berge vollkommen an manche Gegenden des Harzes oder des rheinischen Gebirges; die Schiefer und Grauwacken des Unterdevon sind ebenso gefaltet und meist ebenso versteinerungsleer wie die alpinen Silurgesteine. Sogar die Form der Flussläufe ist dieselbe; die Gailitz beschreibt bei Thörl unmittelbar nach dem Verlassen des im Dolomit liegenden, geradlinigen Cañons sofort die für das Schiefergebirge bezeichnenden Biegungen und Windungen.

Der Kalkzug von Arnoldstein lässt sich in ziemlich gleichbleibender petrographischer Beschaffenheit nach Feistritz, Vordernberg und über die Grenzen des engeren Gebietes hinaus bis Tröpelach verfolgen und zeigt somit eine für die silurischen Kalklagen ungewöhnliche Ausdauer. Auch die saigere Schichtenstellung und das westnordwestliche bis westliche Streichen hält an; nur zwischen Stossau und Maglern lässt sich eine zweimalige stumpfwinkelige Umknickung deutlich beobachten, welche ungefähr parallel zu dem bajonettförmigen Vorsprung des Hochwipfelbruchs bei Thörl verläuft. Zwischen Maglern und Draschitz ist der aus Bänderkalk und Kalkphyllit bestehende Zug durch eine Längsfurche vom Nordabhang des Gebirges getrennt und bildet die Unterlage der, im wesent-

Profil-Tafel I.

Uggowitz →
(Fella-Thal)

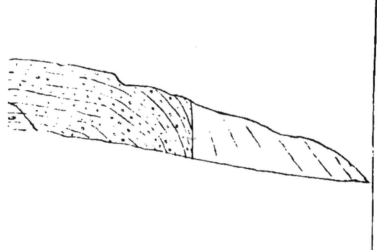

Muschelkalkconglomerat

(Uggowitzer Breccie)

Schlerndolomit

S

lichen von Moränen bedeckten Hochflächen von Hohenthurm und Achomitz.

Die Hauptmasse des Silur besteht weiter südlich aus Thonschiefer; doch schieben sich schon in der Gegend von Göriach und beim „Sommerwirth" (oberer Achomitzer Graben) schmale Züge von Kalkphyllit bezw. von rothem Orthocerenkalk ein, die nach W zu an Mächtigkeit zunehmen. Am Nordabhang des Osternigg und von hier über den Garnitzengraben hinaus bildet der Kalk das vorherrschende Gestein. Erst bei Tröpelach beginnt wieder die Herrschaft des Schiefers. Die Wiedergabe all der einzelnen Kalkzüge in dem eben begrenzten Gebiet könnte in vollkommen correcter Weise nur auf einer in grösserem Maassstabe angelegten Karte erfolgen; doch glaube ich behaupten zu dürfen, dass die zum kartographischen Ausdruck gebrachte Auffassung den natürlichen Verhältnissen entspricht. In praktischer Hinsicht ist die Aufgabe, die zahlreichen saiger stehenden und in einander übergehenden Gesteinszüge innerhalb eines schlecht aufgeschlossenen Waldgebietes auszuscheiden, ebenso anstrengend wie eintönig. Die Aufnahme wird allerdings dadurch erleichtert, dass innerhalb des gleichmässig geneigten Nordabhangs die Kalkzüge zuweilen — aber nicht immer — als weisse, weithin sichtbare Wände hervortreten. Diese letzteren können vom Thal aus im allgemeinen sicherer in die Karte eingetragen werden, als dies während des Anstiegs möglich ist. Eine kurze Übersicht von einigen der acht Durchquerungen, welche ich zwischen dem Achomitzer- und Oselitzengraben ausgeführt habe, gibt ein hinreichendes Bild von der petrographischen Beschaffenheit des Silur: Wenn man von Vordernberg auf dem gut unterhaltenen Alpweg zum Osternigg emporsteigt, so beobachtet man (vergl. die Karte): 1. Halbkrystallinen splittrigen, weissen Kalk, 2. Thonschiefer, 3. Kalk (wie 1), 4. Schiefer, 5. Kalkphyllit (bei der Höhencote 1205 schwarzen Plattenkalk mit Kieselschieferlagen), 6. Schwarzen Thonschiefer (bei der unteren Vordernberger Alp), 7. Zweimaliger Wechsel von schwarzem Kalk und Thonschiefer auf der kurzen Strecke bis zur oberen Vordernberger Hütte, 8. An der letzteren Thonschiefer, 9. Von der Unterfeistritzer Alp bis zum Absturz des Devonkalkes: halbkrystallinen Kramenzelkalk, roth, grau und

weiss mit Glimmerschüppchen; enthält Durchschnitte grosser
unbestimmbarer Orthoceren sowie Crinoidenreste und entspricht
ohne Zweifel dem Obersilur. Das Streichen ist WNW—OSO,
das Einfallen unter verschiedenen, meist sehr steilen Winkeln
nach SSW gerichtet oder saiger.

Beim Abstieg vom Achomitzer Berge nach dem gleichnamigen Dorfe beobachtet man von dem Grödener Sandstein
ausgehend:

1. Silurischen Thonschiefer.
2. Kramenzelkalk und
3. grauen Kalk NO fallend (bald nachdem der Achomitzer
   Alpweg die rechte Seite des rechten Bistriza-Armes
   erreicht hat) ca. 250 m breit.
4. Schiefer (bis zur Vereinigung der beiden Quellbäche).
5. Grauen Kalk (die Fortsetzung des vorwiegend aus
   Kramenzelkalken bestehenden Zuges der unteren Feist-
   ritzer Alp.)
6. Dann folgt bis abwärts zu dem Uoka-Hügel Thon-
   und Kieselschiefer in überaus wechselnder Streich-
   und Fallrichtung, der in dem tief eingeschnittenen
   Bachbette gut zu beobachten ist. Der Schiefer streicht
   bis zur zweiten Sägemühle NNW—SSO und steht saiger,
   dann O—W saiger und verflacht später für eine kurze
   Strecke. Darauf beobachtet man WNW—OSO saiger,
   dann NNW—SSO mit steilem WSW Fallen, dann
   wieder NW—SO fast saiger. Kieselschiefer mit
   Granwacken Einlagerungen, der darauf folgt, fällt
   steil nach NO.
7. Beim Uoka-Hügel steht NW—SO streichender, saiger
   gestellter Kalkphyllit an. Dann folgt
8. Noch einmal eine schmale Zone von Thonschiefer.
9. Der krystalline Bänderkalk des Arnoldstein-Vor-
   dernberger Zuges. NW (bis NNW)—SO streichend und
   saiger stehend.

Den Grund, warum grade hier diese mannigfachen und
im übrigen Silur nicht vorkommenden Unregelmässigkeiten der
Lagerung auftreten, ist nicht ganz leicht zu verstehen. Man
könnte auf den Gedanken kommen, dass die Umbiegung des
Gailbruches nach Süden am westlichen Abhang des Dobratsch

Abbildung 2.   Nach einer photogr. Aufnahme des Verf. gez. von O. Berner.

Der Poludnigg von Süden.

Tr Trias (Schlerndolomit). D Devon. SK Silurkalk. Ssch Silurschiefer. Die eigentümliche Verteilung der Formationen wird durch den ungefähr O—W verlaufenden Hochwipfelbruch bedingt.

37

auch die Lagerung des alten Gebirges in störender Weise beeinflusst hätte.

Im allgemeinen ist, wie schon hervorgehoben wurde, die
Lagerung des Silur am Nordabhang ungewöhnlich regelmässig,
wie z. B. die Schichten am Wege zwischen Dellach (bei Egg)
und der Dellacher Alp beweisen. Auf der Hochfläche von
Egg bei Mellweg beobachtet man quarzitischen, regelmässig
zerklüfteten Phyllit, der ausnahmsweise nach Norden (mit ca. 50°)
einfällt und auch in einem schmalen Streifen auf den Nordabhang der Karnischen Alpen (bei Nampolach) übergreift. Man
steigt über die Flussterrasse von Dellach in das Gailthal hinab
und trifft auf dem anderen Ufer zunächst Thonschiefer mit
Quarzflasern, der normal mit 30—40° nach S fällt. Darüber
lagert halbkrystalliner Kalkphyllit mit gleichem Streichen. Nach
oben zu wird der Kalk reiner und ähnelt stellenweise triadischen
Gesteinen. Dann stellt sich ein schwarz und weiss gebänderter
Kalkphyllit ein, der zwischen 1200 und 1300 m von Thonschiefer
mit Quarzflasern und quarzitischen Bänken überlagert wird.
Der Thonschiefer setzt den flachen Rücken der Latschacher
Alp zusammen und wird seinerseits in der Nähe der Dellacher
Alp von gelblichem, steil SSW fallendem Kalkphyllit bedeckt.
Jenseits einer mit Alluvium und Moränen erfüllten Längsfurche
steigt etwas steiler der devonische Riffkalk des Poludnigg empor.

3. Der mitteldevonische Kalkzug des Osternigg und Poludnigg.

Das mitteldevonische Alter des langgestreckten, aus weissem
oder blaugrauem, halbkrystallinem Kalke bestehenden Zuges
Osternigg—Poludnigg—Kersnitzen (vergl. die Landschaftsskizze
Poludnigg-Schinuz S. 23) habe ich bereits 1888 durch einen glücklichen Korallenfund an der Oberfeistritzer Alp feststellen können.
Einige Jahre später wurden am Poludnigg und zwar an mehreren Stellen des West- und Südostabhanges die gleichen Arten
wiedergefunden:

> *Cyathophyllum vermiculare var. praecursor* FRECH
> *Heliolites vesiculosus* PENECKE
> *Favosites sp.*

Auch am Lomsattel kommen undeutliche Durchschnitte von
Korallen und Crinoiden vor. Die Zusammengehörigkeit des

Kalkzuges ist somit palaeontologisch sichergestellt; über die petrographische und tektonische Einheitlichkeit des Ganzen kann. ohnehin ein Zweifel nicht bestehen. Jedoch wurde die frühere Anschauung über die Lagerungsverhältnisse (Discordante Auflagerung des Mitteldevon) durch vermehrte Beobachtungen richtiggestellt.

Es liess sich an verschiedenen Stellen, z. B. am Lomsattel und deutlicher noch in dem parallelen Kalkzuge des Sagran nachweisen, dass das Mitteldevon und die verschiedenen Silurgesteine in Wahrheit nebeneinander stehen, oder mit anderen Worten, dass die geologische Grenze von Kalk und Schiefer senkrecht über den Abhang streicht. (Vergleiche die Ansicht des Sagran und Abb. 8.) Mein früherer Irrtum erklärt sich daraus, dass auf dem steilen Abhang des O—W verlaufenden oberen Uggwagrabens bei der Betrachtung en face der Kalk über dem Schiefer zu liegen scheint.

Obwohl die Grenzbestimmung zwischen dem graublauen splittrigen, meist halbkrystallinen Devonkalk, dem weissen Triasdolomit und den Silurgesteinen fast nirgends irgendwelche Schwierigkeiten macht, so fehlen doch andererseits deutliche Profile, da die Vegetationsdecke bis auf die Gipfel hinauf reicht. Man ist also für die Beurteilung der Lagerung auf die allgemeinen, durch die Karte zum Ausdruck gebrachten geologischen Verhältnisse angewiesen. Der etwa dem unteren Mitteldevon (vergl. den stratigraphischen Teil) gleichzustellende Riffkalk grenzt an der Unterfeistrizer Alp an obersilurischen Orthocerenkalk, im Norden an die Kalkphyllite des Untersilur, im Süden an die Thonschiefer, Kieselschiefer und Grauwacken welche an der Görtschacher Alp, dem Kesselwald und im Uggwagraben anstehen. Die Ansicht des Poludnigg veranschaulicht die Verschiedenheit der nebeneinander auftretenden Formationen.

Im Uggwagraben befinden sich die von STACHE und SUESS aufgefundenen Fundorte der Leitformen des oberen und obersten Untersilur in unmittelbarer Nähe des dislocirten mitteldevonischen Kalkzuges. Wie das auf Tafel I dargestellte Generalprofil erkennen lässt, beobachtet man im Süden des mitteldevonischen Kalkes des Goçman die folgenden, WNW streichenden und meist saiger stehenden Schichten:

Abbildung 3.   Aufgen. vom Verf.

Der devonische Kalkzug des Segran (vom Koksattel).

Die Grenze des Devonkalkes ist durch eine Linie angegeben. In der Fortsetzung liegt der Orthoceraskalk des Gocman. Der nördliche Parallelzug des Starband und Osternigg ist durch Silurschiefer (links oben sichtbar) getrennt. (Vergl. Abb. 8, S. 24.)

1. Thonschiefer ohne Versteinerungen.
2. Ein schmales Band von Orthocerenkalk.
3. Braunen Orthisschiefer (oberes Untersilur = Caradoc) mit
zahlreichen Brachiopoden *(Orthis Actoniae, Strophomena, Porambonites)* und kleinen baumförmigen Monticuliporiden; der Schiefer ist zum Teil von herabge-
stürzten Kalkblöcken bedeckt.
4. Schwarzen Graptolithenschiefer mit *Diplograptus folium,
Rastrites triangulatus, Monograptus* und anderen Arten
der oberen Grenze des Untersilur.
5. Orthocerenkalk mit schlecht erhaltenen Orthoceren, steil
SSW fallend.
6. Thonschiefer.

Der allgemeine Verlauf des Devonzuges verweist auf das
Vorhandensein einer alten Einfaltung, das Angrenzen des Gesteines an verschiedenartige ältere Gebilde hingegen auf einen
Bruch. Man dürfte somit der Wahrheit am nächsten kommen,
wenn man den Osterniggzug als durch beide Vorgänge gebildet
ansieht. Durch die carbonische Gebirgsbildung wurde der
Devonkalk in das ältere Silur eingefaltet, und bei den späteren
tektonischen Bewegungen brach die kompakte Kalkmasse
weiter in das ohnehin gelockerte weichere Nebengestein hinab.
Durch Überschiebungen, die weiter westlich eine so wichtige
Rolle spielen, kann die anormale Schichtfolge in dem vorliegenden Fall nicht erklärt werden, da die Grenze von Silur
und Devon überall senkrecht verläuft. (Vergl. die Ansicht des
Sagran und Abb. 8, S. 24.)

Die Richtigkeit dieser Auffassung erhellt auch aus der
Untersuchung der dem Osternigg im Süden vorgelagerten Kalk-
masse. Hier sind auf einer dem Osterniggzuge parallelen, durch
Querverwerfungen unterbrochenen Längsstörung Triasdolomit,
weiter östlich Obersilur, Devon und noch einmal Obersilur (am
Goçman mit Orthocerendurchschnitten) in die aus älteren
Silurschiefern bestehende Unterlage eingebrochen. Der Dolomit
des Gaisrückens hängt mit der Masse des südlichen Trias
zusammen, und der rothe obersilurische Orthocerenkalk des
Schönwipfels ist durch einen Querbruch von jener getrennt.
Der versteinerungsleere, halbkrystalline Riffkalk des Sagran,
welcher eventuell dem Unterdevon entsprechen könnte, ist

2*

hingegen von den, die östliche und westliche Fortsetzung
bildenden Obersilurzügen durch Brücken untersilurischen Schiefers
geschieden. Den soeben geschilderten, höchst eigentümlichen
Bau habe ich durch zahlreiche Ausflüge kennen gelernt und
hebe noch besonders hervor, dass die Beschaffenheit der Gesteine eine absolut bezeichnende ist: die Schiefer, Dolomite
und die verschiedenen Kalke sind auch trotz der Rasendecke
ziemlich gut von einander zu trennen. Das Ober- und Untersilur ist an den kritischen Punkten (Goçman und Uggwagraben)
reich an bezeichnenden Versteinerungen. (Vergl. den stratigraphischen Teil.) Befände man sich in einem einfachen
Schollengebirge, so könnte dieser eigentümliche Kalkzug als

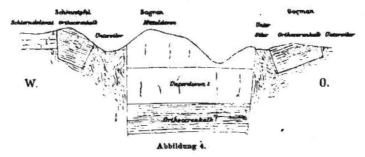

Abbildung 4.

**Schematisches Längsprofil des von Schiefer unterbrochenen
Kalkzuges Schönwipfel—Sagran—Goçman.**

ein, durch mannigfache Quersprünge und horstartige Quer-
brücken „zerhackter" Grabenbruch bezeichnet werden. Jedoch
liegen in einem gefalteten Gebiete mit saiger gestellten oder
steil N fallenden Schichten die Verhältnisse noch etwas
verwickelter. Man wird davon ausgehen müssen, dass die
Kalkmassen des Obersilur und Devon parallel zu der Längsrichtung des alten Gebirges in den biegsameren Silurschiefer
eingefaltet wurden und dass das Devon der Mitte — vielleicht
schon in Folge älterer Querbrüche — tiefer einbrach als die
Flügel. Später, während der tertiären Gebirgsbildung, sank
der ganze Zug noch weiter ein (vergl. das nebenstehende, schematisch gehaltene Diagramm), und insbesondere brach eine Triasscholle in der Fortsetzung der alten Störungsrichtung nach.
(Vergl. Abb. 6.)

4. Der Kok.

Äusserst verwickelt sind die geologischen Verhältnisse am Kokberg, wo ausserdem der Umstand störend wirkt, dass der untere Teil des Ostabhanges infolge des üppigen Wiesenwuchses nur spärliche Aufschlüsse zeigt. Der Gebirgsbau des Kok ist bereits durch die Nähe des Hauptbruches, der im Süden um den Berg herumzieht, wesentlich beeinflusst.

Beim Aufstieg vom Uggwagraben zum Kok beobachtet man zunächst am rechten Ufer des Patameranbaches[1]) wo der Weg zum letzten Male den Bach überschreitet, eine helle quar-

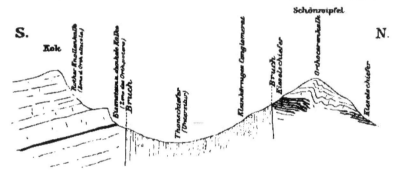

Abbildung 5.

Querprofil durch Kok und Schönwipfel.

(Mit Benutzung einer Skizze von E. Suess.)

zitische, wohlgeschichtete Grauwacke (Untersilur), die unter ca. 45° nach SSW einfällt. Dieser untersilurische, aus Thonschiefer, Kieselschiefer und Grauwacke bestehende Zug streicht über den Sattel zwischen Kok und Schönwipfel (Streichen NW—SO, Stellung saiger) durch den Tschurtschele Graben bis hinab zur Tschurtschele Alp, trennt also die obersilurischen Orthocerenkalke des Schönwipfel von den gleichartigen Schichten des Kok. Die letzteren sind nicht als das normale Hangende des Untersilur aufzufassen, da sie WSW—ONO streichen und unter

---

[1]) Der Name gehört offenbar zu den zahlreichen corrumpirten Worten der G. St. K.

flachem Winkel (am Gipfel 30—40°, abwärts noch weniger) nach SSW einfallen. Es ist wahrscheinlicher, dass auch die Kalke des Kok in ihre Schieferunterlage eingesunken sind, und dass der jetzt vorhandene Höhenunterschied lediglich auf die stärkere Abtragung der Schiefer zurückzuführen ist. (Vergl. das Profil.) Unklar bleibt hierbei der Zusammenhang der Kalke des Kok mit den östlich im Uggwathal vorkommenden gleichartigen Gesteinen; die Grenzlinien mussten hier in Folge des Fehlens von Aufschlüssen konstruirt werden.

Die erheblichere Breite der Orthocerenkalke des Kok erklärt sich aus der flachen Lagerung. Derselbe Umstand ermöglicht auch die Unterscheidung zweier Horizonte, von denen der untere, wie im stratigraphischen Teile auseinandergesetzt werden wird, der Zone des *Orthoceras potens* entspricht, so dass der obere, versteinerungsärmere mit der höheren Zone des *Orthoceras alticola* zu vergleichen wäre. Der tieferen Zone gehört das an zwei Punkten ausgebeutete Roteisenstein - Vorkommen an. Der verlassene Stolln, (2000 m), unterhalb dessen eine kleine, in Verfall begriffene Knappenhütte (1920 m) steht, liegt nördlich des Kokgipfels und stammt aus dem Ende des vorigen Jahrhunderts; die von diesem Betriebe herrührenden Kalkstein - Halden bildeten den jetzt ziemlich erschöpften Fundort der reichen, mit dem böhmischen Obersilur (E₂) in allen wesentlichen Punkten übereinstimmenden Fauna. Ausführlichere Angaben und Versteinerungslisten finden sich im stratigraphischen Teile sowie in einer neueren Mitteilung STACHES. Vom Schönwipfel aus erkennt man deutlich, dass das eigentliche, an sich versteinerungsleere, aus Roteisenstein und Braunstein bestehende Erzlager zwischen eine höhere und tiefere, eisengraue Kalkbank eingeschaltet ist. Weiter oben am Gipfel stehen dann typische rote, ziemlich leicht verwitternde Kramenzelkalke an (= Zone des *Orthoceras alticola*), welche jedoch nur spärlich Orthoceren enthalten.

Der andere Stolln, welcher im Sommer 1890 wieder in Betrieb gesetzt worden war, liegt auf der Westseite des Kok weiter abwärts im Tschurtschelegraben an der Bergrippe, welche das eben genannte von dem südlich folgenden Seitenthälchen trennt (ungefähr bei dem oberen SK auf der Ansicht des Poludnigg p. 23). Der Stolln setzt in grauen (hie und da roth gefärbten)

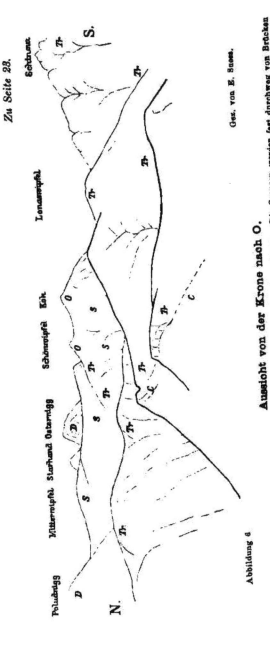

Aussicht von der Krone nach O.

Uebersicht der mannigfachen, im Osten der Karnischen Alpen auftretenden Formationen. Die Grenzen werden fast durchweg von Brücken gebildet. Die Schönwipfel und Kok Obersilur (O), darunter silurischer Schiefer (S) im Vordergrunde etwas Obercarbon (C). Die weiteste Ausdehnung besitzt der Schierndolomit (Tr).

Nördlich der devonische Kalkzug (D) Poludnigg-Starhand-Osternigg, am Schönwipfel und Kok Obersilur (O), darunter silurischer Schiefer (S) im Vordergrunde etwas Obercarbon (C).

Gez. von E. Suess.

Abbildung 6

Kalken auf, welche NNW—SSO streichen und WSW unter 40—52° einfallen. Aus dem Vergleich mit dem am Gipfel beobachteten südsüdwestlichen Einfallen ergiebt sich, dass die Lagerung in der Nähe des grossen Hochwipfel-Bruches bedeutende Unregelmässigkeiten zeigt. Die grauen Kalke, welche vornehmlich das Liegende des Eisensteines bilden, sind fossilleer, im Hangenden folgen zunächst rote Schiefer und dann rote Kramenzelkalke mit Orthoceren.

Nach den Angaben von F. SEELAND (Verhandl. d. geolog. Reichsanstalt 1878 p. 36) wurde bei einem älteren Bergwerksbetrieb ein Lager entblösst, das im Liegenden aus 0,9—1,3 m mächtigen Roteisenstein, im Hangenden aus 0,9 m mächtigen Braunstein besteht. Die 1. c. mitgeteilten Analysen ergaben für den Roteisenstein 50,67 Proc. Eisen, 0,66 Proc. Mangan, 0,07 Proc. Phosphor; 4 Proben des Braunsteins enthielten 51,78 Proc., 59,1 Proc., 71,4 Proc., 81,7 Proc. Mangansuperoxyd.

5. Die Einklemmungen älterer Schichten zwischen dem Silur und der abgesunkenen Triasscholle.

Der verschiedenen Unregelmässigkeiten, welche der Verlauf des Hochwipfelbruches zeigt, wurde schon gedacht. Weitere Eigentümlichkeiten ergeben sich daraus, dass zwischen dem alten Gebirge und der abgesunkenen Scholle des Schlerndolomits einzelne Fetzen von den, die letzteren unterteufenden Formationen eingeklemmt sind. (Vergl. Abbildung 7 u. 8 S. 24.) Weite Verbreitung besitzt vor allem der Grödener Sandstein, dessen Auftreten in den Westkarawanken schon oben erwähnt wurde. Bis zur Görtschacher Alp verläuft der Hauptbruch zwischen Silur und dem Schlerndolomit (bezw. lokal Muschelkalk). Ein wenig westlich von den Hütten stellt sich jedoch wieder Grödener Sandstein und Mergel in typischer Entwickelung ein, der von hier aus in geringer, durch „Auswalzung" in den Bruchlippen stark reducirter Mächtigkeit bis zum Südabhang des Kok (oberer Tschurtschelegraben) hindurchstreicht. Die Wiederkehr der meist stark gestörten Sandsteinschichten konnte am Achomitzer Berg (hier mit vereinzelten Conglomeratbänken), im Uggwagraben und an verschiedenen Stellen des Kokgehänges mit aller Sicherheit festgestellt werden.

24

Die Zone der Grödener Schichten verbreitert sich am
Achomitzer Berg durch das Hinzutreten der grauen wohlgeschichteten Kalke und Rauchwacken des Bellerophonhorizonts,
denen im Süden die rothen, versteinerungsreichen Glimmersandsteine, Gastropodenoolithe und rothen Kalke der Werfener
Schichten, sowie endlich am Mulei das bunte Muschelkalk-Con-
glomerat folgt. Ich habe mich an der betreffenden Stelle nicht
mit Suchen aufhalten können und nur einige Myacitensteinkerne
mitgebracht. Eine von Herrn Professor TOULA gesammelte
und mir gütigst zur Verfügung gestellte Suite enthält, wie die

Mulei   **Achomitzer Berg**

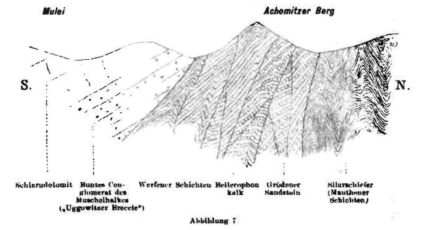

S.   N.

Schlerndolomit   Buntes Con-   Werfener Schichten   Bellerophon   Grödener   Silurschiefer
glomerat des   kalk   Sandstein   (Mauthener
Muschelkalkes   Schichten)
(„Uggowitzer Breccie")

Abbildung 7

**Die Einklemmung von Fetzen permotriadischer Gesteine
am Achomitzer Berg.**

genauere Bestimmung lehrte, die sämmtlichen bezeichnenden
Formen der Werfener Schichten so *Tirolites cassianus*, *Natiria
costata*, *Myophoria costata* und *Pecten venetianus*. (Die ausführliche Liste folgt im stratigraphischen Teile.) Das Vorkommen der Werfener Schichten ist auch früheren Beobachtern
nicht entgangen, das Auftreten einer fast vollständigen permo-
triadischen Serie war jedoch bisher noch unbekannt. (Vergl.
das Profil).

Die lokale Erhaltung all dieser Formationen erklärt sich,
wie ein Blick auf die Karte zeigt, durch den Umstand, dass
die jüngere Scholle mit einem stumpfen Winkel in das ältere

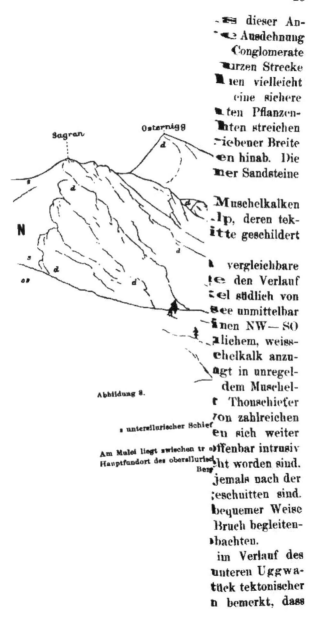

Sagran Osternigg

N

Abbildung 8.

s untersilurischer Schief

Am Malei liegt zwischen tr
Hauptfundort des obersilurisch
Berg

dieser An-
Ausdehnung
Conglomerate
urzen Strecke
en vielleicht
eine sichere
ten Pflanzen-
ten streichen
iebener Breite
en hinab. Die
mer Sandsteine

Muschelkalken
lp, deren tek-
itte geschildert

vergleichbare
te den Verlauf
el südlich von
ee unmittelbar
nen NW — SO
lichem, weiss-
chelkalk anzu-
gt in unregel-
dem Muschel-
Thonschiefer
on zahlreichen
en sich weiter
ffenbar intrusiv
ht worden sind.
jemals nach der
eschnitten sind.
bequemer Weise
Bruch begleiten-
bachten.

im Verlauf des
unteren Uggwa-
tück tektonischer
n bemerkt, dass

Gebiet vorspringt. Gleichzeitig ergiebt sich aus dieser Anordnung, dass die älteren Triasbildungen nur geringe Ausdehnung
besitzen können. Die starren, wenig biegsamen Conglomerate
des Muschelkalkes treten nur auf einer ganz kurzen Strecke
an die Oberfläche, die Werfener Schichten reichen vielleicht
bis zu den Bartolo-Wiesen hinunter; doch ist eine sichere
Feststellung des Thatbestandes durch den dichten Pflanzen-
wuchs unmöglich gemacht. Die Bellerophonschichten streichen
in einem schmalen Streifen, (der in etwas übertriebener Breite
gezeichnet werden musste), bis in den Uggwagraben hinab. Die
plastischen und an und für sich mächtigen Grödener Sandsteine
besitzen die weiteste Verbreitung.

Ähnlich ist das Auftreten von eingeklemmten Muschelkalken
und Werfener Schichten an der Möderndorfer Alp, deren tektonische Eigentümlichkeiten im nächsten Abschnitte geschildert
werden sollen.

Eine in mancher Beziehung mit der obigen vergleichbare
Erscheinung zeigen die Einklemmungen, welche den Verlauf
des Hauptbruches in dem ausspringenden Winkel südlich von
Thörl auszeichnen. Man beobachtet an der Chaussee unmittelbar
südwestlich von dem silurischen Thonschiefer einen NW—SO
streichenden, fast saiger stehenden Zug von bläulichem, weiss-
geaderten Plattenkalk, der wohl sicher als Muschelkalk anzusehen ist. Derselbe ist stark zerrüttet und springt in unregelmässigen Winkeln in den Schiefer vor. SW von dem Muschelkalk folgt noch eine schmale Zone silurischer Thonschiefer
und dann Triasdolomit, der stark gestört und von zahlreichen
Spathadern durchsetzt ist. In demselben finden sich weiter
noch zwei schmale Fetzen von Silurschiefer, die offenbar intrusiv
in Spalten des absinkenden Dolomits eingequetscht worden sind.

Es dürfte bekannt sein, dass Brüche kaum jemals nach der
beliebten Schuldarstellung mit dem Messer geschnitten sind.
Doch kann man selten in so deutlicher und bequemer Weise
wie hier die mannigfachen, einen bedeutenden Bruch begleiten-
den Verquetschungen und Verschiebungen beobachten.

Eine anders geartete Unregelmässigkeit im Verlauf des
Hochwipfelbruchs findet sich innerhalb des unteren Uggwa-
gebietes, das überhaupt ein wahres Cabinetstück tektonischer
Merkwürdigkeiten ist. Es wurde schon oben bemerkt, dass

der Verlauf des Bruches zwischen der ostwestlichen und
WNW—OSO Richtung schwankt und zwar derart, dass es zur
Bildung unregelmässiger ein- und ausspringender Winkel
kommt. Ein Blick auf die Karte zeigt die grosse Ausdehnung
der bunten Muschelkalkconglomerate im unteren Uggwathal,
welche mit der „permischen Uggowitzer Breccie" STACHES ident
sind. Ueber die Deutung dieses Gebildes wird im stratigraphischen Theile das Nöthige bemerkt werden.

In tektonischer Hinsicht ist vor allem der Umstand wichtig,
dass die Muschelkalkconglomerate allseitig von Verwerfungen
eingefasst werden, welche, abgesehen von einer lokalen Ablenkung im Uggwagraben, WNW—OSO oder O—W streichen.
Im Norden wird die Scholle des meist flach gelagerten Conglo-

SW   NO.

1   2   3   2
Abbildung 9.
Die Bruchgrenze von Trias und Silur bei Thörl.
1 ist Triasdolomit, 2 Silurschiefer, 3 ein in die Silurschiefer eingequetschter Fetzen
von Muschelkalk.

merates von einem langgestreckten Bande zerknitterten und zerquetschten Muschelkalkes begrenzt. (Vergl. Taf. I). Derselbe ist
teils als thoniger Mergel, teils als dunkeler Plattenkalk mit
Kalkspathadern und Hornsteinen (Guttensteiner Kalk) entwickelt
und enthält nördlich vom Dürren Wipfel Crinoidenstiele und
Spiriferina Peneckei BITTNER. Der deutlichste Aufschluss des
zerknitterten Gesteins neben dem flach gelagerten Dolomit findet
sich nördlich von der Holzklause im Uggwabach (vergl. das
Profil Osternigg-Uggowitz); doch konnte ich die sehr bezeichnenden Gesteine vom oberen Tschurtschelegraben bis zum
Fella-Bach verfolgen.

Das Vorhandensein eines Bruches ist ferner in dem Durchschnitte des Uggwagrabens halbwegs zwischen dem letzten

Marterl und dem Dorfe Uggowitz deutlich zu beobachten. Das lokal etwas ausgebleichte Kalkconglomerat wird von dem weissen Dolomit durch eine wohl unterscheidbare, 1,90 — 2 m breite Masse von zerquetschtem und wieder verfestigtem Gangkalk getrennt. Die gleichartige Farbe der beiden Gesteine macht die Untersuchung schwierig; doch lässt eine genauere Untersuchung keinen Zweifel über das Vorhandensein der Störung. STACHE hat diese Stelle als normale Überlagerung gedeutet und auf Grund des Vorkommens abgerollter Fusulinen in dem Conglomerat dasselbe für permisch erklärt; das gleiche Alter ergab sich für die Dolomite durch die unrichtige Deutung der dislocirten Carbonfetzen. (Vergl. unten.) Eine Verwerfung konnte auch am Stabet, wo Conglomerat und Dolomit neben einander lagern, nachgewiesen werden. Das hier beobachtete Vorkommen einer Linse von Raibler Quarzporphyr, dessen Alter bekanntlich etwa dem oberen Muschelkalk entspricht, hat ebenfalls nichts befremdliches.

Man gewinnt somit den Eindruck, dass ein aus Muschelkalkgesteinen bestehender „Horst" rings von untergeordneteren Sprüngen eingefasst sei, welche von dem Hauptbruche gewissermassen abgesplittert sind.

6. Die Aufpressungen älterer Gesteine im Schlerndolomit von Malborget.

Die ausgedehnte und meist in regelmässiger Lagerung befindliche Conglomeratscholle des unteren Uggwagrabens ist tektonisch von den isolirten Vorkommen älterer Gesteine verschieden, welche den Schlerndolomit der Gebirge nördlich von Tarvis und Malborget durchsetzen. Bevor eine Deutung dieser eigenthümlichen Vorkommen versucht wird, mögen die geologischen Beobachtungen kurz dargelegt werden.

Die deutlichsten Aufschlüsse finden sich in der Gegend von Malborget und zwar ist in erster Linie das Muschelkalkvorkommen des Guggberges zu nennen. Schon von der gegenüberliegenden Thalseite aus (der beste Standpunkt ist der Schwefelgraben bei Lussnitz) bemerkt man in einem umfangreichen Aufschluss unterhalb des Guggberges (1482 m) graubraune, dünne, stark gefaltete Schichten, die jederseits von dem massigen schneeweissen Dolomit umgeben werden. Der ganze

Aufschluss ist von dunkelem Tannen- und Föhrenwald einge-
rahmt und auch für den landschaftlichen Charakter der
niedrigeren Dolomitberge bezeichnend. (Liehtb. Taf. I u. Abb. 10.)

Einen genaueren Einblick in das merkwürdige Gefüge
dieses Berges gewährt der kleine Alpelspitz (△ 1304 m), ein
weit in das Thal vorspringender Aussichtspunkt, den man auf
dem „Alpelweg" von St. Kathrein aus in etwa einer Stunde
erreicht. Der Weg führt ausschliesslich über den zerklüfteten
bröckligen, hie und da Gyroporellen führenden Dolomit, der
meist massig erscheint und nur ausnahmsweise, so an der
Kathreiner Sägemühle, deutliche Schichtung erkennen lässt.
(Einfallen mit 50° nach SW). Der Dolomit baut in dem Auf-
schlusse die Wände zur Rechten und Linken auf und setzt in
unregelmässig verlaufenden Brüchen an den Muschelkalkschichten ab. Besonders bemerkenswerth ist ein, in die dünnen
thonigen Platten vorspringender Dolomitzacken im westlichen
Theile der Wand. Der Muschelkalk besteht aus dunkelen
Plattenkalken, die bald mehr mergelig, bald kalkreicher sind,
und die bezeichnenden weissen Spathadern und dunkelen
Hornsteine enthalten. Versteinerungen wurden zwar nicht
gefunden, doch kann bei der vollkommenen petrographischen
Übereinstimmung mit den, im Profile des Bombaschgrabens
zwischen Werfener Schichten und Dolomit liegenden Gesteinen
ein Zweifel über die Altersdeutung nicht bestehen. Die
Muschelkalkschichten sind, wie das Lichtbild erkennen lässt,
in der mannigfachsten Weise zerquetscht und verbogen und
nehmen den breiten bewaldeten Rücken des Guggberges ein.
Das Auskeilen nach unten zu dürfte nur scheinbar sein; es
handelt sich wahrscheinlich, — wenn man die auf den Beschauer zufallende Neigung des Gehänges berücksichtigt, —
um ein Auskeilen im horizontalen Sinne.

Das beschriebene Vorkommen könnte immerhin noch als
dislocirte und zerquetschte Einlagerung im Dolomit erklärt und
etwa mit den Verhältnissen des Torer Grabens und der Raibler
Scharte verglichen werden; man müsste hierbei jedoch die
ziemlich unwahrscheinliche Voraussetzung machen, dass die
Cassianer Mergel zufällig vollkommen versteinerungsleer seien
und die petrographische Beschaffenheit des Muschelkalkes
angenommen hätten. Jedoch erscheint diese, an sich etwas

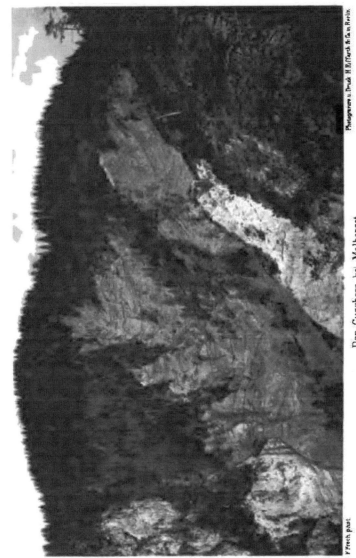

V. Frech phot.

Der Guggberg bei Malborget

Ba gegen oben sich verdrehten Schichten des dunklen Verrukaboschiefer sind schwarz in einem massigen Schiefedolomit umgebett.

Photogravure u. Druck H.Riffarth & Cie. in. Berlin.

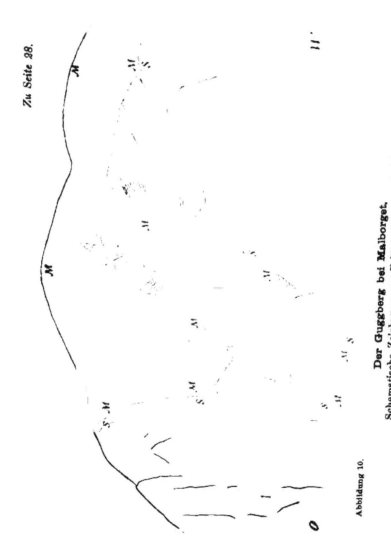

Abbildung 10.

Der Guggberg bei Malborget.

Schematische Zeichnung zur Erläuterung von Taf. I.

(Der Standpunkt des Beschauers ist etwas verschieden). M. Muschelkalk, S. Schlerndolomit.

58

gezwungene Deutung angesichts des Vorkommens von Werfener, Grödener und obercarbonischen Gesteinsfetzen inmitten des Dolomites gänzlich unhaltbar.

Verschiedene Carbonvorkommen von geringer Ausdehnung finden sich in der Gegend von Malborget innerhalb des Dolomitgebietes, und man kann sich wohl vorstellen, dass ein Fusulinenkalk in solcher Umgebung als Beweis für das permische Alter des Schlerndolomits angesehen wurde. Zudem sind an den palaeontologisch unzweifelhaften Vorkommen oberhalb des Malborgeter Sperrforts die geologischen Aufschlüsse nicht sonderlich deutlich. Auf dem westlich von den Festungswerken in einem kleinen Graben emporführenden Fussweg findet man über dem anstehenden Triasdolomit typische Carbongesteine als lose Gerölle: glimmerhaltigen Grauwackenschiefer von grauer oder bräunlicher Farbe, sowie schwarzen, kalkigen, stark zerquetschten Thonschiefer mit deutlichen Durchschnitten von Fusulinen. Unmittelbar vor der Stelle des alten Blockhauses „Tschalavai" (cia la via), z. Th. noch innerhalb des unzugänglichen Festungsbereiches finden sich diese Schichten anstehend. Hier erscheinen auch die bezeichnenden weissen Quarzconglomerate des Obercarbon sowie lose Blöcke des bunten Muschelkalkconglomerates. Das letztere steht deutlich und an seiner Farbe weithin sichtbar auf der Ostseite des Forts an einem Punkte an, der ebenfalls nicht betreten werden darf.

Diese dislocirten Vorkommen liegen in der streichenden Fortsetzung der Muschelkalk- und Carbongesteine des Malborgeter Grabens, an deren Deutung als Anquetschungen infolge der Klarheit der Aufschlüsse nicht zu zweifeln ist.

Bei der Wichtigkeit der Beobachtungen erscheint eine eingehendere Schilderung nothwendig. Die Mündung des von jäh abstürzenden Wänden begrenzten Grabens liegt im Dolomit, der das vorherrschende, nur von einzelnen Anquetschungen durchbrochene Gestein bildet. An dem Kreuz (G. St. K.), welches den Vereinigungspunkt zweier von oben und unten kommender Wege bildet, beobachtet man das erste Vorkommen grauer mergeliger, hornsteinführender Plattenkalke (Str. WNW—OSO, saiger). Dann wieder Dolomit; im Rostagraben erscheinen graue Muschelkalkconglomerate von geringerer Mächtigkeit und noch einmal die obigen stark zerquetschten Plattenkalke, welche verkieselte Crinoidenstiele und *Spiriferina Peneckei* BITTN. führen. Die petrographische Beschaffenheit der, in gleicher Ausbildung im Normalprofil des Bombaschgrabens wiederkehrenden Schichten hebt jeden Zweifel über die Altersdeutung auf. (Leider giebt die einzige sicher bestimmbare Versteinerung keinen Aufschluss über das Alter der Schichten; *Spiriferina Peneckei* ist bisher nur in Dislocationsschollen gefunden worden und besitzt kaum irgend welche Ähnlichkeit mit anderen Muschelkalkformen, was jedoch angesichts der Ärmlichkeit der Brachiopodenfauna ohne Bedeutung ist. Die einzigen entfernter verwandten Formen sind einige Cassianer Spiriferen, welche ebenfalls im Äussern an *Retzia* erinnern.).

Nach einer längeren, durch ungeschichteten Dolomit eingenommenen Strecke beobachtet man im Wuzergraben (unterhalb des Stabet):

1. Obercarbonischen, glimmerreichen Grauwackenschiefer, Schieferthon mit *Spirophyton Suessi* STUR und schwarzen Kalk mit Crinoiden, der in saigerer Stellung NW—SO streicht oder unregelmässig verquetscht ist. Hinter der ersten etwas mächtigeren Scholle sind noch zwei kleinere je 1—1,5 m breite Aufschlüsse von Carbon sichtbar; jedoch bleibt es unsicher, ob dieselben durch Dolomit von einander getrennt sind. An dem nördlichen dieser Vorkommen, das aus thonigem Sandstein mit Kohlenresten besteht, kann man die Verknetung mit dem Triasdolomit besonders deutlich beobachten; der letztere ist unmittelbar am Contact zu einem grauen, vollkommen krystallinen Gestein umgewandelt, das Pyritwürfelchen und auf einer kleinen Spalte Rhomboëder von Dolomitspath enthält.

2. Auf die drei Carbonvorkommen, (welche in der kartographischen Darstellung zusammengefasst wurden), folgt ein verhältnissmässig breiter Zug von den rothen Conglomeraten des Muschelkalks.

3. Nördlich von diesem steht noch einmal am Wege Kohlensandstein und carbonischer Grauwackenschiefer an, ist jedoch ziemlich schlecht aufgeschlossen.

4. Dann folgt eine nicht sonderlich breite Zone von Triasdolomit, der vollkommen zertrümmert und von zahlreichen glänzenden Harnischen durchsetzt ist.

Abbildung 11.   Nach einer photogr. Aufnahme des Verf. gez. von O. Berner.

Aufquetschung von Muschelkalk im Schlerndolomit des Malborgeter Grabens.

Die dunkel gehaltenen thonigen Schichten des Muschelkalkes (im südlichen und mittleren Theile des Bildes) sind steil aufgerichtet und allseitig von dem wenig gestörten, ungeschichteten, schneeweissen Dolomit umgeben.

5. Die letzte Aufquetschung besteht aus verschiedenartigen Gesteinen; man beobachtet rothes Triasconglomerat, sowie vollkommen zerrütteten Carbonschiefer mit ebensolchem röthlichen Kalk, der wahrscheinlich als röthlicher Fusulinenkalk zu deuten ist. Fetzen von rothem Sandstein dürften auf den rothen Sandstein des unteren Muschelkalkes zu beziehen sein. Das Vorhandensein energischer Dislocationen wird endlich noch durch die massenhaft auftretenden Gangquarze bezw. die Kalkspathadern des Kalkes erwiesen. Auch das Vorhandensein von Quellen ist für die verschiedenen Aufquetschungen bezeichnend.

6. Der Dolomit, welcher nördlich an diese letzte und am meisten verworrene Aufquetschung angrenzt, ist vollkommen krystallin, nimmt jedoch weiterhin wieder seine normale Beschaffenheit an. Am Lerchriegel (dort, wo der Fussweg aufwärts führt) findet sich noch ein kleines, auf der Karte nicht angegebenes Vorkommen von grauem, vollständig mit Spathadern erfülltem Kalk.

Das Streichen des Dolomit ist, wo derselbe Schichtung zeigt, parallel zu den Aufpressungen WNW—OSO.

Die Aufquetschungen sind nicht auf das linke Bachufer beschränkt. Von dem Punkte aus, wo das Muschelkalkconglomerat ansteht, beobachtet man unten im Graben eine theils saiger stehende, theils in der wunderlichsten Weise zerquetschte Masse von wohlgeschichtetem grauem Muschelkalk, rings von schneeweissem Dolomit umgeben. Der Muschelkalk wird zwar, wie die beistehende Skizze zeigt, zunächst von einer Schutthalde bedeckt, keilt aber, da keine Fortsetzung an der gut aufgeschlossenen Wand sichtbar ist, in der That nach oben zu aus. An keiner Stelle ist der intrusive Charakter der den Dolomit durchsetzenden fremdartigen Massen so deutlich zu beobachten wie hier. (Vergl. Abb. 11.) Zwei weitere Vorkommen von Muschelkalk liegen nördlich und südlich vom Trögelkopf auf dem Guggrücken; das südlichere derselben befindet sich in unmittelbarer Nähe des vom Alpelspitz aus aufgenommenen Aufschlusses (vergl. oben).

Zwischen Malborget und der horstartig in das Dolomitgebiet vorspringenden Muschelkalkscholle des Uggwagrabens tritt östlich vom Stabet ein Zug von Porphyrgesteinen auf, der rings von Dolomit umgeben ist. Man beobachtet zwischen dem Stabet (1630) und der östlich bei der Höhencote 1415 m gelegenen Mascsanikhütte die folgenden Gesteine:

1. Quarzporphyr, meist durch Chloritlagen grünlich gefärbt, zuweilen mit der ursprünglichen rothen Farbe.
2. In Wechsellagerung mit demselben rothen, zum Theil grünlich gefärbten, glimmerhaltigen, bröckligen Sandstein.
3. Grünlichen Porphyrtuff (Pietra verde) in massigen Bänken (1—3 wurden auf der Karte unter der rothen Eruptivfarbe zusammengefasst).
4. Dunkele Platten des unteren Muschelkalkes in typischer Entwickelung.
5. Dann folgt weisser Dolomit.

In den gegenüberliegenden Julischen Alpen sind der Quarzporphyr und die grünen „doleritischen Tuffe" von Kaltwasser als Lagergestein in die Triasserie eingeschaltet und vertreten den oberen Muschelkalk; der untere Muschelkalk zeigt hier wie dort die gleiche Entwickelung; somit kann es keinem Zweifel unterliegen, dass das anormale Vorkommen von Porphyren am Stabet als Aufquetschung zu deuten ist. Es liegt dann hier der eigenthümliche Fall vor, dass ein deckenartiges, zu dem normalen Schichtenverbande gehörendes Eruptivgestein nachträglich durch tektonische Bewegungen intrusiv in jüngere auflagernde Gesteine hineingepresst worden ist.

Gewissermassen die Verbindung mit den Aufquetschungsschollen der Gegend von Tarvis vermitteln die Muschelkalkvorkommen, welche auf der Kalischnikwiese südlich des Mulei und auf dem Kamme zwischen Kapin und Schwarzem Berg zu beobachten sind. An dem ersteren Punkte, wo wie überall, das Vorhandensein von Quellen auf einen Gesteinswechsel hinweist, steht schwärzlicher Plattenkalk mit Kalkspathadern sowie dunkelem Mergel mit *Posidonia wengensis* WISSM. an. Die Möglichkeit ist nicht auszuschliessen, dass hier eine, durch die genannte Wengener Muschel gekennzeichnete Einlagerung von Wengener Mergeln im Dolomit anzunehmen wäre. Jedoch sind die Aufschlüsse zu mangelhaft, um eine sichere Entscheidung zu gestatten. Das ausgedehntere Vorkommen am

Kapin, das ich verschiedentlich gekreuzt habe, besteht nur aus Plattenkalk, der zahlreiche Hornsteinknollen enthält und WNW—OSO streicht.

An der Eisenbahnstation Tarvis und nördlich derselben durchsetzen verschiedene schmale, WNW—OSO streichende Aufquetschungen älterer Gesteine den weissen Triasdolomit. Gegenüber dem Bahnhof selbst findet sich ein, auch von DIENER[1] erwähntes Vorkommen der Werfener Schichten. Man beobachtet gelbliche oder graue, kalkige, wohlgeschichtete Mergel, die Glimmerblättchen auf den Schichtflächen zeigen und eine Bank von dichterem grauen Kalk einschliessen. Die Schichtstellung ist saiger oder steil nach S geneigt. Entsprechend dem WNW—OSO gerichteten Streichen trifft man diesen schmalen Zug von Werfener Schichten auf dem gegenüberliegenden Fella-Ufer nordöstlich vom alten Bahnhof Tarvis an der Chaussee noch einmal anstehend. Der Aufschluss liegt genau an der Stelle wo Eisenbahn und Chaussee eine scharfe Biegung nach SO machen. Unter den alten Moränen des Weissenbachgletschers beobachtet man hier zunächst die gelblichen, grauen oder rothen Werfener Kalkmergel, die weiterhin in dunkelgraue, weissgeaderte Kalke übergehen. Dann folgen verschiedene, deutlich ausgeprägte Brüche, Verquetschungen und Verschiebungen, welche die Grenze gegen den weissen Triasdolomit bilden. Derselbe nimmt den südlichen Theil der Chausseeböschung und fast die ganze Länge des Bahneinschnittes ein. Übrigens ist die Dislocationsgrenze wegen der schärfer ausgeprägten Farbenverschiedenheit der Gesteine am neuen Bahnhofe Tarvis leichter zu beobachten, als hier.

Folgt man vom neuen Bahnhofe der Strasse in nordöstlicher Richtung, so erscheint zunächst Gehängeschutt, weiter oberhalb steht an beiden Thalseiten Dolomit an. Das erste an der Chaussee aufgeschlossene Gestein ist tiefrother, bröckliger Mergel mit Lagen von weissem Mergelkalk, der infolge der weit ausholenden Biegungen der Strasse zweimal erscheint (zuerst an einem einspringenden, dann an einem ausspringenden

---

[1] Derselbe folgte der Deutung STACHES, welcher den Schlerndolomit für palaeozoisch hielt und sah demgemäss auch die Werfener Schiefer als eine unregelmässig abgesunkene Scholle an.

Winkel). Streichen WNW—OSO. Fallen flach SSW (vergleiche
Tafel 1).

Unmittelbar an die bunten Mergel grenzen die ausserordentlich verworfenen und gestörten rothen Kalkconglomerate des Muschelkalkes. welche ebenfalls SSW einfallen
und an zwei Stellen von der Strasse geschnitten werden. Der
beste Aufschluss findet sich am Mundloch des Goggauer Tunnels.
In der WNW-Richtung keilen die Conglomerate bald aus,
denn bei einer Excursion durch das Thal des Wagenbachs
konnte keine Spur von ihnen mehr entdeckt werden.

Die bunten Mergel wurden in Anbetracht der vollkommenen
petrographischen Uebereinstimmung mit dem Grödener Sandstein
auf diesen bezogen, obwohl die Möglichkeit nicht bestritten
werden kann, dass unterer Muschelkalk vorliegt. (Auch in der
letztgenannten Abtheilung kommen in den angrenzenden Julischen
und Venetianer Alpen rothe Sandsteine und Mergel vor. Doch ist
angesichts der grossen Mannigfaltigkeit der bereits beschriebenen
eingequetschten Gesteine die Entscheidung über diese Frage
von untergeordneter Bedeutung.) Die Nordgrenze des bunten
Conglomerates ist an der Strasse vorzüglich aufgeschlossen:
die Westecke eines hier liegenden Steinbruches besteht noch
aus dem Conglomerat, der ganze östliche Theil aus Dolomit.

Ein zweiter schmälerer Zug desselben Conglomerates
streicht an der Mündung des Wagenbaches bei dem Orte
Goggau durch und ist auf seiner Südgrenze an einer Felswand
entblösst. Auch an die Nordseite dieser Conglomeratauf-
quetschung legt sich ein schmaler Streifen rother Mergel, der
jedoch nur in der Tiefe der Fellaschlucht sichtbar ist.

Die ostsüdöstliche Fortsetzung der eben beschriebenen Aufquetschungen ist für eine längere Strecke durch die Moränen
des Weissenbachgletschers verdeckt. tritt jedoch in der Nähe
des Schlosses Weissenfels wieder an die Oberfläche. Südlich
des Schlossberges beobachtet man eine schmale Zone bunter
Conglomerate, nördlich desselben einen Zug von grauem mer-
geligem Plattenkalk, welche beide dem unteren Muschelkalk angehören dürften und rings von dem Dolomit umgeben
werden. Die Spalten, auf denen die Unterlage des Dolomits
emporgepresst worden ist, setzen sich auf 4—5 km Entfernung
fort und zeigen nur einen Wechsel in der Beschaffenheit der

emporgequetschten Sedimente. Es ist an sich nicht auffallend, dass diese schmalen Mergelzonen ziemlich rasch auskeilen.

In geringer Entfernung von dem, die Trias abschneidenden Bruch scheint im Canalgraben noch ein Zug von buntem Mergel oder Conglomerat die Dolomite zu durchsetzen; wenigstens deutet ein, allerdings nicht näher untersuchter grellrother Streifen am Gehänge des Kapin darauf hin.

An der Thatsache, dass im Gebiete von Malborget und Tarvis zahlreiche Fetzen und Schollen der weicheren Unterlage in die hangende, von Sprüngen durchsetzte Dolomittafel hineingepresst wurden, dürfte angesichts der eingehenden, im vorstehenden wiedergegebenen Beobachtungen ein Zweifel kaum möglich sein. Die theoretische Bedeutung der Erscheinung soll in dem allgemeinen tektonischen Theile erörtert werden; hier genüge der Hinweis, dass der ganze Vorgang viel von seinem Auffallenden verliert, sobald man den gesammten Aufbau der Gegend berücksichtigt. Das Triasgebiet auf dem Südabfall der Karnischen Hauptkette ist als ein gewaltiger Längsgraben aufzufassen. Die Nordgrenze bildet der Hochwipfelbruch, an dem eine vertikale, mehrere tausend Meter betragende Verschiebung stattgefunden hat. Die Versenkung auf der Südseite, die ich von Leopoldskirchen bis in das obere Savethal verfolgt habe, ist zwar deutlich ausgeprägt, besitzt aber viel geringere Sprunghöhe; der Schlerndolomit ist hier etwa in die Höhenlage des Muschelkalks oder der Werfener Schichten abgesunken. Die Aufquetschungen sind auf den Längsgraben selbst beschränkt und fehlen im Westen, wo der südliche Bruch sich in eine unregelmässige antiklinale Wölbung umwandelt.

Man braucht zur Erklärung der Aufquetschungen nicht einmal auf tieferliegende tektonische Ursachen zurückzugehen: Wo über einer plastischen Unterlage eine starre, von Rissen durchsetzte Decke liegt, werden schon infolge des Druckes der letzteren die weicheren Massen in die Spalten eindringen. In der Gegend von Pontafel waltet zwar dasselbe Verhältniss ob, aber infolge der geringeren Zerrüttung des Gebirges fehlen in dem Dolomit die durchsetzenden Spalten und daher auch die Aufpressungen.

3*

36

Ganz analoge tektonische Erscheinungen sind von DIENER aus den benachbarten Julischen Alpen und von BITTNER aus der Hochschwabgruppe sowie vom Torenner Joch beschrieben worden.

7. Die Tektonik der Trias in den Ostkarawanken.

Infolge der allgemeinen Vegetationsbedeckung sind die Aufschlüsse in der Trias der Ostkarawanken so schlecht, dass ein Verständniss der verwickelten Lagerungsformen nur aus der Untersuchung des Grenzgebietes der Karnischen Kette gewonnen werden kann.

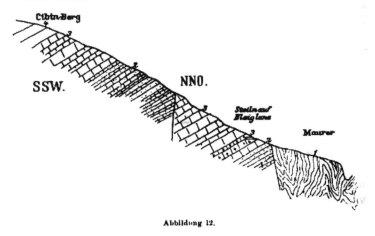

Abbildung 12.

Die Bruchgrenze von Silurschiefer (1) und Trias in den Karawanken.

In die Bruchspalte ist eine Scholle von Muschelkalk (3) eingebrochen. 2 Werfener Schichten. 4 Schlerndolomit.

Auf dem rechten Fella-Ufer gegenüber von Thörl kann man ausnahmsweise mitten im Walde den Einfluss von Gebirgsstörungen auf die Oberflächenformen beobachten. Im untersten Theile des Kolmwaldes findet sich hier im Gebiete des Kalkes, aber unmittelbar an der Bruchgrenze gegen den Schiefer und parallel zu dieser eine Anzahl tiefer Risse und Einbrüche, die zweifellos durch den Einsturz unterirdischer Hohlräume entstanden sind. Die Tagewässer circulirten offenbar besonders häufig auf der Grenze der klüftigen Kalke und der undurchlässigen Schiefer, lösten den Kalk unterirdisch aus und bewirkten so den Nachsturz der auflagernden Massen.

Östlich von dem oben geschilderten Vorsprung der Silurschiefer bei Thörl dringt die Trias in das Silurgebiet vor und bedingt hierdurch, wie es scheint, weitere tektonische Unregelmässigkeiten. In dem ausspringenden Winkel erscheinen nämlich unter dem Triasdolomit Muschelkalk (graue Plattenkalke) und Werfener Schichten (rothe Glimmersandsteine, rother Oolith und grauer Kalk), während im Osten und Westen der Bruch zwischen Schiefer und Dolomit liegt. Zwischen Werfener Schichten und Silurschiefer tritt noch einmal ein schmaler Streifen von Muschelkalk auf; derselbe ist als eine grabenartig in die Bruchspalte eingesunkene Scholle aufzufassen. (Vergl. das Profil.)

Diese stark dislocirte Scholle ist durch das mehrfach beobachtete Vorkommen von Bleiglanz ausgezeichnet. Dasselbe ist schon seit längerer Zeit bekannt und im Sommer 1890 durch neuere Versuchsstolln der Bleiberger „Union" aufgeschlossen worden. Am NW Abhang des Cibinberges wurde in einem dichten rauchgrauen Kalke mit wenig Spathadern, der stellenweise Rhizocorallien ähnliche Bildungen enthält, ein solcher Stolln getrieben. (Vergl. das Profil.) In dem flachgelagerten Kalke findet sich zweimal eine 2—3 cm mächtige Lage von schwarzem Schieferletten; im Liegenden der oberen Lettenschicht kommen die Bleiglanzpartikel im Kalk eingesprengt vor.

Auch an dem zweiten Versuchsstolln (oberhalb des Maurer-Hofes) zieht eine Lettenkluft ziemlich horizontal in das Innere des Berges und entspricht einer unbedeutenderen Dislokation. Beim Abteufen eines kleinen Schachtes fand man noch 4 solcher Lettenklüfte übereinander. Die Erzführung ist an die Thonlager gebunden, welche die circulirenden Wässer aufgehalten haben.

Ein dritter älterer Schurf liegt weiter westlich im Kolmwalde oberhalb der Greuther Holzschleiferei. Man hat dort eine bituminöse Reibungsbreccie gefunden, die aus dunkelem Kalk, Hornstein und eingesprengtem Bleiglanz besteht. Ein unmittelbar von der Bruchgrenze stammendes Stück zeigt auf der einen Seite krystallinen Kalk mit Spathadern, auf der anderen einen Beschlag von Glimmer und Schiefermaterial.

Am Kopa und Trebischagraben verläuft der Hochwipfelbruch zwischen Dolomit und Silurschiefer; weiterhin an der Wurzener Strasse bilden wieder die stark zerrütteten grauen Plattenkalke des Muschelkalks die Grenze. Letztere umschliessen oberhalb von Ratschach eine unregelmässige antiklinale Aufwölbung von Werfener Schichten. Dass noch weiter im Osten Grödener Sandstein in die Bruchspalte eingequetscht ist, wurde bereits erwähnt.

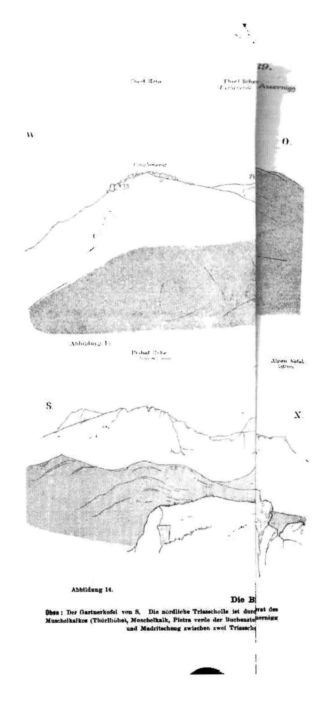

Abbildung 14.

Oben : Der Gartnerkofel von S. Die nördliche Triasscholle ist durch vat des
Muschelkalkes (Thörlhöhel, Muschelkalk, Pietra verde der Buchenste rernigg
und Madritschng zwischen zwei Triassch

Die B

II. KAPITEL.

Das Gebiet der Querbrüche: Gartnerkofel bis Promosjoch.

(Silur, Carbon, Trias.)

In oroplastischer und landschaftlicher Hinsicht bildet das zu schildernde Gebiet die wenig veränderte Fortsetzung der östlichen Karnischen Alpen. Jedoch erheischt das Auftreten neuer stratigraphischer und tektonischer Elemente eine gesonderte Behandlung. Das flach gelagerte, durch Landpflanzen und Fusulinenkalke gekennzeichnete Obercarbon tritt, abgesehen von den oben beschriebenen kleinen Aufquetschungen, nur in diesem Gebirgsabschnitt auf, während das vornehmlich im Westen entwickelte Untercarbon auf die Gruppe des Monte Dimon beschränkt ist. Ferner beherrschen Querbrüche, die allerdings auch dem folgenden Abschnitte nicht fehlen, den Gebirgsbau — trotz des Durchstreichens von Längsstörungen — vielfach in massgebender Weise.

Der Nordabfall besteht, wie überall, aus silurischen Schichten, deren Lagerung im allgemeinen ziemlich regelmässig vertikal ist, deren Breite jedoch infolge der Querbrüche mannigfachen Schwankungen unterliegt. Die Extreme betragen 1,1 und 8,5 km. In der Längsaxe und auf der Südseite des Gebirges besitzen die wildzerklüfteten, meist in schroffen Wänden aufstrebenden Massen des Schlerndolomits grosse Verbreitung und sind theils durch tektonische Störungen, theils durch die Wirkungen der Erosion in 5 Berggruppen gesondert, welche meist die Höhe von 2000 m übersteigen. Es sind dies der Gartnerkofel, der Schinouz, der Rosskofel, der Trogkofel und der Monte Gérmula. Die stärkere Zerklüftung des Dolomits und die hierdurch bedingte Ausbildung von Steilwänden erklären die auf den ersten Blick paradox erscheinende Thatsache, dass die genannten Berge den Charakter des Hochgebirges tragen, während die gleichhohen, aus kompaktem, wenig zerklüfteten Devonkalk bestehenden Erhebungen des Osternigg und Poludnigg gerundete Mittelgebirgsformen zeigen und bis zum Gipfel von einer kaum unterbrochenen Rasenhülle bedeckt sind.

1. Der Gartnerkofel und die Triasberge bei Pontafel.

Die Haupterhebung des Gartnerkofels besteht aus Schlerndolomit und hängt im Osten mit der ausgedehnten, in den vorhergehenden Abschnitten geschilderten Dolomittafel zusammen. Im Süden stellt das Obercarbon der Kronalp einen scharf ausgeprägten Senkungsbruch dar; die Grenze gegen denselben biegt an der Reppwand vor und bildet mit dem durchstreichenden Hochwipfelbruch in der Gegend des Garnitzengrabens ein höchst verwickeltes System von Längsstörungen, die meist unter spitzen Winkeln von einander absplittern.

Es ist nicht unbedingt sicher, dass die auf der Karte zum Ausdruck gebrachte Darstellung der tektonischen Verhältnisse in allen Einzelheiten der Wirklichkeit entspricht. Die Schichten sind fast durchweg versteinerungsleer und z. Th. petrographisch einander überaus ähnlich. In zwei Horizonten, dem Untersilur und dem Mitteldevon kommen weisse halb- oder ganz krystalline Kalke, in zwei anderen (Bellerophon- und Muschelkalk) dichte graue Plattenkalke vor. Rothe, glimmerige Mergel und Sandsteine finden sich gar in drei Horizonten, den Grödener, den Werfener Schichten und im Liegenden der bunten Muschelkalkconglomerate. Diese bunten Schichten sind nur in deutlichen Aufschlüssen petrographisch unterscheidbar, während die in vielen anderen Fällen ausreichende rothe Färbung des Waldbodens hier dem Geologen nur neue Räthsel aufgiebt.

Die richtige Auffassung der Sachlage wird weiter erschwert durch einen ziemlich raschen Facieswechsel innerhalb der tieferen Triasschichten. Die grünen Pietra verde-Tuffe der Scharte zwischen Thörlhöhe (Reppwand) und Gartnerkofel keilen nach Osten zu ziemlich bald, die bunten Conglomerate des Muschelkalkes vor der Möderndorfer Alp aus; bei der letzteren könnte allerdings auch ein Verschwinden durch tektonische Bewegungen in Frage kommen.

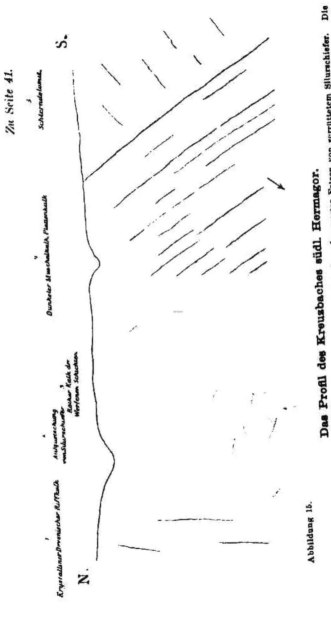

Zu Seite 41.

S.

N.

Schieferdolomit

Dunkler Muschelkalk, Plattenkalk

Rother Kalk der Werfener Schichten

Auslaugung von Silurschiefer

Krystalliner Devonischer Riffkalk

Abbildung 15.

Das Profil des Kreuzbaches südl. Hermagor.

Zwischen dem Devonkalk und der normal lagernden Triasfolge erscheint ein aufgepresster Fetzen von zerrüttetem Silurschiefer. Die Pfeile geben die Richtung der Dislokation an.

Der Hochwipfelbruch verläuft, wie oben gezeigt wurde, östlich vom Kok zwischen Schlerndolomit im Süden und dem Silur bezw. Devon des Poludniggzuges im Norden. In der Gegend von Klein-Studena erscheinen im Liegenden des Schlerndolomits tiefere Triasbildungen in geringerer Mächtigkeit; man beobachtet die dunklen Plattenkalke mit weissen Kalkspathadern und Hornsteinen, welche den alpinen Muschelkalk kennzeichnen, sowie die Werfener Schichten. Wie das nebenstehende Profil zeigt, sind diese unteren Triasschichten nicht, wie in ähnlichen Fällen, gequetscht und von Harnischen durchsetzt, sondern bilden das normale Liegende des Schlerndolomits.

Von der Egger Alp führt ein auf der Karte angegebener, anfangs schwer zu findender Fusssteig durch die weissen, hie und da bläulich erscheinenden Devonmarmore in die von schroffen Wänden begrenzte Schlucht des Kreuzbaches. Die verschiedenen Gesteine sind an dem, auch landschaftlich grossartigen (aber nur Schwindelfreien zu empfehlenden) Steige vortrefflich aufgeschlossen; jedoch ist ein Standpunkt für den Entwurf einer, die natürlichen Verhältnisse im richtigen Maassstabe wiedergebenden Skizze oder Photographie nicht vorhanden. Ich musste mich daher während des Durchwanderns der Schlucht auf die Entwerfung des Profils beschränken, das mit Absicht etwas schematisch gehalten ist. Die bemerkenswertheste Erscheinung ist unstreitig der zwischen Devon und Trias emporgepresste, total zerrüttete und zerknitterte, von zahlreichen Quarzadern durchsetzte schwarze silurische Thonschiefer. Man könnte denselben als den „ausgewalzten" Gegenflügel einer Synklinale betrachten, deren Kern der Devonkalk der Kersnitzen und deren Nordflügel das Silur nördlich der Eggeralp (der Oberndorfer Berg) bilden würde. Jedoch erscheint angesichts der sehr geringen Breite des Schiefers (der auf der Karte in vergrössertem Maassstabe wiedergegeben werden musste), die Annahme einer Aufquetschung wahrscheinlicher. Häufiger sind diese tektonischen Erscheinungen in der Gegend von Malborget (vergl. unten). Die horizontale Ausdehnung des Schieferstreifens über den Nordabhang der Möderndorfer Alp hin scheint nicht erheblich zu sein.

Einen guten Einblick in den Aufbau des Gebirges gewinnt man auf dem Wege, der von Möderndorf über die Urbani-

42

kapelle und den Schwarzwipfel zu der am Fusse des Gartnerkofels liegenden Kühweger Alp führt. Für die nachfolgende Darstellung ist ausser den eigenen Aufzeichnungen
auch das Tagebuch von Herrn Professor Suess benutzt worden.

Oberhalb des Schuttkegel des Garnitzenbaches quert
man zunächst einen schmalen Zug von

1. Thonschiefer mit Quarzflasern. z. Th. quarzitisch entwickelt. Darauf folgt

2. Silurischer Kalkphyllit nebst grauem oder weissem
Marmor, saiger oder mit 70—80⁰ nach N—NO fallend. Deutliche,
N—S streichende Klüfte könnten leicht für Schichtung angesehen
werden, wenn die Bänder des Kalkes nicht die wahre Lagerung
verriethen; auch rother Marmor folgt weiter nach oben. Mehr
aufwärts bildet weisser Marmor die senkrecht zum Garnitzen-
bach abstürzende Wand. auf deren Rand die Urbanikapelle
steht; ein Theil der Wand wird von einer hohen NNO
streichenden Kluftfläche gebildet. Der (gut unterhaltene aber
auf der G. St. K. nicht mehr angegebene) Weg wendet sich
nach W und führt bis nahe an den Schwarzwipfel durch
silurischen Kalkphyllit. Der ost-westlich gerichtete Theil des
Garnitzengrabens bildet hier die Grenze zwischen Kalkphyllit
und dem wenig verschiedenen, etwas reineren, halbkrystallinen
Devonkalk des Kersnitzenzuges.

3. Am Schwarzwipfel beginnt der Bellerophonkalk;
man beobachtet unter der Halterhütte einen grösseren Aufschluss
von Rauchwacke, bunte Schiefer vom Aussehen der Werfener
Schiefer, dann etwas Gyps, wenig Rauchwacke. eine Lage von
blutrothem Schiefer mit Glanzflächen, dann folgt der hellgraue dichte geschichtete Bellerophonkalk der Trögerhöhe.
Die schlecht aufgeschlossenen bunten Schiefer stellen das
verquetschte Auslaufende einer Zone von typischen Grödener
Schichten dar, die ich weiter östlich, am Fusse der Trögerhöhe, zwischen Bellerophonkalk und Silur auffand.

4. Man findet weiterhin am Wege anstehend dunkelen
Obercarbonschiefer mit eingelagerten Fusulinenkalken.
Suess führt von dort Trilobiten, Fenestellen, *Euomphalus* und
Spirifer an. (Hier ist der Hauptstandort der wunderbaren
Wulfenia carinthiaca.)

Profil-Tafel II.

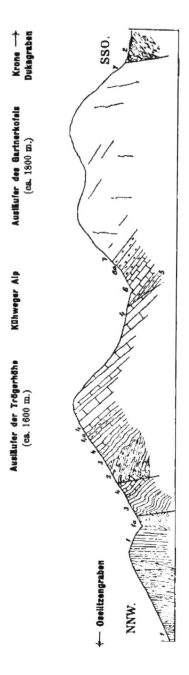

Ausläufer der Trägerhöhe (ca. 1600 m.)   Kühweger Alp   Ausläufer des Gartnerkofels (ca. 1800 m.)   Krone →
Dukagraben

← Oselitzengraben

NNW.

SSO.

Schematisches Profil des Gartnerkofels. Ca. 1/34000. Höhen und Längen im natürlichen Verhältniss.

(Der Durchschnitt liegt etwas östlich von dem auf S. 42 u. 43 beschriebenen.)

1. Kalkphyllit, 1a Thonschiefer des Untersilur. 2. Obercarbon. 3. Gröduer Sandstein und Conglomerat. 4. Rellerophonkalk (mit 4a Zellendolomit), 5. Werfener Schichten (im O und W anstehend, im Profil durch eine untergeordnete Störung oder durch Gehängeschutt verdeckt). 6. Muschelkalk und 6a Buntes Kalkconglomerat desselben. 7. Weisser Schierndolomit mit Gyroporellen.

5. Unterhalb des Weges beobachtete ich noch einen Aufschluss von Grödener Mergeln, die aber nicht besonders deutlich entblösst sind; darauf folgt

6. Bellerophonkalk zum zweiten Male. Dies eigentümliche Verhalten glaube ich folgendermassen erklären zu können (vergl. die Karte): Zwei spitzwinkelig in der Nähe des Schwarzwipfel convergirende Brüche begrenzen einen Keilhorst von Obercarbon (4), an dem im Norden und Süden der Bellerophonkalk abgesunken ist. Der Betrag der nördlichen Verwerfung war ziemlich erheblich (wenngleich nicht mit dem kolossalen, weiter im Norden folgenden Hochwipfelbruch vergleichbar), die Sprunghöhe der südlichen Dislocation verhältnissmässig gering, da hier in dem Bruch nur der zwischen Carbon und Bellerophonkalk liegende Grödner Mergel theilweise (mit Ausnahme des schmalen Streifens 5) verschwunden ist. Der nördliche, bei mehreren Gelegenheiten untersuchte Nordabhang der Trögerhöhe ist stark bewaldet, schlecht aufgeschlossen und mit all den verschiedenartigen in Frage kommenden Gesteinen übersät, so dass die obige, mühsam errungene Auffassung nicht als vollkommen zweifellos zu bezeichnen ist.

7. Der im Osten und Westen der Kühweger Alp versteinerungsführenden (Pseudomonotis, Myacites fassaensis, Gastropodenoolithe mit Holopella) Werfener Schichten nebst dem grauen Muschelkalk sind in der Nähe der Alphütte durch das massenhafte Gerölle verdeckt. Der Muschelkalk entspricht in dem Profile der Thörlhöhe den Schichten 2) und 3).

8. Jenseits des Kühweger Baches beobachtet man rothen Schiefer und buntes Kalkconglomerat (4 und 5 im Profil der Trögerhöhe) und darüber geschichtete röthlichgelbe Kalke, welche ebenfalls zum Muschelkalke gehören und die Unterlage der schichtungslosen schneeweissen Dolomitwände des Gartnerkofels bilden. Die Lage, welche diese Conglomerate am Gehänge einnehmen, ist auf den von Herrn Professor Suess entworfenen Skizzen des Gartnerkofels (von N) und des Garnitzengrabens (p. 51) zu ersehen.

Die Aufeinanderfolge einzelner Schichtgruppen des grossen eben geschilderten Durchschnittes wird durch die beiden folgenden Profile verdeutlicht. Die Ansicht der Thörlhöhe von N erläutert die Schichten vom Bellerophonkalk bis zu den

44

bunten Conglomeraten. Man vergleiche auch die weiter unten
folgende Skizze desselben Berges von der andern Seite.

Die von Herrn Professor SUESS meisterhaft dargestellte
Nordseite des Gartnerkofels zeigt auf der Thörlhöhe die Conglomerate und im Liegenden derselben die rothen Schiefer.

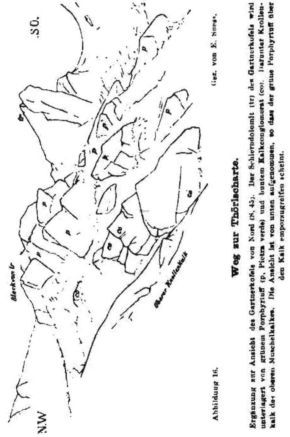

Abbildung 16.

Weg zur Thörlscharte.

Gez. von E. Suess.

Ergänzung zur Ansicht des Gartnerkofels von Nord (S. 43). Der Schlerndolomit (tr) des Gartnerkofels wird
unterlagert von grünem Porphyrtuff (p, Pietra verde) und buntem Kalkconglomerat (co). Darunter Krollenkalk des oberen Muschelkalkes. Die Ansicht ist von unten aufgenommen, so dass der grüne Porphyrtuff über
den Kalk emporzugreifen scheint.

Im Hangenden der weit am Abhang verfolgbaren Conglomerate
erscheinen die oberen meist grau gefärbten geschichteten Kalke.
die keine Versteinerungen führen und dem oberen Muschelkalk
oder den Buchensteiner Schichten entsprechen. Darüber türmen
sich die schroffen Wände des Gartnerköfels auf.

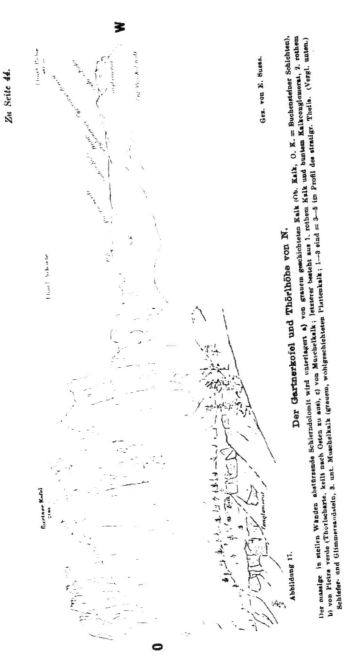

Der Gartnerkofel und Thörlhöhe von N.

Der massige in steilen Wänden abstürzende Schlerndolomit wird unterlagert a) von grauen geschichteten Kalk (Ob. Kalk, O. K. = Buchensteiner Schichten), b) von Pietra verde (Thörlscharte, keilt nach Osten zu aus), c) von Muschelkalk; letzterer besteht aus 1. rothem Kalk und buntem Kalkconglomerat, 2. rothem Schiefer- und Glimmersandstein, 3. unt. Muschelkalk (grauem, wohlgeschichteten Plattenkalk; 1—3 sind = 3—5 im Profil des stratigr. Theils. (Vergl. unten.)

Gez. von E. Suess.

Abbildung 17.

Zwischen die oberen geschichten Kalke und die von einer rothen Kalkbank gekrönten Conglomerate schiebt sich an der Thörlscharte ein bald auskeilendes Lager von Pietra verde (S) ein. Aus der nebenstehenden Ansicht ergiebt sich die verhältnissmässig unbedeutende Mächtigkeit des Tufflagers; in demselben sammelte Herr Professor SUESS ein interessantes Stück, ein von rothem Quarzporphyr umflossenes Kalkgerölle.

Die Tuffe der Thörlscharte entsprechen in ihrer stratigraphischen Stellung vollkommen den Tuffen von Kaltwasser bei Raibl, wie überhaupt die Trias des Gartnerkofels grosse Ähnlichkeit mit den tieferen Theilen des berühmten Raibler Profils besitzt.

Wesentlich verschieden ist dagegen der südlich liegende Durchschnitt des Bombaschgrabens, wo im Muschelkalk alle bunten Gesteine, Schiefer, Kalke und Conglomerate vollkommen fehlen — ein neues Beispiel für den häufig in der alpinen Trias beobachteten schroffen Facieswechsel innerhalb kleiner Gebiete.

Die Südabdachung des Gartnerkofels ist flach und die Besteigung des Gipfels auf dieser Seite ohne die geringsten Schwierigkeiten möglich, während die Forcirung der Wände des Nordabhanges ein bisher wohl noch ungelöstes alpinistisches „Problem" darstellt. Die geringe Neigung des Südgehänges beruht vor allem darauf, dass die Wetterseite in der Karnischen Kette nach Norden zu liegt; dazu kommt, dass der carbonische Horst des Auernigggebietes (vergl. unten) die triadische Grabenscholle des Gartnerkofels in früheren Zeiten überragte, aber von der Denudation stärker angegriffen wurde.

Die Aussicht von der allseitig freiliegenden Spitze des Gartnerkofels ist für den Naturfreund ebenso anziehend wie für den Geologen. Mit besonderer Schärfe prägt sich der Gegensatz zwischen den grünbewachsenen gerundeten Carbonbergen Garnitzen, Krone und Auernigg und den bleichen, in abschreckender Pflanzenarmuth emporstarrenden Kalkschroffen des Ross- und Trogkofels aus. (Vergl. die Abb. 14 auf S. 39.) Der Unterschied der Landschaftsformen tritt auf der unten wiedergegebenen SUESSschen Zeichnung (Aussicht vom Gartnerkofel nach W) in sehr bezeichnender Weise hervor. Es hat den Anschein, als ob die Trias des Ross- und Trogkofels durch einen im allgemeinen gradlinigen Bruch abgeschnitten sei, der

am Rudniker Sattel durch einen ausspringenden Winkel unterbrochen ist. Das wahre Verhältniss, dass weiter unten beschrieben werden soll, ist noch verwickelter.

Der Dolomit auf der Spitze des Gartnerkofels gehört,
wie der Korallenkalk des gegenüberliegenden Rosskofels zu
den in palaeontologischer Hinsicht einigermassen ergiebigen
Gesteinen in der versteinerungsarmen Karnischen Trias. Man
beobachtet hier Gyroporellen in ziemlicher Häufigkeit; ferner
sammelte Suess eine, von Mojsisovics als *Daonella cf. tirolensis*
Mojs. bestimmte Muschel. Dieselbe würde etwa auf Buchen-

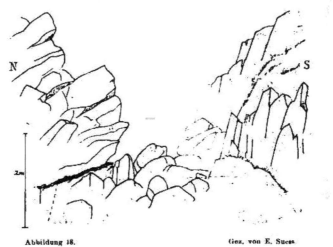

Abbildung 18.   Gez. von E. Suess.

Die Bruchgrenze im Duckagraben.

steinen Schichten hinweisen. Weiter westlich am Schulterköferle (Bild des Garnitzengrabens) fand Suess Spiriferinen
und Terebrateln aus der Gruppe der *T. vulgaris.*

Die tektonische Grenze auf der Südseite des Gartnerkofels
ist in Folge des Farbengegensatzes schwarz (Carbon) — weiss
(Dolomit) oberhalb der Watschiger Alp im Dukagraben
(nicht auf den G. St. K. angegeben) sehr deutlich wahrnehmbar.
Ueberall schiessen die von der absinkenden Triasscholle mit-
geschleppten, meist zerknitterten und zerrütteten Carbonschichten
steil oder saiger nach dem Bruche zu ein. Auch die vor-

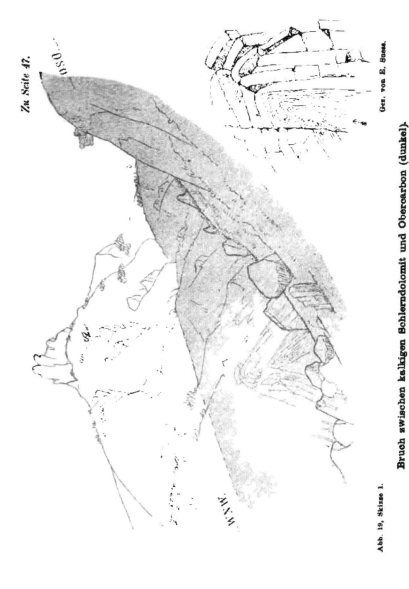

Abb. 19, Skizze 1.

Zu Seite 47.

OSO⟶

NNW

Gez. von E. Suess.

Bruch zwischen kalkigen Schlerndolomit und Obercarbon (dunkel).

Oberer Theil des Tnkagrabens, Watschiger Alp, Südseite des Gartnerkofeis. Beide Formationen sind steil aufgerichtet. Rechts sind die einge-
knickten Carbonschichten gesondert dargestellt. Vergl. Suess, Antlitz der Erde I. S. 312.

88

gegend von Pontafel zu beobachten; hier lässt sich der Muschelkalk (meist in den Facies fossilleerer Guttensteiner Schichten; nördlich von Costa an der Pontebbana mit Rauchwiegend flach gelagerte Trias, (die am Südabhang verschiedentlich Andeutungen von Schichtung zeigt) ist neben dem Bruche steil gestellt (Abb. 19) oder local auf die Carbonschichten aufgeschoben (Abb. 18). Die beiden von Herrn Professor Suess im östlichen Quellgebiet des Trögelbaches, im Dukagraben oberhalb der Watschiger Alp aufgenommenen Ansichten veranschaulichen diese tektonischen Merkwürdigkeiten in unnachahmlich klarer Weise.

Die mit dem Gartnerkofel durch den Lonaswipfel und Schinouz zusammenhängenden Triasberge der Pontafeler Gegend bieten in tektonischer Hinsicht wenig bemerkenswerthes. Dass bei Pontafel selbst das Fellathal einer antiklinalen Aufwölbung der Werfener Schichten und des Muschelkalkes inmitten der höheren Trias entspricht, wurde bereits von Hauer vor Jahren in klarer und unzweideutiger Weise ausgesprochen. Die Auffassung Staches, der den Schlerndolomit zum Perm ziehen will, bezeichnet einen Rückschritt gegenüber der älteren Anschauung. Ein antiklinaler Aufbau des Gebirges ist jedoch nur in der von Hauer näher untersuchten unmittelbaren Umwacken) von der Mündung des Vogelbachgrabens etwa bis zum Prihatbach verfolgen. Oestlich und westlich fehlt derselbe, so dass hier die Werfener Schichten des Südgehänges an den Schlerndolomit des Nordabhanges unmittelbar angrenzen: Die antiklinale Aufpressung von Pontafel hat demnach mit einer eigentlichen Falte wenig zu thun, sondern geht beiderseits in einen Bruch über, der, wie bei Tarvis ein Absinken der nördlichen Scholle bedingt. Man darf sonach auch hier die Triastafel des Schinouz, Trogkofel und Salinchietto als einen ungleichmässigen Graben auffassen, der auf der Nordseite stärker gesenkt ist, als im Süden. Der Uebergang eines Bruches in eine antiklinale Wölbung ist keineswegs ungewöhnlich und wurde z. B. von Mojsisovics im Vilnöss beobachtet.

Weiter im Westen spaltet sich die Zone des Rosskofels durch den diagonalen Bruch des oberen Pontebbanathales in zwei schmale Längsgräben, deren nördlicher (Monte

48

Germula) zwischen Obercarbon und Obersilur eingesunken ist. Der südlich in der Nähe der Casa Varleet auskeilende Zug des Monte Salinchietto zeigt den für die Hauptscholle bezeichnenden Bau; er ist ungleichförmig zwischen dem obercarbonischen Horst des Monte Pizzul im Norden und dem aus zerquetschten Werfener und Bellerophonschichten bestehenden Gebiet des Monte Cullar im Süden eingebrochen.

Das Triasprofil des Bombaschgrabens, durch welchen der einzige Zugang zu dem, im folgenden Abschnitte zu schildernden Carbongebiet der Krone von Pontafel aus führt, mag zum Schluss noch kurz besprochen werden. Die ganze Schichtenfolge ist infolge des Aussetzens der südlichen Verwerfung und der überaus grossen Sprunghöhe des nördlichen Bruches vollkommen überkippt und fällt SW—SSW, so dass die ältesten, am Eingange des Grabens anstehenden Werfener Schichten thatsächlich das Hangende bilden. Dieselben führen stellenweise *Pseudomonotis* in grosser Menge und zeigen im Bette des Grabens Wellenfurchen in besonders schöner Entwicklung.

Der südliche Theil der Werfener Schichten ist mehr glimmerig-sandig, der nördliche mehr mergelig-kalkig, so dass der Uebergang zu dem Muschelkalk ein allmähliger ist. Letzterer besteht vor allem aus dunkelen, dickbankigen, von Spathadern durchsetzten Kalken und geht ebenfalls ohne scharfe Grenze in den dolomitischen Triaskalk über, der nur stellenweise Andeutungen von Schichtung zeigt. (Man vergl. das Profil des Malurch). Die geologische und landschaftliche Grenze des Obercarbon ist auch hier überaus scharf.

2. Das Obercarbon der Gegend von Pontafel.

Das Obercarbongebiet nördlich von Pontafel ist die einzige Gegend in der gesammten Karnischen Kette, die mehrfach von Geologen besucht und geschildert worden ist. Hier wurden die ersten bestimmbaren Carbonfossilien gefunden, welche — zusammen mit dem Vorkommen von Bleiberg — das carbonische Alter der gesammten „Gailthaler Schichten" beweisen sollten. Später haben Tietze und besonders Stache[1]) die Gegend häufiger

[1]) Tietze, Kohlenformation bei Pontafel Verh. d. k. k. geol. R. A. 1872. p. 142. Stache, Fusulinenkalke der Ostalpen ebd. 1873. pag. 291. Stache,

Zu Seite 49.

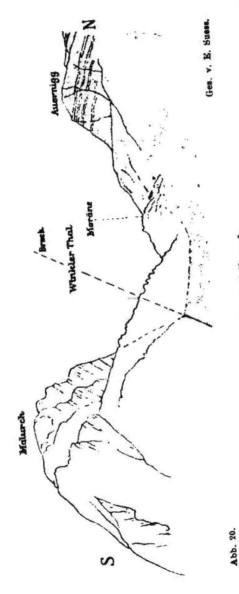

Der Bosskofelbruch.

An den, durch Schutt überdeckten Bruch grenzen die flachgelagerten Obercarbonschichten des Auernigg und der überkippte
Schlerndolomit des Malurch; links der Bombaschgraben.

Ges. v. E. Suess.

Abb. 20.

93

besucht. Die Auffassung der letzteren lässt sich kurz folgendermassen zusammenfassen: Das Carbon der Krone und des Auernigg enthält Vertreter der gesammten Carbonhorizonte vom
Kohlenkalk[1] bis zum höchsten Carbon und geht nach oben zu
allmählig in die „permocarbonischen" Fusulinidenschichten der
Krone und die weissen Dolomite und Kalke des Rosskofels und
Gartnerkofels über, die als heterope Vertreter der Permformation aufzufassen sind.

Zu ganz abweichenden Ergebnissen gelangte Suess durch
wiederholte Untersuchung desselben Gebietes[1]): „es ist leicht
erklärlich, dass man die mächtigen lichten Triaskalksteine im
Norden und im Süden für normal aufgelagert, ja sogar für
eine Vertretung der permischen Zeit gehalten hat. Es sind dies
aber im Norden wie im Süden an Längsbrüchen eingesunkene
Massen (Abb. 20), und es ist namentlich die den Botanikern als
Standort der wunderbaren *Wulfenia carinthiaca* bekannte Masse
des Gartnerkofels reich an Triasversteinerungen und durch sehr
scharfen Senkungsbruch gegen das Carbon abgegrenzt."

Ueber die stratigraphisch-palaeontologische Seite der Frage
ist zunächst zu bemerken, dass die Schiefer, Grauwacken, Conglomerate und Fusulinenkalke des fraglichen Gebiets einen
einheitlichen, dem oberen Carbon zuzurechnenden Complex darstellen und dass wahrscheinlich nur Aequivalente der oberen
Ottweiler Schichten vorliegen. Gegen das Vorhandensein von
Vertretern des Untercarbon spricht die eingehende palaeontologische Untersuchung der Molluskenfauna durch Herrn Schellwien. Die Bestimmung des *Prod. giganteus* durch Stache wurde
auf keine Weise bestätigt: Wie die Exemplare der Wiener
Universität und die Aufsammlungen an Ort und Stelle beweisen,
handelt es sich wahrscheinlich um *Productus semireticulatus*.
Ausserdem fanden sich in den Schichten des sogenannten *Prod.
giganteus*[2]): *Productus cancriniformis* Tschern., eine Leitform des

---

über eine Vertretung der Permformation (Dyas) von Nebraska in den Süd-
alpen ibid. 1874 p. 87. Stache, die palaeozoischen Gebiete der Ostalpen.
Jahrbuch der k. k. geol. R. A. 1874. Stache, Zeitschr. d. deutschen geol.
Gesellschaft 36. p. 361 und 375.

[1]) Stache, Jahrbuch der k. k. geol. Reichsanstalt 1874. p. 207.

[2]) Suess, Antlitz der Erde I p. 343 und Schellwien, Fauna des Karnischen Fusulinenkalkes, Diss. Halle, 1892, p. 6.

russischen Obercarbon sowie *Marginifera*, eine auf Obercarbon
und Permocarbon beschränkte Gattung. Gegen die Annahme
von Untercarbon ist weiter anzuführen, dass die angebliche,
von STACHE an der Ofenalp beobachtete Discordanz auf einer
untergeordneten Dislocation beruht. (Vergleiche den stratigraphischen Theil und die eingehendere Beschreibung dieser
Stelle weiter unten.)

Sollte ferner trotz des Vorkommens zahlreicher Triasversteinerungen (wie *Megalodon*, *Thecosmilia*, *Daonella*, *Terebratula* aff. *vulgari*; Gyroporellen) noch Jemand an das permische Alter der weissen Schlerndolomite glauben, so sei
vorgreifend bemerkt, dass am Gartnerkofel und am Monte
Germula, die Grödner Sandsteine, die Vertreter des normalen Perm, in einer Entfernung von 1 km bezw. 200 m
von dem Dolomite in dislocirter Stellung vorkommen. Leider
ist die unrichtige Anschauung STACHES — trotz der obigen
Bemerkung von SUESS — in die meisten neueren Lehrbücher,
u. a. auch in die Formationslehre KAYSERS übergegangen.

Die überaus zahlreichen Begehungen, welche ich und
auf meine Veranlassung die Herren von dem BORNE und
SCHELLWIEN zwischen Auernigg und Oharnachalp ausführten,
haben die Richtigkeit der SUESSschen Auffassung in nach-
drücklichster Weise dargethan. Angesichts der Kartendar-
stellung und der zahlreichen hier wiedergegebenen Ansichten
und Profile dürfte auch wohl für den Leser ein Zweifel über
das Vorhandensein von Dislocationen kaum mehr bestehen.
Man könnte nur darüber noch im unklaren sein, ob das Carbon
in seiner Lage verblieb und die Trias absank oder ob die
Trias stehen blieb und das Carbon emporgewölbt wurde. Für
die letztere Auffassung wäre vor allem die Thatsache anzuführen, dass die höchsten Carbongipfel um 200—300 m hinter
den benachbarten Triasbergen zurückbleiben. Angesichts der
flachen Schichtenstellung, welche der bei weitem grösste Theil
des Carbongebiets besitzt, und angesichts der an Umbiegung,
nicht aber an Faltung gemahnenden Lagerungsformen, welche
die gestörten Theile des Carbon (Garnitzen) zeigen, erscheint
jedoch die zweite Annahme a priori wenig wahrscheinlich.
Ihre Unhaltbarkeit ergiebt sich aus der Betrachtung der
Erosionsformen unserer Gegend. Der tief ausgefurchte Ein-

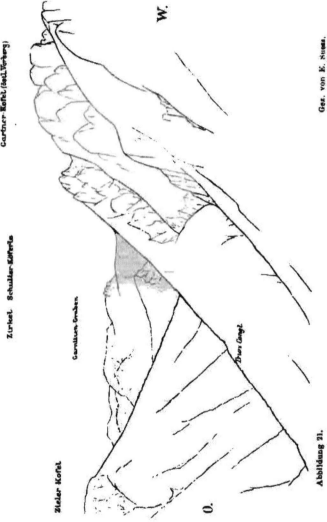

W.

O.

Zieler Kofel

Zirbel. Schuller-Köfferle

Gartner-Kofel (Gel.Vorberg)

Garnitzen-Graben

Trias Congl.

Abbildung 21.

Gez. von E. Suess.

Die Erosionsschlucht des Garnitzengrabens.

Im Vordergrunde der Schlerndolomit, unterlagert von Muschelkalkconglomerat, im Hintergrunde das Obercarbon (dunkel). Die orographisch tiefere Lage des hornartig aufragenden Carbon erklärt sich durch spätere Ienudation.

schnitt. in dem der Bombaschgraben die Mauer des Kalk-
gebirges durchbricht. wird durch die heutige Oberflächen-
gestaltung ebensowenig erklärt. wie der Erosionsriss des oberen
Garnitzengrabens zwischen Gartner- und Zielerkofel. Die
Schieferhöhen des Auernigg und der Krone sind im Osten.
Norden und Süden von höheren Kalkbergen umgeben und
stehen nur nach Westen mit einem niedrigeren, nach dem
Gailthal zu abfallenden Schiefergebiet im Zusammenhang.
Trotzdem fliesst nur ein geringer Theil der Gewässer auf
diesem Wege ab. Man könnte, um diese paradoxen Oberflächenformen zu erklären, die rückschreitende Erosion zu Hilfe
rufen; da jedoch die Bäche nur auf der Wetterseite erodiren
und die beiden in Frage kommenden Querthäler nach Norden

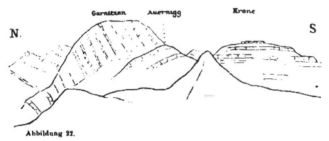

Abbildung 22.

Lagerung der Carbonschichten
zwischen Krone und Garnitzen, gesehen vom Madritscheng.

und Süden gerichtet sind, erscheint dieser Erklärungsversuch
wenig annehmbar.

Man wird demnach auch durch diese Erwägungen zu der
Voraussetzung geführt, dass die früheren Höhenverhältnisse von
den heutigen gänzlich verschieden waren. Einstmals ragte das
Niederungsgebiet der Krone und des Nassfelds über den Gartnerkofel und den südlichen Kalkkamm empor und entsandte
seine Gewässer über jene hinweg nach Nordost. Nordwest und
Süd. Die Verwitterung trug die Schieferhöhen rascher ab als
die Kalkgebirge, aber die Thätigkeit der fliessenden Gewässer
hielt mit der Verwitterung gleichen Schritt und schnitt tiefer
und tiefer, der ursprünglichen Richtung folgend, in die Kalkmassen ein. Die Thäler sind also auch hier älter als die
Berge.

4*

Der zwischen Krone und Zirkelspitzen durchschneidende Querbruch bedingt das Absinken der Trias im Osten und ist in der Gegend des Lonaswipfels zwar an dem erheblichen Farbenunterschied der Gesteine gut kenntlich, aber nicht besonders deutlich aufgeschlossen. Dagegen findet sich südlich von den Zirkelspitzen an der Alp im Loch der prächtige, von Suess im Antlitz der Erde erwähnte und hier nach Photographien noch einmal dargestellte Aufschluss. Die aus Grauwackenschiefer, Thonschiefer, schwarzen Fusulinenkalken und Quarzconglomeraten bestehenden Carbonbildungen setzen an dem undeutlich geschichteten, schneeweissen, dolomitischen Triaskalke haarscharf ab. Die Carbonschichten sind unmittelbar am Bruch unter steilem Winkel geneigt und ziemlich stark zerquetscht, jedoch immer noch weniger gestört als z. B. die Aufquetschungen des Malborgeter Grabens. Jedoch ist auch hier ein an der Farbe leicht kenntlicher Streifen dunkelen Carbonschiefer intrusiv in eine Kalkspalte hineingequetscht. (Mitte des Bildes.) Die Carbonschichten nehmen ziemlich bald ihre flache Lagerung wieder an, was ja auch mit der obigen Annahme gut übereinstimmt, dass dieselben den bei den Dislocationen in situ verbliebenen Theil darstellen. Hingegen sind die Triaskalke von kolossalen Rutsch- und Gleitflächen durchsetzt, die sich unter spitzen Winkeln schneiden. Indem die Verwitterung und der Spaltenfrost an diesen Rissen ihre Thätigkeit vereinigten, kam die auch für unsere „verworfene Gegend" beispiellose Zertrümmerung zu Stande, welche die Zirkelspitzen kennzeichnet. (Abb. 24.)

Die tertiären Erdkrustenbewegungen, welche den NNO bis SSW verlaufenden Abbruch des Obercarbon bedingten, sind noch nicht zum Abschluss gelangt. Vergleicht man die von Hoefer entworfene Erdbebenkarte Kärntens[1] mit unserer geologischen Karte, so fällt die vollkommene Uebereinstimmung der von St. Michael im Murthal über Hermagor nach Pontebba verlaufenden Tagliamentolinie mit dem Zirkelbruch sofort ins Auge.

Dem Querbruche der Zirkelspitzen sind diejenigen Quer-

[1] Denkschriften der kais. Akademie d. Wissenschaften. Wien. Math. naturw. Klasse 42 Bd. II. Abth. Taf. I.

SSO

NNW

Abbildung 23.　Nach photogr. Aufnahmen von Dr. v. d. Borne mit Benutzung des Profils von E. Suess, gez. von O. Borner.

Die Zirkelspitzen von WSW.

Zerknittertes und zerquetschtes Obercarbon (dunkel) neben dem abgesunkenen Triaskalk, in dessen Spalten dasselbe zum Theil eindringt.

Zu Seite 52.

NW

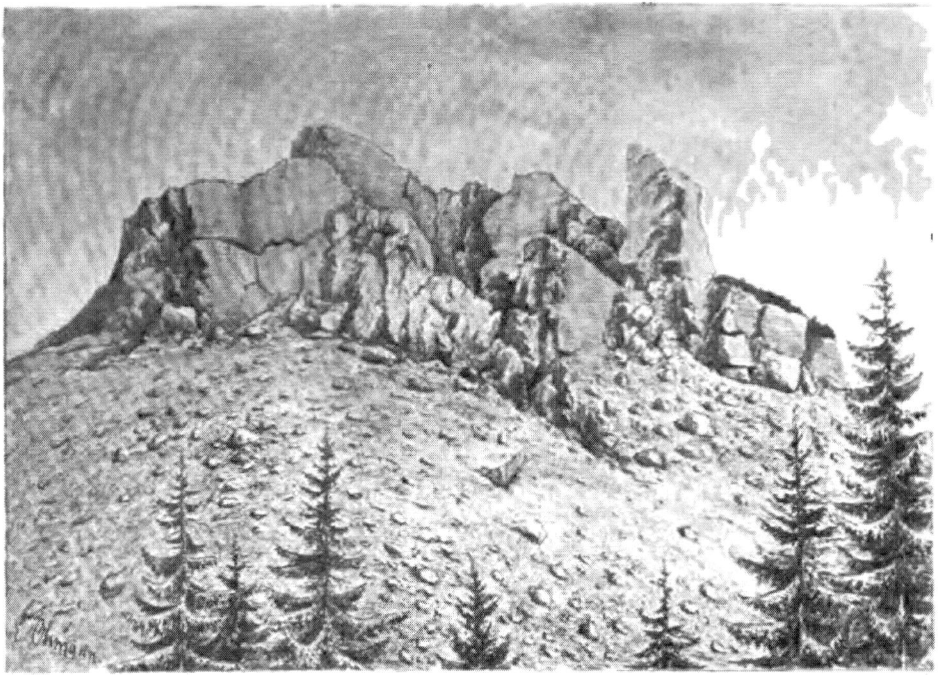

SO

Abb. 24. Nach einer photogr. Aufnahme von Dr. v. d. Borne gez. von E. Ohmann.

Die Zirkelspitzen nördlich von Pontafel,

Der Triaskalk ist in der unmittelbaren Nähe des Querbruches von zahlreichen Verwerfungen und Harnischen durchsetzt.

störungen ähnlich, welche das westliche Ende des Ober-
carbonzuges bilden. Nur ist am Lanzenboden und der Oharnachalp der Querbruch durch die Interferenz einer längs verlaufenden Dislocation winkelig gebrochen, und das Carbon
stellt dem Silur gegenüber die abgesunkene Scholle dar.

Nordwestlich von der Höhencote 1635 biegt der Zirkelbruch in einem abgestumpften rechten Winkel um und verläuft
in WNW (bis W)-Richtung unter den Wänden des Skalzer
Kopfs und des Malurchs bis zum Rosskofel und weiter. Ich
bezeichne diese für den Gebirgsbau und die Thalformen gleich
bedeutungsvolle Verwerfung als den Rosskofelbruch. (S. 49.)

Unter den Wänden des Skalzer Kopfs sieht man das
dunkele Carbon scharf an den weissen Triaswänden absetzen.
Zwischen Malurch und Auernigg (Vergl. die Abb. 20) ist hingegen das dem Bruch (bezw. der Gesteinsgrenze) entsprechende
Thal vollkommen mit Gehängeschutt und Moränenab lagerungen
erfüllt.

In geringer Entfernung westlich vom Zirkelbruch trifft
man massige Conglomeratbänke an, welche in Folge der flachen
Lagerung der Carbonscholle bis zur Krone (Fallen 20—30° NO)
und weiter bis zum Auernigg durchstreichen. Die Krone hat
offenbar ihren Namen von den die Hochfläche krönenden Con-
glomeratsbänken erhalten. Das regelmässige, auf der Höhe zu
beobachtende Kronenprofil wird im stratigraphischen Theile
eingehende Berücksichtigung finden. Weiter südlich beobachtet
man bei der Annäherung an den Rosskofelbruch mannigfache
Unregelmässigkeiten, so die angebliche „Discordanz" STACHES.
Auch die Schichten, welche weiter abwärts unterhalb der
Ofenalp anstehen, sind zum Theil ebenfalls aufgerichtet, zum
Theil jedoch flach gelagert und vielleicht als die untere Fortsetzung des Kronenprofils anzusehen. Ich entnehme den Aufzeichnungen des Herrn Dr. SCHELLWIEN, der diese Gegend genauer
untersucht hat, das nachfolgende: Unterhalb der Schuttmassen,
welche den Anschluss an das Kronenprofil verdecken, beobachtet
man die folgenden söhlig gelagerten Schichten von oben nach
unten.

10. Weisses Quarzconglomerat mit Anthracit.

9. Grauwackenschiefer ca. 15 m.

8. Dunkelgraue und violette, sehr fein spaltende Thonschiefer mit *Spirophyton Suessi.*
7. Sehr dünnbankige Fusulinenkalke ca. 25 m.
6. Quarzconglomerat weiss gefärbt.

Weiter abwärts Schuttbedeckung; die Schichten fallen auf der westlichen Seite des Baches, in dessen Bette eine Störung verläuft, mit ca. 45° nach NNO. Man beobachtet weiter unten:

5. Grauwackenschiefer sehr mächtig.
4. Quarzconglomerat dunkelgrün ca. 2 m.
3. Grauwackenschiefer ca. 30 m.
2. Quarzconglomerat, dunkelgrün ca. 5 m.
1. Thonschiefer, meist etwas grünlich gefärbt, sehr mächtig.“

Kehren wir auf die Höhe des Bergzuges Krone-Auernigg zurück. Das im stratigraphischen Theile wiedergegebene Profil des Auernigg (Taf. XVI) endet etwas nördlich von der Spitze des Berges an einem an sich untergeordneten senkrechten Längsbruch, welcher die *Pecopteris oreopteridis* führenden Thonschiefer des Auernigg unmittelbar neben Conglomeratbänke gebracht hat. Jenseits dieser nach Ost durchstreichenden Störung sind die Carbonschichten des Garnitzenberges unter mehr oder weniger steilen Winkeln nach Süd geneigt. Möglicherweise ist diese anormale Schichtenstellung nur als eine Stauchungserscheinung im grossen aufzufassen; denn in geringer Entfernung verläuft nördlich der oben geschilderte Längsbruch des Dukagrabens, der die Trias des Gartnerkofels abschneidet.

Die flache Lagerung des Auernigg hält im allgemeinen am Madritscheng und Madritschen Schober an; beim Anstieg zu dem letztgenannten Berge beobachtet man flaches südwestliches Einfallen, und auf der Höhe lagern die Conglomeratbänke (im Vordergrunde des Lichtbildes Rudniker Sattel) fast horizontal. Oberhalb der Rudniker Alp stehen blassrosa Kalke mit sehr zahlreichen Crinoiden und Fusulinen an. Weiter nördlich scheint auch die Störung der Garnitzenhöhe am Madritscheng durchzustreichen; denn hier beobachtet man steiles SSO. Fallen. An der Nordgrenze des Carbon, zwischen Domritsch und Tröppelacher Alp, fallen die Grauwackenschiefer und Fusulinenkalke nach N.

Taf. II.

Prof. A. Müller phot.

Photogravure u. Druck H. Riffarth & Co. Berlin.

Die kesselartig eingesunkene Triasscholle des Trogkofels besitzt den Umriss eines gleichschenkeligen, mit der Spitze nach Norden gerichteten Dreiecks, ist rings von Obercarbon umgeben und aus dieser leicht verwitternden Umhüllung durch die Erosion gleichsam herauspräparirt. Innerhalb der Triasmasse selbst nehmen ungeschichtete Bildungen die Höhe und den Südabfall des Trogkofels ein, während geschichtete, oft röthlich gefärbte Kalke in den tieferen Horizonten am Zolagkofel und besonders in dem Kamme des Alpenkofels vorwiegen. Auch untergeordnete Störungen fehlen nicht. So beobachtet man von der Rattendorfer Alp aus am Alpenkofel ein dreimaliges, staffelförmiges Absetzen der geschichteten Triaskalke von S. nach N.

Am Rudniker Sattel nähert sich der Rosskofelbruch der im Süden abgesunkenen Trias der Trogkofelscholle auf eine Entfernung von kaum ¹/₂ km. Trotzdem sind die Carbonschichten im Norden des Rudniker „Grabenhorstes" (oroplastisch = Graben, tektonisch = Horst) nur flach nach Nord geneigt, im Süden allerdings in fast saigere Stellung umgebogen und zerknittert. Hier beobachtet man eine ca. 8 m. mächtige, aus vollkommen zerrütteten Carbongesteinen bestehende quarzitische Gangmasse und daneben Harnische, die bis 25 m Höhe besitzen; dieselben finden sich in beiden Formationen, besonders entwickelt jedoch im Carbon. Die wohlgeschichteten Triaskalke des Rosskofels (mit *Megalodon* und *Thecosmilia cf. confluens* MÜNST.) zeichnen sich weiterhin durch regelmässige horizontale Lagerung aus (Lichtbild Taf. II und Abb. 14, S. 39).

Am Rudniker Sattel fesselt — abgesehen von den tektonischen Eigentümlichkeiten — der grosse Versteinerungsreichtum der Carbonbildungen die Aufmerksamkeit des Geologen. Man beobachtet beim Anstieg von O Schiefer mit Steinkernen von *Productus semireticulatus*, auf dem Joch, unterhalb der schwer ersteigbaren Wände des Trogkofels die in Geschieben und im Grödener Conglomerat häufiger, im Anstehenden selten gefundenen blassrothen Fusulinenkalke, endlich beim Abstieg zum Trog tiefschwarze Kalke mit *Bellerophon* (s. str.).

Jenseits der stark dislocirten Gegend des Troges, welche durch die Ausbildung eines echten Kesselthales mit unterirdischem Abfluss in einer Höhe von ca. 1600 m ausge-

zeichnet ist (vergleiche die unten folgende Abbildung), wird
die Lagerung des Carbon wieder flach und bleibt im wesentlichen bis zur Oharnachalp ungestört. In der Gegend des
Waschbühel, wo Silur und Obercarbon als versteinerungsleere
Thonschiefer entwickelt sind, beruht die kartographische Unterscheidung im wesentlichen auf den Lagerungsverhältnissen;
das Silur steht hier, wie gewöhnlich auf dem Kopf, das Obercarbon liegt söhlig. Die Berge zwischen der Maldatschen-
Hütte und Rattendorfer Alp, der Rattendorfer Riegel, Ringmauer (2027 m) und Schulterkofel sind durch mächtiges
Anschwellen der Fusulinenkalke gekennzeichnet. Dieselben
bilden hier, wie überall, das Hangende des Obercarbon, enthalten aber nur unbedeutende schieferige Zwischenmittel,
während z. B. am Auernigg und der Krone die Schiefer auch
in der hangenden Abtheilung der Masse nach überwiegen.
Am Rattendorfer Riegel (Höhencote 1854 westlich vom Zolagkofel) besitzen die Fusulinenkalke noch dunkele dichte Beschaffenheit und enthalten zahlreiche, schön herauswitternde
Durchschnitte verkieselter Fusulinen; weiter westlich am
Schulterkofel werden dieselben grobkörnig und enthalten
kohlensauere Magnesia in nicht unerheblicher Menge. Die
grauen Fusulinendolomite und die dunkleren Kalke wechseln
mit einander ab.

Südlich von der Spitze des Schulterkofels verläuft parallel
zu dem gewaltigen Hochwipfelbruch eine kleinere Störung
innerhalb des Obercarbon, welche das Absetzen der südlichen
Fusulinenkalke der Ringmauer (um 150 bis 200 m) bedingt und
somit den Gebirgsbau im gleichen Sinne wie der Hauptbruch
beeinflusst. (Vergl. Lichtbild Taf. III und das Profil Taf. I.)

Das Carbon südlich vom Hochwipfel enthält am Lanzenboden und der kleinen Kordinalp versenkte und eingequetschte Schollen von Grödener Sandstein, welche also
— trotz der erheblichen orographischen Verschiedenheit —
mit der Grabenscholle des Trogkofels in tektonischer Hinsicht
vergleichbar sind. Man beobachtet vom Gipfel des Monte
Pizzul am Nordgehänge des Lanzenthales einen langen rothen
Streifen, der sich durch Untersuchung an Ort und Stelle als
ein schmaler eingebrochener Zug von Grödener Sandstein und
Mergel herausstellt.

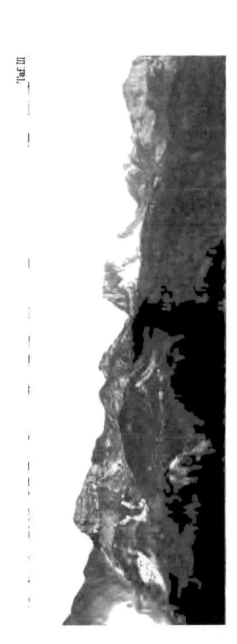 

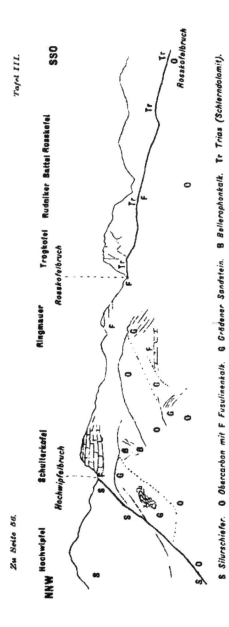

Die Bruchgrenze am Hochwipfel

(Von verschiedenen Standpunkten aus aufgenommen.)

Hochwipfelbruch und Rosskofelbruch verlaufen parallel zu einander.

S Silurschiefer. O Obercarbon mit F Fusulinenkalk. G Grödener Sandstein. B Bellerophonkalk. Tr Trias (Schlerndolomit).

Die Schichtenfolge beim Anstieg durch den Rivo Cordin, einen der Quergräben des Lanzenbachs, ist von S nach N die folgende:

1. Obercarbon: Grauwackenschiefer mit Conglomerat.
2. Grödener Schichten: rothe Glimmersandsteine, steil nach Nord fallend, an der Basis mit weissen Mergelschichten, oben mit Lagen von weissen Mergelknollen.
3. Obercarbon: Schwarze Thonschiefer und Conglomerate, steil geneigt, am Schulterkofel mit Spirophyton-Sandsteinen.
4. Die mächtigen, flachgelagerten Fusulinendolomite und -Kalke des Schulterkofels.
5. Thonschiefer auf der Spitze des Schulterkofels.

Die im Lanzenthal von der Maldatschen-Hütte bis zur Alp Pittstall ziehende „Grabenspalte" mit Grödner Sandstein ist als gradlinige Fortsetzung des Hauptbruches anzusehen, der seinerseits dem Lanzenbache folgt und dann im rechten Winkel zweimal scharf umbiegt. Jenseits des nördlichen Knicks liegt westlich von der Pittstall-Hütte ein schmaler Fetzen rother Schichten in der Spalte, welche hier auf eine kurze Strecke den Rosskofelbruch bildet.

Eine zweite kürzere Grabenspalte liegt etwas nördlich von der Pittstall-Alp und tritt in der Mitte des Lichtbildes Hochwipfel-Rosskofel deutlich hervor. Die dritte ausgedehntere Scholle von permischen Bildungen ist an der Alphütte Klein Kordin (welche auf rothen Mergeln steht) sowie westlich von derselben aufgeschlossen und grenzt im Norden unmittelbar an den, das Silur abschneidenden Hochwipfelbruch. Die rothen wohlgeschichteten Mergel mit ihren weissen Knollen sind, wie auf der linken Seite des erwähnten Lichtbildes deutlich zu beobachten ist, zu einer S förmigen Falte zusammengeschoben. Die rothen Glimmersandsteine treten hier hinter den Mergeln zurück, und die rothen Conglomerate der Grödener Schichten finden sich nur in vereinzelten Blöcken. Ausserdem beobachtet man am südlichen Rande der Scholle von Klein-Kordin hellgraue Rauchwacken, vollkommen zerknittert und zerquetscht: dieselben entsprechen einem Fetzen von Bellerophonschichten und sind ebenfalls auf dem Lichtbilde sichtbar.

In tektonischer Hinsicht ist der Umstand von besonderer Wichtigkeit, dass die bedeutenderen Vorkommen von eingebrochenem Perm in unmittelbarer Verbindung mit den beiden grossen Längsbrüchen stehen, welche das Obercarbon im Norden und Süden begrenzen.

Auch der Einfluss der Querbrüche ist unverkennbar. Die Fortsetzung derselben Querverwerfung, welche im Lanzengraben das Obercarbon abschneidet, bedingt weiter nördlich das Abbrechen der Permscholle von Klein-Kordin. In den zwischenliegenden Carbonbildungen macht sich diese Dislocation nicht weiter bemerklich.

Die westliche, jenseits dieser Querstörung liegende schmale Scholle des Obercarbon zwischen Straninger- und Oharnach-Alp zeigt im wesentlichen flache Lagerung und ist durch das Vorwiegen der verschiedenartigen Schiefer, Grauwacken und Conglomerate (letztere u. a. auf der Spitze des Waschbühel) ausgezeichnet. Die ersteren enthalten östlich und westlich von der Straninger Alp Versteinerungen: *Bellerophon (Stachella) Edmondia aff. tornacensi* Ryckh. und *Derbyia aff. senili;* Fusulinenkalke sind weniger verbreitet. Doch finden sich noch ganz im Westen an dem Querbruch der Oharnachalp die schwarzen Kalkbänke mit bezeichnenden Versteinerungen (*Bellerophon [Stachella]* sp. und Fusulinen) in steil aufgerichteter Stellung unmittelbar neben dem Silur.

Durch die in tektonischem Sinne als Längsgraben aufzufassende Triasscholle des Monte Germula wird der auch im Süden meist von Trias begrenzte Horst des Monte Pizzul von dem nördlichen Carbongebiet getrennt.

Das Obercarbon zeigt auch hier flache Lagerung und die gewöhnliche petrographische Beschaffenheit: Grauwackenschiefer herrschen vor, seltener sind Fusulinenkalke mit Versteinerungen, Thonschiefer mit *Spirophyton Suessi* und Quarzconglomeraten; die letzteren zeigen an der Forca di Pizzul ausnahmsweise schwarze Farbe und steile Schichtstellung. Auch die Brauneisensteinschalen, welche an der Garnitzenhöhe und dem Rudniker Sattel in Menge vorkommen, finden sich hier wieder. Eigenthümlich sind dem Obercarbon des Pizzul rothe thonige Nierenkalke, welche den Orthocerengesteinen des Silur ähneln.

Gailfluss

(617 m.)

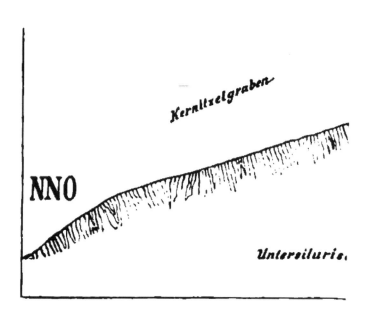

Im Westen überlagert das Obercarbon die grünen spilitischen Mandelsteine des Culm, welche sich bis in die Nähe der Casa Pizzul erstrecken. Den sonst beobachteten Verhältnissen entsprechend dürfte die Ueberlagerung eine discordante sein; doch haben weder Herr von dem BORNE noch ich bei der Untersuchung des westlichen Pizzulgehänges ein einigermassen deutliches Profil entdecken können.

Besser sind die Aufschlüsse des Confingrabens. Man beobachtet in dem oberen wilden Theile des Baches, unterhalb von Casarotta ein Profil, in dem die schwarzen, vollständig zerrütteten Schiefer und verquetschten dunkelen Kalke des Obercarbon von weissem Triaskalk scheinbar überlagert werden. In Wirklichkeit sind beide durch den Bruch getrennt und stehen nebeneinander. Auch die Südgrenze des Carbon, die Verwerfung gegen die Trias des Monte Salinchietto ist durch die Erosion gut aufgeschlossen. Man sieht vom linken Pontebbana-Ufer, dass zwischen das nördlich liegende, dunkele Carbon und den weissen Schlerndolomit im Süden Fetzen und Schollen des Muschelkalks und (?) Grödner Sandsteins an unregelmässigen Rutschflächen und kleineren Brüchen eingequetscht sind. Es sind dies also genau dieselben Erscheinungen, welche in grossartigerem Massstabe an der Möderndorfer und Achomitzer Alp beobachtet wurden.

Das Obercarbon des Monte Pizzul bricht im Confingraben an einem schräg und unregelmässig verlaufenden Querbruch ab, dessen Richtung grossentheils diejenige des Thales bedingt. Weiter oben durchbricht der Bach theils in schrägem, theils in nordsüdlichem Laufe die vom Rosskofel zum Monte Germula hinüberstreichende Mauer des Triaskalks.

Auch diese eigenthümliche Thalbildung ist wohl kaum durch rückschreitende Erosion zu erklären; hier sowohl, wie im Bombaschgraben dürften die Thäler älter sein, als die jetzigen Oberflächenformen der Berge. Nach der neueren Nomenclatur ist das Thal als ein epigenetisches zu bezeichnen.

---

[1] Es könnten auch Werfener Schichten sein; ich habe die Stelle nur vom anderen Ufer gesehen und konnte dieselbe infolge des Regens und der Höhe des Baches nicht in situ untersuchen.

3. Das altcarbonische Eruptivgebiet des Monte Dimon.

Südlich von dem durch den Pollinigg-Bruch abgeschnittenen Obersilur breitet sich ein ausgedehntes Gebiet aus, das theils aus normalen, theils aus eruptiven Culmgesteinen besteht. Im Süden desselben bilden die, auf den abradirten älteren Falten flachlagernden Grödener Sandsteine die geologische und oroplastische Grenze der Karnischen Hauptkette. Einige Reste von Grödener Mergeln finden sich auf dem Monte Paularo und Monte Dimon; dieselben sind hier durch spätere Gebirgsbewegungen in die Culmgesteine eingefaltet, folgen dem Streichen derselben und haben in Folge des Druckes eine vollkommen schiefrige Beschaffenheit angenommen.

Die Aufnahme des Gebiets wurde durch den raschen Gesteinswechsel von eruptiven Bildungen, verschiedenartigen Tuffen und normalen Sedimenten ebenso erschwert wie durch die Ungenauigkeit der Karten (Fehlen der Isohypsen, Höhenangaben und Wege) auf italienischem Gebiet. Ausserdem wurde ich fast bei sämmtlichen in dem vorliegenden Gebiete gemachten Excursionen derart durch Nebel gehindert, dass es fast unmöglich war, die Ergebnisse der einzelnen Tage mit einander in Beziehung zu bringen.

Auf der Karte sind unter der rothen Farbe sämmtliche Gesteine eruptiven Ursprungs zusammengefasst; es sind dies spilitische Mandelsteine, welche die bei weitem überwiegende Masse der vulkanischen Gesteine darstellen, quarzführende, feldspathreiche Porphyrite, schiefrige Diabase (in dynamometamorpher Umwandlung[1]) Schalsteineconglomerate und Tuffe. Vielleicht sind am Monte Dimon selbst einige, besser als Grauwackengestein zu bezeichnende grüne Schiefer mit durch die Eruptivfarbe bedeckt. Die Untersuchungen des Herrn Dr. Milch haben ergeben, dass makroskopisch die grünen sedimentären Schiefer des Monte Paularo von den ebenso gefärbten geschieferten Diabasen und Mandelsteinen derselben Gegend kaum zu trennen sind; dasselbe gilt für den braunen Porphyrit der Costa Robbia und

---

[1] Nach den Bestimmungen des Herrn Dr. Milch, dessen ausführliche Beschreibung sich in dem petrographischen Anhange findet.

die Sedimente dieses Fundortes. Doch ist bei dem erheblichen Vorwiegen der spilitischen Mandelsteine der Fehler nicht sehr ins Gewicht fallend.

Am deutlichsten heben sich die in schroffen Felswänden abbrechenden Eruptivgesteine aus den, sanftere Bergformen zeigenden Schiefern im Süden der Promosalp ab. Im übrigen vermochte ich nur durch eine Anzahl paralleler Begehungen, die im Folgenden kurz beschrieben werden mögen, die erforderlichen Aufschlüsse zu gewinnen. .

Den Ausgangspunkt der die beiden Abhänge des Caroj-Thales betreffenden Excursionen bildet die obere Promosalp, wo der Culmschiefer durch die unregelmässig aufgequetschte Antiklinale des Clymenienkalkes (vergl. unten) von den eingelagerten Eruptivmassen getrennt wird. Der Sattel, über den ein Fussteig in östlicher Richtung zur Cereevesa-Alp hinüberführt, bezeichnet die geologische Grenze zwischen dem Porphyrit bezw. dem Schalstein mit zerquetschten Kalkgeschieben und rothen Eisenkieseln einerseits sowie dem normalen Culmschiefer andererseits. Der letztere streicht NW (bis WNW) bis SO, zeigt steiles Nordfallen oder saigere Schichtenstellung und begleitet den Weg bis zu der Schuttanhäufung, auf welchem die Alp Stua di Raina steht. Die zahlreichen Bruchstücke rothen Orthocerenkalkes, die man am Wege findet, stammen aus dem vom Elferspitz und Hohen Trieb hinüberstreichenden Zuge, dessen Verlauf auch hier noch im kleinen verschiedene Knicke und Biegungen zeigt. An dem gegenüberliegenden linken Bachufer, an der Holzklause von Stua di Raina tauchen diese Obersilurgesteine unter dem Gehängeschutt auf; man beobachtet an dem guten, nach Paularo führenden Alpwege 1. graue schiefrige, mit Schiefern wechsellagernde Kalke Str. NW (bis WNW)—SO Fallen steil NO; 2. graue Crinoidenkalke, sehr wenig mächtig mit unbestimmbaren organischen Resten, vielleicht ein eingefalteter Fetzen von Unterdevon; 3. rothe und graue kalkige Schiefer; 4. rothen Kramenzelkalk. Nach einer längeren aufschlusslosen Strecke beobachtet man Thonschiefer und Kieselschiefer (Str. NW—SO) mit Lagen von grauem, halbkrystallinem Kalk. (Die an sich untergeordneten Schieferzüge sind kartographisch nicht ausgeschieden, da ihre Verbreitung an dem dicht bewaldeten, weglosen und schlecht aufgeschlossenen Gehänge des Monte Gérmula (non Zermula) ohnehin nicht verfolgt werden konnte.

Die Grenze gegen das Carbon ist ebenfalls wegen mangelnder Aufschlüsse und Aehnlichkeit der Schiefergesteine nicht festzustellen. Die flachgelagerten Thonschiefer, welche an der Stelle anstehen, wo der Weg den Rivo Tamai kreuzt, fallen jedoch mit grosser Wahrscheinlichkeit dem Obercarbon zu.

Unmittelbar darauf folgt, von den Schiefern wahrscheinlich durch eine untergeordnete Verwerfung getrennt, eine Serie eruptiver Schichten, an deren Gleichartigkeit mit den Gesteinen des Monte Dimon nicht zu zweifeln ist. Doch sind beide durch die normalen Culmgesteine des Chiarso-Cañons von einander getrennt. Am Wege nach Paularo herrschen grüne (zuweilen röthlich gefärbte) spilitische Mandelsteine vor, die bis zum Torrente Rufose (Rufuseo) durchstreichen; in geringerer Ausdehnung finden sich schiefrige Diabase, grüne, kalkreiche Schalsteine mit Mandelsteingeröllen und Quarzadern sowie grüne Schiefer. Der untercarbonische schiefrige Diabas, der an der Südgrenze ansteht, wird vor den ersten Häusern von Paularo discordant von den flach S fallenden Bänken des Grödener Sandsteins bedeckt; letzterem sind Mergelschichten mit Knollen und Lagen von grauem Kalk eingelagert.

Eine zweite Begehung führte mich von der Promosalp auf dem linken gegenüberliegenden Ufer des Chiarso nach Treppo Carnico. Zwischen dem Cercevesa Joch und der Alp Fontana fredda folgt man fast genau der Grenze des Culmschiefers (Fallen steil SW) und der grünen bezw. grauschwarzen Porphyrite. Die Kieselschieferconglomerate des Culm enthalten Gerölle von rothem Silurkalk. Von Fontana fredda nach der Casa Dimon in Cima und di Mezzo führt ein guter (auf der Karte nicht angegebener) Weg zuerst über Schutt, dann über grünlichen Thonschiefer und Kieselschiefer. Vor der Casa Culet springt der silurische Kalkzug des Hohen Trieb mit einer kilometerlangen SSW gerichteten Querverschiebung in das Culmschiefergebiet vor. Auch die Culmkieselschiefer

sind aus ihrem gewöhnlichen Streichen (NW—SO) in das der
Querverschiebung (SSW—NNO) umgebogen und fallen steil
nach dem Bruche zu (OSO). Hingegen streichen die roth und
grau gefärbten, theils schiefrig, theils kramenzelartig ausgebildeten Silurkalke NW (bis NNW)—SO und stehen saiger.
Das weichere Gestein ist also von dem härteren in seiner
Richtung beeinflusst.

Unmittelbar südlich der Casa Culet biegt der Weg wieder
in den Culmschiefer zurück (Str. NNW—SSO Fallen steil ONO
oder saiger); letzterer hält bis in die Nähe der Costa Robbia
an. Im Rivo Maggiore weisen zahlreiche Blöcke von Grödener
Sandstein neben weniger häufigen Eruptivgeröllen auf die
relative Verbreitung dieser Gesteine am Monte Dimon hin. An
den Costa Robbia führt der Weg noch eine kurze Strecke
durch schmutzigbraunen Porphyrit, der vom Grödener Sandstein
bedeckt wird.

Einen Einblick in die verwickelte Zusammensetzung der
Eruptivbildungen des Monte Dimon gewinnt man durch eine
Wanderung, die von Tischlwang über die Höhe des Kammes
und durch das Mauranthal nach Treppo Carnico führt.
Beim Aufstieg durch das Thal des Rivo Moscardo beobachtet
man zunächst normalen Culmschiefer, dann folgen dunkele
Glimmergrauwacken und grüne, grauwackenartige Schiefer, die
den Uebergang zu den schiefrigen Eruptivgesteinen zu vermitteln scheinen und den Abhang bis weit hinauf zusammen-
setzen. Die grünen Sedimente vom Monte Paularo ähneln gewissen Spiliten und geschieferten Diabasen bei makroskopischer
Betrachtung ausserordentlich und sind daher bei der geologischen
Aufnahme vielleicht nicht immer richtig abgetrennt worden.
Trotzdem vermochte Herr Dr. Milch bei der mikroskopischen
Untersuchung keinen Uebergang zwischen den „pseudoerup-
tiven" Sedimenten und den Eruptivgesteinen zu finden. Vor
dem Gipfel des Monte Paularo sind zwei schmale Züge von
Grödener Sandstein in den Culm eingefaltet. An dem Gipfel
des genannten Berges findet sich ein z. Th. grünlich z. Th.
röthlich gefärbter Porphyrit, der mit Tuffen unmittelbar zusammenhängt; der eigentliche Gipfel besteht aus röthlichem
Schalsteinconglomerat (mit Geröllen von Porphyrit und spilitischem Mandelstein).

64

Auf dem, in östlicher Richtung zum Monte Dimon verlaufenden Kamme finden sich wieder Grödener Mergel (roth
und grün), die mit NW—SO Streichen und saigerer Schichtenstellung eingefaltet sind und vollkommen Schiefercharakter
angenommen haben. Darauf folgt nach O:

    1. Grünliches oder röthliches Schalsteinconglomerat
      mit Geröllen von spilitischem Mandelstein. (Dies Ge-
      stein stimmt äusserlich durchaus mit Nassauer Vor-
      kommen [Dillenburg, Haiger] überein, die z. Th. auch
      dem Culm angehören.

    2. Dichter grüner Spilit (ohne Mandeln, im mikros-
      kopischen Gefüge mit den Mandelsteinen überein-
      stimmend.) Derselbe verwittert in schroffen Zacken,
      während der eigentliche

    3. aus rothem und grünem Grödener Schiefer beste-
      hende Gipfel eine flache abgerundete Form besitzt und
      vollkommen mit Gras bewachsen ist.

Beim Abstieg in südlicher Richtung fand sich an einem kleinen,
auf der Karte nicht verzeichneten See

    4. grünes und rothes Culmconglomerat mit Geröllen
      von spilitischen eisenhydroxydreichen Mandelsteinen,
      von Quarz und sericitreicherem sowie sericitärmerem
      Sandstein; auch der letztere ist theilweise von Eisen-
      hydroxyd durchtränkt.

Am Südabhang findet sich ferner die letzte, wenig ausgedehnte
Einfaltung von Grödener Sandstein. (Dieselbe konnte nicht
eingetragen werden, da Nebel und die Ungenauigkeit der
Karte die Orientirung erschwerte.)

Der Eruptivzug des Dimon ist durch das Vorkommen
von quarzhaltigem, Feldspat führenden Porphyrit ausgezeichnet,
während der metamorphe Diabas mit Biotitblättchen bisher
nur im Osten, am Torrente Chiarso gefunden wurde. Spilitische
Mandelsteine sind in beiden Zügen das vorherrschende Eruptivgestein.

Im obersten Mauranthal steht grüner Schiefer an, der
neben dem erwähnten Grödener Sandstein NNW—SSO Streichen
bei saigerer Schichtenstellung zeigt. Im mittleren Theile des

Thales erschweren Vegetation und Schuttbedeckung die Beobachtung, so dass die Grenze hier nicht mit voller Sicherheit festgestellt werden konnte; im unteren Thale finden sich bereits wieder Culmgrauwacken, die auf Klüften stellenweise Malachitbeschläge zeigen. Der discordant auflagernde Grödener Sandstein zeigt einige tektonische Unregelmässigkeiten; unmittelbar an der Gesteingrenze beobachtet man einen, durch untergeordnete Verwerfungen bedingten Wechsel von a) Grauwacke, b) Grödener Sandstein, c) Grauwacke (ein schmaler WNW—OSO streichender Streifen), d) Grödener Sandstein. Das letztere Gestein fällt an der Mauranbrücke bei Treppo Carnico steil nach SW ein.

In dem nächsten Parallelgraben des Rivo Mauran, dem Rivo Pit ist in das grüne Eruptivgestein ein Fetzen von kohligem Schiefer eingequetscht, der bei den Bewohnern von Ligosullo vergebliche Hoffnungen auf Steinkohlen erweckt hat. Wenn man in dem Thal des genannten Baches eine gute halbe Stunde steil aufsteigt, so erscheint unmittelbar im Liegenden des Grödener Sandsteins die erste etwa 4 m mächtige Lage von schwarzem, kohligem Schiefer. Derselbe fällt unten 45° nach SO. Weiter oben trifft man das grüne, stark zersetzte Eruptivgestein, welchem eine 12 m mächtige Schieferpartie in unregelmässiger Weise eingefaltet ist. Fallen und Streichen konnte wegen der vollständigen Zerquetschung dieser Kohlenschiefer nicht festgestellt werden. In dem Schiefer kommt ein etwa Centimeter starkes Schmitzchen bröckliger anthracitischer Kohle vor. Weiter aufwärts trifft man nur Eruptivgestein an.

4. Das Westende des Hochwipfelbruches und die Querverwerfungen des Incarojothales.

Das tiefere Silur der Karnischen Hauptkette, die Mauthener Schichten, sind durch einen regionalen Facieswechsel zwischen Kalk, Schiefer und grauwackenartigen Gesteinen ausgezeichnet: Im Osten, sowie vor allem in den angrenzenden Karawanken sind die Grauwacken verbreiteter als die auf den Nordrand beschränkten Schieferzüge. Am Osternigg gewinnt allmälig der Kalk die Oberhand und am Po-

ludnigg sowie im Durchschnitt des Garnitzengrabens findet sich
dieses Gestein ausschliesslich. Allerdings ist hier durch tektonische Vorgänge die Breite der Silurzone ausserordentlich
verringert. · Doch besteht noch der ganze Nordabhang des
Schwarzwipfels aus halbkrystallinem, zuweilen schwarz und
weiss gebändertem Kalk und Kalkphyllit. Derselbe streicht
bei Tröppelach in westnordwestlicher Richtung an dem O—W
verlaufenden Nordabhang des Gebirges aus, ohne dass von
einer eigentlichen Wechsellagerung die Rede sein könnte. Beim
Aufstieg durch den Oselitzengraben beobachtet man z. B. Kalkphyllit, der in spitze, saiger stehende Sättel und Mulden zusammengeschoben ist. Weiter im SO ist an einer Stelle im
Bachbett die Grenze gegen den im S folgenden Silurschiefer
(bei dem Höhepunkte 1033 m) entblösst. Der Kalk ist gequetscht, zertrümmert und von zahlreichen Sprüngen durchsetzt, obwohl an der ursprünglichen concordanten Aufeinanderfolge beider Gesteine wohl kein Zweifel bestehen kann. Es
handelt sich also um eine Dislocation, die nur durch die sehr
verschiedenartige Härte der Gesteine bedingt und für den tektonischen Aufbau des Gebirges ohne besondere Bedeutung ist.

Zudem folgt der Hochwipfelbruch, von dem das oben
beschriebene System untergeordneter Sprünge abgesplittert ist,
in geringer Entfernung weiter im S.

Am Hochwipfel selbst und westlich etwa bis zum Kernitzelgraben besteht der ganze Nordabhang des Gebirges
aus silurischem, saiger stehendem Thonschiefer mit untergeordneten Grauwacken- und Kieselschieferbänken. Im Bach
zwischen Tröppelach und dem Ederwiesele findet man auch
ein aus Brocken von Kieselschiefer, Grauwacke und Thonschiefer bestehendes Silurconglomerat. Von silurischem Kalk
habe ich hier weder bei zahlreichen Durchquerungen des Gebirges noch bei der Untersuchung der ausgedehnten Schuttkegel (Dobernitzen, Straniger Graben) eine Spur gefunden.

Die Feststellung des Bruches wird dadurch erleichtert,
dass auf einer über 14 km langen Strecke zwischen Schwarzwipfel und Waschbühel die im Süden abgesunkene Scholle
aus Obercarbon besteht. Wo in dem letzteren, wie zwischen
Hochwipfel und Schulterkofel die Fusulinenkalke vorwalten, stellt sich der Bruch mit einer modellartigen Deutlich-

keit dem Auge des Beobachters dar. Auch der rein landschaftliche Gegensatz zwischen den grünbewachsenen, sanft aufsteigenden Schieferhöhen und den Wänden des flach gelagerten Kalkes ist höchst eindrucksvoll. Als drittes, abweichendes Element folgen weiter südlich die Abstürze des schichtungslosen Triasdolomites. (Vergl. das Lichtbild III.)

Zwischen Oharnachalp und Waschbühel wird die grosse Längsverwerfung durch einen Querbruch abgeschnitten.

Zwischen Feldkogel und Würmlacher Alp sind die Mauthener Schichten wiederum durch grössere Häufigkeit der Kalkeinlagerungen ausgezeichnet. Dieselben verstärken sich nach O zu in etwas unregelmässiger Weise, bis an der Mauthener Alp ein ähnliches Maximum, wie am Poludnigg zu beobachten ist. Den landschaftlichen Charakter des Gebirges beeinflusst die grössere oder geringere Häufigkeit der Kalkeinlagerungen kaum in irgendwelcher Weise. Die gerundete Form der waldbedeckten Schieferberge ist auch für die geschichteten Kalke bezeichnend. Nur hie und da erinnern hellere Wände und weisse Schutthalden an das Vorkommen eines widerstandsfähigeren Gesteines. Oberhalb der Baumgrenze heben sich die Kalkzüge naturgemäss deutlicher ab. Die prächtigen Buchenwaldungen, welche den unteren Theil des Gehänges (bis ca. 1400 m) bedecken, sind nicht auf den Kalk beschränkt.

Die Eintragung der meist wenig beständigen Kalkzüge beruht auf zahlreichen Durchquerungen des Gebietes. Einige Auszüge aus meinen Tagebüchern mögen die Darstellung der Karte erläutern:

A) Durchschnitt von Kirchbach zum Incarojothal. Ueber den Schuttkegel und die deutlich ausgeprägte Terrasse empor zum Straninger Alpweg: Thonschiefer des Untersilur Streichen NW (bis NNW)—SO, Fallen steil NO oder saiger. Der Kalkzug des Feldkogel, der östlichste von allen streicht nur in einer Breite von 4—5 m zum Weg hinab und keilt hier ganz aus. (Auf der Höhe des Feldkogels sind die zu dem Kalkzug gehörenden, fast durchweg saiger stehenden Silurgesteine vortrefflich aufgeschlossen; man beobachtet von N nach S: 1. Graue Thonflaserkalke. Streichen NNW—SSO. 2. Thonschiefer, von 1. durch eine untergeordnete Dislocation getrennt.

5*

3. Rothen Kramenzelkalk. 4. Thon- und Kieselschiefer. Streichen WNW—OSO. 5. Auf der zweiten Kuppe breccienartiges Conglomerat; Brocken von Kieselschiefer, Grauwacke und Schiefer in Schiefermasse. Streichen WNW—OSO. Fallen sehr steil N. 6. Auf der dritten Kuppe: Thonschiefer. Streichen W—O, saiger. 7. Conglomeratschiefer. 8. In der Einsenkung südlich von der dritten Kuppe: schwarzen, weiss verwitternden Kieselschiefer. 9. Thonschiefer. 10. Kieselschiefer. Das Durchstreichen der Schichten zu der gegenüberliegenden Buchacher Alp ist deutlich verfolgbar.)

Das durchweg flach gelagerte Carbon (mit einer Dolomitschicht südlich der Straninger Alp) liegt als regelmässiger Graben zwischen dem Silur des Nordens und Südens. Der südliche Rosskofelbruch verläuft auf dem rechten Ufer des Marchgrabens, dessen westnordwestlicher, beinahe mit der Kammhöhe zusammenfallender Verlauf unmittelbar durch die Dislocation bedingt erscheint. Das Obersilur im Süden besteht zunächst am Bruch aus rothem Kramenzelkalk mit Orthoceren; an der Umbiegung des Bruches unweit der Alphütte Pittstall wird der ausspringende rechte Winkel von Kieselschiefer gebildet. Weiter folgt im Süden schwarzer Kalk mit verkieselten Crinoiden und an der Alphütte Meledis Thon- und Kieselschiefer (NNW—SSO, saiger) nebst Kieselschieferconglomerat und Grauwacke. Die Wechsellagerung dieser beiden Gesteine, deren genaue Wiedergabe auf der vorliegenden Karte undurchführbar ist, kennzeichnet das Obersilur bis zur Oharnachalp.

Den Abstieg zur Hütte Stua di Raina unternahm ich durch einen steilen Graben, der vortreffliche Aufschlüsse, aber auch mehr als genügende Gelegenheit zum Klettern bot. Die Aufeinanderfolge von N nach S ist: 1. Orthocerenkalk (an der Thörlhöhe und dem Findenigkofel. 2. Schiefer (Casa Meledis). Die dunkele kohlige Beschaffenheit dieser Gesteine macht es wahrscheinlich, dass die Graptolithen TARAMELLI's von hier stammen; leider blieb mein Suchen erfolglos. 3. Orthocerenkalk, grau, z. Th. roth, meist kramenzelartig ausgebildet Streichen NW (bis WNW)—SO, Fallen steil NO oder saiger. 4. Graptolithenschiefer steil NO fallend, verschwindet unter dem Gehängeschutt der Stua di Raina. Die Horizonte 1 und 4 sind einheitlich zusammengesetzt und viel mächtiger als 2 und 3.

Die beiden letzteren sind besser als eine überaus mannigfache Wechsellagerung von Kalk, Kieselschiefer, Thonschiefer und Grauwacke aufzufassen so zwar, dass in 2 die Schiefer, in 3 die Kalke überwiegen.

Noch weiter südlich erreichen im Cañon des Torrente Chiarso die Kalke (3,) eine, wohl auf Schuppenstructur zurückführbare, bedeutende Mächtigkeit.

B) Durchschnitt Nölblinger Graben—Oharnachalp. Man beobachtet an dem von Dellach ausgehenden Alpweg: Nahe der Mündung einen breiten Zug grauer, dichter klüftiger Kalke (der zum Feldkogel nach SO durchstreicht). Weiter Thonschiefer mit Einlagerungen quarzitischer Grauwacke, tiefschwarzen dünnschichtigen Thonschiefer mit einzelnen Kalkknollen (NW—SO saiger) und einen zweiten Zug von dichten, grauen und röthlichen Thonflaserkalken.

Weiter aufwärts quert ein dritter, schmaler Zug von grauen und rothen Kramenzelkalken den Bach; an der Vereinigung der beiden Quellbäche steht kieseliger Thonschiefer (NW—SO) an. Die vierte Einlagerung, schwarzer Kalk und grauer Kramenzelkalk (NNW—SSO, saiger), beobachtet man in dem westlichen Thal, das in seinem oberen Theile noch Andeutungen eines fünften nach O zu auskeilenden schmalen Zuges von Kramenzelkalk zeigt. Die herrschenden Gesteine in dem Sammeltrichter des Nölblinger Baches nördlich von Kollen Diaul (Collen diaul Thörl G. St. K.) sind kieselige Thonschiefer, Kieselschiefer und Grauwacke; dieselben ziehen östlich bis zur Oharnachalp durch.

Hier keilt der WNW streichende aus rothem, hellem Kramenzelkalk und schwarzgrauem Eisenkalk bestehende Zug des Findenigkofels aus und erleidet vorher noch eine an sich unbedeutende, aber gut zu beobachtende Dislocation. Der sehr steil SSW fallende Kalk ist im Liegenden von schwarzem, kohligem Kieselschiefer, im Hangenden von Thonschiefer begrenzt; der westliche Theil des Zuges ist um etwa 200 m abgesunken und gleichzeitig nach N verschoben. Im Vordergrunde des Bildes erscheinen die N fallenden Schichtköpfe des um einen viel bedeutenderen Betrag abgesunkenen Obercarbon; beide Querbrüche verlaufen in NNO Richtung.

Auch auf dem Südabhang des Findenigkofels keilen die Kalkzüge nach Westen zu aus; der nördliche derselben, welcher die unmittelbare Fortsetzung des die Höhe des Findenigkofel bildenden Lagers darstellt (1 im Durchschnitt A) enthält im Westen verkieselte Riffkorallen des Obersilur (*Actinostroma, Heliolites, Cyathophyllum;* vergl. den stratigraphischen Theil)· Mangelhaft erhaltene Orthoceren sind in den Kramenzel- und Eisenkalken der Oharnachalp und des Findenigkofels allgemein verbreitet, wie schon STUR erkannt hat.

C) Durchschnitt Kronhofgraben—Hoher Trieb. Im

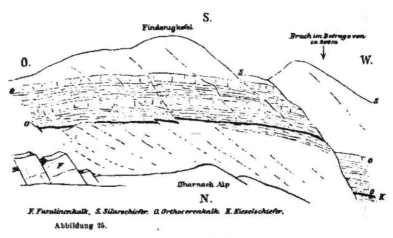

F. *Fusulinenkalk*, S. *Silurschiefer*, O. *Orthocerenkalk*, K. *Kieselschiefer*.

Abbildung 25.

Der Findenigkofel.

unteren Theil des Grabens steht auf dem rechten Ufer grauer klüftiger Kalk an — das Ende des Feldkogelzuges. Dann Thonschiefer (WNW—OSO, saiger) und weiter aufwärts eine Einlagerung von grauem oder schwarzem wohlgeschichtetem Kalk· Streichen WNW—OSO, Einfallen steil SSW (= 2. Kalkzug des Nölblinger Grabens). Unterhalb der beiden verfallenen Sägemühlen beobachtet man in einem Seitengraben wieder Schiefer, der unregelmässig, schmitzenartig in den Kalk hineingepresst ist. Der dritte, schmalste Zug besteht aus grauem Thonflaserkalk und streicht zum oberen Quellarm des Nölblinger Grabens durch.

Dann kreuzt man einen breiten, aus grauen und rothen Kramenzelkalken bestehenden Zug und betritt weiterhin einen Abschnitt des Bachlaufes, in dem das rechte Ufer aus typischen rothen Orthocerenkalken, das linke aus ebenso bezeichnenden Culmgesteinen, Thonschiefern, Kieselschiefern und Kieselschiefer-conglomeraten besteht. Die Altersdeutung kann um so weniger einem Zweifel unterliegen, als die hier anstehenden Schiefer die Fortsetzung des palaeontologisch (Promosalp) und strati-graphisch (Ueberlagerung des Clymenienkalkes) wohl gekenn-zeichneten Angerthaler Culmes bilden.

Das Bachbett entspricht also einer z förmigen, nach SSW gerichteten Umknickung des Kramenzelkalkzuges.

Diese eigenthümliche, bruchlose Umbiegung eines immerhin ziemlich breiten Kalklagers lässt sich beim Durchwandern des Thales nicht deutlich übersehen. Jedoch konnte ich bei einer Begehung des Schieferkammes zwischen Dreischneidenspitz (Köderhöhe der G. St. K. 2281 m) und Skarnitzen-Hütte den eigenartigen Verlauf des Kalkzuges auf das genaueste beob-achten. Die Farbe und die Verwitterungsformen des beider-seits von dunkelem Schiefer begrenzten Kalkes lassen über die Abgrenzung um so weniger Zweifel, als grade die wichtigsten Punkte waldfrei und nur mit spärlichem Graswuchs bedeckt sind.

Nach der südwärts gerichteten Umbiegung streicht der Orthocerenkalk zum Hohen Trieb, dessen Gipfel er bildet und weiter zum Chiarso-Thal durch. (Vergleiche die Land-schaftsskizze Hoher Trieb und Monte Dimon.) Auch die kleinen auf der Karte wiedergegebenen Knickungen des Kalkzuges heben sich deutlich ab. An dem auf halber Höhe des Berges hinführenden Steige beobachtet man etwas westlich von der Alp Peccol di Chiaul die untenstehend wiedergegebene Ein-quetschung von Culmgestein zwischen die Schichten des Silur-kalkes. Südlich von Peccol di Chiaul erfolgt eine stumpf-winkelige Rückbiegung nach N, die allerdings den Betrag der Umknickung im Kronhofgraben nicht erreicht. Immerhin ist die ganze Erscheinung als Herauspressung eines Gebirgs-segmentes unter dem Einflusse einer von NNO nach SSW wir-kenden Kraft aufzufassen. Eine gleiche Deutung erfordert die winkelig umgrenzte silurische Kalkmasse am Westabhang des Monte Germula. Im allgemeinen werden unter dem Einflusse

derartiger Kräfte „Blattverwerfungen" zu Stande kommen.
wie sie Suess vom Wildkirchli am Säntis und von Wiener
Neustadt beschreibt. Man könnte die hier beobachtete Erscheinung als „Blattverschiebung" in Gegensatz zur „Blattverwerfung" stellen. Naturgemäss werden die Vorbedingungen
für die beschriebene tektonische Erscheinung selten gegeben
sein. Dieselbe dürfte nur dort zur Ausbildung gelangen. wo
eine steilgestellte, härtere. aber immerhin nicht gänzlich starre
Schicht (der Kramenzelkalk ist ziemlich thonreich) von plasti-
scheren Gebirgsgliedern eingeschlossen und unter allseitiger
Belastung befindlich ist.

Wie schon bemerkt. bildet der mannigfach verbogene Silur-

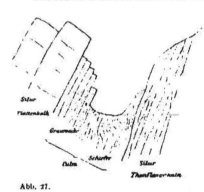

zug Chiarsothal—El-
ferspitz die Grenze zwi-
schen dem Culm und dem
älteren Palaeozoicum des
Nordabhanges der Haupt-
kette; weiter westlich, am
Pollinigg. wird das
Obersilur durch Unter-
devon ersetzt. Hier be-
einflusst die schon be-
schriebene Dislocation am
eindrücklichsten die Form
der Berge und mag daher

Abb. 27.

Einquetschung von Culm,
(dunkel) in Silur (hell) westlich von Peccol di Chiaul.

als „Pollinigg bruch"
bezeichnet werden. Die

weiteren Umbiegungen und Knickungen in der Plöckener Gegend werden im nächsten Abschnitte zu behandeln sein.

Die theoretische Erklärung der theils längs, theils quer
zur Gebirgsrichtung verlaufenden Dislocation ist keineswegs
leicht. Auf Grund des Kartenbildes würde es naheliegend
erscheinen. das staffelförmige (Kronhofbach und Casa Culet)
Vordringen des Silurs nach Süden als eine Aufschiebung der
älteren auf die jüngeren Bildungen zu deuten.

Dieser Annahme scheint jedoch die Abb. 26 auf Seite 72
zu widersprechen. welche das einzige deutliche Profil des
Silurzuges enthält. Der Kalk fällt scheinbar mit etwa 45"
unter den Culmschiefer ein, und zwischen beiden fehlt die ge-

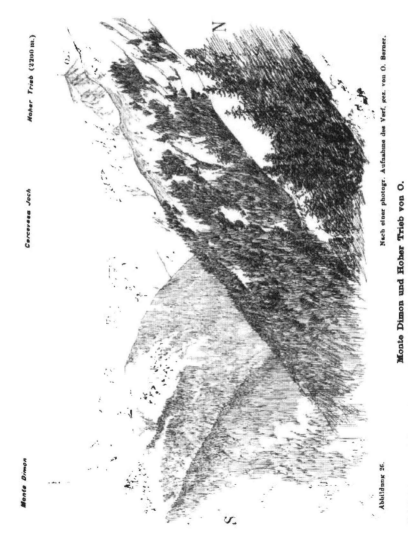

Monte Dimon   Cercevesa Joch   Hoher Trieb (2200 m.)

Abbildung 26.   Nach einer photogr. Aufnahme des Verf. gez. von O. Berner.

Monte Dimon und Hoher Trieb von O.

Das Gebiet zwischen Monte Dimon und Cercevesa Joch besteht aus untercarbonischen Diabasen, Porphyriten und Mandelsteinen, auf der Spitze des Dimon liegt Grödener Sandstein. Die Mitte des Bildes zwischen Cercevesa Joch, Hohem Trieb, dem Buchstaben S und der Tiefe des Thales besteht aus obersilurischem Schiefer, der Nordabhang des Hohen Trieb aus obersilurischem Orthocerenkalk (OK). Zwischen Obersilur und Culm liegt der Pollinig-Bruch.

132

sammte Mächtigkeit des Devon. Aus dem Einfallswinkel des Bruches könnte man schliessen, dass der Culm durch einen schräg verlaufenden Senkungsbruch abgeschnitten sei. Dem widerspricht jedoch der eigentümliche, nur durch Faltung erklärbare Verlauf des Silurzuges. Ausserdem stehen, wie die Messungen ergaben, die Schichten am Hohen Trieb ganz oder annähernd saiger; der scheinbar geringere Betrag des Einfallswinkels beruht auf dem schrägen Streichen des Kalkzuges über den Abhang.

Man muss also doch auf die Ueberschiebung zurückgreifen und sich vorstellen, dass das Devon zuerst eingefaltet und dann vom Silurschiefer überschoben wurde. Eine ähnliche Erscheinung werden wir weiter westlich am Rathhauskofel wiederfinden; nur ist bei letzterem die tektonische Bewegung in kleinerem Massstabe erfolgt.

Ein ursprüngliches Fehlen des Devon anzunehmen, ist bei der mächtigen Entwickelung dieser Formation im Osten und Westen unmöglich. Zwischen den beiden plastischen, aus Schiefer bestehenden Widerlagern konnte dann der Silurkalkzug seine eigenartig gewundene Form annehmen.

Auch während der miocaenen, durch Brüche gekennzeichneten Gebirgsbildung folgten in unserem Gebiet die Dislocationen zum Theile der NNO-Richtung. Der Abbruch des Obercarbon an der Oharnachalp und im Lanzengraben sowie die grosse, die jüngeren Bildungen abschneidende Störung am Monte Germula weisen darauf hin, dass die uralte carbonische Dislocationsrichtung in späterer Zeit wieder auflebte.

Zusammenfassung von Kapitel I und II.

Die Triasplatte der Westkarawanken und östlichen Karnischen Alpen kann als ein, der Hauptrichtung des Gebirges folgender Längsgraben aufgefasst werden, dessen nördliche und südliche Begrenzung sehr verschieden ist. Die Julischen Alpen sind eine Scholle mit flach gelagerten Schichten, die am Nordabfall eine regelmässige Folge der Trias erkennen lässt; die südlichen Karnischen Alpen sind so weit abgesunken, dass der Schlerndolomit derselben im allgemeinen neben den Werfener Schichten der Julischen Alpen liegt. Der

Betrag der Grabensenkung ist im N grösser als im S.
Allerdings ist die nördliche Dislocation nicht nur durch
Absinken der Triasplatte sondern vor allem durch erneuerte
Anfwölbung der älteren Palaeozoischen Bildungen entstanden.
Im Osten bildet ein einfacher Bruch die Grenze von Silur und
Trias; weiter westlich schieben sich zwischen die beiden Haupt-
formationen untergeordnete Horste und Gräben ein, so dass ein
staffelförmiger Abbruch entsteht. Etwa 10 Kilometer weiter
im Westen werden durch Querbrüche die jüngeren For-
mationen abgeschnitten.

Graphisch werden die soeben geäusserten Ansichten durch die
beiden schematischen Durchschnitte Osternigg—Uggwagraben
und Hochwipfel—Monte Germula veranschaulicht

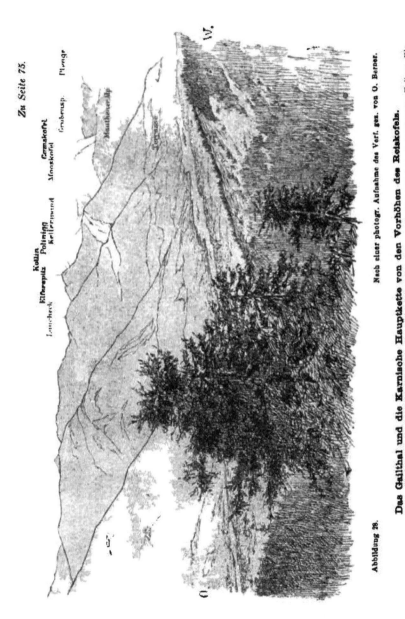

W.

O.

Löschcek

Klittorspitz
Kollin

Pollinigg
Keilerruind

Germskofel
Moaskofel

Gruberap.

Plenge

Manthenerap.

Abbildung 28.

Nach einer photogr. Aufnahme des Verf. gez. von O. Berner.

Das Gailthal und die Karnische Hauptkette von den Vorhöhen des Reiskofels.

Die dunkel gehaltenen Berge bestehen mit Ausnahme des Laucheck (Culmschiefer) aus silurischen Schiefern und eingelagertem Kalken. Die devonischen Kalkriffe des Pollinigg, Kollin, Germskofel und Plenge sind weiss gelassen. Die Glacial-Terasse, die Fortsetzung des Lesaacher Thalbodens hebt sich im Westen deutlich ab.

137

III. KAPITEL.

Das Hochgebirgsland der devonischen Riffe.

(Silur, Devon, Culm.)

Im Herzen der Karnischen Alpen fehlen die jüngeren, nach der mittelcarbonischen Faltung gebildeten Formationen so gut wie vollständig; das ganze Gebiet besteht aus altpalaeozoischen Gesteinen, deren verwickelter Faltenbau durch die energische Denudation des Hochgebirges freigelegt ist. Wie an einem geschickt präparirten und injicirten anatomischen Objekt sind die Grundzüge wie die feineren Einzelheiten des inneren Baues mit plastischer Deutlichkeit wahrnehmbar. Die Rolle der injicirten Flüssigkeit übernimmt die Vegetation, welche den Gegensatz der reinen Kalk- und Schiefergesteine schärfer hervortreten lässt.

Der geologische Bau und die oroplastische Form unseres Gebietes wird in erster Linie durch die devonischen Riffe bedingt, welche unregelmässig in die älteren und jüngeren Schiefer eingefaltet, zuweilen auch durch Querbrüche abgeschnitten sind. Die Berggruppen des Pollinigg, der Kellerwand und des Hochweisssteins bestehen aus devonischem Riffkalk und heben sich durch Farbe und Form scharf von den Schieferhöhen ab (Abb. 26); nur der Zug der Steinwand setzt sich aus grünem, z. Th. aus Eruptivmaterial bestehendem Quarzit zusammen, dessen Gebirgsformen etwas an die des Kalkes erinnern. Doch kennzeichnet die dunkelgrüne Farbe (Cresta Verde) das Gestein als eigenartiges Gebilde.

1. Der Pollinigg.

Der O—W verlaufende Kamm des Pollinigg besteht aus devonischen, fast versteinerungsleeren Riffkalken, die im Grossen und Ganzen ungeschichtet sind, zum Theil jedoch ein

flach südliches Einfallen zeigen. Dieselben scheinen im Süden
unter den steil stehenden Culmschiefer des Angerthales einzufallen und sind auf allen übrigen Seiten von Schiefern und
Kalken silurischen Alters begrenzt. Von einer regelmässigen
Zwischenlagerung kann jedoch desshalb keine Rede sein, weil
auf der Südseite des Pollinigg jede Andeutung von Clymenienschichten fehlt. Auch verläuft die Gesteinsgrenze senkrecht
über den Abhang, während die Kalke nach S einfallen.

Im Westen schneidet der Plöckener Querbruch die
Masse der höheren devonischen Kalke von den steil aufgerichteten bunten Kalken und Schiefern des Obersilur ab, in
welche das Valentin-Thal eingesenkt ist. Gegenüber dem Eder-
hof schwenkt der Querbruch allmälig in die Längsrichtung
(O weiterhin ONO) um und bedingt die Einquetschung einer
schmalen Falte des devonischen Riffkalkes in die silurischen
Schiefer (Abb. 26, Mitte). Man muss annehmen, dass analog den
oben geschilderten Verhältnissen des Osternigg auch hier eine, bei
der carbonischen Gebirgsbildung eingequetschte Kalkfalte später
in unregelmässiger Weise weiter eingebrochen ist. Wenn man
nur den heutigen Zustand berücksichtigt, würde der schmale
Kalkzug der Würmlacher Alp am ehesten mit den Spaltenver-
senkungen des Grödener Sandsteins (Lanzen) zu vergleichen
sein. Der WSW—ONO streichende Kalkzug spaltet sich östlich
des Kressbaches in 2 Aeste, von denen der nördliche, an Breite
wesentlich reducirte bis in die Gegend des Kronhofs zu verfolgen ist. Es scheint, dass an dieser Dislocation die beiden
nördlichen silurischen Kalkzüge des Kronhofbaches abschneiden.

Der devonische Kalkzug bildet die nördliche Begrenzung
eines Längsthales, in welchem das Würmlacher Alpl[1]) liegt.
Der südliche Kamm besteht aus dem rothen, obersilurischen,
hie und da Orthoceren führenden Kalk der Elferspitz, der
von dem Culm des Angerthales durch den, an Sprunghöhe
zunehmenden Polliniggbruch getrennt ist. Man erkennt auf
der linken Ecke des Bildes Laucheck—Kellerwand—Gams-

---

[1]) So wird das Kar nördlich der Elferspitz von den Einwohnern bezeichnet; auf der G. St. Karte steht hier mit grosser Schrift Würmlacher
Alpe. Der letztere Name kommt nur dem ziemlich ausgedehnten Weide-
gebiet zwischen den Höhencoten 1180 und 1959 zu.

Mauthen Maria Valentinthal Schrakebier
Schnee

rteil abfallndene
tucheek hervor-
es und Bruches

en Aufbau des
haftlich höchst
essbach und die
ï tz nach dem
nach S (Missoria)
r mit Quarz-
acher, unregel-

N.

Alluvium

Quarzphyll *Thonschiefer* *Halbkrystall* *Thonschiefer*
mit
Quarzflasern *Kalk*

N

Mauthener Schichten (Unte.

Schartenkofel   **Gailfluss**   **Wodmaler**
Pedlanig-Graben   (Lessachthal)   (1017 m.)

Würmlacher Alp
von O.

das Liegende
rts finden sich
r Stellung (Str.
am Schlosse
und steht eben-
das anstehende
ortsetzung des
h die letzten

Illuartiocher *Gröd.neer* *Quarzphyllit* *Schiefer*
Kallen.bolk *Sanstein* *Moräne* *Moräne* *Unterwig*
mit
Conglom.

N

esteht wiederum
en Grauwacken,

kofel (vergl. unten) deutlich, wie hinter der steil abfallndene Kalkwand der gerundete Schiefergipfel des Laucheck hervorschaut. (Der östliche Verlauf dieses Kalkzuges und Bruches ist oben geschildert worden.)

Den besten Einblick in den eigentümlichen Aufbau des Polliniggs gewinnt man auf dem, auch landschaftlich höchst genussreichen Wege von Mauthen über den Kressbach und die Scharte zwischen Pollinigg und Elferspitz nach dem Plöckenwirthshaus. Beim Anstieg von Mauthen nach S (Missoria) trifft man zuerst phyllitischen Thonschiefer mit Quarz-flasern (tiefere Mauthener Schichten) in flacher, unregel-

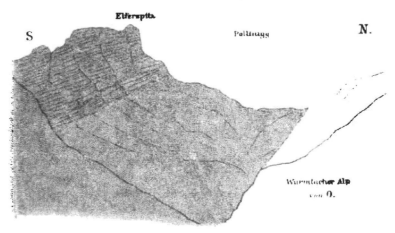

Abb. 29.

mässig sattelförmiger Lagerung; derselbe bildet das Liegende der silurischen Schichtenfolge. Weiter aufwärts finden sich halbkrystalline, graue Bänderkalke in saigerer Stellung (Str. O—W bis WSW—ONO), etwas weiter östlich am Schlosse Waldegg streicht derselbe Kalk WNW—OSO und steht ebenfalls saiger. Dann betritt man die südliche, in das anstehende Gestein eingeschnittene Thalterrasse, die Fortsetzung des Lessacher Thalbodens, welche weiter östlich die letzten glacialen Schutthügel trägt.

Das ganze Nordgehänge oberhalb Missoria besteht wiederum aus silurischem Thonschiefer mit eingelagerten Grauwacken,

die weiter östlich durch eine Abzweigung des umschwenkenden
Plöckener Querbruches abgeschnitten werden. Oberhalb des
Höhenpunktes 1180 quert man das von Silurschiefer umgebene
Devon und beobachtet steiles südliches Fallen der undeutlich
geschichteten grauen Kalke, welche hie und da Korallenreste
(*Cyathophyllum sp.*) enthalten. (Die Stelle ist auf dem Bilde
p. 78 links oberhalb der Tannen deutlich sichtbar).

Der Boden der Würmlacher Alpe besteht aus O—W streichendem saiger stehendem Silurschiefer mit Kieselschieferbrocken (weiter oben mit Grauwacke und Kieselschieferconglomerat). Der Schiefer enthält etwas unterhalb einer scharf
ausgeprägten Thalstufe, fast unmittelbar an der Grenze des
Devon eine Einlagerung von dunklem, rothbraun verwitterndem
Eisenkalk, der in früheren Zeiten abgebaut und in Wetzmann
verhüttet wurde. Auf den alten, beinah verwachsenen Halden
sammelte ich:

> *Phacops Grimburgi* FRECH?
> *Orthoceras dulce* BARR. (Syst. Sil. Vol. II. t. 294, 215.)
> *Orthoceras potens* BARR?
> *Orthoceras transiens* BARR?
> *Murchisonia sp.*

(Eine ähnliche, auf der gegenüberliegenden Würmlacher Alp
anstehende Schicht wurde ebenfalls früher bergmännisch ausgebeutet.)

Nach Ersteigung der erwähnten, noch ganz dem Schiefer
angehörenden Thalstufe, beobachtet man am Ostabhang des
Pollinigg ein eigentümliches Eingreifen der Silurschiefer
in die Devonkalke. Der unregelmässige Verlauf der Grenze
erklärt sich aus der verschiedenen Härte der in einander gekneteten Gesteine. Der mechanische Contact ist hier wie überall
durch massenhaften Gangquarz gekennzeichnet. Die gleichen
Contacterscheinungen treten in grossartigerem Maasstabe am
Kollin- und Rathhauskofel auf.

Die Scharte zwischen Pollinigg und Elferspitz, welche den
Uebergang zum Angerthal bildet, beruht ebenfalls auf dem
Eingreifen einer Schieferzunge zwischen den silurischen
und devonischen Kalk.

Auch am Elferspitz sind die verschiedenen Silurgesteine,
schwarze wohlgeschichtete Plattenkalke, graue und rothe Thon-

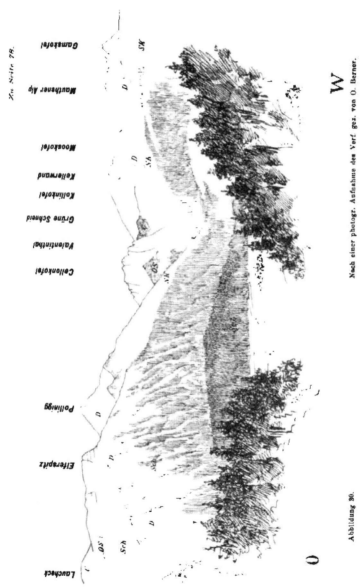

Abbildung 30.

W

Nach einer photogr. Aufnahme des Verf. gez. von O. Berner.

Das Hochland der Devonischen Riffe von N.

Gr. Grödener Sandstein (im Vordergrunde nördlich von Kötschach). C. Culmschiefer (liegt am Laucheck neben Orthocerenkalk, zwischen beiden der Pollinigbruch, greift auf der grünen Schneid zwischen Cellon- und Kollinkofel auf den Nordabhang über). D. Unterdevonischer Riffkalk. OS. Obersilurischer Orthocerenkalk (am Cellonkofel durch den Plöckener Bruch von Devon getrennt). SK. Untersilurischer Kalk. Sch. Untersilurischer Schiefer der Mauthener Schichten. — Im Vordergrunde der Abhang nördlich von Kötschach, im Mittelgrunde das Gailthal und die Glacialterrasse.

144

flaserkalke sowie graue Eisenkalke mit Orthoceren[1]) in der abenteuerlichsten Weise miteinander verknetet. Auf dem Südabhang
folgen die O—W streichenden, meist saiger stehenden Thon- und
Kieselschiefer des Culm. (Vergl. d. Profil des Pollinigg.)

Der Devonkalk des Pollinigg ist splittrig, leicht zer-
bröckelnd und vielfach von dolomitischer Beschaffenheit. Ausserdem findet sich eine ca. 80 m. mächtige Lage von Quarzit im
oberen Theil des nördlichen Polliniggehänges und ist schon
von weitem an ihrer durch Flechten verursachten grauen Färbung
leicht von dem Kalke zu unterscheiden. Dass die Verwerfung
am Südabhang des Pollinigg mit der alten Faltung zusammenhängt, wird u. a. durch das Vorkommen einer eingeklemmten
Scholle von rothem Orthocerenkalk zwischen Devon und Culmschiefer bewiesen. Dieselbe greift von Westen her nicht sonderlich tief ein und hängt mit dem, gegenüber an der Vereinigung von Valentin- und Plöckenbach anstehenden Kalke
zusammen. Man kreuzt das Vorkommen auf dem Wege, der
vom Plöckenwirthshaus zur Himmelberger Alp führt.

2. Der Plöckener Querbruch und die im Osten abgesunkene Scholle.

Während der Pollinigg die nördlichen Silurbildungen von
dem südlichen Culmgebiete trennt und in dieser Hinsicht dieselbe tektonische Stellung wie die Kellerwand einnimmt, ist
die orographische Fortsetzung des letzteren ein in tektonischer
Hinsicht wesentlich abweichendes Gebilde: Die Hochfläche des
Pal und der scharfe Kamm des Tischlwanger Kofels sind eine
unregelmässige, antiklinale Aufwölbung von Mittel- und Oberdevon, die rings von Culmschiefern umgeben ist und im Osten
an der Promosalp normal unter dieselben hinabtaucht.

Im Westen trennt der, ein wenig östlich vom Plöckenpass in
nordsüdlicher Richtung verlaufende Querbruch das Mittel- und
Oberdevon des Palgebirges von dem tieferen Devon des Cellonkofels. Auf das Vorhandensein einer Dislocation weist, abgesehen von der ausserordentlich tiefen Einschartung des Kammes

[1]) In einer früheren Publication (S. deutsche geol. G. 1887, p. 690)
hatte ich die Elferspitze als Fortsetzung des devonischen Pollinigg angesehen — die Obersilurversteinerungen wurden erst später hier aufgefunden.

der gestörte Verlauf der Kalkschichten hin, deren Biegungen, Verquetschungen und Brüche von der Plöckenstrasse aus deutlich zu beobachten sind. Die tiefe Einschartung des Kammes ist auf einer, weiter unten folgenden Abbildung in charakteristischer Weise wiedergegeben.

Am schärfsten prägt sich der Plöckener Querbruch an dem Wirthshaus selbst aus; hier grenzt die östliche aus Culm und Mittel-Devon bestehende Scholle an die westliche, welche letztere von Silur und Unterdevon aufgebaut wird.

Man könnte zur Erklärung dieser wunderlichen Verhältnisse annehmen, dass die östliche aus Pollinigg und Tischlwanger Kofel bestehende Scholle abgesunken, die westliche gleichzeitig blattförmig nach Süden verschoben sei. Der unterdevonische Pollinigg ist dann die Fortsetzung des unterdevonischen Cellonkofels, die Culmschiefer des Angerthales entsprechen der Culmzunge der Collinetta-Alp (südlich des Cellon), der mitteldevonische Pal ist dem gleichalten Kalkzuge zwischen Casa Collinetta und Casa Monuments homolog. Zweifellos hängt ferner das Umbiegen des gesammten Streichens aus OSO—WNW in ONO—WSW zwischen Valentinthal und Niedergailthal mit dem Vorhandensein der Blattverschiebung zusammen. Die Abweichung des Streichens ist auf den erwähnten kurzen Gebirgsabschnitt beschränkt. Es scheint als ob die von Norden wirkende Faltung die im O und SO gebildete Senkung später zu überschieben versucht habe.

Immerhin haben in einem durch zweimalige Gebirgsbildung dislocirten Gebiete derartige tektonische Constructionen nur einen secundären Wert. Es unterliegt keinem Zweifel, dass die Verschiebungen und Brüche der ersten Gebirgsbildung durch die spätere Massenbewegungen wieder aufgerissen und in unregelmässiger Weise weiter ausgebildet werden. Es ist dann nicht immer möglich, die mannigfachen tektonischen Veränderungen bis ins einzelne zu verfolgen, um so weniger, als, abgesehen von der Hochgebirgsregion und einzelnen tiefen Erosionsrissen die Aufschlüsse vielfach unzureichend sind. Jedoch wird meist aus der eingehenden Aufnahme eines zusammenhängenden Gebietes die klare Anschauung über die Grundzüge des Gebirgsbaues hervorgehen.

Grade bei der Beurteilung des Plöckener Querbruchs lässt sich der Einfluss palaeozoischer, tertiärer und jüngerer Erdkrustenbewegungen deutlich nachweisen. Die Versenkung der östlichen Scholle geht wohl auf die carbonische Faltung zurück; denn weiter nördlich in der Gegend des Gailberges ist von einer derartigen Bewegung kaum etwas wahrzunehmen; ebenso deutet die mechanische Verknetung von Schiefer und Kalk in der Kollin- und Pollinigg-Gruppe auf eine energische Faltung hin, während die Trias des Lienzer Gebirges derartige Anzeichen eines bis auf das äusserste gesteigerten Gebirgsdruckes nicht erkennen lässt.

In der nördlichen Fortsetzung des Plöckener Querbruchs, am Gailbergsattel, findet sich dagegen eine von Norden nach Süden verlaufende Dislocation, welche den grossen, der Längsrichtung des Gebirges folgenden Gailbruch durchsetzt und der Nord-Süd-Verschiebung der Plöcken entspricht. Das Alter dieser Störung ist also jungmesozoisch oder tertiär.

Endlich verläuft, wie die HOEFER'sche Erdbebenkarte Kärntens[1]) zeigt, in ganz geringer Entfernung westlich, parallel zu der Querbruchzone Gailberg-Plöcken die „Obervellacher Erdbebenlinie". Es ist sogar möglich, dass diese Linie mit dem Plöckener Querbruch vollkommen zusammenfällt; denn wie die Uebersicht der Erdbeben (l. c. p. 60 und 61) beweist, beruht die Konstruktion derselben nur auf dem gleichzeitigen Auftreten der Erdbeben in St. Jacob (Lessachthal) und Ober-Vellach im Möllthal. (SW—NO.) Die weitere Fortsetzung derselben, für welche keine bestimmten Daten vorliegen, könnte also ebenso gut in rein südlicher, wie in südwestlicher Richtung erfolgen. Jedenfalls ist das Fortwirken der gebirgbildenden Kraft bis in die Jetztzeit von Bedeutung.

Die an dem Plöckener Querbruch und der Längsverwerfung des Pollinigg abgesunkene Scholle zeigt einen ziemlich regelmässigen Verlauf der O—W streichenden Falten. Die fast durchweg auf dem Kopfe stehenden Culmschiefer des Angerthales werden von den wohlgeschichteten Kalkbänken der Clymenienstufe unterteuft; letztere fallen zwischen

---

[1]) Denkschriften der kaiserlichen Akademie (Wien) math. naturw. Kl. 42. Bd. II. Abth. S. 30.

Frech, Die Karnischen Alpen. 6

Plöckenpass[1]) und grossem Pal steil nach N. ein und nehmen
an Breite allmälig zu. Durchschnitte von schlecht erhaltenen
Clymenien finden sich fast überall. Der Fundort, von dem
die sämmtlichen im stratigraphischen Theile aufgezählten Versteinerungen stammen, liegt am Südgehänge des Grossen
Pal im oberen Theile des Palgrabens, in unmittelbarer Nähe
einer auf der Generalstabskarte angegebenen, aber nicht mit
Namen belegten Alphütte. Der Punkt ist leicht wieder aufzu-
finden, denn die Versteinerungen kommen ausschliesslich 2 m.
im Liegenden der Culmschichten unmittelbar neben einem
Querbruch vor, welcher die Fortsetzung der Clymenienschichten
einige hundert Meter nach Süden verwirft. Die Clymenienkalke bilden den steilen Nordabfall des Tischlwanger Kofels
und sind hier durch zahlreiche untergeordnete Brüche zer-
stückt; sie setzen dann, immer noch versteinerungsführend, bis
zur oberen Promosalp fort, fehlen hingegen am Südabhang der
Kalkkette so gut wie gänzlich.

Eine eigentümliche, klippenartige Ausbildung besitzen
zwei kleine, reihenförmig angeordnete Kalkkuppen, welche sich
vom Tischlwanger Kofel in nordöstlicher Richtung ab-
zweigen und südlich von der Promosalp in einer steil zu dem
kleinen Promos-See abstürzenden Wand endigen. Dieselben
sind als die dislocirten Reste einer, in früherer Zeit einheitlich ausgebildeten Antiklinale anzusehen. (Vgl. die Abb.)

In dem am weitesten nach Osten vorgeschobenen Kalkvorkommen der oberen Promosalp wurden Clymeniendurchschnitte
beobachtet; ebenso enthalten die Culmschiefer in dieser Gegend undeutliche Abdrücke von Calamiten und anderen Pflanzen.
Auch die Grenze dieser concordant und normal auf einander
folgenden Formationen ist durch untergeordnete Störungen gekennzeichnet, wie die zerrüttete Beschaffenheit der Schiefer
und das Vorkommen ausgedehnter Harnische im Kalk beweist.
Dieselben treten in der Nähe der Promosalp und am Nordabhang des Tischlwanger Kofels auf, lassen sich jedoch unge-

---

[1]) Das Durchstreichen der Clymenienschichten bis zum Pass habe ich
erst bei späteren Begehungen festgestellt; bei der Abfassung meiner ersten
Arbeit hatte ich hier eine, durch Dislocation zu erklärende Lücke in der
Schichtenfolge annehmen zu müssen geglaubt. (Vgl. die Profiltafel S. 76.)

SW

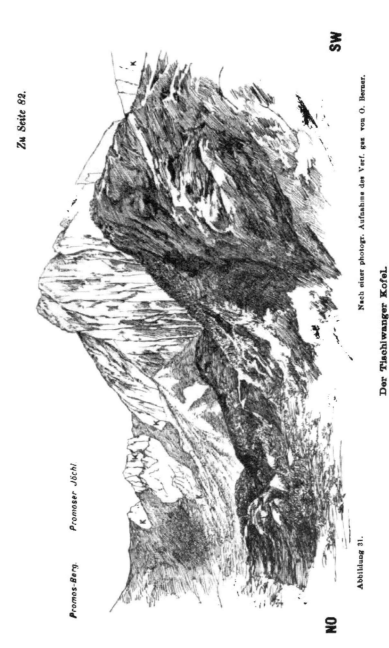

Promos-Berg. *Promoser Jöchl!*

NO

Abbildung 31.

Nach einer photogr. Aufnahme des Verf. gez von O. Berner.

Der Tischlwanger Kofel.

Eine Antiklinale von oberdevonischem Riff- und Clymenienkalk (K) in Culmschiefer. Aus letzterem besteht der Gross-Pal im Vordergrunde des Bildes. In der NO-Fortsetzung der Antiklinale (am Promoser Jöchl) sind zwei isolirte Klippen von Clymenienkalk (K) durch den Culm hindurchgepresst.

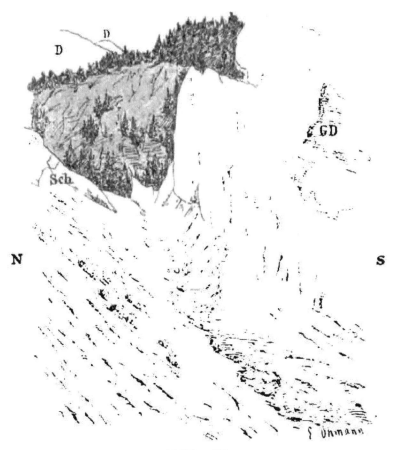

Abbildung 32.
Nach einer photogr. Aufnahme von Prof. K. Müller und Skizzen des Verfassers
gez. von E. Ohmann.

Unregelmässige Aufwölbung der Devonkalke im Culmschiefer des Palgrabens.

GD. Geschichteter Devonkalk (weiter südlich von Culm begrenzt). In der Mitte massiger
Devonkalk, der mit einer gewaltigen Rutschfläche gegen den Schiefer abbricht. Die
dunkele Schraffur des Schiefers sollte etwas weiter (bis Sch.) reichen. Im Hintergrunde
Devonkalk D.

zwungen durch die sehr verschiedenartige Härte der unter starkem Drucke befindlichen Gesteine erklären.

Auf der Südseite des Kalkzuges Pal—Tischlwanger Kofel fehlen infolge einseitiger, ungleichförmiger Aufwölbung die Clymenienschichten.

Die Bruchgrenze ist nördlich von Tischlwang durch das Aufsetzen einiger Silber und Kupfer führender Gänge gekennzeichnet, deren Vorkommen durchaus an die weiter unten zu beschreibenden Gänge der Avanza erinnert. Der Abbau der Erze wurde von Gailthaler Bergknappen betrieben, die vor etwa 300 Jahren den bis jetzt deutsch gebliebenen Ort Tischlwang gegründet haben. Leider sind die Gruben seit Langem verlassen, so dass ich über das Vorkommen der Erze nichts Weiteres in Erfahrung zu bringen vermochte.

Auch am Nordabfall des Tischlwanger Kofels findet sich ein kleiner Versuchsstolln, zu dessen Abteufung Einsprengungen von Kuferlasur in Kalkspath Veranlassung gegeben haben.

Auf der Hochfläche des kleinen Pal[1]), einem von tiefen Furchen durchsetzten Karrenfeld finden sich bezeichnende mitteldevonische Korallen: *Cyathophyllum caespitosum* GOLDF., *Cyathophyllum Lindströmi* FRECH, *Alveolites sp.* (grosszellig), *Favosites sp.*, *Stromatoporella sp.* Auf dem Südabfall sind infolge der stärkeren mechanischen Pressung die Kalke umgewandelt und zum Theil marmorisirt, so dass organische Reste hier gänzlich fehlen.

Parallel zu dem breiteren Zuge des Pal verläuft auf beiden Seiten des Val Grande ein schmaler, durch Erosion mannigfach zerstückter Streifen devonischer Kalke. Man findet im Osten der Plöckenstrasse, an der Mündung des von der Casa Pal Grande herabfliessenden Grabens, südlich von dem Kalke des Pal Culmschiefer und dann eine saiger stehende Masse von ungeschichtetem Kalk. Dieselbe ist nach Norden zu durch die, auf dem Bilde dargestellte kolossale Rutschfläche abgeschnitten. Im Süden lagern sich noch geschichtete gelbliche Kalke mit steilem Südfallen an; dann folgt die Masse des Culmschiefers, in dem besonders das Vorkommen

---

[1]) Derselbe bildet den Vordergrund der Abb. 37, S. 92.

6*

lauchgrüner Kieselschiefer bemerkenswert erscheint. Schon
LEOPOLD VON BUCH beschreibt die merkwürdige Stelle: „Nur
kurz vor Tamaun (Timau, Tischlwang) erscheint wieder eine
unglaublich schroffe, ganz glatte Wand, völlig unersteiglich.
Es ist dichter Kalkstein, dem ähnlich, wie er oben am Passe
vorkam. Die ganze Masse sieht nicht anders aus, als wäre sie
von oben, von der Höhe herabgestürzt, und hier auf fremdartigen Boden; und wahrscheinlich ist es auch so. Grauwacke
und Thonschieferschichten umgeben sie von allen Seiten.“
(LEONHARD's Taschenbuch XVIII, 1824, S. 403.) Der nördliche
Schieferzug ist in dem Palgraben durch prächtige, im grössten
Maassstabe entwickelte Reibungsbreccien von Kalk im
Schiefer ausgezeichnet.

Die westliche Fortsetzung unseres eigentümlichen Vorkommens ist eine kleine, rings von Gehängeschutt umgebene
Kalkmasse auf der rechten (westlichen) Seite des Palgrabens
und ferner ein südlich vom Val Grande liegender Kalkkeil, der von der Strasse aus leicht wahrzunehmen ist. Im
Osten vereinigt sich der Parallelzug wieder mit der Masse des
Tischlwanger Kofels.

3. Die Kellerwand.

Auch die jenseits des Plöckener Querbruchs aufragenden Devonriffe sind in einen nördlichen und südlichen
Zug gegliedert. Zwischen beiden liegt die Silurmasse des
Rauchkofels, ein unregelmässiger, von Dislocationen umgebener,
antiklinaler Aufbruch. Im Wolayer Gebirge vereinigt sich
der nördliche Kalkzug mit dem südlichen.

Die unterdevonischen Kalkbänke im Hauptkamme des
Cellon sind unter sehr steilem Winkel nach SW geneigt und
von mehreren Brüchen durchsetzt, an denen ein staffelförmiges
Absitzen nach Süden zu beobachten ist. Die beiden Seitenan-
sichten des Cellonkofels bringen diese Verhältnisse zur Anschauung. (Taf. IV und Abb. 33.) Bei einer Betrachtung von
Nord scheint der Berg aus horizontalen Schichten zu bestehen
(Abb. 34), da die Streichrichtung des Kammes der der Schichten
vollkommen parallel läuft.

Im Cellon kommen, abgesehen von grauen massigen Riff-

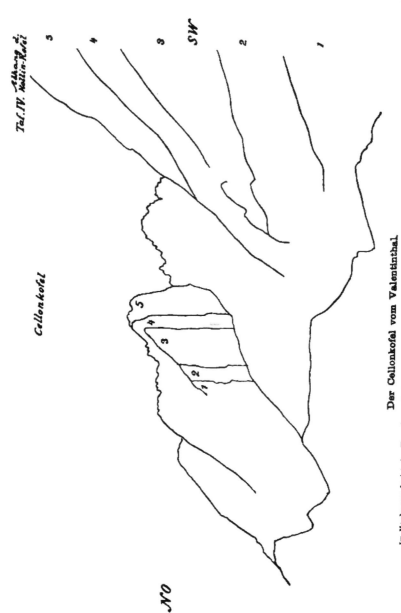

Taf. IV. Attony d. Wallin-Kofei

Cellonkofel

SW

NO

5
4
3
2
1

Der Cellonkofel vom Valentinthal

Im Vordergrunde ist das Unter von flach gelagert, am Cellon steil aufgerichtet. Die entsprechenden Schichten sind mit den gleichen Nummern bezeichnet. Im N trennt der Plöckner Bruch das Silur vom Devon.

W.

O.

Grüne Schneid.

Abbildung 38.   Nach einer photogr. Aufnahme des Verf. gez. von O. Berner.

Der Ceilonkofel von Süden.

Steil SSW fallende Plattenkalke des Unterdevon. Weiter im Süden und Westen die (dunkel gehaltenen) Colmschiefer des Collinettozuges; in denselben ein isolirter Keil von Devonkalk (Vordergrund).

kalken (mit *Endophyllum sp., Favosites sp., Cyathophyllum* u. a.) besonders die bräunlichen Plattenkalke häufig vor.

Südlich vom Cellonkofel greift eine etwa ³/₄ km. breite, zusammengepresste Synklinale von Culmschiefer tief in die devonischen Riffkalke ein. (Man vgl. das Uebersichtsbild 30 S. 78, die Ansicht des Cellon von Süden und das Lichtbild Taf. IV.) Man kann dieselbe, wie schon erwähnt wurde, als die nach

OSO.   WNW

Abbildung 34.   Nach photogr. Aufnahmen gez. v. E. Ohmann.

Der Cellonkofel von Norden.

Die steil nach SSW geneigten Bänke des devonischen Kalkes sind scheinbar flachgelagert. Untergeordnete Verwerfungen bedingen ausserdem ein staffelförmiges Abbrechen nach Süden, wie die Schicht DD erkennen lässt. Der Vordergrund besteht aus Obersilur (dunkel), das durch einen scharfen Bruch von dem Devon getrennt ist.

Süden verschobene Spitze des Angerthaler Culm auffassen, oder annehmen, dass die zwischen Kalkzügen eingeschlossene Schieferzone am Südabhange des Pal die abgesunkene östliche Fortsetzung darstelle.

Diese aus saigeren Culmschichten bestehende Synklinale der Collinetta-Alp ist insofern für den Gebirgsbau von Bedeutung, als sie die fast auf dem Kopf stehende Scholle des Cellonkofels von der flachgelagerten Kalkmasse

der Kellerwand trennt. Von einem Standpunkte etwas oberhalb der unteren Valentinalp übersieht man mit einem Blick
die kulissenartig hintereinander liegenden Schollen, die flache
Lagerung am Kollin und die saigere Stellung der Schichten
am Cellon[1]. Man kann sogar fünf etwas verschiedenartige,
durch ungleiche Färbung und Dicke der Platten ausgezeichnete
Schichtencomplexe durch die beiden Schollen hindurch
verfolgen. Das von diesem Standpunkte aus aufgenommene
Lichtbild ist auf Taf. IV. wiedergegeben. Das Verhältniss der
saigeren und der flachgelagerten Scholle erweckt die Vorstellung. dass das gewaltige Riff der Kellerwand und des Wolayer Gebirges innerhalb der in Faltung begriffenen Gebirgsschichten wie ein Klotz stehen geblieben, bezw. nur von
untergeordneten randlichen Störungen betroffen sei. Am Cellonkofel war dagegen die Mächtigkeit der Kalke infolge
ursprünglicher Verschiedenheit oder späterer Denudation geringer. Dieselben konnten somit hier von der gebirgsbildenden
Kraft gewissermassen überwältigt und mit eingefaltet werden.

Den besten Überblick über die verschiedenen zum Theil
höchst eigenartigen Faltungserscheinungen gewinnt man auf
einem vom Plöckenpass nach Westen gerichteten Ausflug. Unmittelbar südlich von der Passhöhe führt die alte Römerstrasse
nach W ab. um in weitem Bogen ausholend die Tiefe des Val
Grande zu gewinnen. Der stark veränderte und gestörte. z. Th.
marmorisirte Devonkalk trägt die Reste einer römischen Inschrift
und die uralten Wagengeleise.

Der im Süden folgende, zusammengeschobene, O—W
streichende Culmschiefer hat Anlass zur Entstehung eines
O—W streichenden Längsthales gegeben, an dessen Mündung
die vordere Casa Collinetta steht. Das Thal endet am Fusse
des nach O zu sanft abdachenden Kollinkofels mit einem
wohl ausgeprägten Kar, oberhalb dessen das erste Lichtbild
„die Grüne Schneid" zwischen Kollin und Cellonkofel aufgenommen worden ist. (Taf. V.) Man erkennt rechts unten

---

[1] Es hat auf Taf. IV den Anschein, als seien die Schichten des Cellon
nach N übergekippt; doch beruht dies z. Th. auf perspektivischer Täuschung
und ist in Wirklichkeit nur für einen Theil des am höchsten aufragenden
Kammes zutreffend. Thatsächlich macht sich auf der anderen Seite eine
Schichtneigung nach SSW geltend. (Abb. 33.)

Phot K. Müller phot.

Photogravure u. Druck H. Riffarth & Co Berlin

und links oben den unregelmässigen Verlauf der Grenze; am
letzteren Punkte, also genau am Fusse des Kollin sind in einem
wilden, schwer zugänglichen Graben alle Einzelheiten des unregelmässigen mechanischen Contactes wahrzunehmen. In dem
Kalk beobachtet man eine, parallel zur Gesteinsgrenze verlaufende Klüftung, welche ebenfalls auf die Faltung und Pressung
zurückzuführen ist.

In den Culmschiefer, der hier *Archaeocalamites radiatus*
enthält, zieht nach O ein langer, z. Th. winkelig verlaufender
Streifen isolirter Kalkblöcke hinein, die man bei oberflächlicher Betrachtung für lose aufgelagert hält. Die nähere
Untersuchung zeigt jedoch, dass dielben fest in den Culmschiefer eingepresst sind und aller Wahrscheinlichkeit nach
die abgequetschten Endigungen einer schmalen Kalkfalte darstellen, welche jetzt sammt dem umgebenden Schiefer durch
die Denudation entfernt worden ist. Rechts oben erscheint
auf dem Bilde eine Reihe niedriger Kalkzacken, welche dem
Culmschiefer scheinbar aufgesetzt sind. In Wahrheit stehen
sie saiger neben demselben und sind die westlichen Schichtenköpfe der aufgerichteten Devonkalke des Cellonkofels.

Schon oberhalb der Collinetta-Alp und am Südabfall
der Grünen Schneid beobachtet man zahlreiche Blöcke von
Reibungsbreccien, die in bedeutenderer oder geringerer
Grösse ausgebildet sind. Auch die eben beschriebenen abgequetschten Endigungen der Kalkfalte könnten als solche aufgefasst werden. Meist liegen unregelmässig begrenzte, halb
marmorisirte und zerklüftete Kalkbrocken in einer aus zerquetschtem Thon- und Kieselschiefer bestehenden Grundmasse;
seltener greift der Schiefer intrusiv in Risse und Klüfte des
Kalkes ein.

In allergrösstem Maassstabe treten die mechanischen Contacterscheinungen dem Beschauer nördlich vom Kamme der
Grünen Schneid entgegen.

Das Lichtbild, Ostabfall des Kollinkofels (Taf. VI),
welches von dieser Stelle aus aufgenommen wurde, giebt, besser
als Beschreibungen, einen Begriff von dem hier herrschenden
wilden Durcheinander. Der untere Theil des aus Schiefer bestehenden Abhanges ist etwas von Schutt überrollt; doch
treten auch hier die grösseren im Schiefer liegenden Kalk-

Im Hintergr. 6i

Kollin Kofel

Der Kollinkofel von Osten.
von verquetschtem Paläozoicum und Devonkalk (K)

und links oben den unregelmässigen Verlauf der Grenze; am letzteren Punkte, also genau am Fusse des Kollin sind in einem wilden, schwer zugänglichen Graben alle Einzelheiten des unregelmässigen mechanischen Contactes wahrzunehmen. In dem Kalk beobachtet man eine, parallel zur Gesteinsgrenze verlaufende Klüftung, welche ebenfalls auf die Faltung und Pressung zurückzuführen ist.

In den Culmschiefer, der hier *Archaeocalamites radiatus* enthält, zieht nach O ein langer, z. Th. winkelig verlaufender Streifen isolirter Kalkblöcke hinein, die man bei oberflächlicher Betrachtung für lose aufgelagert hält. Die nähere Untersuchung zeigt jedoch, dass dielben fest in den Culmschiefer eingepresst sind und aller Wahrscheinlichkeit nach die abgequetschten Endigungen einer schmalen Kalkfalte darstellen, welche jetzt sammt dem umgebenden Schiefer durch die Denudation entfernt worden ist. Rechts oben erscheint auf dem Bilde eine Reihe niedriger Kalkzacken, welche dem Culmschiefer scheinbar aufgesetzt sind. In Wahrheit stehen sie saiger neben demselben und sind die westlichen Schichtenköpfe der aufgerichteten Devonkalke des Cellonkofels.

Schon oberhalb der Collinetta-Alp und am Südabfall der Grünen Schneid beobachtet man zahlreiche Blöcke von Reibungsbreccien, die in bedeutenderer oder geringerer Grösse ausgebildet sind. Auch die eben beschriebenen abgequetschten Endigungen der Kalkfalte könnten als solche aufgefasst werden. Meist liegen unregelmässig begrenzte, halb marmorisirte und zerklüftete Kalkbrocken in einer aus zerquetschtem Thon- und Kieselschiefer bestehenden Grundmasse; seltener greift der Schiefer intrusiv in Risse und Klüfte des Kalkes ein.

In allergrösstem Maassstabe treten die mechanischen Contacterscheinungen dem Beschauer nördlich vom Kamme der Grünen Schneid entgegen.

Das Lichtbild, Ostabfall des Kollinkofels (Taf. VI), welches von dieser Stelle aus aufgenommen wurde, giebt, besser als Beschreibungen, einen Begriff von dem hier herrschenden wilden Durcheinander. Der untere Theil des aus Schiefer bestehenden Abhanges ist etwas von Schutt überrollt; doch treten auch hier die grösseren im Schiefer liegenden Kalk-

Der Kollinkofel von Osten.

Mechanischer Contact von verquetschtem Culmschiefer (s) und Devonkalk (K).

massen als steilere Abstürze hervor. Besonders bemerkenswerth ist ein schmaler Kalkkeil, der rechts unten in den Schiefer eingreift.

Die in der Mitte und etwas rechts gelegenen Schieferkeile sind die letzten Ausläufer der Collinetta-Synklinale; der eine derselben ist bereits durch die Denudation äusserlich von dem übrigen Schiefer getrennt. Über den letzteren führt der einzige, einigermassen gangbare Steig in das am Fusse der Kellerwand auf einer Terrasse liegende Eiskar; man kann auf diesem Wege die eigenthümlichen Oberflächenformen beobachten, welche die Verwitterung in einem so eigenartig zusammengesetzten Gestein schafft. Schroffe Kalkwände wechseln mit sanfteren Schieferhängen, und besonders eigentümlich sind die häufigen Unterhöhlungen und tief eingerissenen, stark verzweigten Gräben, deren Entstehung auf den häufigen Gesteinswechsel zurückzuführen ist.

Die von Schieferkeilen durchsetzte Kalkmasse, welche die Mitte und den rechten Theil des Bildes einnimmt, zeigt bereits die flache Schichtenstellung, welche für die Kellerwand bezeichnend ist.

Im Norden werden die Kalkmassen des Cellonkofels und der Kellerwand im Wesentlichen durch den Plöckener Längsbruch begrenzt, dessen östliche Ablenkung oben besprochen wurde. Am deutlichsten macht sich diese Störung am Cellonkofel geltend. Hier besteht der grünbewachsene, sanfte Umrisse zeigende Vorberg aus silurischem Schiefer und Kalk, von dem die schroff emporragenden Wände des Devon tektonisch und orographisch scharf getrennt sind. (Vgl. das Übersichtsbild Abb. 30, S. 78, ferner Lichtbild Taf. IV.)

Die Störung verläuft dann in WNW-Richtung zur oberen Valentinalp, oberhalb deren man die Thonschiefer und schwarzen Plattenkalke des tieferen Obersilur in unmittelbarem Contact mit den grauen Devonkalken beobachtet. Man könnte bei oberflächlicher Betrachtung an eine einfache Überlagerung denken, erkennt jedoch bei näherer Untersuchung an dem unregelmässigen Absetzen der devonischen Kalkblöcke nach unten, sowie an den mannigfachen Faltungen und Knickungen der Silurschiefer das Vorhandensein einer Verwerfung.

G v d Borne phot

Photogravure u Druck H Riffarth & Co Berlin.

Schichtenstauchungen im Unterdevon des oberen Valentinthales.

173

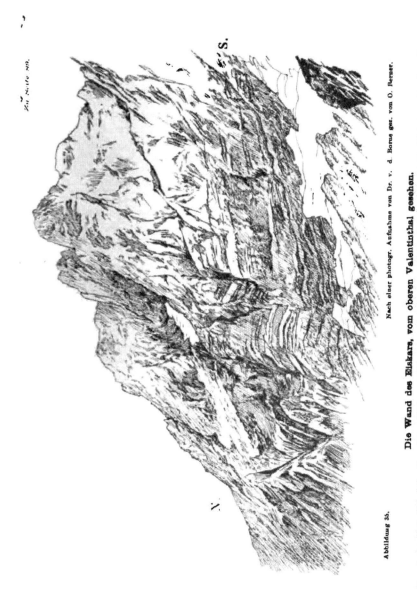

Abbildung 35.

Nach einer photogr. Aufnahme von Dr. v. d. Borne gez. von O. Berner.

Die Wand des Elskars, vom oberen Valentinthal gesehen.

Der unterdevonische Kalk ist in seinen tieferen Theilen deutlich geschichtet (und von mannigfachen Störungen durchsetzt). Nach oben zu verschwindet die Schichtung allmälig, so dass massiger Riffkalk zur Ausbildung gelangt. Vergl. Taf. VII.

174

Die Strecke zwischen oberer Valentinalp und Wolayer See ist durch eine, in dem von zahlreichen Störungen durchsetzten Gebiete selten vorkommende Regelmässigkeit der Schichtenfolge ausgezeichnet. Das schon früher beschriebene[1]) klare und versteinerungsreiche Profil des Wolayer Thörls wird im stratigraphischen Theil noch einmal in vervollständigter Form gegeben werden. (Man vgl. unten die betr. Abb. u. Profil S. 76.)

Die einzige hier beobachtete tektonische Unregelmässigkeit besteht in einer Umbiegung des Streichens aus SW nach S. Trotz des im Grossen und Ganzen wenig gestörten tektonischen Aufbaues beobachtet man verschiedene kleinere Dislocationen besonders am Abhang des Eiskar. Dasselbe ist als gewaltige, im Umriss dreieckige Terrasse der Kellerwand in Norden vorgelagert. Das nebenstehende Bild der Wand des Eiskars stellt den wenig unterhalb des Wolayer Thörls aufgenommenen Ausblick nach O dar; man erkennt, dass die flach gelagerten, in ihrem unteren Theile deutlich geschichteten Devonkalke nach oben zu allmälig massige Structur annehmen und von verschiedenen senkrechten Klüften durchsetzt sind. Links (N.) unten beobachtet man eine mit Brüchen verknüpfte flexur-ähnliche Stauchung der tieferen Schichten, die auf dem nebenstehenden Kupfer-Lichtdruck in grösserem Maassstabe als auf dem Uebersichtsbilde dargestellt ist. Dieselbe liegt, wie besonders hervorgehoben werden muss, etwa einen halben Kilometer südlich von dem Plöckener Längsbruch und ist, trotzdem die Höhe des, über dem Schneefeld beginnenden Sprunges ca. 200 m. beträgt, doch nur als eine untergeordnete Störung anzusehen.

Auch die Lage des Wolayer Sees ist durch eine untergeordnete Dislocation und zwar durch eine Querverschiebung der rothen, das tiefste Unterdevon bezeichnenden Kramenzelkalke nach S. gekennzeichnet. Das Ausmass derselben beträgt nur einen halben Kilometer. Die im Norden des Sees auf einem kleinen Hügel anstehenden rothen Kalke und Thonschiefer des tiefsten Devon setzen sich im Süden zwischen Kellerwand und Seekopf fort und ziehen durch die Schutt-

[1]) Zeitschrift der deutschen geologischen Gesellschaft. 1887. S. 683 —688.

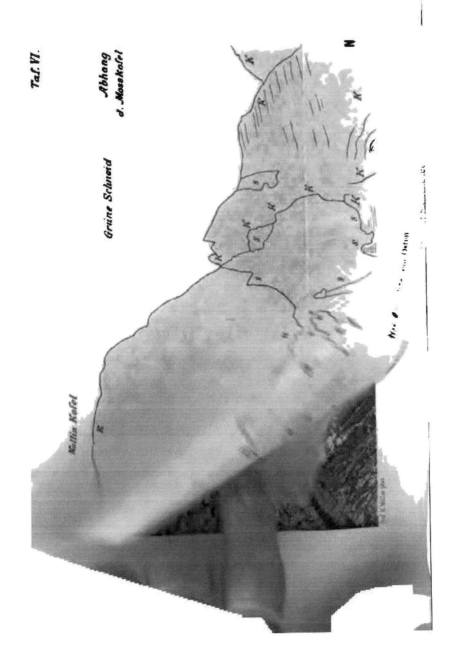

Taf. VI.

Grüne Schneid

Abhang d. Mosskofel

Malta Kofel

N

179

nks oben den unregelmässigen Verlauf der Grenze; am
en Punkte, also genau am Fusse des Kollin sind in einem
, schwer zugänglichen Graben alle Einzelheiten des un-
ässigen mechanischen Contactes wahrzunehmen. In dem
»eobachtet man eine, parallel zur Gesteinsgrenze verlau-
Klüftung, welche ebenfalls auf die Faltung und Pressung
zuführen ist.

.den Culmschiefer, der hier *Archaeocalamites radiatus*
, zieht nach O ein langer, z. Th. winkelig verlaufender
en isolirter Kalkblöcke hinein, die man bei ober-
her Betrachtung für lose aufgelagert hält. Die nähere
chung zeigt jedoch, dass dieselben fest in den Culm-
r eingepresst sind und aller Wahrscheinlichkeit nach
quetschten Endigungen einer schmalen Kalkfalte dar-
welche jetzt sammt dem umgebenden Schiefer durch
udation entfernt worden ist. Rechts oben erscheint
Bilde eine Reihe niedriger Kalkzacken. welche dem
er scheinbar aufgesetzt sind. In Wahrheit stehen
neben demselben und sind die westlichen Schichten-
aufgerichteten Devonkalke des Cellonkofels.

oberhalb der Collinetta-Alp und am Südabfall
Schneid beobachtet man zahlreiche Blöcke von
breccien. die in bedeutenderer oder geringerer
gebildet sind. Auch die eben beschriebenen abge-
en Endigungen der Kalkfalte könnten als solche auf-
st werden. Meist liegen unregelmässig begrenzte, halb
armorisirte und zerklüftete Kalkbrocken in einer aus zerquetschtem Thon- und Kieselschiefer bestehenden Grundmasse;
seltener greift der Schiefer intrusiv in Risse und Klüfte des
Kalkes ein.

In allergrösstem Maassstabe treten die mechanischen Contacterscheinungen dem Beschauer nördlich vom Kamme der
Grünen Schneid entgegen.

Das Lichtbild, Ostabfall des Kollinkofels (Taf. VI),
welches von dieser Stelle aus aufgenommen wurde, giebt besser
als Beschreibungen, einen Begriff von dem hier herrschenden
wilden Durcheinander. Der untere Theil des aus Schiefer bestehenden Abhanges ist etwas von Schutt überrollt; doch
treten auch hier die grösseren im Schiefer liegenden Kalk-

Prof. K. Müller phot.

Photogravure u. Druck. H. Riffarth & G. Berlin.

und links oben den unregelmässigen Verlauf der Grenze; am letzteren Punkte, also genau am Fusse des Kollin sind in einem wilden, schwer zugänglichen Graben alle Einzelheiten des unregelmässigen mechanischen Contactes wahrzunehmen. In dem Kalk beobachtet man eine, parallel zur Gesteinsgrenze verlaufende Klüftung, welche ebenfalls auf die Faltung und Pressung zurückzuführen ist.

In den Culmschiefer, der hier *Archaeocalamites radiatus* enthält, zieht nach O ein langer, z. Th. winkelig verlaufender Streifen isolirter Kalkblöcke hinein, die man bei oberflächlicher Betrachtung für lose aufgelagert hält. Die nähere Untersuchung zeigt jedoch, dass dielben fest in den Culmschiefer eingepresst sind und aller Wahrscheinlichkeit nach die abgequetschten Endigungen einer schmalen Kalkfalte darstellen, welche jetzt sammt dem umgebenden Schiefer durch die Denudation entfernt worden ist. Rechts oben erscheint auf dem Bilde eine Reihe niedriger Kalkzacken, welche dem Culmschiefer scheinbar aufgesetzt sind. In Wahrheit stehen sie saiger neben demselben und sind die westlichen Schichtenköpfe der aufgerichteten Devonkalke des Cellonkofels.

Schon oberhalb der Collinetta-Alp und am Südabfall der Grünen Schneid beobachtet man zahlreiche Blöcke von Reibungsbreccien, die in bedeutenderer oder geringerer Grösse ausgebildet sind. Auch die eben beschriebenen abgequetschten Endigungen der Kalkfalte könnten als solche aufgefasst werden. Meist liegen unregelmässig begrenzte, halb marmorisirte und zerklüftete Kalkbrocken in einer aus zerquetschtem Thon- und Kieselschiefer bestehenden Grundmasse; seltener greift der Schiefer intrusiv in Risse und Klüfte des Kalkes ein.

In allergrösstem Maassstabe treten die mechanischen Contacterscheinungen dem Beschauer nördlich vom Kamme der Grünen Schneid entgegen.

Das Lichtbild, Ostabfall des Kollinkofels (Taf. VI), welches von dieser Stelle aus aufgenommen wurde, giebt, besser als Beschreibungen, einen Begriff von dem hier herrschenden wilden Durcheinander. Der untere Theil des aus Schiefer bestehenden Abhanges ist etwas von Schutt überrollt; doch treten auch hier die grösseren im Schiefer liegenden Kalkmassen als steilere Abstürze hervor. Besonders bemerkenswerth ist ein schmaler Kalkkeil, der rechts unten in den Schiefer, eingreift.

Die in der Mitte und etwas rechts gelegenen Schieferkeile sind die letzten Ausläufer der Collinetta-Synklinale; der eine derselben ist bereits durch die Denudation äusserlich von dem übrigen Schiefer getrennt. Über den letzteren führt der einzige, einigermassen gangbare Steig in das am Fusse der Kellerwand auf einer Terrasse liegende Eiskar; man kann auf diesem Wege die eigenthümlichen Oberflächenformen beobachten, welche die Verwitterung in einem so eigenartig zusammengesetzten Gestein schafft. Schroffe Kalkwände wechseln mit sanfteren Schieferhängen, und besonders eigenthümlich sind die häufigen Unterhöhlungen und tief eingerissenen, stark verzweigten Gräben, deren Entstehung auf den häufigen Gesteinswechsel zurückzuführen ist.

Die von Schieferkeilen durchsetzte Kalkmasse, welche die Mitte und den rechten Theil des Bildes einnimmt, zeigt bereits die flache Schichtenstellung, welche für die Kellerwand bezeichnend ist.

Im Norden werden die Kalkmassen des Cellonkofels und der Kellerwand im Wesentlichen durch den Plöckener Längsbruch begrenzt, dessen östliche Ablenkung oben besprochen wurde. Am deutlichsten macht sich diese Störung am Cellonkofel geltend. Hier besteht der grünbewachsene, sanfte Umrisse zeigende Vorberg aus silurischem Schiefer und Kalk, von dem die schroff emporragenden Wände des Devon tektonisch und orographisch scharf getrennt sind. (Vgl. das Übersichtsbild Abb. 30, S. 78, ferner Lichtbild Taf. IV.)

Die Störung verläuft dann in WNW-Richtung zur oberen Valentinalp, oberhalb deren man die Thonschiefer und schwarzen Plattenkalke des tieferen Obersilur in unmittelbarem Contact mit den grauen Devonkalken beobachtet. Man könnte bei oberflächlicher Betrachtung an eine einfache Überlagerung denken, erkennt jedoch bei näherer Untersuchung an dem unregelmässigen Absetzen der devonischen Kalkblöcke nach unten, sowie an den mannigfachen Faltungen und Knickungen der Silurschiefer das Vorhandensein einer Verwerfung.

Photogravure u.Druck H Riffarth & Co Berlin

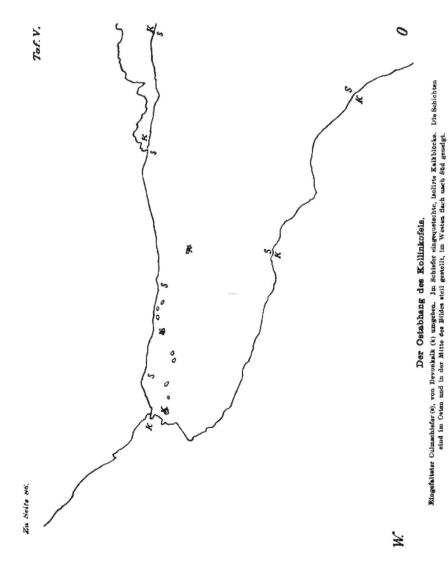

Taf. V.

Der Ostabhang des Kollinkofels.

Eingefalteter Culmschiefer (S), von Devonkalk (k) umgeben. Im Schiefer eingequetschte, isolirte Kalkblöcke. Die Schichten
sind im Osten und in der Mitte des Bildes steil gestellt, im Westen flach nach Süd geneigt.

Taf. VI.

Abhang d. Masakofel

Grüne Schneid

Nöllin Kofel

tu Seite 87.

N

S.

Der Kollinkofel von Osten.

Mechanischer Contact von verquetschtem Culmschiefer (s) und Devonkalk (K).

und links oben den unregelmässigen Verlauf der Grenze; am letzteren Punkte, also genau am Fusse des Kollin sind in einem wilden, schwer zugänglichen Graben alle Einzelheiten des unregelmässigen mechanischen Contactes wahrzunehmen. In dem Kalk beobachtet man eine, parallel zur Gesteinsgrenze verlaufende Klüftung, welche ebenfalls auf die Faltung und Pressung zurückzuführen ist.

In den Culmschiefer, der hier *Archaeocalamites radiatus* enthält, zieht nach O ein langer, z. Th. winkelig verlaufender Streifen isolirter Kalkblöcke hinein, die man bei oberflächlicher Betrachtung für lose aufgelagert hält. Die nähere Untersuchung zeigt jedoch, dass dieselben fest in den Culmschiefer eingepresst sind und aller Wahrscheinlichkeit nach die abgequetschten Endigungen einer schmalen Kalkfalte darstellen, welche jetzt sammt dem umgebenden Schiefer durch die Denudation entfernt worden ist. Rechts oben erscheint auf dem Bilde eine Reihe niedriger Kalkzacken, welche dem Culmschiefer scheinbar aufgesetzt sind. In Wahrheit stehen sie saiger neben demselben und sind die westlichen Schichtenköpfe der aufgerichteten Devonkalke des Cellonkofels.

Schon oberhalb der Collinetta-Alp und am Südabfall der Grünen Schneid beobachtet man zahlreiche Blöcke von Reibungsbreccien, die in bedeutenderer oder geringerer Grösse ausgebildet sind. Auch die eben beschriebenen abgequetschten Endigungen der Kalkfalte könnten als solche aufgefasst werden. Meist liegen unregelmässig begrenzte, halb marmorisirte und zerklüftete Kalkbrocken in einer aus zerquetschtem Thon- und Kieselschiefer bestehenden Grundmasse; seltener greift der Schiefer intrusiv in Risse und Klüfte des Kalkes ein.

In allergrösstem Maassstabe treten die mechanischen Contacterscheinungen dem Beschauer nördlich vom Kamme der Grünen Schneid entgegen.

Das Lichtbild. Ostabfall des Kollinkofels (Taf. VI), welches von dieser Stelle aus aufgenommen wurde, giebt, besser als Beschreibungen, einen Begriff von dem hier herrschenden wilden Durcheinander. Der untere Theil des aus Schiefer bestehenden Abhanges ist etwas von Schutt überrollt; doch treten auch hier die grösseren im Schiefer liegenden Kalk-

Photogravure u. Druck H. Riffarth & Co. Berlin.

Schichtenstauchungen im Unterdevon des oberen Valentinthales.

Abbildung 36.

Nach einer photogr. Aufnahme von Dr. v. d. Borne gez. von O. Perner.

Die Wand des Biakara, vom oberen Valentinthal gesehen.

Der unterdevonische Kalk ist in seinen tieferen Theilen deutlich geschichtet (und von mannigfachen Störungen durchsetzt). Nach oben zu verschwindet die Schichtung allmälig, so dass massiger Riffkalk zur Ausbildung gelangt. Vergl. Taf. VII.

und links oben den unregelmässigen Verlauf der Grenze; am letzteren Punkte, also genau am Fusse des Kollin sind in einem wilden, schwer zugänglichen Graben alle Einzelheiten des unregelmässigen mechanischen Contactes wahrzunehmen. In dem Kalk beobachtet man eine, parallel zur Gesteinsgrenze verlaufende Klüftung, welche ebenfalls auf die Faltung und Pressung zurückzuführen ist.

In den Culmschiefer, der hier *Archaeocalamites radiatus* enthält, zieht nach O ein langer, z. Th. winkelig verlaufender Streifen isolirter Kalkblöcke hinein, die man bei oberflächlicher Betrachtung für lose aufgelagert hält. Die nähere Untersuchung zeigt jedoch, dass dielben fest in den Culmschiefer eingepresst sind und aller Wahrscheinlichkeit nach die abgequetschten Endigungen einer schmalen Kalkfalte darstellen, welche jetzt sammt dem umgebenden Schiefer durch die Denudation entfernt worden ist. Rechts oben erscheint auf dem Bilde eine Reihe niedriger Kalkzacken, welche dem Culmschiefer scheinbar aufgesetzt sind. In Wahrheit stehen sie saiger neben demselben und sind die westlichen Schichtenköpfe der aufgerichteten Devonkalke des Cellonkofels.

Schon oberhalb der Collinetta-Alp und am Südabfall der Grünen Schneid beobachtet man zahlreiche Blöcke von Reibungsbreccien, die in bedeutenderer oder geringerer Grösse ausgebildet sind. Auch die eben beschriebenen abgequetschten Endigungen der Kalkfalte könnten als solche aufgefasst werden. Meist liegen unregelmässig begrenzte, halb marmorisirte und zerklüftete Kalkbrocken in einer aus zerquetschtem Thon- und Kieselschiefer bestehenden Grundmasse; seltener greift der Schiefer intrusiv in Risse und Klüfte des Kalkes ein.

In allergrösstem Maassstabe treten die mechanischen Contacterscheinungen dem Beschauer nördlich vom Kamme der Grünen Schneid entgegen.

Das Lichtbild. Ostabfall des Kollinkofels (Taf. VI), welches von dieser Stelle aus aufgenommen wurde, giebt, besser als Beschreibungen, einen Begriff von dem hier herrschenden wilden Durcheinander. Der untere Theil des aus Schiefer bestehenden Abhanges ist etwas von Schutt überrollt; doch treten auch hier die grösseren im Schiefer liegenden Kalkmassen als steilere Abstürze hervor. Besonders bemerkenswerth ist ein schmaler Kalkkeil, der rechts unten in den Schiefer eingreift.

Die in der Mitte und etwas rechts gelegenen Schieferkeile sind die letzten Ausläufer der Collinetta-Synklinale; der eine derselben ist bereits durch die Denudation äusserlich von dem übrigen Schiefer getrennt. Über den letzteren führt der einzige, einigermassen gangbare Steig in das am Fusse der Kellerwand auf einer Terrasse liegende Eiskar; man kann auf diesem Wege die eigenthümlichen Oberflächenformen beobachten, welche die Verwitterung in einem so eigenartig zusammengesetzten Gestein schafft. Schroffe Kalkwände wechseln mit sanfteren Schieferhängen, und besonders eigentümlich sind die häufigen Unterhöhlungen und tief eingerissenen, stark verzweigten Gräben, deren Entstehung auf den häufigen Gesteinswechsel zurückzuführen ist.

Die von Schieferkeilen durchsetzte Kalkmasse, welche die Mitte und den rechten Theil des Bildes einnimmt, zeigt bereits die flache Schichtenstellung, welche für die Kellerwand bezeichnend ist.

Im Norden werden die Kalkmassen des Cellonkofels und der Kellerwand im Wesentlichen durch den Plöckener Längsbruch begrenzt, dessen östliche Ablenkung oben besprochen wurde. Am deutlichsten macht sich diese Störung am Cellonkofel geltend. Hier besteht der grünbewachsene, sanfte Umrisse zeigende Vorberg aus silurischem Schiefer und Kalk, von dem die schroff emporragenden Wände des Devon tektonisch und orographisch scharf getrennt sind. (Vgl. das Übersichtsbild Abb. 30, S. 78, ferner Lichtbild Taf. IV.)

Die Störung verläuft dann in WNW-Richtung zur oberen Valentinalp, oberhalb deren man die Thonschiefer und schwarzen Plattenkalke des tieferen Obersilur in unmittelbarem Contact mit den grauen Devonkalken beobachtet. Man könnte bei oberflächlicher Betrachtung an eine einfache Überlagerung denken, erkennt jedoch bei näherer Untersuchung an dem unregelmässigen Absetzen der devonischen Kalkblöcke nach unten, sowie an den mannigfachen Faltungen und Knickungen der Silurschiefer das Vorhandensein einer Verwerfung.

u.v.a. Borne phot.

Photogravur u. Druck H. Riffarth & Co. Berlin.

Schichtenstauchungen im Unterdevon des oberen Valentinthales.

Abbildung 36.

Nach einer photogr. Aufnahme von Dr. v. d. Borne gez. von O. Herner.

Die Wand des Eiskars, vom oberen Valentinthal gesehen.

Der unterdevonische Kalk ist in seinen tieferen Theilen deutlich geschichtet (und von mannigfachen Störungen durchsetzt). Nach oben zu verschwindet die Schichtung allmälig, so dass massiger Riffkalk zur Ausbildung gelangt. Vergl. Taf. VII.

198

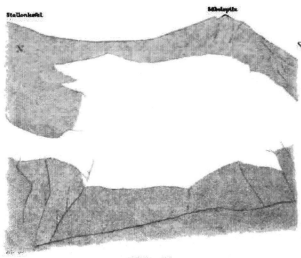

Abbildung 43.

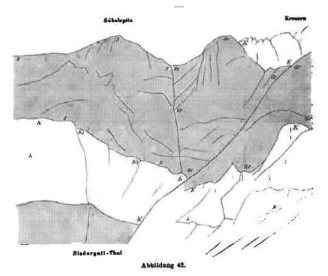

Abbildung 42.

Die eingefalteten Devonkalke im Silur des Niedergailthals.

Auf Abb. 43 kommt nur Silurschiefer (dunkel) und Kalk vor; auf Abb. 42 ist das Silur in
Grünschiefer (Gr.) und Thonschiefer getrennt. K_1 und K_2 entsprechen dem südlichsten
Theil von Abb. 43.

das Ende des südlichen Kalkzuges der Kreuzen und den NO streichenden Theil der Niedergailfalte. (Die Skizzen wurden beim Abstiege vom Wasserkopfe zu der Niedergailhütte aufgenommen und stellen das östliche Thalgehänge dar.) Schon die Thatsache, dass die Grenze der normalen Silurgesteine und der Grünschiefer quer zum Streichen der beiden Kalkzüge verläuft, deutet darauf hin, dass hier eine Drehung der tektonischen Axe erfolgt ist. Einen klaren Ueberblick gewährt selbstredend nur die Karte. Die zweite Ansicht versinnbildlicht das unregelmässige Auskeilen des Kalkzuges. (Abb. 43.)

Weiter westlich wendet das Streichen wiederum nach WNW um und bleibt mit geringen Abweichungen bis Innichen. d. h. bis zur Vereinigung der Karnischen Hauptkette mit der „Schieferhülle" der „Gneissalpen" unverändert.

In rein oroplastischer Hinsicht ähnelt der westlich von dem Querriegel des Wolayer Gebirges liegende, aus zwei parallelen Ketten bestehende Abschnitt den Zügen der Kellerwand und des Gamskofels. Das südliche Kalkgebirge der Avanza und Paralba bildet die Fortsetzung der ersteren und erreicht in dem Hochweisstein (Paralba 2691 m.) fast die gleiche Höhe. In touristischer Hinsicht bildet die — meines Wissens bisher noch unerstiegene — Avanza eines der schwierigsten Probleme im gesammten Karnischen Gebiete. Hingegen ist der stolze Aussichtspunkt des Hochweissteins vom Oregione-Joch aus leicht zugänglich.

Der nördliche, verhältnissmässig kurze Zug der Steinwand ist an Höhe (△ 2514 m.) dem Gamskofel (2516 m.) gleich und ebenfalls von der höheren südlichen Kette durch Thonschiefer getrennt, der zur Ausbildung eines kleinen Längsthales (Torrente Degano und Rivo Sissaus) Veranlassung gegeben hat. Die grünen quarzitischen und schiefrigen Gesteine der Steinwand, Raudenspitz und Tiefenspitz sind den altsilurischen Mauthener Thonschiefern normal eingelagert und allseitig durch Uebergänge verbunden. (Man vergleiche die Beschreibung des Profils Obergailberg-Raudenspitz im stratigraphischen Theile.) Insbesondere beobachtete Herr Romberg, der den Südabhang der schwer zu ersteigenden Raudenspitze genauer untersucht hat, ganz allmälige Uebergänge zwischen normalen Thon- und Quarzitschiefern und den grünen, schiefrigen und quarzigen Gesteinen. Bei dem Anstieg von der Brennerhütte zur Raudenspitz trifft man zunächst phyllitischen Schiefer (mit schwarzen Kieselschieferlagen) und dann grünliche Schiefer und Quarzite. Den letzteren sind unweit der Höhe der Raudenspitz zwei Züge des gewöhnlichen phyllitischen Thonschiefers eingelagert. Der südliche dieser Züge enthält graue Conglomerate mit Geröllen von rothem Eisenkiesel, wie sie weiter östlich am Rosskarspitz wiederkehren.

Trotz dieser Uebergänge, welche die kartographische Abgrenzung der grünen Gesteine nicht unerheblich erschweren, ist der landschaftliche Unterschied gegenüber den gewöhnlichen Mauthener Schiefern augenfällig. Die schroffen, dunkelblaugrün gefärbten Wände der quarzreichen Gesteine heben sich scharf von den gerundeten Schieferkämmen ab. (Man vergleiche die nebenstehende Ansicht der Tiefenspitz.) Schon die Spärlichkeit des Pflanzenwuchses auf den Quarziten ermöglicht eine leichte Unterscheidung. Der Kalkgehalt der Quarzite wird durch eine bemerkenswerthe botanische Eigentümlichkeit, das häufige Vorkommen von schönen Edelweiss an der Raudenspitze erwiesen.

Wie überall in dem Karnischen Gebiet, ist auch an der Steinwand der Nordabsturz durch besondere Schroffheit ausgezeichnet.

Die weitere Nordabsenkung der Hauptkette besteht im wesentlichen aus Thonschiefer mit wenig mächtigen Einlagerungen von gelblichem Kalkphyllit und Marmor. In stratigraphischer Hinsicht beansprucht der allmälige Uebergang des altsilurischen Thonschiefers in den cambrischen Quarzphyllit einiges Interesse. Auf dem Kamme des Obergailberges sind die sämmtlichen in Frage kommenden Gesteine gut aufgeschlossen. (Vergl. das Profil im stratigr. Theile.)

6. Das Wolayer Gebirge und die Croda Bianca.

Das Wolayer Gebirge ist in geologischer Hinsicht die unmittelbare Fortsetzung der Kellerwand und des Monte Cogliano (oder Coglians G. St. K.). Zwar hängt der tiefe Einschnitt des Seekopf Thörl mit einer unbedeutenden Querverschiebung des Gebirges nach S zusammen; aber die Ueber-

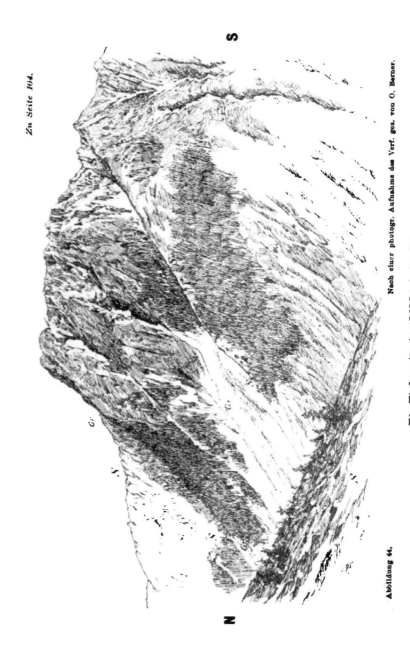

S

N

Abbildung 44.

Nach einer photogr. Aufnahme des Verf. gez. von O. Berner.

Die Tiefenspitz (ca. 2400 m.) von W.

Der durch schroffe Formen ausgezeichnete Berg besteht aus grünem Quarzit) Gr.), die niedrigen Höhen der Umgebung aus weicherem Thonschiefer (S).

lagerung der mannigfachen Grenzhorizonte des Silur und Devon durch den massigen Riffkalk tritt an der stolzen Pyramide des Seekopfs mit derselben Deutlichkeit hervor, wie am Wolayer Thörl. Die auch im Bilde (Taf. XV) wiedergegebene verschiedenartige Färbung des Devonkalkes ist als Andeutung von Schichtung innerhalb der Riffmasse aufzufassen.

Der Wolayer Kamm, dessen nördlicher Steilabsturz durch eigentümliche, auf Verwitterung zurückführbare Höhlen in der Wand (Tangellöcher) ausgezeichnet ist, biegt bald in eine

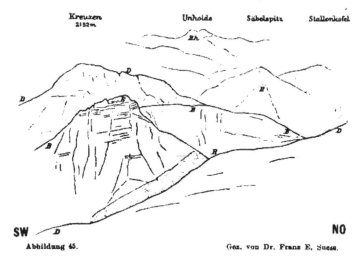

Abbildung 45.   Gez. von Dr. Franz E. Suess.

Die Grabenversenkung (Bellerophonkalk) der Bordaglia-Alp von der Spitze der Croda Bianca.

D Devonischer Riffkalk, B Bellerophonkalk. Die Schiefergesteine des Silur sind dunkel punctirt.

meridionale Richtung um. Dieser abnorme Verlauf ist wesentlich durch Verwitterung bedingt und nur indirect auf tektonische Ursachen zurückzuführen. Im Osten wie im Westen wird das Wolayer Gebirge durch Niederungen begrenzt, welche theils nur aus Mauthener Schiefer (Wolayer Alp), theils aus Bellerophonkalk und Mauthener Schiefer bestehen.

Der Bellerophonkalk, welcher zwischen der Alp Bordaglia di sotto und der Kreuzenspitz ziemlich unerwartet inmitten des devonischen Riffkalkes auftritt, zeigt flache Lagerung und die typische Zusammensetzung aus dunkeln, etwas bituminösen Plattenkalken und Rauchwacke. Dass diese Grabenversenkung die südwestliche Fortsetzung der aufgepressten Antiklinale des Heuriesenweges bildet, wurde bereits erwähnt. Die Aufwölbung des Silurschiefers inmitten des Devonkalkes dürfte während der älteren Faltungsperiode erfolgt sein, der Einbruch des Bellerophonkalkes gehört selbstredend einer jüngeren Phase der Gebirgsbildungen an und ist als letzter Ausläufer der Villnösser Bruchlinie aufzufassen. Somit haben hier in den alten Dislocationsrichtung auch in späterer Zeit wieder Störungen stattgefunden. Der Einbruch des Bellerophonkalkes inmitten des Devongebietes ist durch mehrere tektonische Erscheinungen ausgezeichnet. Innerhalb des ersteren Gesteines beobachtet man zwei aufgepresste Fetzen von typischem Grödener Sandstein. An der Grenze von Devon und Perm sind ferner schmale Züge von phyllitischem Manthener Schiefer emporgedrückt worden, welche eine geradezu abenteuerliche Zertrümmerung erkennen lassen.

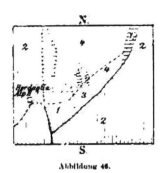

Abbildung 46.

Schematische Skizze der Umgebung der Bordaglia-Alp (ca. 1 : 12,500).

1. Phyllitischer Silurschiefer. 2. Devonischer Riffkalk. 3. Grödener Sandstein. 4. Bellerophonkalk.

Vorn auf dem unteren Theil der Abb. 45 (Herr Dr. F. E. Suess fertigte dieselbe freundlichst für mich an) ist der östliche Streifen sichtbar. Der andere längere Schieferstreifen findet sich im Westen (ist also auf der Abb. nicht wahrnehmbar). Die Aufquetschungen an der Bordaglia-Alp gehören zu den verworrensten, die ich in dem genannten Gebiete kennen gelernt habe. Wie die kleine, etwa in vierfachem Maassstabe der G. St. K. entworfene Planskizze zeigt, treten zwischen Bordaglia di sotto und der Kreuzen die folgenden Gesteine auf: 1. Devonkalk, 2. phyllitischer Schiefer, verhältnissmässig breit, 3. Grödener Sandstein. 4. Schiefer, 5. Grödener Sandstein. 6. Schiefer, 7. Grödener Sandstein (4—7 in

Grubenspitz. Gamskofel (2516 m.). Wolayer Gebirge. Rauchkofel (2463 m.). Kellerwand (2810 m.). Monte Cogliano (2799 m.).

Abbildung 47. Nach einer photogr. Aufnahme von Dr. v. d. Borne gez. von G. Horner.

Das Hochland der devonischen Kalkriffe von Westen (Kreusen).

Die meisten dargestellten Berge bestehen aus mittel- und unterdevonischem Kalk (D). Im Vordergrunde der eingebrochene Ballerophontkalk (B) der Bordaglia-Alpe, umsäumt von Silurschiefer (S). Zwischen (Gamskofel und Grubenspitz) silurschwarze Nähr (Si). Der Rauchkofel besteht aus obersilurischem Kalk (O).

207

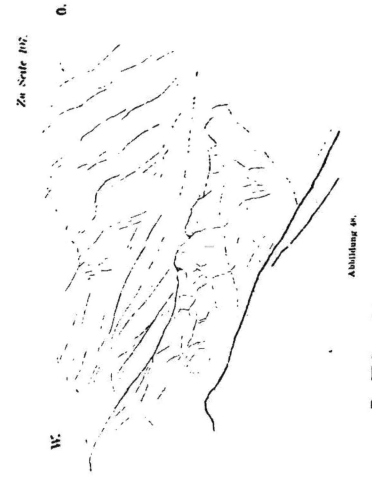

O.

Zu Seite 195.

W.

Abbildung 49.

Das Wolayer Gebirge vom Gipfel der Croda Bianca.

Zungenförmiges Ineinandergreifen von devonischem Riffkalk und Culmschiefer (dunkel).

schmalen, oft nur wenige Meter breiten Zügen), 8. Bellerophonkalk, breiter, 9. Schiefer. Die beiden Quelläste des kleinen
Bordagliabaches vereinigen sich unweit der Casa di sotto und
folgen genau der Grenze des devonischen Riffkalkes gegen die
eingesunkenen bezw. aufgepressten Massen. Auf dem nebenstehenden Uebersichtsbild 47, Kellerwand-Gamskofel, erkennt man im Vordergrunde den auskeilenden Bellerophonkalk
und Silurschiefer.

Eigenartige Faltungserscheinungen kennzeichnen den Südabhang des Wolayer Gebirges und vor allem die „Weiss-
wand" (Croda Bianca, auch Monte Ombladet genannt, 2200
bis 2300 m.). Vom Gipfel des genannten Berges beobachtet
man auf dem Südabhang des Wolayer Gebirges eine langgestreckte Schieferzunge, welche tief in den Kalk hineingreift.
Die beifolgende Skizze veranschaulicht das Ineinandergreifen
beider Gesteine, erlaubt aber keinen sicheren Rückschluss auf
die Richtung der alten Faltung. Der Kalk könnte in den
Schiefer eingepresst sein, aber der umgekehrte Fall wäre ebenfalls denkbar.

Die Beobachtungen an der Croda Bianca gestatten sichere
Folgerungen. Der im Grossen und Ganzen flachgeneigte Südabhang des Berges besteht vorwiegend aus Culm; unter den
Gesteinen erscheint der in anderen Gebieten vorherrschende
dunkele Thonschiefer verhältnissmässig selten. Die Stelle desselben nehmen rothe und grüne Schiefer ein, welche z. Th.
mit gefaltetem Grödener Mergel verwechselt werden könnten.
Ausserdem sind Kieselschiefer und Grauwacken sehr verbreitet.
In diese verhältnissmässig plastischen Gesteine ist von N her
ein ursprünglich zusammenhängender Keil von devonischem
Riffkalk hineingetrieben worden. Dass eine echte Faltungs-
erscheinung vorliegt, beweisen die umgebogenen Kalkschichten
auf dem Lichtbild mit aller erforderlichen Deutlichkeit. Der
in der mannigfachsten Weise zusammengeschobene ältere Kalk
wird im Hangenden und Liegenden von jüngerem Schiefer eingefasst. Jedoch ist ein von W nach O gelegter Durchschnitt
weniger geeignet, die Richtung der Einfaltung zu erläutern.
Hierfür vergleiche man die kleineren Skizzen und Abb. 49.

Das schönste Beispiel derselben findet sich an der grossen,
rund begrenzten Kalkmasse südlich des Gipfels und ist in einem

Wasserriss neben einer auf der Karte nicht angegebenen Alphütte aufgeschlossen. Drei Gesteinszonen. ein schneeweisser
Kalk, ein brauner durch Eisenoxydhydrat gefärbter Kalk und
schwärzlicher Schiefer sind hier in der wunderlichsten Weise
durcheinander geknetet.

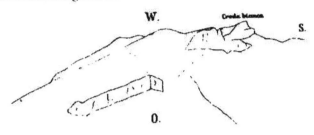

Abbildung 50.

Der Kalkkeil der Croda Bianca von Frassenetto.

Die ungleiche Härte der beiden Gesteine sowie vor allem
das Vorhandensein zahlreicher Klüfte in dem Kalk lassen es
erklärlich erscheinen, dass dieser letztere bei der Einfaltung

Abbildung 51.

Die Croda Bianca von Westen.

Ein zersprengter Kalkkeil im Culmschiefer.

in verschiedene Schollen auseinander getrieben wurde.
Dass der in die Risse des Kalkes eindringende Schiefer eine
sprengende Wirkung entfaltet, wurde bereits verschiedentlich
(Wolayer Gebirge) beobachtet. Das eigentümliche Vorkommen
von 7 oder 8 getrennten Schollen eines zweifellosen devonischen

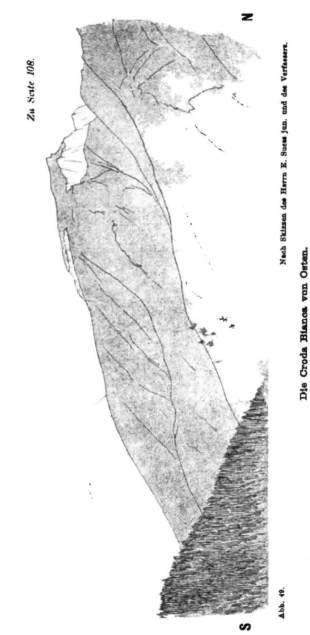

Zu Seite 108.

N

S

Abb. 49.

Die Croda Blanca von Osten.

Nach Skizzen des Herrn E. Suess jun. und des Verfassers.

Der Berg besteht aus Culm (dunkel), in welchem ein aus devonischem Riffkalk (weiss) bestehender, gebrochener Kalkkeil horizontal eingeschoben ist. Im Hintergrunde die Triasberge von Bladen.

v d Horne phot.

Photogravure u Druck H Riffarth & Co Berlin

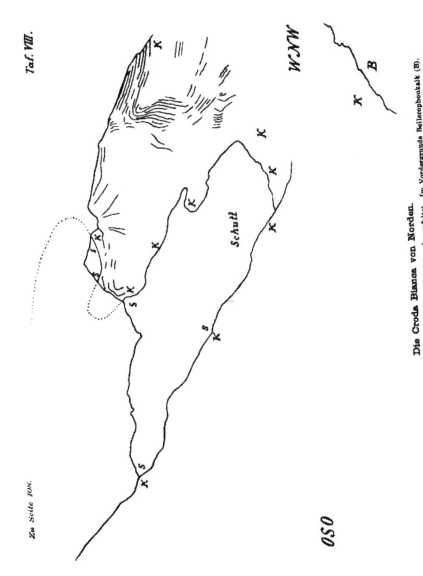

OSO

WNW

Die Croda Bianca von Norden.

Calmschiefer (c) und devonischer Riffkalk (k) sind horizontal in einander gefaltet. Im Vordergrunde Bellerophonkalk (B).

216

Riffkalkes inmitten des Culms ist auf diese Weise am einfachsten zu erklären. Gegen die Annahme von Einlagerungen spricht schon das Vorhandensein von Reibungsbreccien. Es braucht kaum bemerkt zu werden, dass die zahlreichen kleinen Kalkmassen auf den verschiedenen Skizzen grossentheils unter sich zusammenhängen und nur durch die Rasendecke getrennt erscheinen; das einzige objectiv richtige Bild giebt die Karte, deren Massstab allerdings für die vorliegenden verwickelten Verhältnisse kaum ausreicht.

Die allgemeine Neigung der Kalkschollen ist von Nord nach Süd gerichtet und die beiden an der Strasse unterhalb von Frassenetto aufgeschlossenen halbkrystallinen Vorkommen sind beinahe 4 km. von der zusammenhängenden Masse des Wolayer Gebirges entfernt. Die Kalkschollen, welche den Gipfel und den Beginn des nach S ziehenden Kammes der Croda Bianca umgürten, lassen die ursprüngliche Verbindung am deutlichsten erkennen. (Vergleiche die Skizzen.) Es wäre denkbar, dass die beiden äusserlich durch Schiefer getrennten Schollen im Inneren des Berges noch zusammenhängen. Die weite Verbreitung der Kalkblöcke im Thale von Frassenetto macht eine grössere Ausdehnung derselben in früherer Zeit wahrscheinlich.

Das allmälige Auskeilen der Schollen nach Süden, der in der gleichen Richtung mehr und mehr gelockerte Zusammenhang, sowie die Verbindung der Keile mit der Hauptmasse des Kalkes im Norden, lassen den Schluss unabweisbar erscheinen, dass die faltende Kraft von Nord nach Süd gewirkt hat.

7. Der Hochweisstein (Paralba).

Die stolze Pyramide des Hochweissteins verdankt ihre allseitig freie Lage einer tektonischen Unregelmässigkeit, welche innerhalb des westlichen Gebirgsabschnittes die einzige erheblichere Abweichung von dem regelmässigen Faltenbau darstellt. Der zusammenhängende Zug der massigen altdevonischen Riffkalke wird durch einen nach Süden eindringenden Keil silurischer Thonschiefer gewissermassen auseinander getrieben und stellt somit einen nach Norden offenen, verzerrten Bogen dar. Den östlichen Abschnitt desselben bilden Monte Avanza und

Monte Ciadenis, eine gewaltige, nach allen Seiten jäh abstürzende Masse von halbkrystallinem Devonkalk; den westlichen Theil stellen der Hochweisstein und die Hochalplspitz dar. In der Mitte liegt eine niedrigere, von zahlreichen Verwerfungen und Rissen durchsetzte namenlose Spitze, die ich als Bladener Jochkofel bezeichnen will. (Vgl. die nebenstehende Abb. 52.)

An dem Bladener Jochkofel ist die Wirkung der gebirgsbildenden Kräfte am energischsten zum Ausdruck gelangt. Die unregelmässigen Risse in demselben entsprechen durchweg Verwerfungsklüften, welche das Gestein quer durchsetzen und im Norden wie im Süden deutlich hervortreten. Eine physiognomische Aehnlichkeit mit den Zirkelspitzen ist zweifelsohne vorhanden — nur bot der massige, halbkrystalline Riffkalk des Bladener Jochkofels der Verwitterung weniger Angriffspunkte als der bröcklige, leicht zerfallende Triasdolomit.

Die orographische Trennung unseres Kalkkopfes von der aus massigem Riffkalk bestehenden Avanza und Paralba beruht auf dem beiderseitigen zungenförmigen Eingreifen weicherer Kalkphyllite. Am Avanzajöchl (im O) dringt auch eine Zunge von schwarzem typischem Silurschiefer weiter vor. Hauptsächlich wird jedoch der massige graue Kalk des Bladener Jochkofels von bunten und grauen Bänderkalken oder Kalkphylliten eingefasst, die als umgewandelte Kramenzelschichten des tiefsten Devon zu deuten sind und auch am Oregione-Joch im Westen der Paralba wiederkehren. Es ist unmöglich, über den tektonischen Wirrwarr, der in einandergeschobenen, gepressten und deformirten Schiefer, der massigen und der geschichteten Kalke vollkommen ins Klare zu kommen. Im Allgemeinen darf man annehmen, dass, wie am Seekopf und Wolayer Thörl hier die devonischen Riffmassen von bunten thonreichen Kalken und wechsellagernden Thonschiefer unterteuft werden; letztere haben jedoch am Bladener Joch infolge des höheren Gebirgsdruckes eine halbkrystalline Beschaffenheit angenommen. Die zwischen den Bänderkalken lagernden Schiefer am Bladener Joch — westliche Ecke der obigen Skizze — wurden auf der Karte ebenfalls zu dem tiefsten Devon gezogen, da auch im Wolayer Profil ein derartiger Schiefer zwischen den Kramenzelkalken

Zu Seite 110.

Bladener Jochkofel.

Bladener Joch

Parailba

GD

W.

O.

Ananta

GD

Der Bladener Jochkofel.

Abbildung 52.

Eine kleine, von Dislocationsspalten durchsetzte Masse von devonischem Riffkalk in der Lücke zwischen Avanza und Hochweisstein. In unregelmässiger Weise sind beiderseits Züge von geschichteten Unterdevon (GD Kalkphyllit) und Silurschiefer (dunkel) eingefaltet.

220

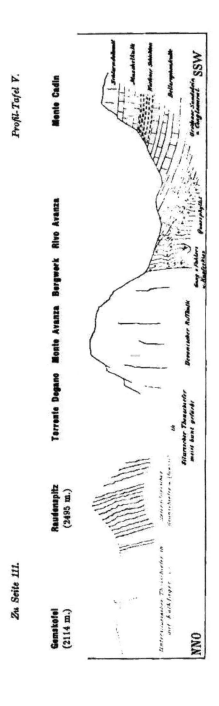

Schematischer Durchschnitt durch Raudenspitz und Monte Avanza. 1/50 000.

Höhen und Längen im natürlichen Verhältniss. (Die nördliche Fortsetzung auf Profil-Tafel VIII.)

anftritt. Die Farben der Bänderkalke und Kalkphyllite sind am Bladener Joch überaus mannigfaltig, schwarz, grau, gelb und roth in verschiedenen Abstufungen.

Während im Silurschiefer des Ofener Joches die Häufigkeit der Gangquarze auf tektonische Verschiebungen hindeutet, sind an den gefalteten Bänderkalken des Bladener Joches noch weitere Einzelbeobachtungen möglich. Abquetschungen und überschobene Falten treten in Handstücken ebenso deutlich hervor wie im tektonischen Aufbau des ganzen Gebirges. Man nimmt vor allem wahr, dass Zerreissungen und Verschiebungen, welche durch die spätere Ausfüllung mit weissem Kalkspath sichtbar werden, der Richtung der Falten und Fältchen parallel verlaufen und somit gleichzeitig mit diesen entstanden sind. Viel seltener sind Kalkspathadern, welche die ersteren quer durchsetzen und somit auf spätere Zerreissungen hindeuten. Eigentliche Reibungsbreccien sind infolge der mannigfachen Uebergänge von Kalk und Schiefer ziemlich selten und bisher nur an der Forcella dell Oregione (westlich vom Hochweisstein) beobachtet worden. Einige im Handstück zu beobachtende Faltungserscheinungen werden im allgemeinen Theile beschrieben werden.

Der äusserst krummlinige und unregelmässige Verlauf der geologischen Grenzen zwischen Avanza und Hartkarspitz beweist, dass in diesem Abschnitt des Gebirges die Faltung — also die carbonische Gebirgsbildung — das maassgebende Moment gewesen ist. Die Verwerfungen der jüngeren miocänen Phase zeichnen sich durch Gradlinigkeit aus. Nur am Südabhang der Avanza, wo die Grenze von Kalk und phyllitischem Schiefer fast senkrecht verläuft, könnte man an ein späteres Nachsinken der gewaltigen Kalkmasse denken. Die Gesteinsgrenze ist hier durch Vorkommen von silberhaltigen Erzen — Fahlerz, Kupferkies, Bleiglanz und viel Schwerspath — gekennzeichnet. Der alte von R. Hoernes eingehender geschilderte Bergbau ist längst zum Erliegen gekommen[1]. (Vergl. das schematische Profil der Avanza.)

Die Riffmasse des Hochweissteins ist abgesehen von den Kalkphylliten des Bladener Jöchls fast allseitig von silurischen

---

[1] Verhandlungen der Geol. Reichsanstalt. 1876.

Schiefergesteinen verschiedener Zusammensetzung umgeben; nur im Norden führt ein schmaler Zug von grauen Kalken zwischen Ofener- und Oregione-Joch hinüber zur Hochalpl- und Hartkarspitz.

Das Lichtbild „das Oregione-Joch" bringt den Verlauf dieses Kalkzuges zwischen dem Nordabhang der Paralba und dem Hochalpspitz zur Darstellung. Die pralle Wand der Paralba (S) entspricht, wie ein Vergleich mit den Uebersichtsskizzen lehrt, nur dem unteren Drittel des eigentlichen Abhanges, der hier (im Oregione-Thal) gewaltige Rutschflächen — bis zu 120 m. Höhe — zeigt. Die dunkele, rasenbedeckte Höhe im Hintergrunde begrenzt das Ofener Joch, die weiter nördlich liegende steile Kalkwand bildet den südlichen Eckthurm der Hochalplspitze. Letztere besteht aus einem eigentümlichen, in steilen hellen Wänden abbrechenden feldspathführenden Silurschiefer, dessen Bergformen aus der Entfernung oder bei schlechter Beleuchtung mit denen des Kalkes verwechselt werden könnten. Der feldspathführende Schiefer — nach Dr. MILCH möglicherweise ein umgewandelter Quarzporphyr — bildet offenbar eine Einlagerung im Silur. (Genaueres über die petrographische Beschaffenheit des beim ersten Anblick an Knotenschiefer erinnernden Schiefers im stratigraphischen Theile.)

Jenseits des erwähnten Eckthurms zieht der Kalk auf dem Nordabhang hinüber und unterlagert, wie das Profil der Hochalplspitz zeigt, den Feldspathschiefer scheinbar. In Wirklichkeit handelt es sich wohl um eine horizontale Einfaltung des letzteren. Denn auf dem Südwestabbhang der Hochalplspitz (im Piavethal) gehen die grauen oder grünen feldspathführenden Schiefer durch ein Zwischenglied grünlicher Schiefer in die gewöhnliche Schiefergesteine der Mauthener Schichten über. Dass die Hochalplspitz von höchst energischen Faltungsvorgänge betroffen worden ist, beweisen die Einquetschungen von schwarzem, graphitischem Schiefer auf der Nordostseite. Dieselben stellen vollkommen zerrüttete, von Gangquarzen durchsetzte Massen dar und bilden eine zusammenhängende Zone am unteren Theile des Gehänges. Das Auskeilen der Schieferkeile in südlicher Richtung deutet darauf hin, dass die faltende Kraft von Nord gewirkt hat.

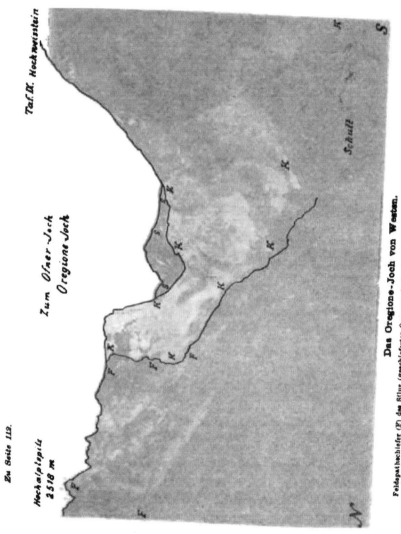

Zu Seite 112.

Taf. IX. Hochweisstein

Zum Ofner-Joch
Oregione-Joch

Hochalpispitz
2518 m

Das Oregione-Joch von Westen.

Feldspathschiefer (F) des Silur (geschieferter Quarzporphyr), devonischer Riffkalk (K) und silurischer Thonschiefer (s)
stehen in steiler Stellung nebeneinander.

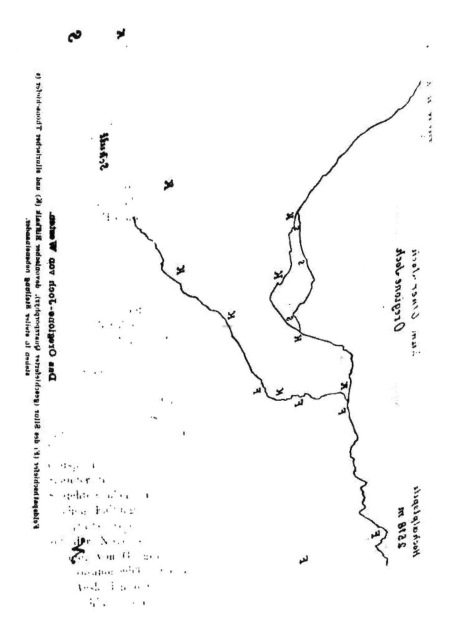

F Frech phot

Photogravüre u. Druck H. Riffarth & Co. Berlin

228

Der Kalkzug bedingt trotz seiner verhältnissmässig geringen Breite die anormale NNW-Richtung der Hauptkette;
an der Hartkarspitz wird derselbe etwas breiter und gewinnt
noch einmal die Höhe des Kammes, verschmälert sich dann
aber wieder. Der weitere Verlauf ist recht verwickelt. Unmittelbar westlich vom Gipfel der Hartkarspitz streicht der
hier deutlich geschichtete Kalk auf den Nordabhang, bildet

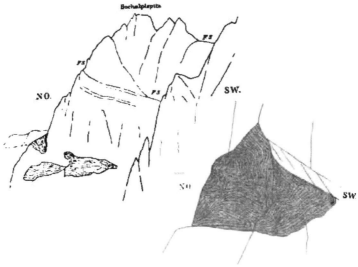

, ab. 53 u. 54.

Profilansicht der Hochalpispitz.

Die Spitze besteht aus Feldspathschiefer (FS) des Silur. Darunter lagert eingefalteter
Devonkalk; in letzterem finden sich Einquetschungen von schwarzem, graphitischem
Silurschiefer. Abb. 54: Einzelansicht einer solchen.

dann noch einmal die Kammhöhe für eine kurze Strecke und
schwenkt auf die Südseite der Kette hinüber, indem er gleichzeitig ein wenig nach O zurückbiegt.

Auf den beiden folgenden, von entgegengesetzten Standpunkten aus aufgenommenen Ansichten des Hochweissteins
und der Hartkarspitz ist der Zusammenhang des Kalkzuges
nur unvollkommen zu beobachten: man glaubt vereinzelte Einquetschungen vor sich zu haben — allerdings findet sich auch

Frech, Die Karnischen Alpen. 8

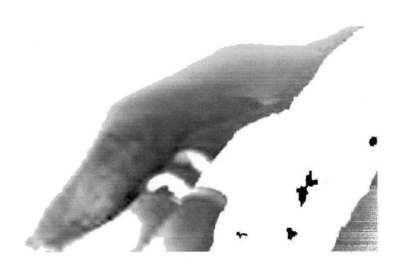

Der Kalkzug bedingt trotz seiner verhältnissmässig geringen Breite die anormale NNW-Richtung der Hauptkette;
an der Hartkarspitz wird derselbe etwas breiter und gewinnt
noch einmal die Höhe des Kammes, verschmälert sich dann
aber wieder. Der weitere Verlauf ist recht verwickelt. Unmittelbar westlich vom Gipfel der Hartkarspitz streicht der
hier deutlich geschichtete Kalk auf den Nordabhang, bildet

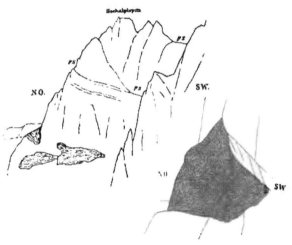

_ ub. 53 u. 54.

Profilansicht der Hochalpispitz.

Die Spitze besteht aus Feldspathschiefer (Ps) des Gl...........ari eingefalteter
.............................graphitischem

di nu noch einmal die Kan.......kurz Strecke und
schwenkt auf die Südseit......er, indem er gleichzeitig ein wenig nach O.......
    Auf den beiden f........engesetzten Stand-
punkten a ...enfgenom.......Hochweissteins
...der .....pitz.......hang des Kalkzuges
............aubt vereinzelte Ein-
............ings findet sich auch

114

eine solche südwestlich der Hartkarspitz (vergl. die Abb. 56
unter 2—4) und eine zweite, noch kleinere südöstlich der
Steinkarspitz. Doch habe ich mich beim Umwandern der
ganzen Bergkette von dem auf der Karte dargestellten Zusammenhang des Kalkzuges von dem Hochweisstein bis zu dem
Spitzchen 5 überzeugen können. Man vergleiche auch Abb. 56.

Die Grenze zwischen Devonkalk und Silurschiefer ist in
ähnlicher Weise durch zackenartige Vorsprünge und Zungen
gekennzeichnet, wie der mechanische Contact von Devon und
Culm. Allerdings ist das scheinbar äusserst verwickelte Ineinandergreifen der Gesteine am Bladener Jochkofel zum Theil
durch ursprüngliche Wechsellagerung, zum Theil auch durch
perspectivische Verkürzung des Bildes zu erklären. Um so

Abbildung 55.

**Der in den Silurschiefer (dunkel) eingefaltete Kalkzug der
Hartkarspitz von Nordwest.**

deutlicher ist dagegen der nebenstehend abgebildete Sporn von
Devonkalk, der in den Schiefer des Ofener Joches vor-
dringt. Der Abhang ist gleichmässig auf den Beschauer zu
geneigt. Man kann sich leicht vorstellen, dass derartige Vorsprünge — wie an der Croda Bianca — durch die Faltung
auch vollkommen abgetrennt werden können. In ähnlicher
Weise sind die vereinzelten Kalkblöcke an der Hartkar- und
Steinkarspitz zu erklären.

Schon bei der Beschreibung des Mooskofels wurde darauf
hingewiesen, dass umfangreiche Kalkmassen, welche mit
anormalem Streichen in die Schiefer eingefaltet sind, auch
die Richtung der letzteren in massgebender Weise beeinflussen. Wie gewaltig der Hochweisstein über die um-

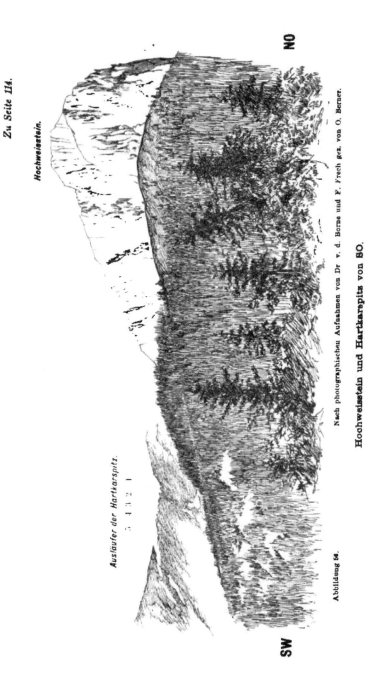

Abbildung 56.

Nach photographischen Aufnahmen von Dr v. d. Borne und F. Frech gez. von O. Berner.

Hochweisstein und Hartkarspitz von SO.

Die Ausläufer der Hartkarspitz sind mit denselben Buchstaben bezeichnet, wie auf der, von der entgegengesetzten Seite aufgenommenen Abb. 55. Der nach SW zu sinkeliende Kalkzug zeichnet sich durch weisse Farbe innerhalb des dunkelen Schiefers aus.

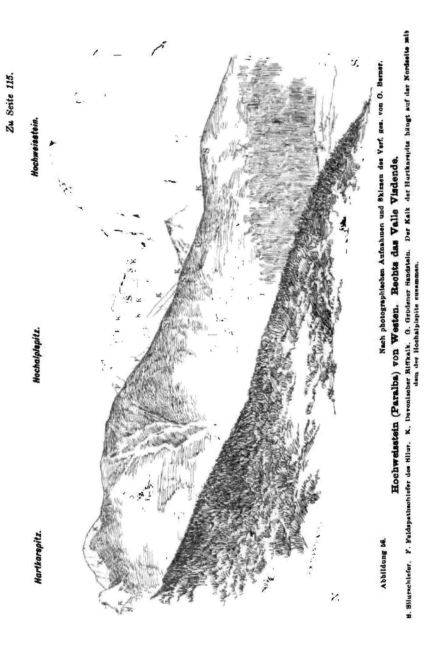

Hartkarspitz. Hochalplspitz. Hochweisstein.

Abbildung 96. Nach photographischen Aufnahmen und Skizzen des Verf. gez. von O. Berner.

Hochweisstein (Paralba) von Westen. Rechts das Valle Visdende.

S. Silurschiefer. F. Feldspathschiefer des Silur. K. Devonischer Riffkalk. G. Grödener Sandstein. Der Kalk der Hartkarspitze hängt auf der Nordseite mit dem der Hochalplspitze zusammen.

gebenden Schieferkämme hervorragt, das zeigt das nebenstehende Landschaftsbild in anschaulicher Weise; dem entsprechend besitzen auch die Schiefer auf eine Entfernung von
2—3 km. eine vorwiegend nördliche, auffallend unbestimmte
Streichrichtung. Ebenso deutet die grosse Häufigkeit von Gangquarz auf bedeutende Dislocationen hin. Der nachfolgende
Bericht über den Aufstieg vom Valle Visdende zum Oregione-Joch giebt zugleich eine Uebersicht der mannigfachen
Schiefervarietäten des älteren Silur. (Vergl. Abb. 58 und das
Lichtbild des Oregione-Joches.)

Der Weg — einer der wenigen im Valle Visdende,

Abbildung 57.   Gez. von E. Suess jun.

**Ein devonischer Kalkkeil in dem dunkelen Silurschiefer des Ofner
Joches.**

welche richtig auf der österreichischen G. St. K. angegeben
sind [1]) — führt von der Hüttengruppe südlich des Namens „Valle
di Carnia" zuerst durch die Schotter des Antolobaches und
erreicht zwischen diesem und dem Torrente Piave anstehendes
Gestein. Am Wege sind die folgenden Schichten sichtbar:

1. Weisser oder hellgrünlicher sericitischer Phyllit,
NW—SO streichend, saiger stehend oder steil SW fallend.
(Bei diesem Gesteine war die Bestimmung Quarzphyllit oder

---

[1]) Das betr. Blatt der italienischen Tavolette ist leider erst ein Jahr
nach Abschluss meiner Arbeiten im Gebirge erschienen.

8*

Mauthener Schiefer? zweifelhaft; angesichts der geringen Mächtigkeit des Sericitphyllites und der Unmöglichkeit, das schlecht aufgeschlossene und kartographisch meist unrichtig dargestellte Valle Visdende genauer aufzunehmen, wurde der letztere Ausweg gewählt. Nach der mikroskopischen Untersuchung ist das Gestein grauwackenähnlich.)

2. Einige Bänke von Kalkphyllit. Streichen N (bis NNW) —S. Fallen steil O.

3. Schwarzer, weissgeäderter Kieselschiefer, wenig mächtig.

4. Schwarzer, dünnblättriger, glimmeriger Thonschiefer, ebenfalls wenig mächtig. Streicht NNO—SSW; saiger.

5. Einige Bänke von Kalkphyllit. Streichen N—S saiger.

6. Grünlicher Thonschiefer, ziemlich mächtig. Streichen N—S, Fallen steil O. Der Schiefer wird weiterhin glimmerreich und phyllitisch, zeigt bedeutende Störungen und ist sehr mächtig. Das Streichen biegt aus der reinen Nordrichtnng nach NNW, dann wieder nach N, dann nach NNO und wieder nach N um; die verschiedenen Aenderungen vollziehen sich in kurzen Zwischenräumen.

7. Weiter oben steht röthlicher Grauwackenschiefer von geringer Mächtigkeit und dann wieder grünlicher, seidenglänzender Schiefer an.

8. Eine Strecke weit fehlen die Aufschlüsse. Sodann beobachtet man Thonschiefer mit vielem Gangquarz. Streichen NNW—SSO, saiger, dann N—S.

9. Auf der Höhe des Rückens zwischen Antolo- und Piavethal findet sich eingefaltetes Grödener Conglomerat. Das Einfallen ist steil und nach NW gerichtet. Unten im Piavethal ist der Sandstein nur auf eine kurze Strecke hin aufgeschlossen.

10. Weiter aufwärts im Thale erscheint noch einmal grünlicher Thonschiefer. Streichen N—S, saiger; dann

11. Feldspathführender Schiefer der Hochalplspitz.

12. Der schmale Zug von Devonkalk (N—S streichend zwischen Hochweisstein und Hochalplspitz) mit stark gepressten schwarzen, gelben und rothen Kalkphylliten. (Dieselben konnten kartographisch wegen ihrer geringen Ausdehnung nicht ausgeschieden werden.)

13. Thonschiefer mit viel Gangquarz, das Gestein der Forcella Oregione und des Ofener Joches.

Weiter abwärts findet sich im Piavethal in der Nähe der Häusergruppe Costa Zucco noch ein Vorkommen von Quarzphyllit, das jedoch zu beschränkt ist, um kartographisch ausgeschieden zu werden.

Auf einem Wege, der ungefähr parallel zu dem oben beschriebenen Durchschnitt in der Tiefe des Piavethales führt, beobachtete ich ebenfalls nur schiefrige Gesteine, die nicht zum Quarzphyllit gerechnet werden können. nämlich:

1. Grünlichen phyllitischen Schiefer NNW (bis NW) —SSO Fallen mit ca. 20° WSW.

2. Kalkphyllit (= 2 der obigen Seite) mit gleichem Fallen wie 1. Die weiteren Aufschlüsse sind infolge der Schuttbedeckung lückenhaft; es herrscht ein grünlicher Thonschiefer (mit eingelagerten Bänken von sericitischem Phyllit) vor. Am Colle di Cánova steht hellgrüner, glimmeriger Quarzschiefer an. Das Streichen ist NNW (bis NW)—SSO saiger, stimmt also fast mit dem normalen überein. Der Einfluss des Kalkmassivs der Paralba ist hier kaum mehr wahrnehmbar.

IV. KAPITEL.

Die westlichen Karnischen Alpen.

(Quarzphyllit, Silur, Devon.)

1. Allgemeines.

Der Westabschnitt der Karnischen Hauptkette bildet ein typisches, den Rheinischen und noch mehr den Thüringer Bergen vergleichbares Faltengebirge. Die steil aufgerichteten älteren Bildungen, die gewaltigen, randlichen Senkungsbrüche und die flachgelagerten jüngeren Formationen sind hier wie dort in gleicher Weise entwickelt.

Die meist saiger gestellten Quarzphyllite und Silurschiefer, welche weiter östlich nur den Nordabhang des Gebirges bilden, wiegen bei weitem vor; einige Züge von devonischem Riffkalk (Porze und Königswand) nehmen auf der Karte einen verhältnissmässig geringen Raum ein, beeinflussen aber die ganze Physiognomie des Gebirges in erheblichem Masse. Anstehende carbonische Gesteine fehlen vollkommen, und das Perm ist auf einige eingefaltete Fetzen von Grödener Sandstein beschränkt. Eine grössere Einfachheit in der Zusammensetzung des westlichen Theiles ist, im Gegensatz zum Osten, unverkennbar. Rechnet man, was aus geologischen Gründen unabweisbar ist, die phyllitische Vorstufe der Gailthaler Alpen zur Hauptkette, so besitzt diese letztere zwischen Valle Visdende und Sillian synklinalen Bau: Quarzphyllit im Norden und Süden, Silur nebst eingefaltetem Devon in der Mitte. Dagegen sind die östlichen Theile der Hauptkette im Grossen und Ganzen durch einen monoklinalen Aufbau gekennzeichnet: Quarzphyllit und Silur im Norden, die jüngeren Formationen (zuweilen in der Folge: Devon, Untercarbon) im Süden.

Taf. I.

Königswand
2510 m

Herel-Sp.

Rosskar-Sp.
2508 m.

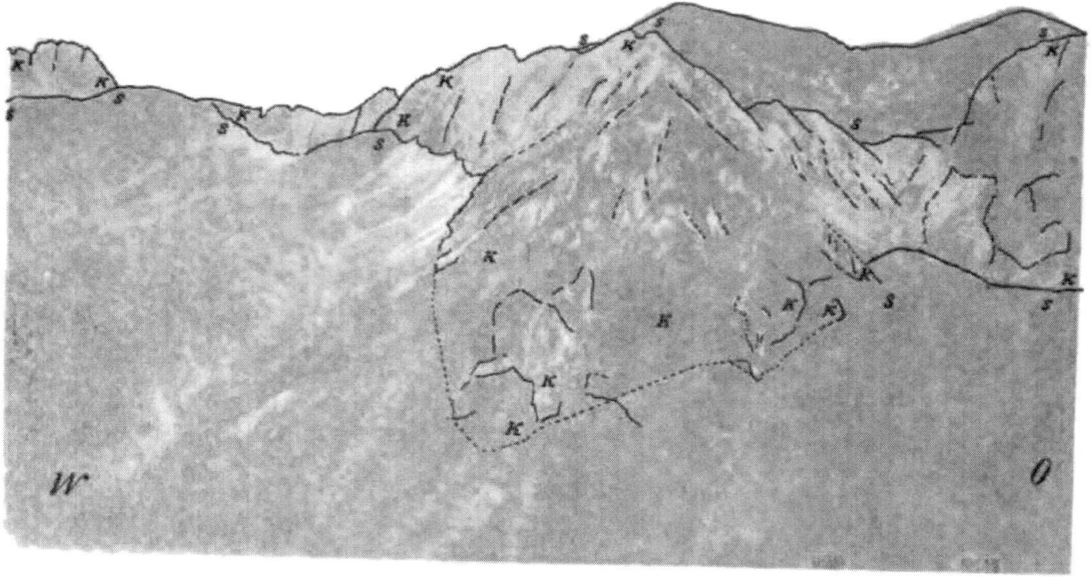

Königswand und Rosskarspitz von Süden.

Ein in den schiefrigen Quarzphyllit (s) eingefalteter Zug von devonischem Riffkalk (K); im Westen eine kurze
Unterbrechung des Kalkes.

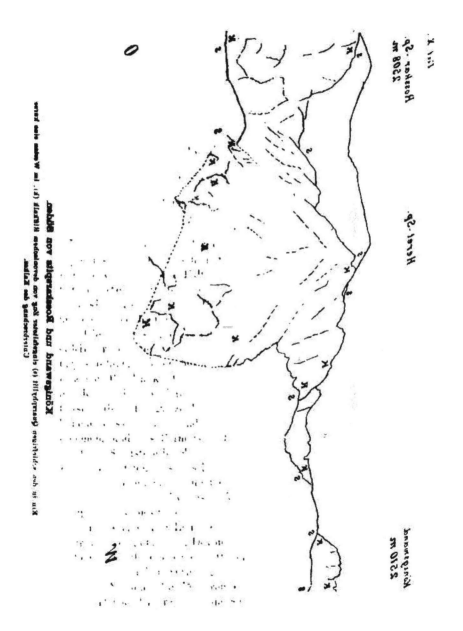

Künigswand und Dammwand von Tgegetisch

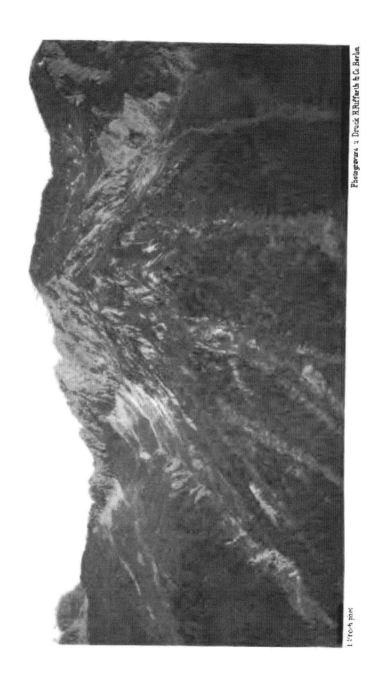

F. Kfonn pinx.   Photogravure u. Druck H.Riffarth & Co. Berlin

Die Regelmässigkeit des Faltenbaues erscheint im Westen wenig gestört. Die ungleiche Breite, welche die Schiefergesteine auf der Karte einnehmen, wird — wie überall — durch die grössere oder geringere Zahl der Falten bedingt, in welche dasselbe Gestein gelegt ist (Schuppenstructur).

Drehungen im Streichen wie an der Mauthener Alp oder an der Paralba, sowie grössere Brüche fehlen vollkommen. Das keilförmige Ineinandergreifen verschiedenartiger Gesteine erfolgt nur noch in kleinerem Maasstabe. Stumpfwinkelige Wendungen in der Richtung der Falten, wie sie an der Porze und am Rosskar auftreten, sind im Vergleich zu den im Osten beobachteten Unregelmässigkeiten unerheblich. Die einzige ausgedehntere Dislocation, der Einbruch der Triasscholle des Sasso Lungerin liegt bereits an der Südgrenze der Hauptkette.

Der regelmässige Faltenbau des westlichen Abschnittes ist bereits von STACHE im Grossen und Ganzen richtig erkannt und die Bedeutung der, durch silurische und devonische Versteinerungen sicher horizontirten Gesteine für die Deutung der sogenannten Schieferhülle der „Gneissalpen" hervorgehoben worden.[1]

---

[1] Das Paralba-Silvella-Gebirge, Verhandl. der geol. Reichsanstalt, 1883 S. 213 ff.: „In erster Linie bildet dieser Nachweis (des Silur) den Ausgangspunkt für die schärfere Altersbestimmung der dem krystallinischen, älteren Gneissgebirge aufgelagerten, durch tektonische Störungen in Bruch- und Faltenthälern sowie selbst auf Rückenlinien erhalten gebliebenen, verschiedenen subkrystallinischen Facies palaezoischer Formationen, unter welchen das Silur die hervorragendste Stelle einnimmt, nicht minder in den Nordalpen wie in den Südalpen." Ich halte den Inhalt dieses Satzes im Allgemeinen für richtig, kann jedoch in Bezug auf die Auffassung der devonischen Kalkzüge nicht ganz der Meinung STACHES folgen. Ich glaube nicht, dass die Kalkmassen theils dem Schiefer „direkt aufsitzen", theils „eingebettet" sind, sondern halte die letztere Auffassung für allein zutreffend; dieselbe ist dahin zu erweitern, dass es sich theils um normale Einlagerungen von Silur, theils um Einfaltungen von Devon handelt. Man vergleiche die nachfolgende Darstellung. Ebenso ist die an gleichen Ort geäusserte Ansicht, „dass die tektonische Hauptanlage des Grundgerüstes der Ostalpen schon vor der Ablagerung der Dyasformation bestand", nur theilweise mit meinen Beobachtungen in Einklang zu bringen. Ein Hochgebirge bestand allerdings in der betreffenden Zeit, aber die Hauptanlage desselben war, wie schon die — unzweifelhaft vorhandene — umgekehrte Faltungsrichtung beweist, ganz wesentlich verschieden.

Der Regelmässigkeit des Faltenbaues entspricht der einfache Verlauf der Kämme, vorausgesetzt, dass keine Kalkriffe die Eintönigkeit der Schieferhöhen unterbrechen. Allerdings wird diese modellartige Ausbildung der Bergformen durch den parallelen Verlauf der Hauptthäler — Valle Visdende und Kreuzbergsenke im S. Lessachthal im N — wesentlich mit bedingt. Auch die in gleicher Höhe liegenden Nebenthäler zeigen einen überaus gleichförmigen Charakter. Den Abschluss bildet ein Endkar mit einer mehr oder weniger deutlich ausgeprägten Thalstufe. Der Mittel- und Unterlauf des gleichmässig geneigten Thales ist ausnahmslos von massenhaftem Gehängeschutt erfüllt.

2. Die Gruppe der Porze.

Das ziemlich ausgedehnte Gebiet zwischen Hartkarspitz und Tilliacher Joch besteht fast ausschliesslich aus den gewöhnlichen Thonschiefern des Untersilur und bietet wenig Bemerkenswertes. Die Tagebuchnotizen über die Begehung der verschiedenen Querthäler zeigen somit auch eine ungewöhnliche Gleichförmigkeit. Vom Winkler Joch ist das Vorkommen schöner Faltungserscheinungen im Kleinen zu erwähnen. Der Nordfuss des Gebirges zwischen dem Niedergail- und Luggauer Thal wird von Quarzphyllit gebildet. Ein auch weiter östlich (bei Mauthen) beobachtetes Uebergangsgestein, Thonschiefer mit wohlausgebildeten Quarzflasern kommt im Dorfer Thal sowie am Eingange des Rollerthales vor. (Str. NW—SO, Einfallen steil SW.) Grünliche und röthliche, z. Th. arkosenartig ausgebildete Grauwacken und Grauwackenschiefer finden sich vornehmlich in dem Schuster- und Winkler Thal bei Kartitsch. Ausserdem erscheinen noch in dem silurischen Thonschiefer hie und da schmale Lagen von Kalkphyllit, so am Gamskofel, am Sonnspitz (hier mit Orthocerenresten) sowie am Schulterkofel.

Der Südabhang zum Valle Visdende ist durch das Vorkommen verschiedener Denudationsreste von Grödener Sandstein ausgezeichnet, die z. Th. — so am Rivo Rindelondo — ziemlichen Umfang besitzen. Das Valle Visdende verdankt seine Entstehung der Gesteinsverschiedenheit zwischen der palaeozoischen Kette und den im Süden vorgelagerten Trias-

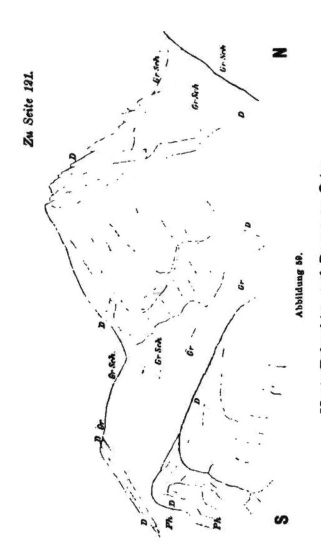

Zu Seite 121.

Abbildung 59.

Monte Palumbina und Poize von Osten.

Ph. Phyllit. Gr. Grauwacke. Gr. Sch. Grüne Schiefer des Silur. D. Devonischer Riffkalk.

bergen des Comelico. Die Basis der letzteren bildet der leicht verwitternde Grödener Sandstein, der — abgesehen von den Werfener Schichten — ausschliesslich von härteren Kalken überlagert wird. Auch die palaeozoischen Schiefer, Grauwacken, Quarzite und Kalke setzen der Verwitterung im allgemeinen mehr Wiederstand entgegen als der Grödener Sandstein. Am deutlichsten ist der Gegensatz der Gesteine an dem östlichen und westlichen Eingang des Valle Visdende ausgeprägt, wo den devonischen Riffmassen des Hochweisssteins und der Porze die triadischen Dolomitwände des Scheibenkofels und des Sasso Lungerin gegenüberstehen. (Abb. 60 S. 123).

Die Vorbedingungen für die Entstehung einer ausgedehnten Senkung waren demnach vorhanden, umsomehr als das Gebiet auch von zahlreichen Störungslinien älteren und jüngeren Ursprungs durchsetzt ist.

In einer wahrscheinlich postglacialen Zeit war das Visdendethal von einem See eingenommen, dessen Vorhandensein durch ausgedehnte Terrassen erwiesen wird. Die Vorstellung eines ehemaligen Seebeckens ist sogar den Bewohnern des Thales geläufig.

Die ausgedehnte Schuttbedeckung der Gehänge bedingt trotz des dichten Tannenwaldes den Wildbachcharakter sämmtlicher Wasserläufe. Ueberall sind in dem alten, aus horizontal gelagertem Schotter bestehenden Seeboden breite Flussbetten eingefurcht; dieselben werden nach jedem grösseren Regenguss von tosenden, Schlamm und Geröll führenden Wassermassen durchbraust, liegen aber bei gewöhnlichen Witterungsverhältnissen trocken: Das Wasser versinkt ganz oder teilweise in dem Schutt.

Die Schuttbedeckung ist der geologischen Untersuchung des Thales ungemein hinderlich; ausserdem erschwert der Tannenwald, welcher nur den ebenen Seeterrassen teilweise fehlt, den Ueberblick, und die Mangelhaftigkeit der G. St. K. macht eine genauere Aufnahme zur Unmöglichkeit. Die Wege sind auch wohl zur Zeit der Aufnahme (in den Dreissiger Jahren) z. Th. unrichtig eingezeichnet worden. (Wenigstens besitzen ausgedehnte Häusergruppen wie die, das ganze Jahr hindurch bewohnte Costa Zucco auf der Karte keinerlei Wegverbindung.) Jetzt stimmt kaum noch der eine oder andere Fahrweg. Auch das Terrain ist überaus flüchtig behandelt; so fehlen die weithin sichtbaren Kalkwände im unteren Dignas- und Londo-Thal, und nicht einmal die Flussläufe sind genau. Da zudem auch die Zugänglichkeit und die Unterkunftsverhältnisse des Thales sehr mangelhaft sind, so kann die geologische Aufnahme auf Genauigkeit in allen Einzelheiten keinen Anspruch machen. Nur die geologisch wichtigen Punkte, die Umgebungen des Hochweissteins und der Porze sind wiederholt und eingehend untersucht worden.

In landschaftlicher Hinsicht ist das so gut wie unbekannte Thal eine wahre Perle: weite, parkartige mit Bäumen besetzte Wiesenflächen, dichter, üppiger Tannenwald, im Hintergrunde die dunkelen Kämme der Schieferhöhen und die schroffen bleichen Wände des Kalkes — all das vereinigt sich zu einem eindrucksvollen Bilde.

Der petrographische Charakter der Mauthener Schiefer ist, wie erwähnt, höchst eintönig. Am Steinkarspitz findet sich eine unbedeutende Einlagerung von grünem, chloritischen Quarzit; eine mächtigere Lage des gleichen tuffartigen Gesteins zeichnet die nördlichen Vorberge der Porze aus, grenzt also unmittelbar an die dolomitischen Devonkalke. Man kreuzt diese Gesteine auf dem viel betretenen Uebergang des Tilliacher Joches, zu dem auf der österreichischen Seite eine gut angelegte, jetzt verfallene Fahrstrasse emporführt, die für den Holztransport[1]) nach Italien bestimmt war.

An dieser Strasse vermag man den Uebergang von dem gewöhnlichen, bläulichen Thonschiefer zu hellgrünem Thonschiefer (Bärenbadlahnereck) und den hell oder dunkel gefärbten chloritischen Quarzitschiefern Schritt für Schritt zu verfolgen. Das Streichen der meist vertikal gestellten Schiefer ist im Allgemeinen entsprechend dem regelmässigen Verlauf des Devonkalkes normal NW (auf dem Joch lokal NNW)—SO. Ein Streifen chloritischen tuffartigen Schiefers begleitet den Südabfall der Porze. Das Hauptlager streicht hinüber zum Heret (auch Herat ausgesprochen, 2430 m.) und Rosskarspitz (2508 m.). Besonders an dem letzteren Berge treten

---

[1]) Auf der italienischen Seite wurden die Stämme durch Holzriesen hinabgeführt.

Photogravure u. Druck H. Riffarth & Co. Berlin

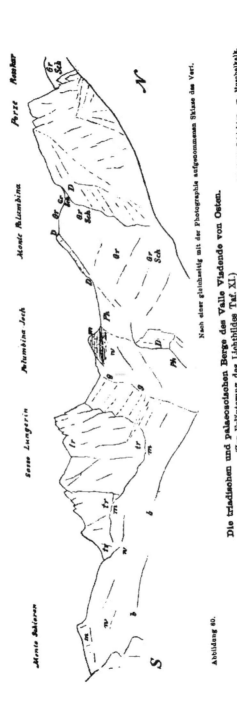

Die triadischen und palaeozoischen Berge des Valle Viadende von Osten.

(Zur Erläuterung des Lichtbildes Taf. XI.)

Nach einer gleichzeitig mit der Photographie aufgenommenen Skizze des Verf.

Abbildung 60.

Ph. Quarzphyllit. Silur: Gz. Grauwacke, Gr. Sch. Grauer Schiefer. D. Devonischer Riffkalk. g. Grödener Sandstein. b. Bellerophonkalk. w. Werfener Schichten. m. Muschelkalk. tr. Schlerndolomit. (Vergl. Abb. 57 u. 58.)

254

(man vergleiche die Abb. 61 „Aussicht von der Porze") die charakteristischen Abstürze des dunkelgrünen Quarzits hervor, welche etwa die Mitte zwischen den gerundeten Formen des Schiefers und den Steilwänden des Kalkes halten. Am Heret steht hellgrüner, selten dunkelgrün oder grau gefärbter Glimmerquarzit an, der die steile Thalstufe im Leiterthal bildet und am Plankenkofel auskeilt. Den Uebergang zu dem normalen Thonschiefer bildet hier Quarzitschiefer (blauer Thonschiefer mit weissen oder braunen Quarzitschichten.) Streichen WNW (bis NW)—OSO, Einfallen steil NNO. Am Rosskar, einem typisch entwickelten, wohl erhaltenen Circus mit flachem, geröllbedecktem Boden walten die Chloritschiefer vor; vereinzelt finden sich darin Conglomeratlagen mit Geröllen von grauem oder röthlichem Quarzit und Blutjaspis.

Das Devon der Porze besteht in der Haupterhebung wesentlich aus dolomitischem Kalk, seltener aus reinem Kalk; der nach dem Valle Visdende zu streichende Zug setzt sich aus Kalkphyllit und Marmor zusammen. Versteinerungen sind zwar hier noch nicht gefunden worden, fehlen aber weder in der unmittelbaren östlichen Fortsetzung (*Favosites sp.* am Obstoanser-See), noch an der Paralba (Durchschnitte von *Pleurotomaria* im Torrente Piave und *Striatopora sp.* am Hochalplspitz). Als beweisend für das devonische Alter der Kalke sehe ich vor allem die Einquetschungen von Thonschieferfetzen an, welche den Kamm und den Nordabsturz auszeichnen. Dieselben fehlen den eingefalteten und gequetschten Devonkalken des Karnischen Gebietes nirgends, während sich bei den eingelagerten, petrographisch oft ununterscheidbaren Silurkalken Derartiges niemals nachweisen lässt.

Das Devon des Porzegebietes besteht aus zwei, im Grossen und Ganzen parallel verlaufenden Zügen, welche im Osten, im Val Dignas zusammenhängen, im übrigen aber durch verschiedene Schiefergesteine von einander getrennt sind. (Vgl. das Lichtbild Taf. XI sowie Abb. 59 u. 60.) Der nördliche Zug bildet die stolze Erhebung der nach N schroff abfallenden, nach S zu sanfter abgedachten Porze. Der Verlauf desselben ist theils WNW (die an sich höchst wahrscheinliche Verbindung der beiden Theile ist an der Casa Dignas durch Schutt unterbrochen) theils nach W, theils nach NW gerichtet. Die W—O streichende Strecke entspricht der grössten Breite und der höchsten Erhebung des Zuges. Das allmälige Auskeilen des Zuges in der NW-Richtung ist auf dem Lichtbild Taf. X. und der von W aus aufgenommenen Skizze des Monte Palumbina (S. 126) zu beobachten. Allerdings streicht der Zug noch auf den Nordabhang des Kammes hinüber und findet erst dort, unmittelbar vor der Königswand sein Ende. Die letztere ist selbstverständlich als die einfache Fortsetzung der Porze anzusehen. Die ungleiche Breite und das lokale Aussetzen der Kalkzüge ist wohl kaum auf eine schon ursprünglich vorhandene verschiedenartige Mächtigkeit der Riffe zurückzuführen. Vielmehr dürfte die Einfaltung in die Schiefer in ungleichmässiger Weise bis zu verschiedener Tiefe erfolgt sein, und die ungleiche Denudation im Gebirge hat dann des Weiteren dazu beigetragen, um den ursprünglichen Zusammenhang der Kalkzüge zu unterbrechen.

Der südliche Parallelzug der Porze ist bereits in dieser Weise in zwei Abschnitte geteilt. Der schmalere und kürzere westliche Teil des Zuges bildet die Spitze des Monte Palumbina, der etwas ausgedehntere Ostabschnitt den Nordabfall des tief eingeschnittenen Val di Londo und vereinigt sich weiterhin mit dem Nordzuge. In ganz ähnlicher Weise wie es an der Königswand der Fall zu sein scheint, trennt die Kalkfalte den südlichen Quarzphyllit von den Silurschiefern im Norden.

Die Aufeinanderfolge der Gesteine von der Porze über den Monte Palumbina nach Süden ist somit eine mannigfaltige. Wie die Abb. 59, 60 und das schematische Profil Porze—Sasso Lungerin erkennen lassen, beobachtet man:

1, Den dolomitischen Devonkalk der Porze.

2. Mauthener Schiefer bis zur Höhe des Monte Palumbina und zwar: a) grünen chloritischen Schiefer am Contact steil NO fallend, b) sericitischen Grauwackenschiefer und Grauwacke, c) gewöhnlichen dunkelen Thonschiefer, als Griffelschiefer entwickelt. (a—c sind auf dem Profil nicht getrennt.)

3. Devon des Monte Palumbina, weisser, halbkrystalliner Kalk und Marmor.

4. Quarzphyllit bis zum Filone della Costa Spina; Streichen WNW—OSO, saiger. Der Phyllit ist z. Th. hell und seri-

Benker- Plumspitz   Königswand Groos-Glockner   Hohe Tauern Lückäliswand
spitz 2671m   2616m   2413
2508 m

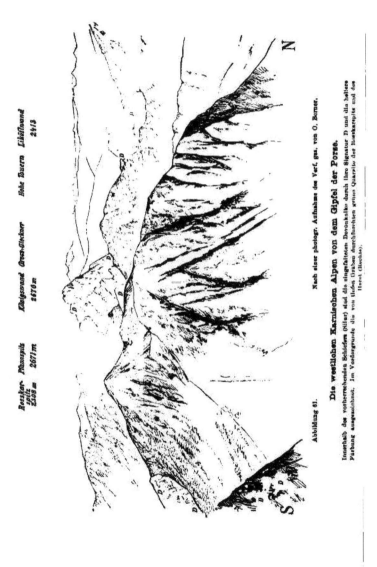

Abbildung 61.

Nach einer photogr. Aufnahme des Verf. gez. von O. Borner.

Die westlichen Karnischen Alpen von dem Gipfel der Porze.

Innerhalb des vorherrschenden Schiefers (Silur) sind die eingefalteten Devonkalke durch ihre Signatur D und die hellere Färbung ausgezeichnet. Im Vordergrunde die von tiefen Gräben durchfurchten grünen Quarzite der Raschkarspitz und des Herot (Buchta).

citisch, wie im Piavethal, z. Th. dunkel und von normaler Beschaffenheit, z. Th. quarzitisch.

5. Dunkele mergelige Plattenkalke mit Kalkspathadern und Hornsteinknollen: unterer Muschelkalk (Guttensteiner Facies), im Osten unterlagert von kalkigen, typisch entwickelten Werfener Schichten (mit Zweischalern). Dieses bisher unbekannte Vorkommen stellt eine räumlich sehr beschränkte Scholle dar, die auf der mannigfach gestörten Transgressionsgrenze von Phyllit und Grödener Sandstein eingesunken ist.

6. Grödener Sandstein in der Forca di Palumbina, grossentheils von dem Dolomitschutt des Sasso Lungerin bedeckt, nach O und W weiterstreichend. Jenseits einer bedeutenderen Verwerfung folgt dann

7. Schlerndolomit, der in steilen Wänden den Nordabsturz des Sasso Lungerin bildet.

Man vergleiche zur Erläuterung des Vorstehenden vor allem den schematischen Durchschnitt Porze—Sasso Lungerin auf der Profiltafel.

2. Die Gruppe der Königswand.

Die Gruppe der Königswand und Pfannspitz bietet scheinbar eine Reihe von recht verwickelten geologischen Bildern, wie ein Blick auf die zahlreichen beigegebenen Ansichten beweist. Sobald man jedoch die senkrechte Aufrichtung sämmtlicher Schichten erkannt und die Unterschiede der z. Th. unmittelbar nebeneinander stehenden Silur- und Devonkalke richtig aufgefasst hat, bleibt ein nicht sonderlich schwieriges Faltengebirge übrig, in dem hie und da ein rascher Wechsel gleichalter Gesteine eine gewisse Abwechselung bedingt. Querverwerfungen treten hingegen sehr zurück. Nur die Dislocation des Sägebaches und das plötzliche Abbrechen des devonischen Kalkzuges der Liköflwand ist wohl auf Querbrüche der älteren Gebirgsbildungsphase zurückzuführen.

Wie bereits erwähnt, keilt der Kalkzug der Porze auf dem Nordabhang des Silvella-Rückens allmälig aus (Abb. 62), um nach kurzer Unterbrechung in der Königswand wieder aufzusetzen und zu erheblicher Breite und entsprechenden Höhe anzuschwellen. Genau im Profil gesehen macht der Kamm der Königswand den Eindruck einer schroff aufragenden Spitze,

eines kleinen Matterhorns. Das Lichtbild zeigt denselben Berg
halb im Profil, so dass der nordwestliche Abschnitt coulissen-
artig vortritt. Bemerkenswerth ist ferner die Thatsache, dass
auf der nördlichen (Wetter-)Seite der Kalk in viel ausgedehnterem Masse entblösst erscheint, als auf dem Südabhang.

Das östliche Küppchen am Fusse der grossen Königswand
(= Kinigat 2510 m., die höchste westliche Erhebung auf der
G. St. K. „kleiner Kinigat" misst 2676 m.) besteht aus gelblichem

SW

NO.

Abb. 63.   Nach einer photogr. Aufnahme des Verf. gez. von O. Barner.

Die Königswand von SO.

Eine eingefaltete und durch Denudation freigelegte Masse von devonischem Riffkalk inmitten untersilurischer Schiefer (dunkel). Der langgestreckte Kamm ist hier genau im
Profil dargestellt.

Kalk, der übrige Berg aus einem grauen, klüftigen, halbkrystallinen, theilweise geschichteten Gestein. Nach Westen.
nach dem Rosskofel und dem Obstoanser See zu verschmälert sich der Zug allmälig und geht zugleich aus der
nordwestlichen in die westliche Richtung über. Der Kalkzug
keilt ein wenig westlich von dem Obstoanser See (Obstanz
ist die corrumpirte, „hochdeutsche" Form der G. St. K.; ob
Stoans = über den Steinen). dessen Entstehung er veranlasst
hat, endgiltig aus. (Vergl. die Abb. 67 S. 130.) Das schon

Zu Seite 126.

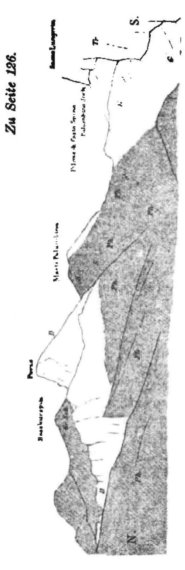

Abbildung 62.

Porze und Palumbina Joch von Westen.

Ph. Phyllit. S. Schiefer. Gr.-Sch. Grünschiefer des Untersilur. D. Devon (am Monte Palumbina und Porze, hier nach NW auskeilend). G. Grödener Sandstein. Tr. Schlerndolomit. Der kleine Hügel „Filone di Costa Spina" besteht aus einer eingesunkenen Scholle von Muschelkalk. Vergl. Abb. 60 S. 123 u. Taf. X.

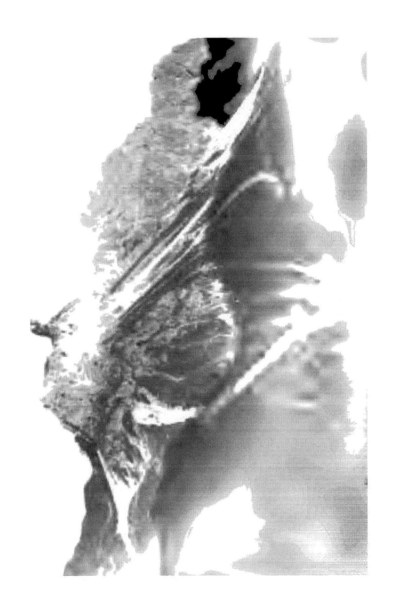

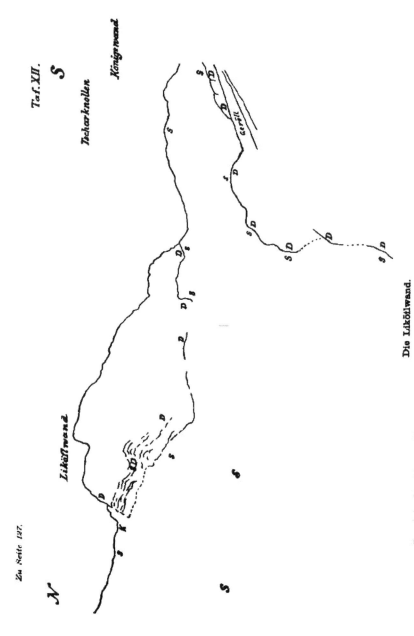

Taf. XII.

LikölTwand   Tschar-knollen   Königswand

Die Likölwand.

Devonischer Riffkalk (D) in Silurschiefer eingefaltet. Im Süden des Bildes der Devonkalk der Königswand. Im Norden sind zahlreiche Schieferfetzen (S D) in den Devonkalk eingequetscht. (Vergl. Abb. 64.)

von STACHE festgestellte Vorkommen von Favositen ist, zusammen mit dem geologischen Auftreten für die Altersdeutung beweisend.

Der Nordwestabhang der Königswand ist — unmittelbar nördlich von der Pfannspitze — durch das intrusive Eingreifen einer schmalen schwarzen Schieferzunge in den Kalk ausgezeichnet (links unten auf dem Lichtbilde: NW-Absturz der Königswand). In ausgedehnterem Masse finden sich diese Anzeichen mechanischer Pressung am Nordwest- und am Nordostabsturz der Liköflwand, dem nördlichen devonischen Parallelzuge der Königswand. (Taf. XII.) Die im Grossen und Ganzen parallel verlaufenden, unregelmässig-welligen, dunkelen Bänder, welche auf der linken Seite des Lichtbildes hervortreten, erwiesen sich bei näherer Untersuchung sämmtlich als eingepresste Schieferfetzen. In ausgedehntem Massstabe beobachtete ich die gleichen Erscheinungen auch auf der Nordostseite des genannten Berges; hier treten wahre Reibungsbreccien auf und des Weiteren wird der geologische Aufbau dadurch verwickelt, dass ein schmaler Zug von gelbem, krystallinem, silurischem Kalkphyllit stellenweise in unmittelbare Berührung mit dem devonischen Riffkalk tritt. Auch hier kann man stets beobachten, dass die Grenze des Riffkalkes gegen den Silurschiefer durch unregelmässige Quetschungserscheinungen, die des Kalkphyllits durch allmäligen petrographischen Uebergang gekennzeichnet ist. Erwähnenswerth ist endlich die Beobachtung, dass im Osten, wo der Kalk der Liköflwand an einer annähernd N—S streichenden Verwerfungslinie abbricht, auch der hier anstehende sericitische Schiefer meridionales Streichen angenommen hat.

Der Westen der Karnischen Hauptkette ist ebenso wie die Mitte und der Osten durch ein locales Anschwellen der untersilurischen Mauthener Kalke ausgezeichnet; jedoch erreichen dieselben nicht entfernt die bedeutende Mächtigkeit wie anderwärts. Ein schmaler Kalkphyllitzug beginnt am Resler Knollen oberhalb des Stuckensee's, zieht — parallel zum Streichen der Devonmassen — im Norden der Liköflwand entlang, schwillt im Erschbaumer Thal erheblich an und lässt sich dann weiter bis zum Sägebach südlich von Sillian verfolgen.

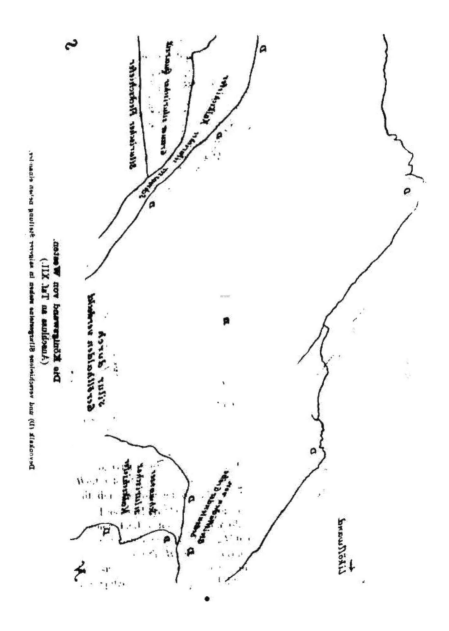

F. Frech phot.

Photogravure u. Druck H. Riffarth & Co. Berlin

270

Fortsetzung der devonischen Königswand. Zwischen beiden liegt ein mittlerer, aus gelben, braunen und schwarzen Bänderkalken des Silur bestehender Zug, der ziemlich erhebliche Mächtigkeit aber geringe Längserstreckung besitzt und (in der Mitte des Bildes) zur Entstehung eines ziemlich jungen Wandbruches Veranlassung gegeben hat.

Der devonische Kalkzug des Rosskofels und das nördlich angrenzende, bald auskeilende silurische Kalklager sind auf

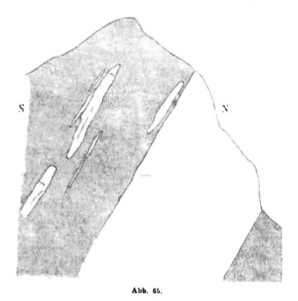

Abb. 85.

Die Gatterspitz von Osten.

Conforme Einlagerungen silurischer Kalke und Kalkphyllite im Schiefer.

der nächsten Ansicht (Abb. 67) von der anderen Seite, von dem Obstoanser See aus dargestellt. Der eigentümliche Umriss der beiden einander genäherten Kalkköpfe erleichtert die Vergleichung mit der Abb. 66. Die scheinbare Breite des wohlgeschichteten Devonkalkes im Vordergrunde des Bildes erklärt sich aus der Lage der Ansicht (Halbprofil). In Wirklichkeit bildet der Devonkalk einen verhältnissmässig schmalen, die Erhaltung des Sees bedingenden Damm.

Das Kalklager der Maurerspitz (Abb. 66) schwillt nördlich des Obstoanser Sees erheblich an und bildet eine weisse, pralle, das Winkler Thal quer durchsetzende Wand. Dieselbe hat zur Entstehung eines zweiten Seebeckens Veranlassung gegeben, das jedoch bereits ausgefüllt bezw. durch die immer tiefer einschneidende Erosion entwässert worden ist. STACHE führt von hier silurische, nicht näher bestimmte Korallenreste an.

Wie das obenstehende Profil der Westseite des Winkler Thales (Gatterspitz 2431 m.) zeigt, wird der weisse, halbkrystalline, massige Silurkalk im Süden von einer Reihe kleinerer, aus phyllitischem Kalk bestehender Einlagerungen begleitet. Auch diese setzen weiter nach Osten bis zum Sägebach fort. Die beiden in Rede stehenden Züge bestehen im Hollbrucker Thal aus grauen, halbkrystallinen Bänderkalken sowie aus weissen und gelblichen Kalkphylliten.

3. Das westliche Ende der Hauptkette.

Nach dem endgiltigen Auskeilen des Devonkalkes, welcher Silurschiefer und Quarzphyllit trennt, stellt sich weiter im Westen ein verhältnissmässig wenig mächtiges Lager von chloritischem Schiefer an der Grenze beider Gesteine ein. Man beobachtet in dem grossartigen Kar, das zwischen Widderschwin und Eisenreich (2664 m.) den Abschluss des Schusterthales bildet, graue, violette und hell- bis dunkelgrüne Chloritschiefer, die durchweg reich an Sericit sind. In unmittelbarer Verbindung mit diesen Gesteinen tritt ein Thonschiefer auf, der fein vertheilten Quarz sowie zahlreiche Flasern und Gänge desselben Minerals enthält.

Die Chloritschiefer ziehen hinüber bis in das Hollbrucker Thal, wo sie den Thalriegel unterhalb des Endkars bilden und (wie am Tilliacher Joch) in Verbindung mit grünen quarzitischen Gesteinen auftreten. Dieser Zug konnte zusammen mit den Kalkphylliten bis in das obere Sägebachthal (unweit Sillian) verfolgt werden. Hier brechen Thonschiefer, Chloritschiefer und Kalke plötzlich quer gegen das Streichen ab, und weiter westlich findet sich ausschliesslich Quarzphyllit. Wenn man auf dem gewöhnlichen, von Sexten nach Sillian führenden Touristenwege die Helmspitze (2430 m., Fallen des Quarz-

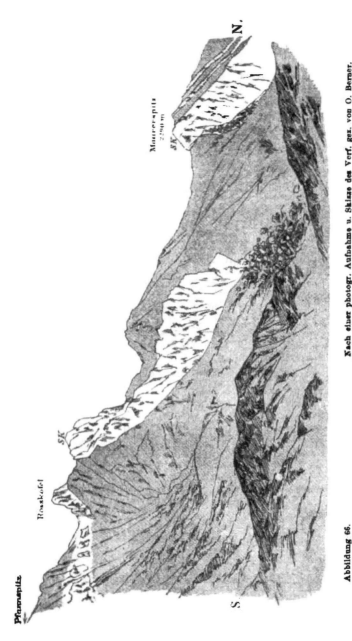

Abbildung 66.　　　　Nach einer photogr. Aufnahme u. Skizze des Verf. gez. von O. Berner.

Der Nordabhang der Pfannspitz von Osten gesehen.

Die beiden nördlichen silurischen Kalkzüge (SK) sind dem Silurschiefer (dunkel) regelmässig eingelagert, der südliche, devonische Kalkzug ist unregelmässig eingefaltet.

274

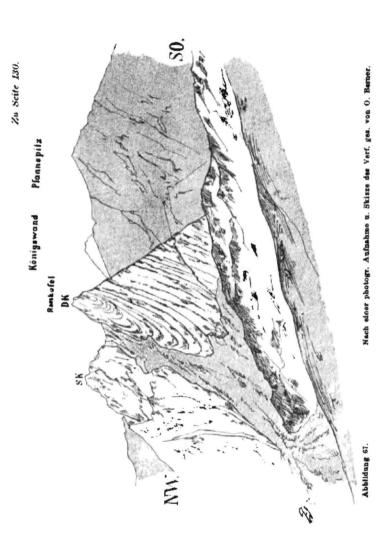

Königswand   Pfannspitz

Rosskofel

DK

SK

NW.

SO.

Abbildung 67.   Nach einer photogr. Aufnahme u. Skizze des Verf. gez. von O. Barner.

Der Nordabhang der Pfannspitz von Westen gesehen.

Der nordwestliche, silurische Kalkzug (SK) ist dem Silurschiefer (dunkel) regelmässig eingelagert. Der devonische Kalkzug des Rosskofels (DK) erscheint im Vordergrunde und bildet die nördliche Begrenzung des Obstanser Sees.

phyllits auf dem Gipfel 45° nach NO) überquert, findet man dieses einförmige Gestein überall anstehend. Ebenso trifft man am Nordgehänge des Drauthales zwischen Arnbach und Sillian ausschliesslich Quarzphyllit.

Die Linie des Sägebaches dürfte also einem Querbruche entsprechen; denn ein Auskeilen der silurischen Gesteine in einer nach Westen zu aufsteigenden Synklinale ist unwahrscheinlich. (Vergl. die Karte.) Wenngleich über das Vorhandensein eines Querbruches kaum Zweifel bestehen können, so ist doch eine genauere kartographische Feststellung desselben nicht ausführbar, da gerade das kritische Gebiet theils mit glacialen Bildungen oder Gebirgsschutt bedeckt, theils mit dichtem Walde bestanden ist.

Ein synklinaler Aufbau der gesammten Hauptkette ist also nur für die kurze Strecke zwischen Sägebach und Winkler Thal nachweisbar, östlich ist derselbe durch die unregelmässige Einfaltung von Devon und den Einbruch der Trias, westlich durch die beschriebene Querverwerfung gestört.

Der nördliche Gegenflügel der Synklinale wird von den Vorhügeln der nördlichen Gailthaler Berge gebildet, soweit dieselben aus Quarzphyllit bestehen. Die geologische Grenze zwischen diesem Gestein und den Mauthener Schiefern ist bis in die Gegend von Unter-Tilliach das Gailthal. Erst am Ausgange des Luggauer Thales trifft man anstehenden Quarzphyllit auf dem Südabhang (Streichen NW bis WNW—SO, saiger). Nur am Leiterhof — zwischen Ober-Tilliach und Kartitsch — beobachtet man ein kleines Vorkommen von Thonschiefer auf dem nördlichen Gehänge. (In ganz ähnlicher Weise ist zwischen Mauthen und Nötsch das Thal auf der Scheide der beiden, verschieden harten Gesteine eingeschnitten; auch hier giebt es nur eine einzige räumlich sehr beschränkte Ausnahme, das Uebergreifen des Quarzphyllits auf den Südabhang bei Nampolach.)

Erheblich breiter als der nördliche Phyllitzug ist der „Südflügel" der unregelmässigen Synklinale, der sich zwischen dem Drauthal (Sillian—Innichen) und dem Piave (Comelico Inferiore—Prezenajo) ausdehnt. Im Südwesten, zwischen Innichen und Comelico Inferiore wird der Quarzphyllit durch die transgredirenden Grödener Schichten überlagert, im Südosten

durch Brüche begrenzt. Ueber das weitläufige, aus einförmigem
Gestein bestehende Gebiet ist wenig zu sagen — nur das
Verhältniss des Quarzphyllites zu dem Grödener Sandstein erheischt eine kurze Besprechung. Ueber diesen Punkt besteht
eine scheinbar schwer zu erklärende Meinungsverschiedenheit
zwischen STACHE und R. HOERNES. Während nach dem ersteren
Forscher das Perm in den Karnischen Alpen überall discordant auf dem Quarzphyllit liegt, nimmt der letztere an, dass
zwischen Sexten und Comelico sämmtliche Schichten ohne
grosse Discordanz und in regelmässiger Lagerung auf einander
folgen und dass nur „untergeordnete Störungen und Falten im
Phyllit wahrzunehmen seien" (Verhandlungen der geologischen
Reichsanstalt 1876 p. 65).

In gewissem Sinne haben beide Geologen Recht: An der
tief eingreifenden Bedeutung der Discordanz der Grödener
Schichten ist selbstredend nicht zu zweifeln. Jedoch sind diese
Schichten in der Gegend des Kreuzberges durch die spätere
Aufwölbung der Karnischen Hauptkette mit betroffen und —
local — aufgerichtet worden. Man beobachtet zwischen dem
Kreuzberg und Candide in den vortrefflichen Aufschlüssen der
neu erbauten Strasse steiles W—WSW-Fallen des Grödener
Sandsteins bezw. verticale Stellung desselben. Der Phyllit,
ein glimmerreiches, dunkelbläuliches Gestein mit Quarzflasern
(stellenweise thonschieferartig) zeigt im Grossen und Ganzen
dasselbe Streichen und Fallen; allerdings ist das letztere mehr
WSW bis SW gerichtet. Trotz des im Wesentlichen übereinstimmenden Streichens ist auch hier eine Discordanz an den
erwähnten vortrefflichen Aufschlüssen (welche zur Zeit der
HOERNES'schen Aufnahme noch nicht vorhanden waren) mit
voller Deutlichkeit zu beobachten: Der Phyllit ist überall
stark gefaltet oder gefältelt und in die denkbar ver-
wickeltsten Biegungen gelegt. Die Grödener Schichten, die
infolge ihres bedeutenden Thongehaltes einen hohen Grad von
Plastizität besitzen, sind trotzdem nirgends gefältelt sondern
nur aufgerichtet: Die Phyllite haben eine wahre Faltung
und Zusammenpressung (zur Carbonzeit) erfahren, die Grödener
Schichten sind während der jüngeren (miocaenen) Aufwölbung
der Karnischen Hauptkette an der Grenze gegen dieselbe aufgerichtet worden. Dass es in dieser schmalen Störungszone

Zu Seite 132.

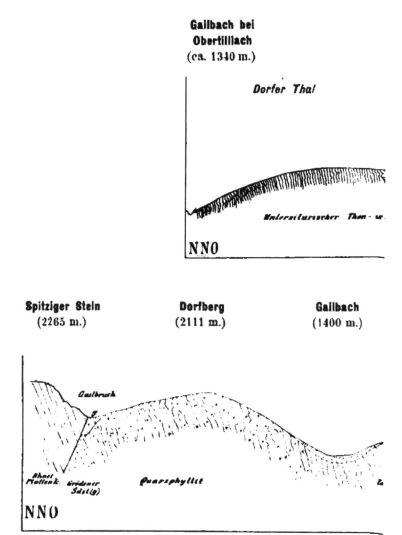

**Gailbach bei
Obertilliach**
(ca. 1340 m.)

Dorfer Thal

Untersilurischer Thon-se

NNO

Spitziger Stein
(2265 m.)

Dorfberg
(2111 m.)

Gailbach
(1400 m.)

Gailbruch

*Rhaet
Plattenk*   *Grödener
Sdst(g)*   *Quarzphyllit*

NNO

auch zu localen Faltungen gekommen ist, wurde schon weiter im Osten (Monte Dimon, Valle Visdende) beobachtet, wo Fetzen des permischen Gesteins eingefaltet im älteren Palaeozoicum vorkommen. Auch am Monte Spina und Col Rossone (nördlich von der Kreuzbergstrasse) finden sich zwei derartige unregelmässige Synklinalen, und ein ähnliches Vorkommen kennzeichnet die Rothecke (2393 m.) oberhalb des Matzenbodens. (Ich habe diese rothen Sandsteine nicht in situ untersuchen können, zweifle jedoch angesichts des Vorkommens von losen Grödener Gesteinen am Fusse der betreffenden Berge und des überaus augenfälligen Farbenunterschiedes nicht an der Richtigkeit der Deutung).

Eine analoge tektonische Erscheinung, die antiklinale Aufwölbung von Phyllit inmitten der permischen Gesteine, findet sich zwischen dem Kreuzberg und Padola. Die neue Strasse (deren Richtung auf der G. St. K. ungenau angegeben ist), kreuzt diesen Phyllitzug zu wiederholten Malen.

Auf das Vorkommen von rosenrothen Fusulinenkalken im Grödener Conglomerat bezw. Verrucano (besonders deutlich an der Brücke der neuen Strasse über den Torrente Padola), sowie von Stromenden der Bozener Quarzporphyre im gleichen Gestein am Matzenboden und bei Danta (Comelico) hat bereits R. HOERNES in der erwähnten Mittheilung hingewiesen. (Man vergleiche ferner die Karte, den schematischen Durchschnitt Comelico—Königswand und die Profile von Loretz, Zeitschrift der deutschen geolog. Gesellschaft 1876.)

Der westliche Ausläufer der Karnischen Alpen ist ein langgestreckter, niedriger Quarzphyllitrücken, der sich westlich von dem Abfall der Helmspitze bis nach Innichen hin erstreckt und verschiedene Denudationsreste der Grödener Conglomerate trägt. Der Quarzphyllit, der innerhalb des Fleckens Innichen (Streichen NW bis WNW—SO, saiger) abbricht, setzt jenseits der Drau ohne Unterbrechung fort, wie schon die übereinstimmende Form der Berge erkennen lässt. Die Angaben der HAUER'schen Uebersichtskarte, welche nördlich „Thonschiefer" südlich „Steinkohlenschiefer" verzeichnet, sind somit ungenau.

V. KAPITEL.

Der Gailbruch und die palaeozoische Scholle am Dobratsch.

(Phyllit, Untercarbon, Grödener Sandstein, Trias.)

1. Allgemeines.

Die Aehnlichkeit der nördlichen Gailthaler Gebirge mit den Nordtiroler Kalkalpen ist schon vor Jahren von EMMRICH mit scharfem Blicke erkannt worden: Die Entwickelung von Lias, Rhaet und Cardita-Schichten in nordalpiner Facies sowie das Fehlen der Bellerophonkalke[1]) sind in erster Linie bezeichnend.

Auch in tektonischer Hinsicht stellen die Berge zwischen Drau und Gail ein Stück Nordalpen dar, das sich ebenso sehr von dem verwickelten Faltenbau der Tauern und der Karnischen Alpen, wie von den flachgelagerten, durch Brüche zerschnittenen Hochflächen der südlichen Trias unterscheidet. SUESS vergleicht das Lienzer Gebirge mit einer „dreieckigen, monoklinal nordwärts geneigten Scholle mit aufgeschlepptem oder gestauchtem Scheitel"[2]). Jedoch besitzt das Gebirge einen vollkommen regelmässigen, an den Jura oder die Voralberger Ketten erinnernden Faltenbau. Wie die Aussicht von der Mussenalp nach W (vergl. das gleichnamige Bild 68) erkennen lässt, besteht die südliche, breite Seite des Dreiecks aus einer weitgespannten regelmässigen Antiklinale, an die sich im Norden die schmale Synklinale des Rauchkofels bei Lienz mit ihren Kössener und Adneter Schichten[3]) anschliesst. Das Gebirge gleicht also im Querschnitt einem liegenden ∽, dessen südlicher Bogen wesentlich ausgedehnter ist, als der nördliche.

----

[1]) Abgesehen von einem zweifelhaften Aequivalent derselben bei Nötsch.

[2]) Antlitz der Erde I, S. 340.   [3]) Ibid. S. 340.

Abbildung 68.

Nach photogr. Aufnahmen des Verf. gez. von O. Berner.

Das Lienzer Gebirge (Unholde) von der Mussen-Alp. 1845 m.

Die Antiklinale des rhaetischen Plattenkalkes tritt deutlich hervor. Die Spitze des Eisenschone (2612 m.) bildet die Axe der Antiklinale.

284

Auf den wichtigen Umstand, dass die obere Trias im
Norden zwischen Sillian und Lienz, sowie zwischen Lienz
und Oberdrauburg von dem Quarzphyllit durch Brüche
getrennt sei, hat bereits Suess (l. c.) hingewiesen. Von viel
einschneidenderer Wichtigkeit ist jedoch die gewaltige Bruchlinie, welche zwischen Sillian und Villach auf dem Nordgehänge des Gailthales die obere Trias im Norden von dem
Palaeozoicum im Süden trennt.

An einigen Stellen, im Gailthal und bei Deutsch Bleiberg
ist das Vorhandensein von Dislocationen bereits von Suess[1]
und Mojsisovics nachgewiesen worden. Suess hat insbesondere hervorgehoben, dass die beiden nördlichen Seiten des
Dreiecks Sillian — Lienz — Greifenburg von Brüchen gebildet
werden und dass der Gitschbruch seine gradlinige Fortsetzung
im Drauthal fände: Von der Richtigkeit der letzteren Annahme
habe ich mich nicht überzeugen können, da die Pässe zwischen
Gitsch- und Drauthal besonders stark mit Glacialbildungen bedeckt sind, und da ferner ungünstiges Wetter meine Ausflüge
in dieser Gegend wesentlich beeinträchtigte. Jedenfalls finden
die tieferen Triasbildungen (bis zu den Carditaschichten aufwärts)
jenseits der Linie Weissensee — Greifenburg keine Fortsetzung
nach Westen, sei es, dass dieselben durch die von Suess angenommene Fortsetzung des Gitschbruches abgeschnitten sind,
sei es, dass sie einfach in westnordwestlicher Richtung ausstreichen und an dem Draubruch abschneiden. Die hauptsächliche Fortsetzung findet der Gitschbruch jedenfalls in west-
licher Richtung; derselbe streicht, im Gebirgsbau und den Oberflächenformen deutlich unterscheidbar, in flachem, nach S con-
vexem Bogen um den Reisskofel herum. Einen vortrefflichen
Aufschluss zeigt der Mocnik-Graben nordwestlich von Weissbriach. Da die verschiedenen Eigentümlichkeiten des Gailbruches[2] hier mit vollkommener Deutlichkeit erkennbar sind,
möge eine kurze Schilderung desselben gegeben werden.

---

[1] Suess, Antlitz der Erde I, S. 139, 140.

[2] Diese Bezeichnung ist wohl vorzuziehen, trotzdem der Suess'sche
Name Gitschbruch die Priorität hat; man kann nicht wohl eine tektonische
Linie, welche auf eine Strecke von mehr als 100 km. der Thalfurche der
Gail parallel verläuft und die Entstehung derselben bedingt hat, nach
einem Nebenbache benennen.

136

An der von Weissbriach nach Gössering führenden Strasse beobachtet man bis zu der den Mocnikgraben überschreitenden Brücke anstehenden Quarzphyllit. Jenseits steigen plötzlich die ungeschichteten dolomitischen Kalke der oberen Trias in steilen Wänden empor, ohne dass Grödener Sandstein hier auch nur andeutungsweise sichtbar wäre. Auf einem am nördlichen Bachufer unterhalb der Wand entlang führenden Holzwege trifft man bald wieder Quarzphyllit; der Bach entspricht

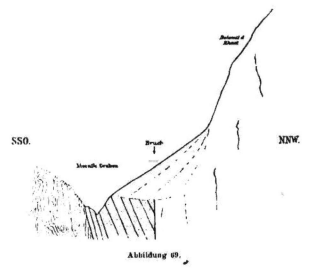

Abbildung 69.

Der Gailbruch im Mocnikgraben bei Weissbriach.

Rhaetischer Dolomit neben steil aufgerichtetem Grödener Saudstein und gefalteten Quarzphyllit.

also nicht genau dem Bruche sondern hat sich in das weichere Gestein eingegraben. Etwa 800 m. (in der Luftlinie) kann man in dem gut gangbaren Bachbett den hie und da quarzitische Bänke führenden Phyllit verfolgen, bis Kalkschutt (von der nördlichen Wand stammend) die Aufschlüsse verdeckt.

Weiter westlich beobachtet man im Bachbett neben saigeren O—W streichenden Phylliten die steil nach Nord fallenden Grödener Sandsteine und Mergel (vergl. das Profil). Die beiden Gesteine liegen zwar mit gleichem Streichen und Fallen nebeneinander; doch ist diese Concordanz nur eine scheinbare, durch Gebirgsdruck bedingte. Denn in anderen Durchschnitten überlagert der Grödener Sandstein discordant die sämmtlichen älteren palaeozoischen Schichten vom Phyllit bis zum Obercarbon. Zudem fehlt im Moenikgraben das basale Conglomerat, und die gut aufgeschlossene Grenze von Sandstein und Phyllit ist durch Quetschungs- und Reibungserscheinungen gekennzeichnet.

Von Abfaltersbach bis zum Fusse des Dobratsch, wo der Schutt des Bergsturzes die Aufschlüsse verdeckt, liegt der Bruch zwischen den jungtriadischen (meist rhaetischen) Kalken und dem Quarzphyllit. Der den letzteren discordant überlagernde Grödener Sandstein ist in steiler Stellung und ganz unregelmässiger Breite in die Bruchspalte eingeklemmt. Derselbe fehlt nur selten (Abfaltersbach, St. Lorenzen, Gitschthal) gänzlich, ist meist als rother, 10 bis einige hundert Meter breiter Streifen weithin am Gehänge sichtbar und schwillt nur einmal zu grösserer Breite an (2,5 km. bei Kötschach).

Der regelmässig gefaltete Streifen von nordalpiner Trias ist also auf der langen Strecke Abfaltersbach—Greifenburg zwischen zwei tiefe Brüche eingesenkt.

Man wird diese Brüche mit Rücksicht auf die Lagerung der angrenzenden Schichten als Faltungsbrüche zu bezeichnen haben und von den Tafellandbrüchen der südalpinen Trias unterscheiden müssen. Schon Teller hat das Lienzer Gebirge als Fortsetzung der langen von Bruneck durch das Villgrattener Gebirge ziehenden Triasfalte aufgefasst, die bei Winbach östlich Sillian im Drauthal ausstreicht und bis Abfaltersbach auf etwas über 10 km. unterbrochen ist. Der Nachweis, dass das Lienzer Gebirge beiderseits[1]) von tiefgreifenden Brüchen begrenzt ist, bestätigt diese Ansicht in jeder Beziehung. In dem weiter östlich zwischen Dran und Gail liegenden Gebirgszug bildet nur im Süden ein Bruch die

---

[1]) Die früheren Beobachter, vor allem EMMRICH und STUR, deuteten die Schichtenfolge auf dem südlichen Abhang als regelmässige Ueberlagerung, indem sie den — damals von den Werfener Schichten nicht getrennten — Grödener Sandstein als Buntsandstein und den angrenzenden Theil des rhaetischen Plattenkalkes als Muschelkalk deuteten.

Grenze, während nördlich die Trias in regelmässiger Folge den Grödener Sandstein und Phyllit überlagert.

Im Einzelnen ist über den Gebirgsbau des nördlichen Gailthaler Gebirges das Folgende zu bemerken:

2. Das Gebirge zwischen Sillian und dem Gailberg.

Das Ende des von TELLER aufgefundenen Brunecker Kalkzuges östlich von Sillian ist durch eigentümliche petrographische Veränderungen ausgezeichnet: Bei Parggen steht normaler dichter Triaskalk an, in der Schlucht von Wimbach ist die Beschaffenheit desselben halb krystallin und erinnert an die palaeozoischen Kalke des Karnischen Gebietes. Rutsch- und Gleitflächen sind ausserordentlich deutlich und in grosser Flächenausdehnung vorhanden; ihr Streichen ist nordwestlich bei vollkommen saigerer Schichtstellung.

Auf der etwa 11 km. langen Strecke zwischen Parggen und Abfaltersbach ist im Drauthal auch nicht die geringste Andeutung von triadischen Gesteinen vorhanden. Quarzphyllit ist das einzige anstehende Gestein, welches zur Beobachtung gelangt.

Der Punkt, wo Drau- und Gailbruch unter sehr spitzem Winkel zusammenstossen, liegt schräg gegenüber der Eisenbahnstation Abfaltersbach, unmittelbar gegenüber der Mündung eines von Norden kommenden Wildbaches (Gerichtsbach). Die Schichten sind durch die Erosion des Drauflusses vorzüglich aufgeschlossen. Der spitze Sporn rhaetischer Gesteine, der in den Phyllit hineindringt, besteht hier aus wohlgeschichteten dunkelen Mergeln und gleichgefärbten dünnplattigen Mergelkalken. Die Mergel streichen bei sehr steilem Nordfallen O—W (bis WNW); die Kalke sind von den wenig mächtigen Mergeln durch eine untergeordnete Verwerfung getrennt, von krummflächigen Harnischen durchsetzt und stehen (bei NW—SO-Streichen) saiger.

Das normale Streichen in dem Gebirgsdreieck südlich von Lienz ist von Ost nach West gerichtet. Die vorwaltenden Gesteine sind Hauptdolomit und rhaetischer Plattenkalk (nebst Kössener Schichten). Den Kern der mehrfach beschriebenen Synklinale südlich von Lienz bilden rothe Adneter

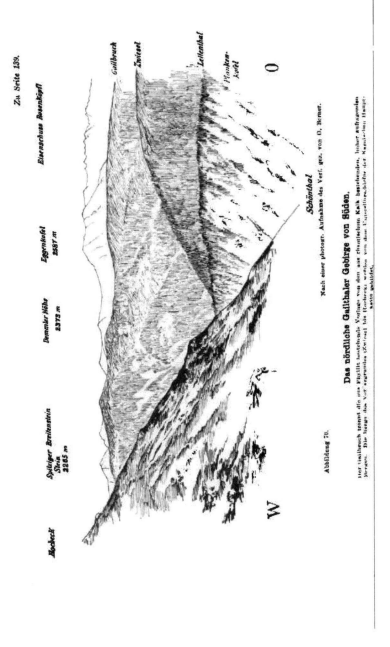

Hocheck — Spitziger Breitenstein Stein 2205 m — Demmer Höhe 2373 m — Eggenkofel 2587 m — Eiserschuss Rosenköpfl

Guilbruch — Zvitent — Leitenthal — Plankenkofel

O — W — Schönthal

Das nördliche Gailthaler Gebirge von Süden.

Abbildung 70.   Nach einer photogr. Aufnahme des Verf. gez. von O. Berner.

Der Gailbruch trennt die aus Phyllit bestehende Vorlage von den aus rhaetischem Kalk bestehenden, höher aufragenden Bergen. Die Berge des VIT ragenden (Zvitent) bis Hochbruch werden von dem Untersiluraschiefer der Karnischen Hauptkette gebildet.

Liaskalke, deren gefältelte Schichten an der Lienzer Klause gegen das Drauthal ausstreichen. Nördlich von dem Lias erscheint wieder die rhaetische Stufe, hauptsächlich durch das Kalkriff des Rauchkofels vertreten; die tieferen Triasglieder scheinen, soviel man aus den bisherigen Darstellungen[1]) entnehmen kann, zu fehlen. Der Grödener Sandstein, welcher am Tristacher See bei Lienz durchstreicht sowie der darunter lagernde Phyllit der Heimwälder dürften demnach schon durch den Draubruch von der jüngeren Trias geschieden sein.

Ob die von der Mussenalp aus beobachtete Antiklinale des Eisenschuss nach Westen fortsetzt, konnte bisher nicht mit voller Sicherheit festgestellt werden. Jedoch ist die Annahme a priori wahrscheinlich und lässt sich ferner ziemlich ungezwungen aus einem von EMMRICH beschriebenen[2]) Profil über das Schönjoch und den Ecken- (oder Eggen G. St. K.) Graben ableiten. Der Verfasser glaubt zwar — im Sinne der oben erwähnten Ansichten — eine regelmässig absteigende Schichtfolge vom Lias zum Phyllit annehmen zu müssen. Doch ist es wahrscheinlicher, dass sich in dem Profil die mergeligen Kalke 2) und 4) entsprechen und den Hauptdolomit einschliessen. („Dolomitbreccie und Dolomit, wohlgeschichtete Bänke zu tausenden nebeneinander gestellt.") Die Schichtenfolge 4) („graue, aussen braune Kalke") wird — allerdings unter Vorbehalt — auf St. Cassian bezogen. Da jedoch aus diesen Bildungen ausser den stratigraphisch unerheblichen Cidaritenstacheln *Dimyodon* („*Ostrea*") *intusstriatus* und „Lithodendren" angeführt werden, erscheint die Deutung als Rhaet näher liegend. — Die „Lithodendren" der jetzt in Halle befindlichen EMMRICH'schen Sammlung habe ich sämmtlich eingehend untersucht und aus dem Lienzer Gebirge jedenfalls keine der an sich leicht kenntlichen Cassianer Arten gefunden; die einzige näher bestimmbare Art ist *Thecosmilia Omboni* STOPP. (?), die zuerst aus dem Rhaet von Azzarola (Lombardei) beschrieben worden ist[3]).

Das weiter südlich, zwischen 4) und dem Grödener Sandstein des Gailthales gelegene Gebirgglied ist, wie EMMRICH

---

[1]) Man vergleiche besonders SUESS, Antlitz der Erde. I. S. 340.

[2]) Jahrbuch der geol. R.-A. 1855. S. 444 ff.

[3]) Palaeontogr. XXXVII. S. 17, T. III, Fig. 3.

angiebt, wieder dolomitisch: a) Dolomitbreccie, b) Stinkschiefer im Wechsel mit bituminösem Dolomit, c) Dolomitbreccie, d) dolomitische Stinkschiefer, e) weisser, krystallin-körniger Dolomit, f) Rauchwacke.

Dies Vorwalten dolomitischer Gesteine in den prächtigen Felswänden des Eckenkofels (Eggen G. St. K. 2587 m.) habe auch ich beobachten können. Wahrscheinlich handelt es sich um eine neuerliche Aufbiegung des Hauptdolomits. Die Kössener Schichten 4) würden demnach eine zusammengepresste Synklinale mit parallelen Flügeln bilden. Das Lienzer Gebirge im Ganzen bestände dann aus einem von Synklinalen begrenzten Hauptsattel und einem halben durch den Gailbruch zerschnittenen Sattel im Süden. Ich habe leider keine Gelegenheit gefunden, das ausserhalb des Bereiches der Karte liegende Gebirge näher zu untersuchen, sondern mich auf die Verfolgung des Gailbruches beschränken müssen.

Die beiden aneinander grenzenden Gesteine bilden auch landschaftlich die denkbar schärfsten Gegensätze:

In schroffen Wänden stürzen die hellen Dolomite und Kalke zum Thale ab, aus tief eingeschnittenen Gräben quellen weite, öde Schuttströme hervor; die Vegetation beschränkt sich, abgesehen von den in tieferen Lagen vorkommenden Wäldern, auf spärlichen Graswuchs und Knieholz. Hingegen zeigen die Phyllitberge durchweg gerundete Formen und sind — schon weil ihre bedeutendste Erhebung, die Wolfserau nur um 300 m. die Baumgrenze (2000 m.) überragt — von einem zusammenhängenden Vegetationsmantel bedeckt.

Die landschaftliche Erscheinung des aus diesen verschiedenen Elementen zusammengesetzten Gebirgszuges hängt von der Ausdehnung der nördlichen Kalkzüge ab. Die Breite der Phyllithöhen unterliegt keinen Schwankungen. Im Westen ragen, wie das von S aufgenommene Landschaftsbild (Abb. 70) zeigt, nur einige Kalkspitzen, der Rauchkofel, der Spitzen-Stein und der Breitenstein über die gleichförmigen Vorhöhen des Phyllites empor. Die bedeutendste dieser Massen ist der Breitenstein (ca. 2400), dessen Seitenansicht das Lichtbild Taf. XIV zeigt. Das Vorhandensein des Bruches erkennt man auf dem Abhang deutlich an dem senkrechten Verlauf

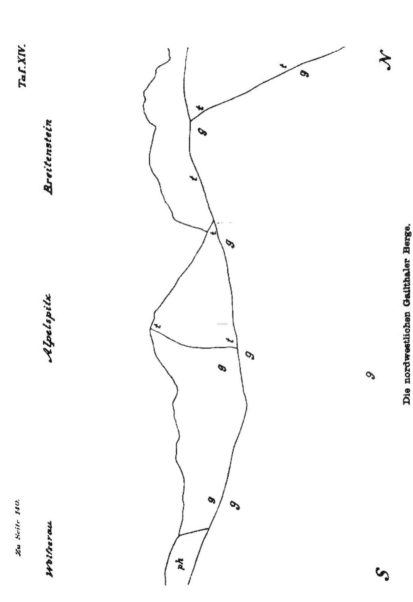

Die nordwestlichen Gailthaler Berge.

Der rhaetische Kalk (t) ist von dem Grödener Sandstein (g) und dem unterlagernden Quarzphyllit (ph) durch den Gailbruch getrennt.

der Kalkgrenze. Merkwürdigerweise zieht dieselbe gerade über
die Höhe der Alpelspitz. Die jüngere, vom Drauthal her wirksame Erosion hat sich also nicht an den Wechsel des Gesteins
gekehrt, sondern Alpelspitz und Breitenstein von einander getrennt. Den Gegensatz bildet die, während unendlich langer
Zeiträume wirksame Denudation, welche den vollkommenen
Parallelismus zwischen Gailbruch und Gailfluss bedingt.
Der letztere hat sich offenbar auf der uralten, durch Verwitterung erweiterten Gesteinsgrenze eingeschnitten, um dann
allmälig in das weichere Gestein hinabzugleiten.

Mit der Demmlerhöhe (2373 m.) beginnt der zusammenhängende Zug der stolzen Kalk- und Dolomitgipfel, Eckenkofel, Eisenschuss (2612 m.), Rosenköpfel (2618 m.), denen
die niedrigen Phyllithöhen nur als flache Hügelreihe vorgelagert sind. Unser Uebersichtsbild (Abb. 70) bringt die mit dem
inneren Bau des Gebirges in unmittelbarem Zusammenhang
stehenden Landschaftsformen anschaulich zur Darstellung.

Im Einzelnen wurde über den Gailbruch und die angrenzenden Gesteine zwischen Obertilliach und Kötschach
Folgendes beobachtet: Der Phyllit nimmt nördlich des erstgenannten Ortes durch gleichmässigere Vertheilung des Quarzes
den Charakter von Glimmerschiefer an; auch am Stein-
rastl (Fallen steil SW) erinnert derselbe noch an das letztere
Gestein. Am Tuffbad (die G. St. K. hat die kuriose Ortho-
graphie Tupfbaad) stellt sich ein normaler Quarzphyllit mit
dunkelen Granaten (Pyrop) ein. Auch am Gemeinberg
(nördlich Liesing) beobachtet man gelegentlich Granaten sowohl
im Phyllit wie im Glimmerschiefer. Bei Tscheltsch tritt
wieder der weiter westlich durchaus vorherrschende, normale
(nicht Glimmerschiefer ähnliche) Quarzphyllit auf. (Fallen flach
NO.) Granatphyllit findet sich im Panulwald nördlich St. Jacob
sowie westlich von Kötschach (Streichen OSO—WNW).

Die wechselnde Breite des arg verdrückten und zerquetschten
Grödener Zuges wurde schon erwähnt; bezeichnend ist das
anormale Streichen am Eckenkofel (WSW—ONO) und das
regellose Durcheinander von Conglomeraten und Sandsteinen.
Sonst bilden die ersteren mit grosser Regelmässigkeit die Basis
der Schichtserie. Ein wirkliches Auskeilen der Grödener
Zone ist — abgesehen vom Westende des Bruches — nur am

Tuffbade zu beobachten; auch am Eckenkofel ist die Breite der rothen Sandsteine und Conglomerate sehr unbedeutend, ihr locales Verschwinden jedoch durch die Ueberschüttung mit Kalkgeröll bedingt.

Am Satteljoch findet sich ein schon von früheren Beobachtern erwähnter, stark verwitterter Quarzporphyr, der in scharf begrenzten Klippen aus dem Sandstein hervorragt. Derartige Vorkommen werden meist als Stromenden der Bozener Quarzporphyre gedeutet.

Dass der Sandsteinhorizont an der Grenze der klüftigen Kalke überall durch kalkhaltige Quellen ausgezeichnet ist, bedarf kaum der Erwähnung. Eine derselben, das schon erwähnte Tuffbad bei St. Lorenzen, dient der Gebirgsbevölkerung zu Heilzwecken und hat bereits einen ziemlich ausgedehnten Hügel von Kalktuff abgesetzt.

Während im Westen vor allem Dolomite (am Grabenbach bei Ober-Tilliach mit eingelagerten schwarzen Mergeln) an der Bruchgrenze vorherrschen, beobachtet man im Osten die typischen Mergel und dunkelen Plattenkalke rhaetischen Alters. Ein Ausflug von Kötschach auf die Mussenalp lehrt eine ziemliche Mannigfaltigkeit von Gesteinen kennen. Am Röthelkreuz quert man den Grödener Sandstein und trifft dann graue, splittrige, dolomitische Plattenkalke, stellenweise bituminös und rauchwackenartig. Streichen O—W (bis WNW), Fallen sehr steil N. Die Höhe der Mussen wird von dunkelen, knolligen Plattenkalken mit schwarzem Hornstein und thonigen Zwischenlager gebildet. Seltener sind reine Kalke und Einlagerungen von Glimmersandstein. Beim Abstieg nach St. Jacob beobachtet man auf den Proniglwiesen schwarze gebänderte Kalke und tiefschwarze Kalkschiefer. All diese Gesteine stimmen mit den am Gailbergsattel beobachteten überein und deuten auf Rhaet hin; Versteinerungen sind leider weder hier noch dort gefunden worden.

Die Mussen ist bekannt durch ihren üppigen Graswuchs und ihren Reichtum an seltenen Alpenpflanzen. Einen eigentümlichen Gegensatz hierzu bildet das vollkommene Fehlen von Quellen. Der Thongehalt des Kalkes erklärt die eine und die steile Stellung der Schichten die andere Erscheinung.

3. Die Triasberge östlich vom Gailbergsattel.

Der Sattel des Gailberges ist die einzige Stelle, an der der einfache Verlauf des Gailbruches durch verschiedene tektonische Unregelmässigkeiten unterbrochen ist. Die Entstehung der tief eingesenkten Furche im Gebirge hängt zweifellos mit diesen Erscheinungen auf das innigste zusammen. Es handelt sich im wesentlichen um die Interferenz eines Querbruches mit der grossen Längstörung, die hierdurch auf die Strecke von 9 km. in drei, im Wesentlichen parallel verlaufende Sprünge zersplittert wird. Bei dem Versuch, die eigentümlichen, auf der Karte zum Ausdruck gebrachten Verhältnisse zu deuten, wird man ferner davon auszugehen haben, dass Grödener Sandstein und Phyllit in unmittelbarer Zusammengehörigkeit die südliche Scholle bilden.

Von der Mussen her streichen Grödener Sandstein und ein schmaler Zug von schneeweissem Dolomit in der normalen OSO-Richtung auf Laas zu, brechen hier aber plötzlich quer gegen das Streichen ab. Nach einiger Entfernung taucht inmitten des Grödener Sandsteins am Gehöfte Lanz ein langer, schmaler, aus rhaetischem dunkelem Kalk und eingelagerten Mergeln bestehender Zug wieder auf und streicht bis in die Gegend von Dellach weiter. Im Süden grenzt dieser Kalk (der schon von STUR erwähnt wird) theilweise an Phyllit. Man könnte im Zweifel sein, ob hier ein einfacher Gehängebruch oder die Fortsetzung der ursprünglichen Bruchrichtung in einer Grabenspalte vorläge, wird jedoch das letztere anzunehmen haben. Denn thatsächlich entspricht der mit Kalk angefüllte Graben der normalen Störungsrichtung, während durch einen südlich des Gailbergsattels gelegenen, etwa nach NNO gerichteten Querbruch die Fortsetzung des Triasgebirges um etwa einen Kilometer nach Norden verworfen wird. (Richtung und Länge des Querbruches konnten nicht genau festgestellt werden, da der auf der Passhöhe angesammelte Gehängeschutt das anstehende Gestein an den entscheidenden Punkten verdeckt.)

Man durchschneidet also auf der Gailbergstrasse von Nord nach Süd zuerst Rhaet, dann 2) Grödener Sandstein (mit einer reichlichen Quelle an dem Heiligenbild; Streichen NW bis WNW—SW, saiger), 3) den schmalen, in der Oberflächenform der Landschaft deutlich hervortretenden Dolomit. (Derselbe trägt oberhalb von Laas eine Burgruine). 4) Grödener Sandstein steil ONO fallend. Der weiter südlich folgende Phyllit ist an der Chaussee durch Moränen und Gehängeschutt verdeckt.

Es handelt sich also im Wesentlichen um die im Lanzengraben beobachtete tektonische Erscheinung (vergleiche Seite 57), wo ebenfalls die Hauptstörung (des Rosskofels) durch einen Querbruch nach Norden verworfen ist; auch hier verläuft in der normalen Bruchrichtung eine schmale, von jüngeren Gesteinen angefüllte Grabenspalte.

Dass der Plöckener Querbruch in der Fortsetzung der Störung des Gailberges liegt und dass beide einer Erdbebenlinie entsprechen, wurde schon oben erwähnt. Das Gebiet zwischen den beiden Längsstörungen, der Südabhang des Juckbühel besteht aus Grödener Sandsteinen und Conglomeraten, deren ungewöhnliche Ausdehnung wohl z. Th. darauf zurückzuführen ist, das auch hier Versenkungen stattgefunden haben. Auf dem Wege von Kötschach zum Jauken, am sogenannten „Faden" liegt im Grödener Sandstein ein kleines Vorkommen von Bozener Quarzporphyr, das östlichste, welches bisher zur Beobachtung gelangt ist.

Am Gailbergsattel sind, wie die Abb. 71 zeigt, die schwarzen mergeligen Plattenkalke des Rhaet steil aufgerichtet und z. Th. unregelmässig zusammengestaucht und verdrückt.

Weiter östlich nehmen ältere Triasgesteine an dem Aufbau der nördlichen Kalkzone, wenn auch nur in beschränkter Ausdehnung Theil. Parallel zu dem Hauptbruch verläuft ein schmaler Zug von Carditaschichten. Am Nordabhang des Juckbühel wurden die charakteristischen dunkelen schiefrigen Mergel der Carditaschichten, wenngleich ohne Versteinerungen beobachtet. Oberhalb der Dellacher Alp streicht der Zug auf den Südabhang hinüber und an der Kreuz-Tratten[1] fand ich grünliche Glimmersandsteine, wohlgeschichtete dunkele

---

[1] Der oft vorkommende Name Tratten bedeutet eine von Wald umgebene Wiese.

Abbildung 71.　　　Nach einer photogr. Aufnahme des Verf. gez. von O. Berner.

Der nördliche Theil des Geilbergsattels (von der Strasse gesehen).

Die dunkelen mergeligen Plattenkalke des Ebnet sind steil aufgerichtet und zerquetscht. Im N hellere reinere Kalke.

Mergel und oolithische Kalkmergel mit undeutlichen Terebrateln und *Spiriferina Lipoldi* Bittn. (det. Bittner). Die letztgenannte Art ist eine der Leitformen der Carditaschichten. Leider habe ich die Ausdehnung des Zuges der Raibler Schichten nicht mit aller erforderlichen Genauigkeit feststellen können. Da sich auf der Mussen keine Andeutung dieses Horizontes fand, halte ich die Annahme für gerechtfertigt, dass der Querbruch des Gailberges die weitere Fortsetzung abgeschnitten habe. Auch bei der Besteigung des Reisskofels von SO fanden sich keine Spuren der Carditaschichten; es ist somit wahrscheinlich, dass dieselben an der stumpfwinkeligen Umbiegung des Bruches in dieser Gegend ausstreichen.

Die schmale dolomitische Kalkzone zwischen den Carditaschichten und dem Bruche habe ich als Aequivalent des — auch am Dobratsch vorkommenden — Wettersteinkalkes angesehen. Versteinerungen wurden allerdings nicht beobachtet.

Das nördliche Triasgebiet besteht wohl ausschliesslich aus Gesteinen vom Alter des Hauptdolomites und der Koessener Schichten. Es wäre nicht ausgeschlossen, dass ein zweiter Zug von Carditaschichten nördlich von dem oben erwähnten durchstreicht; wenigstens habe ich bei der Alp Schätzen Mergel und Glimmersandstein und an dem Bergwerksweg in der Nähe der Steiner Kammern Mergel und Oolithe beobachtet. Leider macht das Fehlen von Versteinerungen eine sichere Entscheidung unmöglich.

Falls sich das Raibler Alter und der Zusammenhang des Zuges Schätzen-Alp—Steiner Kammern nachweisen liesse, würde die Auffassung der Tektonik des Gebirgszuges selbstredend geändert werden müssen. Statt der einfachen Reihenfolge 1. Rhaet (einschliesslich der zweifelhaften Carditaschichten). 2. Hauptdolomit (am Jauken in überkippter Stellung), 3. Carditaschichten, 4. Wettersteinkalk, 5. Gailbruch würde Folgendes anzunehmen sein: Die Schichtengruppe 1 (Mergel und Plattenkalke) umfasst Aequivalente des Rhaet und der oberen karnischen Stufe. · Die beiden Züge von Carditaschichten begrenzen eine unregelmässige Antiklinale von Schlerndolomit bezw. Wettersteinkalk [1], welcher letztere noch einmal in einem schmalen Zuge am Gailbruch aufgebogen erscheint.

Leider haben mich die auch für alpine Triasgebiete ungewöhnliche Versteinerungsarmuth und das ungünstige Wetter des Sommers 1891 an der Lösung dieser Frage verhindert.

Jedenfalls beschränkt sich dieselbe auf das engere Gebiet des Jauken, ohne die im Osten und Westen angrenzenden Triasgebiete zu berühren. Jauken und Reisskofel bilden infolge mehrfachen Umbiegens des Gailbruches eine nach S vorspringende Halbinsel, und sind im W zweifellos, im O möglicherweise durch Querbrüche begrenzt.

Ueber die Gesteine und ihre Lagerung am Nordabhang des Juckbühel (1891 m.) und Jauken (2252 m.) habe ich Folgendes feststellen können: Beim Aufstieg von Oberdrauburg zum Adamskofel trifft man die schwarzen, Hornstein führenden Plattenkalke des Rhaet, welche auch am Gailberg und der Mussen auftreten, in saigerer Stellung oder steil Nord fallend. Jenseits der zweifelhaften Carditaschichten an der Alp Schätzen erscheint Hauptdolomit (Streichen WSW—ONO, Fallen steil N), dann die sicheren Carditaschichten, dolomitischer Wettersteinkalk (bezw. Schlerndolomit) und der Gailbruch.

Die schwarzen rhaetischen Plattenkalke nehmen in ziemlicher Breite den eigentlichen Nordabfall des Gebirges ein. Beim Aufstiege zum Jauken beobachtet man auf dem neugebauten Bergwerkswege zuerst steiles (anormales) NW-Fallen, weiter aufwärts steiles Einfallen nach WSW. Bemerkenswerth ist hier auf den Schichtflächen das Vorkommen von Wülsten, welche an Rhizokorallien erinnern. Auch weiter östlich zwischen Dellach und Greifenburg streichen diese charakteristischen Schichten weiter: Im Massbach oberhalb Gassen stehen mergelige Plattenkalke mit Rauchwacke (Streichen NW—SO saiger) an, und unterhalb von Eben sind dieselben Gesteine im Liegenden der Moränen durch die Erosion der Drau freigelegt.

Auch auf dem Nordufer der Drau finden sich zwischen Nörsach, Oberdrauburg und Dellach einige durch Seitenbäche von

---

[1] Der erzführende Kalk des Jauken würde dann zu dem älteren Horizonte gehören. Für diese Altersdeutung wäre auch der Umstand anzuführen, dass die Erzführung bei Bleiberg und Arnoldstein auf die älteren Triaskalke beschränkt ist.

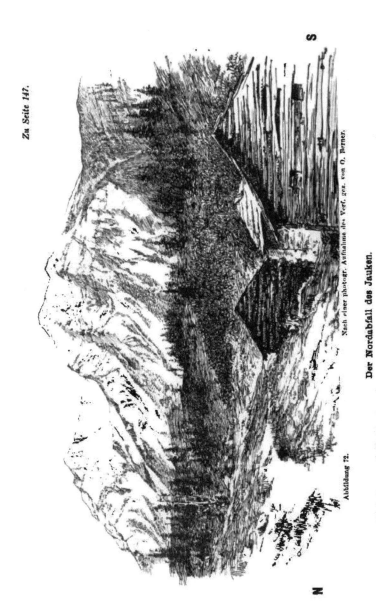

Abbildung 72.

Der Nordabfall des Jauken.

Nach einer photogr. Aufnahme des Verf. gez. von O. Berner.

Flache Lagerung der obertriadischen Trias-Kalke im nördlichen italiänischen Gebirge. Im Vordergrunde die äußeren Kammern.

einander getrennte Vorkommen der rhaetischen Kalke. Der Draubruch folgt also auch hier nicht dem Thale, sondern zieht auf dem nördlichen Gehänge entlang. Der Fluss hat sein Bett, das ursprünglich der Gesteinsgrenze folgte, später in die weichen rhaetischen Mergel und Rauchwacken eingegraben.

Bei Nörsach, am Westende der auf dem Nordgehänge liegenden Trias ist (ausserhalb des Bereiches der Karte) ein schmaler Fetzen von Quarzphyllit in die rhaetischen Kalke eingepresst. Die Grenze zwischen den arg gestauchten und gequälten Quarzphylliten und der Trias verläuft über eine kleine Einsattelung nördlich des Rabantberges. Der südliche Theil des letzteren besteht aus grauen dichten Plattenkalken, die in einer mächtigen Wand zu der Strasse westlich von Oberdrauburg abstürzen. Vorwiegend finden sich schwarze, dünngeschichtete Kalkmergel, Mergel und Rauchwacken. Dieselben streichen O—W und sind meist verbogen, verdrückt und verquetscht.

Die besten Aufschlüsse gewährt der Wurmitzbach bei Oberdrauburg, in dem die weichen Gesteine in den abenteuerlichsten Formen verwittern.

Die verhältnissmässig sehr bedeutende Breite der rhaetischen Mergel und Plattenkalke ist wohl dadurch zu erklären, dass dieselben zwischen dem harten Quarzphyllit im Norden und dem ebenfalls widerstandsfähigen Hauptdolomit im Süden in eine Reihe spitzer Syn- und Antiklinalen zusammengepresst sind. Dieselben sind im Einzelnen nicht mehr nachzuweisen, da naturgemäss die Schenkel derselben parallel stehen; es bildet sich also eine Art von Schuppenstructur ohne Ueberschiebungen.

Ein Zug von meist kalkig entwickeltem Hauptdolomit beginnt, wie oben erwähnt, an der Schätzenalp. Derselbe nimmt in der Nähe des Jauken infolge der Verringerung des Fallwinkels erheblich an Breite zu. In der Lücke zwischen Juckbühel und Jauken fallen die Schichten mit etwa 45°, auf dem Südabhang des letztgenannten Berges mit etwa 12° nach Süden ein. Die deutliche Schichtung und das flache Einfallen wird auf der Ansicht des Jauken von N gut zur Darstellung gebracht (Abb. 72). Der Bergbau auf dem Südabhang des Jauken ist neuerdings von der Trifailer Gewerkschaft wieder in Betrieb

10*

gesetzt worden. Das Erz ist lagenförmig in die Kalkschichten eingesprengt, aber nur dort in reichlicherer Menge vorhanden, wo die Schichten von Klüften durchschnitten werden; man gewinnt Bleiglanz und Zinkblende, welche letztere im Ausgehenden in Kohlengalmei umgewandelt ist.

Die ungewöhnliche Breite, welche der Zug des Hauptdolomites am Jauken annimmt, ist zweifellos auf die überaus flache Lagerung (12°) zurückzuführen und prägt sich landschaftlich in der geringen Neigung aus, welche der obere Theil des Südgehänges besitzt. Auch am Reisskofel ist die Lagerung offenbar flach, obwohl das vollkommene Fehlen jeder Schichtung (Vergl. Abb. 73) in den wildzerrissenen Wänden des Südgehänges diesen Schluss nur mittelbar gestattet. Das Gestein des Reisskofels ist nur in den unteren Theilen stärker dolomitisch, sonst im Wesentlichen kalkig; ganz an der Basis findet sich plattiger Kalk in geringer Ausdehnung. Das Gestein verwittert ungewöhnlich rasch und erschwert hierdurch die Besteigung des Berges. Die Schutthalden erreichen erhebliche Ausdehnung, und der in das Thal hineingebaute Schuttkegel ist der ausgedehnteste im ganzen Flussgebiet der Gail.

Der Dolomitzug des Sattelnock (2037 m.) oder kleinen Reisskofels ist die verschmälerte und niedrigere Fortsetzung des Hauptgipfels nach Osten; dieselbe endet in der bereits oben beschriebenen Wand über der Moenikbrücke bei Weissbriach. Doch besteht auch jenseits des Gitschthales der Triaszug zum grössten Theile aus Dolomit. (Vergleiche die Profiltafel VII S. 150.)

Da, wie erwähnt, der Draubruch in der Gegend von Greifenburg erlischt, so überlagern hier die Perm- und Triasschichten in regelmässiger Folge den Quarzphyllit, werden aber dann durch den Gail- (bezw. Gitsch-)Bruch scharf abgeschnitten. Im westlichen Theile des Gebirges, bei Steinfeld, am Weissensee und bei Weissbriach ist das anstehende Gestein vielfach durch Moränen und Gehängeschutt verdeckt. Bei Tröbelsberg und beim Kreuzwirth beobachtet man weissen und dunkelen, meist massigen Kalk mit Spathadern, (wahrscheinlich Muschelkalk). Am Kreuzbergpass zwischen Weissbriach und dem Weissensee bestehen die niedrigen Berge jederseits aus weissem,

O

W

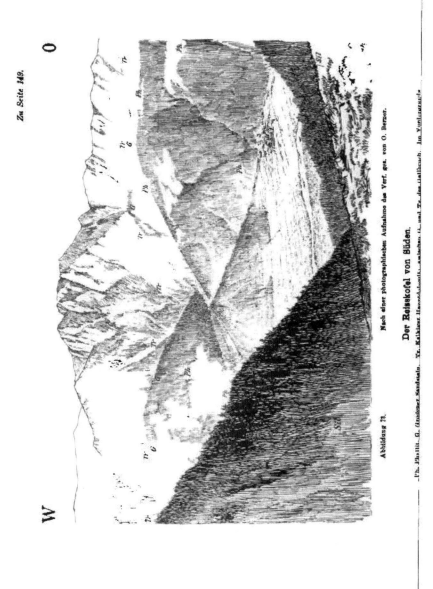

Abbildung 73.   Nach einer photographischen Aufnahme des Verf. gez. von O. Berger.

Der Reisskofel von Süden.

—Ph. Phyllit. S. Grödner Sandstein.   Tr. Kalkiger Hauptdolomit, zuhöchst t₁ und Tr. der Gailbruch. Im Vordergrunde

kleinklüftigem Hauptdolomit, der leicht verwittert und in Schutt-strömen das Thal überdeckt.

Der Durchschnitt Lind (Drauthal)—Weissensee—St. Lo-renzen (Gitschthal) ist durch E. Suess in meisterhafter Weise geschildert worden; seine gleichzeitig entworfenen und mir in zuvorkommendster Weise zur Verfügung gestellten Profile (T. VII S. 150) erläutern die folgende Darstellung (Antlitz der Erde I, p. 358. Anm. 43): „Im Fellbach oberhalb Lind beginnt der Anstieg. Wir gehen über südlich geneigten Thonglimmer-schiefer, welcher gegen oben grüne Lagen aufnimmt. Es folgt gegen Süd geneigt der Grödener Sandstein und in schönem Auf-schlusse beinahe senkrecht gestellt die untere Trias, dabei Lagen mit *Spiriferina fragilis, Retzia trigonella* u. A. Auf der Höhe des Rückens liegt Marmor, blaugrau und geschichtet, 50 —60° S ein wenig in W geneigt. Wir steigen über zahlreiche Schichtenköpfe hinab zum Weissensee, denn der Triaskalk ist steiler gegen Süd geneigt als der Abhang. Der See liegt bei-läufig im Streichen; wir kreuzen ihn an seiner engsten Stelle; erst steigen wir jenseits über weissen Dolomit, dann folgt schwarzer Schiefer mit Resten von Fischen und Krebsen, wohl der Fischschiefer von Raibl, hier mit Hornsteinlagen, er ist nur 30—40° S etwas in W geneigt. Der zweite Rücken ist er-stiegen und gewährt uns einen herrlichen Blick über die süd-lichen Gipfel; noch immer hält dieselbe Fallrichtung an; unter der Lorenzer Hütte folgt brauner Schiefer mit zahlreichen Schalen von *Cardita*. Die Neigung ist 45° Süd. Dem Schiefer folgt Dolomit, in grösseren Wänden entblösst. Absteigend er-reichen wir geschichteten Kalk; es ist der Plattenkalk."

Der letztere entspricht dem Rhaet, der Dolomit dem Haupt-dolomit; weiter westlich, bei Weissbriach ist, wie oben er-wähnt, der ganze Zug dolomitisch, so dass hier die Dolomit-entwickelung durch das gesammte Rhaet hindurchreichen dürfte. Bekanntlich kommen ähnliche Beispiele heteroper Differen-zirung in der alpinen Trias häufig vor.

„Der Plattenkalk stellt sich steiler, endlich senkrecht und vollzieht einige S-förmige Beugungen; ein kurzer Abhang folgt gegen St. Lorenzen; der Plattenkalk biegt auf dieser kurzen Strecke fächerförmig bis zu 30° Nordfallen um. Die Sohle des Gitschthales ist erreicht. Der grüne jenseitige Abhang ist

Phyllit.[1]) Jede Fortsetzung der mächtigen, in Süd genei[
Serie, durch welche wir seit dem Köhlerhause ab Fellt
gegangen sind, ist verschwunden. Der Weg betrug in
Luftlinie 9 km., die Mächtigkeit zum mindesten 3—4
Alles ist abgesunken an dem Gitschbruche."

Etwas weiter östlich, in der Höhe von Hermagor, h
ich einen zweiten, parallelen Durchschnitt durch die Ti
bildungen aufgenommen, der allerdings nur bis zu den Rai
Fischschiefern hinabreicht, aber den Plattenkalk in breite
Durchschnitt und besseren Aufschlüssen trifft. In dem an
Bodenalp entspringenden Bach, der von SO her in den Weis
see mündet, beobachtet man aufwärts steigend zunächst (
kelen, bituminösen, dünnplattigen Kalk und den schwa
Raibler Fischschiefer, der dann auf das Nordgehänge hinü
streicht. Auf der Höhe der Thalwasserscheide liegen ei
Moränenhügel sowie gewaltige Mengen von Gehängeschutt
kleinen aufgedämmten Wasserbecken. Erst jenseits der
denalm (1242 m.) beginnt der Aufstieg zu dem Pass zwis(
Golz (2008 m.) und Möschacher Wipfel (1899 m.). Der
hang besteht zunächst aus blaugrauem, geschichtetem K
dann aus weissem, splittrigem, dolomitischem Kalk, in
Mitte undeutlich geschichtet, sonst massig (= geschichteter D
mit bei SUESS s. o.) Etwa in der Höhe von 1400 m. ersche
die unzweifelhaften Carditaschichten, hier versteinerungs
und alsdann der Hauptdolomit. Jenseits der Passhöhe ;
der z. Th. kalkig entwickelte, meist geschichtete Hauptdol
allmählig in Plattenkalk über. Derselbe bildet, wie bi
mit steilem Südfallen, den ganzen Abhang und ist durch
Vorkommen zahlreicher Einlagerungen von Rauchwac
sowie von mergelig-sandigen Gesteinen ausgezeichnet.
einzigen bestimmbaren Versteinerungen sind kleine Steink
von *Megalodus Tofanae* HOERN.? (Vergl. Profil-Tafel IX.)

Den dünngeschichteten Plattenkalken sind zunächst
ca. 1500 m. Höhe braune sandige Mergel und Rauchwa
und weiter abwärts Oolithe (mit Schneckenresten und C
ritenstacheln) eingelagert; bei ca. 1450 m. erscheinen wi(

---

[1]) Der etwas weiter abwärts auch auf dem diesseitigen Abhange
Vorschein kommt.

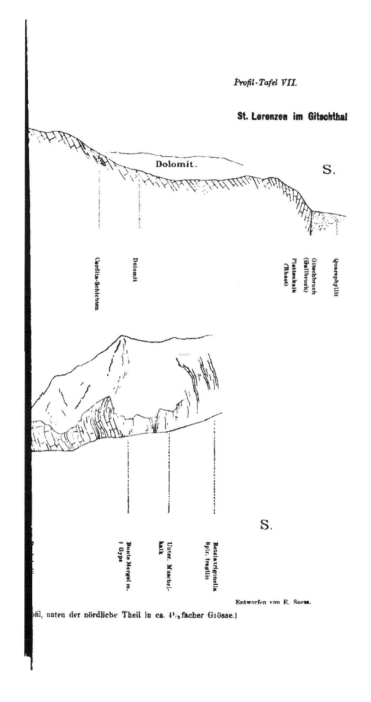

Profil-Tafel VII.

St. Lorenzen im Gitschthal

Dolomit.

S.

Cardita-Schichten

Dolomit

Gitschbruch
(Gailbruch)
Plattenkalk
(Rhaet)

Quarzphyllit

S.

Bunte Mergel m.
? Gyps

Unter. Muschel-
kalk

Retziatrigonella
Spir. fragilis

Entworfen von E. Suess.

fil, unten der nördliche Theil in ca. 4½ facher Grösse.)

314

braune, sandige, unregelmässig geschichtete Mergel mit Terebratelresten. In ca. 1300 m. Höhe entspringt aus einer Einlagerung von grünen und bräunlichen Mergelsandsteinen eine schöne Quelle. Bei 1100 m. Höhe erscheint brauner und bläulicher Kalkmergel, weiter abwärts eine Schicht von röthlichem Dolomit mit Steinkernen, innig mit Rauchwacke verbunden. Alle diese rhaetischen Mergelgesteine sind durch dickere oder dünnere Lagen des normalen Plattenkalkes von einander getrennt.

Jenseits des an der Veränderung der Landschaftsformen deutlich kennbaren Gitschbruches liegt auf der Nordseite des Gitschthales die Hochfläche von Radnig. Die ausgedehnten Moränen derselben sind z. Th. durch den Gehängeschutt der Kalkberge verdeckt; weiter abwärts erscheint wiederum, durch spätere Erosion freigelegt, der Quarzphyllit. Ein isolirtes Vorkommen dieses Gesteines findet sich im Möschacher Graben fast unmittelbar am Fusse der Kalkwand.

In dem nach Norden zu einspringenden Winkel, den der Bruch am Gailberg bildet, liegt fast ausschliesslich Grödener Sandstein; das ähnlich umgrenzte Gebiet des oberen Gitschthales besteht hingegen fast durchweg aus Quarzphyllit denn am Fusse des Reisskofels zieht sich die bis dahin ziemlich breite Sandsteinzone ausserordentlich zusammen und keilt im Mocnikgraben, wie erwähnt, gänzlich aus. Erst nördlich von Nötsch erscheinen dann wieder Grödener Schichten.

Die Breite und somit auch die relative Höhe der Phyllitzone unterliegt zwischen Grafendorf, Weissbriach und Hermagor-Vellach erheblichen Schwankungen; die scharfe Abgrenzung gegen das nördliche Kalkgebirge ist überall die gleiche, wie die Ansichten des Reisskofels und des Vellacher Egels zeigen. (Abb. 73 und weiter unten.)

Durch eigentümliche Erosion und Flussverlegung (vergl. unten) ist bei Hermagor die in Rede stehende Gesteinszone in drei Theile zerschnitten worden: den ausgedehnten, mit 1658 m. im Hohenwarth culminirenden Gebirgszug im Westen, die Hochfläche von Radnig im Norden und die inselartig vom Presseker See und von Flussläufen umgebene Hochfläche von Egg im Osten. In den beiden letztgenannten Gebieten besitzen die Moränen des alten Gitschgletschers bedeutende Ausdehnung.

Der Quarzphyllit bietet wenig Bemerkenswerthes. Das Vorkommen des Kalkphyllits und eines Dioritganges bei Reissach wird im stratigraphischen Theile ausführlicher besprochen werden. Hervorzuheben ist das Fehlen von Granatphylliten und Glimmerschiefern sowie das gelegentliche Vorkommen quarzitischer Bänke; dieselben erscheinen an der Chaussee unmittelbar südlich von Hermagor und bei Mellweg auf der Hochfläche von Egg. Hier zeigt das Gestein zwei sehr deutliche, unter rechtem Winkel gekreuzte Kluftrichtungen und fällt unter 50° nach N. Endlich findet sich dort, wo der Weg von Hermagor durch den Egger Forst emporführt, eine wenig mächtige Einlagerung von graphitischem Schiefer. (Vergl. das Profil durch das ältere Silur im stratigr. Theile.)

4. Das Ostende des Gailbruches und die palaeozoische Scholle am Dobratsch.

Bei Ober-Vellach dreht der als Gitschbruch bezeichnete, WNW—OSO streichende Theil des Gailbruches genau nach O um und verläuft in dieser Richtung bis Ober-Kreuth bei Bleiberg. Hier biegt der Bruch fast genau in rechtem Winkel nach Süden um, lenkt aber westlich von Nötsch allmälig wieder in die alte Richtung zurück. Das bastionsartige Vorspringen der nach Osten und Westen auf weite Entfernung sichtbaren Masse des Dobratsch hat also eine tieferliegende tektonische Ursache.

Die Umbiegung des Bruches bei Kreuth bedingt zugleich die Zersplitterung desselben sowie eine Verminderung der Sprunghöhe: Die Aufquetschung von Muschelkalk (in der Facies der Guttensteiner Kalke), welche man im Bachbett zwischen Kreuth und Deutsch-Bleiberg beobachtet, ist zweifellos als eine Fortsetzung des Bruches in der ursprünglichen östlichen Richtung aufzufassen. Weiter östlich scheint diese Dislocation noch einmal in dem Vorkommen der Carditaschichten bei Heiligengeist aufzuleben. — Jüngere Schichten liegen hier im Thal, während die Höhen aus älterem Kalke bestehen. — Oberflächlich ist bei Bleiberg und weiter im Osten alles durch Gehängeschutt oder künstliche Geröllhalden bedeckt; der Bergbau hat bei Bleiberg selbst die „Bleiberger" (= Raibler) Schichten mit dem nordalpinen *Car-*

nites floridus sowie im Liegenden derselben die erzführenden Kalke aufgeschlossen. Der erzführende Kalk von Bleiberg (mit *Megalodus triqueter* WULF. s. str.) gehört ebenso wie der des Dobratsch (mit *Pseudomelania* cf. *Rosthorni* HOERN. sp.) dem Horizonte des Wettersteinkalkes an.

Es ist somit — abweichend von MOJSISOVICS[1]) — dieser Bleiberger Längsdislocation geringere Bedeutung beizumessen. Allerdings hat schon dieser Forscher vermuthet, dass möglicherweise im Osten von Bleiberg ein Punkt gefunden werden köune, „an welchem die Verschiebung gleich Null ist."

An der kurzen Nord—Süd gerichteten Strecke des Bruches östlich vom Nötschgraben trennt derselbe den Grödener Sandstein von dem Wettersteinkalk des Dobratsch; es fehlen also Muschelkalk und ? Werfener Schichten (S. 157). Auf der O—W gerichteten Strecke zwischen Kreuth und der Windischen Höhe grenzt hingegen der Wettersteinkalk des Nordens unmittelbar an die Conglomerate und Grauwacken der untercarbonischen Nötscher Schichten.

Die einschneidende Bedeutung der gewaltigen Gailbruchlinie ist bereits von MOJSISOVICS im Jahre 1872 mit klarem Blicke erkannt worden. Derselbe hat den Bruch über Hermagor bis Weissbriach im Gitschthal verfolgt und ebenfalls richtig hervorgehoben, dass sich nach Westen zu der vertikale Abstand der längs dem Bruchrande anstehenden Formationen steigert.[2]) In der Gegend von Nötsch grenzt Grödener Sandstein, bei St. Stefan Untercarbon an den Wettersteinkalk der Nordscholle; auch bei Matschiedel und Polland treten Grauwackenschiefer und Conglomerate (Str. NW—SO, saiger) auf, die nach dem Bruche zu eine mehr und mehr zerrüttete Beschaffenheit annehmen. Bei Hermagor, wahrscheinlich sogar schon in der Nähe von Förolach, wo der Gehängeschutt

---

[1]) Verhandlungen der geologischen Reichsanstalt 1872. S. 352.

[2]) Allerdings bin ich betreffs der Deutung einiger Einzelheiten zu abweichenden Ergebnissen gelangt; ich habe „unterhalb der Windischen Höhe" nicht den Grödener Sandstein in Contact mit Wettersteinkalk beobachtet; am letzteren Orte verläuft der Bruch zweifellos zwischen Untercarbon und Trias. Der Grödener Sandstein reducirt sich auf einen geringen Denudationsrest im Hangenden des Carbon, der westlich der Windischen Höhe bei der Höhencote 1427 ansteht.

alles verdeckt, steht südlich des Bruches Quarzphyllit, nördlich der rhaetische Plattenkalk bezw. Hauptdolomit an. Wo die Grenze von Wettersteinkalk und Plattenkalk liegt, bezw. wo die Carditaschichten des Möschacher Wipfels gegen den Bruch ausstreichen, habe ich leider nicht feststellen können. Entsprechend dem allgemeinen Streichen müsste dies in der Gegend der Windischen Höhe der Fall sein. Das Vorkommen von Bleiglanz und Zinkblende nördlich der Windischen Höhe ist, wie am Reisskofel, zum Theil auf die Dislocationen des Gebirges zurückzuführen.

Eine weiter westlich „nahezu parallel zum Drauthal" verlaufende Längsverwerfung hat ebenfalls v. Mojsisovics von Villach bis in die Gegend von Paternion verfolgt. „Am nördlichen Bruchrande stehen theils Muschelkalk, theils die unteren Glieder der norischen Stufe an, ziemlich flach nach Süd einfallend; am südlichen Bruchrand trifft man mit steilem nördlichen Verflächen bald Hauptdolomit, bald Wettersteinkalk, bald Carditaschichten." Das Einfallen der Schichten nach den Verwerfungen zu ist eine Erscheinung, die Bittner auch in den nördlichen Kalkalpen beobachtet hat.

Das Gebiet, welches im Westen des Dobratsch und im Süden des Tschekele-Nock durch die zweimalige Umbiegung des Gailbruches abgegrenzt erscheint, bildet das sogenannte Mittelgebirge von St. Stefan und enthält zwei geologisch und landschaftlich verschiedene Theile. Der Nordosten, etwa ein Drittel des ganzen Gebietes besteht aus carbonischen Conglomeraten und Schiefern mit eingelagerten Eruptivlagern; im Südosten bildet Quarzphyllit in der Fortsetzung der Egger Hochfläche das Grundgebirge, ist jedoch fast durchweg von Glacialschottern bedeckt. Das aus widerstandsfähigem Gestein bestehende Untercarbon bildet ein bewaldetes Hügelland, das in den Badstuben (1360 m.) gipfelt. Das Culturland der Phyllitfläche besitzt eine wesentlich geringere Höhe (720—780 m.) und ist von tiefeingeschnittenen Bächen durchfurcht. (Vergl. die im allgemeinen Theile folgende Abb.: „Das Mittelgebirge von St. Stefan".)

Die Tektonik der palaezoischen Scholle ist überaus lehrreich: Die Grenze von Carbon und Phyllit ist ein WNW—OSO streichender Bruch („Bruch von St. Georgen"), der am

besten im Nötschgraben aufgeschlossen ist (vgl. Abb. 74). Die Störung ist jungcarbonischen Alters, denn der am Fusse des Dobratsch in flachgelagerten Bänken auftretende Grödener Sandstein überdeckt dieselbe, ohne seinerseits irgendwie dislocirt zu sein. Unmittelbar daneben erscheint der posttriadische Gailbruch, welcher hier aus der meridionalen Richtung wieder nach Osten umbiegt.

Wir unterscheiden also:

1. Jungcarbonische Faltung und Ausbildung des Bruches von St. Georgen.

2. Transgression des Grödener Sandsteins.

3. Entstehung des Gailbruches in posttriadischer, (wahrscheinlich cretaceischer) Zeit. Die weitere Ausbildung desselben fällt in das Tertiär.

Die hier beobachteten Thatsachen sind von grosser Bedeutung, da im Gebiet der Karnischen Hauptkette zwar zahlreiche Faltungen und Ueberschiebungen der älteren Gebirgsbildung, aber keine einfachen, gradlinigen Brüche von gleichem Alter zur Beobachtung gelangt sind. Aus anderen Warnehmungen wurde gefolgert, dass die carbonische Faltung von Norden nach Süden gerichtet war, und das ausschliessliche Auftreten einfacher Brüche im Norden stimmt mit dem Vorkommen der Ueberschiebungen im Süden gut überein.

Die Zusammensetzung des Untercarbon ist recht mannigfaltig. Eruptivdecken, Tuffe und Schalsteine wechseln mit Grauwackenschiefern, Conglomeraten und Thonschiefern ab.

Den besten Durchschnitt durch die palaeozoische Scholle im Westen des Dobratsch gewährt der Nötschgraben (Abbildung 74); man beobachtet an der Chaussee zwischen Nötsch und Bleiberg die folgenden meist vortrefflich aufgeschlossenen Schichten:

1. Quarzphyllit von typischer Beschaffenheit; derselbe steht in ganz flacher Lagerung oberhalb des Nötscher Schuttkegels bis Labientschach hin am Wege an.

2. Glacialschotter.

3. Grödener Sandstein, flach gelagert, im Liegenden der Schotter für eine kurze Strecke aufgeschlossen.

4. Quarzphyllit, Streichen WNW—OSO, Fallen steil SSW, oberhalb einer Wassermühle gut aufgeschlossen.

5—8 Nötscher Schichten (Untercarbon) und zwar:

5. Körnigen Diabas (bezw. Diorit; die blaugrüne Hornblende ist nach Herrn Dr. MILCH aus Augit entstanden — vergl. den petrographischen Anhang), von dem Quarzphyllit durch eine gewaltige Dislocation getrennt, die sich in der Form der Landschaft nur durch einen kleinen Bacheinschnitt kennzeichnet. An der Bruchgrenze ist das Eruptivgestein sehr deutlich geschiefert.

6. Dunkle Conglomerate mit zahlreichen weissen Quarzgeröllen und Grauwacken, steil SSW fallend (an der Stelle, wo die Strasse auf das linke Ufer hinüberführt).

7. Thonschiefer, WNW—OSO streichend, saiger stehend. Der westlichen Fortsetzung dieses Zuges gehört der bekannte Fundort des „Bleiberger Kohlenkalkes" mit *Productus giganteus* am Gehöft Oberhöher[1]) an.

8. Grünliche Grauwacke, im Aussehen manchen Eruptivgesteinen ähnlich (an das Gestein von S. Daniele erinnernd). Die Grauwacke ist dicht, grün, von zahlreichen Klüften und Sprüngen durchsetzt und verwittert z. Th. braun, z. Th. roth. Eingelagert finden sich Bänke von Schalsteinconglomerat, das Diabasgerölle und Blöcke eines weissen oder rosafarbenen marmorisirten Kalksteins (bis 1 m. Durchmesser) enthält. (Man vergleiche den petrographischen Anhang.)

9. Thonschiefer, enthält oberhalb der Mündung des Thorgrabens eine kalkreiche Bank voll von *Productus giganteus* (mit seltenen Zweischalern und Korallen, meist *Lonsdaleia floriformis*).

10. Grödener Sandstein in dicken Bänken, ganz flach NO fallend, das Untercarbon discordant überlagernd (an der Mündung des Erlachgrabens). Die Hangendschichten des rothen Sandsteins bestehen nach SUESS (vgl. unten) zunächst aus „wechselnden Bänken von mürbem, gelblichweissem Sandstein; dazwischen liegen schwarze, glimmerreiche Schiefer, blaugraue, thonige Schiefer und kalkige Zopfplatten. Myacitensteinkerne kommen vor. Höher beobachtet man stark ge-

---

[1]) Der Fundort liegt etwas westlich vom Gehöft im Walde an einem in gleicher Höhe am Berge hinführenden Wege; man sammelt die aus kalkigem Schiefer herauswitternden oder herabgerollten Versteinerungen in einer kleinen Geröllhalde.

wundene Bänke von dünngeschichteter Rauchwacke und
glimmerigem Sandstein, schwarzgrau und röthlich (den Werfener Schiefern ähnlich). Darüber Bänke von dünngeschichtetem
dunkelgrauem Kalk, weissgelb an der Aussenfläche und
hoch oben noch mit glimmerig schieferigem Zwischenmittel.
Gyps kommt in Adern und Schnüren von den ersten Rauchwacken an bis hinauf vor." Die zuletzt beschriebenen Schichten
sind ein Aequivalent der Bellerophonkalke oder der Werfener
Schichten.

11. Muschelkalk, vom Grödener Sandstein durch eine
Verwerfung (Gailbruch) getrennt. Mergelkalke und dunkele
kalkspathreiche Kalke, NW—SO streichend und in verwickelte
Falten zusammengepresst und gestaucht. Der Muschelkalk
verschwindet unter dem natürlichen oder künstlichen Gehängeschutt. Der Abhang zur Rechten und Linken des Bleiberger
Längsthales besteht aus

12. Wettersteinkalk.

Auf dem nördlichen Thalgehänge grenzt, wie Abb. 75
(S. 160) deutlich erkennen lässt, der Wettersteinkalk unmittelbar an das Untercarbon.

Weitere Aufschlüsse bietet die östlich der Chaussee liegende Mündung des Nötschgrabens, wo Quarzphyllit (Thonglimmerschiefer) und weiter aufwärts Grödener Schichten anstehen; die letzteren sind hier local durch das Vorkommen von
Kalk und Gyps ausgezeichnet. Ich entnehme dem mir in
liebenswürdigster Weise zur Verfügung gestellten Tagebuche[1]
des Herrn Prof. Ed. Suess die nachfolgenden Angaben:

„Der Nötschgraben ist in seinem untersten Theile beiderseits in ONO fallenden Thonglimmerschiefer eingeschnitten.
Blöcke von Gyps [weiter östlich anstehend getroffen, Verf.]
fallen von den Abhängen des Dobratsch in den Graben. Im

[1] Ungefähr die gleichen Angaben sind in der Arbeit über die Aequi-
valente des Rothliegenden in den Südalpen enthalten. (LVII. Band d.
Sitzbt. d. k. Akad. d. Wissenschaften. I. Abth, Febr.-Heft. Jahrg. 1868.)
Jedoch ist die Auffassung des Gebirgsbaues dort eine durchaus ab-
weichende. Der Quarzphyllit (Thonglimmerschiefer) der nach meiner
Ansicht die Basis des Palaeozoicum bildet, soll zwischen Carbon und
Grödener Sandstein liegen (l. c. p. 23). Ich habe es daher vorgezogen,
das Tagebuch, welches nur die thatsächlichen Beobachtungen enthält, an
Stelle der Publication zu berücksichtigen.

östlichen Arm legt sich auf den Thonglimmerschiefer schiefriger Kalk mit Talkblättchen von grell grüner Farbe, entsprechend dem Quecksilbervorkommen von Kerschdorf (vergl. unten). Etwas höher fliesst der Bach im Streichen des Thonglimmerschiefers, welcher zuerst 30—40° N, dann steil S fällt.

Nun folgt ein ganz neues Glied und zwar blaugrauer, sehr thoniger Kalk mit grösseren Höhlungen voll Ocker und dünnblättrigem Schiefer von ockergelber Farbe ganz ohne Glimmer [zu den Grödener Schichten gehörig]. Fallen Süd. Der thonig-schiefrige Complex ist einige Klafter stark, dann unterteuft von einer licht-gelblichen, mürben [Grödener] Sandsteinbank, welche 30° S fällt. Der blaugraue Schiefer wiederholt sich mitsammt den Sandsteinbänken.

Es sind die typischen Zopfplatten und man sieht, dass das convexe Relief stets der unteren Seite der Schicht angehört. Die eingeschalteten Sandsteinbänke sind ebenflächig, und der neu erscheinende glimmerreiche Schiefer ist meist schwarz mit kleinen, weissen Glimmerblättchen bedeckt, bald roth wie Werfener Schiefer; sehr undeutliche Spuren von Myaciten.

Zurück in den Hauptstamm des Nötschgrabens; unten Thonglimmerschiefer. Fallen NNO—NO, dann sehr flach, fast schwebend. An der linken Thalseite gewahrt man nun im Waldgrunde den Sattel der Zopfplatten, bald darauf im Liegenden den rothen Sandstein. Viel mannigfaltiger ist die rechte Thalseite. Hier sieht man infolge einer Verwerfung zunächst den blaugrauen Mergel mit Zopfplatten, darunter das rothe Sandsteinconglomerat (60° SSO-Fallen) und unmittelbar darunter mit gleichem Fallen den Thonglimmerschiefer. Das SSO-Fallen hält an, wird nach und nach im Thonglimmerschiefer steiler und plötzlich besteht wieder der ganze hohe Abhang aus den Bänken des rothen Sandsteins und Conglomerats. Der Graben ist hier einige hundert Fuss tief eingeschnitten. Fallen des Sandsteins 30—35° nach Ost, des liegenden Thonglimmerschiefers 30—35° nach Süd bis SSO." Die Discordanz ist auch hier deutlich wahrnehmbar. Es ist also festzuhalten, dass der grellgrüne, schiefrige Kalk zum Quarzphyllit gehört, während der blaugraue (? Bellerophon-)Kalk das Hangende der Grödener Schichten

bildet. Eine ungefähre Uebersicht des merkwürdigen Neben-
einanders der Formationen im Nötschgraben giebt die ebenfalls
von E. Suess entworfene Landschaftsskizze (Abb. 74).

In der südlichen, durch den Bruch von St. Georgen abge-
trennten Phyllitmasse nimmt besonders das Vorkommen von
Kupferkies, Silber- und Quecksilbererzen die Aufmerksamkeit in Anspruch. Der Bergbau, der besonders im vorigen
Jahrhundert blühte, ist allerdings schon längst zum Erliegen
gekommen. E. Suess schreibt über die geologischen Verhältnisse
dieses Gebietes: „Wir wenden uns nächst Emmersdorf in dem
Graben aufwärts, der aus der Gegend von Tratten nach St.
Paul hinabkommt. Zunächst empor über geschliffenen Morä-
nenschutt [ein vereinzeltes Vorkommen, das nicht von dem
Glacialschotter getrennt wurde; vergl. unten]. Dann der mem-
branöse Thonglimmerschiefer, der im frischen Zustande viel
dunkeler aussieht, als auf alten Flächen; stellenweise fein
runzelig. Fallen 25°—30° nach O. Bei einer kleinen Mühle
folgt darüber eine derbe massige Felsart von mehr kalkiger
Beschaffenheit, die einen Absturz ausmacht. Gegen oben stellt
sich senkrechtes Fallen ein, es folgt etwas schwarzer Schiefer
mit schwarzen thonig-kalkigen Einlagerungen und weissen
Adern, dann grüne Wacken mit rothen Beschlägen. Das Fallen
ist constant Süd.... Ueber Aecker nach Kerschdorf; der
Thonglimmerschiefer fällt SSW. Unterhalb des Ortes im
Graben legt sich auf denselben eine scheinbar derbe Masse,
welche hauptsächlich aus lichtem Kalkschiefer besteht, der
mit talkigen Häutchen auf den Schichtflächen belegt ist. Hier
findet man Zinnober und gediegen Quecksilber. Der
Kalk, welcher auch zuweilen blaugrau ist, enthält viel Erz,
theils als rothen Beschlag auf den Klüften, theils in Verbindung mit Schwefelkies auf kleineren Kalkspathgängen, seltener in Verbindung mit Quarzgestein. Auch gediegen Quecksilber kommt in Tropfen auf Kalkspathgängen vor. Auffallend
ist die grell lichtgrüne Farbe des Talkes oder Glimmers im
Kalk und in den benachbarten Schiefern. Das Gestein stimmt
mit den derben Massen an der Mühle im vorderen Graben und
im Nötschbach (östlicher Arm) überein."

Dass der Gailbruch am Südabhang des Dobratsch entlang
streicht, wurde schon mehrfach erwähnt. In der That lässt

sich am Südabhang des Berges der Quarzphyllit bis über das Dorf Sack hinaus verfolgen, der rothe Streifen des Grödener Sandsteins zieht sogar weithin sichtbar unter dem Kalkschutt bis zur sogenannten Kanzel hin. Man wird also annehmen dürfen, dass der Hauptbruch auf dieser Seite bis in die Gegend von Villach verläuft. Die gegenüberliegenden Karawanken bestehen aus untersilurischem Schiefer und erheben sich zu Höhen, welche hinter der des Dobratsch nur um einige hundert Meter zurückbleiben; der Quarzphyllit von Nötsch, der erst wieder östlich von Villach sichtbar wird, bildet wohl wie im Westen das Liegende der Silurschiefer und grenzt andrerseits — mit oder ohne Zwischenlagerung von Grödener Sandstein — an die von dem Gailbruch abgeschnittene obere Trias.

Der Dobratsch (oder Villacher Alp) besteht im Wesentlichen aus Kalk vom Alter des Wettersteinkalkes mit Gyroporellen und Pseudomelanien (cf. *Chemnitsia Rosthorni* HOERN.) Riesenoolithe, oft rothgefärbt, sind überaus häufig; der Kalk ist in Allgemeinen massig und von gewaltigen Klüften durchsetzt; nur am Schlossberg ist deutliche Schichtung ausgeprägt. Am oberen Theile des Westabhanges, zwischen Kuhriegel und Rudolfsbrunnen finden sich local splittrige z. Th. breccienartige Oolithe. Die Hochflächenform des nach Osten zu allmälig abdachenden Dobratsch ist bedingt durch die fast schwebende Lagerung des Gesteins und kehrt im nördlichen Gailthaler Gebirge nirgends wieder. In diesem sind die langgezogenen Ketten (Abb. 75), welche die Voralberger und westlicheren Tiroler Kalkalpen kennzeichnen, durchaus vorherrschend. Plateaus von der Form der Villacher Alp sind hingegen charakteristisch für den Nordosten und Süden der Ostalpen.

Dass das Auftreten der Carditaschichten (*Corbis Mellingi, Carnites floridus*) bei Heiligengeist mit einer untergeordneten Störung zusammenhängt, kann wohl keinem Zweifel unterliegen; die Kette im Norden des Bleiberger Längsthales gehört zu demselben Horizont wie der Dobratsch, und die jüngeren Carditaschichten liegen zwischen beiden in der Tiefe. Leider fehlte es mir an Zeit, um diese in der geradlinigen Fortsetzung der Kreuther Muschelkalkaufpressung liegende Dislocation näher zu untersuchen.

Tschekele Nock

SW.

Abbildung

Im Vordergrunde
(dunkel schraffirt)

161

spunkt, (Abb. 75)
mächtigsten Berg-
der Alpen vorge-
Trümmermassen
nicht verbarschte
e unten folgende
ichten verbürgen
a mittelbare Ver-
wesen ist. Wir
er gleichnamigen
at übereinstimmt,
t. Die in dieser
Kräfte sind also
gste Vergangen-
Erdrinde begrün-
zen Thalsystems
ltend in die Ge-

urz, über die Auf-
Bergstürze.

Der Dobratsch ist berühmt als Aussichtspunkt, (Abb. 75) noch berühmter vielleicht als Urheber des mächtigsten Bergsturzes, der in historischer Zeit im Gebiete der Alpen vorgekommen ist. Die gewaltige Ausdehnung der Trümmermassen wird durch die Karte[1]), die noch immer nicht verharschte Wunde des Südabhanges durch das weiter unten folgende Bild veranschaulicht. Wohlbeglaubigte Nachrichten verbürgen die Thatsache, dass ein Erdbeben die unmittelbare Veranlassung des schrecklichen Ereignisses gewesen ist. Wir haben den Gailbruch, dessen Richtung mit der gleichnamigen Erdbebenlinie auf der Karte Höfers ziemlich gut übereinstimmt, bis an den Südabhang des Dobratsch verfolgt. Die in dieser Dislocationsrichtung wirksamen seismischen Kräfte sind also seit grauer geologischer Vorzeit bis in die jüngste Vergangenheit lebendig geblieben: Die im Bau der Erdrinde begründete Störung, welche die Ausbildung des ganzen Thalsystems bedingte, hat noch in jüngster Zeit umgestaltend in die Geschichte des Thales eingegriffen.

---

[1]) Die ausführlicheren Nachrichten über den Sturz, über die Aufdämmung der Gail etc. siehe in dem Abschnitt über Bergstürze.

ABHANDLUNGEN

DER

NATURFORSCHENDEN GESELLSCHAFT ZU HALLE

ORIGINALAUFSÄTZE

AUS DEM GEBIETE DER GESAMTEN NATURWISSENSCHAFTEN

IM AUFTRAGE DER GESELLSCHAFT HERAUSGEGEBEN

VON IHREM SECRETAIR

Dr. GUSTAV BRANDES.

XVIII. Band 2. 3. u. 4. Heft

enthält

HALLE

MAX NIEMEYER

1894.

Abhandlungen
der Naturforschenden Gesellschaft zu Halle.

Redactionelle Bemerkungen.

Von der Herausgabe besonderer Sitzungsberichte soll in Zukunft Abstand genommen werden; die kleinen Original-Mitteilungen aus den Sitzungen werden jedoch auf Wunsch des Vortragenden als selbständige Aufsätze in den Abhandlungen Aufnahme finden.

Die Abhandlungen erscheinen in zwanglosen Heften, deren 4 einen Band bilden. Die Bände sollen mindestens 25 Druckbogen umfassen, wobei jedoch auch jede Tafel als ein Druckbogen gerechnet werden wird.

Im Abonnement kostet der Band 12 Mark, während der Preis für die Einzelhefte von der Verlagshandlung jedesmal besonders bestimmt wird.

Aufnahme finden in den Abhandlungen grössere und kleinere Originalaufsätze aus dem Gebiete der gesamten Naturwissenschaften. Dieselben sind völlig druckfertig an ein Mitglied der Gesellschaft einzusenden.

Von jedem Aufsatz erhält der Verfasser 40 Separatabzüge; betreffs weiterer Separata hat sich der Autor mit der Verlagshandlung in's Einvernehmen zu setzen.

Der Herausgeber.   **Die Verlagshandlung.**

ABHANDLUNGEN

DER

NATURFORSCHENDEN GESELLSCHAFT ZU HALLE

ORIGINALAUFSÄTZE

AUS DEM GEBIETE DER GESAMTEN NATURWISSENSCHAFTEN

IM AUFTRAGE DER GESELLSCHAFT HERAUSGEGEBEN

VON IHREM SECRETAIR

Dr. GUSTAV BRANDES.

XVIII. Band.

HALLE
MAX NIEMEYER
1894.

DIE

KARNISCHEN ALPEN.

EIN BEITRAG

ZUR VERGLEICHENDEN GEBIRGS-TEKTONIK

VON

Dr. FRITZ FRECH,

PROFESSOR DER GEOLOGIE UND PALAEONTOLOGIE
A. D. UNIVERSITAET BRESLAU.

HERAUSGEGEBEN MIT UNTERSTÜTZUNG DES KÖN. PREUSS. MINISTERIUMS
DER GEISTLICHEN, UNTERRICHTS- UND MEDICINAL-ANGELEGENHEITEN.

MIT EINEM PETROGRAPHISCHEN ANHANG VON

DR. L. MILCH.

Mit einer tektonischen Specialkarte, einer tektonischen Uebersichtskarte der südlichen
Ostalpen, 16 Lichtkupferdrucken, 8 Profiltafeln und 96 Zinkdrucken.

das Abwechseln von Brüchen und Falten in derselben Dislocationsrichtung eine häufig (unter andern auch bei Pontafel) beobachtete Erscheinung. Die Dislocationen am Monte Vas, wo Werfener Schichten unmittelbar an Devon grenzen[1], (vergl. die Abb. 76) sowie der Einbruch der Bordaglia-Alp bezeichnen das Wiederaufleben dieser Dislocationslinie. Man wird somit auch den Plöckener Längsbruch und den Polliniggbruch als weit entfernte östliche Fortsetzungen der Villnösser Dislocationslinie ansehen dürfen. Die Bezeichnung als Plöckener Bruch erscheint jedoch schon mit Rücksicht auf die zahlreichen Unterbrechungen gerechtfertigt, welche den Verlauf dieses Spaltensystems kennzeichnen.

In der nächsten Umgebung von Forni Avoltri steht — abgesehen von Flussterrassen und Moränen — Grödener Sandstein an (nicht, wie die Karte HARADAS angiebt, Culmschiefer); von hier bis Comeglians überlagert dasselbe Gestein transgredirend die gefalteten altpalaeozoischen Bildungen.

3. Die östliche Carnia.

Von Comeglians nach Osten bezeichnen wieder für eine Strecke Dislocationen von verhältnissmässig geringer Sprunghöhe die Südgrenze der Karnischen Hauptkette und zwar betreten wir hier die Region der Sugana-Brüche.

Die Betrachtung der Bruchkarte in MOJSISOVICS' Dolomitriffen (S. 516) lehrt, dass die bedeutende Dislocation, welche im oberen Val Sugana die Südgrenze der uralten Cima d'Asta bildet, von dort aus in nordöstlicher Richtung über Primiero und Agordo nach Pieve di Cadore zieht, überall den Aufbruch älterer Triasgesteine inmitten der jüngeren Kalkmassen bedingend. Ein wenig nördlich von der Heimath Tizians vereinigt sich der Antelao-Bruch mit der Sugana-Linie. Bei Lorenzago, östlich von Pieve di Cadore beobachtet man sogar drei von Perm umgebene, kleine Aufbrüche von

---

[1] Am Ostabhang des Berges grenzt weiterhin der Muschelkalk bezw. der Werfener Schiefer an den Culm; die verquetschte Partie von Grödener Sandstein, welche Harada von hier angiebt, ist in Wirklichkeit nicht vorhanden; die rothe Färbung des Culmschiefers, die auf dem ganzen Abhang des Croda Bianca zu beobachten ist, hat zu dieser Verwechselung Anlass gegeben.

Quarzphyllit. Die drei parallelen Spalten, an denen das ältere Gestein an die Oberfläche tritt, werden jedoch westlich vom Piave theils vereinigt, theils durch einen Querbruch abgelenkt. Südlich von Bladen, am Abhang des Eulenkofel, des Hinterkärl, des Monte Siera und Monte Tuglia trennt ein tiefeingreifender, ONO streichender Bruch den Schlerndolomit der genannten Berge von dem ausgedehnten Werfener Schiefergebiet von Zahre (Sauris). Zwischen Prato Carnico und Forni Avoltri hört der nach NO streichende Bruch plötzlich auf. Hingegen wird die östliche Fortsetzung durch ein, in der Tiefe des Canale di San Canziano (Avausa) gelegenes Vorkommen eines, wohl als Culmschiefer zu bezeichnenden Gesteines („Phyllit" bei HARADA) angedeutet.

Ein unzweifelhaftes Wiederaufleben der Sugana-Linie ist in der, fast genau Ost—West streichenden Senke von Ravascletto zu beobachten. Soweit nicht die ausgedehnten vom Monte Clavais stammenden Schutthalden die Beobachtung erschweren, stösst hier der Culm an Bellerophonkalk. Der Grödener Sandstein, dessen Mächtigkeit zum mindesten auf 200—250 m. zu veranschlagen ist, ist also verschwunden; doch findet sich südlich von Zovello in der Tiefe des Gladegna-Thales ein unverhältnissmässig schmaler, stark von Störungen durchsetzter Streifen dieses Gesteines (vergl. Profiltafel III), der bei Cercivento unter den alten Flussterassen und den gewaltigen Schotteranhäufungen des Torrente But verschwindet.

Östlich von Paluzza bis Paularo bildet auf eine Strecke von 11 km. der flachgelagerte, in gleichförmiger Breitenerstreckung auftretende Grödener Sandstein die untere Grenze der permotriadischen Schichtenfolge. Auch die Berge im Osten und Westen des Torrente But, die Monti di Sutrio, der Monte Cucco und Monte Tersadia besitzen, wie schon die Betrachtung aus der Ferne zeigt, einen überaus regelmässigen Aufbau. Bemerkenswerth ist die bedeutende Flächenentwickelung des gypsreichen Bellerophonkalkes (besonders zwischen Comeglians und Sutrio) sowie der Werfener Schichten. Der Bellerophonkalk besteht im Wesentlichen aus Rauchwacke und dolomitischer Asche, welche beide der Verwitterung schnell unterliegen. Wesentlich hierauf ist die Entstehung gewaltiger Abrutschungen und Schuttkegel zurückzuführen, welche besonders die Gegend des Schwefelbades Arta auszeichnen. Die Bellerophonschichten haben hier — ebenso wie bei Lussnitz und Malborget — zur Entstehung einer an Schwefelwasserstoff reichen Quelle Veranlassung gegeben.

Die Ausscheidung der Formationen auf den Monti di Sutrio und Tersadia musste, da ich keine Zeit zu ausgedehnteren Begehungen hatte, theils auf Grund von Beobachtungen à vue, theils mit Benutzung der Taramellischen Karte erfolgen; ich habe diese in hohem Grade unzuverlässige Zusammenstellung nur für die in Rede stehende, ungewöhnlich einfach gebaute Gegend zu Rathe gezogen. Auch die Hauersche, auf den Aufnahmen STUR's beruhende Uebersichtskarte ist in diesem Gebiet wenig brauchbar; dieselbe verzeichnet u. a. die ausgedehnten Ablagerungen von Bellerophonkalk als Raibler Schichten. Oestlich von Paularo beginnen — als unmittelbare Fortsetzung der Sugana-Linie die Brüche bezw. Antiklinalen der Fella- und Savegebietes, die schon in einem vorhergehenden Abschnitte kurz geschildert worden sind.

Auch das südwestlich von Pontebba liegende Bergland der östlichen Carnia ist von zahlreichen Brüchen und Auffaltungen der weichen Werfener und Bellerophon-Schichten durchsetzt, gehört aber leider in tektonischer Hinsicht zu den am wenigsten bekannten Gegenden der Ostalpen. Eine flüchtige Begehung des Gebietes zwischen Paularo und Pontebba hat mich nur die Schwierigkeiten, welche hier noch ihrer Lösung harren, kennen gelehrt.

An der Strasse, die von Paluzza bezw. Arta zu der Stazione per la Carnia führt, beobachtet man zunächst den oben erwähnten Bellerophonkalk, der unterhalb von Arta durch einen O—W verlaufenden Längsbruch abgeschnitten ist; Muschelkalk und oberes Perm befinden sich hier in gleicher Höhenlage. Die von dem härteren Kalk gebildete Bergrippe tritt deutlich hervor. Bei Zuglia beobachtet man im Liegenden des Muschelkalkes die rothen Werfener Schichten. Südlich von Tolmezzo erscheint an einem zweiten Bruche massiger Triaskalk, wohl vom Alter des Schlerndolomites. Derselbe wird, wie es scheint, normal von dem wohlgeschichteten Dachsteinkalk des Monte Amariana bei Stazione per la Carnia überlagert. Auch diese Kalkmassen werden von einer

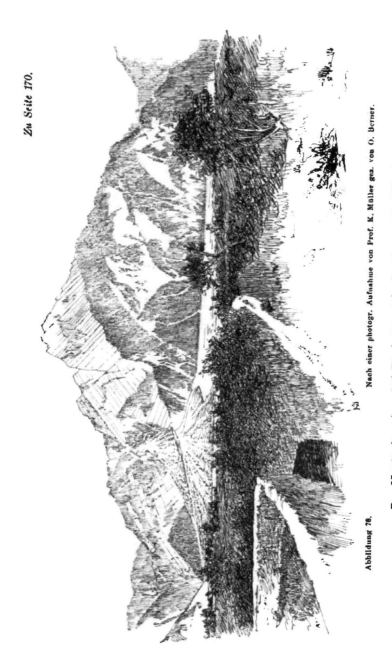

Abbildung 78.

Nach einer photogr. Aufnahme von Prof. K. Müller gez. von O. Berner.

Der Monte Amariana bei Stazione per la Carnia (Provinz Udine).

Eine im Scheitel gebrochene Antiklinale von Dachsteinkalk. Den Vordergrund des Bildes erfüllt ein gewaltiger Schuttkegel.

O—W streichenden Längsstörung durchsetzt, die als eine im Scheitel aufgebrochene Antiklinale zu deuten ist und somit keine bedeutendere Vertikalverschiebung verursacht hat (Abb. 78).

Die weissen Kalke der Carnia zerfallen in Folge der zahlreichen Klüfte überaus leicht; die Heftigkeit der Regengüsse und die Spärlichkeit des Baumwuchses erklären die gewaltigen Schuttmassen, die in trostloser Einförmigkeit die gesammte Breite des Tagliamento-Thales erfüllen.

Die Linie Pontafel-Chiusaforte entspricht nach DIENER[1]) einer Querverschiebung, doch macht dieselbe sich erst in der Gegend von Studena in ihren Anfängen bemerkbar; hier liegen inmitten der vorherrschenden Werfener Schichten zwei schmale, aus Schlerndolomit bestehende Grabenversenkungen, die rings von Quer- und Längsbrüchen begrenzt sind. Nur der zwischen Aupa und Studena liegende Dolomit, welcher grossentheils von Werfener Schichten, im Westen auch von Bellerophonkalken umgeben wird, konnte genauer untersucht werden. Infolge der leichteren Zersetzbarkeit der älteren Trias ragt der tektonische Graben in orographischer Beziehung als „Horst" hervor. Eine in vieler Hinsicht vergleichbare Stellung nimmt der zwischen Obercarbon und unterer Trias eingebrochene Dolomit des Monte Salinchietto ein.

Der mit Alpweiden und Wäldern bedeckte Höhenzug des Monte Glazat und Monte Cullar besteht aus O—W streichenden, verquetschten Falten von Werfener Schichten und Bellerophonkalk, welche offenbar die Fortsetzung der Pontafeler Antiklinale bilden (Abb. 77). Die Stauchungen und Faltungen treten deutlich am Pradulina-Sattel hervor, wo ein Zug der Werfener Schichten zwischen Schlerndolomit und Bellerophonkalk auskeilt. Der letztere enthält am Monte Cullar unbestimmbare Reste von Zweischalern.

4. Die Julischen Alpen.

Der südöstliche Theil der Karnischen Hauptkette ist, wie im ersten Kapitel auseinandergesetzt wurde, als ein

---

[1]) Jahrbuch der k. k. geol. R. A. 1884, S. 70.

zwischen den Julischen Alpen und dem aufgewölbten palaeozoischen Gebiet eingesunkener Längsgraben aufzufassen. Die südliche Verwerfung, der „Save-Bruch" tritt im Fella-, Gailitz- und Savethal überall mit der grössten Deutlichkeit hervor: Im Norden liegt Schlerndolomit (hie und da von aufgepressten Fetzen der älteren Gesteine durchsetzt), im Süden erscheinen in gleicher Höhenlage die Werfener Schichten. Auch deren Liegendes, die Bellerophonkalke, sind im Schwefelgraben bei Lussnitz aufgeschlossen.

Nur bei Pontafel geht, wie bereits früher erwähnt, die Verwerfung in eine steile antiklinale Auffaltung über. Die Werfener Schichten (Abb. 77, im Vordergrunde) werden im Norden und Süden von Muschelkalk (Guttensteiner Facies) und Schlerndolomit überlagert.

Der Wall der Julischen Alpen besteht östlich von der dislocirten Region der Carnia aus einer vollkommen regelmässige Schichtenfolge des Trias von den Werfener Schichten bis zum Dachsteinkalk. Die Gleichförmigkeit des geologischen Aufbaus prägt sich mit seltener Schärfe auch in den Formen der Landschaft aus. (Man vergleiche unten das Bild „Obertarvis von Nord".)

Ueber einer bewaldeten, aus Werfener Schiefer und Muschelkalk bestehenden Vorstufe bauen sich die schrofferen bis zu 2000 m. und mehr aufsteigenden Berge des Schlerndolomites auf: Lipnitz, Brda, Zweispitz und Mittagskofel (2091 m.) bilden eine geschlossene Mauer, der sich jenseits des Scissera-Thales die wilden Jäger und weiterhin der Königsberg sowie die Fünfspitzen bei Raibl anschliessen. Das Längsthal von Dogna entspricht ungefähr der Einlagerung der weichen Raibler Schichten, die über die Raibler Scharte und den Torer Sattel weiter streichen. Weiter südlich erhebt sich als dritte Staffel die majestätische Mauer des Dachsteinkalkes mit ihren scheinbar unersteiglichen Wänden, ausgezeichnet durch die deutliche, fast nirgends fehlende Bankung. Der Monte Usez und Montasch (2752 m.), weiter südlich der Vischberg (2669 m.) und der Mangart (2678 m.) bilden diese höchste Erhebung des Gebirges (Abb. 79). Der Dachsteinkalk dehnt sich nach Süden als eine weite, an Höhe allmälig abnehmende Hochfläche aus.

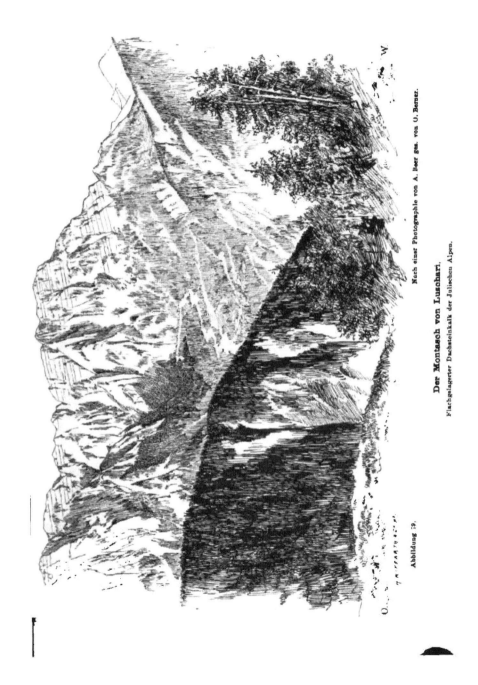

Der Montasch von Luschari.

Flachgelagerter Dachsteinkalk der Julischen Alpen.

Nach einer Photographie von A. Beer gez. von O. Berner.

Abbildung 19.

Die westlichen Julischen Alpen sind mir — abgesehen von einem Ausflug nach Raibl — nur durch die allerdings häufig genug genossene Aussicht bekannt, welche die Höhen der Karnischen Hauptkette gewähren. Herr Dr. AUG. v. BÖHM in Wien hat das Gebirge zwischen Raibl, Pontafel und Chiusaforte näher untersucht, die Ergebnisse seiner Aufnahmen jedoch nicht veröffentlicht. Derselbe bestätigte mir jedoch mündlich in freundlichster Weise, dass die Anschauung von dem überaus einfachen Aufbau der Julischen Alpen, welche sich aus der Betrachtung der Gebirgsformen ergiebt, auch den thatsächlichen Verhältnissen entspricht.

Genauer sind wir über den östlichen Theil des Centralstockes der Julischen Alpen unterrichtet. Die älteren Arbeiten von FOETTERLE, STUR und besonders die klassische von SUESS verfasste Monographie der Umgegend von Raibl, berücksichtigen vor allem die Stratigraphie. In neuerer Zeit hat DIENER[1]) eine anziehend geschriebene Darstellung der östlichen Julischen Alpen veröffentlicht, in der besonders der tektonische Aufbau des Gebirges und die heteropen Verhältnisse der in die Korallenriffe eingreifenden Mergelzungen eingehend und sachgemäss geschildert werden. Eine ziemlich abfällige Kritik dieser Arbeit hat STUR 1887 in einem der bemerkenswerthen Jahresberichte der k. k. geologischen Reichsanstalt veröffentlicht.

Es sei ausdrücklich hervorgehoben, dass ich an den von mir besuchten streitigen Puncten der Umgegend von Raibl durchgängig die Ansicht DIENERS bestätigt fand. Es liegt somit keine Veranlassung vor, die Kritik STUR's zu berücksichtigen.

Der von DIENER untersuchte Gebirgstheil grenzt im Wesentlichen an das obere Savethal bezw. die Karawanken und bildet nur zum kleineren Theile die Vorlage der Karnischen Hauptkette. Die flach gelagerte mesozoische Tafel der Julischen Alpen wird von zwei Systemen kurzer, z. Th. intermittirender Verwerfungen zersplittert, die sich nahezu unter rechten Winkeln kreuzen. Meridional verlaufende Querbrüche spielen die hervorragendste Rolle und scheinen bereits

---

[1]) Jahrb. der k. k. geolog. Reichsanstalt 1884.

weit im Westen zu beginnen, wo der Durchbruch der Fella zwischen Pontafel und Chiusaforte einer Querverschiebung entspricht. Die Blattflächen im Erzberge bei Raibl, die Störung am Fallbach (Raibl) und die Grabensenkung des Lahnthales gehören dem gleichen System an. Während die ersteren echte Querverschiebungen darstellen, ist im Lahnthal ein Absinken des Oberflügels mit der horizontalen Dislocation verbunden. Dies Bestreben, den Ostflügel zu senken, tritt in den östlich folgenden Querbrüchen, der Flexur am Ausgange der Velika Pischenza bei Kronau und vor allem in der grossen Kermalinie (vergl. die tektonische Karte) noch viel ausgesprochener zu Tage. Die mesozoischen Tafeln brechen staffelförmig nach dem Laibacher Senkungsfeld zu hinab.

DIENER, dem wir im Vorangegangenen wesentlich gefolgt sind (l. c. S. 703, 704), führt die Quer- und Längsbrüche auf die adriatische Senkung zurück, während im Sinne der früheren Ausführungen die Längsstörungen durch die antiklinale Aufwölbung älterer Schichten zu erklären sind. Dagegen liegt selbstredend keine Veranlassung vor, an dem Zusammenhang der Querbrüche mit der Laibacher Senkung zu zweifeln.

Die NW streichenden Dislocationen, so den Mirnikbruch und die bedeutendere, am Bjelopolje zersplitterte Triglavlinie bezieht DIENER — ebenfalls mit Recht — auf die dinarischen Faltenbrüche. Der letzte Ausläufer derselben im Gebiete der Karnischen Hauptkette ist die nordwestlich streichende Muschelkalkscholle von Uggowitz und der in gleicher Richtung fortsetzende Theil des Hochwipfelbruches.

In den dinarischen Ketten, in welchen die Faltung nach SW gerichtet ist, erscheint der Südflügel als der tiefer liegende Theil, eine Thatsache, die vor allem an der Isonzolinie bei Tolmein klar hervortritt Am Triglav und Mirnik ist hingegen ebenso wie weiter westlich in der Fassa—Grödener Tafelmasse, an der Rosengartenflexur und an der Vilnösslinie der nördliche Flügel gesenkt. In den Karnischen Alpen erscheint an dem Hochwipfel- und Polliniggbruch der nördliche Theil emporgewölbt. Es dürfte schwer halten, diesen mehrfachen Wechsel in der Richtung der Absenkung einfach auf den adriatischen Einbruch zurückzuführen. Es liegt näher, im Sinne der oben entwickelten Anschauung anzunehmen, dass das im Allgemeinen horizontal gelagerte Gebirge der Südalpen theils durch antiklinale Aufwölbungen älterer Schichten, theils durch die damit zusammenhängenden Emporzerrungen der Trias dislocirt worden ist. Der Einfluss der adriatischen Senkung würde sich somit auf die südlichsten Dislocationen, den Isonzobruch und die Belluneser-Dislocationslinie beschränken, welche letztere nach Ansicht der italienischen Geologen die Fortsetzung der ersteren bildet.

Petrographischer Anhang

Dr. L. Milch.

— — —

1.

Eruptivgesteine des Nötschgrabens (Untercarbon).

A. Südlicher Eruptivzug.

Sämmtliche Handstücke tragen den Charakter mässig veränderter Eruptivgesteine; eine undeutliche Schieferung nähert
die Gesteine zwar den Amphiboliten, doch ist niemals der Habitus des massigen Gesteins vollkommen verwischt. Dem unbewaffneten Auge erscheinen sie dunkelgrün bis schwarzgrün
mit weissen Flecken, die sich bisweilen unvollkommen parallel
ordnen; man erkennt in dem dunklen Theile Hornblendespalt-
flächen, in dem hellen glanzlose, weisse bis schwachgrünliche
Feldspathe.

Unter dem Mikroskop erweist sich das Gestein als fast
ausschliesslich aus bläulich grüner Hornblende und Plagioklas
zusammengesetzt.

Der Amphibol trägt den Charakter der gemeinen Hornblende: der Winkel $c : i$ ist nicht gross und der Pleochroismus

$c =$ blaugrün

$b =$ grün mit einem schwachen Stich in olivengrün

$a =$ gelb.

Gewöhnlich tritt die Hornblende in grossen Partieen auf, doch
hat sie nur selten streng krystallographische Begrenzung, in
der Regel erscheint sie unregelmässig, oft in langgezogenen

Fetzen, die sich jedoch fast immer auf annähernd dicksäulen-
förmige Gestalt zurückführen lassen. Gern treten verschieden
orientirte Hornblendeindividuen zu grösseren Flecken und Putzen
zusammen. Kleinere abgerissene Theile finden sich allenthalben
in dem Gestein vertheilt.

Der Feldspath ist Plagioklas mit oft gut erhaltener poly-
synthetischer Zwillingsbildung; wo er Begrenzung zeigt, erkennt
man breite Leisten oder Tafeln, die in Verbindung mit den
Zwillingsgrenzen auf eine ursprünglich nach M dicktafelför-
mige Ausbildung schliessen lassen. Gewöhnlich ist der Feldspath trübe, bei starker Vergrösserung erkennt man als Ursache
sehr zahlreiche kleine Sericitblättchen, die sich hauptsächlich
auf den Spaltrissen gebildet haben und von hier in das Innere
vordringen.

Quarz findet sich in weit geringerer Menge; gewöhnlich
sind mehrere Körnchen, die alle undulöse Auslöschung zeigen,
zu einem Haufen aggregirt.

Titanit ist in einzelnen Körnern, Aggregaten und kleinen
Krystallen sehr verbreitet.

Auffallend ist das Fehlen der Erze.

Geht man von diesem relativ am wenigsten umgewandelten
Gestein zu den mehr geschieferten Varietäten, so verändert sich
der mineralogische und structurelle Charakter im Princip nicht,
nur die Merkmale der Metamorphose werden stärker.

Die grüne Hornblende wird zu langen Flatschen, der Feldspath verliert die Leistenform, es bildet sich eine rohe Lagen-
structur heraus. In manchen Fällen umgeben Sericitzüge, durch
Eisenhydroxyd gelb gefärbt, die einzelnen Quarzkörnchen und
erfüllen die Spaltrisse der Hornblende, sehr häufig tritt ein
biotitähnliches, unregelmässig gelbbraun und braungrün ge-
streiftes Glimmermineral ein, das gewöhnlich mit der grünen
Hornblende innig zusammenhängt und augenscheinlich aus ihr
hervorgegangen ist; bisweilen wurde auch Granat beobachtet.

Grosses Interesse bietet das Vorkommen von Quetschzonen
in diesen Gesteinen. Sie bestehen aus den schon genannten Gemengtheilen, doch spielt hier Quarz unter den farblosen Gemengtheilen eine viel bedeutendere Rolle als in dem compacten Gestein.
Hornblende tritt in kleinen Säulchen auf, wie überhaupt hier
das Korn viel feiner ist; auch sind sie dynamometamorph weiter

entwickelt, als das Gestein, in dem sie auftreten. So tritt beispielsweise das braune Glimmermineral zuerst in Quetschzonen eines Gesteins auf, dem es sonst fremd ist, und findet sich auch dort, wo es in den Gesteinsverband eintritt, hauptsächlich in ihrer Nähe und ziemlich sparsam, während es in der Quetschzone selbst eine grosse Rolle spielt. Epidot wurde im Gesteinsverbande niemals, wohl aber in den Quetschzonen der stärker metamorphosirten Gesteine beobachtet.

Von diesen Quetschzonen völlig verschieden sind Spaltenausfüllungen von Sericit und Quarz; sie durchsetzen das Gestein und die Quetschzone in gleicher Weise, sind also jünger als die letzteren. Neben der durchaus anderen Mineralausfüllung unterscheiden sie sich auch dadurch, dass sie die Gemengtheile wohl verwerfen, aber nie zertrümmern, so dass die Zusammengehörigkeit der Krystalle auf beiden Seiten immer unverkennbar ist, während die an die Quetschzonen stossenden Gemengtheile natürlich in keinem Zusammenhange stehen oder je gestanden haben.

Mit den Gesteinen des südlichen Eruptivzuges im Nötschgraben zeigt ein Handstück vom Hörmsberg bei Bleiberg die grösste Aehnlichkeit, doch ist die Anordnung der Hornblende einerseits, des Feldspaths andererseits bei gänzlichem Verlust der Krystallformen zu ziemlich breiten Lagen viel vollkommener, als bei den beschriebenen Gesteinen. Erwähnenswerth ist der nicht unbeträchtliche Zoisitgehalt dieses Gesteins.

Jedenfalls liegen in allen diesen Gesteinen veränderte Eruptivgesteine vor. Die blaugrüne Hornblende stimmt, obwohl sie durchaus compact, niemals uralitisch ist, mit Umwandlungsbildungen in anderen metamorphen Gesteinen überein. Das Vorkommen des Feldspaths in erhaltenen Leisten und Tafeln sowie das Fehlen jeder Andeutung von porphyrischer Structur führt zu der Annahme, das ursprüngliche Gestein gehöre in die Reihe der holokrystallinen, diabasisch-körnig (ophitisch) struirten Diabase. In diesem Falle wäre die blaugrüne Hornblende aus Augit entstanden, aus dem sie sich fast immer zu bilden pflegt. Dann erklärt sich auch das Fehlen der Erze: es war ursprünglich Ilmenit vorhanden, der sehr oft unter der Einwirkung des Gebirgsdruckes sich in Titanit (Leukoxen) umwandelt.

Einige chemische Bestimmungen führen auf die saureren Glieder der Diabasfamilie; die Analyse ergab:

SiO_2	52,55 $^0/_0$
$Al_2 O_3$	18,86
$Fe_2 O_3$ *)	8,76
Ca O	6,83
Mg O	5,58
	92,58

Auf die Trennung von Fe O und $Fe_2 O_3$, die Bestimmung der Alkalien und des Wassers wurde verzichtet, da diese Zahlen für die in Frage kommenden Gesteine nicht besonders charakteristisch sind.

B. Nördlicher Eruptivzug.

Während die der Untersuchung zugänglich gemachten Gesteine des Südzuges sämmtlich als compacte Eruptivgesteine zu bezeichnen sind, trägt kein Handstück des nördlichen Zuges diesen Charakter. Das unbewaffnete Auge unterscheidet zwei Arten:

1. Breccienartige Conglomerate von dichten, grünen, rundlichen bis eckigen Gesteinsstücken untermischt mit weissen Quarziten, durch nicht besonders reichliches, kalkiges Cement verkittet.

2. Dichte, graugrüne Gesteine mit muscheligem Bruch, von sehr zahlreichen Klüften durchsetzt.

Unter dem Mikroskop zeigt sich, dass eine strenge Grenze zwischen diesen Gesteinen nicht vorhanden ist.

Die breccienartigen Conglomerate bestehen aus sehr verschieden grossen Stücken, die im Handstück bis zu vier Centimeter im Durchmesser haben. Bei der geologischen Aufnahme wurden Blöcke von 1 m. Durchmesser beobachtet. Die Umgrenzung ist selten ganz rund, noch seltener aber scharfeckig; in der Regel ist eine polygonale Gestalt mit gerundeten Kanten und Ecken zu erkennen. Die grosse Mehrzahl dieser Stücke besteht aus der blaugrünen Hornblende, die schon bei den Gesteinen des Südzuges beschrieben wurde, und Plagioklas, der

---

*) $Fe_2 O_3$ + Fe O (als $Fe_2 O_3$ bestimmt).

12*

in einigen Fällen durch Zoisit fast völlig vertreten wird. Titanit in Körnchen ist auch hier verbreitet, zahlreiche Stücke führen auch Eisenerz, Epidot ist recht selten. Bei aller Verschiedenheit, die die einzelnen Stücke in der Grösse und dem Mengenverhältniss der Hauptgemengtheile zeigen, besitzen sie einen gemeinsamen Zug, eine sehr ausgeprägte lineare Anordnung der Gemengtheile. Diese lineare Anordnung ist in den einzelnen Stücken vollkommen unabhängig von ihrer Lage im Conglomerat: an der Grenze des einen hört sie auf und die Lagen des Nachbarstückchens bilden mit ihr beliebige Winkel. Ob diese lineare Anordnung eine primäre Fluidalerscheinung oder secundär durch Gebirgsdruck entstanden ist, ist schwer zu unterscheiden; im ersten Falle müsste man eine Abrollung der Lapilli und eine moleculare Umlagerung ohne Aenderung der Structur, oder Wassertransport von Bruchstücken fluidal struirter Gesteine annehmen; im zweiten Falle hätte der Gebirgsdruck, wie der Wechsel in der Richtung der linearen Anordnung zeigt, jedenfalls v o r Bildung des Conglomerats gewirkt, es wären schon geschieferte Stücke zu dieser Bildung verwendet worden. (Aus geologischen Gründen ist die letztere Annahme nicht eben wahrscheinlich; an dem untercarbonischen Alter der Breccien ist nicht zu zweifeln und die älteste in unserem Gebiete nachweisbare Phase der Gebirgsbildung gehört dem Obercarbon an. FR.) An der Bildung des Conglomerats betheiligen sich ferner Bruchstücke grosser blaugrüner Hornblendekrystalle, marmorisirte Kalke, quarzitische Sandsteine, selten grössere einheitliche Quarzkörner sowie das ausschliesslich aus Carbonat bestehende, oft spärliche Caement.

Bei Abnahme des Korns werden die erwähnten linear struirten Bruchstücke seltener, es liegen nur wenig erkennbare Reste von ihnen in einer feinkörnigen allotriomorphen Masse von Bruchstücken der blaugrünen Hornblende, des Plagioklases, untermischt mit Quarz und Epidot.

Die dichten graugrünen Gesteine endlich, die die Hauptmasse des nördlichen Zuges bilden, bestehen ausschliesslich aus diesem alliotriomorphen Gemenge der genannten Mineralien in einer Anordnung, die sich am Besten mit der gewisser Grauwacken vergleichen lässt. (Ein ganz ähnliches Gestein, das man beim ersten Anblick für eruptiv zu halten geneigt war, tritt im Culm bei S. Daniele unweit Paluzza auf; nach der von Herrn Romberg ausgeführten mikroskopischen Untersuchung erwies dasselbe sich ebenfalls als Grauwacke. Fr.)

<hr />

2.

Eruptivgesteine des Culm von der Südseite der Karnischen Alpen.

A. Spilitische Mandelsteine.

Die Hauptmasse der culmischen Eruptivgesteine gehört zur Gruppe der spilitischen Mandelsteine.

Makroskopisch erscheinen die vom Monte Dimon, den Ufern des Torrente Chiarso, Monte Paularo, Monte Pizzul stammenden Stücke sehr verschieden, doch zeigt das Mikroskop, dass sie alle, soweit es die Zersetzung noch erkennen lässt, dem Spilittypus angehören und auch innerhalb dieses Typus nur sehr geringe Variationen aufweisen.

Die Hauptunterschiede, die dem unbewaffneten Auge auffallen, beruhen in der Menge der erfüllten Mandelräume und der Färbung des eigentlichen Gesteins. Die Menge der Mandeln schwankt in den weitesten Grenzen: neben Gesteinen, die geradezu an Blattersteine erinnern, finden sich fast oder gänzlich mandelfreie. Ebenso stark wechselt die Farbe des Gesteins; es kommen schwarzgraue, grünschwarze, graue, grüne, dunkelbraune und braunrothe Varietäten vor.

Unter dem Mikroskop treten alle diese Verschiedenheiten zurück und ein gemeinsamer Charakter kommt zur vollen Geltung: die Gesteine, wie sie auch gefärbt sein mögen, bestehen, unbekümmert um die Menge der Mandeln, wesentlich aus sehr langen schmalen Feldspathsäulchen, die geradezu trichitische Formen annehmen. Intratellurische Einsprenglinge sind sehr selten, doch wurden einige Male grosse tafelförmige Plagioklase, theilweise durch Carbonat und Chlorit ersetzt, beobachtet. Grössere Chloritpartieen mit eigentümlich selbstständiger Begrenzung, die sich sehr vereinzelt finden, lassen sich vielleicht als umgewandelte intratellurische Augite deuten.

Die trichitischen Feldspathleistchen liegen in einer aus Chlorit und Ilmenit, resp. Chlorit, Magnetit und Titanit bestehenden Grundmasse. In günstigen Fällen ist der Chlorit zwischen den Feldspathleistchen in eckigen Räumen eingeklemmt, nimmt also die Stelle des Augites ein; ist die Zersetzung weiter fortgeschritten, so schwimmen die Leistchen in einem zusammenhängenden Chloritteig. Aggregation dieser Leistchen zu Sphärokrystallen ist selten, wurde aber beobachtet; typisch dagegen und selbst in stark zersetzten Gesteinen noch sehr gut zu erkennen ist Fluidalstructur; die Leistchen umfliessen die intratellurischen Einsprenglinge und die Mandelräume in höchst vollkommener Weise.

Für die Farbe der Grundmasse ist das Vorhandensein von Ilmenit resp. die Art seiner Umbildung maassgebend, je nachdem durch diese Gesteinscomponenten die Farbe des Chlorit für den Gesammteindruck nicht wesentlich verändert, stark modificirt oder gänzlich aufgehoben wird. Ist hauptsächlich Ilmenit mit seinem graubraunen Farbentönen entwickelt, so bleibt die Grundmasse grün oder wird graugrün; findet sich an Stelle des Ilmenit Titanit in kleinen Körnchen und spiessiger Magnetit in sehr feiner Vertheilung, so wird die Grundmasse dunkel und ist schliesslich das Erz als Limonit vorhanden, so erscheint das Gestein braun bis roth. Ist sehr viel Limonit vorhanden, so wird in extremen Fällen die Grundmasse im Schliff undurchsichtig und man sieht dann die Feldspathleistchen anscheinend in Eisenhydroxyd eingebettet.

Die Mandeln sind hauptsächlich von Carbonat erfüllt, bisweilen von einem Individuum, dessen Spaltrisse gewöhnlich gebogen sind oder schwach divergiren, oder von mehreren Individuen, die vom Rande nach der Mitte zu wachsen und scharf an einander absetzen. Bisweilen sind die Mandeln auch von chloritischen Substanzen erfüllt, seltener von amorpher Kieselsäure und Chalcedon. Auch gemischte Mandelausfüllungen kommen vor, bei denen Chlorit mit Carbonat und Kieselsäure zusammentritt und bald den Rand, bald das Centrum bildet. In einem an Eisenhydroxyd sehr reichen Spilit vom Monte Pizzul bei Paularo betheiligt sich auch Limonit mit Carbonat zusammen an der Ausfüllung der Mandeln.

Ein grosses Ge*rölle aus dem „Schalsteinconglomerat"

vom westlichen Kamme des Monte Dimon unterscheidet sich
in keiner Weise von den eben beschriebenen Spiliten; an dem
Aufbau eines feinkörnigeren hellrothvioletten „Schalsteinconglo-
merats" vom Südabhang des Monte Dimon betheiligten sich
ausser sehr eisenhydroxydreichen Spilitbruchstücken noch Quarz
und sericitreichere und sericitärmere Sandsteine, die auch theilweise von Eisenhydroxyd durchtränkt sind.

B. Dynamometamorphe Gesteine der Diabasfamilie.

Nicht auf Spilite, sondern auf körnige Diabase oder Diabas-
porphyrite lassen sich zwei Gesteine aus der Umgebung von
Paularo zurückführen.

Eines dieser Gesteine aus dem Culm des Torrente
Chiarso bei Paularo ist hellgrün, etwas schiefrig und erhält
durch grosse dünne gebogene Biotitblätter ein eigentümliches
Aussehen.

Unter dem Mikroskop fallen zunächt grosse Chloritflatschen
auf, die mit uralitischer Hornblende in inniger Beziehung stehen.
Bald liegt der Uralit in grösseren Säulen in dem Chlorit und
umschliesst dann bisweilen Reste eines schwachgrünlichen bis
farblosen Augits, bald ist die Chloritflatsche von einem Saum
von uralitischer Hornblende umgeben, deren Längsaxe senkrecht auf der Chloritflatsche steht. Im Chlorit liegen ferner
noch sehr zahlreiche Epidot- und Titanitkörnchen. Die wenigen
Augitreste wie die ganze Ausbildung des beschriebenen Mineral-
aggregats beweisen, dass das ganze Gebilde aus Augit entstanden ist.

Diese grossen Chloritflatschen liegen in einer Grundmasse
von Chlorit, Hornblendefasern, in einem feinen, farblosen Mo-
saik von augenscheinlich neugebildetem Feldspath und Quarz,
sehr zahlreichen kleinen Epidotkörnchen, Titanitkörnchen und
Calcit.

Alle diese Gemengtheile werden von grossen, sehr dünnen
Biotittafeln von ungefähr 2—4 mm. Durchmesser regellos durchsetzt. Oft sind diese radial geordnet und, obwohl die jüngsten
Gemengtheile, wie sie durch ihre Einschlüsse zeigen, doch
mechanisch deformirt, geschleppt und treppenförmig verworfen.

Die Grösse der aus Augit gebildeten Chloritflatschen im Vergleich zu den übrigen Gemengtheilen legt die Vermuthung nahe, ursprünglich sei das Gestein ein Augitporphyrit mit grossen Einsprenglingen gewesen; dass bei einer Umbildung die gebirgsbildenden Kräfte mitgewirkt haben, beweist die annähernd lagenförmige Structur der Grundmasse, bedingt durch Wechsel chloritreicher und quarz-albitreicher Zonen.

Sehr ähnlich ist ein grünes schiefriges Gestein von Paularo aus dem Culm nahe an der Grenze gegen den Grödener Sandstein. In den Chloritflatschen mit Uralit fehlen die geringen Augitreste, sonst gleichen sie vollkommen den vom Torrente Chiarso beschriebenen Mineralbildungen, dagegen finden sich hier noch Reste breiter Plagioklastafeln, die bisweilen trotz starker Umwandlung in Carbonat und Chlorit Zwillingsbildung erkennen lassen. Ilmenit ist in grösseren Flecken vorhanden, oft schon sehr stark in Titanit umgewandelt, ferner treten als Neubildungen kleine Putzen eines olivengrünen, stark pleochroitischen Glimmers auf. Die Grundmasse des Gesteins gleicht der des Schiefers vom Torrente Chiarso.

Anhang. In dieselbe Gruppe umgewandelter Diabase gehört ein Gestein aus dem gefalteten Obercarbon der Stangalp (Steiermark) zwischen Turracher Höhe und Reichenau. Das Gestein ist dunkelgrün und lässt im Handstück dunkle Glimmerblätter erkennen. Unter dem Mikroskop erweist sich das Gestein als ein nicht übermässig veränderter Diabas. Hellrosa bis lederfarbener Augit liegt in grossen, oft lang säulenförmigen Krystallen in Feldspath (Plagioklas) und scheint manchmal die Form des Feldspaths zu bedingen, manchmal sich in seiner Begrenzung nach ihm zu richten. Mit Sicherheit lassen sich diese Verhältnisse nicht entscheiden, da gewöhnlich die Ränder des Augit in Hornblendebürsten verwandelt sind oder noch häufiger der Augit in Chlorit übergeht, während auch der Feldspath sich zersetzt. Die Hauptmasse des Gesteins besteht aus Chlorit und Augit; feldspatbreichere Theile, wie die oben beschriebenen, finden sich nur selten. Ilmenit ist in grossen Tafeln vorhanden und allenthalben theilweise in Titanit verwandelt. Biotit findet sich in dicken, gewöhnlich etwas gebogenen Tafeln; er ist stark pleochroitisch in hellgelben und tiefdunkelbraunen Tönen, die stets ein eigenthümliches Roth enthalten. Quarz wurde in einzelnen Körnchen nachgewiesen, ferner findet sich ein farbloses, schwach licht- und doppeltbrechendes optisch zweiaxiges Mineral, das vielleicht neugebildeter Feldspath ist, dessen Bestimmung aber nicht gelang.

C. Porphyritische Gesteine.

Von vier Localitäten wurden im Culm auftretende Porphyrite untersucht: 1. fünf Minuten südlich vom Cercevesa Joch nahe der Schiefergrenze, 2. zwischen Cercevesa Joch und Fontana fredda, 3. aus dem Culmconglomerat des Monte Paularo, 4. von Costa Robbia. Die drei erstgenannten zeigen dem unbewaffneten Auge grosse Feldspatheinsprenglinge von mattweisser bis hellgrauer Farbe, in dem Gestein von Costa Robbia entziehen sie sich durch ihre trübe Farbe der Wahrnehmung fast gänzlich. Die Farbe der Grundmasse ist sehr verschieden, grün beim Gestein vom Cercevesa Joch grauschwarz bei dem Porphyrit von Fontana fredda, rothviolett bei der Varietät vom Monte Paularo und schmutzigbraun bei Costa Robbia.

Die Porphyrite scheinen auf den westlichen Eruptivzug beschränkt zu sein.

Unter dem Mikroskop erweisen sich die Feldspatheinsprenglinge als Plagioklase. Die Krystalle sind gross, sehr gut begrenzt, haben deutlich ausgeprägten zonaren Bau und oft gut erhaltene Zwillingsstreifung. Bisweilen sind mehrere Einsprenglinge mit einander verwachsen. Infolge des zonaren Baus findet man oft an einem Krystall nach Art und Grad verschiedene Umwandlungen der einzelnen Theile. Frische Zonen wechseln mit epidotisirten, sericitisirten, in Chlorit und Kalkspath umgewandelten. Gern sind, wie besonders schön im Gestein von Costa Robbia, grössere randlich oft gerundete Complexe von Einsprenglingen (bis 6 Individuen wurden zusammenstehend beobachtet) von einem gemeinsamen Saume frischen Feldspaths umgeben, der in seinen einzelnen Theilen streng nach dem Individuum, an das er sich anlegt, orientirt ist.

An Menge tritt unter den Einsprenglingen hinter dem Feldspath der Quarz zurück, doch ist er keineswegs selten. Er findet sich in grossen, corrodirten Körnern mit allen Eigenschaften des Porphyrquarzes.

Einsprenglinge farbiger Mineralien wurden direct nicht beobachtet, doch treten z. B. im Gestein vom Cercevesa Joch geradlinig begrenzte Chloritflecken, im Gestein von Costa Robbia Anhäufungen von Erzen, zwischen denen sich neugebildete Sericitnädelchen, Quarzkörnchen etc. angesiedelt haben, auf, die sich nur auf Einsprenglinge farbiger Mineralien zurückführen lassen. So weit man es beurtheilen kann, scheint die Form dieser Gebilde mehr für Hornblende oder Augit, als für Biotit zu sprechen.

Die Grundmasse zeigt bei den Gesteinen vom Cercevesa Joch und von Paularo sehr zahlreiche, lange Feldspathleistchen, die die Gesteine den andesitischen Typen der Porphyrite nähern. Ob thatsächlich Glas vorhanden war, ist nicht mehr zu erkennen; bei dem Gestein vom Cercevesa Joch schwimmen die Leistchen in einem aus Chlorit und Carbonat mit Sericit bestehenden Teig, bei dem Gestein vom Paularo sind die Leistchen durch ein aus Erz mit Sericitfäserchen bestehendes Caement verkittet, das durch seinen ausgeprägt zersetzten Charakter gar keinen Rückschluss auf die ursprüngliche Natur erlaubt. Bei den anderen Gesteinen besteht die Grundmasse aus einem feinschuppigen resp. feinkörnigen Gemenge von Chlorit, Sericit, etwas Erz und Quarz-Feldspath(?)mosaik, doch zeigen einige Feldspathleistchen zweiter Generation, dass ein principieller Unterschied zwischen diesen und den erst beschriebenen Grundmassen nicht bestand. Beim Gestein von Fontana fredda verdient noch ein smaragdgrünes, stark doppeltbrechendes feinfaseriges Glimmermineral, das in der Grundmasse vorkommt und auch in die Feldspatheinsprenglinge einwandert, Erwähnung.

Nach dem Gesagten sind die Gesteine quarzführende, feldspathreiche Porphyrite; eine nähere Bestimmung ist wegen des zersetzten Zustandes der Gesteine nicht möglich.

Sedimentgesteine des Culm.

Von mehreren Localitäten untersuchte Sedimentgesteine bieten wenig Bemerkenswerthes. Dunkelschwarze „Grauwacken" von Mieli bei Rigolato und und vom oberen westlichen Abhange des Monte Paularo, graugrüne Gesteine vom Fusse dieses Berges, schmutzig braunrothe Sedimente von Costa Robbia bestehen sämmtlich aus unregelmässig gestalteten und verschieden grossen Körnern von Quarz, gestreiftem und ungestreiftem Feldspath, die durch ein grösstenteils sericitisches Caement verbunden sind. Hierzu kommen bei den dunklen Grauwacken gern Biotitblättchen, deren Menge man aber makroskopisch wohl überschätzt, bei den braunen Varietäten Eisenhydroxyd etc. So auffallend aber makroskopisch die Aehnlichkeit einiger culmischer Eruptivgesteine mit Sedimenten derselben Gegend ist — so ähneln die grünen Sedimente vom Monte Paularo sehr gewissen Spiliten und roh geschieferten Diabasen derselben Gegend, ebenso das Sediment von Costa Robbia dem braunen Porphyrit von derselben Localität — war mikroskopisch kein Uebergang zwischen Eruptiv- und Sedimentgesteinen des Culm zu finden.

3.

Gesteine von Forst zwischen Reissach und Kirchbach im Gailthal.

A. Quarzphyllit.

Sämmtlichen untersuchten Stücken des Quarzphyllits aus dem Gailthal ist der Wechsel von linsenartigen dicken Quarzzonen und Quarzknauern mit silberglänzenden dünnen glimmerreichen Lagen, zwischen die sich wieder concordant quarzreiche dünne Lagen einschieben, gemeinsam. Sie tragen Spuren sehr starker Pressung an sich, die dicken Quarzlinsen sind dabei einfach umgebogen, die Glimmerlagen und dünnen Quarzzonen in zahllose Fältchen zerknittert, während sie im Allgemeinen die Hauptfaltung der Quarzlinse zeigen. Demgemäss findet sich auf den Flanken der Falten eine feine Knickung und Riefung.

Im Schliff bestehen die Quarzzonen fast nur aus Quarzkörnchen mit vereinzelten Chloritblättchen, die Glimmerzonen aus farblosem Glimmer und Chloritblättchen, die sich zu ungemein fein gefältelten Strängen ordnen. Oft sind die Falten verworfen und an den Verwerfungen geschleppt, an den letzteren finden sich dann viel kleine Magnetitkörnchen, die auch sonst dem Gestein nicht fremd sind. Quarzkörnchen sind untergeordnet auch in diesen Zonen vorhanden. Unabhängig von der Faltung, also 'durch die gebirgsbildenden Processe entstanden, sind ziemlich grosse Biotite mit Pleochroismus zwischen rothbraun und hellgelb.

In einem anderen Schliff tritt zu den genannten Mineralien noch Turmalin in kleinen wohl begrenzten Säulchen mit starkem Pleochroismus zwischen blaugrau resp. grüngrau und farblos sowie Granat in zahlreichen, grösseren Krystallen und runden Körnchen. Er ist immer sehr hell, farblos bis hellrosa und hellgelb und gern in grössere Chloritblätter eingebettet.

Noch stärker metamorph erscheint ein Phyllit, dessen Silberglanz einen grünlichen Ton hat und an dem schon das unbewaffnete Auge grosse Magnetitkrystalle erkennt. Mikroskopisch sieht man, dass zwischen Zonen von der eben beschriebenen Beschaffenheit sich andere einschieben, die hauptsächlich aus Granaten und grossen Magnetiten bestehen. Letztere sind gern von Chlorit umgeben; verkittet werden die genannten Mineralien durch viel Sericit, kleine Magnetitkörnchen und Chlorit. Die grossen Magnetitkrystalle umschliessen Granatkörnchen, erweisen sich also als jünger.

B. Ganggestein im Phyllit von Forst zwischen Reissach und Kirchbach.

In dem eben beschriebenen Phyllit tritt ein massiges, körnig aussehendes graues Eruptivgestein auf, das dem unbewaffneten Auge weisse glanzlose Feldspathtupfen und glänzende dunkle Spaltflächen der Hornblende zeigt.

Unter dem Mikroskop weist das Gestein folgende Gemengtheile auf:

1) Plagioklas in Durchnitten, die auf mässig dicke Tafeln schliessen lassen. Er ist ein ziemlich basischer Kalk-Natronfeldspath mit auffallend scharf ausgeprägtem zonarem Bau. Die inneren Theile sind sehr oft in ungewöhnlich grobkörnigen Saussurit umgewandelt und dabei scharf gegen die äusseren Zonen begrenzt, während die äusserste Zone keine krystallographische Begrenzung zeigt, sondern in die Gesteinsmasse in unregelmässigen Formen zerfliesst. Hat Resorption der Kerne stattgefunden, so heilen die äusseren Zonen die Lücke nicht aus, sondern schmiegen sich eng an die Gestalt des Restes an.

2) Hornblende in grossen krystallographisch begrenzten Individuen. Sie ist braun mit einem Stich in das Olivengrüne. c : c wurde bis zu 20 ° gemessen, der Pleochroismus ist stark:

      a hellstrohgelb

      b braungrün

      c grünbraun.

In dieser braunen Hornblende liegt in grossen Buchten oder auch grosse, innere Räume ausfüllend, ganz hellgrüne, faserige Hornblende, die von Titanit- und Erzkörnchen erfüllt ist und mit der braunen gleichzeitig auslöscht. Diese Hornblende ist jedenfalls secundär gebildet, ob aber aus primären, mit der braunen Hornblende verwachsenen Augitkernen, oder aus der braunen Hornblende vielleicht durch Austritt von Titan und Eisen entstanden, ist nicht in allen Fällen mit Sicherheit zu entscheiden; für eine Entstehung aus brauner Hornblende spricht jedoch das Vorkommen von dieser hellgrünen Hornblende mit wenigen, unregelmässig begrenzten Resten von brauner Hornblende.

Nicht zu verwechseln ist diese faserige Hornblende mit einer anderen hellgrünen, die als Saum die braune Hornblende umgibt. Ihre Auslöschungsrichtung weicht etwas von der der braunen Hornblende ab; die Grenze der letzteren gegen den Saum ist fast immer streng krystallographisch, während der Saum sich nach aussen unregelmässig ausfranzt und anszackt. Die Gestalt dieser Zacken ist durch die Form der äussersten Feldspathzone bedingt, die in ihren Ausläufern wieder durch die Hornblendefasern beeinflusst ist.

Wo mehrere Individuen der braunen Hornblende mit zersetzten Buchten und Kernen zusammenliegen, wird der ganze Complex von einem gemeinsamen Saume der grünen Hornblende umgeben; die einzelnen Teile des Saums sind dann streng nach dem Individuum der braunen Hornblende, an das sie angewachsen sind, orientirt.

3) Ilmenit ist in Tafeln mit prachtvollen Leukoxenrändern in grosser Menge vorhanden.

Nicht sehr verbreitete intersertale Räume sind von Quarz, bisweilen in grösseren Körnern, seltener von Feldspathmosaik erfüllt; in ihnen liegen Spuren einer zweiten Generation von Hornblende, die mit der saumbildenden vollkommen übereinstimmt.

Von secundären Bildungen ist neben der bereits beschriebenen faserigen Hornblende besonders der Saussurit erwähnenswerth. Er besteht aus viel Epidot und Zoisit in grösseren Krystallen und Körnern, hellgrünen, conventionell Sericit genannten Glimmerblättchen, wenig Hornblendesäulchen und sehr untergeordnet Granat. Chlorit, auch in den intersertalen Räumen verbreitet, findet sich in der Nähe der verschiedensten Gesteinscomponenten, auch Carbonat ist vorhanden.

Die Structur muss als panidiomorph mit Annäherung an eine porphyrische und Intersertalstructur bezeichnet werden. Die Hauptmasse des Gesteins besteht aus Gemengtheilen der ersten Generation und ihren Umwandlungsproducten, dem zonarstruirten Plagioklas mit Saussurit, der braunen Hornblende mit der faserigen, fast farblosen, dem Ilmenit mit Leukoxen. Der zweiten Generation gehören an: die ausgefaserten äussersten Zonen des Plagioklases, die saumbildende grüne Hornblende und die Ausfüllung der intersertalen Räume.

Mineralbestand und Structur stellt demnach das Gestein in die Gruppe der dioritischen Ganggesteine, die in den Ostalpen weit verbreitet sind.

In dieselbe Gruppe gehört ein Ganggestein von der Wodner Hütte (Wolayer Thal), das dem Silurschiefer eingelagert ist. Es unterscheidet sich von dem Reissacher Gestein nur dadurch, dass die braune Hornblende noch Augitkerne umschliesst und dass die Andeutungen einer zweiten Generation von Hornblende auf ein Minimum beschränkt sind.

Beschreibung der Schichtenreihe.

VII. KAPITEL.
Der Quarzphyllit.

1. Petrographische Merkmale und geologisches Alter.

Der Quarzpyllit (oder Thonglimmerschiefer) bildet das älteste Glied der palaeozoischen Schichtenreihe im Gailthal und zweigt sich bei Sillian unmittelbar von der „Schieferhülle" der Tauern ab. Entsprechend dem einseitigen Aufbau der altpalaeozoischen Hauptkette zieht der Phyllit im Norden als regelmässiges 2½—4 km breites Band von Sillian bis Nötsch und wird im Süden von den silurischen Mauthener Schichten concordant überlagert. Nur im Westen tritt unser Gestein auch auf dem Südabhang der Hauptkette auf, so dass dieselbe hier für eine kurze Strecke als regelmässige Synklinale ausgebildet ist.

Die makroskopische Betrachtung lehrt, dass das Gestein aus Quarzlinsen und Quarzflasern (oft von bedeutender Grösse) besteht, welche mit dünnen, glimmerreichen Lagen wechseln. Die Farbe ist im frischen Zustande meist dunkel und schimmert ins Bläuliche oder Grünliche. Die starke Zusammenpressung und Fältelung des Gesteins tritt besonders in der Vertheilung der Quarzlagen deutlich hervor.

Die von Herrn Dr. MILCH ausgeführte mikroskopische Untersuchung (vergl. den vorstehenden Abschnitt) stimmt auf das beste mit diesem Befunde überein; die Glimmerzonen bestehen hiernach aus farblosem Glimmer und Chloritblättchen sowie aus ziemlich grossen pleochroitischen Biotiten.

An accessorischen Mineralien werden oben (l. c.) Granat, Turmalin und Magnetit erwähnt. Von diesen ist der Granat von besonderer Wichtigkeit, da er stellenweise auch als wesentlicher Gemengtheil auftritt; echte Granatphyllite (bezw. Granatglimmerschiefer) finden sich u. a. bei Maria Luggau, St. Lorenzen, St. Jacob und Kötschach in erheblicher Ausdehnung.

Von weiteren Abänderungen sind Einlagerungen quarzitischer (südlich von Hermagor) und graphitischer Bänke (schwarze, feingeschichtete Schiefer im Egger Forst) hervorzuheben. Endlich ist der Umstand von Wichtigkeit, dass die Thonglimmerschiefer gelegentlich in echten Glimmerschiefer übergehen (Gegend von Tilliach und Maria Luggau, Nordgehänge oberhalb von Dellach im Gailthal). Andererseits finden sich glimmerarme Gesteine, die den Uebergang zum Thonschiefer bezeichnen (Kreuzberg bei Sexten, Comelico).

Kalkphyllitbänke sind hingegen ausserordentlich selten und nur bei Reissach (vergl. unten) aus den hangendsten Partien des Phyllites bekannt.

Da das Liegende des Phyllites unbekannt ist, so erscheint für die Altersbestimmung die genaue Untersuchung der im Hangenden folgenden Gesteine von besonderer Bedeutung: Ueberall im ganzen Gail- und Lessachthal folgen südlich von dem steil aufgerichteten Phyllit mit gleichem Strecken und Fallen die Thonschiefer und Kalke der Mauthener Schichten. Eine concordante Ueberlagerung der einen durch die anderen ist um so wahrscheinlicher, als südlich von den Mauthener Schichten Obersilur und Devon lagern. Trotzdem ist mir nur eine Stelle bekannt geworden, wo der Uebergang von Quarzphyllit zum Schiefer mit unzweifelhafter Deutlichkeit zu beobachten ist. Meist hat sich gerade längs der Trennungsfläche die Furche des heutigen Thales eingeschnitten, und auf der kurzen Strecke im unteren Lessachthal, wo die Grenze auf dem südlichen Gehänge verläuft, bedeckt der Gehängeschutt die Aufschlüsse. Nur an dem Wege, der südlich von Liesing den tiefen Einschnitt des Gailflusses verquert und über den Obergailberg (1435 m) zum Frohnthal hinüberführt, beobachtet man den allmäligen Uebergang vom Quarzphyllit zum Schiefer. Es schieben sich dreimal

Zu Seite 192.

Profil-Tafel VIII.

Gailfluss. Obergail.

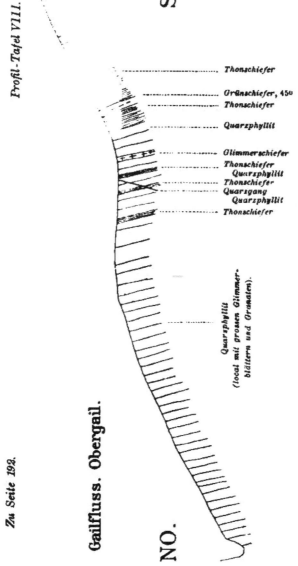

NO.

SW.

Quarzitschiefer

Thonschiefer

Grünschiefer, 45⁰
Thonschiefer

Quarzphyllit

Glimmerschiefer
Thonschiefer
Quarzphyllit
Thonschiefer
Quarzgang
Quarzphyllit

Thonschiefer

Quarzphyllit
(local mit grossen Glimmer-
blättern und Granaten).

Profil des Obergailberges.

Zeigt den allmähligen Uebergang vom Quarzphyllit zu dem Thonschiefer der Mauthener Schichten.
(In dem Grünschiefer ist die Neigung etwas weniger steil als auf der Zeichnung angegeben wurde).

Lagen von typischem Thonschiefer in die Quarzphyllite ein, welch letztere in den hangendsten Bänken zum Theil glimmerschieferähnlich werden. Dann beginnt die Herrschaft des normalen bläulichen Thonschiefers, dem unten einige dünne Bänke von Grünschiefer (3—10 m an den verschiedenen Punkten mächtig) eingelagert sind. (Vgl. das nebenstehende Profil.)

Weiter oben stellt sich an Stelle des etwa zu gleichen Theilen aus Quarz und Schiefermaterial bestehenden Thonschiefers Quarzitschiefer ein; derselbe setzt den Kamm zusammen, dessen einer Kopf als Gemskofel ($\triangle$ 2114 m) bezeichnet wird (vergl. Profil VII, S. 111; der Quarzitschiefer ist dort durch ein Versehen als Thonschiefer bezeichnet); auch eine Lage von Thonschiefer mit grossen Quarzflasern findet sich beim Anstieg. Das Streichen (welches häufig abgelesen wurde), ist durchweg NW (bei WNW)—SO. Die Quarzphyllite und Thonschiefer stehen im Allgemeinen saiger oder sind sehr steil nach SW geneigt; nur in der Mitte des Profiles findet sich local ein flacheres Einfallen nach derselben Richtung, das bei den Grünschieferbänken 45° beträgt.

Herr ROMBERG hat die Freundlichkeit gehabt, diesen Grünschiefer und den Quarzitschiefer des Gemskofels mikroskopisch zu untersuchen. Die Schichtung des Grünschiefers ist auch im Dünnschliff deutlich; die grünlichen, welligen Schichtbegrenzungen weichen den grösseren Krystallen (Magnetit) aus. Die Hauptbestandtheile sind Chlorit und Quarz; ausserdem finden sich Magnetit, Epidot und Plagioklas.

Der Quarzitschiefer (Obergailthal, 760 Schritte westlich vom Roracher) besteht im wesentlichen aus Quarz. Chlorit ist weniger häufig; ausserdem finden sich Plagioklas und Rutilnädelchen.

An anderen Stellen (bei Mellach unweit Hermagor, Mauthen, Dorferthal bei Ober-Tilliach, Obstoanser-See) wird die Grenze von Quarzphyllit und Mauthener Schiefer durch einen Thonschiefer mit grossen Quarzflasern gekennzeichnet. Das letztere Merkmal erinnert an den Quarzphyllit; hingegen fehlen die deutlichen dieses Gestein kennzeichnenden Glimmerblätter (nur am Obstoanser-See treten auch diese zuweilen auf); jedenfalls haben wir es mit einer wahren Uebergangsbildung zu thun. Westlich vom Obstoanser-See, im Winkler, Holl

brucker und im Sägebachthal kennzeichnet — wie bei Ober-
gail — eine mächtige Einlagerung von grünen Chloritschiefern
den tiefsten Theil der Mauthener Schiefer.

Für die Altersdeutung der Quarzphyllite ist der Umstand
allein massgebend, dass dieselben das normale Liegende der
Mauthener Schichten bilden. Die letzteren entsprechen ungefähr dem gesammten Untersilur (vgl. unten). Ein Hinabreichen bis in das Cambrium ist angesichts ihrer grossen
Mächtigkeit nicht auszuschliessen und wahrscheinlicher als die
theilweise Zurechnung des Quarzphyllites zum Untersilur;
jedenfalls ist also für das letztgenannte Gestein eine nicht näher
zu begrenzende Stellung im Cambrium die naheliegendste
Annahme. Für ein praecambrisches Alter sprechen keinerlei
Gründe.

2. Das dioritische Ganggestein von Reissach und die geologische Vertheilung der Karnischen Eruptivgesteine.

Porphyrische oder körnige Ganggesteine sind, wie
eine neuerliche Zusammenstellung von TELLER[1] zeigt, in den
Phylliten der Ostalpen weit verbreitet; die Auffindung
von einigen derartigen Punkten in den Karnischen Alpen ist
somit an sich nicht auffallend, wohl aber deshalb wichtig, weil
hier das geologische Alter dieser Eruptionen wenigstens mit
annähernder Sicherheit zu bestimmen ist.

Das am besten bekannte Gestein kommt am Südabhang der
nördlichen Gailthaler Berge bei dem Gehöfte Forst oberhalb
von Reissach vor; die Schichtenfolge ist aus nebenstehendem
Profil zu ersehen. Die Aufschlüsse in den kleinen Bachrissen
sind stellenweise nicht schlecht; jedoch bedeckt leider dichter
Waldwuchs die Grenzfläche des Eruptivgesteins gegen den
Phyllit, so dass über etwaige Contacterscheinungen nichts in
Erfahrung zu bringen war. Allerdings stösst in dem ersten
Graben östlich von Forst das Eruptivgestein scharf an dem
Phyllit ab; doch scheint hier eine Verwerfung vorzuliegen;
wenigstens wurde keine Spur von Umwandelung beobachtet.
Der Gang — denn ein solcher liegt wohl sicher vor — dürfte

1) Ueber porphyritische Eruptivgesteine aus den Tiroler Centralalpen.
Jahrbuch der k. k. Geologischen Reichsanstalt 1883. S. 715.

wenig über 100 m mächtig sein und hält auch im Streichen nur für einige Hundert Meter an.

Die genauere Beschreibung des im S des Profils auftretenden eigentümlichen Sericitphyllites (mit Chlorit und grossen Magnetitoctaedern, welche Granatkörner umschliessen) ist im petrographischen Anhang von Herrn Dr. MILCH gegeben. Es ist das einzige derartige Gestein, welches ich im nördlichen Gailthaler Gebirge gefunden habe.

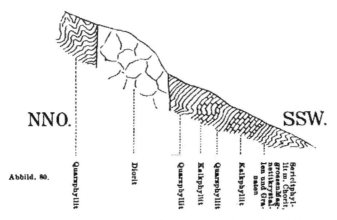

NNO.   SSW.

Abbild. 80.

Quarzphyllit   Diorit   Quarzphyllit   Kalkphyllit   Quarzphyllit   Kalkphyllit   Sericitphyllit m. Chlorit, grossenMagnetitkrystallen und Granaten

Das Profil von Forst zwischen Reissach und Kirchbach.

Der Kalkphyllit, dessen Wechsellagerung mit Quarzphyllit deutlich beobachtet werden konnte, ist schwarz und weiss gefärbt. Die deutlich ausgeprägte Klüftung des Diorits verläuft ungefähr parallel zur Schichtung des Phyllites.

Einem offenbar übereinstimmenden Typus von Ganggesteinen gehören zwei räumlich begrenzte Vorkommen an, welche den Mauthener Schiefern der Hauptkette eingeschaltet sind. Das an der Wodner Hütte im Wolayer Thal vorkommende Gestein unterscheidet sich von dem Reissacher dadurch, dass die braune Hornblende noch Augitkerne umschliesst. Da auch vergl. den petrogr. Theil) die Structur unserer Diorite Annäherung an die porphyrische zeigt, ist ein Vergleich mit den

13*

dunkelen, augitreichen und quarzarmen Porphyriten von Vintl und Mühlbach [1]) (Pusterthal) nicht fernliegend.

Das dritte oben (S. 11) beschriebene Vorkommen gehört den östlichen Karawanken an, wo am Goritschacher Bache inmitten des Alluviums ein grosskörniges Eruptivgestein vorkommt, dessen nähere Untersuchung durch ungünstige Umstände verhindert wurde. Doch kann man angesichts der körnigen Structur und des Vorkommens grosser dunkelgrüner und weisser Krystalle nur darüber im Zweifel sein, ob es sich um einen Diorit oder einen Diabas handelt.

Auf Grund eines reichen Untersuchungsmaterials hat TELLER festgestellt, dass schmale, meist wenige Meter mächtige Gänge porphyritischer Eruptivgesteine in den verschiedensten Theilen der Ostalpen vorkommen (Adamello-Gebiet, Brixener Granitwall, Antholzer Gruppe und Pusterthal). „Bald sind es massige, bald geschichtete Gesteine, in welchen diese Porphyrite zu Tage treten; sie durchsetzen sowohl die granitischen Kernmassen, wie ihre Gneissglimmerschieferumhüllung; sie durchbrechen die Gesteine der jüngeren Phyllitzone des Pusterthales und in der südlichen und westlichen Umrandung des Adamello reichen derartige Intrusionen sogar noch in permische und triadische Schichtencomplexe hinauf.“ „Angesichts der oft überraschenden Gleichartigkeit der Gesteinsentwickelung an räumlich weit auseinanderliegenden Beobachtungspunkten und der Uebereinstimmung, welche in Bezug auf Lagerungsform und Mächtigkeitsverhältnisse der Vorkommnisse besteht,“ liegt es nach TELLER zwar nahe, alle diese Gesteine als Ergebniss einer Eruptionsepoche aufzufassen; „begründen lasse sich eine solche Auffassung aber vorläufig noch nicht.“

Die Eruptivgesteine, welche in verschiedenen Horizonten der Karnischen Alpen vorkommen, lassen die soeben angeführte Ansicht TELLERS wenigstens für den östlichen Theil der Ostalpen als nicht zutreffend erscheinen. Unsere Dioritgänge können als unmittelbare Forschung der im Thonglimmerschiefergebiete des Pusterthales (TELLER l. c. p. 743—746) bei Bruneck und Mühlbach vorkommenden Porphyrite angesehen werden. und sind auf das älteste Palaeozoicum (? Cambrium und Unter-

---

[1]) Teller l. c. S. 717.

silur) beschränkt. Wie die tabellarische Uebersicht der Formationen (S. 4) zeigt, sind das Obersilur und das gesammte Devon frei von Eruptivgesteinen. In den obersilurischen Schiefern hätte ein dunkeles Eruptivgestein vielleicht unbemerkt bleiben können, aber für die weissen Devonkalke, auf deren Untersuchung besonders viel Zeit verwendet worden ist, muss ein solches Uebersehen als höchst unwahrscheinlich bezeichnet werden.

Die eruptive Thätigkeit erreichte also mit dem Untersilur ihr Ende; für diese Annahme spricht auch die Verbreitung grüner, tuffartiger, z. Th. Augit führender Schiefer in den Mauthener Schichten.

In das Untercarbon fällt dann der Erguss ausgedehnter deckenartig ausgebreiteter Massen von Diabas und spilitischem Mandelstein; das Obercarbon ist frei von Eruptivgesteinen, während weiter oben in den permischen Grödener Schichten die Ausläufer der Bozener Porphyrergüsse auftreten.

Bellerophonkalk, Werfener Schichten und unterer Muschelkalk kennzeichnen wieder eine Unterbrechung der vulkanischen Thätigkeit; an der oberen Grenze des Muschelkalkes liegen die Einschaltungen des Raibler Quarzporphyrs.

Die Annahme, dass die Ausbrüche eruptiver Gesteine in vier verschiedenen, durch Zwischenräume unterbrochenen Perioden stattfanden, wird vor allem durch das überall beobachtete Zusammenkommen von Tuffen und Eruptivmassen erwiesen; nur im Quarzphyllit und im Untersilur finden sich reine Ganggesteine.

Bemerkenswerth ist ferner der Umstand, dass die Diorite, Diabase und Porphyrite des Untersilur und Untercarbon einerseits, die Quarzporphyre des Perm und der Trias andrerseits nahe Beziehungen zu einander erkennen lassen und somit wohl demselben Bildungsheerde entstammen. Der bedeutungsvollste Wendepunkt für die Tektonik wie für die petrographische Beschaffenheit der Eruptivgesteine des Karnischen Gebietes fällt in die Mitte des Carbon.

3. Ueber die Verbreitung des Quarzphyllites in den Ostalpen und sein Verhältniss zu anderen krystallinen Gesteinen.

Da organische Reste im Quarzphyllit bisher weder gefunden sind noch auch voraussichtlich gefunden werden dürften, so ist man für die Beurteilung der Altersstellung lediglich auf die stratigraphischen Beobachtungen angewiesen. Der Quarzphyllit gehört zu der Gruppe der in der sogenannten Schieferhülle vertretenen halb - oder ganzkrystallinen Gesteine, welche die älteren Gneisse und Glimmerschiefer der Centralalpen hüllenförmig umgeben. Für die Deutung dieser Gebilde sind die vor langer Zeit von ROLLE und STUR (Geologie der Steiermark S. 66) im Bachergebirge gemachten Beobachtungen bedeutungsvoll, nach denen die Gesteine der Schieferhülle discordant den älteren krystallinen Gesteinen auflagern. In dem vorliegenden Falle liegt im Bachergebirge am Ufer der Drau das jüngste Glied der Schieferhülle, der Thonglimmerschiefer (Quarzphyllit) unmittelbar auf Gneiss und Granit.

STACHE hat das weitere Verdienst, den Gesteinen der Schieferhülle ihren Platz in der palaeozoischen Schichtenreihe angewiesen zu haben. Weniger geglückt ist die weitere Gliederung in die 1) Quarzphyllit-, 2) Kalkphyllit- und 3) Kalkthonphyllit-Gruppe, deren provisorischen[1]) Charakter der Verfasser allerdings selbst hervorgehoben hat. Schon im Sinne der ursprünglichen Abgrenzung (Jahrb. der k. k. Geol. Reichsanst. 1874 S. 148 ff. und Verhandl. 1874 S. 214) vertreten sich die Gruppen theilweise; so greift die Kalkthonphyllitgruppe „tief in die Bildungszeit der beiden anderen Gruppen ein" und „repräsentirt wahrscheinlich ein Aequivalent aller

---

[1]) Da der Verfasser im Jahre 1874 nur den „Versuch einer kritischen Darlegung des Standes unserer Kenntnisse von den Ausbildungsformen der vortriadischen Schichtencomplexe in den österreichischen Alpenländern" oder „eine orientirende Vorstudie" liefern wollte, so verbietet sich eine kritische Besprechung der damals veröffentlichten Ansichten von selbst. Auch in der späteren, 1885 in der Zeitschrift der deutschen geologischen Gesellschaft (S. 277 ff.) niedergelegten Arbeit konnte es sich noch nicht „um die angestrebte Durchführung einer endgiltigen Gliederung des alpinen Silur und noch weniger der ganzen palaeozoischen Schichtenreihe selbst" handeln.

in den Nord- und Südalpen vertretenen palaeozoischen Gruppen bis zur Trias, wenngleich vielleicht nicht ohne starke Lücken" (Verhandl. der Geol. Reichsanstalt 1874 S. 216). Ein weiterer Nachtheil der Eintheilung STACHE's besteht darin, dass den palaeozoischen „Gruppen" ausgedehnte Massen triadischer Kalke (Fellagebiet, Tribulaun und Kirchdach am Brenner) zugewiesen wurden.

Die neueren Einzelaufnahmen im Gebiete der krystallinen Gesteine, die von HOERNES, VACEK und GEYER ausgeführt wurden, haben somit manigfache Aenderungen der obigen Gliederung zur Folge gehabt. Jedoch bestehen auch zwischen den genannten Forschern nicht unerhebliche Meinungsverschiedenheiten, was bei der Schwierigkeit des Gegenstandes nicht Wunder nehmen kann.

Da nun die gesicherte geologische Stellung des in dem engeren Gailthaler Gebiete beobachteten Quarzphyllites vielleicht über die Deutung der übrigen krystallinen Gesteinsgruppen Licht zu verbreiten vermag, so erscheint ein kurzes Eingehen auf die neueren Arbeiten geboten. Der Quarzphyllit des Gailthales setzt nach Westen zu unverändert fort. Die Angaben verschiedener Geologen sowie meine eignen Excursionen im Gebiete des Pusterthales, des Ridnaun- und Brenner-Gebietes, des oberen Innthales und des Vorarlberges lassen hierüber keinen Zweifel. Aus der Umgegend von Bruneck (TELLER, Jahrb. d. G. Reichsanstalt 1886 S. 744), vom Penser Joch, von Klausen (v. MOJSISVOICS, Dolomitriffe S. 123), Waidbruck (ibid. S. 123), von der Cima d'Asta (ibid. S. 400 ff.) und von Recoaro (BITTNER, Jahrb. d. G. Reichsanstalt 1883 S. 579) und vom Adamello wird derselbe Quarzphyllit bezw. Thonglimmerschiefer als jüngstes bekanntes Gestein der krystallinen Reihe beschrieben und es liegt keine Veranlassung vor, an der Gleichartigkeit des Gesteines mit dem der Gailthaler Berge zu zweifeln. Es sei u. a. noch besonders hervorgehoben, dass die Karnische Hauptkette in der Fortsetzung der Aufwölbungszone der Cima d'Asta liegt (vergl. unten).

Besonders lehrreich ist die eingehende petrographische Schilderung – die einzige bisher veröffentlichte der Art – welche WILH. SALOMON von den Gesteinen der „Quarzphyllitgruppe STACHE's"

entworfen hat, wie sie im italienischen Antheil der Ada-
mello-Gruppe am Monte Aviólo auftritt. (Zeitschrift d. deutsch.
geologischen Gesellschaft 1890 S. 467—469 und mikroskopisch-
petrographische Uebersicht S. 528—535.) Da die Beschreibung
fast Wort für Wort auf die Quarzphyllite des Karnischen Gebietes zutrifft und somit die weite Verbreitung einer petrographisch einheitlich zusammengesetzten Gruppe erweist, so möge sie im Folgenden wiedergegeben werden
(S. 467 ff.):

Das vorherrschende Gestein im Ogliothal, der Quarzphyllit,
besteht aus „abwechselnd dünnen Lagen von Quarzkörnchen
in quarzitischem Gefüge und solchen von Phyllit, die ihrerseits
wieder häufig mächtigere Knauern und Linsen von weissem,
gröber körnigem Quarz" umschmiegen..... Je nachdem nun
darin die Zahl und Mächtigkeit der Phyllit- bezw. Quarzit-
lager auf Kosten der anderen zunehmen, erhält das Gestein
mehr der Habitus echter Phyllite oder echter Quarzite.

Die letzteren sind nicht so häufig ausgebildet wie die
Phyllite. Diese finden sich auch in zahlreichen Varietäten,
gehören aber immer der Glimmerschiefer-ähnlichen, deutlicher
krystallinischen Abtheilung an, die man „Thonglimmerschiefer"
oder „glimmerige Phyllite" zu nennen pflegt."..... „Echte
Vertreter der mehr Thonschiefer-ähnlichen Schistite treten nur
ganz untergeordnet auf. [In unserem Gebiete im Comelico.]
Dagegen entstehen umgekehrt durch Vermehrung des Glimmer-
gehaltes und die dadurch bedingte Zunahme des Glanzes auf
den Schichtflächen Gesteine, die man vielleicht als Glimmerschiefer bezeichnen würde." Diese letzteren finden sich in
grösserer Ausdehnung im oberen Lessachthal, zwischen Ober-
Tilliach und Liesing, treten aber am Monte Aviolo nur untergeordnet und ganz local auf.

„Ordnen wir nun all die Gesteine, welche den bisher betrachteten unteren Schiefercomplex zusammensetzen, in einer
Reihe an, entsprechend ihrer Verbreitung und Wichtigkeit, so
müssen wir mit den Quarzphylliten und normalen Phylliten
beginnen. Es folgen dann Quarzite, kohlenstoffreiche
Phyllite [unsere graphitischen Schiefer], Chloritphyllite
[an der oberen Grenze der Quarzphyllite], sericitische Phyllite [Reissach, Valle Visdende u. Comelico], Granatphyllite

[im Lessachthal sehr verbreitet], Biotitphyllite, Feldspath- und Epidot-Amphibolite, Phyllitgneisse [die letzteren Varietäten fehlen im Gailthal], ganz vereinzelt auch Lagen von Feldspath führendem Quarzit, endlich noch seltener Lagen von Thonschiefer-ähnlichem Phyllit-Schistit." Das zuletzt genannte Gestein ist im Comelico recht verbreitet, wurde dagegen im Gailthal kaum beobachtet.

Ueber die Gemengtheile bemerkt der genannte Verfasser weiter (S. 469): „In all den oben angeführten Varietäten der Phyllite ist Chlorit ein weit verbreiteter und charakteristischer Gemengtheil. Neben ihm findet sich in ungefähr gleicher Menge Muscovit und zwar entweder in grösseren, meist unregelmässig conturirten Lamellen, oder als Sericit in winzigen Schüppchen... Biotit wurde nur selten beobachtet..... Turmalin ist constant aber nur spärlich vorhanden. Von den Eisenerzen herrscht der Ilmenit bei weitem vor. Magnetit scheint recht selten zu sein und auch Pyrit wurde nur ganz vereinzelt beobachtet. Rutil tritt in sehr geringen Mengen auf. Die Titansäure scheint fast ganz und gar zur Bildung des Ilmenits verwendet worden zu sein." Auch am Monte Aviolo sind die Quarzphyllite älter als sämmtliche Eruptivgesteine.

Die beschriebenen Gesteine wurden der älteren Abtheilung von STACHE's Quarzphyllitgruppe zugerechnet und überlagern ihrerseits die Gneissphyllite.

Während die gleichartige Fortsetzung der Quarzphyllite nach Westen hin ausser Zweifel steht, ergeben sich beim Vergleich mit den östlich gelegenen Gebieten allerhand Schwierigkeiten. Eine „Quarzphyllitgruppe" wird zwar auch von VACEK aus dem Grazer Becken und von GEYER aus dem Oberen Murthal beschrieben; der petrographische Charakter derselben zeigt jedoch wenig Aehnlichkeit mit dem Quarzphyllite des Westens. Die Richtigkeit dieser Anschauung ergiebt sich am klarsten aus den Beschreibungen der genannten Geologen. Das Obere Murthal, das Gebiet der Aufnahmen G. GEYER's (Verhandl. der Geolog. Reichsanstalt 1890 S. 203; 1891 S. 108 —120; S. 352—362) entspricht einer W—O verlaufenden Depression zwischen den beiden divergirenden Hauptästen der Centralkette, die man als Niedere Tauern und Norische Alpen bezeichnet. Diese letzteren bestehen aus den älteren

krystallinen Gesteinen (A), während in der zwischenliegenden Bucht die jüngeren halbkrystallinen Schiefer
und Kalke (B) erhalten geblieben sind.

A. Das altkrystalline Grundgebirge zerfällt von unten
nach oben in:

I. **Gneiss-Serie.**

1. Hornblendegneiss.
2. Schieferige oder porphyrische Gneisse mit
   Glimmerschieferlagern.

II. **Glimmerschiefer-Serie.**

1. Grobschuppiger, quarz- und erzreicher Glimmerschiefer mit Pegmatit, Kalk- und Am-
   phibolitlagern,
2. Hellgrauer, feinschuppiger Granatenglimmerschiefer (ohne Pegmatit u. Hornblendeschiefer).

B. Die jüngere Gruppe der halbkrystallinen Gesteine besteht aus:

III. der **Kalkphyllit-Gruppe.**

An der Basis liegen grüne Hornblendeschiefer
(Strahlsteinschiefer). Darüber folgen hellbraune
kalkreiche Schiefer (Biotitschüppchen, dicht ver-
filzt mit feinen Kalk-Lamellen, mit dünnen Lagen
von blaugrauem, körnigem Kalke wechselnd); in
dem Kalkschiefer erscheinen häufig schwarze
graphitische Schiefer. Dem oberen Theile der
ganzen Gruppe gehören zwei oder drei Lager
von wohlgeschichtetem krystallinem Kalke
an. Crinoidenreste sind zweimal in den Kalkschiefern gefunden worden. Diese Gesteine sind
ferner in der Schieferhülle der Hohen Tauern, besonders zwischen Ankogel und Radstädter Tauern
entwickelt und von den gleichartigen Gebilden des
Murgebiets nur durch eine geringe Unterbrechung
getrennt.

IV. „Quarzphyllit"-Gruppe (in den beiden früheren Ver-
öffentlichungen „Kalkthonphyllit-Gruppe"), welche
discordant über dem Kalkphyllit bezw. über dem
Granatglimmerschiefer lagert. Die Quarzphyllit-

Gruppe wird „nur zum geringen Theile aus dem gleichnamigen Gesteine gebildet. In vollständigen Profilen
beobachtet man:

1. Dunkele graphitische Schiefer.
2. Quarzitische Schiefer mit Quarzitbänken,
   wechsellagernd mit braunen kalkreichen Schichten.
3. Darüber folgt als Hauptmasse der ganzen Abtheilung Grünschiefer mit untergeordneten Lagen
   von grünlichen Phylliten und Quarzitbänke.
4. Graue Thonschiefer.

Auch bei Judenburg kommen in diesem Horizont vor:
a) graue, milde, sericitisch glänzende, häufig graphitische Thonschiefer. Mikroskopische Gemengtheile: Muscovitschuppen mit
untergeordneten Quarzlinsen. b) Grünschiefer. Mikroskopische
Gemengtheile: Quarzkörner, rhomboedrische Carbonate, Plagioklas, sowie Glimmer und Epidot. (Die Zusammensetzung dieser
Gesteine stimmt gut mit der der Grünschiefer der Rauden- und
Hochspitz überein; vergl. unten.) c) Graue, oft sehr feinkörnige
Kalke.

Es bedarf wohl kaum des Hinweises, dass diese „Quarzphyllit-Gruppe" auch bei weitherziger Fassung des petrographischen Begriffes mit den westlichen Quarzphylliten wenig gemein
hat, und ähnlich steht es mit der von Vacek beschriebenen
„Quarzphyllit-Gruppe" des Grazer Gebietes. Selbstverständlich
ist den beiden genannten Geologen hieraus kaum ein Vorwurf
zu machen, vielmehr liegt der Grund wesentlich in der un-
bestimmten Begrenzung der krystallinischen Gesteins-Gruppen
Stache's. Geyer weist sogar (Verh. 1891 S. 358) ausdrücklich
auf eine „eventuelle Verschiebung hin, welche die Auffassungen
über die wahre Stellung jener Phyllite noch erfahren könnten".

Ueber die Stellung der halbkrystallinen Gesteine des Grazer
Gebietes tobt derzeit eine grimme Fehde zwischen Vacek und
R. Hoernes. (Vacek, über die geologischen Verhältnisse des
Grazer Beckens, Verhandl. d. Geol. Reichsanstalt 1891 S. 41—50;
Schöckelkalk und Semriacher Schiefer. Ebendaselbst 1892 S. 32
—49. R. Hoernes, Schöckelkalk und Semriacher Schiefer, Mit-
theilungen des naturwissenschaftlichen Vereines für Steiermark
1892.) Vacek nimmt die nachfolgende Schichtenreihe an:

Unterdevon (Lantschgruppe VACEK = Dolomitstufe CLAR et anct.)

Discordanz.

Schöckelkalk (bezw. Schöckelgruppe); an der Basis Grenzphyllit (Kalkschiefer) mit Crinoidenstielen.

Discordanz.

Quarzphyllit-Gruppe (= Semriacher Schiefer CLAR et anct.).

Discordanz.

Granatenglimmerschiefer-Gruppe.

Discordanz.

Gneiss-Gruppe.

HOERNES bestreitet nun die zahlreichen Discordanzen, deren Vorhandensein in den von VACEK aufgenommenen Gebieten nur vereinzelt von anderen Beobachtern bestätigt worden ist, und nimmt ferner — im Sinne von CLAR — an, dass der Schöckelkalk unter dem Semriacher Schiefer lagere. — Die Schichtenfolge ist also nach HOERNES:

Unterdevon.

Typischer Semriacher Grünschiefer (Chloritischer Hornblendeschiefer, dessen vollkommene petrographische Uebereinstimmung mit dem Grünschiefer von Murau durch GEYER und HOERNES ausdrücklich hervorgehoben wird).

Normaler Thonschiefer mit eingelagerten Kalkschiefern (zur Gruppe des Semriachers Schiefers gehörig).

Schöckelkalk.

Erzführender Schiefer mit Crinoiden (= Grenzphyllit).

Aeltere krystalline Gesteine.

Aus der vorhergehenden Darstellung ergiebt sich, dass die Quarzphyllit-Gruppe des Grazer und des Murgebietes nur zum allergeringsten Theile aus Gesteinen besteht, welche diesen Namen verdienen und dass somit von einer Uebereinstimmung mit den Quarzphylliten des Gail- und Pusterthales nicht wohl die Rede sein kann. Als einer der wesentlichsten Unterschiede sei das annähernd vollkommene Fehlen des Kalkes in den Gesteinen des Gail- und Pusterthales hervorgehoben. Das Vorkommen von Reissach bildet die einzige Ausnahme und findet sich an der oberen Grenze des Phyllites gegen die kalkreichen Mauthener Schichten. Es liegt somit nahe, an Stelle des wenig passenden Namens „Quarz-phyllit-Gruppe" die Bezeichnung „Semriacher Schiefer" (welche ohnehin die Priorität hat) für die fraglichen Gesteine des Grazer und Murauer Gebietes in Anwendung zu bringen.

Für die westlichen Quarzphyllite bleiben vielleicht als Aequivalent im Osten die oberen hellgrauen, feinschuppigen Granatenglimmerschiefer übrig. Zwar ist die petrographische Beschaffenheit, wie hervorgehoben werden soll, nicht durchweg übereinstimmend. Aber im oberen Lessachthal kommen jedenfalls Gesteine vor, auf welche die Bezeichnung Granaten-glimmerschiefer durchaus anwendbar ist (vergl. oben), und ferner sind die Abweichungen zwischen dem Granatenglimmerschiefer und dem westlichen Thonglimmerschiefer lange nicht so gross wie die Verschiedenheiten zwischen den Gesteinsgruppen, welche im Osten und Westen als Quarzphyllit bezeichnet worden sind.

Als Aequivalent des Semriacher Schiefers und Schöckelkalkes sind die untersilurischen Mauthener Schichten anzusehen, welche ebenfalls aus normalem grauen Thonschiefer, kalkreichem Thonschiefer, Kalk, Grünschiefer und Quarziten bestehen (vergl. unten). Phyllitische Lagen sind, wie es scheint, ebenso selten, wie in den Semriacher Schiefern. Der Umstand, dass die genannten Schichten im Gailthal aus Kalk und Schiefer in unregelmässigem Facieswechsel zusammengesetzt sind, und im Liegenden bald aus dem einen, bald aus dem anderen Gestein bestehen, erklärt vielleicht die auffallende Meinungsverschiedenheit zwischen VACEK und HOERNES. Der letztere Forscher hat auch für die Grazer Gegend ausdrücklich hervorgehoben, dass die relative Mächtigkeit der Thonschiefer und Kalke wechselnd sei und dass stellenweise der Schiefer einen guten Theil des Schöckelkalkes vertritt.

Wie unten auseinandergesetzt werden wird, entsprechen die Mauthener Schichten dem Untersilur, vielleicht sogar noch älteren Bildungen. Zu dem älteren Palaeozoicum haben aber auch die genannten Forscher den Schöckelkalk und Semriacher Schiefer gerechnet. Dass es sich nicht um altcambrische oder praecambrische Bildungen handeln kann, beweist das mehrfach erwähnte Vorkommen von Crinoiden. Vacek rechnet seine Schöckelgruppe sogar zum Obersilur, eine Anschauung, die nicht unmöglich, aber auch nicht sicher erweisbar ist.

Die Schichtenfolge, welche Vacek aus den nördlicher gelegenen Gebieten des Wechsels und des Semmering beschreibt, stimmt insofern nicht mit der des Grazer Beckens überein, als die Gruppe des Granatenglimmerschiefers fehlt. (Verhandl. d. Geolog. Reichsanstalt 1888 Nr. 2 und 1889 S. 16.) Ueber dem Gneiss liegt hier unmittelbar die Quarzphyllitgruppe, deren Gesteine jedoch mit denen der gleichnamigen westlichen Formationsabtheilung besser übereinstimmen. Wenigstens beschreibt Vacek vom Semmering die Zusammensetzung der Quarzphyllitgruppe wie folgt:

1) Grünschiefer von Payerbach und Reichenau. (cf. Semriacher Schiefer.)

2) Quarzarkosen mit sericitischem Bindemittel (Silberbergs-Conglomerate),

3) die Masse der typischen Quarzphyllite,

4) reiner Quarzfels,

Diese Schichtenfolge erinnert vollkommen an die im oberen Lessachthal (Kartitsch, Ober-Tilliach) beobachteten Profile, wo ebenfalls über dem normalen Quarzphyllit Thonschiefer mit eingelagerten arkosenartig ausgebildeten Grauwacken (z. Th. mit Sericit) und Quarzitschiefern, sowie weiterhin die Grünschiefer des Heret und Tilliacher Joches auftreten. Kalkige Schichten werden aus diesen tieferen Horizonten vom Semmering nicht erwähnt; aber ein vollständiges Fehlen von Kalkbildungen in dieser Schichtenreihe ist auch in den Karnischen Alpen nicht ungewöhnlich.

Ob man weiterhin die Granatenglimmerschiefer des Murgebietes mit den typischen Quarzphylliten des Semmering unmittelbar vergleichen kann, dürfte schwer festzustellen sein.

Die folgende Vergleichstabelle für die im Vorhergehenden erwähnten halbkrystallinen Gesteine ist der Natur der Sache nur als ein vorläufiger Versuch aufzufassen. Die von allen früheren Beobachtern hervorgehobene Bedeutung heteroper Verschiedenheiten innerhalb gleichalter Horizonte erhellt auch aus dieser Uebersicht:

	Karnische Alpen.	Semmering.	Oberes Murthal.	Grazer Gebiet.
Maulhener Schichten.	Grünschiefer, Thonschiefer, Kalk, Arkosen in unregelmässigen Wechsel.	Grünschiefer v. Payerbach. Arkosen, (Kalk fehlt).	Grünschiefer ("Quarzphyllitgruppe"). Thonschiefer. Quarzitischer Schiefer. Kalk u. Kalkschiefer mit Crinoiden.	Semriacher Grünschiefer. Thonschiefer. Schöckelkalk u. Kalkschiefer m. Crinoiden.
Cambrium? ← Untersilur.	Quarzphyllit.	Quarzphyllit = ? Gneiss.	Granatenglimmerschiefer. Gneiss.	Granatenglimmerschiefer. Gneiss.

VIII. KAPITEL.

Das Silur.

A. Das Untersilur.

1. Die untersilurischen Mauthener Schichten.

Der tiefere Theil der hierher gerechneten Schichten ist völlig versteinerungsleer, so dass die Abgrenzung gegen den Quarzphyllit auf Grund der Gesteinsverschiedenheit erfolgen musste. Es wurde bereits in dem vorhergehenden Abschnitte ausgesprochen, dass die Zurechnung des Quarzphyllites zum Cambrium und die der höheren Schichten zum Silur nur auf ungefähre Richtigkeit Anspruch machen kann.

Auch die obere Begrenzung des Untersilur beruht im Gebiete der Karnischen Alpen nur in dem (S. 15) beschriebenen Profile des Uggwagrabens auf streng palaeontologischer Grundlage: Die braunen Orthisschiefer mit der Fauna des oberen Untersilur werden hier von kohligen Graptolithenschichten überlagert, welche der tiefsten Zone des Obersilur entsprechen.

Jedoch ist meist das Obersilur palaeontologisch und petrographisch so gut charakterisirt, dass die Abgrenzung gegen die tieferen Schichten keine grossen Schwierigkeiten macht. Dasselbe besteht aus Orthocerenkalken mit der Fauna der böhmischen Stufe E_2; Thonschiefer treten im Obersilur nur untergeordnet auf, können dann allerdings kartographisch von den gleichartigen Untersilurschiefern kaum getrennt werden.

Eine besondere Benennung des tieferen Silur wird bedingt durch die eigenthümliche Zusammensetzung aus Thonschiefer (und klastischen Gesteinen), eingelagerten Kalken und verschiedenartigen Bildungen eruptiven Ursprungs (vereinzelte Diorite, ? Quarzporphyre und tuffartige Grünschiefer).

Ich bezeichne also als Mauthener Schichten das
1½—2 km mächtige, mannigfaltig zusammengesetzte
Gebirgsglied zwischen dem Quarzphyllit und dem obersilurischen Orthocerenkalk (bezw. Graptolithenschiefer). Dasselbe stellt die eigentümliche ostalpine Entwickelungsform des Untersilur dar; die obere und untere
Grenze ist nicht überall vollkommen befriedigend festgelegt.

Die palaeontologischen Beziehungen des ostalpinen
Untersilur weisen mehr auf den Westen (Frankreich und
England) als auf Böhmen hin; hingegen bildet die reiche
Fauna des Karnischen Obersilur einen zweifellosen Ab-
leger des böhmischen und leitet andrerseits nach Südwesten,
nach Languedoc und Spanien hinüber.

2. Die petrographische Beschaffenheit der Mauthener Schichten.

Die Masse der Mauthener Schichten besteht a) aus normalen klastischen Gesteinen, vor allem aus Thonschiefer sowie untrennbar verbundenen Grauwacken, Quarziten
und Grauwackenconglomeraten; an der Basis bildet der
Thonschiefer mit Quarzflasern eine ziemlich regelmässige
Zone. Eingelagert finden sich b) Kalk und Kalkschiefer,
c) verschiedene Eruptivgebilde und tuffartige Gesteine,
welche theils klastischen, theils eruptiven Ursprungs sind.
Diese Einlagerungen sind zum Theil auf bestimmte Horizonte
beschränkt, gestatten jedoch ebenso wenig wie die Versteinerungen auch nur den Versuch einer durchgreifen-
den Gliederung der mächtigen Schichtengruppe.

a) Normale klastische Gesteine.

Die folgenden Zeilen sollen naturgemäss nicht eine Wiederholung der bereits gegebenen Localbeschreibung unter anderen
Gesichtspunkten enthalten, sondern nur eine kurze Schilderung
der petrographischen und palaeontologischen Merkmale sowie
eine Schilderung der Faciesbezirke bringen.

Die Hauptmasse, etwa ²/₃ der gesammten Mauthener
Schichten des Karnischen Gebietes, besteht aus normalem

bläulichen Thonschiefer. Derselbe baut stellenweise, so
am Hochwipfel und in der Gegend von Untertilliach das
ganze Untersilur mit Ausschluss jeder anderen Gesteinsabände-
rung auf. Die Schichtenstellung ist fast immer steil oder vertical; Schieferung und Schichtung fallen, wie die Einlagerungen
anderer Gesteinsabänderungen erkennen lassen, meist zusammen.
Druck- und Faltungserscheinungen wurden inmitten des Schiefers selten (nur am Ofener Joch) beobachtet. Hingegen sind,
wie die häufigen Hinweise in den Einzelbeschreibungen zeigen,
die Grenzen der eingefalteten bezw. überschobenen Devonkalke
durch eine grosse Mannigfaltigkeit von Einfaltungen, Reibungsbreccien, Zerreissungen und Zerquetschungen gekennzeichnet;
hier finden sich auch, wenngleich selten (Monte Palumbina,
Königswand) echte Griffelschiefer.

Die nördliche Grenze der Schiefer gegen den
Quarzphyllit wird, wie schon oben erwähnt, meist durch
Vorkommen von Thonschiefer mit Quarzflasern bezeichnet, die eine einigermassen beständige Zone bilden. (Südlich
von Hermagor, Mauthen, Niedergail-, Roller-, Dorfer-Thal,
Obstoanser See.) An dem letztgenannten Punkte tritt dies Gestein in unmittelbarer Verbindung mit den grau, violett oder
grün gefärbten sericitischen Chloritschiefern auf, welche
weiter westlich bis zum Sägebachthal bei Sillian die eigentliche Grenzzone kennzeichnen.

Im Sittmooser Thal (südlich von St. Jacob) fehlt die
Grenzzone zwischen Quarzphyllit und dem halbkrystallinen
Kalk der Mauthener Alp — vielleicht infolge einer Verwerfung. Weit im Osten, in den Karawanken, findet sich im
untersten Theile der Mauthener Schichten ein grauer, quarzitischer glimmerreicher Schiefer (Lind im Gailthal), bei Reissach und im östlichen Theile des Valle Visdende scheint
ein sericitischer Phyllit den Uebergang der beiden Gebirgsglieder zu bilden und am Obergailberg findet, wie oben erwähnt, eine mehrfache Wechsellagerung statt: Eine kartographische Ausscheidung der unteren Zone erschien
angesichts dieser mannigfachen Unregelmässigkeiten
nicht empfehlenswerth.

Unter den Einlagerungen im Thonschiefer ist zumeist
der schwarze, meist weissgeaderte Kieselschiefer zu nennen,

der an verschiedenen Punkten in Lagern von geringer Mächtigkeit auftritt: Zwischen Krainburg und Podlanegg in
den Ostkarawanken (hier mit Pyritwürfelchen). bei Arnoldstein, Achomitz, im Uggwathal (schwarze und weisse,
überaus dünne Schichten wechseln mit einander ab), Feldkogel bei Reissach, Valle Visdende u. s. w. Die geringe
Mächtigkeit der Kieselschiefer bildet einen bezeichnenden Unterschied der Silurschiefer und der sonst recht ähnlichen Culmgesteine, unter denen die Kieselschiefer eine hervorragende
Stelle einnehmen. Die schwarzen graphitischen kieselreichen
Schiefer, welche sich am Findenigkofel (S. 70), der Casa Meledis und am Hochalplspitz (S. 113) finden, schliessen sich den
Kieselschiefern eng an, gehören aber wohl durchgängig schon
zum Obersilur.

Grössere Verbreitung besitzen die Lagen von Grauwacke
und Grauwackenschiefer, welche der Masse nach in den
Westkarawanken den Thonschiefer übertreffen, im
Osten der karnischen Hauptkette noch recht bedeutsam sind
und nach Westen zu allmälig abnehmen. Die hervorragenderen
Kämme der westlichen Karawanken bestehen aus diesem widerstandsfähigen Gestein, das häufig ein dichtes, gleichförmiges
Aussehen besitzt und dann an gewisse Eruptivgeseine erinnert;
am Kamenberg kommt eine charakteristische Glimmergrau-
wacke vor. Aus der Karnischen Hauptkette seien erwähnt die
Vorkommen südlich des Poludnigg, bei Tröppelach (feste, quarzitische Grauwacke), Mauthen, östliches Valle Visdende (Grauwackenschiefer), Monte Palumbina (sericitische Grauwacke),
Schuster- und Winkler Thal (arkosenähnliche Grauwacke und
Grauwackenschiefer).

Die gleichförmig zusammengesetzten Quarzite gehen oft
unmerklich in die aus mannigfachen Gemengtheilen (Quarzkörner, Thonschieferbröckchen, Glimmer, Kieselschiefer, umge-
arbeitete krystalline Schiefer) zusammengesetzten Grauwacken
über (arkosenartiger Quarzit südlich des Poludnigg), stehen
jedoch an Mächtigkeit und Verbreitung den ersteren bei Weitem nach. Graue Quarzite treten auf an der Königswand
(Taf. XIII) und im Valentin-Thal (hier mit Pyrit); Quarzitschiefer (blauer Thonschiefer im Wechsel mit weissen oder
braunen Quarzitlagen) findet sich am Gemskofel (vergl. oben

14*

S. 193) und im Leitenthal, hellgrüner, glimmeriger Quarzitschiefer am Colle di Canova.

Local sind die Grauwacken auch mit Conglomeratlagen vergesellschaftet, die jedoch, obwohl an verschiedenen Punkten beobachtet, stets nur geringe Mächtigkeit und Verbreitung besitzen: Unmittelbar oberhalb von Tröppelach findet sich ein aus Brocken von Kieselschiefer und Thonschiefer bestehendes, verhältnissmässig feinkörniges Conglomerat; ein ähnliches Gestein steht am Feldkogel (S. 68) und auf der Würmlacher Alp an (S. 78), wo dasselbe mit Grauwacke zusammen vorkommt und vorwiegend Kieselschieferbrocken enthält. Im unteren Valentin-Thal beobachtet man eine conglomeratische Grauwacke mit grösseren, z. Th. wasserklaren Quarzkörnern.

b) Die grünen Gesteine (Schiefer und Quarzite) und die Eruptivgesteine.

In unmittelbarem Zusammenhang mit den normalen klastischen Schiefern und Grauwacken und durch zahlreiche Uebergänge mit ihnen verbunden finden sich grüne Gesteine (Schiefer, Grauwacken und Quarzite). Dieselben bilden Einlagerungen z. Th. von bedeutender Mächtigkeit, aber geringer Längsausdehnung und heben sich landschaftlich durch ihre schroffen Formen und die dunkle blaugrüne Farbe von den normalen Thonschiefern scharf ab. (Vergl. die Abbildung der Tiefenspitz S. 104 sowie die des Heret und der Rosskarspitz S. 124.)

Ein Zusammenhang mit Eruptivgesteinen ist stellenweise zu beobachten: Die grünen Schiefer und Quarzite erscheinen vielfach in der Nähe von Eruptivgesteinen und lassen in ihrer kartographischen Begrenzung eine auffällige Aehnlichkeit mit den Mandelsteinen des Culm erkennen, welche ja auch den normalen klastischen Gesteinen eingelagert sind.

Die mikroskopische Untersuchung lässt uns hinsichtlich dieser auch in anderen Theilen der Ostalpen verbreiteten aber wenig bekannten Gesteine so gut wie gänzlich im Stich. Sie lehrt nur, dass die Grünschiefer, abgesehen von den Bestandtheilen eruptiver Herkunft, reich an normalem klastischen

Material, d. h. an Quarzkörnern sind. Herr Dr. MILCH, der doch hinreichende Erfahrung auf dem Gebiete metamorpher Eruptivgesteine besitzt, schrieb mir auf Grund einer Durchsicht der gesammelten Handstücke und der davon gefertigten Dünnschliffe: „Alle Gesteine sind so hochgradig metamorph, dass von Structurresten gar nicht die Rede sein kann, und mineralogisch bestehen sie, von wenigen grossen Quarzen und Feldspathen abgesehen, die ihrerseits auch wieder durch Quetschung charakterlos geworden sind, aus Neubildungen von Quarz und Feldspathmosaik, Chlorit, Sericit und Erz; damit lässt sich aber auch nichts anfangen." Unter diesen Umständen verzichtete Herr Dr. MILCH naturgemäss auf eine Beschreibung und Eintheilung der Gesteine. „Ich glaube sogar", fährt derselbe fort, „bei dem jetzigen Stande der Wissenschaft wäre eine Aufsammlung grosser Suiten nach einer vorläufigen mikroskopischen Untersuchung, die erste Bedingung, unter der sich bei ähnlichen Gesteinen etwas erreichen lässt, auch noch ziemlich hoffnungslos. Makroskopische Unterschiede verschwinden oft bei derartigen Gesteinen unter dem Mikroskop, ohne dass andere gute Merkmale an ihre Stelle treten, desshalb scheint mir eine Eintheilung auf Grund der geologischen Aufnahme noch ein besseres Auskunftsmittel als eine Eintheilung nach gekünstelten mikroskopischen Unterschieden."

Ich habe diese Worte wiedergegeben, um die geringe Rücksichtnahme auf die mikroskopische Petrographie zu rechtfertigen. Uebrigens sei hervorgehoben, dass nach einer mündlichen Mittheilung des Herrn Oberbergrath VON MOJSISOVICS ganz ähnliche Erfahrungen bei einer auf seine Veranlassung ausgeführten Untersuchung von Tauerngesteinen gemacht wurden. Bei anderen Gelegenheiten, vor allem bei der Unterscheidung von dichten Eruptiv- und Grauwackengesteinen, welche z. Th. eine auffallende äussere Aehnlichkeit besitzen, hat jedoch die mikroskopische Untersuchung recht wichtige Dienste geleistet.

Das östlicher gelegene Verbreitungsgebiet der grünen Gesteine umfasst den schroffen Kamm Tiefenspitz — Steinwand (Monte Cresta Verde △ 2514 m) — Kesselkofel. (Vergl. Profil-Tafel V S. 111.) Dasselbe sendet Ausläufer nach Westen zur Hochspitz und nach Osten zur Gruhen-spitz, wo inmitten der aufgeschobenen Silurschiefer violette und grünliche Schiefergesteine auftreten. Das Vorkommen der ersteren Farbenvarietät ist für dies Verbreitungsgebiet bezeichnend. Die Uebergänge in den normalen Thonschiefer (Wechsellagerung am Südabhang der Raudenspitz, graugrüner Schiefer am Wasserkopf) sind überall deutlich ausgeprägt.

Die grünen quarzitischen Gesteine der Hochspitz (2592 m., südlich von Maria Luggau) bestehen, wie die Untersuchung von Dünnschliffen lehrte, in erster Linie aus zahlreichen Quarzkörnern und einem grünen chloritischen, die Färbung bedingenden Mineral, ferner aus Kalkspath, Plagioklas, hellem Glimmer, Epidot und Erz. Der Uebergang in den Thonschiefer erfolgt durch Einlagerung von Quarzitbänken, die allmälig den ersteren verdrängen.

Eine bemerkenswerte Folge des Kalkgehaltes ist das Vorkommen von schönem Edelweiss auf der Hochspitz und Raudenspitz (2485 m.). Diese Pflanze bevorzugt bekanntlich reinen Kalkboden und findet sich im Urgebirge nur dort wo ein Kalkgehalt (wie im Glocknergebiete) nachweisbar ist.

Wie oben angeführt wurde, besitzen im Murgebiet die Grünschiefer die gleiche stratigraphische Stellung, wie in den Karnischen Alpen. Auch die petrographische Beschaffenheit stimmt überein, wie die Diagnose eines von G. GEYER gesammelten und durch VON FOULLON untersuchten Grünschiefers von Judenburg beweist: Quarzkörner, rhomboedrische Carbonate, Plagioklas sowie Glimmer und Epidot; auch die betreffenden Gesteine der Gegend von Murau bestehen aus Quarz, Glimmer (? Chlorit) und Epidot-Aggregaten, wozu sich bisweilen noch rhomboedrische Carbonate gesellen.

Die Gesteine der Raudenspitz enthalten die folgenden Mineralien:

1) Letzter Gipfel gegen das Frohnthal; graues Gestein mit rothem Einschluss, wahrscheinlich Blutjaspis, wie am Heret (vergl. unten), enthält Quarz (Druckerscheinungen), Chloritschüppchen, Plagioklas, Glimmer, Titanhaltiges Erz mit Leukoxenrand.

2) Schutthalde nach dem Frohnthal; frisches, körniges grünes Gestein: chloritisches Mineral, Quarz, Augit

(in reichlicher Menge, z. Th. von Hornblende umran-
det), Plagioklas, Kalkspath, Epidot, Erz.

Das Vorkommen von randlich umgewandeltem Augit in
diesem letzteren Gestein ist von besonderer Wichtigkeit, weil
derselbe auf die theilweise Herkunft der Gemengtheile
aus Eruptivgesteinen hinweist. In dem körnigen Gang-
Gestein, welches im Henriesenweg oberhalb der Wodnerhütte
im Wolayer Thal ansteht, ist der randlich in Hornblende
umgewandelte Augit ein charakteristischer und wesentlicher
Gemengtheil. (Vergl. oben S. 190.) Da zudem, wie oben angeführt wurde, die Diorit- (bezw. Diabas-) Eruptionen bereits
im Untersilur ihr Ende erreichten, steht nichts im Wege
die eigenttümliche Beschaffenheit der Grünschiefer auf eine
theilweise Beimengung von vulkanischem Material
zurückzuführen.

Die stark zersetzten und umgewandelten Feldspathschiefer, welche die phantastischen Zacken und Spitzen der
Hochalplspitz bilden (S. 112. 113), sind nach Herrn Dr. MILCH
wahrscheinlich als umgewandelte, geschieferte Quarzporphyre aufzufassen. Dies Gestein, das auf der Karte besonders ausgeschieden wurde, erinnert etwas an Fleckschiefer und
schwankt in der Farbe zwischen hellgrau und dunkelbraun,
eignet sich aber wegen hochgradiger Zersetzung nicht zur
näheren Bestimmung.

Ein räumlich sehr beschränktes (daher kartographisch nicht
ausgeschiedenes) Vorkommen von grünen Quarziten an der
Steinkarspitz (2518 m, südl. von Unter-Tilliach) bildet den
Uebergang zu den weiter westlich, zwischen Valle Visdende
und Königswand vorkommenden grünen Gesteinen. (Vergl.
die Profil-Tafel VI auf S. 132.) Der quarzitische bezw. normal-
klastische Charakter ist hier deutlicher wahrnehmbar,
als in den Gesteinen der Raudenspitz. Die Farben sind weniger lebhaft; da ferner Eruptivgesteine in der Nähe noch nicht
nachgewiesen sind, so erscheint auch die tuffige Beschaffenheit
dieser Gebilde weniger sicher. Die hellgrünen Thon- und
Quarzitschiefer, welche z. B. im Leitenthal und am Bärenbadlahnereck den Uebergang vermitteln, sind hier so mächtig, dass die Abgrenzung ziemlich willkürlich erfolgen muss.
Vor allem ist man in dem über den Heret verlaufenden Zug

der Grünschiefer oft in Zweifel, was zu diesen und was zu
den normalen klastischen Gesteinen zu rechnen sei. Bemerkenswerth sind Conglomeratlagen (aus Brocken von grauem
und röthlichem Quarzit, sowie aus Blutjaspis bestehend),
welche in dem grünen Glimmerquarzit am Rosskar und
Heret auftreten. Auch in dem schmalen Zug von Silurschiefer
zwischen Porze und M. Palumbina findet sich grüner chloritischer
Schiefer.

Der westlichste, isolirte Ausläufer der in Rede stehenden
Gesteine ist ein fleckiger chloritischer Schiefer, der
wenig mächtig am Nordabfall der Königswand vorkommt.
(Vergl. Taf. XIII S. 128.)

c) Die Kalkbildungen der Mauthener Schichten und
die Entwickelung der Faciesbezirke.

Während die Grünschiefer auf zwei kleine Gebiete innerhalb des Bereiches der Mauthener Schichten beschränkt sind,
erscheinen Kalkbildungen verschiedener Beschaffenheit von
den Westkarawanken bis in die Gegend von Sillian verbreitet und übertreffen stellenweise die klastischen Gesteine
so weit an Mächtigkeit, dass diese als blosse Einlagerungen
erscheinen. Die Zusammensetzung der Kalke zeigt grosse Verschiedenheiten; zwischen den allerdings seltenen Extremen
eines weissen dichten, an Triaskalk erinnernden Gesteines (Latschacher Alp) und eines aus deutlichen Kry-
stallkörnern bestehenden Marmors (Gemskofel, Erschbaumer Thal) finden sich alle denkbaren Uebergänge. Am
häufigsten sind halbkrystalline Kalke von verschiedenartiger Färbung, weiss (Pökau, Arnoldstein), röthlich (St. Canzian), grau (sehr verbreitet), weiss und schwarz gebändert
(Tröppelach, Schwarzwipfel) u. s. w. Den Uebergang zu den
Schiefergesteinen vermitteln thonige Kalke, Kalkschiefer
und Kalkphyllit in den verschiedensten Abstufungen des
Thongehaltes und der krystallinen Ausbildung. Die eigentlichen bunten Kramenzelkalke mit Orthoceren und die denselben entsprechenden krystallinen Thonflaserkalke und bunten
Kalkphyllite gehören grösstentheils dem Obersilur an; doch
finden sich im Osten, in der Gegend von Arnoldstein derartige
Gesteine auch im Untersilur.

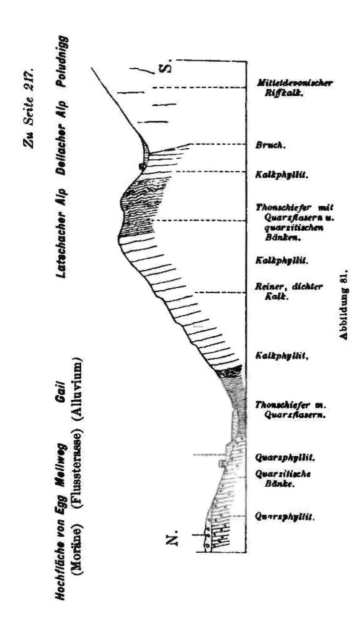

S.

Mitteldevonischer Riffkalk.

Bruch.

Kalkphyllit.

Thonschiefer mit Quarzflasern u. quarsitischen Bänken.

Kalkphyllit.

Reiner, dichter Kalk.

Kalkphyllit,

Thonschiefer m. Quarzflasern.

Quarzphyllit.

Quarsitische Bänke.

Quarzphyllit.

Hochfläche von Egg Mellweg (Moräne)

Gail (Alluvium)

(Flussterrasse)

Latschacher Alp Dellacher Alp Poludnigg

N.

Abbildung 81.

Profil durch die tieferen Mauthener Schichten südlich von Hermagor.

Eine genaue Schilderung der überaus zahlreichen Kalk-varietäten würde geringes Interesse beanspruchen und ist zu-dem in der Einzelbeschreibung der Gegenden enthalten. Hin-gegen erlaubt der regelmässige Verlauf der Mauthener Schichten auf Grund der durch die Kartirung gewonnenen Anhaltspunkte eine Schilderung der Faciesbezirke innerhalb des Kar-nischen Untersilur:

1) Im Westen der Karawanken liegt über a) einer dünnen basalen Schieferbildung b) ein mächtiges Lager von Kalken und Kalkphylliten, das den Nordfuss des Gebir-ges bildet; über dem Kalke lagert c) Grauwacke und Schie-fer. (Dies ist genau die bei Graz von HOERNES beobachtete Reihenfolge: a) Grenzphyllit, b) Schöckelkalk, c) Semriacher Schiefer.)

2) In den östlichen Karnischen Alpen hält zwar das untere Kalklager weithin (bis nach Tröppelach) an, aber dar-über beobachtet man einen unregelmässigen Wechsel der Ge-steine: An der Göriacher Alp und im Bistritza-Graben finden wir Schiefergesteine mit eingelagerten Kalkzügen, am Osternigg das umgekehrte Verhältniss (Profil-Tafel I S. 15). Die letztere Ausbildung (man vergleiche das nebenstehende Profil) hält bis zum Schwarzwipfel an. In dem Durch-schnitte des Garnitzengrabens fehlt — abgesehen von dem basalen Thonschiefer mit Quarzflasern — der Schiefer ganz (S. 42).

3) Bei Tröppelach keilt der Kalk aus; am Rattendorfer Riegel und Hochwipfel besteht das ganze Untersilur aus kalkfreien Schieferbildungen.

4) Am Feldkogel schieben sich wieder Kalklagen ein, die zunächst noch etwa an die „hercynischen" Kalklinsen der unteren Wieder Schiefer erinnern, allmälig aber an Mächtig-keit zunehmen (Profile S. 68—71); Kramenzelkalke kommen auch hier in tieferen Horizonten vor. In dem Durchschnitte des Kronhofbaches sind Kalk und Schiefer an Mächtig-keit ungefähr gleich, am Nordabhang des Pollinigg (Profil-Tafel IV) überwiegt noch einmal der Schiefer, tritt hingegen an der Mauthener Alp nur als Einlagerung auf (S. 95).

5) Durch den Devonkalk der Plenge wird der Zusammen-hang des Untersilurzuges beinah unterbrochen; weiter west-

lich herrschen die normalen und die grünen Schiefergesteine unbedingt vor; wenig mächtige und bald auskeilende Kalkzüge finden sich nur am Gemskofel (Profil-
Tafel V S. 111). Sonnstein (non Sonnspitz S. 120), Schultern-
kofel und im östlichen Valle Visdende (hier nur wenige
Meter mächtig). Die Umgebung des Winkler Joches besteht
aus reinem Thonschiefer.

6) Der Westen der Karnischen Hauptkette ist etwa
vom Tilliacher Joch an ausgezeichnet durch das andauernde
Vorwalten der Thon- und Quarzitschiefer, denen die
meist wenig mächtigen, aber weithin fortstreichenden Züge
von Kalkphyllit und Marmor eingelagert sind. Daneben
kommen die Grünschiefer vor.

Der überaus rasche und häufige Facieswechsel innerhalb
der Mauthener Schichten ist, soweit meine Erfahrungen reichen,
innerhalb der silurischen Formation beispiellos. Das Untersilur
Schwedens zeigt zwar in Bezug auf die unregelmässige Vertheilung der Kalkbildungen und Grapholithenschiefer einige
Analogien; doch vertheilen sich hier die gleichalten heteropen
Gebilde über viel weitere Strecken. Nur die alpine Trias zeigt
ähnlichen Facieswechsel auf kleinem Raum und auch im Unterdevon von Nordfrankreich (Seine Inférieure) sind nach der
Darstellung von BARROIS die Kalke als unregelmässige Linsen
den vorherrschenden Schiefern eingelagert.

In unserem Gebiete konnte das Anschwellen und Auskeilen der verschiedenen Gesteine häufig Schritt für Schritt
verfolgt werden. Im oberen Kernitzelgraben ist sogar eine
allseitig scharf begrenzte und im Aufschlusse selbst auskeilende Kalkmasse von einigen Metern Mächtigkeit mitten
im Schiefer zu beobachten. Ausserdem schliesst die regelmässige
Unterlagerung durch den Quarzphyllit und der gleichförmige
Verlauf der Grenze die Möglichkeit aus, die petrographischen
Verschiedenheiten durch Dislocationen zu erklären.

3. Die Versteinerungen der Mauthener Schichten.

Dass die Kalkbildungen innerhalb der sedimentären Formationen durch organische Thätigkeit entstanden sind, wird
wohl allgemein zugegeben. Welche Lebewesen die unter-

silurischen Kalke gebildet haben, ist jedoch schwer zu entscheiden.
Ich habe bisher unbestimmbare Orthoceren- und Crinoidenreste
an der Unterfeistritzer Alp und im Uggwathal, Orthoceren in
etwas grösserer Häufigkeit bei Arnoldstein gefunden. STACHE
führt Orthoceren von dem Sonnstein bei Maria Luggau, Korallenreste (ohne nähere Bestimmung) aus dem Winkler Thale
an. Die meisten Kalkbildungen erweisen sich jedoch als vollkommen fossilleer und gewähren auch bei dem hohen Grade
ihrer dynamometamorphen Umwandlung keine Hoffnung auf
bessere Funde. Es liegt angesichts der Einlagerung mächtiger
Kalkstücke in klastischen Gesteinen der Gedanke an Korallenbauten immer am nächsten. Jedoch sind untersilurische Korallenriffe bisher noch nicht bekannt geworden. In den Kalken der Wesenbergschen Schicht Esthlands
oder der Cincinnati group finden sich zwar recht ansehnliche
Anhäufungen von Korallen, aber keine Riffbauten. Es ist somit am naheliegendsten, auch für die Entstehung der Mauthener Kalke nur die Mitwirkung von Korallen anzunehmen. Als
Stütze für diese Annahme ist noch — abgesehen von der oben
erwähnten, etwas allgemein gehaltenen Angabe STACHE'S —
die von mir gemachte Beobachtung anzuführen, dass die braunen
z. Th. kalkigen Caradocschiefer des Uggwathales (Profil-
Tafel I S. 15) stellenweise ganz erfüllt sind von einer klein-
zelligen, baumartig verzweigten Monticuliporide. Dieselbe
ist auch den Schichten von Grand-Glauzy, Languedoc eigentümlich, wurde aber noch nicht näher untersucht.

Von sonstigen Arten bestimmte ich aus denselben Schichten:

2. *Monticulipora petropolitana.* EICHW. Selten.

3. Bryozoenreste, nicht näher bestimmbar.

4. *Orthis Actoniae.* SOW. Häufig. DAVIDSON, Monograph
of the British Brachiop. III (Palaeontolog. Soc. Bd. XXII)
t. 36. f. 5. Languedoc, England, Brest (Calcaire de Rosan).

5. *Orthis* cf. *vespertilio.* SOW. Ein Exemplar. DAVIDSON
ibid. t. 30. f. 11, 17.

6. *Strophomena grandis.* SOW. Ein Exemplar. DAVID-
SON, Supplement t. 15. f. 6.

7. *Porambonites* cf. *intercedens* var. *filosa.* MC COY bei
DAVIDSON Bd. XXII. t. 26. f. 1. S. 196. Drei Exemplare.

8. *Strophostylus nov. sp.* Dieselbe Art kommt auch in Languedoc vor.

STACHE führt ausserdem noch *Leptaena aff. sericea* Sow., *Strophomena expansa* Sow. (auch in Languedoc), *Orthis cf. solaris* und *Orthis calligramma* an (Zeitschrift d. deutschen geolog. Gesellschaft 1885 S. 325). Ob die zuletzt genannte Form dieselbe ist, welche ich als *O. Actoniae* bestimmt habe, oder ob die beiden nahe verwandten Arten zusammen vorkommen, steht dahin.

Die Beziehungen der Fauna weisen nach Westen hin, wie schon die englischen Autorennamen erkennen lassen. Die böhmische Stufe D_5 (Königshofer Schiefer und Kossover Grauwacke), welche diesem Horizonte entsprechen würde, besitzt eine abweichende Faciesentwickelung, so dass nähere Vergleichungen ausgeschlossen werden. Als faunistischer Unterschied sei jedoch das Fehlen der Gattung *Porambonites* in Böhmen hervorgehoben.

B. Das Obersilur.

1. Allgemeines.

Das Obersilur bildet in Bezug auf die Entwickelung der Facies die wenig veränderte Fortsetzung der Mauthener Schichten. Eine zufriedenstellende Trennung ist daher nur dort möglich, wo Versteinerungen vorkommen. Im Obersilur übertreffen die Kalke und zwar vor allem die bunten Orthocerenkalke die Schiefer an Mächtigkeit; die letzteren erscheinen fast nur als Einlagerungen. Die Umwandelung der Gesteine durch Gebirgsdruck ist weniger weit vorgeschritten, Eruptivmassen und Grünschiefer fehlen vollkommen. Die Mächtigkeit des Obersilur beträgt durchschnittlich ca. 400 m, am Wolayer Thörl etwas weniger (ca. 350 m), am Kok wahrscheinlich etwas mehr. Die Mächtigkeit des Untersilur ist also um das Vier- bis Fünffache grösser.

Die klastischen Gesteine (Thonschiefer, Kieselschiefer und Grauwacke) sind dort, wo dieselben versteinerungsleer sind, was fast immer der Fall ist, von den gleichartigen untersilurischen Gesteinen nicht zu unterscheiden und wurden daher durchgehend mit derselben Farbe bezeichnet.

a) Die tiefste Zone des Obersilur wird von den durch STACHE entdeckten Graptolith´enschiefern des obersten Uggwathales gebildet (Profil-Tafel I S. 15). In den schwarzen stark bröckligen Schiefern habe ich bei mehrfachen Besuchen des augenblicklich sehr schlecht aufgeschlossenen Vorkommens nur unbestimmbare Abdrücke von *Monograptus* gefunden. STACHE hat in der Zeitschrift der deutschen geologischen Gesellschaft 1878 S. 327 eingehendere Angaben gemacht: *Rastrites peregrinus* BARR., *Diplograptus folium* und *pristis* HISING., *Diplograptus acuminatus* NICHOLS., sowie *Monograptus sp. sp.* sind häufig, *Climacograptus* selten, *Cladograptus* und *Dendrograptus* zweifelhaft. STACHE vergleicht die Zone mit den böhmischen Schichtgruppen D_5 und E_1. Nun lassen sich aber in den Graptolithenschiefern der letzteren Stufe drei Zonen unterscheiden und zwar von unten nach oben a) mit *Diplograptus, Climacograptus, Rastrites peregrinus* BARR. und *Monograptus lobiferus*, b) mit *Monograptus priodon*, c) mit *Monograptus colonus* und *testis* (J. KREJCI und K. FEISTMANTEL, Uebersicht des Silurischen Gebietes im mittleren Böhmen S. 68). Es bedarf wohl keiner weiteren Ausführung, dass die Kärntner Graptolithenschiefer der tiefsten böhmischen Zone, dem Rastritenschiefer vollkommen entsprechen. Da man nun die letzteren allgemein zum Obersilur rechnet, erscheint STACHE's Ansicht kaum annehmbar, der den Kärtner Horizont „eher dem Untersilur als dem Obersilur anschliessen" möchte. Wollte man dem genannten Forscher folgen, so müsste gleichzeitig der Nachweis erbracht werden, dass der unterste Theil von E_1 zum Untersilur gehört.[1]

---

[1] Auch ein Vergleich mit den übereinstimmenden Graptolithenschiefern des südlichsten Schwedens (Schonen) beweist, dass im Sinne der allgemein angenommenen Gliederung die Kärntner Graptolithenschiefer zum untersten Obersilur gehören. Nach TULLBERG (Zeitschr. d. deutschen geol. Gesellsch. 1883 S. 227) wird die Grenze von Ober- und Untersilur in Schweden, Böhmen, England durch das erste Auftreten der Monograptiden gekennzeichnet; *Rastrites peregrinus* erscheint sogar (l. c. S. 236) erst in der dritten Zone des Obersilur von unten gerechnet. *Diplograptus acuminatus* ist das Leitfossil des untersten obersilurischen Horizontes. Dass die Kärntner Graptolithenschiefer die Leitformen mehrerer Zonen in sich enthalten, wurde schon von STACHE bemerkt; doch

Graptolithenschiefer werden von TARAMELLI aus dem
oberen Incarojo-Thal (Casa Meledis) angeführt. Ich habe
dort schwarze kohlige Schiefer gefunden, welche petrographisch
mit denen des Uggwathales übereinstimmen und ebenfalls in
unmittelbarem Zusammenhang mit Orthocerenkalken stehen,
war aber nicht so glücklich, Graptolithen in denselben zu
entdecken.

Im Profil des Uggwathales werden die Graptolithenschiefer durch Kalke mit unbestimmbaren Orthoceren
unmittelbar überlagert. Am Wolayer Thörl fehlen Schiefer
in diesem Horizonte. Hier lagern unter den eigentlichen Orthocerenkalken schwarze hornsteinreiche Plattenkalke, aus denen
als einziges bestimmbares Fossil ein Durchschnitt eines *Camerocrinus* HALL. (= *Lobolithus* BARR.) zu nennen ist. Diese eigentümlichen Gebilde finden sich in Böhmen im Obersilur (E$_2$)
und im Staate New-York an der unteren Grenze des Unterdevon (Lower Helderberg).

Die eigentlichen Orthocerenkalke werden überall, wo eine bestimmbare Fauna gesammelt werden
konnte, in einen tieferen und einen höheren Horizont
getheilt:

b) die Zone des *Orthoceras potens*,
c) die Zone des *Orthoceras alticola*.

Die palaeontologischen Eigentümlichkeiten der beiden Zonen
erheischen eine Besprechung in gesonderten Abschnitten. Abgesehen von den Schieferzügen, welche besonders am Hohen
Trieb und Findenigkofel den Orthocerenkalken in unregelmässiger Weise eingelagert sind, findet sich an dem letzteren
Berg ein wenig mächtiger Kalkzug mit verkieselten obersilurischen Riffkorallen, der einer der oberen Zonen entsprechen dürfte. Graphisch würden die verschiedenen Zonen
und Faciesbildungen des Karnischen Obersilur etwa folgendermassen darzustellen sein:

---

werden diese Zonen, bei deren minutiöser Unterscheidung man im
Norden wohl cher zu viel als zu wenig gethan hat, sämmtlich zum
Obersilur gerechnet.

Palaeontologische Zonen.	Faciesbildungen	Aequivalente in Böhmen.
d) Obere Grenzzone mit *Orthoceras Richteri*,	Unregelmässige Einlagerungen von Thonschiefer, Kieselschiefer und Grauwacke in verschiedenen Horizonten.	Korallenkalk am Findenlgkofel. E_2
c) Zone des *Orthoceras alticola* (Kalk),		
b) Zone des *Orthoceras potens* (Kalk),		
a) Graptolithenschiefer mit *Diplograptus, Rastrites,, Climacograptus.*	Schwarze Plattenkalke am Wolayer Thörl mit *Camerocrinus.*	E_1

Die Selbständigkeit einer oberen dritten Zone mit *Orthoceras Richteri* bleibt angesichts der unzulänglichen Beobachtungen unsicher; die wichtigeren Versteinerungen des Orthocerenkalkes vertheilen sich in folgender Weise auf die Zonen:

Unterdevon mit Goniatiten.

Oberste Zone	*Orthoceras Richteri* BARR.	
Zone des *Orthoceras alticola*	*Orthoceras alticola, subannulare, pectinatum, firmum, electum. Harpes ungula, Encrinurus* n. sp., *Bronteus, Arethusina. Bellerophon, Murchisonia attenuata, Pleurotomaria extensa, Platyceras. Antipleura bohemica, Lunulicardium omissum, Cardiola cornu copiae.*	
	Nucleospira inelegans, Petraia semistriata.	Abweichende Facies, Korallenkalk: *Actinostroma interlineatum,*
Zone des *Orthoceras potens*	*Cheirurus propinquus, Encrinurus Novaki, Bronteus, Arethusina, Cyphaspis, Phacops, Sphaerexochus.*	*Monticulipora petropolitana, Alveolites Labechei, Cyathophyllum angustum.*
	Orthoceras potens, originale, truncatum, dulce, Gomphoceras, Cyrtoceras, Trochoceras. Platyceras cornutum, Po'ytropis discors, Murchisonia attenuata, Natiria carinthiaca. Cardiola cornu copiae, persignata, Lunulicardium, Tiaraconcha.	

Aequivalente von E_1

2. Das Profil des Wolayer Thörls.

Für die Kenntniss des alpinen Obersilur und Devon bleibt das schon früher in der Zeitschrift der deutschen geologischen Gesellschaft (1887 S. 683) von mir beschriebene Profil des Wolayer Thörls und der darüber liegenden Kellerwand nach wie vor die Grundlage. Eine ununterbrochene versteinerungsreiche Schichtenfolge ist von der Basis des Obersilur bis zum Oberdevon nachgewiesen; wenn dieselbe angesichts der Steilheit der devonischen Kalkwände nicht ohne Unterbrechung zugänglich ist, so kann doch über den Zusammenhang des Ganzen ein Zweifel nicht bestehen. Hier soll vorläufig nur von dem Obersilur und der Basis des Devon die Rede sein.

Die Veränderungen, welche die nachfolgende Beschreibung aufweist, bestehen im Wesentlichen in Erweiterungen der palaeontologischen Verzeichnisse.

Jedoch ist die „weisse Kalklage STACHE's mit *Cheirurus Sternbergi, Rhynchonella princeps, cuneata, Spirifer secans* und *riator*" aus der Schichtenfolge entfernt worden (l. c. S. 648). Ich hatte auf Grund der Angaben des genannten Forschers (Zeitschrift der deutschen geol. Ges. 1885 S. 337) die Vermuthung ausgesprochen, dass diese Kalklage irgendwo in den schwarzen Kalkschiefern läge und von mir übersehen worden sei. Nachdem ich jedoch im Ganzen zwölf Tage auf die geologische Untersuchung des kleinen Gebietes verwandt habe, ohne die weisse Kalklage zu finden, halte ich diese Vermuthung für unwahrscheinlich; viel näherliegend ist die Annahme, dass die erwähnten Brachiopoden aus einem von der gegenüberliegenden Wand stammenden Kalkblock herrühren und dass die Bestimmung der beiden specifisch obersilurischen Arten ($Sp.$ $riator$ E_2 und $Rh.$ $cuneata$ E_2) zu revidiren ist. Die drei anderen .Arten sind im Wesentlichen unterdevonisch und erscheinen im höheren Obersilur in ganz vereinzelten Exemplaren. Die Grenzstellung zwischen E_1 und E_2, welche STACHE für die obige Kalklage annimmt, hat somit auch angesichts der unveränderten Bestimmungen des genannten Forschers etwas Gezwungenes. Auch sonst habe ich die von mir beobachtete Schichtenfolge nur ganz im

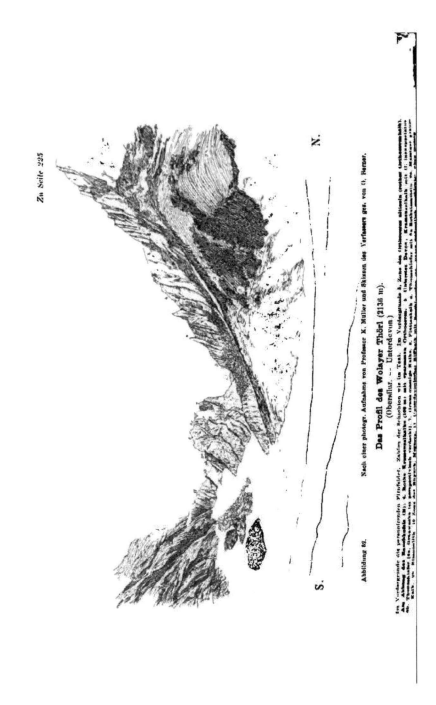

N.

S.

Abbildung 89.   Nach einer photogr. Aufnahme von Professor K. Müller und Skizzen des Verfassers gez. von O. Renner.

Das Profil des Wolayer Thörl (2136 m).

(Obersilur. — Unterdevon.)

Im Vordergrunde die gemeinsamen Firnfelder. Zahlen der Schichten wie im Text. Im Vordergrunde a, Zone des jüngeren Silurs (ecebor Orthocerenkalk). Ab Abhang des Rauchkofels (Bit): d, Bänke Tentaculitenkalke (100 m) mit eigenartigen Orthoceren, b Oberster Devon. Krammerkalk mit O. intermedium die Thonschiefer (10e. Kleine weiße (ca pampelförmige Kalke: f, Grenzschichte s, Korallen.) 7 Untermittel e, Plattenkalk s, Thonschiefer mit b, Korallenriffe.   Kalk ze Riffschichte 10 Zone der Rutrarie Megaren.) 1, Untermittelste Riffkalk mit b, Korallenkalk ze. Zonen ze

Allgemeinen mit den Angaben STACHE's in Einklang zu bringen vermocht und sehe daher von einem weiteren Eingehen auf dieselben ab.

Die Zahlen der Schichten stimmen mit dem früher veröffentlichten Profil sowie der Beschreibung überein. Die Schichtgruppen 1 und 2 finden sich im obersten Theile des Valentinthales, die Lage der übrigen ist aus der Abbildung ersichtlich. Die Angaben über die Mächtigkeit beruhen auf blosser Schätzung.

1. Grauer und schwarzer Plattenkalk mit Hornsteinausscheidungen. Ca. 200 m. (Durch ein zu spät bemerktes Versehen ist auf der Profil-Tafel IV S. 76 dieser, dem unteren Obersilur zuzurechnende Kalk als untersilurisch bezeichnet worden.) Unbestimmbare Orthoceren und Crinoidenstiele sind selten; wichtig für die Altersbestimmung ist ein *Camerocrinus.*

2. Zone des *Orthoceras potens.*

    2a. Unterer Eisenkalk; ein knolliger, sehr fester dunkler Kalk, viel Rotheisenstein enthaltend und daher rostbraun verwitternd. 15—20 m.

Die Fauna ist an anderen Fundorten (vergl. unten) reicher als am Wolayer Thörl:

Cheirurus propinquus MSTR. (= *Quenstedti* BARR.). (E$_1$).

Orthoceras potens BARR. (E$_2$). Syst. Silur. t. 386, 386, 388, f. 4—6. t. 404, f. 1—3.

    „   *truncatum* BARR.

    „   *zonatum* var. *littoralis* BARR. (E$_2$).

    „   cf. *pelagium* BARR.

    „   sp.

Murchisonia aff. *attenuatae* LINDSTR.

Cardiola spuria MSTR. sp. (= *persignata* BARR. E$_1$).

    2b. Grauer Plattenkalk mit schlecht erhaltenen Orthoceren. Ca. 30 m.

In den Schichtgruppen 1 und 2 herrscht steiles SW-Fallen, das nun nach S umbiegt (60—70°).

3. Zone des *Orthoceras alticola.* Unterer rother Orthocerenkalk, mit grauem Kalke wechsellagernd. Die Schichten sind in einer Mächtigkeit von 15 m. ganz erfüllt von vortrefflich erhaltenen Orthocerenresten. Alle anderen Versteinerungen sind selten.

Harpes ungula BARR.? Syst. Silur. 1 t. 8. f. 2—6. Ein wegen ungünstiger Erhaltung nicht ganz sicher bestimmbares Bruchstück des Kopfes. E_2.

Encrinurus nov. sp. (verschieden von *Enc. Novaki*, welcher in der tieferen Zone vorkommt).

Bronteus sp.

Primitia sp.

Orthoceras alticola BARR. Die gemeinste Art. (Syst. Sil. Vol. II. t. 359 f. 1—5. Ztschr. der deutschen geol. Ges. 1887. S. 731. t. 29 f. 13—13 b.) E_2.

    „   *firmum* BARR. Recht häufig. (l. c. t. 397 f. 10 —22. t. 426 f. 11—13.) E_2.

    „   *electum* BARR. var. Ziemlich häufig. (l. c. t. 260 besonders f. 18, 25); war früher als *O. intermittens* bestimmt. Bei den alpinen Exemplaren, die sämmtlich nur geringe Grösse erreichen, sind die Kammerwände durchgängig etwas weiter von einander entfernt, als bei den böhmischen.) E_1 E_2.

    „   *Michelini* BARR. Ziemlich häufig. (l. c. t. 381.) E_1

    „   *amoenum* BARR. Ein Exemplar. (l. c. t. 395 f. 11, t. 283.) E_1 E_2.

    „   *pleurotomum* BARR.? Ein Exemplar. (l. c. t. 296.) E_1 E_2.

    „   *subannulare* MSTR. bei BARR. Ein Exemplar. (l. c. t. 253, f. 11, t. 283.) E_1 E_2 und Elbersreuth.

    „   cf. *Neptunium* BARR. Selten. (l. c. t. 274.) E_2.

Bellerophon nov. sp. (Gruppe des *B. bilobatus*.)

Pleurotomaria sp.

Cardiola cornu copiae GOLDF. (= *C. interrupta* Sow. et. auct.) E_2.

Lunulicardium omissum BARR. (l. c. Vol. VI. t. 237, f. IV.) E_2.

Antipleura bohemica BARR. E_2.

Glassia obovata Sow. bei BARR.? (l. c. Vol. V. t. 84 I, f. 5, 6, 7.) E_2—G.

Meristella tumida BARR. non DALM. (l. c. Vol. V. t. 11, f. 3, 4; die alpine Art stimmt mit der Abbildung BARRANDE'S überein, welche letztere jedoch mit der bekannten Gotländer Form nichts zu thun hat.)

Petraia semistriata Mstr. E₂ und Elbersreuth.

4. Graue und rothe, zum Theil hellgefärbte, wohlgeschichtete Kalke, hie und da als echter Kramenzelkalk entwickelt, mit sparsamen Orthoceren. Ca. 100 m.

Ueber dieser 100 m. mächtigen Kalkmasse liegt höchst wahrscheinlich die Grenze von Silur und Devon, wie das Vorkommen zahlreicher Goniatiten in der nächsten Zone zeigt. (Vergl. das folgende Kapitel.)

5. Thonschiefer und Kramenzel(-Knollen)-Kalk; Zone des *Tornoceras inexspectatum* und *Cyrtoceras miles*. Tiefster Devonhorizont.

> 5a. Thonschiefer, z. Th. grauwackenähnlich ausgebildet. 6 m.

> 5b. Grauer und rother Kramenzelkalk. 10 m. Die Aufschlüsse auf der Ostseite des Thörls sind weniger leicht zugänglich; auf der Westseite setzen die steil aufgerichteten Kalke dás ganze Nordgehänge des Thales zusammen, reichen bis zum Wolayer See hinunter und bilden die nördliche Begrenzung desselben. (Vergl. Taf. XV.) Versteinerungen sind keineswegs selten aber meist verdrückt und schlecht erhalten:

Beloceras nov. sp. Ein Bruchstück, welches die charakteristischen Suturen und die zusammengedrückte Form der Schale deutlich erkennen lässt.

Tornoceras Stachei Frech. (Zeitschrift der deutschen geolog. Ges. 1887. S. 733. t. 28, f. 9—11a.)

„ *inexspectatum* Frech. L. c. S. 733. t. 28, f. 10 —10b.

Anarcestes lateseptatus Beyr. Die häufigste Art. L. c. S. 732. t. 28, f. 12, 12a.

Aphyllites sp.

Cyrtoceras miles Barr. Nicht selten.

Gomphoceras sp.

Orthoceras sp.

Crinoidenstiele.

15*

6. Thonschiefer und Grauwacke.

    6a. Feste, dünnschiefrige Grauwacke mit einer Conglomeratbank. 6 m.

    6b. Bläulicher, dünngeschichteter Thonschiefer, in der Mitte eine 2 m. mächtige Bank von Kieselschiefer. Wohl entwickelt auf dem Ostabhang des Thörls. 20 m.

7. Graue massige, von wenigen Schichtungsfugen durchzogene Kalke, versteinerungsleer. 25 m. Dieselben treten auf der Höhe des Thörls (Fig. 82) und unter den Wänden des Seekopfs (Taf. XV) deutlich hervor.

8. Plattenkalk und Thonschiefer. 33 m.

    8a. Grauer Plattenkalk; an der Basis mit einer Schicht, die aus kalihaltigem Wad und kalkhaltigem, braun verwitterndem Rotheisenstein (8x) besteht. In 8a *Cyrtoceras* (?) sp. mit eng gestellten Kammerwänden.

    8b. Rother, versteinerungsleerer Kramenzelkalk. 20 m. Am Thörl und unterhalb des Seekopfes (Taf. XV).

    8c. Thonschiefer (wie 6b) nur am Ostabhange des Thörls und am Seekopf sichtbar. 5 m.

9. Massiger Kalk und Eisenoolith.

    9a. Massiger, grauer Kalk, nur am Ostabhange des Thörls sichtbar. 10 m. Derselbe scheint nach dem Seekopf zu gänzlich auszukeilen; wenigstens ist am Nordabhange desselben keine Spur mehr sichtbar.

    9b. Brauner, feinkörniger Eisenoolith mit Quarzkörnern. 5 m. Derselbe ist vorzüglich am Westabhange des Thörls aufgeschlossen und am Seekopf mit der folgenden Schicht unter einer Nummer zusammengefasst.

10. Zone der *Rynchonella Megaera*. Grauer, sehr dünn geschichteter Plattenkalk, nur am Westabhange des Thörls und am Seekopf sichtbar. 6 m. An der unteren Grenze, unmittelbar im Hangenden des Eisenoolithes liegt am Thörl die leicht wieder zu findende Bank von Crinoidenkalk mit Brachiopoden. Die Farbe dieses fast nur aus organischen Resten bestehenden Kalkes ist braun oder schwarz. Am häufigsten kommt *Rhynchonella Megaera* und — auf eine bestimmte Lage beschränkt — *Retzia* (?) *umbra* vor. Ebenso

Zu Seite 288.

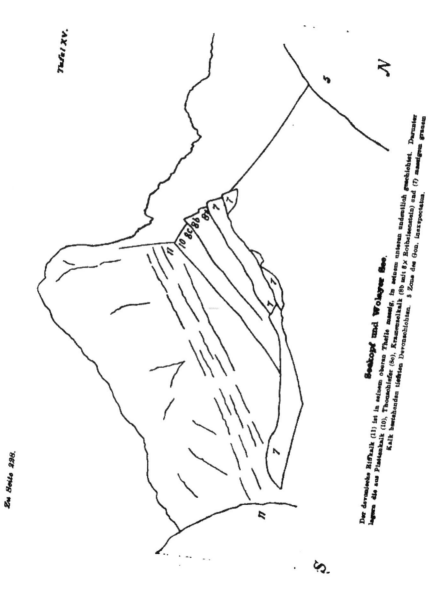

Seokopf und Wolayer See.

Der devonische Riffkalk (11) ist in seinem oberen Theile massig,
lagern die aus Plattenkalk (10), Tentaculitenschiefer (9a), Kramenzelkalk (9b mit δ× Rothbeisenstein) und (7) massigem grauen
Kalk bestehenden tieferen Devonschichten. δ Zone des Gon. inexpectatum.

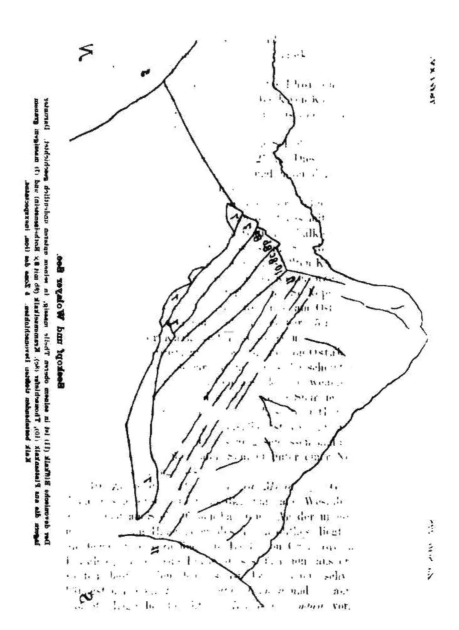

Seehof und Wolper See

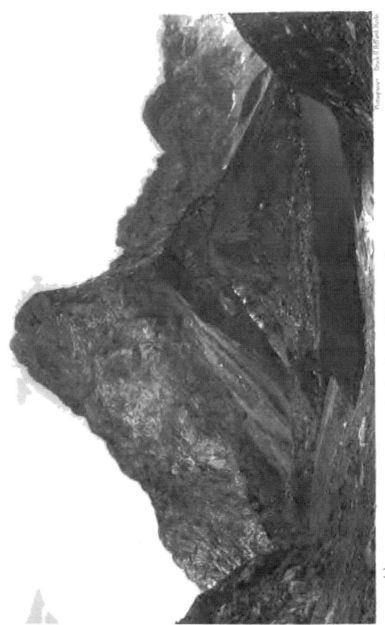

Seekopf und Wolayer - See.
Devonischer Riffkalk

finden sich die Orthoceren nur in einer dünnen Schicht. Andere Brachiopoden (*Atrypa, Athyris, Nucleospira*) sind ebenso wie Schnecken und Zweischaler selten. Das Verzeichniss der Versteinerungen findet sich in dem folgenden, das Devon behandelnden Kapitel.

11. Darüber folgt der unterdevonische Riffkalk, der in seinen unteren und oberen Theilen undeutlich geschichtet, im Uebrigen massig ist (Taf. XV). Nähere Angaben über die Gesteinsbeschaffenheit und Versteinerungsführung enthält das folgende Kapitel.

3. Die Fauna der Orthocerenkalke und ihre Verbreitung.

a) Zwischen Wolayer See und Oharnach-Alp.

Obersilurische Orthocerenkalke sind westlich von dem Wolayer Gebiet fossilführend nicht bekannt; allerdings ist es im höchsten Grade wahrscheinlich, dass in den stark metamorphosirten bunten Kalkphylliten der Paralba auch Vertreter dieses Horizontes versteckt sind. Nach Osten zu streichen die leicht kenntlichen Orthoceren-Schichten fast ununterbrochen bis zur Oharnach- und Meledisalp weiter, wo an den oben beschriebenen Querbrüchen die Trias und das Obercarbon erscheinen. Ein östlich gelegenes Verbreitungscentrum bildet der Kok und der Osternigg; doch wird auch hier das höhere Silur durch den grossen Längsbruch abgeschnitten, welcher spitzwinklig zu dem Streichen der älteren Schichten verläuft. Noch weiter östlich tauchen am Seebergsattel in den Karawanken obersilurische Orthocerenkalke auf, welche zweifellos mit den Karnischen übereinstimmen, aber nur unbestimmbare organische Reste geliefert haben.

In der unmittelbaren östlichen Fortsetzung des Wolayer Profils liegen die Orthocerenkalke des Cellonvorberges (Vergl. S. 84 u. 85), welche die Schichtenfolge des erstgenannten Vorkommens in verschiedenen Beziehungen ergänzen. Abgesehen von der deutlich ausgeprägten Verwerfung, welche das Obersilur des Vorberges von dem Devon des Hauptgipfels trennt und vor allem die Grenzschichten von Devon und Silur (Schicht 6—10 = 120 m.) abschneidet, findet sich noch eine Reihe von untergeordneten Störungen und Schichtenbiegungen;

dieselben sind jedoch für den Aufbau des Gebirges ohne besondere Bedeutung und wurden daher in dem tektonischen Theile nicht erwähnt.

Der Sockel des Vorberges besteht sowohl im Osten (Plöcken) wie im Norden (Valentinthal) aus Thonschiefer; ich habe denselben in meiner früheren Darstellung mit dem unmittelbar östlich angrenzenden Culmschiefer des Angerthales vereinigt, glaube jedoch jetzt, dass derselbe noch zum Silur zu rechnen ist. Petrographische und palaeontologische Unterscheidungsmerkmale fehlen. Der Thonschiefer erstreckt sich weit nach Westen in das Valentinthal hinein und die Annahme eines solchen Spornes jüngerer Gesteine zwischen Devon und Silur erscheint höchst unwahrscheinlich, während dagegen das Vorhandensein eines Querbruches sowohl im Norden wie im Süden der kritischen Stelle deutlich erkennbar ist. Die Lagerung des Schiefers (Streichen NW—SO saiger ganz unten; südliches Fallen weiter oben am Ostabhang) ist angesichts der zahlreichen Störungen ohne besondere Bedeutung.

Jedoch scheint — soweit die nicht sonderlich günstigen Aufschlüsse einen Rückschluss gestatten — der

1. hornsteinführende graue Kalk den Thonschiefer concordant zu überlagern. Diese Kalke, welche nur verkieselte Crinoidenstiele enthalten, entsprechen der ebenfalls mit 1 bezeichneten Schichtengruppe des oberen Valentinthales (die Nummerirung bleibt auch weiterhin übereinstimmend). Die Kalke sind im Allgemeinen dickbankiger als jene, stellenweise dolomitisch und hie und da von Thonschieferlagen durchsetzt. Sie erscheinen als deutliches, weithin sichtbares Band am Abhang. Unterhalb des Höhenpunktes 1610 m. wird das Einfallen flach und biegt nach ONO um, eine Aenderung, welche durch zahlreiche Schichtenbiegungen und kleine Brüche verdeckt wird. Auch die weiter im Hangenden folgenden Schichtengruppen lagern flach.

2. Oberhalb des Punktes 1610 m. findet man grauen Orthocerenkalk mit undeutlichen organischen Resten = Zone des *Orth. potens.*

3. Darüber folgt rothbraun verwitternder Eisenkalk mit zahlreichen unbestimmbaren Orthoceren; ein weiter westlich gelegener Aufschluss mit besser erhaltenen Versteine-

rungen gehört wohl demselben Horizonte an. Hier wurde die Leitform *Orthoceras alticola* BARR. in grossen Mengen gefunden; ausserdem sammelte ich *Cheirurus propinquus* MSTR. (= *Quenstedti* BARR.) und *Bronteus* sp. Auch ein am Ostabhang lose gefundener Block von schwarzem Kalk enthielt — wenngleich weniger häufig — die bezeichnende Art *Orthoceras alticola* und ausserdem zahlreiche Exemplare von *Orthoceras pectinatum* BARR. (Syst. Silur I. t. 261, f. 8—13, t. 275, f. 14—19.)

Weniger häufig sind:

- *Arethusina Haueri* FRECH (sonst in der Zone des *Orth. potens* am Kok).
- *Pleurotomaria extensa* HEIDENHAIN var. (die karnische Form ist mit der evoluten Art des nordischen Graptolithengesteines nahe verwandt).
- *Platyceras* nov. sp. (eine kleine, Strophostylus ähnliche Form mit einem Ausschnitt unter der Naht).
- *Murchisonia attenuata* LINDSTR.
- *Nucleospira inelegans* BARR.? (Syst. Silur. Vol. V. t. 85, f. 1).
- *Petraia* sp.

Ausserdem fand sich am Cellon lose das Bruchstück eines Trochoceras, das den Windungsquerschnitt und die Sculptur von *Trochoceras pulchrum* BARR. besitzt. (Syst. Silur II. t. 28, f. 1—8. E_2.)

4. Ueber der Zone des *Orth. alticola* lagert:

4a. Thonschiefer (welcher am Thörl fehlt) in ziemlicher Mächtigkeit.

4b. Kramenzelkalk mit Orthoceren.

Derselbe bildet die höchste Erhebung des Vorberges und fällt flach nach NO ein. Hier schlug ich aus dem anstehenden Gestein ein gut bestimmbares Orthoceras mit perlschnurförmigem Sipho (*O. Richteri* BARR. l. c. Vol. II. t. 318, 322, 323. E_2).

Dass die oberen Orthocerenkalke 4b dem mit 4 bezeichneten Horizonte am Thörl entsprechen, kann keinem Zweifel unterliegen; weniger sicher ist die Entscheidung darüber, ob man für diese obere an sich hinlänglich mächtige (100 m.) Schichtengruppe eine besondere Zone annehmen darf. Die Auffindung einer besonderen Orthoceras-Art ist hierfür kaum hinreichend.

Der Devonkalk des Pollinigg und die denselben begrenzenden Dislocationen unterbrechen den Orthocerenkalk für eine
kurze Strecke; am Elferspitz (Abb. 30 S. 78) setzt der letztere
wieder auf. Nördlich von dem Steilabsturz derselben fand sich
auf dem Würmlacher Alpl (S. 77) in den Eisensteinhalden
eine kleine Fauna mit *Orthoceras potens* BARR. und *Orthoceras dulce* BARR. ?, *O. transiens* BARR., *Murchisonia* sp.
und *Phacops Grimburgi* FRECH? Welcher der beiden Zonen
dieser ursprünglich in einem Geschiebe gefundene Trilobit angehört, wird durch das vorliegende wegen ungünstiger Erhaltung nur annähernd bestimmbare Exemplar nicht sicher
festgestellt.

Das weitere Fortstreichen der in verschiedene Züge ge-
spaltenen Orthocerenkalke über den Hohen Trieb bis zu den
östlichen Querbrüchen ist ebenso wie die eigentümliche Blattverschiebung auf S. 67—73 beschrieben worden. Die an der
Oharnachalp zahlreich vorkommenden und schon von STUR erwähnten Orthoceren sind meist schlecht erhalten. Doch zweifle
ich nicht, dass man bei hinlänglichem Zeitaufwande auch in
diesen schwer zugänglichen Gegenden gute palaeontologische
Ergebnisse erzielen würde: Das Auftreten von *Orthoceras alticola, O. subannulare* und *Murchisonia attenuata* in einem Geschiebe lässt das Vorkommen der gleichnamigen Zone in diesem
Gebiete gesichert erscheinen. Das betreffende Stück wurde von mir
zwischen dem Grossen Pal und dem Tischlwanger Kofel
gesammelt und kann, da in der Umgebung Culm und höheres
Devon ansteht, nur durch Gletschertransport vom Hohen Trieb
hingeführt worden sein.

b) Die obersilurischen Korallen am Findenigkofel.

Von besonderem Interesse ist das Vorkommen obersilurischer Korallenkalke zwischen Findenigkofel und Torrente Cercevesa.

In meiner früheren Arbeit war als leicht wahrnehmbarer
Localunterschied des Karnischen Unterdevon und Obersilur das
Fehlen von Orthoceren bezw. Riffkorallen hervorgehoben wor-
den. Das mehrfach beobachtete Erscheinen von *Petraia semi-
striata* MSTR. (Osternigg, Zone des *Orth. alticola*) bestätigte die
Regel, insofern diese kleine Einzelkoralle auch in anderen

Horizonten an das Auftreten der Cephalopoden, also an pelagische Facies gebunden ist.

Jedoch ist auch die Hauptregel von einigen Ausnahmen durchbrochen worden, trotzdem dieselbe im Allgemeinen ihre Giltigkeit beibehält. Im Riffkalk des Unterdevon findet sich ein vereinzeltes Vorkommen von Orthoceren und in dem obersten Horizonte des Obersilur erscheint am Südabhang des Findenigkofels bei Paularo eine Kalkbank mit verkieselten Riffkorallen. In geringer Entfernung von diesem Fundorte sammelte ich an der Alp Peccol dí Chiaul in einem graurothen Kramenzelkalk ein vereinzeltes Stück von *Monticulipora petropolitana* PAND., eine kleinzellige Form, wie sie mir in einem nicht unterscheidbaren Exemplar aus dem Wenlockkalk von Wenlock Edge vorliegt.

Die kleinen Korallenstücke aus dem Kieselkalk dürften die ersten Ansiede'ungen der Riffkorallen sein, welche zur Zeit des Devon so gewaltige Bauten aufgeführt haben. Für diese Anschauung spricht auch der Umstand, dass die Obersilurformen generisch mit denen des Unterdevon übereinstimmen. Nur sind die letzteren reicher an Gattungen und Arten.

Die Namen der bisher bestimmten Arten sind:

Actinostroma intertextum NICHOLS. Brit. Stromatop. t. 13, f. 8—11 S. 138. (Wenlock limestone, Iron Bridge.)

Monticulipora petropolitana PAND. (etwas grosszelliger als die Untersilur-Form).

Heliolites decipiens M'COY. Wegen schlechter Erhaltung nicht ganz sicher bestimmbar.

Alveolites Labechei M. EDW. et H.

Cyathophyllum angustum LONSDALE.

        „   sp.

Die typischen Obersilurformen wie *Goniophyllum, Stauria, Acervularia, Omphyma* und *Ptychophyllum* fehlen also. Hingegen stimmen die Arten gut mit baltischen und englischen Formen überein, von denen Originalexemplare zum Vergleich vorliegen.

Eine Berücksichtigung der böhmischen Korallen ist nicht möglich, da die Herausgabe des betreffenden Bandes des Système Silurien noch nicht erfolgt ist.

STACHE erwähnt einen durch SUESS am Schönwipfel (nahe dem Kok) gesammelten grauen Kalk, in dem die Korallen in Form von halbverkieselten Auswitterungen hervortreten. Derselbe dürfte ebenfalls obersilurisches Alter besitzen.

c) Die Orthocerenkalke des Kok.
(Zone des *Orthoceras potens*.)

Die an gewaltigen Längsbrüchen eingesunkenen Massen triadischer Kalke biegen östlich vom Gartnerkofel und Schinuz wieder auf den Südabhang der Hauptkette hinüber und in den so entstandenen flachen Ausbuchtungen finden sich Gesteine von obersilurischem und devonischem Alter. Durch Profile (S. 15 und 20, 21) und Beschreibungen (S. 22, 23) sind die geologischen Verhältnisse am Kok geschildert worden.

Da die höheren rothen, der Zone des *Orthoceras alticola* gleichzustellenden Kramenzelkalke ausser unbestimmbaren Orthoceren nichts geliefert haben, erübrigt es nur ein Verzeichniss der in dem tieferen Eisenkalke vorkommenden Arten zu geben. Ich habe auf der alten, palaeontologisch jetzt gänzlich ausgebeuteten Halde neben dem Bergmannshäuschen (Abb. 8 S. 24) nur einige Versteinerungen gesammelt, um das Niveau zu bestimmen. STACHE bereitet seit längerer Zeit eine Monographie dieser Fauna vor und hat darüber in den Verhandlungen der Geologischen Reichsanstalt (1890 S. 121) eine vorläufige Mittheilung gegeben. Die nicht von mir herrührenden Bestimmungen sind im Folgenden mit (St.) bezeichnet.

Aus den eigentlichen dunkeln, das Rotheisensteinlager begrenzenden Orthocerenkalken sind zu nennen:

Cheirurus propinquus MSTR. (= *Ch. Quenstedti* BARR.).

Arethusina Haueri FRECH (Zeitschr. d. deutschen geolog. Ges. 1887. S. 736. t. 29, f. 11).

Encrinurus Novaki FRECH. Die häufigste Trilobitenart. (l. c. S. 735. t. 29, f. 5—9.)

Bronteus sp.

„*Acidaspis, Cyphaspis, Ampyx, Proetus, Illaenus, Dionide, Sphaerexochus, Lichas, Phacops* und *Plumulites*" (St.).

Orthoceras potens BARR. (Mit dieser, an sich wohl be-
   gründeten Art dürften eine ganze Anzahl Bar-
   randescher Species zusammenfallen.)

„   *truncatum* BARR.

„   *pleurotomum* BARR. (Syst. Sil. II t. 296). E_1 E_2.

„   *originale* BARR. (l. c. t. 267, f. 1—9.)

„   *Michelini* BARR. (l. c. t. 381.)

Cyrtoceras patulum BARR. (l. c. t. 110, f. 1—6, t. 26, f. 13
   —16, t. 204, f. 8—15; ein junges, seitlich stark com-
   primirtes Exemplar mit einfachen, horizontalen An-
   wachsstreifen, das jedoch wegen seiner geringen Grösse
   nicht ganz sicher bestimmbar ist. Uebrigens bedarf
   auch bei *Cyrtoceras* die Zahl der von BARRANDE be-
   nannten Arten einer erheblichen Verminderung.)

Gomphoceras sp. (aus rothem Kalk am Ostabhang).

„*Trochoceras, Nautilus* und wahrscheinlich auch *Goniatites,
   Hyolithes, Conularia, Cornulites*“ (St.).

Murchisonia attenuata LINDSTR. (= *Loxonema?* attenuatum
   LINDSTRÖM, Silurian Gastropoda. t. 18, f. 3—5.)

Polytropis discors Sow. sp. (*Horiostoma* od. *Oriostoma*
   auct.); ein kleines Exemplar mit der charakteristischen
   Sculptur.

Natiria carintiaca STACHE sp. (Die Unhaltbarkeit der
   KAYSER'schen Gattung *Spirina*, unter welchem Namen
   STACHE diese charakteristische Schnecke erwähnt, ist
   inzwischen von KOKEN nachgewiesen worden.)

„*Pleurotomaria, Holopella, Naticopsis*“. Im Ganzen ca. 30
   Arten von Gastropoden. (St.)

Cardiola cornu copiae GF. (= *interrupta* Sow. auct.)

„   *gibbosa, signata, migrans, contrastans* BARR. etc. (St.)

Praelucina sp.

„*Tiaraconcha* cf. *decurtata* BARR. sp. (= *Slava*[1]), *Matercula.*

---

[1] In den devonischen Aviculiden, Abh d. preuss. geol. Landesanstalt
IX, 3, S. 249, 250, habe ich den Versuch gemacht, die czechischen Namen
der böhmischen Zweischaler in einer der wissenschaftlichen Nomenclatur
entsprechenden Weise zu verändern. In einem kurze Zeit darauf veröffentlichten posthumen Werke NEUMAYRS findet sich eine ausführliche
Darstellungen der Palaeoconchen, deren Namen ebenfalls in lateinischer

(= *Maminka*), *Lunulicardium, Hemicardium, Conocardium.*
„*Orthis aff. humillima* BARR., *Strophomena aff. tristis* BARR.;
Dayia (Atrypa) navicula BARR.; *Atrypa canaliculata* BARR.:
Meristella ypsilon BARR." (St.)
„*Monograptus aff. priodon, Retiolites* n. sp." (St.)
Petraia semistriata MSTR.

Eine etwas verschiedene Fauna enthält der schwarze
Kalk, welcher besonders durch den Reichtum an Beyrichien
ausgezeichnet ist, sich aber wohl nur durch die Faciesentwick-
lung, nicht durch die stratigraphische Stellung von dem Orthocerenkalk unterscheidet. Derselbe enthält ausser den Ostracoden:

Platyceras cornutum HIS. sp.

Praelucina resecta BARR. sp. ? (*Dalila* BARR., Syst. Sil.
Vol. VI, t. 49 und t. 353, f. 9).

Lunulicardium nov. sp. verwandt mit *L. undulatum* BARR.
l. c. t. 240, f I.

Cardiola sp.

Leptynoconcha bohemica BARR. sp. (= *Tenka* BARR. — vergl.
die vorhergehende Anmerkung — l. c. t. 217, f. 1,
13, 14.)

4. Vergleichungen mit dem Obersilur anderer Länder.

Wie bereits in dem vorhergehenden Abschnitte bemerkt
wurde, sind schiefrige, bezw. phyllitische Gesteine von silurischem Alter in den Ostalpen recht verbreitet. Dass neben
den Vertretern des Untersilur auch obersilurische Schichten
vorkommen, ist keineswegs unwahrscheinlich, aber nur an
wenigen Orten durch Versteinerungen sicher erweisbar.

In erster Linie ist hier die Gegend von Vordernberg
und Eisenerz in Steiermark zu nennen (STUR, Geologie der
Steiermark S. 90—96; STACHE, Zeitschrift d. deutschen geolog.
Ges. 1885. S. 286). Hier findet sich eine mächtige aus schief-
rigen und kalkigen Gesteinen bestehende Schichtenfolge, deren
Hangendes der zum Unterdevon (F—G) gehörende Sauberger

Form erscheinen. Z. Th. stimmen die von NEUMAYR und mir vorgeschlagenen Aenderungen überein: *Kralowna-Regina, Panenka-Puella*. (Abhandl.
d. Wiener Akademie. Bd. 38, S. 24 ff.)

Kalk[1]) bildet. Im Liegenden dieses Kalkes erscheinen (von oben nach unten):

4. Obere körnige Grauwacke.
3. Schwarze Thonschiefer mit Eisenkies und Orthocerenresten.
2. Grauwackenschiefer, z. Th. grau, z. Th. grünlich, Talkschiefer ähnlich.
1b. Untere körnige Grauwacke.
1a. Halbkrystalline Thonschiefer mit Einlagerungen von weissem körnigem Kalkstein und Chloritschiefer an der Basis.

Unter 1a liegt der Quarzphyllit.

Da eine Discordanz in den oberen Theilen dieser Schichtenfolge nicht beobachtet ist, so erscheint die Zurechnung eines allerdings nicht näher bestimmbaren oberen Theiles (etwa von 3 und 4) zum Obersilur unabweisbar.

Noch ähnlicher sind den Karnischen Gesteinen die dunklen Orthocerenkalke des Krummpalbl-Gebietes nordwestlich von Vordernberg, deren petrographische Uebereinstimmung von STACHE ausdrücklich hervorgehoben wird.

In der „nördlichen Grauwackenzone" liegt das schon 1847 durch v. HAUER bekannt gewordene Dientener Obersilurvorkommen; doch haben die späteren Untersuchungen nur wenige neue Anhaltspunkte gegeben. Eine vollständige Uebersicht der durchweg zum Silur gerechneten Gesteine und ihrer Verbreitung hat STUR veröffentlicht (Geologie der Steiermark S. 96). Auch ich kann nur hervorheben, dass die schiefrigen, phyllitischen und kalkigen Gesteine, die ich in der Gegend von Steinach-Irdning und Radstadt[2]) gesehen habe,

---

[1]) Die neuerdings von VACEK aufgestellte und von HOERNES energisch bekämpfte Annahme, dass die Erzformation dem Perm zugehöre, ist für die vorliegende Frage belanglos, da VACEK die Erzformation von den Kalken mit ihren devonischen· („obersilurischen" l. c.) Versteinerungen trennt. Vergl. Verhandlungen der Geolog. Reichsanstalt 1886 S. 72 und HOERNES, Mittheilungen d. naturwissenschaftlichen Vereines für Steiermark 1887. S. A. S. 8.

[2]) Heller Sericitphyllit bei Radstadt (erscheint in den Karnischen Alpen an der oberen Grenze des Quarzphyllites); blaue und grünliche Thonschiefer sowie grünliche glimmerhaltige Quarzitschiefer bei Filzmoos nördlich von Radstadt.

durchaus mit den Mauthener Schichten übereinstimmen;
auch letztere übertreffen ja das Karnische Obersilur um das
Drei- bis Vierfache an Mächtigkeit.

Bei Dienten beobachtet man nach LIPOLD und STACHE
(l. c. S. 282) die folgenden Schichten von unten nach oben:

I. Quarzphyllit, darüber

II. Violette, dünnblättrige Glanzschiefer (den Uebergang zu I bildend).

III. Versteinerungsführendes Obersilur: Schwarze Thon-
und Kiesel-Thonschiefer, Kalke und eisenspäthige Dolomite.

   1. Unterer Schiefer:

     a) Schwarzer, graphischer Schiefer.

     b) Eisensteinlager mit Graphitschiefer, Pyrit-
knollen und den Versteinerungen.

     c) Fester schwarzer Schiefer.

   2. Feinblättriger Schiefer mit zwei Lagermassen von
Eisenstein führendem Kalk.

   3. Schwarzer Grauwackenschiefer.

IV. Körnig-schiefrige Grauwacke.

STACHE hält die Dientener Fauna für eine Grenzbildung
von E_1 und E_2 (oder für die Basis von E_2) und erwähnt auf
Grund vorläufiger Bestimmungen die folgenden Arten (Verhandl.
d. Geolog. Reichsanstalt 1890, S. 123.):

Orthoceras fasciolatum BARR., *dorulites* BARR., *serratulum*
BARR., *novellum* BARR., *semilaeve* BARR., *culter* BARR.,
confraternum BARR., *infundibulum* BARR.

Cardiola cornu copiae GF., *fluctuans* BARR., *bohemica*
BARR., *insolita* BARR. und einige neue mit böhmischen
nahe verwandte Arten.

Dualina longiuscula und neue Arten, verwandt mit *D. se-
dens* BARR. und *annulosa* BARR.

Leptynoconcha (Tenka, vergl. die obige Bemerkung) n. sp.,
verwandt mit *T. bohemica* BARR. und *Goniophorella
(Spanila)* nov. sp. verwandt mit *Sp. cardiopsis.*

Der alte Fundort liegt an der Nagelschmiede; doch fand
GÜMBEL auch am Altenberg und am Kollmannseck Reste von
Trilobiten und *Cardiola* cf. *cornu-copiae.* Weiter östlich ent-

deckte derselbe Forscher bei dem Nickelerzstolln im Schwarz-Leogangthale Spuren „unzweideutiger Alpen" sowie grade Monograptus-Formen; auch die Schichtfolge in der Gegend von Saalfelden und Kitzbüchel besitzt nach ihm die grösseste Aehnlichkeit mit dem Dientener Silur. (Verhandl. d. geolog. Reichsanstalt 1888, S. 189.)

Dass die obersilurischen Bildungen der Ostalpen die unmittelbare Fortsetzung des mittelböhmischen Silur bilden, ist eine bekannte Thatsache und auch in der vorhergehenden Darstellung mehrfach hervorgehoben worden. Jedoch herrscht keine vollkommene Uebereinstimmung der Faciesentwickelung, wenngleich die Verschiedenheit weniger gross ist, als etwa zwischen der Stufe D und den Mauthener Schichten: Die Graptolithenschiefer sind in Böhmen viel mächtiger und von Diabas- und Tufflagern durchsetzt; auch die schwarzen versteinerungsreichen Knollenkalke und Kalkschiefer, welche die obere Grenze von E_1 kennzeichnen, ähneln nur im Allgemeinen den schwarzen Plattenkalken am Wolayer Thörl. Von den beiden Hauptfacies, welche sich in der Stufe E_2 unterscheiden lassen, hat nur der hellgraue Cephalopodenkalk (u. a. an der Dlouha hora) der durch den Reichtum an Zweischalern ausgezeichnet ist, in den bunten Orthocerenkalken der Karnischen Alpen ein Analogon. Jedoch bestehen noch hinreichende palaeontologische Unterschiede; so fehlen z. B. die eigentümlichen dunklen Ostracodenkalke in Böhmen, und die petrographische Beschaffenheit ist so abweichend, dass eine Aufzählung der Unterschiede unnöthig erscheint.

Die rothen obersilurischen Orthocerenkalke stimmen in Bezug auf die Faciesentwickelung vollkommen mit den untersilurischen Vaginatenkalken des Balticum, den rothen Goniatitenkalken des Oberdevon (Martenberg, Cabrières), den bunten Hallstätter und den „bunten Cephalopodenkalken" des Lias überein. Eine vollkommene Gleichheit besteht petrographisch zwischen den erwähnten Gebilden und der Zone des *Orthoceras alticola*; die Eisenkalke der Zone des *Orth. potens* sind fast durchweg dunkler gefärbt.

Von sonstigen Obersilurbildungen kenne ich nur ein einziges Vorkommen, welches mit den letztgenannten Kalken vollkommen übereinstimmt; es ist der Orthocerenkalk von

Elbersreuth im Fichtelgebirge. Ueber die stratigraphische Stellung desselben besteht noch immer Unklarheit. Graf MÜNSTER hat den Orthocerenkalk des genannten Fundortes und den Cly- menienkalk von Schübelhammer getrennt und die Sonderung sowohl in der Beschreibung der Fauna wie der Etikettirung der Sammlung sorgfältig durchgeführt; GÜMBEL führt in seiner Beschreibung des Fichtelgebirges (S. 486 ff.) die Versteinerungen als aus demselben Horizonte stammend an.

Nach einer Durchsicht des in München und Berlin befind- lichen Materials, desselben, welches MÜNSTER und GÜMBEL[1]) vorgelegen hat, kann ich mit voller Bestimmtheit die Ansicht aussprechen, dass die Elbersreuther und Schübelhammerer Kalke nicht eine einzige Art mit einander gemein haben. Hingegen kommt die grosse Mehrzahl der sicher bestimm- baren (d. h. in vollständigen Exemplaren vorliegenden) Arten des ersten Fundortes auch in der Böhmischen Stufe E_2 und ein Theil in dem Karnischen Orthocerenkalke vor. Die Identität einiger Orthoceren (z. B. *Orthoceras subannulare* MSTR.) (Elbersreuth, E_2, Stufe des *Orth. alticola*) wurde bereits von BARRANDE erkannt. Dass bei den Trilo- biten, Zweischalern und Brachiopoden dasselbe Verhältniss ob- waltet, ist dem genannten Forscher entgangen. Ich habe mich seit einiger Zeit mit dieser Fauna beschäftigt, aber noch keine Gelegenheit gefunden, die Untersuchung zum Abschluss zu bringen. Wenn auch an dem oben angeführten geologischen Ergebnisse nicht gezweifelt werden kann, so erschwert doch die verworrene Synonymik die Fertigstellung der palaeontolo- gischen Einzeluntersuchungen.

Zur Erhärtung dieser Angaben möge die vollständige Syno- nymik von *Cheirurus propinquus* und die Namen von einigen wichtigen übereinstimmenden Arten folgen:

Cheirurus propinquus MSTR. sp.

1846. *Calymene propinqua* MSTR. Beitr. III, S. 38, t. 4, f. 6.

„   *Sternbergi* id. ibid. S. 37, t. 5, f. 5.

Paradoxides brevimucronatus id. ibid. S. 40, t. 5, f. 12.

---

[1]) Gümbel hat nur die Münchener Exemplare untersucht.

1846. *Cheirurus Quenstedti* BARRANDE, Note préliminaire. S. 50.

1847. „ „ CORDA, Prodrome. S. 134.

1852. „ „ BARRANDE, Système silurien I, S. 790. t. 40, f. 13, 14; t. 42, f. 2—4.

1879. *Cheir. propinquus* GÜMBEL, Fichtelgebirge. S. 491. t. f. 10, 11, 13, 14.

1888. *Cheir. Quenstedti* mut. *praecursor*. FRECH, Z. d. deutschen geol. Ges. 1887. S. 735. t. 29, f. 2, 3.

Die Gruppe des *Cheirurus insignis* BEYR. (*Cheirurus* s. str. bei F. SCHMIDT) ist auf Unter- und Obersilur beschränkt; es gehören hierzu ausser der vorliegenden Art *Cheirurus exsul* BEYR. (Untersilur), *claviger* BEYR. (D) u. s. w. Ein einziges Mal ist bisher eine hierher gehörige Form auf der Grenze von Silur und Devon (Zone der *Rhynch. Megaera*) gefunden worden. Bei der Benennung der letzteren habe·ich einen an sich unerheblichen Irrtum begangen, indem gerade diese Form als zum echten *Cheirurus propinquus* (= *Quenstedti*) gehörig bestimmt wurde. In Wahrheit sind, wie eine wiederholte Untersuchung zeigte, die als mut. *praecursor* bezeichneten Exemplare mit den bei Prag und Elbersreuth vorkommenden ident; die Mutation aus der Zone der *Rhynch. Megaera* ist demnach als mut. *devonica* zu bezeichnen. Der Name MÜNSTER's verdient trotz gleichzeitiger Veröffentlichung den Vorzug vor demjenigen BARRANDE's, der seine Beschreibung ohne Abbildung publicirte.

Bemerkenswerth ist die ausserordentliche horizontale Verbreitung der Gruppe. *Cheirurus insignis* BARR., eine mit der beschriebenen Art nah verwandte Form findet sich in England und in einer kaum unterscheidbaren Localform (*Ch. niagarensis* HALL) im Staate New York sowie in Wisconsin und Illinois.

2. *Acidaspis gibbosa* MSTR. sp. (GÜMBEL l. c. t. B, f. 33. S. 489. *Trinucleus* bei MÜNSTER.)

= *Acidaspis mira* BARR. E$_2$.

3. *Harpes franconicus* GÜMB. (= *Trinucleus gracilis* MSTR.)

= *Harpes vittatus* BARR. E$_2$ (der letztere Name ist beizubehalten, da ein *Harpes gracilis* von SANDBERGER schon beschrieben ist).

4. *Cardiola cornu copiae* GF.

= *Cardiola interrupta*, Sow. BARR. et auct. E_2 und Karnische Alpen. (Hiernach ist auch die Formationsbezeichnung der Abbildung in ZITTEL Handbuch II, S. 50, deren Original von Elbersreuth stammt, zu berichtigen.)

5. *Cardiola spuria* MSTR. sp.

= *Cardiola persignata* BARR. E_2 und Zone des *Orth. potens* u. a. Zeitschr. d. deutschen geol. Ges. 1887, t. 29, f. 12.

6. *Petraia semistriata* MSTR. Auch in E_2 und in den Karnischen Alpen. Die Art wurde von mir früher als aus dem Oberdevon stammend beschrieben.

7. *Antipleura plicata* MSTR. sp.

= *Dualina tenuissima* BARR. E_2.

8. *Dualina?* *lata* MSTR. sp.

= *Dualina robusta* BARR. E_2.

9. *Dualina?* *interpunctata* MSTR. sp.

= *Dualina iners* BARR. E_2.

10. *Praelucina intermedia* MSTR. sp.

= *Paracardium amygdalum* BARR. E_2.

11. *Praelucina subsimilis* MSTR. sp.

= *Lunulicardium diopsis* BARR.

Leptynoconcha triangula MSTR. sp.

= *Tenka* BARR. (die Gattung nur im Obersilur).

12: *Pentamerus subcurvatus* MSTR. sp.

= *Pentamerus linguifer* BARR. u. s. w.

Das versteinerungsarme thüringische Obersilur hat manche Beziehungen zu Böhmen und zu den Ostalpen. Die „unteren Graptolithenschiefer" sind der Stufe E_1 zu parallelisiren, mit deren ältester Zone ja der Graptolithenschiefer des Osternigg vergleichbar ist. Der Ocker- oder Interrupta-Kalk entspricht E_2 bezw. den Orthocerenkalken von Elbersreuth und Kärnten. Schlecht erhaltene Orthoceren sind auch in dem thüringischen Horizonte vorgekommen.

Die Fauna des südfranzösischen Obersilur ist noch zu wenig bekannt, um eingehendere Vergleiche hinsichtlich der Zonengliederung zu gestatten. Doch deuten die wenigen Formen, die ich dort sammelte und die etwas zahlreicheren

Arten, welche französische Forscher in den Pyrenäen, ferner in Nordfrankreich und Catalonien gefunden haben, durchaus auf Böhmen und die Ostalpen hin. Die Facies der bituminösen „schistes ampéliteux" mit ihren schwarzen Thonschiefern und Kalkknollen, mit ihren Orthoceren, Graptolithen und Palaeoconchen ist allerdings genau die gleiche, welche wir bei Dienten und an der oberen Grenze von E₁ bei Prag gefunden haben. Auch die Vorkommen der Sierra Morena, der Inseln Elba und Sardinien besitzen denselben Charakter. Für das Obersilur bestätigt sich also die Annahme einer mediterranen bis nach Mitteldeutschland reichenden Meeresprovinz, der „grande zone centrale" BARRANDE's.

In der Gegend des heutigen französischen Centralplateaus etwa bestand, wie die vollkommene Uebereinstimmung der betreffenden Ablagerungen in Nord- und Südfrankreich beweist, eine Verbindung mit dem nordischen, bis nach Amerika reichenden Silurmeer. Man kann daher schon a priori annehmen, dass die eingehendere Untersuchung der nordischen und mediterranen Obersilurfauna einige Beziehungen zu Tage fördern wird.

Von den nordischen Faciesbildungen hat das Graptolithengestein noch die meiste Aehnlichkeit mit unseren Orthocerenkalken und steht dem mittleren Theil derselben auch im Alter gleich. Einzelne Arten wie *Pleurotomaria extensa* HEIDENHAIN, *Murchisonia attenuata* LINDSTR., *Glassia obovata* Sow. und *Rhynchonella Sappho* BARR. kommen sogar noch in den Alpen vor. Immerhin bleibt die Verschiedenheit der nordischen und mediterranen Schichten weit grösser als die Aehnlichkeit, wie die Vergleichung von beliebigen Gotländer oder englischen Sammlungen mit solchen aus der Prager Gegend einem Jeden beweisen wird. Es sei nur hervorgehoben, dass das formenreiche Heer der sogenannten Palaeoconchen mit verschwindenden Ausnahmen (*Cardiola*, *Lunulicardium*) in England fehlt. In neuerer Zeit ist von JAEKEL die Vermuthung ausgesprochen worden, die Annahme, dass in Böhmen und England eine ausserordentlich verschiedene Fauna lebte, „werde eine sehr bedeutende Einschränkung erfahren". (JAEKEL, Zeitschrift der deutschen geolog. Gesellschaft 1889, S. 712.) Die Untersuchung der typischen Localitäten und ihrer Faunen hat mich zu der Anschauung geführt, dass die faunistische Verschiedenheit recht bedeutsam ist.

16*

IX. KAPITEL.

Das Devon.

Faciesentwickelung und Gesteine in den Karnischen Alpen und Karawanken.

Abgesehen von den Schichten der Grazer Gegend herrscht innerhalb des reich gegliederten südalpinen Devon eine bemerkenswerthe Einförmigkeit in der Ausbildung der Facies. Nur die unterste und oberste Zone besteht aus Cephalopodenkalken; sonst finden sich durchweg reine Korallenkalke, welche hie und da reich an Brachiopoden und Crinoiden sind. Auch in den oberen und unteren Grenzbildungen ist Kalk die vorherrschende Gebirgsart.

Nur vereinzelt kommen andere Gesteine vor; so die Schiefereinlagerungen an der unteren Grenze des Devon, eine quarzitische Lage am Pollinigg (Unterdevon) sowie dolomitische Kalke, welche in geringerer Ausdehnung am Pollinigg und der Hartkarspitz, als vorherrschendes Gestein an der Porze auftreten.

Unter den Kalkvarietäten herrscht ein hellgrauer oder weisslicher Kalk in sämmtlichen Devonhorizonten (mit Ausnahme des obersten und untersten) bei Weitem vor. Veränderungen werden vor allem durch dynamische Vorgänge bedingt; dieselben verursachen in erster Linie das Verschwinden der organischen Structur, insbesondere bei den Korallen; letztere treten zuweilen noch an angewitterten Flächen, nicht aber im Schliff, als schattenhafte Umrisse hervor. Ein weiteres Stadium ist die Umkrystallisirung des Kalkes selbst, die jedoch niemals bis zu der rein körnigen Ausbildung vorschreitet. Am meisten umgewandelt sind die schmaleren Kalkzüge des Poludnigg-Osternigg, der Porze und der Königswand.

Von weiteren Kalkvarietäten ist ein schwarzer, durch zahlreiche Gastropoden gekennzeichneter Kalk im Unterdevon des Wolayer Thörl, ein schneeweisser Brachiopodenkalk im Oberdevon des Kollinkofels gefunden worden, während rothe Knollenkalke das tiefste Unterdevon (Zone des *Goniatites inexspectatus*) kennzeichnen. Dieselben kommen iu nicht umgewandelten Zustande nur am Wolayer Thörl vor. Doch sind die halbkrystallinen Bänderkalke am Bladener Jöchl, vielleicht auch die Kalkphyllite des Torrente Chiarso und des Monte Palumbina (Porze, Val Visdende) umgewandelte Gesteine des gleichen Horizontes.

Eine etwas abweichende Beschaffenheit zeigen endlich noch die grauen wohlgeschichteten Plattenkalke des obersten, Clymenien führenden Devon.

Die Faciesentwickelung der Korallenkalke mit den localen Anhäufungen anderer Thierreste setzt weit nach Osten, bis in die Karawanken fort; die Lücke zwischen dem Osternigg und dem Seebergsattel ist nur durch Dislocationen oder Denudation der Devonkalke zu erklären. Ich habe früher die Ansicht vertreten, dass die, den verschiedenen Horizonten vom Obersilur bis Oberdevon angehörenden Kalkvorkommen der Gegend von Vellach als normale riffartige Einlagerungen der Schiefer und Phyllite aufzufassen seien. Auch FRIEDRICH TELLER hat in seinem Aufnahmebericht [1]) von „Lagermassen" gesprochen, welche den Schiefern mit gleichem Fallen und Streichen untergeordnet wären, jedoch keine weiteren theoretischen Folgerungen versucht — was auch bei der Undeutlichkeit der Aufschlüsse der richtigste Ausweg war. Ich bin seitdem durch mündliche Besprechungen mit Herrn Dr. TELLER, vor allem aber durch die Untersuchung der, zahlreiche Vergleichspunkte darbietenden Gegend der Liköfl- und Königswand zu einer etwas abweichenden Auffassung gelangt.[2]) Im Westen der Karnischen Alpen kann man an den dortigen vortrefflichen Aufschlüssen beobachten, dass die der Schieferserie eingelagerten Bänderkalke durch allmäligen petrographischen Ueber-

---

[1]) Verhandlungen der geologischen R. A. p. 268, 269.

[2]) Eine erneute Untersuchung der Vellacher Gegend ist allerdings nicht erfolgt, würde auch bei der Unzulänglichkeit der in Betracht kommenden Aufschlüsse kaum von besonderem Erfolge gekrönt sein.

gang mit denselben verbunden sind, während sich an der Grenze der eingefalteten bezw. eingepressten devonischen Riffkalke stets mechanische Druckerscheinungen bemerkbar machen, die an den erstgenannten Stellen fehlen.

Es liegt nun jedenfalls nahe, die in einer gut aufgeschlossenen Gegend seither gewonnenen sicheren Ergebnisse auch auf die Karawanken zu übertragen und somit anzunehmen, dass nur die tiefste obersilurische Bänderkalkzone den Schiefern eingelagert sei, während die, zu den verschiedensten Devonhorizonten gehörigen Kalkmassen Einfaltungen darstellen. Die thatsächlichen geognostischen Beobachtungen können — bei ihrer Unzulänglichkeit — mit der einen wie mit der anderen Auffassung in Einklang gebracht werden. Auch der Aufsatz PENECKES steht dem nicht entgegen, da derselbe im Wesentlichen nur die auf einer gemeinsamen Excursion gemachten Beobachtungen wiedergiebt. (Zeitschr. d. deutsch. geol. Ges. 1887.)

Die von PENECKE (l. c. S. 270) veröffentlichten Beobachtungen über die Riffböschung und die Riffsteine am Rappoldriff lassen jedenfalls eine abweichende Deutung zu und sind daher auch in meinem ersten Aufsatze nicht berücksichtigt worden. Die Blöcke nehmen mit der Entfernung vom Riffe an Grösse ab und verändern ihre mineralogische Beschaffenheit: „Der Kalk derselben wird immer mehr krystallinisch, reichlich von durch Metalloxyde gefärbter Kieselsäure durchtränkt und von Quarzadern durchzogen, und schliesslich ist in den kleinsten und vom Riff entferntesten Blöcken der Kalk ganz ausgelaugt und durch Kieselsäure ersetzt, so dass sie kaum oder gar nicht mehr von den in den Phylliten überall eingelagerten Quarzlinsen unterschieden werden können."

Von der beschriebenen Pseudomorphose von Kieselsäure nach Kalk, habe ich mich an der betreffenden Stelle nicht überzeugen können, glaube hingegen, dass die fraglichen Quarze eben die Quarzlinsen der Phyllite sind. Im übrigen habe ich die Beschreibung deshalb wiedergegeben, weil dieselbe Wort für Wort auf jede mechanische Contactstelle zwischen Kalk und Schiefer in den Karnischen Alpen passt (Cellonkar, Rathhauskofel). Der einzelne Punkt könnte allerdings auch als eine durch Gebirgsbildung veränderte Riffböschung aufgefasst werden, weil eben eine kräftige Faltung alle ursprüngliche Structur zu verwischen vermag. Doch steht der Gesammtaufbau des Gebirges hiermit nicht in Einklang. Man darf somit annehmen, dass die Riffentwickelung in dem Kärntner Devon von der Königswand bis Vellach, also auf einer Strecke von mindestens 170 km. vorherrschte, ohne dass gleichzeitig thonige oder sandige Sedimente zum Absatz gelangten. Diese ausschliessliche Herrschaft des kalkigen Sediments ist keineswegs etwas Ungewöhnliches, sondern kennzeichnet u. a. das höhere Mitteldevon der Eifel.

1. Das tiefste Unterdevon.
(Die Zonen des *Goniatites incxspectatus* und der *Rhynchonella Megaera*.)

Das tiefste Unterdevon enthält Versteinerungen nur am Wolayer Thörl (vergl. die betreffenden Abschnitte); die metamorphosirten Gesteine des Bladener Jöchl und das seiner Altersstellung nach zweifelhafte Vorkommen des oberen Chiarsothals (S. 69) haben ihre ursprüngliche Structur vollkommen verloren. Aus den rothen Kramenzelkalken sind Thonflaserkalke und Kalkphyllite geworden. Oberhalb des Cañon des Torrente Chiarso erscheinen in unmittelbarem Zusammenhang mit den scheinbar sehr mächtigen Kramenzelkalken graue dichte Kalke, welche an die der Kellerwand erinnern aber leider nur unbestimmbare organische Reste enthalten. Das an sich nicht unwahrscheinliche Vorkommen von unterem Devon wurde daher kartographisch nicht ausgeschieden.

Die durch neue Aufsammlungen etwas vermehrte Fauna der Zone des *Goniatites incxspectatus* besteht aus folgenden Arten:

Beloceras nov. sp. 1 Ex.

Tornoceras Stachei FRECH.

      „   *incxspectatum* FRECH.

Anarcestes lateseptatus BEYR. (Die häufigste Art.)

Aphyllites nov. sp. aff. *Zorgensi* A. ROEM. (= *fecundus* BARR.)

Cyrtoceras miles BARR. (E_2.) Mehrere Exemplare.

Gomphoceras sp.

Orthoceras sp.

Crinoidenstiele.

Die bemerkenswertbeste Erscheinung in dieser kleinen Fauna ist das *Beloceras*, welches dem oberdevonischen *Beloceras multilobatum* zweifellos am nächsten steht. Die zahlreichen spitzen Loben sind an dem vorliegenden Bruchstück gut erhalten, über die Form der Schale lässt sich nur soviel sagen, dass dieselbe zusammengedrückt war und einen scharfen Rücken hatte. Ausserdem kommt für den Vergleich nur noch *Celaeceras praematurum* BARR. aus dem böhmischen Unterdevon in Betracht.

Das Erscheinen dieser oberdevonischen Typen im Unterdevon verliert etwas von seinem Auffallenden, wenn man bedenkt, dass auch TSCHERNYSCHEW einen nahen Verwandten des *Goniatites intumescens*, *Manticoceras Stuckenbergi* aus dem tiefsten Devon des Ural (Belaja-Kalk) beschrieben hat. Derselbe kommt am Hüttenwerke Michailowsk zusammen mit einigen glatten eigenthümlichen Merista-Arten (*Merista globus* und *prunum*) vor, welche vollkommen den Typus der am Rhein in der „Greifensteiner Facies" (vgl. unten) vorkommenden Brachiopoden tragen.

Es liegen also jetzt aus dem Unterdevon bereits Vertreter von fast sämmtlichen Goniatitengruppen vor, welche im Mitteldevon und unteren Oberdevon ihre Hauptentwickelung erfahren:

Beloceras (Wolayer Thörl).
Manticoceras (Ural).
Celaeceras praematurum (G_2).
Tornoceras (Kärnten, Cabrières).
Maeneceras (Cabrières).
Mimoceras (Böhmen, F_2; bis zum Mitteldevon).
Pinacites (Böhmen F_2; bis zum Mitteldevon).
Aphyllites (Böhmen F_2; Wolayer Thörl bis zum Mitteldevon).
Anarcestes (Böhmen F_2; Wolayer Thörl bis zum Mitteldevon).

Maeneceras und *Tornoceras*, besonders aber *Manticoceras* und *Beloceras* dürften somit zu den „intermittirenden" Typen zu rechnen sein; d. h. dieselben sind zur Mitteldevonzeit nach einem nicht näher bestimmbaren Theile des alten Devonmeeres ausgewandert und später wieder zurückgekehrt.

Während in der unteren Zone die devonischen Typen — mit Ausnahme des *Cyrtoceras miles* — bei weitem vorwiegen, enthält die höhere durch eine nicht sonderlich mächtige Folge von Schiefern, Grauwacken und Kalken getrennte Zone eine „Superstitenfauna" von vorwiegend silurischem Gepräge:

Cheirurus propinquus BARR. mut. *devonica* nov. nom. 1 Ex. (vergl. oben S. 241).

Orthoceras Argus BARR. Häufig.

Murchisonia Megaerae nov. nom.[1])

Platyceras cf. *naticoides* A. ROEM. bei Kays.

„ cf. *cornutum* HISING.

Modiolopsis sp.

Vlasta (?) nov. sp.

Atrypa marginalis DALM. 1 Ex.

Nucleospira pisum SOW. 2 Ex.

Athyris subcompressa mut. *progona* FRECH. Ziemlich häufig.

„ cf. *fugitira* BARR. sp. Häufig.

„ *obolina* BARR. sp. Häufig.

Retzia? *umbra* BARR. sp. Sehr häufig.·

Rhynchonella Megaera BARR. sp. Gemein.

„ *Zelia* BARR. sp. Häufig.

„ *Sappho* var. *hircina* BARR. sp. Häufig.

Petraia sp.

2. Das mittlere Unterdevon.

Ueber den beiden tieferen Grenzzonen folgt am Wolayer Thörl der unterdevonische Riffkalk mit seinen reichhaltigen Anhäufungen von Brachiopoden, Gastropoden und Crinoiden. Schon früher habe ich ein Verzeichniss der Arten veröffentlicht; doch ergaben die fortgesetzten Aufsammlungen an dem nur 1—2 Monate schneefreien Fundorte zwischen dem Thörl und dem See noch vieles Neue.

Für die nachfolgende Liste ist zu bemerken, dass die sicher bestimmbaren und genauer untersuchten Arten der leichteren Uebersicht wegen mit Manuscriptnamen bezeichnet werden. Leider konnte aus Mangel an Mitteln die Abbildung

---

[1]) So bezeichne ich die früher als *Murchisonia* et. *attenuata* Lindstr. abgebildete Form. (Zeitschr. deutsche geol. Ges. 1867 p. 730 t. 28, f. 1.) Neu gesammeltes Material aus dem Karnischen Obersilur erwies sich als vollkommen übereinstimmend mit der Gotländer Art, während die vorliegende Form ein wesentlich höheres Gewinde besitzt.

nicht im Zusammenhang mit der geologischen Beschreibung erfolgen.

Die Bezeichnung sp. deutet auf die Unmöglichkeit näherer Bestimmung hin; nov. sp. bezeichnet solche Formen, deren Verschiedenheit von bekannten Arten nachweislich ist; W. bedeutet Wolayer Thörl, S. Seekopf-Thörl, V. obere Valentinalp.

Harpes venulosus CORD. W.

Cheirurus gibbus BEYR. W.

Bronteus sp. W.

Calymene reperta OEHL.? W. Bull. soc. géol. de France. [3.] Bd. 17. t. 18, f 1. (Die oft genannte *„Calymene Blumenbachi"* aus dem Unterdevon von Erbray); der vorliegende nicht sonderlich erhaltene Kopf stimmt in allen wahrnehmbaren Merkmalen mit der, durchweg in verdrücktem Zustande erhaltenen französischen Form überein.

Proëtus sp. W.

Trochoceras nov. sp. W.

Orthoceras nov. sp. aff. *degenero* BARR. W. Syst. Sil. Vol. II. t. 356, f. 1—6.

Cyrtoceras pugio id. ibid. t. 156, f. 18—23, t. 308, f. 13—16 (= *C. perornatum* id. ibid. t. 511, f. 1—5) F_1.

Pleurotomaria Grimburgi nov. sp. mscr. W. Grosse evolute Form aus der Gruppe der *Pl. labrosa* HALL.

„ nov. sp. W. Eine Form aus der Gruppe der *Pl. delphinuloides* GF. mit niedrigem Gewinde und mit breitem Schlitzband.

„ sp. BARROIS, Faune d'Erbray. t. 15, f. 4. p. 214.

Murchisonia Davyi BARROIS W. (= *M. Verneuili* BARRANDE mscr.; auch bei Konieprus (Subgenus *Coelocaulus* OEHL.).

„ *Lebescontei* OEHL. var. *alpina* mscr. W. Unterscheidet sich von der nordfranzösischen Form (Bull. de la société d'études scientifiques d'Angers 1887. t. 7, f. 3) durch grössere Schlankheit des Gewindes.

Bellerophon pelops HALL var. *expansa* BARROIS W. Fossiles d'Erbray. t. 15, f. 14. S. 210.

Bellerophon (Tropidocyclus) telescopus nov. sp. mscr. W. Eine breitrückige Form mit einem scharfen Rande zwischen dem Rücken und dem offenen, alle Umgänge zeigenden Nabel.

Tremanotus fortis BARR. W. F$_2$.

       „   *insectus* nov. sp. mscr. W. Eine grosse, auch bei Konieprus vorkommende Form.

Oxydiscus Delanoui OEHL. sp. W.

Euomphalus carnicus nov. sp. mscr. W. Verwandt mit *Eu. annulatus* GF.

Trochus (Palaeotrochus) Annae nov. sp. mscr. W.

     „   „   *pressulus* TSCHERNYSCH. sp. var. nov. *alpina* mscr. W. (Besitzt bei gleicher Grösse einen Umgang weniger als die uralische Form „*Platyschisma*" *pressulum* TSCHERN. Unterdevon.

Macrocheilos fusiforme GF. Mitteldevon.

Callonema (? Macrocheilos) Kayseri OEHL. W. (Bulletin de la société d'étud. scientif. d'Angers. 1887. t. 6, f. 1.)

Loxonema subtilistriatum OEHL. ? W. (Bulletin de la soc. d'études scientifiques d'Angers 1887. t. 7, f. 1.)

     „   *ingens* nov. sp. mscr. S. Eine Riesenform mit weit zurückgebogenen Anwachsstreifen, einer deutlichen und einer undeutlichen Knotenreihe.

     „   *? enantiomorphum* nov. sp. mscr. W. Eine links gewundene, hochgetürmte Art ohne deutliche Anwachsstreifen. Gattungsbestimmung daher unsicher.

Holopea tumidula OEHL. W. Ibid. t. 6, f. 7.

Polytropis laeta BARR. sp. W. Konieprus (F$_2$) Ural (= aff. *Turbo laetus* BARRANDE bei TSCHERNYSCHEW. Die Art ist nahe verwandt mit *Cyclonema Guilleri* BARROIS.)

Polytropis involuta BARROIS sp. ? W. *Horiostoma* BARROIS, Erbray t. 13, f. 8. S. 218.)

Platyceras mons BARR. W.

     „   = *plicatile* HALL[1]) (Palaeontology of New

---

[1]) Die „Species" von Platyceras bei Hall sind im Allgemeinen zu eng gefasst; es kann daher nur auf die Uebereinstimmung oder Aehnlichkeit

York III. t. 59. f. 10: Shaly limestone der
Lower Helderberg group.)

Platyceras aff. *retrorso* HALL W. (l. c. t. 59. f. 9, Shaly
limestone).

„   *Sileni* OEHL. W. (Bull. soc. géol. de France
[3]. Bd. 11. t. 16, f. 6. 7.

„   *cornutum* TSCHERN. W. (Unterdevon am
Westabhang des Ural. t. 3, f. 29.)

„   2 sp. W.

Philhedra epigonus nov. sp. mscr. S. (Flache patellen-
artige Form, verwandt mit *Ph. radiata* KOKEN aus
dem untersilurischen Brandschiefer von Kuckers.)

Myalinoptera alpina FRECH. W. (FRECH, Aviculiden
des deutschen Devon. t. 18, f. 1, 1a. S. 139.)

Avicula palliata BARR. E$_2$ W.

„   *scala* BARR. mut. W.

Amphicoelia europaea nov. sp. mscr. W.

Die aus dem amerikanischen Obersilur (Niagara group)
beschriebene Gattung *Amphicoelia*, deren Selbstständigkeit ich
früher für zweifelhaft hielt, stellt, wie einige Originalexemplare
zeigen, eine wenig differencirte Zwischenform von *Avicula* und
Myalina dar. Die neue, am Wolayer See vorkommende Art
ähnelt in der äusseren Gestalt den bei Chicago gefundenen
Formen und ist mit feinen radialen Streifen bedeckt.

Aviculopecten sp. W.

Gosseletia? nov. sp. W.

Praelucina insignis BARR. sp. S. (= *Dalila insignis*
BARR. Syst. Sil. VI. t. 354, f. 8, 11. F$_1$.)

Conocardium artifex BARR. W. F$_2$, Erbray (l. c. t. 199,
f. II = *Conocardium Marsi* OEHL. bei BA-
ROIS, Erbray t. 11, f 4).

„   *nucella* BARR. W. F$_2$ l. c. t. 199, f. I.

„   *abruptum* BARR. W. F$_2$.

„   sp. S.

einzelner Formen mit der citirten Abbildung hingewiesen werden. Bei
der oft schwierigen Gattungsbestimmung der Gastropoden habe ich mich
des sachkundigen Beiraths von Herrn Prof. Dr. Koken zu erfreuen gehabt.

Schizodus ? nov. sp. W.

Orthonota nov. sp. aff. *perlatae* BARR. l. c. t. 256, f. 2.

Microdon discoideus BARR. sp. W. (*Astarte* BARR.)

Lunulicardium cf. *initians* BARR. sp.

Spirifer falco BARR. W. (l. c. t. 8, f. 17, 22.)

    „   nov. sp. W. (verwandt mit *Sp. metuens* BARRANDE l. c. t. 2, f. 5).

    „   *superstes* BARR. S.

    „   cf. *superstes* BARR. W.

    „   *Nerei* BARR. W. S.

    „   *Thetidis* BARR. W. var.

    „   *derelictus* BARR. W. V. (Syst. Sil. t. 74, f. I, nahe verwandt mit *Spirifer viator* BARR. aus dem Obersilur.)

    „   *infirmus* BARR. ? W. S. (l. c. t. 3, f. 11.)

    „   *Najadum* var. *Triton* BARR. W.

Merista passer BARR. W. F_2. (Selten).

    „   *herculea* BARR. W. F_2.

    „   *securis* BARR. W.

    „   *Hecate* BARR.? W.

    „   (? *Rhynchonella*) *Baucis* BARR. W. F_2. Greifenstein.

Meristella Circe BARR. W.

Athyris subcompressa FRECH. S.

    „   cf. *Philomela* BARR. V. W.

Retzia Haidingeri BARR. W.

    „   *membranifera* BARR. sp. W.

    „   nov. sp. W. (verwandt mit *R. decurio* BARR).

Anoplotheca? nov. sp. (aff. *Retzia Dalila* BARRANDE, Syst. Silur. t. 36, f. III.)

Atrypa comata BARR. W. Häufig.

    „   *reticularis* L. W. S.

Athyris Campomanesii Arch. Vern. W. Erbray (BARROIS, Erbray t. 7, f. 6).

Karpinskia occidentalis nov. sp. mscr. W.

Rhynchonella nympha BARR. W.

    „   *nympha.* var. *pseudolivonica* BARR. W. (l. c. t. 153, f. XII, 3.)

    „   *emaciata* BARR. W.

Rhynchonella praecox BARR. W.

"   *amalthea* BARR. W. S.

"   nov. sp. (verwandt mit *Rh. amalthea*). S.

"   *cognata* BARROIS. W. (Faune d'Erbray. t. 5, f. 5.)

"   *gibba* BARR. W. S. (*Rh. princeps* var. *gibba* BARR. — Subg. *Wilsonia.*)

"   *princeps* var. *surgens* BARR. W. V.

"   *Bureaui* BARROIS var. (Faune d'Erbray t. 5, f. 8. Subg. *Wilsonia.*)

"   nov. sp. (verwandt mit *Rh. famula* var. *modica* BARR. l. c. t. 35, f. X.)

Pentamerus procerulus BARR. W. (l. c. t. 119, f. 5.)

"   *procerulus* var. *gradualis* BARR. W. V. (l. c. t. 150, f. 4.)

"   *Sieberi* v. BUCH. V.

"   *Janus* BARR. F_2. S.

"   *optatus* BARR. W. F_2. (Es liegt die glatte und verhältnissmässige schmale Form, Syst. Sil. t. 116, f. 6 sowie die breitere t. 22, f. 6 vor.)

"   sp. V.

Strophomena consobrina BARR. var. nov. *carinthiaca* mscr. W.

"   cf. *Phillipsi* BARR. S.

"   cf. *armata* BARR. W.

"   nov. sp. S.

"   (*Leptagonia*) *depressa* WAHL. W. S.

Orthis praecursor BARR. W. (l. c. t. 5—8, f. 3.)

"   *palliata* BARR. W. S.

"   *occlusa* BARR. W.

"   *elegantula* DALM bei BARRANDE. W. (l. c. t. 65, f. III, 2.)

"   nov. sp. S. (verwandt mit *O. palliata*).

"   (*Platystrophia*) cf. *Bureaui* BARROIS. (Faune d'Erbray, t. 4, f 13; die vorliegende Form unterscheidet sich nur durch die geringere Anzahl der Rippen — 10 statt 14 — von der französischen Art.)

Orthis (Platystrophia) nov. sp. (verwandt mit *O. deper-
dita* BARROIS l. c. t. 4, f. 14 und „*Spirifer*" *Peleus*
BARRANDE l. c. t. 74, f. IV).

Streptorhynchus sp. (teste STACHE).

Von Crinoiden liegen ausser zahlreichen unbestimmbaren
Stielgliedern Kelche vor von:

Rhipidocrinus praecursor nov. sp. mscr. W. (Die Art
steht dem mitteldevonischen *Rh. crenatus* GF. nahe;
den Hauptunterschied bildet die geringe Grösse der
Parabasalia. Das dritte Interradiale in dem Analradius
ist besonders deutlich.)

Hexacrinus Rosthorni nov. sp. mscr. W. (Eine auch bei
Vellach vorkommende Art aus der Verwandtschaft von
H. pyriformis SCHULTZE und *pateraeformis* SCHULTZE.)

Cyathocrinus nov. sp. W. (Verwandt mit dem obersilurischen *C. longimanus* ANG.)

Dazu kommen zahlreiche Korallen, die der Masse nach
alle übrigen organischen Reste überwiegen, und im Wesentlichen mit den noch immer unbeschriebenen böhmischen Arten
übereinstimmen; dieselben gehören zu den Gattungen *Amplexus,
Aspasmophyllum, Cyathophyllum* (mehrere Arten), *Endophyllum*
(Cellonkofel, ein grosser Stock aus der Verwandtschaft von *End.
hexagonum* FRECH), *Cystiphyllum, Favosites* (mehrere Arten,
darunter eine im Unterdevon weit verbreitete, kleinzellige Form
aus der Gruppe des *Favosites Goldfussi*), *Striatopora, Thecia,
Aulopora, Heliolites, Monticulipora, Actinostroma.*

Von Korallen konnten bisher genauer bestimmt werden:

Aspasmophyllum ligeriense BARROIS sp. (= *Zaphrentis ligeriensis* BARROIS, Faune d'Erbray, t. 3, f. 1 p. 32
= *Zaphrentis bohemica* BARRANDE mscr.)

Cyathophyllum expansum M. EDW. et H. sp. (= *Ptychophyllum expansum* bei BARROIS l. c. t. 1, f. 3 p. 55
= *Cyathophyllum vexatum* BARRANDE mscr.) Diese
bisher nur in der Gehängescholle zwischen Gams- und
Rauchkofel gefundene Art ist ein Vorläufer des mitteldevonischen *Cyath. helianthoides* und hat mit dem
äusserlich ähnlichen, aber aus compacten Böden (ohne
Blasengewebe) aufgebauten *Ptychophyllum* des Obersilur nichts zu thun.

Die Anzahl der von mir bisher gesammelten Arten beträgt etwa 130.

Ausserhalb des versteinerungsreichen Wolayer Gebietes finden sich im Unterdevon der Karnischen Alpen fast nur Korallenreste, znd zwar meist solche, die eine nähere Bestimmung nicht zulassen. Die bisher bekannt gewordenen Vorkommen sind Würmlacher Alp, Mooskofel (*Alveolites* sp., *Monticulipora* sp.), Plenge (teste STUR, nach STACHE hier auch Spirifer cf. *togatus*), Hochweisstein (Durchschnitte von Korallen und Gastropoden in einem am Südabhang gefundenen Block), Hartkarspitz (*Striatopora* sp.), Kalkzug der Königswand am Obstoanser See (teste STACHE).

Der letztgenannte Geologe hat auch aus dem Gebiete des Wolayer Sees noch einige weitere Namen unterdevonischer Arten veröffentlicht und zwar: *Atrypa lacerata* BARR., *Atr.* cf. *Dormitzeri* BARR., *Rhynchonella cuneata* BARR., *Spirifer digitatus* BARR., *Strophomena Verneuili* BARR., ferner vom Seekopfthörl (Monte Canale) *Spirifer robustus* BARR., *Pentamerus integer* BARR. und *Conocardium prunum* BARR. Dass auch die obersilurische „weisse Kalklage“ mit *Spirifer secans, riator* und *Rhynchonella Niobe* mit grösster Wahrscheinlichkeit dem Unterdevon zufällt, wurde bereits erwähnt.

Das tiefere Unterdevon der Vellacher Gegend, der fleischrothe Kalk des Pasterkfelsens und der Korallenkalk des Storzič steht den beschriebenen Bildungen der Karnischen Alpen gleich. Die Faciesentwickelung der ersteren ist etwas abweichend, da in dem Gestein Riffkorallen gänzlich fehlen. **Trotzdem sind eine Anzahl von Arten mit Karnischen Formen ident:**

Bronteus transversus BARR.

Platyostoma naticopsis OEHL. var. *gregaria* BARR.

Platycerus Protei OEHL. (Bull. soc. géol. de France [3] Bd. 11. 1883. t. 16, f. 1—5 p. 608.

Euomphalus sp.

Praelucina sp.

Rhynchonella Latona BARR. (nahe verwandt mit *Rhynch. emaciata*).

„ *nympha* var. *pseudolironica* BARR.

Rhynchonella princeps Barr.

Pentamerus optatus Barr.

Spirifer secans Barr.

Orthis cf. *palliata* Barr.

Strophomena pacifica Barr.

    „   cf. *bohemica* Barr.

Rhipidocrinus nov. sp. (verwandt mit *Rh. crenatus*, wie es scheint verschieden von *Rhip. praecursor*).

Hexacrinus Rosthorni nov. sp. mscr.

    „   nov. sp. (verwandt mit *Hex. exsculptus* GF.).

3. Das höhere Unterdevon.

Höheres Unterdevon, das zeitliche Aequivalent der böhmischen Stufen G_1 und G_2, ist in den mächtigen Riffmassen der mittleren und westlichen Karnischen Alpen zweifellos vorhanden, aber nirgends versteinerungsführend bekannt. Aller Wahrscheinlichkeit füllt der obere graue Crinoidenkalk des Pasterkfelsens bei Vellach (Karawanken) diese Lücke aus.

Noch grösser ist die Uebereinstimmung bei den Korallenkalken, welche versteinerungsreich am SW Abhange des Storsitsch anstehen und dort bereits von Tietze und Stache ausgebeutet wurden. Die wichtigsten von Stache (l. c., S. 321) bestimmten Arten sind: *Phacops fecundus* Barr., *Calymene* sp., *Platyostoma* cf. *naticopsis* var. *gregaria* Barr., *Conocardium prunum* Barr., *Con. quadrans* Barr., *Con. artifex* Barr., *Con. abruptum* Barr. und *Con. ornatissimum* Barr., *Rhynchonella nympha* Barr., *Pentamerus galeatus* Dalm., *Pentamerus integer* Barr., *Streptorhynchus distortus* Barr. sp. u. s. w. Unter den von mir gesammelten Korallen befindet sich vor allem das weit verbreitete *Cyathophyllum expansum* M. Edw. et H. sp., *Favosites*-Arten aus der Verwandtschaft von *Favosites Goldfussi* M. Edw. et H. und *Fav. reticulatus* Blainv., sowie *Striatopora* sp.

Die Hauptmasse des Kalkes am Seeländer Storsitsch vertritt wahrscheinlich den höheren (G_1) und tieferen (F_2) Horizont des Unterdevon. Herrschend sind — wie am Wolayer Thörl — graue Kalke mit Korallen und Crinoidenbreccien mit Brachiopoden, welche die Rifflücken ausgefüllt haben. Charakteristisch ist das Auftreten krystalliner Bänderkalke in unmittelbarer Verbindung mit den dichten Korallenbildungen.

Das nördlichste Vorkommen von Unterdevonkalk im Gebiete der Ostalpen liegt in der Gegend von Vordernberg-Eisenerz: Der „Sauberger Kalk", der schon von älteren Autoren mit den Stufen F und G verglichen wurde, enthält *Favosites*, Pygidien von *Bronteus* (*Br. palifer* BEYR, *cognatus* BARR., *rhinoceros* BARR.) und *Cyrtina heteroclyta*.

Die Seeländer Crinoidenbreccie besteht vor allem aus massenhaften, wohl meist zu *Hexacrinus* und *Eucalyptocrinus* gehörenden Stielgliedern; weniger häufig sind die zugehörigen Kelche, Brachiopoden, Gastropoden und Korallen. Die Uebereinstimmung der Facies mit dem tieferen versteinerungsreichen Unterdevon der Karnischen Alpen ist augenfällig und erklärt das Fortleben zahlreicher Arten in dem höheren Horizonte. Daneben finden sich andere Formen, die in Böhmen für G_1 bezeichnend sind. Die faunistische Verschiedenheit, welche hier zwischen den Horizonten F_2 und G_1 besteht, erklärt sich im Wesentlichen aus der heteropen Entwickelung derselben: In den dunkelen hornsteinreichen Knollenkalken von G_1 treten Brachiopoden sehr zurück und Riffkorallen fehlen so gut wie gänzlich. Das Vorkommen zahlreicher Brachiopoden in dem mit G_1 verglichenen Horizonte der Karawanken bedingt die Aehnlichkeit desselben mit der böhmischen Stufe F_2.

Aus dem Crinoidenkalke des Pasterkfelsens bestimmte ich die folgenden Arten:

Phacops Sternbergi BARR. (G_1).

Cheirurus Sternbergi BARR. (F_2, G_1).

Proëtus cf. *orbitatus* BARR. (F_2). Ein isolirtes Wangenschild.

Bronteus sp.

Acidaspis sp.

Orthoceras sp.

Bellerophon pelops var. *expansa* BARROIS? (wegen schlechter Erhaltung nicht ganz sicher bestimmbar).

Pleurotomaria sp.

Tremanotus involutus nov. sp. mscr. (durch grössere Involution von den beiden anderen Arten verschieden).

Platyostoma naticopsis Oehl. var. *gregaria* Barr. (Ob. Unterdevon von Nordfrankreich und F_2).

Platyceras Protei Oehl.

    „   *uncinatum* Kays. (Unterer Wieder Schiefer, Greifenstein, Cabrières).

Loxonema? enantiomorphum nov. sp. mscr.

Praelucina sp.

Conocardium prunum Barr. (F_2).

Spirifer Nerei Barr. (F_2—G_1).

    „   *derelictus* Barr. (F_2).

    „   *falco* Barr. (F_2).

    „   *superstes* Barr. (F_2—G_1).

    „   sp.

Merista herculea Barr. (F_2—G_1).

Meristella Circe Barr. (F_2).

Athyris mucronata Oehl. (Ob. Unterdevon von Nordfrankreich).

    „   sp.

Atrypa comata Barr. (F_2).

    „   *semiorbis* Barr. (F_2).

    „   *reticularis* L. Allgemein verbreitet.

Rhynchonella Proserpina Barr. (F_2).

    „   *nympha* Barr. (F_2, G_1).

    „   *nympha* var. *pseudolivonica* Barr. (F_2).

    „   sp.

Pentamerus procerulus Barr. (F_2).

    „   cf. *spurius* Barr.

    „   *Sieberi* v. Buch var. *anomala* Barr. (F_2).

    „   cf. *optatus* Barr. (F_2 und Mitteldevon der Eifel).

Orthis subcarinata Hall (bei Tschernyschew, Unterdevon des Ural. t. 7, f. 97).

Strophomena Phillipsi Barr. (F_2, G_1).

    „   cf. *Stephani* Barr. (F_2).

Hexacrinus Rosthorni nov. sp. mscr.

Eucalyptocrinus cf. *rosaceus* Gr. (ein Kelch und zwei isolirte Basalpyramiden).

Cyathophyllum sp. div.

Favosites sp.

Heliolites sp.

17*

4. Das Mitteldevon.

Das Mitteldevon bildet in dem Normalprofil Wolayer Thörl-Kellerwand die hangende Fortsetzung der ungeschichteten Riffmassen des Unterdevon und ist von diesem ebensowenig wie von dem darauflagernden Iberger Kalk durch bestimmte Grenzen getrennt. Es wiederholt sich hier die häufig gemachte Beobachtung, dass in mächtigen Korallenriffen die schärfere stratigraphische Scheidung aufhört. Ebensowenig wie in dem devonischen Kalk zwischen Rübeland und Elbingerode oder in den Dolomitriffen von Südtyrol und Kärnten vermag man hier sichere Grenzen zu ziehen, trotzdem gerade am Kollinkofel und auf der Kellerwand die versteinerungsreichen Nester häufiger auftreten als in anderen Riffgebieten.

Die petrographische Beschaffenheit bleibt sich in der gesammten Masse des Gesteins gleich. Es fehlen im Mittel- und Oberdevon schwarze Gastropodenkalke und Crinoidenbreccien; der graue Korallenkalk mit mehr oder weniger deutlichen Korallen und Brachiopoden ist überall die herrschende Felsart. Unterschiede werden weniger durch ursprüngliche chemische Abweichungen als durch dynamische Umwandlungen bedingt. Das allmählige Verschwinden der organischen Struktur und die krystallinische Umwandelung des Kalkes lässt sich bis ins Einzelne verfolgen. Das beste Studienobjekt bildet das überaus häufig vorkommende *Actinostroma verrucosum*. Von der tadellosen, zur unmittelbaren photographischen Wiedergabe geeigneten Schliffläche bis zur grauen indifferenten Kalkmasse, die nur hie und da noch undeutliche Reste der vertikalen oder horizontalen Skelettelemente erkennen lässt, finden sich alle denkbaren Uebergänge. Von dem letzteren Stadium ist zu dem gänzlich der organischen Struktur entbehrenden Gestein nur ein kleiner Schritt.

Wenn nicht die Beobachtungen an lebenden oder subfossilen Riffen hinreichende Belege für das Verschwinden der organischen Struktur lieferten, so könnte man diese alpinen Devonkalke als zweifellose Beweisstücke verwenden. Es kann nicht Wunder nehmen, dass z. B. in dem Kalkzuge Poludnigg-Osternigg nur an vereinzelten Stellen Korallenreste vorkommen, während der halbkrystalline Kalk überwiegt. Man könnte viel eher darüber erstaunen, dass überhaupt noch irgendwo in dem stark dislocirten Gebiet der Karnischen Alpen erkennbare organische Struktur erhalten geblieben ist.

Man muss sich vorstellen, dass innerhalb einer, in dynamischer Umwandlung begriffenen Masse einzelne Theilchen infolge localer Stauungen, etwa durch gewölbartigen Zusammenschluss des umgebenden Gesteins ihre ursprüngliche Zusammensetzung bewahrt haben. So wird man sich die locale Erhaltung der Korallen in der stark zusammengepressten Kalkfalte des Osterniggzuges zu erklären haben.

Das tiefere Mitteldevon ist am Kollinkofel ebenso wie das obere Unterdevon fast versteinerungsleer. Bruchstücke eines *Aphyllites*, eines *Orthoceras* und *Favosites reticulatus* Gf.?, die ich im Eiskar unterhalb des Kollinkofels sammelte, erlaubten leider keine sichere Bestimmung.

Dass die tieferen, *Heliolites Barrandei* führenden Korallenkalke des Pasterkriffes bei Vellach (Karawanken) dem unteren Mitteldevon zuzurechnen sind, wurde schon früher bemerkt; dieselben enthalten *Cystiphyllum vesiculosum* Gf., *Heliolites Barrandei* Hoern. und eine kleinzellige Varietät des *Favosites Goldfussi*, die ausserdem in den Cultrijugatusschichten der Eifel, also in der tiefsten Zone des Mitteldevon vorkommt. (Ueber das Grazer Devon vergleiche man die unten folgende Tabelle.)

Vom Kamme Kollinkofel-Kellerwand, dem besten Vorkommen des oberen Mitteldevon, liegen die nachfolgenden Arten vor:

Actinostroma verrucosum Gf. sp. (die häufigste Art des Mitteldevon, z. Th. in kopfgrossen Knollen).

„ *clathratum* Nichols.? (Selten.)

Stromatopora concentrica Gf. s. str. einfach und in *Caunopora*-form, *Aulopora repens minor* Gf. überwachsend. Beide Formen sind am Kollinkofel ziemlich selten, die *Caunopora* stimmt vollkommen mit einem Eifeler Exemplar überein, in dem dieselben beiden Arten vorkommen. Die allgemeine Verbreitung der eigentümlichen commensualistischen Form in sämmtlichen, mitteldevonischen Korallenkalken Europas von Devonshire bis Kärnten ist bemerkenswert. Penecke citirt dieselbe noch als „*Caunopora placenta* Phill." von Graz.

Favosites polymorphus GF. sp.   Anf der höchsten Spitze des
Kollinkofels in wenigen Exemplaren gefunden.

„   *Goldfussi* M. EDW. et H. Seltener.

Alveolites suborbicularis SAM.   Häufig anf dem östlichen
Vorgipfel des Kollinkofels.

„   *reticulatus* STEIN. Selten.

„   nov. sp.

Cyathophyllum caespitosum GF.

„   *vermiculare* GF. var. *praecursor* FRECH.

„   *bathycalyx* FRECH? Sämmtliche Cyathophyllen liegen nur in einzelnen Exemplaren vor.

Orthis Goescheni FRECH. (Zeitschrift d. deutschen geol.
Ges. 1891. t. 44, f. 2a—2 E. S. 680.

Atrypa reticularis. L.

„   *desquamata* Sow.

„   *desquamata* var. nov. *alticola.* (Ibid. t. 44, f. 1a
—1e. S. 680.)

„   *aspera* BRONN.

Athyris concentrica v. B.?—

Uncites gryphus SCHL.?

Pentamerus globus BRONN. (Ibid. t. 44, f. 4—4b. S. 679.)

Waldheimia Whidbornei DAV.?

Stringocephalus Burtini DEFR. (Ibid. t. 44, f. 3a—3d. S. 679.)

Die Brachiopoden finden sich wie die Gastropoden und
Cephalopoden meist in einzelnen Exemplaren. Nur *Stringocephalus Burtini* ist auf der Spitze des Kollinkofel häufig, und
Atrypa desquamata var. *alticola* erfüllt unterhalb des Keller-
wandgipfels eine Lücke des alten Riffs.

Holopella piligera SANDB.

Platyceras (Orthonychia) conoideum GF. sp. (Ibid. t. 44,
f. 6—6c. S. 678.)

Macrocheilos arculatum SCHL. (Ibid. t. 44, f. 5. S. 679.)

Gomphoceras sp.

Die vorstehende Liste bestätigt die schon früher ausgesprochenen Ansichten über die Stellung des karnischen Mitteldevon. Die ganze Fauna hätte ebensogut irgendwo in der
Eifel oder in Westfalen gefunden sein können; es ist sogar
bemerkenswert, dass der äusserst geringe Procentsatz von

Localformen (3 unter 27) von manchen rheinischen Fundorten z. B. Villmar und Soetenich bei Weitem übertroffen wird.

Die sonstigen Mitteldevonfundorte Kärntens haben fast ausschliesslich Korallen geliefert; nur unter dem im oberen Pasterkriff bei Vellach gesammelten Material fand sich nachträglich noch ein kleiner *Spirifer simplex*, dessen Schlossrand auffallend kurz ist. Die übrigen Arten, welche bei Vellach im unteren Theile des Rapold-Riffs (Haller Riegel) sowie in den höheren ungeschichteten Theilen des Pasterkriffes vorkommen, verweisen ebenfalls auf einen unmittelbaren Zusammenhang mit dem karnischen Mitteldevon. Der weisse Riffkalk ist ganz erfüllt von *Alveolites suborbicularis* sowie von *Cyathophyllum caespitosum* in geringerer Menge. Ausserdem finden sich *Favosites polymorphus* GF., *Favosites reticulatus* GF., *Cyathophyllum vermiculare* GF. var. *praecursor* FRECH und *Amplexus hercynicus* A. ROEM.

Am Südabfall des Kollinkofels fand ich in einer zackenartig in den Kulm vorragenden Kalkmasse an der Casa Monuments *Endophyllum acanthicum* FRECH und *Cyathophyllum* cf. *conglomeratum* SCHLÜT., welche beide auf höhere Schichten des Mitteldevon hinweisen.

Eine Anzahl verschiedener Mitteldevonkorallen sammelte ich auf der Hochfläche und dem Nordabhang des kleinen Pal oberhalb des Plöckenpasses:

Monticulipora fibrosa GF.?

Alveolites suborbicularis LAM. grosszellig.

Favosites Goldfussi M. EDW. et H.

„   *reticulatus* GF.

Cyathophyllum Lindströmi FRECH.

„   *caespitosum* GF.

Auch diese kleine Fauna erinnert mehr an oberes als an unteres Mitteldevon.

In dem östlichen Zuge des Mitteldevon zwischen Osternigg und Poludnigg sind infolge der weiter vorgeschrittenen dynamometamorphen Umwandlung der Kalke Korallenreste nur an wenigen Punkten gefunden worden. Der von mir im Jahre 1885 entdeckte Fundort auf dem Ostabhang des Osternigg (unmittelbar am Ende des Kalkzuges) ist bisher das reichhaltigste geblieben.

Am häufigsten sind hier (Zeitschr. der d. geol. Ges. 1887. S. 678):

Alveolites suborbicularis GF.

Favosites Goldfussi M. EDW. et H.

     „   *reticulatus* GF.

Etwas seltener wurden gefunden:

Cyathophyllum vermiculare GF. var. *praecursor* FRECH.

     „   *helianthoides* GF.

     „   *caespitosum* GF.

     „   *hexagonum* GF.

Hallia aff. *callosae* LUDW. sp.

Columnaria? sp.

Alveolites nov. sp. (aff. *reticulato* STEIN).

Striatopora vermicularis M'COY.

Heliolites vesiculosus PEN. (wohl kaum verschieden von *Hel. Barrandei* R. HOERN.).

Aulopora minor GOLDF. umwachsen von *Actinostroma* (sogenannte *Caunopora placenta*).

Die in den folgenden Jahren aufgefundenen Vorkommen erweisen die durch geologische Beobachtung gewonnene Ueberzeugung von der Einheitlichkeit des Kalkzuges auch durch palaeontologische Gründe, bieten aber in der letzteren Hinsicht nichts Neues. Am Lomsattel finden sich undeutliche Spuren von Korallen und Crinoiden. Am Ostabhang des Poludnigg sammelte ich *Favosites polymorphus* und *Heliolites Barrandei* HOERN., am Westabhang desselben Berges die beiden genannten Arten und *Favosites reticulatus* GF., *Cyathophyllum vermiculare* mut. *praecursor* FRECH, sowie *Actinostroma* sp. Der hier vorkommende *Heliolites* stimmt am besten mit der bei Graz und in den Karawanken vorkommenden Art überein. (PENECKE, Zeitschrift der deutschen geologischen Gesellschaft 1887. t. 20, f. 1—3). Jedoch ist die Verschiedenheit desselben von *Heliolites vesiculosus* PEN. (ibid. t. 20, fig. 4, 5) zum mindesten zweifelhaft.

Die in meinen früheren Arbeiten (diese Zeitschrift 1887. S. 122 ff.) ausgesprochenen Ansichten über die geographische Verschiedenheit des Steirischen und Kärntner Mitteldevon haben sich im Allgemeinen bestätigt. Allerdings wird

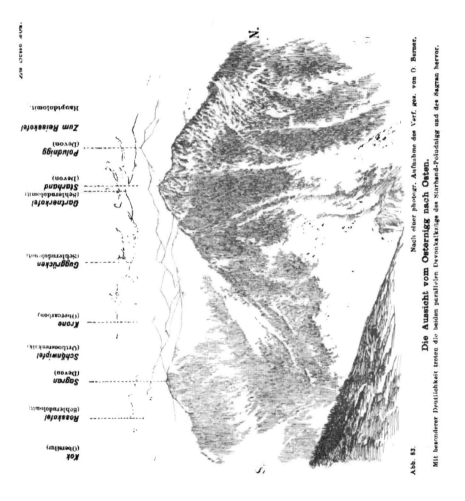

Abb. 83.

Die Aussicht vom Osternigg nach Osten.

Nach einer photogr. Aufnahme des Verf. gez. von O. Berner.

Mit besonderer Deutlichkeit treten die beiden parallelen Devonkalkzüge des Starhand-Poludnigg und des Sagran hervor.

dieser Gegensatz durch den Umstand verschärft, dass Diabas-
decken und -Tuffe, welche bei Graz in grosser Mächtigkeit
auftreten, dem Devon der Karnischen Alpen und Karawanken
vollkommen fehlen. Es besteht also hier derselbe Unterschied
wie zwischen dem Lahngebiet und der Eifel oder Süd- und
Norddevonshire.

Allerdings sind durch die neueren Forschungen PENECKE'S
auch bei Graz weitere rheinische Arten, vor allem *Calceola sandalina* aufgefunden; aber die Verschiedenheit bleibt trotz alledem noch wahrnehmbar genug, umsomehr, als fast jede aus
dem Karnischen Gebiet neu bestimmte Art die Anzahl der
westdeutschen Formen vermehrt.

Dass die Schichten des Kollinkofels dem mittleren
Stringocephalenkalk entsprechen dürften, wurde schon
früher bemerkt; auch den Korallenkalk des Osternigg
rechnete ich früher demselben höheren Horizonte zu; jedoch
dürfte das Vorkommen des bei Graz sehr niveaubeständigen
Heliolites Barrandei wohl eher auf unteres Mitteldevon hinweisen.

Unter den näher gelegenen mitteldevonischen Vorkommen,
deren ehemaliger Zusammenhang durch die Uebereinstimmung
der Faunen erwiesen wird, zeigen Olmütz und Schirmeck in
den Vogesen verhältnissmässig geringe Uebereinstimmung. Beide
dürften etwas tieferen Zonen des oberen Mitteldevon entsprechen.

Die Schichten des Breuschtales bei Schirmeck (Vogesen) sind
der Crinoidenzone der Eifel unmittelbar zu vergleichen. Hierauf
deutet das Zusammenvorkommen von *Stringocephalus Burtini*
und *Calceola sandalina*, sowie die charakteristischen Leitformen
Retzia longirostris und *Cupressocrinus abbreviatus*.

Die grösste Uebereinstimmung mit dem höheren Korallenkalk der Karnischen Alpen zeigt in facieller und stratigraphischer Hinsicht der sogenannte Massenkalk Westfalens und
noch mehr die Gegend von Elbingerode, wo ebenfalls mittel-
und oberdevonischer Riffkalk untrennbar mit einander verbunden sind. Auch in Belgien, sowie in Torquay (Süd-Devonshire)
finden sich ähnliche mittel- und oberdevonische Riffkalke.

Der Korallenkalk des Mittel- und Oberdevon der
Karnischen Alpen stimmt vollkommen mit den gleich-

alten Bildungen in Mittel- und Süddeutschland (Vogesen, Belgien und England) überein; im unteren Mitteldevon (mit *Heliolites Barrandei*) sind schon in den Karnischen Alpen einige unbedeutende faunistische Abweichungen vorhanden, die sich im Osten, bei Graz stärker geltend machen. Bemerkenswert ist dagegen die weite Verbreitung von *Stringocephalus Burtini* und *Macrocheilos subcostatum*, einem nahen ebenfalls in Deutschland vorkommenden Verwandten von *Macrocheilos arculatum*. Beide Arten finden sich im oberen Mitteldevon des Ural, fehlen aber sowohl in Steiermark als in Languedoc.

5. Der Brachiopodenkalk des unteren Oberdevon.

Das untere Oberdevon wird durch Brachiopodenkalke vertreten, welche am Ostabhang des Kollinkofels dem meist ungeschichteten, mitteldevonischen Riffkalke unmittelbar auflagern. Eine Abgrenzung konnte daher nicht durchgeführt werden. Die vorliegenden Gesteine sind ein dunkelgrauer und ein schneeweisser, z. Th. halbkrystalliner Brachiopodenkalk. Korallen, welche mit Sicherheit zum Oberdevon zu rechnen wären, sind bisher nicht gefunden worden. Möglicherweise gehören hierher die Kalke mit *Alveolites suborbicularis*, welche den Vorgipfel des Kollinkofels zusammensetzen; die genannte Koralle kommt bekanntlich im Mittel- und Oberdevon vor.

Weiter östlich in den Karawanken hat K. A. PENECKE am Christophfelsen bei Vellach einen Riffkalk mit *Phillipsastraea Hennahi, Cyath. heterophylloides* FRECH und anderen oberdevonischen Korallen aufgefunden (Zeitschrift der deutschen geolog. Gesellschaft 1887. S. 270).

Die am Kollinkofel vorkommenden oberdevonischen Brachiopoden sind:

Productella Herminae FRECH.
        „   *forojuliensis* FRECH.
Orthis striatula SCHL.
Spirifer Urii FLEMM.
Athyris globosa A. ROEM.
    „   „   var. nov. *elongata* FRECH.

Rhynchonella cuboides Sow. sp.

"   *pugnus* Mart. sp.

"   *acuminata* Mart. sp.

"   *Roemeri* Dames (Z. d. deutschen geol. Ges. 1868. t 11, f. 2a—d) var. nov. *plana.*[1])

"   "   v a r. *obesa* Frech.

Die eingehende Beschreibung der meisten Formen habe ich in der Zeitschrift der deutschen geologischen Gesellschaft 1891 gegeben. (t. 45, 46, 47. S. 673—677.)

Die vorstehend genannten Arten finden sich mit Ausnahme der gesperrt gedruckten Localformen sämmtlich in dem Korallenkalk des unteren Oberdevon wieder, welcher bei Rübeland und Grund im Harz seit langem bekannt ist. Auf das Vorkommen einiger Localformen ist kein besonderer Werth für die Unterscheidung zu legen. Dieselben sind sämmtlich mit den Hauptformen nahe verwandt (*Prod. forojuliensis* mit *Prod. subaculeata*) und gehören grossentheils zu Arten, welche die bei Brachiopoden häufig beobachtete, starke Neigung zum Variiren besitzen.

Man wird daher auch die o b e r d e v o n i s c h e n S c h i c h t e n des K o l l i n k o f e l s unbedenklich als I b e r g e r K a l k bezeichn e n können.

Ausser den Harzer Fundorten ist der Kalk von Oberkunzendorf in Schlesien (mergelreicher Korallenkalk) Langenaubach in Nassau, verschiedene Bildungen aus Belgien (Frasnien) und Süd-England (Torquay) mit den alpinen Vorkommen zu vergleichen. Auch in Nordfrankreich (Cop-Choux), Russland (Centrale Theile und Ural) sowie in Nord-Amerika (Tully-limestone) finden sich alters- und faciesgleiche Bildungen.

---

[1]) E. Kayser hat in einem Referat — mit Recht — auf die bisher nicht veröffentlichte Beobachtung hingewiesen, dass *Rh. contraria* A. Roem. aus dem Kohlenkalke und nicht aus dem Oberdevon (wie A. Roemer und Dames angeben) des Iberges stamme. Der Vergleich mit der citirten Abbildung bei Dames beweist das Vorhandensein einiger Formunterschiede, welche die Bezeichnung der alpinen Rhynchonellen als Varietäten rechtfertigen; var. *plana* ist die von mir zuerst als *Rh.?* *contraria* bezeichnete Form. l. c. t. 46, f. 7—10 b.

6. Der Clymenienkalk.

Das obere Oberdevon bildet einen verhältnissmässig wenig ausgedehnten Zug auf dem Nordabhang der Pal-Antiklinale zwischen Oberer Promosalp und Plöcken-pass; dasselbe erstreckt sich auf dem Südgehänge eine kurze Strecke weit in der Richtung nach Tischlwang. Das Gestein ist ein deutlich geschichteter, dichter, plattiger Kalk, der stellenweise (Plöckenpass, Freikofel, obere Promosalp) Durchschnitte von Clymenien aber nur an einer Stelle eine reichere Fauna enthält. Dieselbe findet sich am Südgehänge des Gross-Pal-Rückens im oberen Theile des Palgrabens, in unmittelbarer Nähe einer auf der Generalstabskarte angegebenen, aber nicht mit Namen belegten Alphütte. Der von mir zu wiederholten Malen ausgebeutete, auf der Landesgrenze belegene Fundort ist um so leichter wiederzufinden, als die Versteinerungen bisher ausschliesslich 2 m. im Liegenden der Culmschichten und zwar dort vorgekommen sind, wo ein etwa N—S gerichtetes „Blatt" die Clymenienkalke nach S verwirft. Die Plattenkalke enthalten in den hangenden und liegenden Theilen dünnere Schichten, in der Mitte hingegen Bänke von grösserer Mächtigkeit. Das Vorkommen von Schwerspath auf Gängen ist bemerkenswerth, da derselbe auf diese Schichten beschränkt ist.

Es wurden bisher die folgenden Arten bestimmt; die eigentümlichen Localformen sind gesperrt gedruckt.

Phacops (Trimerocephalus) carintiacus nov. sp. mscr.
(verwandt mit *Ph. anophtalmus* nov. nom. von Kielce
und Ebersdorf). Ziemlich häufig. (Vergl. unten.)
Clymenia (Gonioclymenia) speciosa Mstr. Selten.
„ „ nov. sp. aff. *speciosae*. Selten.
„ (*Cyrtoclymenia*) *laevigata* Mstr. Die häufigste Art.
„ „ *cingulata* Mstr. Selten.
„ „ *Dunkeri* Mstr. Selten.
„ „ *binodosa* Mstr. Ein Exemplar.
„ „ nov. sp. aff. *binodosae*. Selten.
„ (*Oxyclymenia*) *undulata* Mstr. Sehr häufig.
„ „ *striata* Mstr. Häufig.
Parodoceras sulcatum Mstr. sp. Häufig.

Tornoceras falciferum Mstr. sp. Ziemlich häufig.

" *planidorsatum* Mstr. sp. Zwei Exemplare.

" *Escoti* Frech. (Die bei Cabrières vorkommende Art zeichnet sich durch den Besitz eines wohl-ausgebildeten runden Nathlobus aus.)

" nov. sp.

" nov. sp.

Prolobites delphinus Sdbg. sp. Ziemlich selten.

Orthoceras sp. Selten.

Porcelllia nov. sp. (verwandt mit *P. primordialis* Schl.). Ein Exemplar.

Posidonia venusta Mstr. Ziemlich häufig.

Posidonia venusta var. *carintiaca* Frech. Selten. (Frech. Aviculiden des deutschen Devon. S. 71. t. 14, f. 16.)

Cardiola (Buchiola) retrostriata v. B. Häufig.

Lunulicardium sp. (verwandt mit *L. subdecussatum* Mstr.). Selten.

Camerophoria sp.

Crinoidenstiele.

Clathrodictyon philoclymenia Frech. (Ein Exemplar der seltenen, auch am Enkeberg vorkommenden Spongie.)

Die Zahl der den Karnischen Alpen eigentümlichen Formen ist auffallend gering, bemerkenswerth hingegen das Fehlen einiger verbreiteter Typen des Clymenienkalkes, wie *Cymaclymenia, Sellaclymenia, Discoclymenia* und *Cycloclymenia,* vor allem das des überall häufigen Goniatitengeschlechtes *Sporadoceras (Sp. Bronni* etc.).

Das zunächst gelegene Vorkommen von Clymenienkalk ist dasjenige von Graz, die Fundorte des Fichtelgebirges von Schlesien, Languedoc sind weiter entfernt. Die weite Verbreitung der gleich gearteten pelagischen Fauna des oberen Oberdevon vom Ural bis Südfrankreich und Devonshire ist bemerkenswerth; das plötzliche Auftreten und Verschwinden einer reichen und mannigfach differenzirten Ammonitidengruppe hatte bisher etwas halbwegs Unerklärliches.

Das neuerdings durch Clarke im Staate New York festgestellte Vorkommen von typischen Clymenien in einer

Schicht, die man wegen des häufig auftretenden *Gephyroceras*
und *Tornoceras* als unteres Oberdevon bezeichnen muss,
wirft jedoch ein neues Licht auf die Verbreitungsgesetze der
devonischen Cephalopoden.

Anhang: Ueber die oberdevonischen Arten der Untergattung Trimerocephalus.

Ueber die Artbestimmung der zur Untergattung Trimero-
cephalus gehörenden Phacopiden mit fehlenden oder reducirten
Augen besteht seit längerer Zeit Unklarheit in der Litteratur.
Der ursprünglich von EMMERICH aus dem Oberdevon von Sess-
acker beschriebene *Phacops cryptophtalmus* besitzt ohne Zweifel
an der Vorderecke der Wange einen kleinen Augenhöcker mit
Facetten. Hierüber lassen die Angaben der Litteratur keinen
Zweifel und ein von EMMERICH bestimmtes Original des Ber-
liner Museums, ein grosses breites Kopfschild, zeigt trotz der
Steinkernerhaltung den Augenhöcker vollkommen deutlich.

Dagegen haben F. ROEMER und E. TIETZE darauf hingewiesen, dass die im Clymenienkalk von Kielce (Polen) bezw.
Ebersdorf vorkommenden Formen der Augenhöcker und Facetten vollkommen entbehren. Beide Forscher haben auch
bereits die specifische Selbstständigkeit dieser Form vermuthet.
Die Untersuchung des vollständigen und wohl erhaltenen Materials des Berliner Museums bewies, dass über die Verschiedenheit beider Formen kein Zweifel bestehen kann. Die augen-
lose Art, die man passend als *Ph. (Trimerocephalus) anophtalmus*
nov. nom. bezeichnen könnte, besitzt, abgesehen von dem Hauptunterschied der Augenlosigkeit, ein schmaleres, stärker ge-
wölbtes Kopfschild: die Granulation, welche bei *Phacops cryptophtalmus* allgemein verbreitet ist, erscheint bei *Phacops anophtalmus* auf den Vorderrand der Glabella beschränkt.

Als dritte Form kommt der im Clymenienkalk des Pal
vorkommende Trilobit hinzu, der sich schon wegen des vollkommenen Fehlens der Augen zunächst an *Phacops anophtalmus* anschliesst. Jedoch ist die Glabella viel flacher, zuge-
spitzter und wie bei *Phacops Bronni* ziemlich weit vorstehend;

ferner ist der Randsaum, welcher die Wangen seitlich umgiebt, wesentlich breiter als bei den beiden anderen Arten.

Es kommen demnach 3 Formen im Çlymenienkalke vor:

1. *Phacops (Trimerocephalus) cryptophtalmus* EMMR. s. str. (hierher u. a. f. 2 auf Tafel 16 bei TIETZE, Ebersdorf, Palaeont. IX).

2. *Phacops (Trimerocephalus) anophtalmus* nov. nom. = *Phacops cryptophtalmus* F. ROEM. non EMMR. Zeitschr. deutsch geol. Ges. 1866. t. 13, f. 6, 7 und TIETZE, t. 16, f. 1.

3 *Phacops (Trimerocephalus) carintiacus* nov. sp. mscr.

Das alpine Devon im Vergleiche mit dem anderer Gebiete.

1. Allgemeines.

Die Bedeutung, welche die unzweideutigen Aufschlüsse des Wolayer Thörl für die vielumstrittene Hercynfrage besitzen, ist bereits in meiner ersten Arbeit hervorgehoben und seitdem auch von anderen Seiten anerkannt worden. Die Erweiterung, welche unsere Kenntnisse in dem vorliegenden und in anderen Gebieten seitdem erfahren haben, lassen eine erneute übersichtliche Behandlung des Gegenstandes gerechtfertigt erscheinen.

Ueber die Grenzbestimmung zwischen Silur und Devon bestehen nur noch untergeordnete Meinungsverschiedenheiten, die am Schlusse dieses Abschnittes kurz besprochen werden sollen. Es erscheint somit auch überflüssig, den Namen „Hercyn" fernerhin beizubehalten; derselbe entspricht jedenfalls keiner stratigraphischen Einheit wie Tithon oder Rhaet, sondern ist gleichbedeutend mit einer eigentümlichen Entwickelung des Unterdevon bezw. (in sehr geringem Masse) des Mitteldevon.

Beruht nun diese Abweichung von dem „normalen" d. h. von dem zuerst genau beschriebenen Unterdevon auf physikalischen oder auf geographischen (heteropen oder heterotopen) Verschiedenheiten? BEYRICH und nach ihm die überwiegende Mehrzahl der Forscher haben die Frage in ersterem Sinne beantwortet. E. SUESS ist hingegen der Meinung, dass die hercynische Stufe die südliche (bezw. mediterrane) Entwickelungsform des Unterdevon darstelle. (Antlitz der Erde. II. S. 288 „Im nördlichen Europa sieht man die hercynische Stufe nicht.")

Diese Anschauung entspricht den neueren Erfahrungen nicht: Die inmitten des normalen rheinischen Devon gelegenen

Vorkommen von Greifenstein und Günterod enthalten — wie man auch über ihre genauere Horizontirung denken mag — doch eine typisch „hercynische", d. h. fremdartige, mit böhmischen Schichten übereinstimmende Devon-Fauna; endlich hat WHID-BORNE aus dem englischen Mitteldevon, d. h. dem nördlichsten marinen Devongebiete Europas, neuerdings eine ganze Anzahl von Arten beschrieben, deren nächste Verwandte im böhmischen F vorkommen (z. B. *Phacops batracheus* verwandt mit *fecundus*, Arten von *Proetus, Lichas, Bronteus* [*Thysanopeltis*], *Aristozoe* u. s. w.).

Die ursprüngliche, von KAYSER ausgeführte Auffassung BEY-RICHS, dass das Hercyn eine verschiedene Facies des histo-rischen Unterdevon darstelle, ist vollkommen zutreffend; wenn allerdings KAYSER die Hercynbildungen einfach als die „in tieferem Meere abgelagerten Aequivalente" der sandig-schief-rigen Localbildung auffasst, so wird diese Ansicht der grossen Mannichfaltigkeit der Thatsachen nicht mehr gerecht, welche seit dem Erscheinen des grundlegenden Werkes (1878) be-kannt geworden sind. Man wird beispielsweise nicht annehmen können, dass ein Brachiopodenkalk des unteren Helderberg sich unter wesentlich anderen Bedingungen gebildet habe, als ein, dieselben Brachiopodengattungen enthaltender Schiefer der Coblenzschichten. In dem einen Falle überwog die Zufuhr thonigen Sediments den auf organischem Wege gebildeten Kalk; aber die Meerestiefe, Küstennähe, Temperatur waren dieselben. Noch weniger können die Korallenriffkalke, welche im sogenannten Hercyn eine bedeutende Rolle spielen, als Bildungen des tieferen Meeres angesehen werden.

Wie gross die Faciesverschiedenheiten innerhalb des „her-cynischen" Unterdevon sind, zeigt die Thatsache, dass in Nord-frankreich, im Ural und im Staate New York (Lower Helder-berg, Oriskany) die Goniatiten, in den Karnischen Kramenzel-kalken die Brachiopoden, bei Greifenstein, Cabrières und in den genannten Knollenkalken die Riffkorallen fehlen; die Ca-puliden, welche meist zu den bezeichnendsten und häufigsten Formen gehören („Capulien" BARROIS), treten bei Cabrières und Greifenstein in den Hintergrund; Trilobiten finden sich im böhmischen Gebiet in ausserordentlicher Menge und gehören in den Alpen zu den grössten Seltenheiten u. s. w.

Die angeführten Beispiele, welche sich leicht ins Unendliche vermehren liessen, führen zu dem Ergebniss: „Das Hercyn umfasst die Gesammtheit aller Unterdevonbildungen[1]), welche von dem historischen Unterdevon verschieden sind; Bildungen des tieferen Meeres sind im Hercyn häufig, treten aber keineswegs ausschliesslich auf. Historisches Unterdevon und Hercyn stehen also zu einander etwa in demselben Verhältniss, wie der mitteldeutsche Keuper zu den mannigfaltigen Faciesbildungen der oberen alpinen Trias (Juvavisch-Karnische Stufe). Auch die letzteren wurden früher sämmtlich für „Tiefseebildungen" gehalten, bis man sich überzeugte, dass u. a. die Korallenbildungen und Megalodon(-Dachstein)kalke im flachen Wasser entstanden sind.

Um dem Verständniss der Meeresverhältnisse zur Zeit des Unterdevon näher zu kommen, ist eine systematische Darstellung der Faciesbildungen das naheliegendste; dieselbe soll im Nachfolgenden versucht werden. Eine zusammenhängende Darstellung der schwierigen „Greifensteiner" und Korallenkalke bildet den ersten, eine halbtabellarische Uebersicht der sämmtlichen Facies den zweiten Theil.

2. Die „Greifensteiner Facies" und die Korallenkalke des Unterdevon.

Bei einer früheren Gelegenheit habe ich die in den eigentümlichen „Greifensteiner Facies" entwickelten Unterdevonfaunen (= „Hercyn") eingehend mit einander verglichen (Zeitschrift der deutschen geologischen Gesellschaft 1889. S. 264 —274). Dieselben kommen auch bei Cabrières und Konieprus vor und sind ausgezeichnet durch das Fehlen der Riffkorallen und die Vergesellschaftung bestimmter Brachiopodengattungen mit Goniatiten (*Aphyllites, Anarcestes, Pinacites, Mimoceras*) und Tiefseekorallen (*Petraia, Amplexus, Romingeria*). Unter den Brachiopoden wiegen vor die glatten Arten wie *Spirifer indifferens* und vor allem die glatten theils zu *Merista* theils zu *Athyris* (? und anderen Gattungen, z. B. *Rhynchonella*) gehörigen Formen: u. a. *Merista passer, securis;*

[1]) sowie einige zum Mitteldevon zu stellende Vorkommen, welche eine wenig veränderte Superstitenfauna enthalten (Günterod. Hasselfelde. Hlubocep).

Merista (? *Rhynchonella*) *Baucis*, *Athyris Thetis* und andere stark in der äusseren Gestalt variirende Typen; weit verbreitet ist auch die glatte *Orthis tenuissima*. Unter den Trilobiten sind vor allem für die Greifensteiner Facies bezeichnend: *Phacops fecundus major* BARR.[1] (der dem Riffkalke fehlt), *Lichas* (*Arges*) *Haueri* und Verwandte, *Bronteus* (*Thysanopeltis*), die Gruppe des *Proëtus eremita* BARR. und *planicauda* BARR. (letzterer mit Pygidialstacheln wie die Gruppe des *Br. thysanopeltis*), ferner die Formenreihe der *Acidaspis* (*Trapelocera*) *vesiculosa* BARR., die Gattung *Cyphaspides* NOVÁK; endlich die Gruppe des *Orthoceras raphanistrum* (mit Rippen und Querstreifen).

Andrerseits fehlen die grossen, dickschaligen, im Riffkalke häufigen Gastropoden (darunter die bezeichnende *Platyostoma naticopsis*, *Tremanotus*, *Polytropis*, die Gruppe der *Pleurotomaria delphinuloides* u. a.), die gerippten und gestreiften Spiriferen (Gruppe des *Spir. paradoxus*, *Nerei* und *togatus* mit geringen Ausnahmen), die Formenreihe der *Rhynchonella nympha* und *princeps* (*Wilsonia*[2])), die gerippten Orthisarten (*Platystrophia* und Gruppe der *Orthis palliata*[3])), die Gruppen des *Pentamerus optatus*, des *Pent. acutolobatus* und der *Strophomena Stephani*, endlich die Gattungen *Retzia* (die weit verbreitete *R. Haidingeri*), *Meristella* (*M. Circe*), *Atrypa* (*A. reticularis* und *comata*), *Streptorhynchus*, *Cyrtina* und *Chonetes* (Gruppe des grobrippigen *Chonetes Verneuili*).

Von den Trilobiten sind für die Riffkalke bezeichnend nur die Gruppen des *Bronteus palifer* und die überall (Erbray, Konieprus, Wolayer Thörl), wenn auch nur als Seltenheit vorkommende *Calymene*. Trilobiten sind in den eigentlichen Riffkalken, vor allem in den Alpen, bei Erbray (Loire Inférieure) sowie im Ural selten und kommen auch in Böhmen nur in geringer Mannichfaltigkeit vor. Die Menge der Individuen ist allerdings bei einigen Bronteusarten (vor allem bei *Bronteus*

---

[1] KAYSER benennt die hier vorkommende Art neuerdings *Phacops Potieri* BAYL., was ich nach Untersuchung meines umfangreichen, grösstentheils selbst gesammelten Materials nicht als zutreffend anerkennen kann. — Uebrigens handelt es sich um minutiöse Unterschiede.

[2] Mit Ausnahme eines einzigen kleinen, bei Cabrières gefundenen Exemplars.

[3] Mit Ausnahme von *Orthis lenticularis* bei Greifenstein.

18*

palifer und *campanifer*) bedeutend, aber die Riffbildungen, die schneeweissen Kalke von Konieprus sind doch mehr durch die mannichfaltige Entwickelung der Brachiopoden (vergl. oben) gekennzeichnet.

Es ist wohl ferner nicht als Zufall zu betrachten, dass unter den Brachiopoden der Greifensteiner Facies gerippte und gestreifte Formen fast gänzlich fehlen; andrerseits finden sich unter den Trilobiten mehrere Gruppen mit stacheltragendem Pygidium, während die übrigen zu den betreffenden Gattungen gehörenden Arten ein glattrandiges Schwanzschild besitzen. Es sind dies die Gruppen des *Proëtus* (*Phaëtonellus*) *planicauda* BARR., des *Bronteus* (*Thysanopeltis*) *speciosus* CORDA und die Gattung *Cyphaspides*, welche sich von *Cyphaspis* ebenfalls durch die in Spitzen ausgezogenen Seitenrippen unterscheidet.

Die biologischen Gründe, welche die betreffenden Trilobiten zur Ausbildung von Schwanzstacheln veranlassten und die Entwickelung berippter Brachiopoden verhinderten, sind selbstredend nicht mehr festzustellen. Jedenfalls sind gerade derartige Beobachtungen geeignet, die schärfere Unterscheidung verschiedener Faciesbildungen zu ermöglichen.

Es lässt sich durch statistische Darlegungen erweisen, dass die Faciesbildungen des Palaeozoicum nur zum Theil Analoga in jüngeren Formationen und in den heutigen Meeren haben, wie z. B. die Greifensteiner Schichten ganz eigenartig entwickelt sind. Eine ausführlichere Erörterung würde hier zu weit führen.

Die Riff-Facies ist — abgesehen von den Korallen — gekennzeichnet durch die genannten gerippten Brachiopodengruppen[1]), verhältnissmässig zahlreiche grosse und dickschalige Gastropoden, ferner durch das Zurücktreten der Trilobiten und das gänzliche Fehlen der Goniatiten. Auch Nautiliden erscheinen nur vereinzelt.

Die Häufigkeit der Crinoiden ist nicht sonderlich bezeichnend, weil Stielglieder derselben auch bei Greifenstein in Masse vorkommen.

Die typischen Vertreter der Korallenfacies sind die weissen Kalke von Konieprus, die gesammten Riffkalke der

[1]) *Merista passer* und *Bracis* etc. erscheinen im karnischen Riffkalke nur in ganz vereinzelten Exemplaren, während sie in der Greifensteiner Facies oft geradezu gesteinsbildend auftreten.

Karnischen Alpen und Karawanken, die Hauptmasse der Ober-Helderberg-Gruppe und der bläuliche Korallenkalk von Erbray. Ferner gehören hierher die Kalksteine der unteren Belaja im Ural, die zwar durch die geringere numerische Entwickelung der Riffkorallen ausgezeichnet sind, aber in Bezug auf Gastropoden und Brachiopoden mit den übrigen Vorkommen übereinstimmen. Auch einige Fundorte der unteren Wieder Schiefer des Harzes sind hierher zu stellen.

Um Missverständnissen vorzubeugen, sei bemerkt, dass Korallenfacies und Riffbauten keineswegs gleichbedeutend sind. Riffkorallen konnten mit ihren bezeichnenden Begleitern in grösserer oder geringerer Häufigkeit auch an Stellen vorkommen, die für die Bildung mächtiger stockförmiger Massen ungeeignet waren.

Die Korallenkalke gehören — im Gegensatz zu den oben erwähnten Greifensteiner Schichten — zu denjenigen Bildungen, welche unverkennbare Analoga in den mesozoischen und jüngeren Formationen besitzen und somit genauere Erwägungen über die Art ihrer Entstehung ermöglichen.

Die Mächtigkeit der bedeutendsten devonischen Riffe (Kellerwand S. 89) beträgt noch jetzt 1000—1200 m.; auch an der Paralba (S. 115) handelt es sich um ähnliche Massen. Wenn man bedenkt, dass auch an den verhältnissmässig wohlerhaltenen Kalkbildungen die obersten Theile durchgängig abgetragen sind, so gelangt man zu noch bedeutenderen Zahlen. Die Entstehung derartiger Massen durch die Thätigkeit organischer Wesen bildet eines der anziehendsten Probleme der Geologie und der vergleichenden Erdkunde.

Die Schwierigkeit der Erklärung beruht vor Allem darauf, dass die pacifischen Korallenriffe eine Höhe von Hunderten von Metern über dem Meeresboden erreichen, während die riffbildenden Korallen nicht unter 37 m. im Meere hinabgehen. Vereinzelte Exemplare sind lebend zwar noch aus einer etwa doppelt so grossen Tiefe herausgeholt worden, aber weiter unten werden nur abgestorbene Bruchstücke gefunden. Da die Annahme untermeerischer Vulkane oder selbstständiger Höhenzüge nur in vereinzelten Fällen möglich ist, wird man für die Erklärung mächtiger Riffbauten immer noch auf die von DARWIN aufgestellte Theorie zurückgreifen müssen. Derselbe nahm

bekanntlich an, dass ein ausgedehnter Theil des Meeresbodens in
beständiger Senkung begriffen sei, und dass das Höhenwachs-
thum der Korallen in gleichem Verhältnisse wie die Senkung fort-
schreite. Die verschiedenartigen Formen, welche die lebenden
Riffe unter diesen Umständen annehmen, sind für die Erklärung
der uralten Riffbildungen ohne wesentliche Bedeutung, hingegen
ist der Umstand wichtig, dass nur für dünnere, krustenartige
Riffe die Möglichkeit einer Entstehung auch unter anderen Bedingungen (bei sinkendem oder unverändertem Meeresspiegel)
nachgewiesen ist.

Für die Bildung mächtiger Kalkriffe, wie wir sie aus verschiedenen Abschnitten der geologischen Vergangenheit der
Alpen kennen, ist kaum eine andere Erklärung möglich, als
die allmälige Vergrösserung des Abstandes zwischen Meeresboden und Wasseroberfläche.

Allerdings könnte man vermuthen, dass die vorweltlichen
Korallen nicht dieselbe Lebensweise besessen hätten wie ihre
lebenden Verwandten, oder mit anderen Worten, dass die geologisch alten Riffe aus grosser Tiefe unmittelbar an die Oberfläche emporgewachsen wären. Jedoch lässt sich aus der Art
des Vorkommens fossiler Korallen eine Uebereinstimmung der
Lebensweise mit den Bewohnern der heutigen Meere nachweisen. Die Riffe der Jetztwelt sind durch die Häufigkeit von
abgerollten Korallenstöcken gekennzeichnet, welche von den
Wogen innerhalb der Lücken des Riffs oder am Fusse desselben zusammengetragen werden. Gerundete Rollsteine, die
in alten Riffen ebenso häufig vorkommen, wie in denjenigen
der Jetztwelt, können nur durch die Thätigkeit der Brandungswelle gebildet werden. Ein weiterer Transport derselben ver-
mittelst der Strömungen des Meeres erscheint so gut wie ausgeschlossen. Man wird also aus dem Vorhandensein von zahlreichen abgerollten Korallenstöcken in älteren Bildungen stets
auf die Nähe einer Brandung und somit auch auf das Ge-
bundensein der Korallen an die oberen Meeresschichten schliessen
dürfen.[1] Diese Kalksteine finden sich am Wolayer Thörl,

---

[1] Es wäre noch der Einwand möglich, dass die gerollten Korallen
aus älteren Riffen stammen könnten; dann müssten die Rollsteine andere
Arten enthalten als der kompakte Riffkalk, was in den zahlreichen vom
Verfasser untersuchten Fällen nicht zutrifft.

sowie in ganz besonderer Häufigkeit in den Riffkalken von Koniepras, wo *Cyathophyllum expansum* in allen möglichen Stadien der Abrollung vorkommt. Ferner habe ich besonders in den oberdevonischen Riffkalken von Grund und Langenaubach abgerollte Korallenreste beobachtet u. s. w.

Die gleiche Folgerung ergibt sich aus den Formen des Wachstums der aus verschiedenen Individuen bestehenden Korallenkolonieen. Dasselbe wird bedingt einerseits durch das Bestreben, eine möglichst grosse Fläche zum Zwecke der Nahrungsaufnahme zu entwickeln, andererseits durch die Nothwendigkeit, dem Anprall der Wogen kräftigen Widerstand entgegenzusetzen. Je nach der Stelle, welche die Korallenkolonieen auf dem Riffe einnehmen, entwickeln sich Platten, unregelmässige Knollen, Pilze, Dome, mehr oder weniger zierlich verzweigte Bäumchen, Rasen, aus parallelen Sprossen bestehend, und endlich vorspringende Konsolen. Dazu kommen noch inkrustirende Rinden, welche das Gebäude in sich verfestigen.

Es ist nun eine bemerkenswerthe Thatsache, dass die Riffbildner der palaeozoischen Aera und der jüngeren Zeitabschnitte, welche zu ganz verschiedenen zoologischen Gruppen gehören, trotz aller Abweichungen des inneren Baues eine ausserordentliche Aehnlichkeit der äusseren Form besitzen. Man wird zur Erklärung dieses Umstandes das Vorhandensein gleichartiger mechanischer Einflüsse annehmen müssen. Die alten Riffkorallen können also nicht in den wenig oder gar nicht bewegten Regionen der Tiefsee gelebt haben, sondern waren ebenfalls der Einwirkung einer Brandung ausgesetzt.

Ein anders gearteter, immer wiederholter Einwurf gegen die Riffnatur älterer Kalkmassen gründet sich auf das vielfach beobachtete Fehlen von organischer Structur im Kalke. Zwar liefert die Untersuchung lebender oder subfossiler Riffe hinreichende Belege für das Verschwinden der organischen Structur, aber auch die Erforschung der Karnischen Devonkalke bietet einige beachtenswerthe Fingerzeige. An Puncten, wo die gewaltige Mächtigkeit der Kalke oder andere Ursachen eine weitergehende dynamometamorphe Umwandelung des Gesteines verhindert haben, ist die organische Structur der Versteinerungen noch gut erhalten. In den um vieles schmäleren[1]), tief eingefalteten Kalkzügen wie Osternigg-Poludnigg (Mitteldevon), Pollinigg, Hartkarspitz und Porze-Königswand sind dagegen kaum noch Andeutungen von Versteinerungen an vereinzelten Punkten wahrnehmbar.

Eine dynamische Umwandelung in weitergehendem Maassstabe kann allerdings in den, nur durch Brüche dislocirten Trias-Dolomiten von Südtirol, Venetien und Kärnten nicht stattgefunden haben. Aber nach den neueren Beobachtungen WÄHNERS bildet auch bei diesen das Fehlen bezw. die Seltenheit von Korallenresten keinen Beweis gegen die Riffnatur. Die weissen liassischen Kalkmassen des Sonnwendgebirges in Nordtirol, welche mit rothen Liaskalken wechsellagern, stimmen in Bezug auf Lagerungsverhältnisse mit den korallenarmen Triasdolomiten überein, sind aber an vielen Stellen von den Resten riffbauender Korallen (*Thecosmilia* = *Lithodendron* auct.) erfüllt und somit als echte Riffbildungen anzusprechen.

„Eine Reihe von Structurerscheinungen, welche aus den Dolomitgebieten Südtirols beschrieben wurden, findet sich auch im Sonnwendgebirge wieder: Das Auskeilen der an manchen Stellen sehr mächtig entwickelten Kalkmassen, Uebergussschichtung, Wechsellagerung mit den gleichzeitig gebildeten Sedimenten grösserer Meerestiefen" (insbesondere an den auskeilenden Enden der Riffmassen). Es ist jedenfalls von Wichtigkeit, dass derartige Lagerungsverhältnisse, welche schon früher zum Theil aus theoretischen Gründen als für Korallenriffe bezeichnend angesehen wurden, einmal bei zweifellosen Korallenbauten nachgewiesen werden können.

Wie schwierig die Beurtheilung der Frage sei, was man als fossiles Riff ansprechen darf und was nicht, lehrt ein Blick auf die durch die eigenartige „Atollhypothese" DUPONT's bekannten Vorkommen Belgiens. Der äussere Umriss des alten Riffs ist selbstredend in einem gefalteten und stark denudirten Gebiete nicht mehr nachzuweisen; dagegen kann die Thatsache, dass ein grosser Theil der devonischen und carbonischen Kalke Belgiens von Korallen aufgebaut wurde, durch die Untersuchung jeder beliebigen aus belgischem Marmor bestehenden

---

[1]) Der ebenfalls schmale Kalkzug des Pal stellt, wie oben ausgeführt wurde, eine verhältnissmässig wenig dislocirte Antiklinale dar.

Tischplatte in der unzweideutigsten Weise bestätigt werden. Ueber die Riffnatur scheint neuerdings eine gewisse Einigung zwischen den belgischen Geologen erzielt zu sein. Danach kommen keine, den pacifischen vergleichbare Korallenriffe im Carbon vor, vielmehr sind die gesteinsbildenden Stromatoporiden riesige, bis 15 m. mächtige Fossilien, die in einzelnen Horizonten besonders verbreitet sind und „gegen welche die übrigen Schichten gelegentlich abstossen".[1] Mit den letzten Worten haben die betreffenden Beobachter (LOHEST und DE LA VALLÉE POUSSIN) eine vortreffliche Definition für fossile Riffe gegeben. Das Abstossen der heteropen Bildungen an dem Korallenbau ist das wesentlichste Kennzeichen derselben; ob diese Korallenbauten nur riesige Fossilien von einigen Metern Dicke oder Gebirgsmassen von bedeutenderer Mächtigkeit sind, berührt das Wesen der Sache nicht.

Die Vergleichung der devonischen Riffe bietet, wie BARROIS[2] hervorhob, noch manche ungelöste Probleme; allerdings enthält auch die von ihm gegebene Zusammenstellung einige Ungenanigkeiten. Es giebt z. B. im Unterdevon des Harzes ebensowenig Korallenriffe (récif) wie bei Cabrières; in dem erstgenannten Gebiete sind vereinzelte Exemplare von Riffkorallen, in dem anderen nur ein einziges Bruchstück eines Favositen gefunden worden. Die Kalke beider Fundorte sind zwar wahrscheinlich organischen Ursprungs aber jedenfalls nicht durch Riffkorallen aufgebaut. Auch das Vorkommen der „récifs" bei Erbray (S. 325) lässt sich nicht mit der Angabe S. 341 in Einklang bringen: „les calcaires d'Erbray ne sont pas des constructions coralliennes proprement dites, on n'y trouve pas les grandes agglomérations de polypiers composés".

3. Uebersicht der devonischen Faciesbildungen.

Die Wichtigkeit einer sachgemässen Berücksichtigung der Faciesentwickelung für theoretische Deutungen und für die praktischen Anforderungen der Feldgeologie geht aus den vorstehenden Andeutungen hervor. Die folgende Uebersicht enthält in halbtabellarischer Form die wichtigsten Facies des Devon:

---

[1] Annales de la soc. géol. de Belgique. T. XVI, S. CV.

[2] Faune d'Erbray S. 334.

I. Korallenkalke.

a) Ungeschichtete, reine Korallenkalke und Dolomite.

Die Masse des Gesteins besteht aus Korallen und deren zerriebenen Resten, welche wie in lebenden Riffen an Menge das organisch struirte Gestein übertreffen. In den unterdevonischen Riffen sind Tabulaten (Favositen) und Stromatoporen, in den mitteldevonischen Stromatoporiden, Favositiden und massige Cyathophyllen, in den oberdevonischen Phillipsastraeen, Stromatoporiden und Favositiden, im Carbon Stromatoporiden die hauptsächlichsten Riffbildner. Daneben finden sich Brachiopoden, Gastropoden, Crinoiden und Zweischaler in einzelnen Exemplaren oder nesterartigen Anhäufungen. Nautiliden sind durchweg selten; das Vorkommen von Goniatiten am Iberg bei Grund ist eine einzig dastehende Ausnahme. Die Vertheilung der genannten, weniger wichtigen Gruppen ist in den Brachiopodenschichten (II) etwa die gleiche wie in I. Beispiele: Unterdevon: Karnische Alpen und Karawanken, Konieprus. Mitteldevon: Kollinkofel, Osternigg, Vellach, Eifel (Dolomitentwickelung bei Gerolstein und Prüm), Paffrath, Belgien (Givetien), Westfalen, Elbingerode. Oberdevon: Vellach, Grund und Rübeland, Harz, Langenaubach (Nassau), Torquay (Devonshire).

b) Geschichtete Korallenkalke.

Die Riffkorallen treten hinter dem sonstigen zum Theil mergeligen Sediment etwas zurück, sind aber immer noch die vorherrschende Thierklasse; daneben werden die Brachiopoden häufiger. Diese Bildungen sind bei Graz, in Westdeutschland, Belgien, England und Südfrankreich (Cabrières) die verbreitetste Facies des Mitteldevon; in Nordfrankreich und Amerika (Upper Helderberg von New York bis Ohio) finden wir dieselben vor allem im oberen Unterdevon.

II. Brachiopodenschichten.

a) Brachiopodenkalke,

meist mergelig, unterscheiden sich von der Facies Ib, mit der sie durch vielfache Uebergänge verbunden sind, durch das Vorwiegen der Brachiopoden und gehören in sämmtlichen Devongebieten u. a. im Mittel- und Oberdevon von Deutschland, Russland

und in der Lower Helderberg group, zu den verbreitetsten
Bildungen. Im allgemeinen nimmt — wie in den heutigen
Meeren — mit der Zunahme thoniger Bestandtheile die Häufigkeit der Korallen ab; Ausnahmen von dieser allgemeinen Regel
sind selten (Korallenmergel im Mitteldevon bei Gerolstein und
im Oberdevon bei Aachen). Nicht hierher zu rechnen sind die
Brachiopodennester, welche im Karnischen und Böhmischen Gebiet lediglich Lücken im Riff ausfüllen. Trilobiten erscheinen
in II durchgängig häufiger als in I.

b) Brachiopodenmergel und -Schiefer

sind von IIa nicht scharf getrennt und nur durch grössere
Häufigkeit der Brachiopoden und abweichende Beschaffenheit
des Sedimentes zu unterscheiden; Riffkorallen sind meist nur in
einzelnen Exemplaren vorhanden und fehlen zuweilen gänzlich:
Unterdevon von Nordfrankreich, Asturien, Bosporus und Nordamerika; Schiefer der oberen Coblenzschichten (Olkenbach,
Haiger). Im Mitteldevon allgemein verbreitet (z. B. Calceola-
mergel in der Eifel und bei Torquay, Calceolaschiefer des Ober-
harzes, Hamilton group u. a. am Cayuga See, Russland). Im
Oberdevon der Eifel (dolomitische Mergel von Büdesheim), Belgien (Famennien), Nordamerika (Chemung group), Russland.

Local finden sich in dieser Facies Anhäufungen von
Crinoidenstielen (Crinoidenschicht von Gerolstein und Kerpen
in der Eifel), Hamilton group (Encrinal limestone) von New
York.

c) Spiriferensandstein

Dieser alte Name des Rheinischen und Harzer Unterdevon
ist wohl am besten als Faciesbezeichnung für diejenigen Sand-
stein- und Grauwacke-Schichten beizubehalten, in denen Brachiopoden durchaus vorwiegen, Zweischaler, Crinoiden und
Tentaculiten einigermassen häufig sind, Gastropoden sehr zurücktreten, Cephalopoden und Riffkorallen nur in höchst vereinzelten Exemplaren vorkommen. Die Trilobitengattung *Homalo-
notus* ist fast überall für die vorliegende Facies bezeichnend.
Das Unterdevon in Westdeutschland, Belgien, Süd-Devonshire,
in den Pyrenaeen und am Bosporus, der Oriskany-Sandstein in
Nordamerika, das Famennien Belgiens z. Th., endlich das gesammte Devon von Nord-Devonshire gehören hierher.

Als besondere Ausbildungen lassen sich unterscheiden:

α) Spiriferensandstein s. str. Die Gattung *Spirifer* waltet vor. Im ganzen Unterdevon überaus verbreitet.

β) Chonetesschichten. Bestehen fast nur aus Choneten. Coblenzschichten, Siegener Grauwacke, unteres Mitteldevon von Graz.

γ) Quarzite. Meist fossilleer (Quarzit-Dolomit von Graz und Languedoc, Ogdenquarzit in Utah). Wo wie im Taunus- oder Coblenzquarzit, eine Fauna vorkommt, erscheinen die Formen des Spiriferensandsteins in besonderem Reichtum an Individuen und grosser Artenarmuth.

δ) Ctenocrinusbänke. Vereinzelt in den unteren und oberen Coblenzschichten.

ε) Ostracodenschiefer. Anhäufungen von Ostracoden (*Primitia* nebst seltenen Beyrichieen) und Brachiopoden. Nur im tiefsten Unterdevon Belgiens.

III. Zweischalerfacies.

Die hierher gerechneten Bildungen sind nur locale Entwickelungsformen des Spiriferensandsteins und mit diesem durch ähnliche unmerkliche Uebergänge verbunden wie Korallenkalk und Brachiopodenkalk. Die Bedeutung der Vorkommen liegt darin, dass im Devon[1]) die Zweischaler wenigstens local die Brachiopoden in den Hintergrund drängen. Hierher gehören die folgenden einzelnen Vorkommen.

a) Pterinaeensandstein von Ems. (Miellen) und Grupont (Belgisch Luxemburg); obere Coblenzschichten mit massenhaften Pterinaeen, selteneren Gosseletien und Brachiopoden. Sandige Hamiltonschichten der Gegend von Albany (New York); die Aehnlichkeit der letzteren mit den geographisch und geologisch abweichenden Coblenzschichten ist bemerkenswerth.

b) Gosseletiensandstein (*Goss. devonica* BARROIS) aus dem oberen Mitteldevon von Asturien.

----

[1]) Schon im Obersilur Gotlands kommen Sandsteine mit *Pterinaea retroflexa*, *Avicula* und *Aviculopecten* vor.

c) Schiefer mit *Myalina bilsteinensis* aus dem Mitteldevon (Lenneschiefer) von Bilstein und Schwelm in Westfalen.

d) Porphyroidschiefer von Singhofen (Nassau) mit
Aviculiden und Dimyariern.

e) Schichten vom Nellenköpfchen bei Coblenz, eine
Anhäufung von Dimyariern in den unteren Coblenzschichten.

f) Sandsteinbänke mit *Dolabra* (?) *Hardingi*, Einlagerungen im Oberdevon von Belgien (Famennien) und
Nord-Devonshire.

Die bisher betrachteten Bildungen sind sämmtlich an der
Küste bezw. in flachen Meerestheilen gebildet worden, die
folgenden sind als Absätze einer tieferen See bezw. als
pelagische Sedimente aufzufassen. Berechnungen der ab-
soluten Tiefe, in welcher einzelne Schichten abgelagert sind,
halte ich vorläufig noch für wenig aussichtsvoll.

IV. Hunsrückschiefer und verwandte Bildungen
(etwa als Palaeoconchenfacies zu bezeichnen).

a) Die Verschiedenheit der Hunsrückschiefer von der
Masse des Spiriferensandsteins und die Entstehung desselben
in tieferen Meerestheilen wird von allen Beobachtern hervorgehoben. Bezeichnend für den Hunsrückschiefer und die mit
demselben verglichenen Bildungen ist das Auftreten grosser,
dünnschaliger Muscheln (*Praelucina* [*Dalila*], *Puella*
[*Panenka*] *Lunulicardium*, *Hemicardium*, *Cardiola*).
Daneben finden sich Cephalopoden (Orthoceren, Cyrto-
ceren und Goniatiten) sowie Tentaculiten. Brachiopoden stehen nach Zahl der Arten und Individuen zurück.
Die Dünnschaligkeit der Bivalven ist für diese an Cephalopoden
reiche Facies bezeichnend; nur hier finden sich die eigentümlichen „Palaeoconchen", während in den Sandsteinen, den
Brachiopoden- und Korallenkalken dickschaligere Muscheln
(z. B. *Megalodon*, *Myalina crassitesta* und *bilsteinensis*, *Pterinaea*, *Gosseletia*) vorwiegen.

Die Hunsrückschiefer im engeren Sinne sind besonders
durch die locale Anhäufung der in anderen palaeozoischen

Bildungen seltenen Seesterne und Crinoiden gekennzeichnet. Ein in mancher Hinsicht vergleichbarer Horizont der Pyrenaeen (Schiefer von Cathervieille) ist besonders durch Trilobiten wie *Thysanopeltis, Dalmanites, Phacops fecundus* u. a.) ausgezeichnet; Vertreter der beiden letzteren Gruppen kommen auch am Rheine vor.

b) Tentaculitenschichten. Auch die durch das Vorkommen von Orthoceren ausgezeichneten Tentaculitenschiefer, welche im rechtsrheinischen Mitteldevon, in Thüringen (Knollenkalk des oberen Unterdevon), Böhmen (G$_2$, mit zahlreichen Goniatiten) im Unter- und Oberdevon von New York (Tentaculitenkalk) und am Bosporus eine wichtige Rolle spielen, sind am besten hier anzuschliessen. Ueber ihre pelagische Entstehung hat wohl nie ein Zweifel bestanden. Es sei daran erinnert, dass die Tentaculiten und Styliolen der in Rede stehenden Schiefer von den im Spiriferensandstein vorkommenden Arten[1] durchaus verschieden sind. Die schwarzen Kalklinsen der Nassauer Schiefer mit den Wissenbacher Goniatiten und Trilobiten sind schon eher in die folgende Gruppe, die eigentlichen Cephalopodenschichten, zu stellen.

c) Endlich schliessen sich die schwarzen, in mancher Hinsicht eigentümlich entwickelten Plattenkalke der böhmischen Stufe F$_1$ und der Harzgeröder Ziegelhütte am besten hier an. (NOVÁK, zur Kenntniss der Etage F f$_1$, Prag 1886.) Das massenhafte Auftreten von dünnschaligen Palaeoconchen, Cephalopoden (*Orthoceras, Cyrtoceras,* erstes Vorkommen von *Gyroceras*), die Häufigkeit von Tentaculiten (*Tent. acuarius*) und Trilobiten erinnern durchaus an die vorher erwähnten Facies. Sehr bezeichnend für den Tiefseecharakter der böhmischen Bildungen ist endlich noch die Anhäufung von Hexactinellidennadeln (*Acanthospongia*), welche ganze Schichten zusammensetzen, erwähnenswerth die etwas grössere Häufigkeit kleiner Brachiopoden.

Das Auftreten des eigentümlichen Capulidengeschlechtes *Hercynella* sowie das Fehlen der Goniatiten in F$_1$ sind

---

[1] Der die Basis des Lower Helderberg bildende Tentaculitenkalk dürfte zu dieser letzteren Gruppe gehören und — entsprechend dem Charakter der unmittelbar angrenzenden Schichten — im flachen Meere abgelagert sein.

als Merkmale von stratigraphischem Werthe anzusehen. Die in facieller Hinsicht verschiedenartig gedeuteten Posidonienschiefer des Culm stehen ebenfalls den besprochenen Bildungen nahe und dürften in tieferen Meerestheilen abgelagert sein. In diesem Zusammenhange könnten auch die zweifelhaften Graptolithenschiefer des Harzes erwähnt werden.

V. Die Greifensteiner Facies

wurde oben ausführlicher besprochen. Das Vorwiegen von den (im Devon sonst niemals massenhaft vorkommenden) Trilobiten, sowie von bestimmten glattschaligen Brachiopoden, ferner die Vergesellschaftung von Goniatiten, Orthoceren, Crinoiden, Tiefseekorallen und Tentaculiten sind bezeichnend; kleine Gastropoden und Zweischaler sind selten. Ausser den erwähnten unterdevonischen Vorkommen von Greifenstein, Cabrières, Konieprus und Michailowsk dürfte der Rotheisenstein von Brilon und vom Büchenberg bei Wernigerode hierher zu rechnen sein (ob. Mitteldevon). Derselbe zeigt einige Anklänge an die gewöhnlichen Brachiopodenkalke.

VI. Die Cephalopodenschichten

zeigen trotz mancher petrographischer Verschiedenheiten grosse faunistische Uebereinstimmung. Cephalopoden sind unbedingt die herrschende Thierklasse und das Vorwiegen der einen oder anderen Gruppe (Orthoceratiten, Goniatiten oder Clymenien) ist wesentlich von dem Alter der betreffenden Schichten abhängig. Daneben finden sich Zweischaler (*Cardiola retrostriata, Posidonia venusta* und *Lunulicardium*) und Riffkorallen (*Petraia, Cladochonus, Amplexus*, durch Häufigkeit in verschiedenen Oberdevon-Horizonten ausgezeichnet), seltener Trilobiten (*Trimerocephalus*), Brachiopoden (*Camerophoria* häufig in einzelnen Goniatitenschiefern) und Gastropoden. Ein weiteres Vorwiegen der dünnschaligen Muscheln bedingt ein Hinneigen zu den, unter IV beschriebenen Faciesbildungen; die schwarzen oberdevonischen Knollenkalke von Altenau (Harz), Wildungen und Cabrières, die Knollenkalke von Hlubocep und Hasselfelde mit zahlreichen Arten von *Puella* [*Panenka*] und *Regina* [*Kralowna*] stehen genau in der Mitte und würden, falls dies noch nöthig wäre, die pelagische Entstehung der „Palaeoconchen-Facies" erweisen.

Wesentlich nach petrographischen Gesichtspunkten lassen sich die nachfolgenden Subfacies unterscheiden:

a) Bunte Cephalopodenkalke; dichte, meist roth gefärbte, vielfach eisenhaltige Plattenkalke mit wohl erhaltenen Cephalopoden. Unteres Oberdevon: Martenberg und Cabrières. Eisenkalke und Rotheisensteine von Dillenburg. Mittleres Oberdevon: Cabrières. Clymenienkalk: Ebersdorf in Schlesien, Fichtelgebirge (Mehrzahl der Fundorte), Gross-Pal, Naples-Beds von New York.

b) Kramenzelkalke. Bunte und graue Knollen- oder Nierenkalke mit schlecht oder nur einseitig besser erhaltenen Steinkernen. Unterdevon: Karnische Alpen. Unt. Oberdevon: Saalfeld in Thüringen. Clymenienkalk: Mehrzahl aller Fundorte (Cabrières, Enkeberg, Wildungen etc.).

c) Cephalopodenschiefer und -Mergel, fast stets dunkel gefärbt, mit Versteinerungen in Eisenkies-Erhaltung. Die Goniatiten, Gastropoden und Brachiopoden sind fast sämmtlich durch geringe Grösse der Individuen ausgezeichnet. Mitteldevon: Orthocerasschiefer der Rheinlande und des Harzes. Unteres Oberdevon: Büdesheim, Cabrières, rothe Schiefer von Torquay. Mittl. Oberdevon: Nehden, Cabrières, Kéronezec bei Brest. Diese Facies geht ohne schärfere Grenze in die Tentaculitenschiefer über, (denen Orthocerasschiefer und Kalklinsen eingelagert sind). Ebenso stellen die in Nassau, Thüringen und Süddevonshire mächtig entwickelten Cypridinenschiefer des Oberdevon nur eine besondere Ausbildung dar, oder genauer gesagt, sowohl die Nehdener Goniatitenschichten als die Kramenzelkalke (z. Th.) sind nur Einlagerungen der Cypridinenschiefer.

d) Die schwarzen schiefrigen Kalke mit Kalkknollen, welche durch Häufigkeit der Goniatiten und dünnschaligen Muscheln ausgezeichnet sind, schliessen sich ebenfalls hier an. (Unt. Oberdevon von Südfrankreich und Westdeutschland.

VII. Die Old Red Sandstone-Facies,

ein Absatz aus riesigen Binnenseen mit Panzerfischen, Landpflanzen, Eurypteren und Anodonta-ähnlichen Zweischalern sei endlich zur Vervollständigung der Uebersicht erwähnt; ein mariner Ursprung derselben ist unwahrscheinlich.

Einem ersten Versuche, wie dem vorliegenden haften natürlich eine Reihe von Unvollkommenheiten an. Vor allem ist, wenn irgendwo so hier die systematische Eintheilung cum grano salis aufzufassen. Wie auf dem Grunde der heutigen Meere die verschiedenen Sedimente und die Absätze ungleicher Meerestiefen in einander übergehen, ebenso war es auch in der Vorzeit der Fall. Man muss sich somit stets darüber klar bleiben, dass die aufgezählten Typen nur eine relative Bedeutung besitzen.

Es liesse sich z. B. wenig dagegen einwenden, wenn man die Palaeoconchenschichten und die Greifensteiner Facies den Cephalopodenbildungen, die Zweischalerschichten dem Spiriferensandstein unterordnen wollte. Der unmerkliche Uebergang von Korallen- und Brachiopodenschichten wurde bereits betont. Trotzdem zeigen, wie in den petrographischen Reihen, so auch hier die Endglieder bedeutsame Unterschiede.

Gewissermassen die Probe auf die Richtigkeit der gemachten Unterscheidungen würde durch die Wiedererkennung derselben innerhalb eines andersgearteten geologischen Bereiches gemacht werden können. Die alpine (mediterrane) Entwickelung des Lias enthält ganz ähnliche Facies wie das Devon. Die geschichteten und massigen Korallenriffkalke (I) sind am Rofan und Sonnwendjoch petrographisch sehr ähnlich entwickelt.

Die im flachen Meere gebildeten Brachiopoden- und Zweischalerbänke der Grestener Schichten sind unseren gleichnamigen Gruppen II und III vergleichbar; auch die „Grauen Kalke" von Südtirol zeigen entferntere Beziehungen. (Doch ist den genannten Bildungen der litorale Charakter viel schärfer aufgedrückt als den devonischen, in einem flachen, ausgedehnten Meere zum Absatz gelangten Sedimenten.) Am deutlichsten ist die Uebereinstimmung bei den Cephalopodenbildungen ausgeprägt. Die „bunten Cephalopodenkalke" sind eine von WÄHNER[1]) für die tiefsten Adneter Schichten (und die Hallstätter Kalke) aufgestellte Facies-Bezeichnung, die, wie mir die Untersuchung

[1]) Zur heteropischen Differenzirung des alpinen Lias. Verhandl. d. geol. Reichsanstalt 1886, 7, 8.

Froeb, Die Karnischen Alpen. 19

des typischen alpinen Vorkommens erwies, ohne weiteres auf die Devonkalke übertragbar ist. Die Kramenzelkalke entsprechen den eigentlichen Adneter Knollenkalken (und den Pötschenkalken der norischen Stufe), die Cephalopodenmergel endlich den Fleckenmergeln des Allgäu. Die letzteren gelten allgemein als Absätze eines tieferen Meeres, die Knollenkalke mit Cephalopoden werden von Mojsisovics als umgelagerte Seichtwasserbildungen gedeutet, während Waehner mit Recht darauf hinwies, dass die Oberseite der Adneter Ammoniten stets corrodirt oder auch gänzlich zerstört sei. Er schloss daraus auf eine chemische Zersetzung des Gehäuses, welche nur in grösseren Meerestiefen vor sich gehen könne. Auf eine Vergleichung der Greifensteiner Facies mit den Hierlatzkalken verweist schon die überraschende Aehnlichkeit des Gesteins. Brachiopoden, und zwar hier wie dort stark variirende Formen, herrschen in beiden Facies vor; Cephalopoden und Gastropoden treten wesentlich zurück, bilden aber doch einen charakteristischen Bestandtheil der Fauna. Der Hauptunterschied zwischen der eigentlichen Cephalopodenfacies sowie den Hierlatz- und Greifensteiner Kalken besteht in der geringeren Häufigkeit der Cephalopoden. Das eigentümliche Vorkommen des Hierlatzkalkes in Klüften und Taschen des rhaetischen Dachsteinkalkes hat sich zwar bei der Greifensteiner Facies nicht nachweisen lassen; aber eine Aehnlichkeit besteht insofern, als auch die letztgenannten Ablagerungen überall geringe Ausdehnung besitzen und vollkommen aus organischen Resten zusammengesetzt sind. Am Pic de Cabrières, wo ausgedehntere Aufschlüsse zu beobachten sind, besteht leider die Masse des Gesteins aus schichtungslosen, versteinerungsleeren Kalk; es muss unentschieden bleiben, ob die Versteinerungsanhäufungen Ausfüllungen von Klüften oder nichtumgewandelte Partien innerhalb einer durch Gebirgsdruck krystallin gewordenen Masse sind.

4. Stratigraphische Vergleiche.

a) Das Grazer Devon.

Ueber die Altersstellung des Grazer Devon habe ich vor kurzer Zeit einige Mittheilungen veröffentlicht, in denen ausgeführt war, dass der Kalk von Steinbergen durchaus dem

Clymenienkalk entspricht und dass der von STACHE verschiedenen Horizonten zugetheilte Korallenkalk dem Mitteldevon allein gleich zu stellen ist. Der Kalk des Hochlantsch (an dessen Untersuchung ich durch schlechtes Wetter verhindert war), wurde dort in Uebereinstimmung mit Herrn Professor HOERNES dem Korallenkalk zugetheilt. (Mittheilungen des naturwissenschaftlichen Vereins für Steiermark für 1887.) Bemerkenswerth ist bei dieser Altersdeutung die Rückkehr zu den früheren, wesentlich auf F. ROEMERS Bestimmungen beruhenden Ansichten über das Grazer Devon.

Seitdem hat K. A. PENECKE durch palaeontologische Untersuchungen sowie durch geologische Beobachtungen die Kenntniss des Mitteldevon in erfreulicher Weise erweitert. (Dieselben Mittheilungen für 1887, S. 17.) Zu den wichtigeren Ergebnissen gehört die Auffindung von *Calceola sandalina* auf der Tyrnauer Alp, sowie der Nachweis, dass der Hochlantschkalk nicht mit dem Korallenkalk der näheren Umgegend von Graz zu vereinigen ist, sondern dem höheren Mitteldevon entspricht. *Stringocephalus Bartini* ist jedoch nicht gefunden worden.

Die Gliederung des Grazer Mitteldevon und die Vertheilung der wichtigeren Versteinerungen sind auf der nachfolgenden Tabelle dargestellt. Die beiden Columnen rechts veranschaulichen die Altersdeutung PENECKE's und meine in einem Punkte abweichende Auffassung. K. A. PENECKE rechnet die Kalke mit *Heliolites Barrandei*, d. h. den eigentlichen (historischen) Korallenkalk der Umgegend von Graz zum oberen Unterdevon, weil die darüber liegenden Kalkschiefer und Calceolakalke angeblich die Fauna des tiefsten rheinischen Mitteldevon enthalten. Derselbe hat hierbei die Zusammenstellungen unberücksichtigt gelassen, welche E. KAYSER und ich für die verticale Vertheilung der Brachiopoden und Korallen des rheinischen Devon gegeben haben. Hiernach entspricht die Fauna der alpinen Calceolakalke nicht den westdeutschen Calceolaschichten in toto sondern nur deren oberstem Theile. Von den namhaft gemachten Versteinerungen kommen *Cyathophyllum planum*, *Endophyllum elongatum* und *Favosites polymorphus* erst von den oberen Calceolaschichten, *Spirifer undiferus* erst von der Crinoiden-

19*

schicht an aufwärts vor; auch *Heliolites porosus* und *Pentamerus globus* haben ihre Hauptverbreitung erst von den oberen
Calceolaschichten an und finden sich tiefer nur als grosse
Seltenheit. Die in der Tabelle nicht nummerirten Versteinerungen sind allgemein verbreitet.

Ebensowenig spricht die z. Th. recht eigenartige (*Pentamerus Petersi* und *Clari*) Fauna der Barrandeischichten für
eine Zurechnung zum Unterdevon. Die im Verzeichniss PE-
NECKES mit 1—8 bezeichneten Arten sind sämmtlich nur
aus dem Mitteldevon bekannt, so vor allem *Spirifer speciosus*, die Gattung *Cupressocrinus* und *Orthoceras victor* BARR.;
auch die Zone G_3, der die letztgenannte Art entstammt, wird
jetzt fast allgemein zum Mitteldevon gerechnet. Als unterdevonische Typen sind nur die zweifelhaften und schlecht erhaltenen Dalmaniten zu nennen. Vier weitere von mir bestimmte
mitteldevonische Arten (so *Cyath. Lindströmi*) scheint PENECKE
für abweichende neue Formen zu halten. Ein endgiltiges
Urtheil hierüber ist selbstverständlich vor dem Erscheinen der
Abbildungen unmöglich. Doch habe ich mich an einer Art
(*Cyath. Frechi* PENECKE, die wir gemeinsam am Osternigg
gefunden haben) überzeugt, dass PENECKE den Artbegriff
zu enge fasst. Die genannte Koralle stimmt vollkommen mit
Cyath. vermiculare var. *praecursor* FRECH überein. Wenn die
abweichenden Formen l. c. als „Stammformen" mitteldevonischer
Arten angesehen werden, so kann man an Stelle dieses Aus-
druckes mit demselben Rechte „vicariirende Formen" einsetzen.

Die Berufung PENECKES auf die ebenfalls gemeinsam gemachte Entdeckung des Vorkommens von *Heliolites Barrandei*
bei Vellach in den Karawanken ist ohne überzeugende Kraft.
Allerdings befinden sich die Kalke mit *Heliolites Barrandei*
hier im Liegenden der Riffmassen, welche *Alveolites suborbicularis* führen und dem Stringocephalenkalk entsprechen; doch
ist die Stellung der F-Kalke mit *Spirifer secans*, *Bronteus
transversus*, welche nach PENECKE das unmittelbare Liegende
des Barrandei-Horizontes bilden sollen, einigermassen unsicher.
Denn die genannten F-Versteinerungen sind bisher nur in losen
Blöcken gefunden worden. Hingegen erscheint an der fraglichen Stelle — wahrscheinlich unmittelbar im Liegenden
der Barrandei-Kalke — ein Crinoidenkalk mit *Phacops*

Sternbergi, der dem oberen böhmischen Unterdevon (G₁) entspricht. (Vgl. oben und Zeitschrift d. deutschen geolog. Ges. 1887. S. 670.) Die Verhältnisse von Vellach erweisen also grade die Unrichtigkeit der Anschauungen PENECKES.

Horizonte	Wichtigere Versteinerungen	Deutungen	
		nach PENECKE	nach FRECH
Clymenienkalk mit	Clymenia laevigata, undulata, speciosa	Stringocephalus-Schichten	Oberes Oberdevon
Lücke			Crinoiden- und obere Calceola-schichten
Hochlautschkalk mit	Cyathophyllum quadrigeminum		
Calceola-Kalke mit	1. Cyath. planum, 2. Endoph. elongatum, 3. Farosites polymorphus, 4. Spirifer un-diferus, 5. Pentamerus globus, Calceola sandalina, Heliolites porosus, Cystiphyllum vesiculosum, Aulopora tubaeformis, Alveolites suborbicularis	Calceola-Schichten	Calceola-schichten
Kalkschiefer des Hnbenhalt mit	Heliolites porosus, Endophyllum elongatum, Alveolites suborbicularis "Calophyllum" Stacheri, Farosites, in der Varität des Barrandeihorizontes	Cultrijugatus-Schichten	
Horizont des Hel. Barrandei (Korallenkalk von Graz) mit	1. Spirifer speciosus, 2. Orthoceras victor, 3. Cupressocrinus sp., 4. Streptorhynchus umbraculum, 5. Farosites reticulatus, 6. Stromatopora concentrica, 7. Aulopora minor, Heliolites Barrandei, "Cauopora placenta", Murchisonia cf. bilineata, Pentamerus Petersi, Pentamerus Clari	Oberes Unterdevon = G. BARRANDE.	Untere Calceolaschichten etwa = G_3
Diabas			
Quarzit-Dolomitstufe	Crinoidenreste	Unteres Unterdevon = F. BARRANDE.	Unterdevon (Unteres G und F).
Semriacher Schiefer.			

b) Vergleich mit Böhmen.

Die devonischen Korallenriffe der Ostalpen stimmen in Bezug auf die Entwickelung der Fauna und Facies vollkommen mit den weissen Kalken von Konieprus überein; allerdings besitzen die letzteren viel geringere Mächtigkeit und sind auch in ihrer stratigraphischen Stellung auf den oberen Theil der Stufe F₂ beschränkt (der untere Theil wird von rothen Plattenkalken der Greifensteiner Facies eingenommen).

Bei einem Vergleich der vorliegenden böhmischen und ostalpinen Fauna ist selbstredend davon auszugehen, dass die erstere bei weitem eingehender erforscht ist und dass somit das Fehlen einzelner Gruppen in den Ostalpen auf die Lückenhaftigkeit unserer Kenntnisse zu schieben ist. Ferner sind die Gastropoden, Crinoiden und Korallen der Prager Gegend noch nicht bearbeitet worden. Es bleiben also für den eingehenderen Vergleich Trilobiten, Zweischaler und Brachiopoden übrig, deren Uebereinstimmung in Bezug auf Gattungen und die Mehrzahl der Arten augenfällig ist. Das Vorkommen neuartiger Formen in den Alpen ist selbstredend anders zu beurteilen wie der umgekehrte Fall; aber auch in dieser Hinsicht sind die Abweichungen gering: Bezeichnenderweise hat die eine der eigentümlichen Gattungen, das Atrypidengeschlecht *Karpinskia* TSCHERNYSCH. seine Verwandten im Ural, die andere, *Myalinoptera* FRECH (zu den Aviculiden gehörig) in Nordfrankreich. *Amphicoelia*, deren nächste Verwandte im amerikanischen Obersilur leben, ist in Europa anderweitig nicht gefunden worden.

c) Nordfrankreich.

Die Unterdevonkalke von Nordfrankreich stellen in facieller Beziehung die Mitte zwischen den Harzer und den böhmischen Vorkommen dar. Das Devon der Loire-Inférieure ist durch BARROIS in einer geradezu mustergiltigen Localmonographie[1]) genauer untersucht worden und besteht aus einer ca. 1000 m. mächtigen Masse von Thonschiefern, welcher Kalkbildungen von verschiedener Dicke und verschiedenem Alter (Unter- bis Oberdevon) eingelagert sind. Die in erster Linie bedeutsamen Unterdevonkalke sind in drei palaeontologisch

---

[1]) Faune du calcaire d'Erbray, Lille 1889.

unterscheidbare Zonen gegliedert und besitzen eine Mächtigkeit
von über 100 m. (während die Kalklinsen des Harzes selten
mehr als 10 m. erreichen und stets rasch auskeilende, linsenförmige Massen darstellen).

Der Charakter der Fauna innerhalb des Unterdevon-
kalkes ähnelt nach der Beschreibung von BARROIS am meisten
dem der Vellacher Gegend: Crinoidenbreccien wiegen vor,
in anderen Bänken gewinnen Brachiopoden, Korallen oder
Bryozoen die Oberhand (letztere sind in den Alpen sehr
selten, bei Konieprus hingegen sehr häufig). Stets ist in
einer bestimmten Bank eine Thiergruppe durch besondere Häufigkeit ausgezeichnet. Eigentliche Korallenriffe werden nicht
beobachtet.

Nach der Tabelle sind die Riffkorallen in der unteren Zone
am häufigsten und treten in der mittleren mehr zurück. Hier (und
in der oberen Abhebung) findet sich die sonst für Cephalopoden-
Facies bezeichnende Gruppe des *Orthoceras (Jovellania) trian-
gulare* (G₃, Hasselfelde, Bicken). Im übrigen stellen die oben (S.274)
bei der Schilderung der Korallenfacies genannten, bei Konieprus,
in den Alpen und im Harz häufigen Brachiopoden und Gastropoden den Hauptbestandtheil der genannten Fauna dar. Die
geographischen Unterschiede sind im Allgemeinen unbedeutend. Die glatten von Erbray beschriebenen Terebratuli-
den *Centronella* und *Cryptonella* sind in Böhmen wahrscheinlich unter anderen Gattungsnamen (vor allem wohl unter dem
eigentümlichen Collectivbegriff *Merista* BARRANDE non auct.)
versteckt geblieben. Die möglicherweise hierher gehörenden
Kärntner Brachiopoden sind ungünstig erhalten.

Die in schönen Exemplaren abgebildete *Meganteris* verbreitet sich bis zum Ural, fehlt aber in Böhmen und Kärnten. Die eigentümliche Aviculidengattung *Myalinoptera*
ist bisher aus Böhmen und dem Ural noch nicht beschrieben worden. Die einzigen, dem Westen eigentümlichen Formen
scheinen die gerippten, stark verbreiterten Athyrisarten (Gruppe
der *Ath. Ezquerra*) zu sein; doch finden sich diese als Seltenheit wenigstens in den westdeutschen Coblenzschichten;
auch *Athyris Camponanesi* (Wolayer Thörl) dürfte hierher gehören. Dagegen ist das Fehlen der Zweischalergattungen
Puella (= *Panenka*) und *Cardiola* erwähnenswerth.

In stratigraphischer Hinsicht deutet Barrois — wesentlich auf Grund palaeontologischer Analogien — die Kalke von Erbray als tiefstes Unterdevon. Eine besondere Wichtigkeit wird hierbei dem Vergleich von *Spirifer Decheni* Kays. mit *Sp. primaevus* Koch beigemessen. (S. 275).

Barrois geht von der unrichtigen Annahme aus, dass der *Spirifer Decheni* der Wieder Schiefer auch im Taunusien vorkäme.[1]) Vielmehr bildet *Sp. Decheni* die Zwischenform von *Sp. primaevus* (tieferes Unterdevon) und *Sp. cultrijugatus* (unt. Mitteldevon), spricht also grade für ein intermediäres Alter der Kalke von Erbray. Auch der l. c. genannte *Spirifer Davousti* kommt anderwärts im oberen Unterdevon vor. Ebensowenig könnten etwa die beiden von Erbray beschriebenen ? Hercynellen für die Horizontirung als tieferes Unterdevon angeführt werden, da dieselben wohl besser als Platycerasarten von flacher Form zu bestimmen sind. Auch führt E. Kayser neuerdings *Hercynella* aus dem Mitteldevon von Günterod an.

Grösseren Werth als auf die einzelnen Arten legt Barrois mit Recht auf die Uebereinstimmung der Fauna von Erbray mit dem unteren Wieder Schiefer, den er im Sinne der älteren, später verlassenen Anschauung als tiefstes Unterdevon deutet. Der Hauptquarzit soll den Coblenzschichten im Ganzen und die unteren Wieder Schiefer dem tiefsten Unterdevon (Gédinnien) entsprechen. Jedoch ist das Liegende der Coblenzschichten nicht das Gédinnien, sondern die Siegener Grauwacke und der Hauptquarzit entspricht nicht den gesammten Coblenzschichten sondern nur dem allerobersten Theile derselben. Man wird somit schon auf Grund dieser Erwägung die unteren Wieder Schiefer und die Kalke von Erbray etwa mit den unteren Coblenzschichten bezw. mit dem unteren G oder dem oberen Unterdevon von Vellach vergleichen können.

Seither ist auch Oehlert[2]) auf Grund eingehender stratigraphischer Beobachtungen zu einer übereinstimmenden Auf-

---

[1]) *Spirifer Beaujani* Béclard aus der Siegener Grauwacke (= Taunusien) von St. Michel in Belgien stimmt nicht, wie Barrois annahm, mit *Spirifer Decheni*, sondern — wie ich durch Untersuchung der Originalexemplare von Béclard feststellen konnte — mit *Spirifer primaevus* überein.

[2]) Sur le Dévonien des environs d'Angers, Bull. soc. géol. de France [3], t. 17, p. 742 ff. 1890.

fassung über das Alter des Kalkes von Erbray gelangt. Die Kalkfacies unterliegt nach ihm kleineren Schwankungen in ihrer stratigraphischen Stellung und geht auch in noch höhere Schichten des Unterdevon hinauf, da z. B. bei Laval der Kalk von Erbray im Hangenden der Schichten mit *Athyris undata* auftritt. Die folgende kleine Tabelle giebt der neueren Auffassung Ausdruck.

			Böhmen	Harz
Kalk von Erbray (Loire Inférieure), St.Malô und Fourneaux (Angers) Chassegrin (Sarthe) St. Germain le Fouilloux (Mayenne)	Untere Coblenzstufe		G_1	Untere Wieder Schiefer
Sandstein von Gahart mit *Orthis Mounieri*	„Taunusien"	Siegener Grauwacke Taunusquarzit und Hunsrückschiefer	F	Tanner Grauwacke
Quarzit von Plougastel	Gédinnien	Aeltere Taunusge-steine		

In Bezug auf die Stellung des böhmischen „Hercyn" besteht immer noch eine Meinungsverschiedenheit zwischen deutschen und französischen Forschern; F, G, H soll auch nach OEHLERT's Ansicht ganz oder zum Theil dem „Silurien" erhalten bleiben.

Der Einwand, den derselbe gegen die in Deutschland herrschende Auffassung macht, ist allerdings leicht zu widerlegen: Der französische Forscher vermisst in Böhmen die Aequivalente für die mächtigen und palaeontologisch wohl charakterisirten Sandsteine von Gahart und die Quarzite von Plougastel. Wenn jedoch, wie OEHLERT selbst nachgewiesen hat, die Erbray-Kalke dieselbe hohe Stellung im Unterdevon einnehmen, wie die Wieder Schiefer, so vertritt naturgemäss die böhmische Stufe F die nordfranzösischen Quarzite und Sandsteine. Die Faciesentwickelung ist allerdings ungemein verschieden.

d) Vergleich mit den Wieder Schiefern des Harzes.

Bei einem Vergleich mit den Kalken der unteren Wieder Schiefer im Harze ist darauf Rücksicht zu nehmen, dass in der Monographie KAYSERS die Grundfrage der Zugehörigkeit zum Silur oder Devon im Vordergrunde stand und dass somit den verschiedentlichen faciellen und stratigraphischen Verschiedenheiten der einzelnen Kalklinsen nicht hinreichend Rechnung getragen werden konnte. Auch abgesehen von den Hauptgruppen der Graptolithenschiefer, Brachiopoden- und Cephalopodenkalke lassen sich noch verschiedenartige Unterscheidungen machen.

Betreffs der erstgenannten Bildungen ist daran zu erinnern, dass Graptolithen — abgesehen von einem in Böhmen an der unteren Grenze von F_1 gefundenen Reste und einem ebenfalls vereinzelten Exemplar in der Lower Helderberg group[1]) — in anderen Devon-Gebieten niemals in grösserer Zahl aufgefunden sind.

Die Harzer Graptolithen, welche eine vollständige kleine Fauna darstellen, werden — was das Auffallende ihres Erscheinens noch vermehrt — von der oberen Grenze des Unterdevon angeführt. Von englischen und schwedischen Forschern wurden der Annahme eines devonischen Alters der Graptolithen bisher nur Zweifel entgegengebracht.

Unter den Cephalopodenkalken sind drei Gruppen zu unterscheiden:

a) Die Plattenkalke von Hasselfelde mit ihrer mitteldevonischen Fauna, die zwischen G_3 (Prag) und Wissenbach vermittelt.

b) Die Kalke von Joachimskopf bei Zorge und Sprakelsbach mit *Aphyllites zorgensis* A. ROEM. sp. (= *Goniatites evexus* KAYS. non BUCH = *Gon. fecundus* BARR. ex parte) einer Art des oberen Unterdevon Böhmens (G_1 G_2).

c) Die schwarzen Kalke der Harzgeröder Ziegelhütte ohne Goniatiten, aber mit zahlreichen Orthoceren (darunter *Orthoceras dulce* BARR. aus E_2), Hercynellen und Praelucinen (= *Cardiola* bei KAYS. = *Praelucina* + *Dalila* bei BARR.).

Schon KAYSER wies auf die Aehnlichkeit dieses Fundortes mit den schwarzen Plattenkalken von Butowitz (F_1) hin, welche

---

[1]) Dieses von Herrn Prof. BEECHER in New Haven gefundenes Stück ist noch nicht näher bestimmt.

dieselben Thiergruppen enthalten. Es ist nicht sicher, dass diese Schichten auch wirklich die ältesten versteinerungsführenden Bildungen der Wieder Schiefer sind; aber die Wahrscheinlichkeit spricht dafür.

Der Brachiopodenfacies gehören die meisten Kalkvorkommen des Harzes an und zeigen, soweit diese vorherrschende Thierklasse in Betracht kommt, grosse Aehnlichkeit mit den Koniepruser Riffkalken (oberer Theil von F_2): Gerippte Rhynchonellen, Spiriferen und Pentameren wiegen durchaus vor, während die bezeichnenden Vertreter der Greifensteiner Fauna so gut wie gänzlich fehlen; nur *Phacops fecundus* besitzt einige Verbreitung. Auch Riffkorallen kommen, wenn auch nicht besonders häufig, an den Hauptfundorten der Brachiopodenkalke vor: Mägdesprung, Schneckenberg, Zorge und Radebeil. Die unter verschiedenen, meist aus anderen Gründen hinfälligen (*Dania*) Namen beschriebenen Tabulaten *Dania, Emmonsia* und *Beaumontia* gehören sämmtlich in die Gruppe des *Favosites Goldfussi*.[1]) Eigentliche Korallenkalke fehlen hingegen und damit auch die grossen dickschaligen Gastropoden wie *Tremanotus, Pleurotomaria, Bellerophon, Loxonema*. Formen aus der Verwandtschaft des *Platyostoma naticopsis* finden sich hier wie bei Vellach auch in Brachiopodenkalken ohne Korallen; die Harzer Arten *Platyostoma naticoides* und *Giebeli* vertreten die böhmische *Platyostoma naticopsis* var. *gregaria* BARR. sp.[2]) (= *Natica gregaria* BARR.).

Unter den Brachiopodenkalken nimmt der Scheerenstieg bei Mägdesprung eine etwas vereinzelte Stellung ein. Die Riffkorallen fehlen gänzlich; dafür findet sich allein hier

---

[1]) *Petraia* findet sich auch hier im Cephalopodenkalke (Sprakelsbach.

[2]) Die sonstigen Platycerasarten finden sich in den Korallenschichten, den Brachiopodenkalken und in der Greifensteiner Facies. Ihre Häufigkeit im „Hercynischen" Unterdevon ist bemerkenswerth, aber vielfach, besonders von BARROIS überschätzt worden. Platycerasarten finden sich z. B. in den Grauwacken der unteren Coblenzstufe, im oberen Mitteldevon von Cabriéres und im Mitteldevon der Eifel recht häufig; in der Crinoidenschicht bei Gerolstein erscheinen diese Formen in solcher Masse, dass man diese Schichten mit demselben Rechte wie das Hercyn als „Capulien" bezeichnen könnte.

Meganteris; auch *Dalmanites (Odontochile) tuberculatus*
A. ROEMER ist beinahe auf dieses 'Vorkommen beschränkt.
Beide Thiere deuten auf höheres Unterdevon: *Odontochile*
kennzeichnet vor allem die Stufe G_1 und *Meganteris* findet
sich am Rhein nur in den Coblenzschichten. Doch soll nicht
behauptet werden, dass diese Schichten einen von den übrigen
verschiedenen Horizont einnehmen. Auch für die normalen
Brachiopodenkalke ergiebt sich aus den oben geäusserten allgemeinen Gründen eine Stellung im oberen Unterdevon (G_1);
der Umstand, dass die Fauna mehr an F als an G erinnert,
ist ebenso zu erklären, wie der Charakter der Vellacher Kalke
mit *Phacops Sternbergi*: In den Karawanken wie am Harz
erscheint die für das böhmische F_2 bezeichnende Facies in höheren Schichten. Auch die Unterschiede der
typischen Brachiopodenkalke (mit Favositen) und der Cephalopodenschichten von Sprakelsbach und Joachimskopf (am letzteren Orte kommen daneben auch Brachiopodenkalke vor),
können recht gut durch die Annahme heteroper Verhältnisse
innerhalb des oberen Unterdevon erklärt werden. Hingegen
ist für die Vorkommen von Hasselfelde und Harzgerode eine
höhere beziehungsweise tiefere stratigraphische Stellung sehr
wahrscheinlich.

e) Vergleich mit dem Unterdevon des Ural.

Im Ural entsprechen, wie die vortrefflichen Arbeiten von
TSCHERNYSCHEW zeigen, die Kalksteine der oberen Belaja
der Stufe F_2 und den Korallenkalken der Karnischen
Alpen.

Die Faciesentwickelung erinnert am meisten an die vereinzelt bei Vellach vorkommenden korallenarmen Brachiopodenkalke. Auch am Ural finden sich neben spärlichen Riffkorallen die bezeichnenden Brachiopoden der Korallenfacies, die
gerippten Rhynchonellen und Spiriferen, *Pentamerus optatus,*
eine Localform des *Pentamerus acutolobatus, Strophomena Stephani,* ein Verwandter von *Streptorhynchus distortus,* ausserdem zahlreiche grosse Gastropoden, u. a. *Trochus pressulus*
TSCHERN. sp., *Platyostoma* und *Polytropis* („*Turbo*“ *laetus*
BARRANDE vom Ural ist eine vicariirende Form von „*Cyclo-*

nema" Guilleri, welche Art bei Erbray und am Wolayer Thörl vorkommt). Bemerkenswerth ist das (im Westen nicht beobachtete) Zusammenvorkommen von *Hercynella* mit den genannten Brachiopoden und Gastropoden.

Orthoceren scheinen am Ural etwas häufiger zu sein als es sonst in derartigen Faciesbildungen der Fall zu sein pflegt; Trilobiten treten vollkommen zurück. Das untergeordnete Vorkommen der Greifensteiner Facies wurde schon erwähnt.

X. KAPITEL.

Das Carbon.

Die Discordanz, welche in Nordeuropa, Südfrankreich und Spanien das obere Carbon von den tieferen Schichten scheidet ist auch innerhalb der Karnischen Alpen in ausgesprochenstem Maasse vorhanden. Nach der Ablagerung der älteren Steinkohlenschichten erfolgte eine Faltung und Aufwölbung der gesammten älteren Bildungen; die beiden Carbon-Abtheilungen sind somit am leichtesten und einfachsten nicht durch die, in dem Untercarbon nur spärlich auftretenden Versteinerungen, sondern durch die Lagerungsverhältnisse zu unterscheiden. Wenngleich die obercarbonischen Bildungen von zahlreichen Brüchen, Abbiegungen und Knickungen durchsetzt sind, so ist doch die Lagerung der petrographisch überaus mannigfachen Schichten flach (Taf. XVI) oder unter geringen Winkeln geneigt, nur ausnahmsweise (Garnitzenhöhe) steil aufgerichtet; die unteren carbonischen Bildungen stehen hingegen mit geringen Ausnahmen saiger.

Der scharf ausgeprägten Discordanz entspricht die Verschiedenheit der organischen Reste. Die beiden Abtheilungen des Carbon haben in unserem Gebiet kaum eine einzige Art gemein, und auch die Gattungen weisen bemerkenswerthe Verschiedenheiten auf. Ebenso ist der allgemeine Charakter der Fauna in wesentlichen Punkten abweichend, trotzdem in der Faciesentwickelung viele Aehnlichkeit besteht: Der Hauptunterschied ist das Erscheinen von Fusuliniden, sowie der Brachiopodengattung *Enteles* und der Gruppe des *Spirifer fasciger* in der oberen Abtheilung.

1. Das Untercarbon.

Das Untercarbon wird durch zwei Formationen vertreten, welche räumlich von einander getrennt und ihrer Bildungsweise nach von einander verschieden sind: Im Norden des Gailflusses, westlich vom Dobratsch, nördlich von Nötsch, stehen die Nötscher Schichten (nov. nom.) an, welche eine marine Fauna mit *Productus giganteus* enthalten und vorwiegend aus Grauwacken und Conglomeraten bestehen. Auf der Südabdachung der Karnischen Hauptkette findet sich typischer Culm, welcher Landpflanzen führt und vorherrschend aus Thonschiefer besteht. In beiden Gebieten spielen deckenförmig auftretende Diabase nebst den dazu gehörigen Tuffen eine wichtige Rolle. Das lagerförmige Auftreten der Eruptivgesteine wird dadurch erwiesen, dass dieselben von der mittelcarbonischen Faltung in gleicher Weise wie die normalen Sedimente mit betroffen wurden.

a) Die Nötscher Schichten mit *Productus giganteus*.

Ein besonderer Name für die Nötscher Schichten erscheint nothwendig, weil das Auftreten der Fauna mit *Productus giganteus* einen wesentlichen Unterschied von den südlichen, durch Landpflanzen gekennzeichneten Culmbildungen bedingt und weil die Bezeichnung „Kohlenkalk" für ein äusserst kalkarmes, aus Grauwacke, Conglomerat und Schiefer bestehendes Gebilde nicht wohl angängig ist.

Die vorherrschenden Gesteine der Nötscher Schichten sind Grauwacke bezw. Grauwackenschiefer und Quarzconglomerat; der eigentliche Thonschiefer tritt zurück und enthält nur ausnahmsweise — in den versteinerungsreichen Bänken — etwas kohlensauren Kalk. Es kann keinem Zweifel unterliegen, dass das Material dieser klastischen Gesteine zerstörter Quarzphyllit ist; besonders treten in den Conglomeraten die weissen Quarzkiesel — die abgerollten Flasern des Phyllits — in der dunkelen Grundmasse deutlich hervor.

Den normalen Sedimenten eingelagert sind zwei Grünsteinzüge, welche in dem Durchschnitte des Nötschgrabens ihre grösste Mächtigkeit erreichen und nach W zu in den Grauwacken auskeilen. Die beiden Eruptivlager des Nötschgrabens sind nicht als Theile derselben Syn- oder Antiklinale bezw. als getrennte „Schuppen" aufzufassen, da die petrographische Verschiedenheit sehr ausgeprägt ist. Andererseits kann die Altersverschiedenheit beider nur unerheblich sein, da die Schichten mit *Productus giganteus* sowohl zwischen beiden Lagern wie nördlich derselben vorkommen.

Der nördliche Zug besteht aus grünen Schalsteinconglomeraten, die besonders durch das Vorkommen weisser oder rosafarbener, vollkommen marmorisirter Kalkgeschiebe ausgezeichnet sind. Dieselben erreichen bis zu 1 m. Durchmesser und sind wohl als umgewandelte Devon- und Silurkalke aufzufassen, die von dem ausbrechenden Diabas mit emporgerissen wurden. Das gröbere krystalline Gefüge lässt diese contactmetamorphen Gebilde auf den ersten Blick von den Gesteinen unterscheiden, welche in den Karnischen Alpen auf dynamometamorphem Wege aus einer, wahrscheinlich gleichartigen Grundmasse gebildet wurden. (Vergl. im übrigen den petrographischen Anhang oben.) Die in Verbindung mit den Schalsteinen auftretenden grünen Grauwacken sehen dichten Eruptivgesteinen so ähnlich, dass erst durch die mikroskopische Untersuchung (vgl. oben S. 179) die wahre Natur dieser Gebilde ermittelt werden konnte.

In dem südlichen Zuge des Nötschgrabens finden sich fast ausschliesslich körnige, dioritische Gesteine, während Tuffe und Schalsteine gänzlich fehlen. Die Diorite sind an der Dislocationsgrenze gegen den Quarzphyllit deutlich geschiefert. (Vergl. oben S. 176.)

Die Fauna der Nötscher Schichten ist bereits im Jahre 1873 von DE KONINCK monographisch beschrieben worden.[1] Leider sind die Abbildungen nicht sonderlich gelungen, insbesondere sind die Zweischaler (Taf. III) z. Th. wahre Zerrbilder; jedoch unterscheidet sich die Bearbeitung vortheilhaft von den letzten Monographien des belgischen Forschers, welche die bekannte Confusion auf dem Gebiete der Kohlenkalkversteinerungen zur Folge gehabt haben. In der Arbeit ist nur der reichere, seit langem bekannte Fundort beim Oberhöher

---

[1] Recherches sur les animaux fossiles 2. Monographie des fossiles carbonifères de Bleiberg en Carinthie. Bruxelles und Bonn 1873.

berücksichtigt; die im Thorgraben entdeckte kleine Fauna stimmt — abgesehen von dem Zurücktreten der Zweischaler und Schnecken sowie der grösseren Häufigkeit der Korallen — mit der ersteren überein. Die Brachiopoden und unter diesen die Producten (*Pr. latissimus, giganteus* und *punctatus*) bilden den bei weitem vorwiegenden Bestandtheil der Fauna. Crinoidenstiele sind beim Oberhöher, Reste von Riffkorallen im Thorgraben häufig (*Lonsdaleia rugosa* M'Coy in typischen Exemplaren, welche von denen des niederschlesischen Kohlenkalkes nicht zu unterscheiden sind). Zweischaler und Schnecken treten der Zahl der Individuen nach zurück, wenngleich die Menge der Arten nicht unerheblich ist. Cephalopoden und Trilobiten gehören zu den grössten Seltenheiten. Vereinzelt kommt auch der den Culm der südlichen Karnischen Alpen kennzeichnende *Archaeocalamites radiatus* A. Brong. vor. Der gesammte Charakter der Fauna, vor allem die Häufigkeit dickschaliger Gehäuse (*Productus latissimus*, Spiriferen, *Edmondia Haidingeriana*, *Euomphalus catillus*) weisen auf eine Flachsee hin, in welcher durch die Massen von thonigem und sandigem Sediment die Entwickelung der Riffkorallen gestört wurde.

Ueber die Gleichstellung der Nötscher Schichten mit der oberen Zone des belgischen Kohlenkalkes (Calcaire de Visé) kann angesichts der grossen Anzahl übereinstimmender Arten ein Zweifel nicht bestehen. Es sei daran erinnert, dass die viel umstrittene Gliederung des belgischen Kohlenkalkes in neuerer Zeit durch die Forschungen von de la Vallée Poussin[1]) und Dewalque eine wesentliche Vereinfachung erfahren hat. Die 6 „assises" sind danach ebenso wenig als selbstständige stratigraphische Einheiten anzunehmen wie die 3 Gruppen von Tournai, Waulsort und Visé. Die mittleren Schichten (von Waulsort) sind nur als Korallenfacies der oberen bezw. unteren Zone aufzufassen und fehlen stellenweise gänzlich. Es bleibt somit nur die untere Zone von Tournai und die obere von Visé übrig.

Die Fauna der Nötscher Schichten findet sich in ähnlicher Entwickelung u. a. in Languedoc (Cabrières), in Niederschlesien, bei Altwasser und im Fichtelgebirge wieder. Nur sind an beiden

---

[1]) Ann. Soc. géol. de Belgique. XVI. S. CV. Ref. von Holzapfel im N. J. 1891 I, S. 408.

Orten die Gesteine kalkig, und infolge dessen treten auch die Riffkorallen mehr hervor.

Die Fauna der kalkigen Schiefer des Oberhöher besteht nach den DE KONINCK'schen, in einigen Punkten berichtigten Liste aus den folgenden Arten: (Die gesperrt gedruckten Formen gehen in das Karnische Oberearbon hinauf.)

Zaphrentis intermedia DE KON.

Lonsdaleia rugosa M'COY.

Syringopora sp. (nur im Thorgraben).

Crinoidenstiele.

Archaeopora nexilis DE KON.

Fenestella plebeia M'COY.

Diphteropora regularis DE KON.

Productus giganteus MART. ⎫
     "   *latissimus* SOW. ⎭ auch im Thorgraben.

     "   *lineatus* MART. (*Cora* bei DE KON.)

     "   *semireticulatus* MART.

     "   *Medusa* DE KON.

     "   *Flemingi* SOW.

     "   *scabriculus* MART.

     "   *pustulosus* PHILL.

     "   *punctatus* MART.

     "   *Buchianus* DE KON. (fällt wahrscheinlich mit *Prod. punctatus* zusammen).

     "   *fimbriatus* SOW.

     "   *aculeatus* MART.

Chonetes Buchianus DE KON.

     "   *Laguessianus* DE KON.

     "   *Koninckianus* SEMENOW?

Orthotetes crenistria PHILL.

Orthis resupinata MART.

Rhynchonella pleurodon PHILL.

     "   sp. („*acuminata?*" bei DE KON.)

Camerophoria sp. (von mir gesammelt).

Athyris ambigua SOW.

     "   *planosulcata* PHILL.

Spirifer (Reticularia) lineatus MART.

     "   *(Martinia) glaber* MART.

     "   *ovalis* PHILL.

Spirifer bisulcatus Sow.
     „   *pectinoides* DE KON.
     „   *Hauerianus* DE KON.
Terebratula (Dielasma) sacculus MART.
Edmondia Haidingeriana DE KON.
     „   *sulcata* PHILL.
Cardiomorpha? tenera DE KON.
     „   *concentrica* DE KON.
     „   *? subregularis* DE KON.
Scaldia cardiiformis DE KON.
Sanguinolites parvulus DE KON.
     „   *undatus* PORTL.
Pleurophorus intermedius DE KON.
Astartella Reussiana DE KON.
Niobe luciniformis DE KON.
     „   *nuculoides* M'COY.
     „   *elongata* DE KON.
Leda carinata? DE KON. (Falsche Bestimmung.)
Tellinomya M'Coyana DE KON.
     „   *gibbosa* FLEM.
     „   *rectangularis* M'COY.
Macrodon? antirugatus DE KON.
     „   *plicatus* DE KON.
Aviculopecten deornatus PHILL.
     „   *antilineatus* DE KON.
     „   *concentricostriatus* M'COY.
     „   *Barrandianus* DE KON.
     „   *Partschianus* DE KON.
     „   *Fitzingerianus* DE KON.
     „   *Hoernesianus* DE KON.
     „   *intortus* DE KON.
     „   *arenosus* PHILL.
     „   *Haidingerianus* DE KON.
     „   *subfimbriatus* DE KON.

(Die übermässig grosse Anzahl von *Aviculopecten* wird sich durch eine Revision erheblich verringern.)

Limatulina intersecta DE KON.
     „   *Haueriana* DE KON. sp.
Pecten (Pseudamussium) Bathus D'ORB.

20*

Bellerophon (Euphemus) decussatus FLEM.

Bellerophon (Euphemus) Uri FLEM.

      „   *tenuifascia* SOW.

Pleurotomaria debilis DE KON.

      „   *naticoides* DE KON.

      „   *acuta* DE KON.

Euomphalus catillus MART.

Macrocheilus sp. (Ein *M.* kommt beim Oberhöher in
typischen Exemplaren vor; der l. c. t. 4, f. 9 abgebildete Steinkern ist unbestimmbar.)

Loxonema constrictum MART.

      „   *simile* DE KON.

Naticopsis Sturi DE KON.

      „   *plicistria* PHILL.

Nautilus (Discites) subsulcatus PHILL.

Phillipsia? sp.

b) Der Culm.

Auf der Südseite der Karnischen Alpen, zwischen Paularo und Forni Avoltri breitet sich ein ausgedehntes, theilweise
auf den Hauptkamm hinübergreifendes Gebiet untercarbonischer
Schichten aus, welche sich von den gleichalten Bildungen der
Nordseite vor allem durch das gänzliche Fehlen mariner Thierreste unterscheiden. Nur Abdrücke von Landpflanzen kommen
als äusserste Seltenheit vor und werden bereits von STUR erwähnt; von der oberen Promosalp liegen einige nicht näher
bestimmbare Spuren, vom Ostabhange des Kollinkofels zwei
Stammstücke von *Archaeocalamites* vor; letzterer erscheint,
wie erwähnt, auch in den Nötscher Schichten.

Die Lagerungsverhältnisse der südlichen Culmbildungen
stimmen hingegen mit denen der Nötscher Schichten vollkommen
überein. Dieselben sind in steile Falten gelegt und von den
älteren palaeozoischen Bildungen durch gewaltige Brüche getrennt (eine Ausnahme bildet nur die an wenigen Punkten beobachtete Auflagerung auf Clymenienkalk). Der Grödener
Sandstein lagert im Norden und Süden horizontal auf den
abradirten Falten des Untercarbon.

Die petrographische Beschaffenheit des Culm stimmt im
Grossen und Ganzen mit der der Nötscher Schichten überein;

jedoch bilden in dem südlichen Gebiete dunkle, ebenflächige Thonschiefer das weitaus vorherrschende Gestein. Darin finden sich sehr häufig Einlagerungen von schwarzem Kieselschiefer, der selten eine hell- bis dunkelblaugrüne Farbe annimmt. (Tischlwang, Collina, Fontana fredda.) Weniger häufig als der Kieselschiefer sind dunkele, glimmerhaltige Grauwacken (S. Daniele bei Paluzza, unteres Mauranthal, Monte Paularo, Mieli bei Rigolato). Etwas grössere Verbreitung besitzen dunkele conglomeratische Bänke, deren Rollsteine schwarze, aus dem Silur stammende Kieselschiefer sind, während die weissen Quarzkiesel der Nötscher Schichten fehlen. Thonflaserkalke finden sich in geringer Ausdehnung südlich von Mieli.

Ausgedehnte Lager von Eruptivgestein mit Tuffen und und Schalsteinconglomeraten sind im Gebiete des Monte Dimon und in dem Cañon des Torrente Chiarso bei Paularo aufgeschlossen. Die Schalsteinconglomerate (vgl. oben) finden sich typisch westlich vom Gipfel des Monte Dimon und enthalten an dem Joch zwischen der Promos- und Cercevesa-Alp zerquetschte (nicht marmorisirte) Kalkgeschiebe von wahrscheinlich silurischem Ursprung. Die Schalsteine waren wohl ursprünglich sämmtlich grün, verwittern aber oft roth und gehen in unmerklicher Abstufung durch grüne Thonschiefer und Wacken in die normalen Culmsedimente über. Die kartographische Abgrenzung wird dann oft überaus schwierig.

Unter den eigentlichen Eruptivgesteinen wiegen spilitische Mandelsteine bei weitem vor; viel seltener finden sich Porphyrite (Fontana fredda) oder umgewandelte Diabase (Torrente Chiarso; vgl. oben den petrographischen Anhang).

2. Das Obercarbon.[1]

Das Obercarbon der Karnischen Alpen ist eine vorwiegend marine Bildung und nimmt ein rings von Brüchen begrenztes, in der Längsaxe der Hauptkette gelegenes Gebiet nordwestlich von Pontafel ein; ausserdem finden sich in der Gegend von Tarvis einige dislocirte Schollen (oder Fetzen) von geringem Umfang inmitten des Schlerndolomites. Doch treten noch weiter im Osten in den Karawanken und der Fortsetzung

---

[1] Vergl. E. SCHELLWIEN. Die Fauna des Karnischen Fusulinenkalkes I. Palaeontog. XXXIX, S. 1—16.

derselben in Steiermark (Weitensteiner Gebirge und Wotschdorf unweit Rohitsch) Gesteine dieses Alters auf.

Der Carbonische Längshorst des Monte Pizzul bei Paularo
ist nur durch eine schmale triadische Grabenscholle von dem
Hauptgebiet getrennt und ist in stratigraphischer Hinsicht insofern von Wichtigkeit, als das Obercarbon hier die Diabas-
mandelsteine des Culm überlagert (Profil-Tafel III, S. 58). Die
Annahme einer discordanten Auflagerung ist so gut wie selbstverständlich, da das Untercarbon stets in steile, meist saigere
Falten gelegt ist, während das Obercarbon flach lagert und
nur local von Brüchen disloeirt wird. Doch konnte in dem
von Schutt und Vegetation bedeckten Quellgebiet des Torrente
Rufusco nirgends ein deutlicher Durchschnitt beobachtet werden.

Der westlichste Punkt, an welchem in unserem engeren
Gebiet bezw. in den Alpen überhaupt marines Obercarbon gefunden wird, ist der Kreuzberg bei Sexten; hier kommen
in dem Conglomerat an der Basis der Grödner Sandsteine
zahlreiche Gerölle von röthlichem Fusulinenkalk vor, der — entsprechend dem massenhaften Auftreten des Gesteines — in der
Nähe des heutigen Vorkommens einmal angestanden haben muss.

Das vorherrschende Gestein des Obercarbon ist besonders
in den tieferen Theilen Grauwackenschiefer, der theils in
gröbere Grauwacken, theils in schiefrige, glimmerige Gesteine
und in Thonschiefer übergeht. Der letztere findet sich in allen
möglichen Farbenabstufungen und verschiedenartiger Feinheit des
Korns, er enthält in einigen (höheren) Lagen Pflanzenabdrücke,
in anderen Brachiopodensteinkerne. Wichtig ist ferner Quarzconglomerat mit weissen, aus zerstörtem Urgebirge stammenden
Kieseln, die meist weiss, seltener grün oder schwarz gefärbt sind.
Die Fusulinenschichten sind theils als kalkiger Thonschiefer, theils
als grauer Dolomit, theils als echter Kalk, meist von schwarzer,
seltener von heller oder rosa Farbe entwickelt. Der Kalk ist
für die obere Abtheilung des Obercarbon bezeichnend. Kleine
Anthracitflötzchen kommen vor und überrindender Brauneisenstein ist an manchen Punkten sehr häufig. Der Brauneisenstein dürfte meist aus zersetztem Schwefelkies entstanden sein.
Vielleicht veranlasst dies Mineral auch den Schwefelgehalt der
(chemisch noch nicht genauer untersuchten) Quelle auf dem
Nassfeld bei Pontafel.

Ueber die mannigfache petrographische Ausbildung des Obercarbon könnte man Seiten voll schreiben. Ein anschaulicheres Bild gewinnt man durch die Wiedergabe einiger Profile, deren Aufnahme durch die flache Lagerung und die zahlreichen Gesteinsverschiedenheiten erleichtert wird.

STACHE hat in der Nähe des an erster Stelle zu beschreibenden Kronenprofils eine angebliche Transgression der jüngeren flach gelagerten Schichten über dem älteren steil stehenden Untercarbon angenommen. SUESS beobachtete dagegen an der gleichen Stelle nur eine untergeordnete Dislocation — eine Anschauung, die auch meiner Meinung nach allein den geologischen Verhältnissen entspricht. Ferner ist der angebliche, von STACHE bestimmte *Prod. giganteus* bisher weder dort noch in dem angrenzenden Gebiet wiedergefunden worden. Die aus den dislocirten Bänken stammenden Producten gehören nach den Bestimmungen von Herrn Dr. SCHELLWIEN meist zu *Prod. semireticulatus*; ausserdem fand sich dort *Prod. longispinus* und vor allem mehrere Producten die nur in höheren Carbonschichten vorkommen: *Productus semireticulatus* var. *bathycolpos* SCHELLWIEN, *Prod. lineatus* WAAGEN (Salt Range), *Prod. cancriniformis* TSCHERN. (Russisches Obercarbon) und *Marginifera pusilla* SCHELLW.

SUESS schildert die stratigraphischen Verhältnisse zwischen der Ofenalp und dem Beginn des normalen Kronenprofils folgendermassen:

„Man beobachtet zuerst blaugrauen und gelben Schiefer mit harten Knollen (Fallen 60° N), dann mehrere Meter starke Bänke von Conglomerat, die steil aufragend den verworfenen und abgesunkenen Theil des Berges von der normalen Schichtenfolge trennen. Bei genauerer Betrachtung beobachtet man, dass nur der südlichste Theil des Abhangs dislocirt ist.

Die Schichtenfolge des verworfenen Stückes ist von N nach S: 1) Conglomerat 10—12 m; 2) knollige, graue Sandsteinbank, ca. 0,2 m. Darauf einige Schnüre von schwarzem Schiefer; dann das fast senkrechte, dünne und vielfach verdrückte Anthracit-Flötzchen, auf welches zwei Schürfe über einander angelegt sind. Von Culm keine Spur. Im oberen Schurfe streicht das Flötz NNO und steht senkrecht. Oestlich,

unmittelbar neben dem Flötz, steht eine 0.7 m. mächtige,
schwarze knollige Lage mit zerquetschten Producten an —
Stache's Zone des *Prod. giganteus*. Sie ist durch einen etwa
0.5 m. starken Keil von eingezwängtem, abweichenden Gestein
von dem Flötzchen getrennt, scheint dasselbe aber weiter unten
zu berühren .... Ueber der vorderen südlichen Flanke der
Krone sieht man demnach flach gelagerte Schichten, die aber
mit einer Transgression nichts zu thun haben".

Das normale Kronenprofil beginnt erst weiter abwärts;
man geht über die Conglomeratbank nach der Ofenalp zu
hinunter und beobachtet dann, wieder aufwärts steigend, die
folgenden von Herrn Dr. Schellwien (l. c. S. 7) näher untersuchten Schichten:

1. Quarzeonglomerat, sehr mächtig.
2. Harter Quarzit 1 m.
3. Schiefer mit härteren Knollen, mild, lichtgrau; etwa
   5 m. über der Sohle der Schicht fand Suess: *Pecopteris
   oreopteridia* Brgt.[1]) (wohl nicht dieselbe Pflanze, die
   Schlotheim *Filicites oreopteridius* nannte).
4. Dünne Lagen von glimmerigen Sandsteinplatten.
5. Schiefer wie 3, aber dunkler.

Ziemlich viel bedeckter Boden, stellenweise dunkler glimmerreicher Schiefer (5). Wir erreichen eine flache Einsattelung,
die uns vom eigentlichen Kronengipfel trennt und gehen in
der Schicht gegen den Sattel der Strasse „Am Abrauf", in
Stache's Profil als Sattel zwischen beiden Thälern bezeichnet.
Es ist nicht ganz sicher, ob das Profil gegen die Bretter-
hütte hinab unmittelbar an das Kronenprofil angeschlossen
werden darf.

6. Mächtige Folge von mildem Schiefer mit Sandstein-
leisten, übergreifend zum Strassensattel. Oben mit dünnen
Lagen von kalkigem, geschieferten Sandstein mit massenhaften
Brachiopoden, deren Arten mit denjenigen der abgerollten
Blöcke unter der Garnitzenhöhe (Spiriferenschicht) zum grössten
Theil übereinstimmen. Aus dieser noch nicht genügend aus-
gebeuteten Schicht liessen sich bestimmen:

---

[1]) Die Bestimmungen der Pflanzen rühren sämmtlich von Herrn
Professor von Fritsch her.

Phillipsia scitula MEEK.

Camerophoria alpina SCHELLWIEN.

Spiriferina coronae SCHELLWIEN.

Spirifer Fritschi SCHELLWIEN.

Spirifer carnicus SCHELLWIEN.

Spirifer Zittelii SCHELLWIEN.

Sp. (Martinia) semiplanus WAAG.

Sp. (Martinia) Frechi SCHELLWIEN.

Sp. (Reticularia) lineatus MART. sp.

Enteles Kayseri WAAG.

Orthis Pecosii MARCOU.

Derbyia Waageni SCHELLWIEN.

Orthothetes semiplanus WAAG.

Chonetes lobatus SCHELLWIEN.

Chonetes latesinuatus SCHELLWIEN.

Productus aculeatus MART. var.

Productus gratiosus WAAG. var. *occidentalis* SCHELLWIEN.

Productus longispinus Sow.

Productus semireticulatus MART. var. nov. *bathycolpos.*

Productus lineatus WAAG.

Marginifera pusilla SCHELLWIEN.

7. Conglomerat, hauptsächlich an der Wand hervortretend.

8. Dunkler Schiefer mit Farn-Trümmern, schlecht aufgeschlossen.

9. Starke Conglomeratbank mit grossen, schlecht erhaltenen Pflanzenstämmen.

10. Wechsel von milden Schiefern mit Pflanzenstämmen und Farnen, und pflanzenführenden Sandsteinschichten. Aus dieser Schicht stammen aller Wahrscheinlichkeit nach die von mir gesammelten Annularien:

Annularia stellata SCHLOTH. sp., häufig, *Annularia sphenophylloides* ZENK. sp., einzelne Blattrosetten ohne grössere zusammenhängende Stücke, daher ganz einwandsfreie Bestimmung nicht ausführbar.

11. Conglomerat, wenig mächtig.

12. Kalkbank (z. Th. bedeckt vom Bach) mit Monticuliporiden, *Bellerophon* (s. str.) sp., *Conocardium* nov. sp., *Spirifer* sp.

13. Dünne, söhlige Platten mit sog. Regentropfen.

14. Mit 13 eng verbunden, gelbe Sandsteinplatten mit vorzüglich erhaltenen Exemplaren von *Productus lineatus* WAAG., *Enteles Kayseri* WAAG., *Enteles Suessii* var. *acuticosta* SCHELLWIEN, Crinoiden. Der Sandstein ist rhomboedrisch zerklüftet. Auf der obersten Bank an einer Stelle eine Rinde von Brauneisenstein mit *Pentacrinus*.

15. Dünnplattiger, glimmerreicher Sandstein, z. Th. mit Kreuzschichtung, ziemlich mächtig. Hier fand sich:

Asterophyllites equisetiformis SCHLOTH. sp.

Annularia stellata SCHLOTH. sp.

Alethopteris oder *Callipteridium* sp.. Dicht gedrängte, im rechten Winkel von der Spindel abgehende, 4—6 mm. breite, 17—21 mm lange Fiederblättchen mit sehr starkem Mittelnerv und sehr feinen, gedrängten Secundärnerven, die sich gabeln und ziemlich schräg zum Rande endigen.

Alethopteris oder *Callipteridium* sp., dicht gedrängte, im rechten Winkel zur Spindel stehende, 7 mm. breite, 10 mm. lange Fiederblättchen, die einen deutlichen Mittelnerv besitzen, sonst aber die Nerven nur undeutlich zeigen.

Alethopteris Serlii BRGT.

        ,,   cf. *aquilina* SCHL..

Pecopteris unita BRGT.

    ,,   *oreopteridia* BRGT. (nicht die SCHLOTHEIM'sche Art).

    ,,   *Candolleana* BRGT.

    ,,   *arborescens* SCHLOTH. sp.

    ,,   *Miltoni* ARTIS (einschliesslich *P. polymorpha* BRGT.).

    ,,   *pteroides* BRGT.

    ,,   *Biotii* BRGT.

    ,,   *Pluckenetii* SCHLOTH. sp. (oder sehr ähnliche Art; hier nur sehr kleine Laubtheile).

    ,,   vielleicht (??) *Sternbergii* GÖPP. = *truncata* GERM. [*Asterotheca*], zu genauer Bestimmung ungenügend.

Goniopteris emarginata STERNB. (*longifolia* BRGT.), = *Diplazites emarginatus* GÖPP.

Neuropteris tenuifolia BRGT.

    ,,   cf. *microphylla* BRGT.

Odontopteris alpina STERNB.

         "   cf. *britannica* GUTB.

Rhytidodendron bez. *Bothrodendron* sp.

16. Conglomerat, 2 m mächtig.

17. wie 15. Schlecht aufgeschlossen, z. Th. bedeckt durch Kalk aus Schicht 19.

18. Gelbbrauner Sandstein mit Spuren von Muscheln.

19. Schwarzer Fusulinenkalk, 6—7 m entblösst, wahrscheinlich mächtiger, mit Fusulinen und Archaeocidariten, reiner und härter als in der Conocardien-Schicht.

20. Glimmerreicher Schiefer mit gelb verwitternden Klüften und einigen Bänken von hartem Sandstein, grossen Theils von 21 überdeckt.

21. Conocardienschicht, unten schwarz und knotig, oben mit glatten bläulichen Rutschflächen. Fauna genau übereinstimmend mit derjenigen der Conocardienschicht am Auernigg (u):

Platycheilus (*Trachydomia* DE KON.) aff. *Wheeleri* SHUM.

         "   "   aff. *canaliculatus* GEM.

Euomphalus (*Phymatifer*) *pernodosus* MEEK. — *canaliculatus* TRD.

Euphemus sp.

Bellerophon (s. str.) sp.

Pleurotomaria aff. *Mariani* GEM.

Murchisonia sp.

Helminthochiton sp.

Conocardium uralicum VERN.

Conocardium. 2 nov. sp.

Rhynchonella grandirostris nov. sp.

Spirifer trigonalis MART. var. *lata* SCHELLW.

Spirifer fasciger KEYSERL.

Spirifer (*Martinia*) *carintiacus* SCHELLW.

Archaeocidaris sp.

Amplexus coronae FRECH (mscr.).

Amblysiphonella sp.

22. Gelber Sandstein, ca. 8 m, bildet den vorderen (südlichen) höchsten Gipfel der Krone.

23. Conocardienschicht = 21, gegen N sich sofort auflagernd, ca. 5 m. mächtig. Bildet den unteren Rücken des Gipfels, auf dem wenig Sandstein, aber viel Kalk (aus der

Conocardienschicht) vorkommt. Gegen N erscheint auf der Höhe noch einmal Schicht 22, und der nördliche Gipfel besteht aus 21.

Die tieferen Schichten an der Ofenalpe und unter derselben sind, wie oben erwähnt, durch Vegetation und Gehängeschutt der Beobachtung entzogen. Es muss zweifelhaft bleiben, ob die Gesteine, welche weiter unten, nach der Tratten zu, im Bachbett anstehen, von den Schichten des oben wiedergegebenen Profiles concordant überlagert werden und so die normale Fortsetzung desselben nach unten bilden. Beim Aufstieg in dem Bette des genannten Baches, von der Stelle aus, wo er oberhalb Tratten an den alten Fahrweg von der Krone herantritt, beobachtete Schellwien:

1. Thonschiefer, meist etwas grünlich, sehr mächtig.

2. Quarzconglomerat, dunkelgrün gefärbt, ca. 5 m.

3. Grauwackenschiefer, ca. 30 m.

4. Quarzconglomerat, wie 2, ca. 2 m.

5. Grauwackenschiefer, sehr mächtig. Bis hierher fallen die Schichten auf der westlichen Seite des Baches, in dessen Bette eine Störung verläuft, ca. 45° NNO; dann folgen, nachdem eine Schuttmasse die Schichten auf eine kurze Strecke verdeckt hat, in fast söhliger Lagerung:

6. Quarzconglomerat, hell, wie in den höheren Lagen.

7. Sehr dünnbankige Fusulinenkalke mit Korallen, ca. 25 m.

8. Dunkelgraue und violette, sehr fein spaltende Thonschiefer mit sog. *Spirophyton*, STUR's *Physophycus Suessi*, ein zwar an manche Rhacophyllen erinnernder, aber besser mit sog. *Taonurus (Cancellophycus)* zu vergleichender Körper, der selbstredend mit Algen nichts zu thun hat. Die von ungleichseitigen concentrischen Rippen bedeckten Abdrücke erreichen einen Durchmesser von 30—40 cm.

9. Grauwackenschiefer, ca. 15 m.

10. Quarzconglomerat, wie 6, mit Anthracit.

Nun folgen die Schuttmassen, welche den Anschluss an das Kronenprofil unmöglich machen. In geringer Entfernung vom Beginn dieser Schichtenfolge fanden sich auf dem Rücken zwischen zwei Bächen, dicht am Kronenwege, Blöcke eines charakteristischen, schiefrigen, sandig-mergeligen Kalkes von grauer Farbe, welche eine grosse Zahl der von SCHELLWIEN

beschriebenen Brachiopoden geliefert haben und l. c. als „Spiriferenschicht" zusammengefasst sind. Die Ursprungsstelle der
Blöcke wurde nicht aufgefunden, doch kann es keinem Zweifel
unterliegen, dass dieselbe aus den vielfach gestörten Schichten
des Südabhanges der Garnitzenhöhe stammen. Das leicht erkennbare Gestein hat sich weder unter den Schichten des
Kronenprofils, noch unter denjenigen des Auerniggprofiles, noch
an anderen Stellen des Carbon-Gebietes nachweisen lassen,
auch nicht als Geschiebe. Einen sicheren Anhalt für die
Altersbestimmung hat die Untersuchung der Fauna unseres
Gesteins gewährt. Von den 31 vorkommenden Brachiopoden-
Arten finden sich 16 in der Schicht 6 des Kronenprofils wieder, und zwar gerade bezeichnende, anderweitig nicht
vorkommende Species, wie *Enteles Kayseri* WAAG., *Prod.
gratiosus* WAAG. var. *occidentalis* SCHELLWIEN, *Spirifer semiplanus* WAAG. und *Orthis Pecosii* MARCOU. Auch *Phillipsia
scitula* MEEK ist beiden Lagen gemein. Der scheinbar grössere
Artenreichthum der Spiriferenschicht dürfte darauf zurückzuführen sein, dass dieselbe sehr viel besser ausgebeutet ist
als die Kronenschicht. Bei dieser Uebereinstimmung der Faunen,
in denen übrigens die Gastropoden gänzlich zu fehlen scheinen,
dürfte die Annahme berechtigt sein, dass die Spiriferenschicht
nur eine andre Ausbildung der erwähnten Bank des Kronenprofils ist.

In der unmittelbaren tektonischen und stratigraphischen
Fortsetzung des Carbon der Krone liegt der Auernigg, an
dessen Abhang ich das im Folgenden beschriebene und vorstehend abgebildete Profil aufgenommen habe. Das Hochmoor
des Nassfeldes bildet den Ausgangspunkt und der zurückgelegte Weg führt in etwa SW—NO-Richtung zuerst steil am
Westabhang des Auernigg empor und dann auf der Höhe in
der Richtung der Garnitzenhöhe weiter.

Um die Vergleichung mit dem Kronenprofil zu erleichtern,
habe ich die Schichtgruppen mit Buchstaben bezeichnet. Die
Mächtigkeitsangaben beruhen durchweg auf Schätzung. Auch
hier sind die genaueren Versteinerungsbestimmungen der Thierreste (abgesehen von den Korallen) durch Herrn Dr. SCHELL
WIEN ausgeführt, der auch die Schichten s und t dem Profil
angereiht und die Aufsammlungen vervollständigt hat.

Man beobachtet die folgenden Schichten:

a) Quarzconglomerat mit Grauwacke und Grauwacken-schiefer, ca. 60 m.

b) Grauwackenschiefer und Thonschiefer, ca. 30 m., sanfter Anstieg.

c) Gröberes und feineres Conglomerat, eine kleine Wand bildend, ca. 12 m; Kreuzschichtung tritt deutlich hervor.

d) Feingeschichtete Grauwackenschiefer, ca. 30 m, Einfallen flach, ca. 20° NO, oben mit undeutlichen Thier- und Pflanzenresten.

e) Conglomerat, ca. 3 m, Absatz im Gehänge.

f) Grauwackenschiefer, ca. 15 m.

g) Fusulinenkalk, schwarz, in der Verwitterung hellgrau, ca. 6 m, einen deutlichen Absatz bildend. Im oberen Theil erscheint eine schiefrige Bank mit vielen Fusulinen. Hier, auf dem Westabhang des Auernigg verläuft eine kleine Verwerfung von ca. 15 m Sprunghöhe; die beiden leicht kenntlichen Schichten e und g sind durch diese in gleiche Höhe gebracht. Der Auernigggipfel ist stehen geblieben, der nordwestlich gelegene Theil um den erwähnten Betrag abgesunken.

In einem als Geröll im Bombaschgraben vorkommenden Gesteine, das petrographisch völlig demjenigen der erwähnten schiefrigen Bank gleicht, fanden sich:

Orthothetes semiplanus WAAG.

Spirifer (Martinia) Frechi SCHELLWIEN.

Productus semireticulatus MART. sp.

Productus lineatus WAAG.

Chonetes latesinuatus SCHELLWIEN.

Fusulina cf. *longissima* FISCH.

h) Feingeschichtete Thon- und Grauwackenschiefer mit *Productus lineatus* WAAG., ca. 7 m.

i) Knolliger, dünngeschichteter Kalk mit Fusulinen, schwarz, grau verwitternd, ca. 6 m. Hier die eigenthümlichen, hohlen Monticuliporiden.

k) Dickbankige Conglomerate, oben, unten, sowie in der Mitte Grauwackenschiefer, in letzterem häufig schlecht erhaltene Calamiten-Stämme, ca. 30 m.

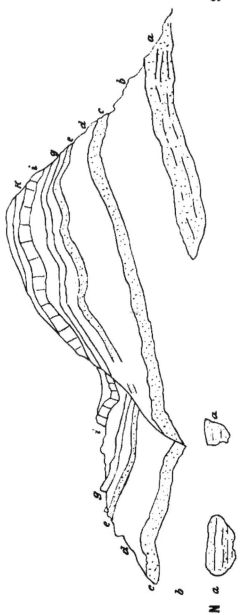

Der Auernigg (1845 m.) bei Pontafel von Westen.

Die punktirten Schichten kennzeichnen die Quarzconglomerate, g und l sind Fusulinenkalke. Die Grauwacken- und Thonschiefer sind nicht besonders bezeichnet. Die Buchstaben entsprechen dem im Text beschriebenen Profil.

l) Fester, schwarzer Fusulinenkalk mit den Monticuliporiden (wie in i), ca. 8 m. Gut erhaltene, z. Th. aus-
gewitterte Durchschnitte von Fusulinen, ausserdem:

    Platycheilos sp. (zahlreiche Steinkerne).

    Macrocheilos aff. *subulitoides* GEM.

    Naticopsis sp.

    Murchisonia sp.

    Loxonema sp.

    Bellerophon (s. str.) sp.

    Dielasma ? Toulai SCHELLWIEN.

    Dielasma ? carintiacum SCHELLWIEN.

    Athyris ? cf. *planosulcata* PHILL.

    Spirifer (Reticularia) lineatus MART. sp.

    Spirifer (Martinia) carintiacus SCHELLWIEN.

m) Grauwacke, ca. 8 m. Unten sehr feinkörniger, wohlgeschichteter Schiefer, oben gröbere Grauwacke.

n) Conocardienschicht, mergeliger Fusulinenkalk. 10 m.
Steht auf dem eigentlichen, mit einem Holzkreuz ver-
sehenen Gipfel an. Mit:

    Platycheilos (Trachydomia KON.) aff. *Wheeleri* SHUM.

    Euomphalus (Phymatifer) pernodosus MEEK.

    Bellerophon (s. str.) sp.

    Murchisonia sp.

    Entalis sp.

    Conocardium uralicum VERN.

    Conocardium n. sp.

    Rhynchonella grandirostris SCHELLWIEN.

    Spirifer (Martinia) carintiacus SCHELLWIEN.

    Spirifer trigonalis MART. var. *lata* SCHELLWIEN.

    Spirifer fasciger KEYS.

    Archaeocidaris sp.

    Lonsdaleia floriformis FLEM. mut. *carnica* mscr.

    Amblysiphonella sp.

Nach einer Einsenkung, welche dem NO - Fallen der
Schichten entspricht, folgt:

o) Grauwackenschiefer, ca. 5 m.

p) Knolliger, feingeschichteter Fusulinenkalk, ca. 5 m.

q) Conglomeratbänke, an der Basis Grauwackenschiefer und
Grauwacke, ca. 20 m.

r) Bläulicher, typischer Thonschiefer, mit Pflanzen und Grauwackenschiefer, letzterer sehr feinkörnig und dünngeschichtet, zum Th. von pappenartiger Beschaffenheit, mit vielen Wurmspuren, ca. 12 m, enthaltend:

Calamites, zwei unbestimmbare Stücke, bez. Trümmer von solchen, vielleicht zu *C. varians* GERM. und *C. Cistii* BRGT. gehörig.

Calamites (Eucalamites WEISS) sp., Glieder von wechselnder Länge (16, 13, 11, 8, 9, 14, 26, 67 mm) bei 25—27 mm Breite.

Stemmatopteris sp. (oder *Caulopteris* sp.).

Pecopteris cf. *oreopteridia* BRONGN. (nicht die SCHLOTHEIM'sche sp.).

Pecopteris pteroides BRONGN.

Pecopteris Miltoni ARTIS (einschliesslich *P. polymorpha* BRGT.).

Sigillaria sp. — schlecht erhaltener Rest aus der Verwandtschaft der *S. elongata* BRGT., und *S. canaliculata* BRGT.

Sigillarien-Blatt.

s) Dunkeler, braun verwitternder Kalk mit massenhaften, vorzüglich herausgewitterten Fusulinen, ca. 8 m.

Phillipsia scitula MEEK.

Conocardium n. sp.

Acanthocladia sp.

Fenestella sp.

Fusulina cf. *cylindrica* FISCH.

t) Grauwackenschiefer, ca. 5 m.

Weiter nach Norden zu sind die Grauwackenschiefer erodirt und der Kalk s kommt zum Vorschein. Hier endet das Profil an einem senkrechten Bruch, der weiter westlich schon die Thonschiefer abgeschnitten hat. Ueberall besteht die nördliche Scholle aus Conglomeraten, die mit 45° nach O einfallen; über den Conglomeraten folgt Grauwackenschiefer und weiter im Hangenden eine graue, sonst nicht beobachtete Kalkschicht, die im wesentlichen aus dicken Crinoidenstielen (? *Platycrinus*) besteht, aber keine Brachiopoden enthält.

Westlich, jenseits der mit Torfbildung bedeckten Depression des Nassfeldes treten die Carbonschichten am Madritscheng wieder zu Tage. Von charakteristischen Horizonten fand sich hier die Conocardienbank mit zahlreichen Exemplaren von *Euomphalus (Phymatifer) pernodosus* MEEK und Grauwacken-schiefer mit *Spirifer* cf. *striatus* MART.

Rings um die Trias-Masse des Trogkofels, die in ihren unteren Partien aus geschichtetem röthlichen Kalk besteht, tritt ein sonst nur als häufiges Geröll beobachteter blassrother Kalk auf, in welchem am Rudniker Sattel Fusulinen und zahlreiche Crinoiden vorkommen. Im Geröll des Oselitzen- und Rattendorfer Grabens enthält dieser Kalk: *Dielasma* sp., *Reticularia lineata* MART., *Spirifer fasciger* KEYS., *Spirifer supramosquensis* NIK., *Enteles Suessii* SCHELLW. und neben wenigen Fusulinen massenhafte Crinoiden.

Im Lanzenboden herrschen wie anderwärts flach gelagerte Grauwacken- und Thonschiefer mit untergeordneten Kalkbänken vor, während die letzteren weiter nach NW hin gewaltig anschwellen und die Schiefer fast ganz verdrängen. Dieser etwa 300 m mächtige Complex setzt den Schulterkofel und den sich an seinen Südabhang anschliessenden, gegen Osten, nach der Rattendorfer Alm hin, stufenweise absinkenden Zug der „Ringmauer" zusammen und besteht fast ausschliesslich aus wechselnden Bänken von dunklem Fusulinenkalk und hellgrauem Dolomit. Der feste Kalk, der petrographisch völlig der Schicht 1 des Auernigg gleicht, führt ausser spärlichen Fusulinen und Crinoiden nur wenige kleine Brachiopoden (*Athyris* cf. *planosulcata* PHILL.), der Dolomit ist ganz versteinerungsleer. Das mächtige Anschwellen dieses Dolomites ist die einzige facielle Differenzirung, welche das Obercarbon erkennen lässt.[1]

Die westliche Partie unseres Gebietes zeigt im wesentlichen ebenfalls flach gelagerte Schichten, in denen ich unweit der Straninger Alp im Thonschiefer: *Derbya Waageni* SCHELLWEIN (oben S. 58 als *D.* aff. *senili* bezeichnet) und *Edmondia* aff. *tornacensis* RYCKH. sammelte.

---

[1] Tafel III auf S. 56 giebt das landschaftliche Bild dieser obercarbonischen Kalke und Dolomite in bezeichnender Weise wieder, während die zahlreichen Abbildungen und Profile S. 39—58 mehr den morphologischen Unterschied von Carbon und Trias eskennen lassen.

21*

Aus dem Geröll der von den Höhen des Carbon-Zuges nach dem Gail- und Fella-Thale abfliessenden Bäche liegen die nachstehenden Fossilien vor:

Aus dem Vogelbachgraben:

Lima aff. *retifera* Shum.

Aviculopecten aff. *affinis* Walcott.

Edmondia aff. *sculpta* Kon.

Spirifer carnicus var. nov. *grandis.*

Derbyia Waageni Schellwien.

Prod. longispinus Sow.

Marginifera pusilla Schellwien.

Aus dem Bombaschgraben (abgesehen von den oben erwähnten Stücken, welche aus Schicht g des Auernigg zu stammen scheinen):

Euphemus sp.

Orthothetes semiplanus Waag.

Prod. semireticulatus Mart.

Calamites sp. Unbestimmbares, walzenförmiges Steinkernstück, vielleicht zu *C. Suckowii* Brgt. gehörig.

Aus dem Oselitzengraben (ausser den oben genannten Formen des rothen Fusulinenkalkes):

Naticopsis aff. *plicistria* Portl.

Lima aff. *retifera* Shum.

Edmondia aff. *sculpta.*

Productus punctatus Mart.

Productus cf. *cora* Orb.

Ausserdem fanden sich in einem schwarzen, schiefrigen Kalk vor der Lochalpe, der dort in grossen flachgeneigten Tafeln blossgelegt ist, jedoch ohne dass man etwas von dem Hangenden oder Liegenden beobachten könnte:

Phillipsia scitula Meek.

Nautilus aff. *nodoso-carinatus* F. Röm.

Euomphalus (Phymatifer) pernodosus Meek.

Spirifer trigonalis Mart. var. *lata* Schellwien.

Spirifer carnicus Schellwien.

       „   *supramosquensis* Nikit.

Acanthocladia sp.

Cyathophyllum arietinum Fisch.

Im Schuttkar des Südabhanges der Garnitzenhöhe wurde gesammelt:

Cordaites principalis GERM. sp.

„ (*Pseudocordaites*) sp., vielleicht zusammengerolltes Laubstück von *Ps. palmaeformis* GÖPP.

Neuropteris sp. Nach Gestalt, Grösse und Nervatur besser mit *N. Rogersii* LESQ. als mit *N. auriculata* BRGT. übereinstimmend.

? *Callipteris conferta* STERNB. sp. — Zur sicheren Bestimmung unzureichendes kleines Laubstück, doch des geologischen Interesses wegen erwähnenswerth.

Im Folgenden sind nach SCHELLWIEN die beiden wichtigsten Profile, dasjenige der Krone nach SUESS und das von mir aufgenommene Auernigg-Profil neben einander gestellt. Auch das von STACHE im Jahrbuch der Reichsanstalt vom Jahre 1874 veröffentlichte Kronenprofil ist zum Vergleich mit der SUESS'schen Aufnahme hinzugefügt. Die am besten erkennbaren Horizonte: Die Conocardienschicht, die Schicht mit *Productus lineatus*, die hauptsächlichsten Kalkbänke und Pflanzenhorizonte zeigen die völlige Uebereinstimmung beider Profile, auffallen muss es jedoch, dass auch die Conglomeratbänke regelmässig durchstreichen. Doch dürfte die geringe Entfernung beider Localitäten (ca. 2,8 km) diese Erscheinung erklärlich machen.

Krone*

nach STACHE	nach SUESS	Auernigg Verf.
		t Grauwackenschiefer ca. 5 m $\rbrace$ SCHELL-WIEN.
		s Fusulinenkalk ca. 8 m
		r Pflanzenschiefer ca. 12 m.
		q Conglomerat ca. 20 m.
		p Knolliger Fusulinenkalk ca. 5 m.
	23. Conocardienschicht ca. 5 m	m Grauwackenschiefer ca. 5 m.
	22. Sandstein ca. 8 m	
	21. Conocardienschicht	n Conocardienschicht ca. 10 m.
20. Sandstein	20. Glimmerreiche Schiefer	m Grauwacke ca. 8 m.
19. Korallenkalk	19. Fusulinenkalk	l Fusulinenkalk ca. 8 m.
18. Sandstein u. Korallenkalk m. Fusulinen	18. Sandstein	k_5 Grauwackenschiefer
		k_4 Conglomerat
17. Fusulinenkalk	17. Schiefer	k_3 Grauwackenschiefer
16. Conglomerat (?)	16. Conglomerat ca. 2 m	k_2 Conglomerat
15. Grenzthonschiefer	15. Glimmr. Schiefer m. Pflanzen zieml. mächt.	k_1 Grauwackenschiefer m. Pflanzen
14. Conglomerat	14. Sandstein m. Prod. lineatus WAAG.	i Fusulinenkalk ca. 6 m.
13. Zone d. Pecopt. oreopteridia	13. Platten m. sogen. Regentropfen, wenig mächt.	h Glimmr. Thonschiefer u. Grauwacke mit Prod. lineatus WAAG. ca. 7 m.

ca. 80 m.

12. Conglomerat . . . . . ?	12. Fusulinenkalk ca. 1 m	g Fusulinenkalk ca. 6 m.
11. Mergelthon u. Sandstein-schiefer		f Grauwackenschiefer ca. 12 m.
10. Conglomerat	11. Conglomerat, wenig mächt. .	e Conglomerat ca. 3 m.
9. Sandstein m. Pflanzen	10. Pflanzenschiefer	d Grauwackenschiefer m.Pflanzen ca.30m.
8. Mergelth. u. Sdstschiefer.	9. Conglomerat, zieml. mächt. .	c Conglomerat ca. 12 m.
7. Anthracit m. Pflanzen	8. Schiefer m. Pflanzen	b Grauwacken- u. Thonschiefer ca. 30 m.
6. Conglomerat	7. Conglomerat, sehr mächt. .	a Conglomerat ca. 60 m.
	6. Grauwackenschiefer m.Bra-chiopoden, sehr mächt.	
	5. Schiefer = 3.	
5. Mergelthon u. Sandstein-schiefer	4. Glimmr. Sandsteinplatten, dünne Lage.	
	3. Grauwackenschiefer m.Pre. oreopteridia.	
4. Conglomerat	2. Quarzit ca. 1 m.	
3. Anthracit	1. Conglomerat, sehr mächt.	
2. „Zone d. Prod. giganteus"		
1. „Culm"	nach Suess und dem Verf. ver-worfene Schichtenfolge.	

* Die Mächtigkeitsangaben des Anermiggprofils beruhen nur auf Schätzung, diejenigen des Krogenprofils sind bei Suess lückenhaft, während sie bei Stache ganz fehlen.

Von der Bearbeitung der Fauna des Karnischen Fusulinenkalkes, welche Herr Dr. E. Schellwien auf meine Veranlassung unternommen hat, sind bisher die Brachiopoden erschienen; die beiliegende Tabelle, welche gegenüber der Zusammenstellung von E. Schellwien nur geringe Veränderungen aufweist, enthält auch die sonst bekannten Fundorte der betreffenden Arten.

Die wenigen bisher gefundenen Korallen gehören nach meinen Bestimmungen zu folgenden Arten:

1. *Cyathophyllum arietinum* Fisch., grosse massige Einzelkoralle aus der Verwandtschaft des *Cyath. Stutchburgi,* zuerst von Moskau beschrieben. Weg von Pontafel zur Lochalpe.

2. *Lonsdaleia floriformis* Flem. mut. *carnica* (mscr.) Conocardienschicht, Auernigg.

3. *Lophophyllum proliferum* M'Chesney sp. (White, 100 Par. S. 101. t. 66. f. 4, E. Kayser in v. Richthofen China IV. S. 194. t. 29. f. 7—10). Diese in China und Nordamerika verbreitete kleine Einzelkoralle fand sich auf der Tratten unterhalb der Krone.

4. *Amplexus coronae* Frech mscr. Krone Schicht 21.

Ueber die Bildungsweise der obercarbonischen Schichten.

Eine kurze Besprechung erheischt der häufige, mindestens siebenmalige Wechsel zwischen klastischen Bildungen mit Landpflanzen und Kalken mit rein mariner Fauna. Die Schichten mit Landpflanzen und diejenigen mit marinen Thieren stellen heteromesische Bildungen dar; die einen sind im Meere, die anderen in Lagunen oder Haffen zum Absatz gelangt. An der Thatsache eines scharf ausgeprägten Wechsels mariner und terrestrischer Verhältnisse kann um so weniger gezweifelt werden, als eine Mengung von Meeresorganismen und Landpflanzen nirgends beobachtet wurde. In der alten Strandzone sind gewisse feinkörnige Sandsterne und Grauwackenschiefer (d und r des Auerniggprofils) abgesetzt, welche reich an Kriechspuren von Würmern und anderen Thieren sind, im übrigen aber keine organischen Reste enthalten.

Dr. E. SCHELLWIEN.

			Vorkomm	Anderweitiges Vorkommen										
Spiriferen-schicht	Krone Schicht 6			Obercarbon (Permocarbon)										Europäischer Zechstein
			üisches sland	Spitz-ber-gen	China	Afrika	Nord-Amerika		Indien					
			Ar-tinsk		Lo Ping	Uadi el Arabah	Low & Middle Coal-Measures	Upper	Prod. Limestone					
									Low.	Mid.	Up.			
+	+	Stache's	a	—	—	?	—	—	—	a	a	—		
+	+	Auernigg	i	cf.	—	—	—	—	i	i	i	—		
—	—	Oselitzeng	cf.	—	—	—	cf.	cf.	cf.	cf.	cf.	—		
+	—			—	—	—	a	i	a	a	a	a		
+	—	Stache's	i	a	—	—	—	a	—	—	—	—		
+	—	Stache's	i	i	—	i	i	i	a	—	—	—		
+	+	Stache's	i	i	i	—	i	i	i	—	—	—		
+	+		—	—	—	—	a	a	—	var.	var.	—		
+	+	Stache's	—	i	i	?	i	—	—	—	—	—		
+	—	Oselitzeng	i	—	var.	—	—	—	—	—	—	—		
+	—		—	—	—	—	i	i	—	—	—	—		
+	—	. .	a	var.	—	—	—	—	—	—	—	—		
+	—	. .	a	cf.	—	—	i	i	—	—	—	—		
—	+	Bombasch	—	—	—	—	a	a	—	—	—	—		
+	+		—	a	—	—	a	a	—	—	—	—		
+	+	Bombasch	—	a	—	—	—	—	—	—	i	—		
—	+	Straninge	—	—	—	a	..	a	—	—	—	—		
+	—		—	—	—	—	—	—	—	a	n	—		
+	+	. .	—	—	a	—	i	i	i	—	—	—		
+	+		—	—	i	—	i	i	—	i	—	—		
+	—	Oselitzeng	—	—	—	—	—	—	—	a	—	—		
+	—	Krone Sch	—	—	—	—	—	—	—	a	—	—		
+	+	Auernigg	i	i	i	i	i	i	i	—	i	—		
+	+		i	—	i	—	—	a	—	i	—	—		
—	+?	Bombasch	—	—	—	—	—	a	—	—	—	—		
—	—	Auernigg	—	—	—	—	—	—	—	a	—	—		
—	—	Madritsch	—	i	—	?	—	—	i.	—	—	—		
—	—	Conocardi	i	a	—	i	—	a	i	i	i	—		
+	+	Im Loch,	—	—	cf.	—	a	—	—	—	—	—		
+	+	Im Loch,	—	—	cf.	—	a	—	—	—	—	—		
—	—	Vogelbach	—	—	a	—	—	—	a	—	—	—		
—	—	Conoc.-Sch	—	—	—	—	—	—	—	—	—	—		
+	—	. .	—	—	—	—	a	a	—	—	—	—		
+	+?		—	—	—	—	a	a	—	—	—	—		
—	+		—	a	—	—	a	a	—	—	—	—		
—	+	Auernigg	cf.	—	—	—	—	cf.	—	a	a	a		
+	+	Pasterk i.	—	—	—	—	—	—	—	—	—	a		
—	—	Pasterk i.	—	—	—	—	—	—	—	—	—	a		
+	—	Auernigg	—	—	—	—	—	—	—	—	—	—		
+	—	Auernigg	—	—	—	—	—	a	—	—	—	—		
+	—	Auernigg	—	—	—	—	—	—	—	—	—	—		

Bei der Erklärung ist auszugehen von der in ungleichem Maasse fortschreitenden Abrasion der alten carbonischen Hochgebirge, deren Vorhandensein durch die in ganz Mitteleuropa beobachtete, stark gestörte Lagerung der älteren palaeozoischen Schichten (vom Culm abwärts) erwiesen wird. Das massenhafte Vorkommen von Conglomeraten und die Häufigkeit der Landpflanzen im Obercarbon beweist, dass die alte Küstenlinie überaus nahe war. Man könnte nun darüber im Zweifel sein, ob der Wechsel mariner und terrestrischer Bildungen durch locale tektonische Bewegungen, oder aber durch örtliche Verschiebung der Küstenlinie infolge von Anhäufungen fluviatiler Sedimente, oder endlich durch allgemeine Oscillationen des Meeresspiegels herbeigeführt wurde.

Der unmittelbare Einfluss tektonischer Umwälzungen an Ort und Stelle ist wohl auszuschliessen; denn ein mindestens siebenmaliges Auf- und Abwippen des Landes erscheint selbst in einer von tektonischen Bewegungen betroffenen Gegend wenig wahrscheinlich. Veränderungen durch locale Anschwemmungen, wie sie heute an der Nord- und Ostsee sowie an der Adria beobachtet werden, haben zwar in gewisser Weise mitgewirkt, sind aber nicht als alleinige Ursache anzusehen. Es bleibt also eine allgemeine Veränderung des Meeresspiegels als Grundursache, die durch locale Anschwemmungen modificirt wurde. Auch gegen diese Annahme könnte die häufige Wiederholung heteromesischer Bildungen angeführt werden. Jedoch ist der Umstand bedeutsam, dass gerade während des letzten Abschnittes der eigentlichen Carbonzeit die grossen Hochgebirge in Mittel- und Westeuropa abradirt wurden. Mag man sonst über die Theorie von Suess getheilter Meinung sein, der die „eustatischen" (= fortdauernden) „positiven" Bewegungen der Strandlinie auf die Erhöhung des Meeresbodens durch festländische Sedimente zurückführt: In der jungcarbonischen Zeit, für welche die Bedeutsamkeit der Abrasion und Sedimentation durch zahlreiche Beobachtungen festgestellt ist, wird der Einfluss dieses Factors auf die Meeresverschiebungen nicht hoch genug veranschlagt werden können.

Es wurde also gleichzeitig durch die in der ganzen Nord-

hemisphäre erfolgende Zufuhr von Sediment und die Erhöhung des Meeresbodens ein Vorschreiten des Meeres
bedingt und durch locale, an der Karnischen Küste besonders
bedeutende fluviatile bezw. litorale Anschwemmungen
vorübergehend ein kleinerer Bezirk dem Meere wieder
abgewonnen. Besonders befördert wurde die gelegentliche
Ausdehnung des Landes durch die Anhäufung mächtiger Conglomeratbänke; dieselben sind wohl nur zum kleineren Theile
als unmittelbares Ergebniss der Brandungswirkung anzusehen,
im Wesentlichen durch Flüsse und Wildbäche aus dem Gebirge herausgetragen und durch die Gezeiten sowie Küsten-
strömungen auf dem Meeresboden ausgebreitet.

Ein allgemeines Vorschreiten des obercarbonischen
Meeres ergiebt sich für unser Gebiet schon aus der Thatsache,
dass Fusulinen-Kalke mit marinen Versteinerungen nur im
höchsten Theile der obercarbonischen Schichtenfolge vorkommen. In der Entwickelung dieser Kalke ist eine gewisse
Differenzirung in horinzontalem Sinne zu beobachten. Die
Fusulinenkalke des Auernigg und Madritscheng werden im
Westen in der Gegend des Schulterkofel und Hochwipfel
dolomitisch und schwellen gleichzeitig mächtig an, so
dass die eingelagerten Schiefer als dünne Zwischenmittel erscheinen (Taf. III S. 56).

Ein Wechsel mariner und terrestrischer Schichten, wie er
in den Karnischen Alpen beobachtet wurde, ist im Bereiche
der Steinkohlenformation nicht ungewöhnlich. Die von BARROIS
beschriebenen Schichten von Leña in Asturien, welche dem
tieferen Obercarbon angehören (= Moskauer Stufe mit *Sp.
mosquensis* = Millstone grit = Ostrau-Waldenburger Schichten),
stimmen in Bezug auf die Faciesentwickelung vollkommen
mit dem Karnischen Obercarbon überein. Das Gleiche gilt
für die am Donetz entwickelten Steinkohlenbildungen, in denen
nur das Vorkommen abbauwürdiger Flötze einen kleinen Unterschied bedingt.

Im nordamerikanischen Carbon herrscht bekanntlich eine
einheitliche Faciesentwickelung derart, dass im Osten terrestrische, im Westen marine Absatzbedingungen während der
ganzen Bildungsdauer der Formation vorwalteten. In einzelnen
Zwischengebieten, so in Nevada (Eureka), wo eingeschwemmte

Landpflanzen und lungenathmende Schnecken gefunden sind, vor allem aber in Texas finden wir einen Schichtenwechsel, welcher dem alpinen in vieler Hinsicht zu vergleichen ist. Der zweite Jahresbericht der geologischen Landesaufnahme von Texas enthält eine Reihe schöner Profile (Pl. XVI. S. 372), deren Betrachtung ein klares Bild von der Entwickelung der Steinkohlenformation gewährt. Untercarbonische Bildungen fehlen; das in eine Reihe von Localgruppen gegliederte Obercarbon besteht aus abwechselnden Lagen von Sandstein und Schieferthon (nebst zahlreichen Uebergangsgesteinen), die an Masse überwiegen; eingeschlossen kommen Kohlenflötze vor. Fusulinenkalk deutet auf das intermittirende Vorwiegen mariner Bedingungen, Conglomerate auf gelegentliche Abrasionen, Gyps und Gypsthon auf eindampfende Lagunen. Der Wechsel der verschiedenen Gesteine ist äusserst bunt und in jedem Durchschnitt verschieden. Ein regelmässiges Alterniren ist nirgends zu beobachten und eine bestimmte Tendenz der Strandverschiebung somit nicht erkennbar. Das Land bildete während der Bildung des gesammten Obercarbon den Uebergang zwischen dem westlichen Ocean und den Binnenseebecken des östlichen Nordamerika.

In dem im Vorstehenden genannten Vorkommen wiegen entweder die marinen Schichten vor (ob. Theil des Karnischen Obercarbon) oder es tritt der umgekehrte Fall ein (Texas) oder es sind beide im Gleichgewicht ausgebildet. Das Analogon zu den Vorkommen des Eureka-Districtes, wo einzelne Landorganismen in marinen Kalken gefunden werden, bilden die bekannten Einschaltungen mariner Schichten in den terrestrischen Steinkohlenbildungen.

Die Vorkommen des schottischen Calciferous sandstone (tiefstes Carbon), erinnert noch am meisten an die besprochene Entwickelung des Obercarbon; hier erscheinen in einer fast 4000' mächtigen, klastischen Schichtenfolge vorherrschend Kohlenflötzchen und Landpflanzen, die zum Theil an Ort und Stelle gewachsen zu sein scheinen, daneben aber 18 verschiedene Lager mit marinen Thierresten. Viel seltener sind diese marinen Einlagerungen im unteren productiven Carbon (Waldenburger Horizont und Gannister beds) in der bekannten Zone, welche von Oberschlesien durch Westfalen und Belgien nach

England hinüberzieht. Selbstverständlich braucht man zur Erklärung dieser Vorkommen noch weniger an Oscillationen der Erdrinde oder des Meeresspiegels zu denken, als in den bisher erörterten Fällen. Geht man davon aus, dass die Steinkohlenflötze nebst ihren Sandsteinen und Thonen in weiten in oder unter dem Meeresniveau liegenden Inlandbecken gebildet wurden, so liegt die Erklärung nahe. Wenn in einer solchen in der Nähe der Küste gelegenen „paralischen" Niederung von aussen durch Brandung oder Sturmfluth der trennende Landstreifen durchbrochen wurde, so trat eine marine Ueberfluthung ein, die jedoch stets nur locale Bedeutung besass. Denn bekanntlich sind die im Inneren des europäischen Continents gelegenen „limnischen" Steinkohlengebiete (Saarbrücken, Französisches Centralplateau, Schwarzwald, Niederschlesien, Böhmen) frei von marinen Zwischenlagen.

3. Ueber die Verbreitung des Carbon in den Ostalpen.

Die eigentümliche aus marinen Kalken und Landpflanzenschiefern gemischte Entwickelung des Karnischen Obercarbon setzt aus dem näher beschriebenen Hauptgebiet weit nach Osten fort. Die westlichen Karawanken bestehen, wie erwähnt, aus silurischen und permo-triadischen Schichten. Aber schon südlich von Klagenfurt treten im Feistritzdurchbruch bei Neumarktl Fusulinenkalke und Quarzconglomerate auf (vergl. unten bei der Besprechung der Uggowitzer Breccie). Weiterhin tauchen in der Gegend von Eisenkappel an den gewaltigen Längsbrüchen, welche die Karawanken so gut wie die Karnischen Alpen durchziehen, neben dem Devon auch obercarbonische Gesteine empor. SUESS (Aequivalente des Rothliegenden S. A. 1868 S. 33) hat dieselben bereits eingehender beschrieben und hebt hervor, dass dieselben dem oberen Kohlenkalke von LIPOLD und FOETTERLE angehören. Die Gesteine dieses Vorkommens stimmen vollkommen mit den Karnischen überein, und von den noch nicht näher untersuchten Versteinerungen scheint dasselbe zu gelten. (Eine eigentümliche Bedeutung als Amulette besitzen die beim Pasterkbauer unweit Vellach südlich von Eisenkappel vorkommenden Steinkerne zweier Camerophorien, *C. Sancti Spiritus* SCHELLWIEN und *C. latissima* SCHELLWIEN, früher als *Rhynch. pentatoma* bezeichnet. Die ein undeutliches Kreuz bildenden Zahnstützen und Mediansepten scheinen die religiöse Verehrung dieser „Heilig-Geist-Stoandl'n" zu erklären.)

Weiter östlich in Untersteiermark treten in der Fortsetzung des Karawankenzuges noch mehrfach Obercarbongesteine inmitten von Trias-Gebilden hervor, so vor allem in dem von TELLER beschriebenen Weitensteiner Gebirge und bei Wotschdorf unweit Rohitsch Sauerbrunn. Sowohl das tektonische Vorkommen an grossen Längsrücken, wie die Beschaffenheit der Gesteine stimmen vollkommen mit den westlicheren Vorkommen überein. „Nur ausnahmsweise hat sich", wie TELLER[1] über das Weitensteiner Gebirge bemerkt, „der antiklinale Bau der Aufbruchswelle soweit erhalten, dass er Gegenstand einer profilmässigen Darstellung werden kann; in den meisten Fällen haben energische seitliche Stauungen die der Oberfläche zunächst liegenden Partien der carbonischen Sedimente in der Weise zusammengepresst und emporgedrängt, dass nur mehr eine Gesteinszone mit steil gestellten, regellos bald nördlich, bald südlich einschiessenden Schichten zur Beobachtung gelangt, die zwischen jüngeren Gebilden eingeschlossen, fast geradlinig über Berg und Thal hinzieht." Aus der Gegend von Wotschdorf[2] ist das Vorkommen der bezeichnenden Gesteine, Schiefer, Conglomerate und Kalke mit *Schwagerina* zu bemerken. Ferner scheint der Umstand erwähnenswerth, dass die hellen Dolomite, welche man früher (wie STACHE die entsprechenden Gesteine bei Pontafel) für palaeozoisch hielt, zur oberen Trias gehören.

Derselben marin-terrestrischen Entwickelungsform des Obercarbon gehören die Pflanzenreste an, welche aus Schiefern des Spatheisensteinbergbaus Reichenberg bei Assling in Oberkrain von STUR[3] beschrieben wurden; *Pecopteris arguta* BRGT., *Pecopteris pteroides* BRGT. und *Cordaites* sp. Der genannte Verfasser hebt hervor, dass sowohl die Pflanzen dieses Fundortes, wie diejenigen des Steinacher Joches, der Stangalp und der östlichen Karnischen Alpen auf die jüngste Schichten-

---

[1] Verhandl. G. R. A. 1889. S. 10.

[2] F. TELLER, Verhandl. G. R. A. 1892. S. 281.

[3] Verhandl. der geolog. Reichsanstalt 1866. S. 384.

334

reihe des Obercarbon" hinweisen. Auch Herr Professor von FRITSCH hat auf Grund der von ihm an anderem Material ausgeführten zahlreichen Bestimmungen (s. o.) die Richtigkeit dieser Auffassung bestätigt.

Im Mediterrangebiet und im Innern Russlands besitzt das marine Obercarbon eine grosse Ausdehnung; wir kennen vereinzelte Vorkommen aus Asturien (BARROIS), dem nördlichen französischen Centralplateau (Morvan) und dem westlichen Kleinasien. Hingegen ist weiter im Norden und Nordwesten der Karnischen Hauptkette keine Spur von typischem marinem Obercarbon (Fusulinenkalk) bekannt geworden. Die von England bis Oberschlesien verbreiteten marinen Einlagerungen im unteren productiven Carbon (Gannister beds, Saarbrücker Schichten von Westfalen u. s. w.) sind von localer Bedeutung und entbehren jedenfalls der bezeichnenden Fusulinen. Die geringe palaeontologische Uebereinstimmung, welche diese oberschlesischen Vorkommen mit dem Karnischen Fusulinenkalk besitzen, beruhen wohl nur z. Th. auf dem höheren Alter der ersteren, denn bei ungestörter mariner Entwickelung des Obercarbon (Russland) pflegt etwa die Hälfte der Arten den beiden Stufen gemein zu sein. Abgesehen von der Verschiedenheit der Facienentwickelung (vergl. unten) sprechen auch wohl Gründe geographischer Trennung mit: Im Gebiete der heutigen Centralkette erscheint ausschliesslich die terrestrische Entwickelung des Obercarbon. Es sind, wie STUR nachzuweisen bemüht war, die obere und untere Stufe des productiven Carbon an verschiedenen Fundorten vertreten; aber überall finden wir ausschliesslich Landpflanzen, nirgends die Spur eines marinen Restes. Die erwähnten marinen Einbrüche in das carbonische Lagunengebiet sind also aus einem nördlich oder nordöstlich gelegenen Meere erfolgt, haben aber das mediterrane Meer des Obercarbon nicht erreicht. Das letztere dehnte sich in obercarbonischer und permischer Zeit von Asturien bis Aegypten (Uadi el Arabah) und Indien aus. Der Umfang dieses Meeres selbst unterlag den mannigfachsten Schwankungen. So herrschte in Asturien nur während des unteren Obercarbon (Stufe von Leña mit *Sp. mosquensis*) ein Wechsel mariner und terrestrischer Sedimente, während der dem Karnischen Fusulinenkalk und den oberen Ottweiler Schichten aequivalente Horizont von Tineo nur Landpflanzen enthält.

Von den centralalpinen Carbonvorkommen gehören die Fundorte des Steinacher Joch (mit ihrer östlich des Brenner gelegenen Fortsetzung) sowie das ausgedehntere Gebiet Stang-alp-Turrach-Fladnitzer Alp zum oberen Obercarbon. Hin-gegen ist Stur geneigt, den ·die Centralalpen im Norden be-gleitenden Zug krystalliner Schiefer mit den Pflanzenfundorten Wurmalp (bei St. Michael ob Leoben) und Klamm bei Payerbach dem mittleren Obercarbon, den Schatzlarer Schichten zuzuweisen. In der betr. Arbeit (Jahrbuch d. k. k. geol. Reichsanstalt 1883 S. 187) bezeichnet Stur die fraglichen Bildungen als „untercarbonisch"; es entspricht dies der wenig empfehlenswerthen Ausdrucksweise des Verf., der als „Carbon" nur das productive Obercarbon bezeichnet. Von Klamm werden citirt: *Calamites Suckowi* Bgt., *Neuropteris gigantea* Stbg., *Lepi-dodendron* cf. *Goepperti* Presl., *Sigillaria* sp.; von der Wurmalp hat derselbe Autor bestimmt: *Calamites ramosus* Artis, *Pecop-teri lonchitica* Bgt., *P.* cf. *Mantelli* Bgt., *Lepidodendron phleg-maria* Stbg., *Sigillaria* cf. *Horowskyi* Stur.

Sichere Aequivalente des pflanzenführenden Culm sind in den Ostalpen abgesehen von den oben beschriebenen Vorkommen nicht nachgewiesen, man müsste denn einen Theil der Thon-glimmerschiefer diesem Horizonte zuweisen wollen; doch lässt sich diese Anschauung weder beweisen noch widerlegen.

Auch in den Westalpen ist das Obercarbon — ältere Schichten scheinen zu fehlen — ausschliesslich durch terres-trische Bildungen vertreten. Die Steinkohlenpflanzen der Tarentaise, von Wallis, vom Titlis und vom Tödi ent-sprechen in der Hauptsache den unteren Ottweiler Schichten, so *Odontopteris Brardi*, *Neuropteris flexuosa* und *Sphenopteris nummularia;* zum Theil kommen dieselben auch etwas tiefer, in den oberen Saarbrücker (= Schatzlarer) Schichten vor, so *Odontopteris heterophylla*. Die letzteren würden also etwa den Vorkommen von St. Michael und Payerbach entsprechen. Ein fremdartiges, an das Rothliegende erinnerndes Element bildet allerdings *Walchia piniformis*, welche jüngeren Schichten ent-stammen dürfte.

XI. KAPITEL.

Das Perm (Dyas).

Die grossen Schwierigkeiten, welche in anderen Gebieten die gegenseitige Abgrenzung und Gliederung von Carbon und Perm in anderen Gebieten macht, sind in den Ostalpen nicht vorhanden. Eine zweimalige Transgression, die des oberen Obercarbon und der mitteldyadischen Grödener Schichten bedingt eine natürliche Eintheilung; die „mittlere Lückenhaftigkeit", das Fehlen des unteren Obercarbon und älteren Rothliegenden, erleichtert nicht nur die Uebersicht der Formationen in dem engeren Gebiete, sondern auch die Vergleichung mit anderen Ländern, wo eine lückenlose Entwickelung stattfand. Die mächtig entwickelte Dyas[1]) der südlichen Ostalpen besteht aus zwei concordant gelagerten Gebirgsgliedern, den Grödener Schichten („Verrucano" und Grödener Sandstein) und dem Bellerophonkalk. Der erstere überlagert transgredirend alle älteren Bildungen und wird gleichförmig von Bellerophonkalk bedeckt.

1. Der Grödener Sandstein und der sogenannte Verrucano.

Im Westen unseres Gebietes, in der Gegend von Bozen, wird das tiefste Glied der dyadischen Schichtenreihe von der Platte des Bozener Quarzporphyrs gebildet. Weiter östlich erscheinen nur noch isolirte Stromenden dieses Gesteins in-

---

[1]) Als „anglocentrisches" Curiosum mag hier der Ausspruch eines im Uebrigen sehr verdienstvollen englischen Lehrbuches der Geologie (von J. Phillips, 1885 neu herausgeg. v. R. Etheridge) über das alpine Perm angeführt werden. Pt. II S. 312 steht geschrieben: „In the Alps the Permian strata are scarcely, if at all represented."

mitten der Grödener Sandsteine und Conglomerate. Einige Vorkommen zwischen Sexten und Comelico (Danta und Kreuzberg) sind schon von R. HOERNES kartirt, ein weiteres liegt im unteren Lessachthal nördlich von Maria Luggau, das östlichste Vorkommen findet sich am Wege von Kötschach zum Jauken.

Im Allgemeinen wird der Quarzporphyr im Osten durch ein Transgressionsconglomerat vertreten, welches wahrscheinlich das gesammte Gebiet der heutigen Karnischen Hauptkette überkleidet hat. Hierfür spricht die vollkommene Gleichheit der Faciesentwickelung im Norden und Süden sowie der Umstand, dass einzelne Fetzen auf tiefen Grabenspalten inmitten der Hauptkette erhalten geblieben sind; solche Ueberreste treffen wir am Achomitzer Berg und am Gartnerkofel, zwischen Paularo und dem Hochwipfel sowie im Angesicht der Croda Bianca auf der Bordaglia-Alp.

Die petrographische Beschaffenheit des Grödener Sandsteines und des engverbundenen sogenannten Verrucano ist am besten an der neuen Strasse zwischen dem Kreuzberg und Comelico zu studiren. Untrennbar mit der Masse der rothen oder grauen Sandsteine, Glimmersandsteine, Letten und Thone verbunden liegt an der Basis der Grödener Schichten-Gruppe ein Conglomerat, dessen Rollsteine oft wenig gerundete Kanten zeigen. Doch wäre es unzutreffend, dasselbe als Breccie bezeichnen zu wollen; es ist fast überall ein Uebergang in ein Gestein mit abgerundeten Rollstücken nachzuweisen. Die letzteren stammen zum grössten Theile aus dem Quarzphyllit und bestehen somit meist aus weissem Quarz, seltener aus Phyllitstücken. Local findet man Anhäufungen von Fusulinenkalkgeröllen (vergl. den Abschnitt über die Uggowitzer Breccie). Die Mächtigkeit des Conglomerates wechselt ungemein; überall wird durch Vorwiegen des rothen Bindemittels und Zurücktreten der Rollsteine ein Uebergang in den normalen Sandstein vermittelt. Dem entsprechend ist das Conglomerat im Hangenden des Phyllites zuweilen nur 1 m mächtig, während in geringer Entfernung Wände von 25 m Höhe aufgeschlossen sind (Wasserfall unterhalb des Kreuzberges).

Dies Conglomerat pflegt von den österreichischen Geologen

allgemein als Verrucano bezeichnet zu werden. Es kann keinem Zweifel unterliegen, dass der Name vielfach in rein petrographischen Sinne für rothe Sandsteine und Conglomerate des Mediterrangebietes angewandt worden ist, deren genaueres Alter nicht festzustellen war; auch künnte eine weitere Verwendung des Namens für Schichtengruppen incertae sedis nicht beanstandet werden. In allen Fällen, wo man den fraglichen Bildungen einen bestimmten Platz in der Schichtengruppe anzuweisen vermag, erscheint eine Ausmerzung der alten Verlegenheitsbezeichnung um so mehr geboten, als an dem carbonischen Alter des eigentlichen Verrucano von Verruca bei Pisa nicht zu zweifeln ist.

In der lehrreichen Zusammenstellung, welche L. MILCH ganz neuerdings über die wechselnde Auffassung des Verrucano gegeben hat[1], erscheint besonders das Citat von DE STEFANI bemerkenswerth: „Le Verrucano typique appartient donc au Carbonifère supérieur" (op. c. S. 85 u. Tabelle).

Der ostalpine Verrucano, der an der Basis des Grödener Sandsteines liegt und auf das engste mit diesem verbunden ist, würde somit am einfachsten als „Conglomerat der unteren Grödener Schichten" oder kürzer als „Grödener Conglomerat" zu bezeichnen sein. Es liegt ferner nahe, den Namen „Grödener Schichten" für die ostalpinen Aequivalente des deutschen Rothliegenden in der Weise anzuwenden, dass demselben das Grödener Conglomerat als tieferes und der Grödener Sandstein als höheres Glied untergeordnet wird. Wir haben also:

1) Grödener Conglomerat (= Verrucano auct.) den Bozener Quarzporphyr z. Th. vertretend, z. Th. Ausläufer desselben umschliessend.

2) Grödener Sandstein mit untergeordneten Mergeln, Letten, Thon und schichtförmig angeordneten Dolomitknollen.[2] Am Dobratsch erscheint ausnahmsweise

---

[1] Beiträge zur Kenntniss des Verrucano. Leipzig 189?. S. 1—93 mit Tabelle.

[2] Die rothen glimmerreichen Sandsteine unterscheiden sich von den ähnlichen Gesteinen des alpinen Buntsandsteins durch ihre Grobkörnigkeit und Dickbankigkeit, vor allem aber durch das Fehlen der Muscheln, welche in dem jüngeren Gestein regelmässig und häufig auftreten.

blauer thoniger Kalk und Gyps in Verbindung mit Grödener Sandstein.

Die vorgeschlagenen Aenderungen sind, wie kaum bemerkt
zu werden braucht, rein nomenclatorischer, nicht sachlicher Art.

Eine kartographische Ausscheidung des Conglomerates ist
an den Stellen normaler Auflagerung überaus einfach, indem
dort etwa das untere Drittel der gesammten Schichtengruppe
demselben zufällt. An den grösseren dislocirten Schollen würde
eine sehr eingehende Begehung nöthig sein, die aus Zeitmangel
nicht überall durchführbar war. In den schmäleren „Grabenspalten", die in dem Gebiete der Karte am häufigsten mit dem
untersten Transgressionsgestein erfüllt sein, sind Sandsteine und
Conglomerate meist derart mit einander verquetscht, dass eine
Abgrenzung in dem Maasstabe der Karte undurchführbar ist.

Ueber die stratigraphische Stellung der Uggowitzer
Breccie, welcher von STACHE ebenfalls permisches Alter zu-
geschrieben wurde, ist weiter unten ausführlicher die Rede.
Die Sehlerndolomite der Pontafeler Gegend und der oberste
Theil der Fusulinenkalke, welche beiden Horizonte von STACHE
ebenfalls ganz oder theilweise als permisch angesehen werden,
gehören, wie aus der unten folgenden Darstellung hervorgeht,
nicht hierher.

Organische Reste sind in den Grödener Schichten der
Karnischen Hauptkette bisher nicht gefunden worden; doch
erlauben die in angrenzenden Gebieten entdeckten Pflanzenreste eine ziemlich genaue Horizontirung der in Rede stehenden
Schichtengruppe. Die älteste hierher gehörige Flora wurde
schon vor Jahren von E. SUESS im Val Trompia zwischen
einem unteren Porphyrlager und einer höheren Conglomeratbank entdeckt und enthält die folgenden von GEINITZ
bestimmten Pflanzen des Deutschen (mittleren) Rothliegenden:

> *Walchia piniformis* SCHL. sp.
>
>   „   *filiciformis* SCHL. sp.
>
> *Schizopteris fasciculata* var. *zwickaviensis* GUTB. (unt.
>   Abtheilung des mittleren Rothliegenden in
>   Sachsen).
>
> *Sphenopteris oxydata* GOEPP.
>
>   „   *Suessi* GEIN.

22*

Eine etwas höhere Stellung scheinen die bituminösen, Pflanzen führenden Schiefer von Tergioro im Pescarathal[1]) einzunehmen. Dieselben bilden nach VACEK zwischen dem tiefsten, im Hangenden des denudirten Porphyrs auftretenden Conglomerat und dem Grödener Sandstein eine an der stärksten Stelle ca. 200 m mächtige linsenförmige Einlagerung und enthalten nach STUR:

> Walchia piniformis SCHL. sp.
> „ filiciformis SCHL. sp.
> Ullmannia frumentaria SCHL. sp.[2])
> „ cf. selaginoides BRONG. sp.
> Schizopteris (Fucoides) digitata BRONG. sp. (Baiera
> bei HEER).

Für deutsche Verhältnisse wäre das Zusammenvorkommen von Ullmannia (Kupferschiefer) und Walchia (Rothliegendes) undenkbar. Allerdings sind hier die Floren des mittleren Rothliegenden und des Kupferschiefers durch versteinerungsleere Transgressionsgebilde wie Oberrothliegendes und Zechsteinconglomerat von einander getrennt. In den Alpen fehlen diese scheidenden Glieder, welche mit als Aequivalente des Grödener Sandsteines anzusehen sind, und ein Zusammenfliessen der Floren wäre somit nicht ausgeschlossen. Andrerseits ist die Bestimmung der einzelnen Ueberreste von Coniferen keineswegs so einfach, um Irrthümer auszuschliessen.

Noch jünger, an den deutschen Kupferschiefer (unt. Zechstein) erinnernd, ist die von GÜMBEL[3]) zwischen Neumarkt und Mazzon entdeckte Flora, welche sich in den hangendsten Theilen des Grödener Sandsteines, nicht sehr tief unter dem Kalke findet, der als Aequivalent des Bellerophonkalkes anzusprechen ist. „Am häufigsten sind ausser den Zapfen Zweige von Voltzia hungarica HR., dazu kommt Baiera digitata (HEER), Ullmannia Bronni und U. Geinitzi[2]) (nach HEER's Auffassung), eine Anzahl der abgebildeten Carpolithus, ein Farnwedel, Calamites oder Equisetites, einzelne Fischschuppen und eine Lingula."

---

[1]) Verhandl G. R. A. 1882. S. 43.
[2]) Nach Graf SOLMS sind die Unterschiede zwischen den einzelnen von älteren Autoren aufgestellten Arten von Ullmannia sehr zweifelhaft.
[3]) Verhandl. G. R. A. 1877. S. 25.

•

Besser erhalten ist die von Heer beschriebene Flora von Fünfkirchen in Ungarn, welche mit der Neumarkter vollkommen übereinstimmt:

Voltzia hungarica Hr.
„ *Böckhiana* Hr.
Baiera digitata Brong. sp.
Ullmannia Geinitzi Hr.[1]
Schizolepis permiensis Hr.
Carpolithus Klockeanus Gein. sp.
„ *hunnicus* Hr.
„ *foveolatus* Hr.
„ *Eiselianus* Gein. sp.
„ *libocedroides* Hr.
„ *Geinitzi* Hr.

Fast die Hälfte der Arten stimmt nach Mojsisovics mit solchen des deutschen Kupferschiefers überein, und besonders bemerkenswerth ist das Vorkommen der sonst nur aus rhaetischen Schichten bekannten Gattung *Schizolepis*.

2. Der Bellerophonkalk.

Zwischen dem dyadischen und triadischen Sandstein liegt in normaler Lagerung ein aus Kalk, Dolomit und Gyps bestehendes, meist recht mächtiges Gebirgsglied, das längere Zeit unbeachtet blieb, bis die Auffindung durch Mojsisovics und seine Mitarbeiter erfolgte. Der Bellerophonkalk ist eine streng mediterrane Bildung; er fehlt nicht nur in den ganzen Nordalpen, sondern auch in dem nach nordalpiner Art entwickelten Gailthaler Gebirge. Hier (Profiltafel VII) wie dort verschmelzen dann die Grödener und Werfener Schichten zu einer schwer zu gliedernden Sandsteinformation, und auf Grund dieser nordalpinen Beobachtungen hat man lange auch den Grödener Sandstein zur Trias gestellt.

Das normale Gestein in unserem Gebiet ist ein grauer oder schwarzer meist wohlgeschichteter Kalk, der häufig dolomitische Beschaffenheit annimmt. Bezeichnend für den Horizont ist vor allem die bedeutende Entwickelung von Rauchwacke und dolomitischer Asche, sowie die oft mäch-

---

[1] S. Anmerkung 2 S. 340.

tigen Anhäufungen von weissem Gyps. Während Rauchwacke
auch z. B. im Buntsandstein nicht selten ist, kann Gyps sowohl
wegen seiner Mächtigkeit als wegen seiner grossen horizontalen
Verbreitung geradezu als Leitfossil des Bellerophonkalkes
angesehen werden. Die mächtigste Entwickelung zeigt derselbe in der italienischen Carnia zwischen Paularo und Paluzza,
wo die Bäche tiefe Höhlungen hinein gefressen haben. Etwas
weiter südlich zwischen Arta und Cercivento beobachtet man
eine mächtige Entwickelung der Rauchwacken, welche der
Verwitterung nur geringen Widerstand zu leisten vermögen
und somit zu gewaltigen Abrutschungen und Muhren Veranlassung geben. Die Rauchwacke enthält als echter „Stink-
stein" einige bituminöse Substanzen und vor allem Schwefelwasserstoff; die zu Heilzwecken benutzten Schwefel-
quellen von Arta bei Tolmezzo, von Malborget und
Lussnitz bei Pontafel entspringen sämmtlich aus diesem Gestein.
Die Aehnlichkeit mit dem mittleren deutschen Zechstein ist somit auch in petrographischer Hinsicht augenfällig.

Von Südtirol her verbreitet sich der Bellerophonkalk
durch das Comelico und die Carnia, wo er die Oberfläche
auf weite Strecken zusammensetzt (Sutrio, Arta) bis in die
Gegend von Pontafel.

Weiter östlich findet sich noch ein kleines Vorkommen
im Liegenden der Werfener-Schichten in dem Einschnitte des
Schwefelgrabens bei Lussnitz. Man beobachtet vom Eingang des Grabens aufwärts gehend in den unter ca. 20 ° nach
SSW einfallenden Schichten

1) Hellen wohlgeschichteten Kalk mit Bänkchen voll unbestimmbarer Zweischaler:

2) Rauchwacke und Asche (mit etwas Gyps);

3) Schwarzen Kalk mit *Bellerophon (Stachella)* und nach
STACHE [1] mit *Spirifer vultur*, *Spirifer megalotis* und
Athyris janiceps;

4) Darüber liegen kalkige Werfener Schichten mit bezeichnenden Versteinerungen.

---

[1] Verhandl. G. R. A. 1858. S. 321.

Der Bellerophonkalk hat wahrscheinlich, wie die älteren Dyasschichten das ganze Gebiet der heutigen Karnischen Hauptkette bedeckt. Wenigstens lassen die verschiedentlich gegenüber der Croda Bianca (Abb. 45, 46 S. 105), am Hochwipfel (Taf. III S. 56) und an der Reppwand beobachteten isolirten Schollen diesen Rückschluss natürlich erscheinen. Die Nordgrenze der Verbreitung dürfte eine etwa dem heutigen Gailfluss folgende Linie gewesen sein.

Besonders mächtig ist der Bellerophonkalk als ein meist ungeschichteter grauer Kalk in dem schönen beifolgend wiedergegebenen Profil der Thörlhöhe (Reppwand) entwickelt. Im

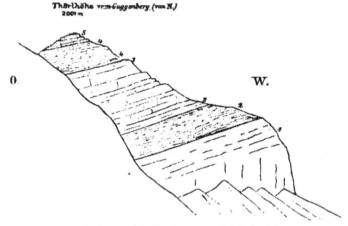

Abb. 44.   Profil der Thörlhöhe (Reppwand d. G. St. K.).
Vom Guggenberg (N) gesehen; etwas schematisirt.

5 Bunte Kalkconglomerate auf der Spitze der Thörlhöhe. 4 Rothe Glimmersandsteine und Schiefer. 3 Graue wohlgeschichtete Plattenkalke. 3—5 Muschelkalk. 2 Werfener Schichten; rothe Schiefer. 1 Bellerophonkalk; massiger, oben undeutlich geschichteter heller Kalk, hie und da mit Rauchwacke.

Osten der Karnischen Hauptkette scheint der Bellerophonkalk ganz zu fehlen; in den zahlreichen und eingehenden Mittheilungen F. TELLER's über die Ostkarawanken wird derselbe nirgends erwähnt.

Die Fauna des Bellerophonkalkes ist in unserem Gebiete fast nur durch das nicht sonderlich reiche Vorkommen des Schwefelgrabens vertreten. Ausserdem fand ich unbestimmbare Zweischaler bei dem Uebergang von Pontafel nach Paularo.

Die interessanten, wesentlich an das Palaeozoicum erinnernden Thierreste sind von STACHE [1]) untersucht worden und stammen fast sämmtlich aus dem östlichen Südtirol.

Man wird kaum daran zweifeln können, dass der Bellerophonkalk ein Aequivalent des höheren deutschen Zechsteins ist, dessen Verschiedenheiten auf geographischer Trennung der Meere beruhen. Letzterer fehlt in Süddeutschland fast ganz; die Ausläufer finden sich in der Pfalz, in der Gegend von Heidelberg und den nördlichen Vogesen. Die räumliche Trennung ist also vorhanden und die Verschiedenheit der Faunen immerhin so gross, dass abgesehen von dem Vorkommen einiger allgemein verbreiteter Zweischaler (*Bakewellia* cf. *ceratophaga*, *Schizodus* cf. *truncatus*) kaum nähere Beziehungen im einzelnen vorhanden sind. Auf mittleren oder oberen Zechstein verweist das Zurücktreten der Producten (*Prod. cadoricus* als Seltenheit) in den Alpen. — Der bekannte *Productus horridus* kennzeichnet durch sein massenhaftes Auftreten den unteren Zechstein und in der mittleren Abtheilung erscheint als letzter Ausläufer *Productus Howsei* KING. — Zu dem gleichen Schlusse führt die Beobachtung, dass der obere Grödener Sandstein noch die Flora des Kupferschiefers enthält.

3. Die Stellung der sogenannten Uggowitzer Breccie.

Der von dem Dorfe Uggowitz auf die gleichnamige Alp führende Weg beginnt in weissem Dolomit und betritt ziemlich bald das Gebiet der bunten Conglomerate und Breccien, deren Material zumeist aus rothen Kalken vom Alter des Orthoceren- und Fusulinenkalkes besteht. Nach STACHE (Verhandlungen der geol. Reichsanstalt 1878 S. 311) liegt die unterste Schicht des Dolomits „Schichtfläche auf Schichtfläche" auf der obersten der Breccienbänke. Auf Grund genauer Beobachtung und wiederholter Untersuchung der Stelle kann ich mit Bestimmtheit behaupten, dass die vermeintliche Schichtfläche eine auffallend glatt und regelmässig verlaufende, sehr steil nach Süden einfallende Verwerfung ist. Zwischen dem Dolomit und dem an der Grenze ausgebleichten

---

[1]) Jahrbuch G. R. A. 1877, 1878. Vergleiche auch v. MOJSISOVICS Dolomitriffe S. 35.

Conglomerat liegt eine 1,90—2 m mächtige Zone von vollkommen zerquetschtem und wieder verfestigten „Gangkalk" und der Dolomit selbst zeigt deutliche, glänzend polirte Rutschflächen. (Vergleiche das Profil Taf. I. S. 15.)

Die Auffassung STACHES, nach der Dolomit und Conglomerat in einander übergehen, erklärt sich daraus, dass das letztere nach Süden zu weiss und feinkörnig wird. In dem topographischen Theile ist der ausführliche Nachweis geführt worden, dass der „Längshorst" des bunten Conglomerates rings von Störungen umgeben wird.

An und für sich könnte die von STACHE angenommene normale Ueberlagerung der beiden Gesteine meiner Auffassung nur günstig sein, da das triadische Alter des Dolomites durch zahlreiche Versteinerungsfunde (*Diplopora, Daonella, Thecosmilia, Posidonia wengensis*) erwiesen wird, während das Vorkommen der dem Dolomit angeblich eingelagerten Fusulinenkalke auf der unrichtigen Deutung dislocirter Carbonfetzen beruht.

Auch die stratigraphischen Annahmen STACHE's, welche das permische Alter des Schlerndolomites erweisen sollen, sind sehr anfechtbar. „Dass der Complex von hellen, zum Theil stark dolomitischen Kalken und Dolomiten, in welchen das Canalthal eingeschnitten ist, von der Buntsandsteinzone überlagert wird, welche bei Pontafel in die Thalsohle tritt, ist ausser Zweifel." (l. c. S. 312)

Da in der Gegend von Leopoldskirchen das Alluvium des Thales Dolomit und Buntsandstein trennt, kann sich die (nicht näher auf eine bestimmte Oertlichkeit präcisirte) Angabe STACHES nur auf das Profil des Bombaschgrabens beziehen, wo thatsächlich die Werfener Schichten das Hangende des Dolomits bilden. Aber zwischen Werfener Schichten und Dolomit liegen hier Kalkbänke, welche schon von HAUER für Guttensteiner Kalk erklärt wurden, und die, wie die wiederholte Untersuchung des Profiles bewies, alle petrographischen Kennzeichen dieses Horizontes besitzen. Erst jenseits (nördlich der Guttensteiner Kalke) liegt der von STACHE als permisch angesprochene Schlerndolomit. Die Schichtenfolge ist also einfach überkippt.

Da nun zudem bunte Kalkconglomerate ein bekanntes

und häufig beschriebenes Glied des unteren Muschelkalkes der Südalpen bilden, und da ferner die Conglomerate
von Uggowitz vollkommen mit typischen Südtiroler Vorkommen
(z. B. denen von Bad Ratzes und der Pufelser Schlucht) übereinstimmen, so liegt nicht die mindeste Veranlassung vor, dieselben für permisch zu halten.

Dass das Vorkommen abgerollter Fusulinen in einer
ausgesprochenen Conglomeratbildung für die Altersdeutung keine
besondere Bedeutung besitzt, braucht kaum besonders betont
zu werden. Jedoch sei daran erinnert, dass die kalkigen
Fusulinengehäuse sich aus dem umgebenden Schieferthon meist
leicht herauslösen.

Die Conglomerate treten in unserem engeren Gebiete
nicht nur in dislocirten Fetzen sondern mehrfach, so an der
Nordseite des Gartnerkofels und an der Strasse Tarvis-
Kaltwasser in ihrer normalen Stellung zwischen Werfener
Schichten und triadischem Dolomit auf.

Leider hat die mit grosser Sicherheit ausgesprochene Ansicht STACHE's über das Alter der Uggowitzer Conglomerate
verbunden mit dem Umstande, dass in dem echten Grödener
Conglomerat zuweilen (z. B. am Kreuzberg) Fusulinenkalke in
grösserer Anzahl vorkommen, mancherlei Verwirrung zur Folge
gehabt.

Eine derartige permische Kalkbreccie, welche petrographisch an die Uggowitzer Gesteine erinnert, aber eine
wesentlich verschiedene stratigraphische Stellung besitzt,
beschreibt STACHE selbst in der bereits angeführten Mittheilung
„über die Stellung der Uggowitzer Kalkbreccie" (Verhandlungen
der geol. R.-A. 1878 S. 312):

In dem Durchschnitte des Feistritzflusses in den Karawanken bei Neumarktl südlich von Klagenfurt beobachtet
man von Nord nach Süd:

1) Eine mächtige Folge steilgestellter Bänke von Quarzit
   und Quarzconglomerat.
2) Sandsteine mit dünnen Bänken von Quarzconglomerat
   und dunkelen Thonschiefern mit Lager von Kalk-
   sandstein und Kalkknollen. Darin Fusulinen.
3) Eine mächtige Folge von lichtgrauen Kalken und dunkelen Kalken bildet das oberste Glied des Carbon.

In dem oberen Niveau dieser Kalke kommen grosse kugelige Fusulinen (Schwagerinen) vor. Die Kalke sind wie die tieferen Bildungen steil aufgerichtet (60°—70° S Fallen) und werden bei Neumarktl von dem Feistritz-fluss in der sog. Teufelsschlucht durchbrochen. Ueber dem Ober-Carbon, an dessen Uebereinstimmung mit dem gleichartigen Horizonte der Karnischen Alpen nicht zu zweifeln ist, folgt (concordant oder discordant? — nähere Angaben fehlen):

4) das Perm, gegliedert in

   a) eine mächtige klotzige Kalkbank, welche durch zahlreiche Quarzkörner und grosse Quarzge-rölle bereits stellenweise einen conglomeratischen Charakter zeigt,

   b) bunte Kalkbreccie, unten noch mit zahlreichen Quarzgeröllen, durch rothe sandsteinartige oder schiefrig thonige Zwischenmittel gegliedert,

   c) rothgefärbtes Quarzconglomerat mit rothen Sandsteinbänken, welche

   d) mit rothem Sandstein- und Thonschieferlager wechseln; letztere nehmen nach oben überhand.

5) Helle zum Theil dolomitische Kalkschichten.

Die unter 4 b—d) beschriebenen Bildungen stimmen so vollkommen mit den Grödener Quarz- und Kalkconglomeraten, sowie den Sandsteinen und Mergeln des Kreuzberges bei Sexten überein, dass man die Beschreibung unmittelbar übertragen könnte. Die petrographischen Verschiedenheiten von den Uggo-witzer Schichten ergeben sich ebenfalls aus der obigen fast wörtlich wiedergegebenen Beschreibung STACHES ohne weiteres. Dass die Kalke 5) den Bellerophonschichten entsprechen, ist sehr wahrscheinlich; doch könnte es sich auch um eine tiefere kalkige Abtheilung der Werfener Schichten handeln.

Etwas weiter östlich, im Vellachthale (Seelandsattel), liegen ebenfalls an der Grenze des Obercarbon gegen die Werfener Schiefer bunte Kalkbreccien, welche in ihren Einschlüssen sowohl wie in dem kalkig-sandigen Cement Fu-sulinen führen (TELLER, Verhandlungen 1889 N. 16) und eben-falls von STACHE mit den Uggowitzer Gesteinen verglichen wurden.

Auch in den Ostkarawanken, im Gebiete von Weiten-stein (Untersteier) hat TELLER (l. c.) dieselben Schichten in intermediärer Stellung zwischen Obercarbon und Werfener Schichten nachgewiesen. „Auffallend ist auch hier der grosse Reichthum an Einschlüssen von rosenrothen bis fleischrothen Kalksteinen, mit Fusulinendurchschnitten, für deren Her-kunft gegenwärtig in dem ganzen Gebiet kein Substrat vor-liegt." Derselbe Ausspruch würde auch auf die Schichten des Kreuzberges passen. „Einzelne dieser rothen Kalkblockmassen besitzen so beträchtliche Dimensionen und zeigen so scharf-kantige Umrissformen, dass man unmöglich an einen Transport aus grösserer Ferne denken kann. Die Breccie trägt mehr den Charakter einer Strandbildung, welche eine an Ort und Stelle als riffähnlichen Küstensaum zum Absatz gelangte Kalkstein-bildung verarbeitet hat."

Aus den vorstehenden Ausführungen ergiebt sich

1) Die „Uggowitzer Breccie" STACHE's sensu strictissimo gehört zum Muschelkalk.

2) Innerhalb der tieferen Grödener Schichten (sog. Verrucano) finden sich von den Grenzen Tirols bis Steier-mark Kalkconglomerate, welche petrographisch den Muschelkalkconglomeraten zum Theil ähnlich werden, und wie diese aus der Zerstörung und Um-lagerung von rothen Fusulinen- und Orthocerenkalken hervorgegangen sind; man könnte diese „Pseudo-Uggo-witzer Conglomerate" im Gegensatz zu dem verbreiteteren Quarzconglomerat als Kalkconglomerat der Grödener Schichten bezeichnen.

Die Stellung des Karnischen Carbon und Perm
in der allgemeinen Schichtenfolge.

In dem Karnischen Culm, den Nötscher Schichten
und dem Karnischen Obercarbon haben wir die beiden
Hauptabtheilungen der Steinkohlenformation in mariner und
nicht mariner Entwickelung vor uns. Im Untercarbon sind die
heteromesischen Ausbildungsformen räumlich getrennt, im Obercarbon durch Wechsellagerung unmittelbar verbunden.

Man könnte darüber im Zweifel sein, ob einer der genannten Horizonte nicht mit dem alten Namen „Gailthaler
Schichten" zu benennen sei. Jedoch wurden unter dieser
Bezeichnung, welche in vieler Hinsicht ein Analogon des „Alpen-
kalkes" bildet, bekanntlich alle palaeozoischen Schicht-
gesteine — sogar mit Einschluss einiger Triasbildungen! —
zusammengefasst. Die Beschränkung des Namens Gailthaler
Schiefer etwa auf das Obercarbon würde somit immer zu Missverständnissen Anlass geben, welche die oben gewählten Bezeichnungen gänzlich ausschliessen.

Das Zusammenvorkommen der beiden palaeontologisch
scharf charakterisirten Faciesbildungen auf kleinem Raume legt
eine Vergleichung mit anderen Gegenden nahe, in welchen
das gegenseitige Verhältniss dieser Entwickelungsformen weniger geklärt erscheint.

Eine vergleichende Stratigraphie der Carbon- und
Permbildungen gehört bekanntlich zu den dringendsten Er-
fordernissen der Stratigraphie überhaupt. Noch im Jahre 1887
musste einer der hervorragendsten Fachmänner hervorheben,
dass wir hier trotz der überwältigenden Menge von Einzelbeobachtungen „an den allerelementarsten Grundzügen herumtasten."[1]

---

[1] Neumayr, Erdgeschichte II. S. 152.

Die Uebersicht, welche E. Suess seitdem in dem die Palaeozoischen Meere behandelnden Abschnitt des Antlitzes der Erde
(II. S. 294 ff.)[1]) gab, zeigt zwar in der Darstellung der Stein-
kohlenbildung die unerreichte Meisterschaft .des berühmten
Geologen, lässt aber in dem, die allgemeine Gliederung und die
Transgressionen behandelnden Theile den vollkommenen Mangel
von wissenschaftlich befriedigenden Vorarbeiten erkennen.

Diese letztere Lücke ist zwar seitdem durch die Zusammenstellungen, welche Waagen in der Schlusslieferung seiner
Saltrange-Monographie[2]) gab, theilweise ausgefüllt. Aber ganz
abgesehen davon, dass durch einige in jüngster Zeit veröffentlichte Schriften amerikanischer und russischer Forscher wesentliche Ergänzungen und Veränderungen nöthig werden, ist in der
grossen Uebersichtstabelle gerade die Darstellung des Karnischen
Carbon recht unbefriedigend, — woraus selbstredend dem Verfasser derselben kein Vorwurf erwächst. Eine vergleichende
Uebersicht der gesammten Formation[3]) dürfte hier um so weniger
am Platze sein, als — nach Einführung einiger allerdings nicht
unwesentlicher Aenderungen — auf die Eintheilung Waagen's
verwiesen werden kann.

Die Grundlage der Gliederung wird auch in der Steinkohlenformation die Aufeinanderfolge der marinen Faunen
bilden müssen — schon um die Möglichkeit der Vergleichung
mit anderen Formationen nicht zu verlieren; für die Vergleichung der Landfloren mit dem marinen Normalschema
liegen jetzt glücklicherweise hinreichend zahlreiche Anhaltspunkte vor.

1. Das Untercarbon und seine Verbreitung.

a) Mittel- und Westeuropa.

An der Basis der carbonischen Schichtenfolge liegen
in Westeuropa und Russland Schichten mit einer gemischten

---

[1]) Von irgendwelcher Polemik glaubte ich um so mehr absehen zu
müssen, als die Abweichungen der nachfolgenden Darstellung durch die
wesentliche Erweiterung unserer Kenntnisse veranlasst ist.

[2]) Palaeontologia Indica. Ser. XIII Salt Range Fossils Vol. IV Part. 2.
Das Heft trägt zwar die Jahreszahl 1891; das Erscheinen erfolgte aber wie
bei sämmtlichen Lieferungen des grossen Werkes infolge der Verzögerung
des Druckes ganz wesentlich später als die Abfassung.

[3]) Die Erörterung beschränkt sich durchaus auf die Nordhemisphäre.

Devon-carbonischen Brachiopodenfauna (die Pilton beds in England, Calcaire d'Etroeungt in Belgien, Kalk von Malöwka-Murajewnia in Russland). Man rechnet dieselben meist zum Devon; doch haben sich in älterer und neuerer Zeit auch Stimmen für ihre Zurechnung zum Carbon ausgesprochen. In diesem, an sich sehr unwahrscheinlichen Falle würden dieselben als eine besondere Zone an der Basis des Carbon zu betrachten sein.

Besonders hat HOLZAPFEL in neuerer Zeit die Zurechnung der Pilton beds [1]) und des Calcaire d'Etroeungt [2]) zum Carbon befürwortet. Wenn es sich einfach darum handelte, eine nicht durch bestimmte Merkmale gekennzeichnete Zwischenfauna der höheren oder tieferen Formation zuzuweisen, würde eine eingehendere Erörterung der formellen Frage überflüssig sein. Jedoch beansprucht im vorliegenden Falle die Vergleichung abweichender Faciesbildungen auch sachliches Interesse. In den Gebieten, welche durch das Auftreten der genannten Localfaunen gekennzeichnet werden, fehlt der eigentliche Clymenienkalk und es liegt kein Grund vor, die Pilton beds und den Kalk von Etroeungt nicht als heterope Aequivalente desselben aufzufassen. Man müsste andernfalls annehmen, dass Bildungen, welche der erwähnten wohl charakterisirten Stufe vergleichbar wären, hier vollkommen fehlten, und dies ist bei der concordanten Form der Lagerung nicht eben wahrscheinlich.

Vor allem spricht die Fauna mehr für Devon; wenigstens enthalten die Pilton beds von Nord-Devonshiere, welche ich aus eigner Anschauung kenne, neben wenigen carbonischen

---

[1]) Palaeontologische Abhandlungen von DAMES und KAYSER. Neue Folge I. 1, S. 14.

[2]) Ibid. S. 10. Der hier angeführte theoretisch richtige Grund, dass das Auftreten „einer neuen Fauna" die Grenze zwischen zwei Formationen kennzeichne, ist im vorliegenden Falle nicht zutreffend. Denn einige wenige neue Brachiopodenarten, deren Abstammung von devonischen Formen kaum zu bezweifeln ist, können unmöglich als „neue Fauna" bezeichnet werden. Nur wenn neue Gattungen — wie die Ammoniten der Artinskischen Stufe sich aus älteren Formen entwickelt haben, oder eine fremdartige Thiergesellschaft (Goniatiten im Unterdevon, Clymenien etc.) einwandert, kann von einer neuen Fauna gesprochen werden.

Formen *(Streptorhynchus crenistria, Productus praelongus)* eine bei weitem grössere Anzahl devonischer Arten: *Athyris concentrica, Strophalosia productoides, Chonetes hardrensis, Spirifer Verneuili* und vor allem auch die Gattung *Phacops;* letztere ist sonst nirgends im Carbon gefunden worden. Aus dem Calcaire d'Etroeungt werden vereinzelte Clymenien von HÉBERT citirt; eine Veranlassung, diese Angabe anzuzweifeln (HOLZAPFEL l. c. S. 11) liegt wohl kaum vor, da es sich um zwei schwer zu verkennende Formen handelt.

Endlich ist noch hervorzuheben, dass alle Forscher (mit Ausnahme von DEWALQUE), welche die erwähnten Localbildungen aus eigner Anschauung kennen, dieselben zum Devon rechnen. Wir betrachten dieselben daher ebenfalls, ebenso wie den korallenreichen Kalk von Malöwka-Murajewnia als litorale Aequivalente des pelagischen Clymenienkalkes und lassen das Carbon mit den tiefsten Lagen des Culms und Kohlenkalkes beginnen.

Der Culm gilt herkömmlicherweise als litorale, der Kohlenkalk als hochmarine Bildung. Doch haben HOLZAPFEL und KAYSER neuerdings mit Recht darauf hingewiesen, dass Riffkorallen, dickschalige Gastropoden, Brachiopoden und Zweischaler, sowie eine spärliche Cephalopodenfauna unmöglich als Kennzeichen pelagischer Facies anzusehen seien. Für eine solche würden viel eher die zahlreichen Goniatiten, Orthoceren und dünnschaligen Muscheln *(Posidonia)* sprechen, welche die Schiefer des Culm kennzeichnen.

Immerhin ist die grosse bei echten Tiefseebildungen niemals vorkommende Mächtigkeit der Culmschiefer und die enge Verknüpfung derselben mit den Landpflanzen führenden Grauwacken nicht eben für Tiefseebildungen bezeichnend. Wenn auch einmal durch einen vielbesprochenen und in seiner Bedeutung wohl etwas überschätzten Dredge-Zug in mittelamerikanischen Meeren grosse Mengen von Landpflanzen aus tiefer See herausgefischt wurden, so wird man darauf hin noch nicht eine Ausnahme zur Regel erheben und das Vorkommen von Landpflanzen als bezeichnend für Tiefseebildungen erklären können. Schon die Ausdehnung, welche der typische Culm in Europa besitzt (Schottland — Portugal — Ostalpen — Schlesien) ist viel zu bedeutend, um eine allgemeine Verbreitung der Landpflanzen in einer Tiefseebildung naheliegend erscheinen zu lassen. Grade die Kieselschiefer, welche man wegen des Vorkommens von Radiolarien als bezeichnende Tiefseebildungen angesehen hat, sind in den Karnischen Alpen besonders mächtig und grade hier wurden bisher nur Landpflanzen in ihrer Begleitung gefunden. Wie in den heutigen Meeren die Schalen von Pteropoden, *Spirula* oder *Argonauta* in flache Gewässer getrieben werden, ebenso kann dies auch früher den pelagischen Schalthieren widerfahren sein.

Daraus, dass man bisher fälschlich den Kohlenkalk mit seinen Korallenriffen als Bildung des tiefen Wassers angesehen hat, folgt noch nicht die Richtigkeit des umgekehrten Satzes, dass nun der Culm die Stellung des ersteren als abyssisches Sediment einnehmen müsse. Vergegenwärtigen wir uns die ungemeine Mannichfaltigkeit der devonischen Flachseebildungen (oben I—III), so ergiebt sich, dass in vollkommen naturgemässer Weise Kohlenkalk, Nötscher Schichten und Culm als verschiedenartige Faciesbildungen nebeneinander in flachen Meerestheilen abgelagert werden konnten. Die mächtige Ablagerung klastischen Sediments auf weiten Gebieten spricht für alles andere als Tiefseeablagerungen; aber auch die von Holzapfel in den Vordergrund gestellte Häufigkeit von Goniatiten und Orthoceren ist im vorliegenden Falle nicht ganz zu einwandfreien Schlussfolgerungen geeignet. Bekanntlich ist der untere Theil des productiven Carbon in England (Coalbrook Dale, Gannister beds), Belgien (Chokier), im Ruhrgebiet und in Oberschlesien (Untere Waldenburger Schichten) reich an Einschaltungen mit rein marinen Resten. Unter diesen fehlen nun die eigentlichen litoralen Typen, wie sie etwa die Nötscher Schichten auszeichnen, d. h. dickschalige Bivalven, grosse Gastropoden und Brachiopoden ganz oder sind, wie die letztgenannten, nur spärlich vertreten. Dafür finden sich in Menge Goniatiten, grosse Nautiliden und Orthoceren, kleine Gastropoden und dünnschalige Bivalven, also Organismen, die man sonst unbedenklich als pelagisch bezeichnet. Das ist die Fauna des Culmschiefers. Die Schichten liegen eingeschlossen zwischen Kohlenflötzen und Landpflanzen führenden Bildungen, können also unmöglich in den Tiefen des offenen Oceans abgesetzt worden sein. Die andere Möglichkeit, dass Goniatiten und Nautiliden zur Carbonzeit Flachseebewohner gewesen seien, erscheint angesichts der aus älteren (Devon-) und jüngeren (Trias-) Bildungen vorliegenden Beobachtungen wenig wahrscheinlich. Es bleibt also nur die Möglichkeit, dass durch plötzliche Ereignisse, etwa Sturm- oder Erdbebenfluthen, die Bewohner des hohen Meeres in Süsswasser-Lagunen und Sümpfe (Gannister beds) oder in Küstengewässer (Culm) gespült wurden und hier in Masse umkamen (Prod. Carbon) oder trotz ungünstiger Lebensbedingungen noch einige Zeit fortlebten (Culm). Geologische Kataklysmen sind ja in letzter Zeit sehr in Misscredit gerathen; aber die Mitte der Carbonzeit, in welcher eine Menge tektonischer und erosiver Umwälzungen durch Beobachtung sicher gestellt ist, dürfte in dieser Hinsicht eine Ausnahme machen.

Die Ausdehnung der eigentlichen Tiefseesedimente zur Carbonzeit war nach dem Vorangehenden allerdings sehr geringfügig: Der Marbre Griotte in Asturien und den Pyrenaeen, sowie der Goniatitenkalk von Indiana sind wahrscheinlich die einzigen, auf das tiefste Untercarbon beschränkten Bildungen, deren Entstehung in grösseren oceanischen Tiefen schon durch den Vergleich mit den isopen devonischen Goniatitenkalken sicher festgestellt erscheint. Eine im wesentlichen übereinstimmende Entstehung dürften die Goniatitenkalke von Erdbach-Breitscheid in Nassau besitzen, deren räumliche Ausdehnung jedoch eine überaus beschränkte ist.

Die Tiefseebildungen des Palaeozoicum vom Typus der Paradoxides-, Olenus-, Graptolithen- und Cephalopodenschiefer[1]), welche bei häufigem Wechsel der Fauna äusserst geringe Mächtigkeiten besitzen, fehlen im Carbon nach unseren bisherigen Erfahrungen gänzlich. Jedoch lässt sich in der gesammten Schichtenfolge der Erdrinde dieselbe Erfahrung machen, dass gewisse Facies, so rothe Sandsteine, Korallenriffe, Steinkohlen und Erdölvorkommen, in ihrer

---

[1]) Z. B. Oberdevon von Büdesheim, Nehden, Wildungen (schwarze Kalkknollen). Cephalopodenkalke dürften stets nach den Erfahrungen der heutigen Tiefseeforschung (Globigerinenschlamm — Red clay) eine höhere bathymetrische Stellung einnehmen.

Hauptentwickelung an bestimmte Formationen gebunden zu sein
scheinen. Wahrscheinlich hängt diese Thatsache weniger mit
Charaktereigenthümlichkeiten der betreffenden Formationen als
mit unserer beschränkten räumlichen Kenntniss der Erdrinde
zusammen. Die Tiefseebildungen des Carbon z. B. liegen wahrscheinlich im Bereiche der heutigen abyssischen Regionen. Die
„Unveränderlichkeit der Festlandssockel" ist eine Hypothese wie
viele andere, und wenn man neuerdings das Vorkommen tertiärer
Haifischzähne in den abyssischen Tiefen als Beweis für dieselbe anführt, so vergisst man, dass hierdurch nur die Per-
sistenz der Meerestiefen für die Tertiärzeit bewiesen wird.
Dass die Culmgrauwacken, welche Landpflanzen (*Lepidodendron, Archaeocalamites*) führen und gelegentlich Kohlenflötze
enthalten (Grossbrittannien, Horton series in Neu-Schottland), in
flachen Meeresbecken oder Lagunen zum Absatz gelangten, ist
niemals bezweifelt worden. Innerhalb des Goniatiten führenden Culm (England, Westdeutschland) konnten bisher verschiedene Faunen nicht unterschieden werden. Die Posi-
donien und Goniatiten (*Glyphioceras sphaericum, Pronorites mixo-
lobus, Brancoceras, Prolecanites*) stammen jedoch, wie es scheint,
durchweg aus höheren Horizonten des Culm, stehen also strati-
graphisch den oben verglichenen Gannister beds näher. Die
liegenden Kiesel- und Adinolschiefer, die in Nassau, Westfalen
und im Harz weit verbreitet sind, scheinen fossilfrei zu sein.[1]

In England, wo ein allmäliger Uebergang zwischen den
höchsten Theilen des marinen Devon (Devonshire) bezw. des
Old red sandstone und dem Carbon zu beobachten ist, wurde
die Fauna dieser tieferen Bildungen bisher nur ungenügend
studirt. Hierher gehört der tiefere Theil der ausserordentlich
kalkreichen Culmbildungen von Devonshire, die sogenannten
Lower limestone shales von South Wales, Gloucester, Somerset
und Devonshire mit mariner Fauna.[2] Hingegen sind weiter
nördlich die Tuedian beds von Northumberland und noch mehr
der Calciferous sandstone von Schottland, welche den Old red
sandstone überlagern, reich an Landpflanzen und nichtmarinen
Thierresten. Marine Versteinerungen, welche im Calciferous

[1] HOLZAPFEL l. c. S. 9.
[2] H. B. WOODWARD, Geology of England p. 153.

23*

sandstone nicht fehlen, treten als eingeschwemmte Reste in einzelnen Lagen ähnlich wie im Obercarbon auf.

Die bisher erwähnten Bildungen sind nur zum kleinsten Theile rein mariner Entstehung. Facies von dieser letzteren Zusammensetzung fehlen ebenfalls nicht ganz, sind aber verhältnissmässig wenig häufig. Es ergiebt sich somit, dass im Vergleich zum Oberdevon die Ausdehnung des untercarbonischen Meeres in der Nordhemisphaere abgenommen hat.

In Belgien, dessen subcarbonische Schichtenfolge zu so zahlreichen Discussionen Veranlassung gegeben hat, ohne bisher vollkommen geklärt zu sein, ist das tiefste Carbon durch den Kalk von Tournai mit *Spirifer tornacensis*[1]) vertreten. Die massigen Kalke von Waulsort, welche u. a. bei Dinant fehlen, stellen die Rifffacies des unteren und des oberen Horizontes (Visé) dar, und enthalten, abgesehen von den gebirgsbildenden Stromatoporiden, ausschliesslich korallophile Formen.

Der Kalk von Tournai besteht aus Crinoidenkalken („petit granite des Écaussines") und Kalkschiefern. Von besonderem Interesse ist das Vorkommen einzelner Goniatiten, deren weite Verbreitung für die Vergleichung der Horizonte von Wichtigkeit ist. Die betreffenden Arten von *Prolecanites* und *Glyphioceras* finden sich in wenig abweichenden oder identen Arten im Kalk von Erdbach-Breitscheid in Nassau, im Marbre Griotte von Asturien und im „Goniatite limestone" von Indiana wieder. Die höhere Stufe des Untercarbon, der Kalk mit *Productus giganteus* (Calcaire de Visé, Nötscher Schichten S. 303) besitzt in mariner Entwickelung eine grössere Verbreitung als der tiefere Horizont. Auf die Einzelheiten der Verbreitung einzugehen, würde zu weit führen; doch sei so viel bemerkt, dass auf beiden Seiten des Nord-Atlantischen Oceans eine Oscillation des Meeres im positiven Sinne zu beobachten ist. Die Uebereinstimmung der Faunen ist schon im Oberdevon so gross, dass wir zur Annahme eines

---

[1]) Die Verwechselung von *Spir. tornacensis* (Unt. Untercarbon) und *Spir. mosquensis* (Unt. Obercarbon) hat bekanntlich lange Zeit eine genauere Horizontirung der marinen Carbonbildungen unmöglich gemacht.

nordatlantischen Continentes gedrängt werden. Die palaeontologische Uebereinstimmung des Tully limestone und des Iberger Kalkes (Unteres Oberdevon) bildet die erste Andeutung. Noch bezeichnender ist die nahe Verwandtschaft der Flachseebildungen des höheren Oberdevon, wo dieselben in gleicher Facies auf beiden Hemisphaeren entwickelt sind (Chemung group — Oberdevon von Nord-Devon, Famennien in Belgien). Nur eine fortlaufende Küstenlinie oder eine zusammenhängende Inselreihe vermag die Uebereinstimmung der auf die Litoralregionen beschränkten Zweischaler[1]) in Amerika und Europa zu erklären. Im obersten Devon kennzeichnet das Auftreten der Old-Red-Facies in New-York und im Osten der britischen Besitzungen (Catskill group) die weitere Ausdehnung terrestrischer Verhältnisse auf altem Meeresboden.

Noch bezeichnender für das Vorhandensein eines nordatlantischen Continentes ist die vollkommene Uebereinstimmung, welche die organischen Reste und die Gliederung von Carbon und Dyas in Europa einerseits und auf Neu-Schottland sowie der Prince-Edwards-Insel andrerseits erkennen lassen. Dem Glengariff grit von Süd-Irland und dem Calciferous sandstone von Nord-Schottland, welcher im wesentlichen terrestrischen Ursprungs ist und neben zahlreichen Landpflanzen und Kohlenflötzchen nur einzelne marine Lagen enthält, entspricht die Horton series der Neuen Welt, in der die ältere Carbonflora (*Stigmaria ficoides* und *Cyclopteris*) sowie Kohlenflötze vorkommen. All diese Sandsteinablagerungen, welche die unmittelbaren Fortsetzungen des ebenfalls nichtmarinen Old red sandstone bilden, werden von dem marinen Kohlenkalke mit *Productus semireticulatus* bedeckt. Die gewaltige Ausdehnung der Platte des Kohlenkalkes auf der grünen Insel ist bekannt; in Amerika bezeichnet man die gleichalten Schichten als Kalk von Windsor.[2])

---

[1]) Eine Zusammenstellung findet sich in meiner Arbeit über die Aviculiden des deutschen Devon. S. 243—245.

[2]) Die weitere Schichtenfolge ist in Neu-Schottland von unten nach oben: 3) Sandstein mit *Dadoxylon acadicum* == Millstone grit. 4) Coal Measures == Saarbrücker Schichten. 5) Rothe Sandsteine == Ottweiler Schichten bezw. rothes Obercarbon von Wettin. 6) Rothe Sandsteine mit *Walchia* und

Das Bild, welches der heute vom nordamerikanischen Continent eingenommene Erdraum während der älteren Carbonzeit darbot, lässt sich mit ziemlicher Sicherheit wiederherstellen. Im Norden und Osten finden wir Festland, in der Mitte und im Westen Meer, an der Grenze beider Gebiete sowie im Süden einen eigentümlichen Wechsel von Lagunen, Sümpfen und flachen Meeresbuchten, wie wir ihn heute etwa im Mississippi-Delta beobachten. Die Kohlenflötze und landpflanzenreichen Ablagerungen des Ostens kennzeichnen den Rand des grossen atlantischen Festlandes, dessen allmäliges Hervortauchen schon während des Endes der vorhergehenden devonischen Zeit zu beobachten ist. Die Ränder desselben können wir von Cape Breton im Norden der appalachischen Ketten bis weit hinab nach Süden verfolgen. Am besten bekannt sind dieselben in Pennsylvanien. Die gröbsten Gerölle, welche die Flüsse dem Meere zuführten, sanken noch in den Lagunen des Festlandes oder unmittelbar neben denselben in der flachen Strandregion zu Boden und häuften sich hier, zusammen mit den feineren plastischen Bildungen, Sandstein und Schiefer zu gewaltigen Massen an (Pottsville conglomerate); schliesslich wurde die erhöhte Strandregion in Land verwandelt. Nach dem Inneren und nach Westen zu nimmt die Grösse der Gerölle allmälig ab und an Stelle der Sande und Schiefer beginnen sich Kalklagen allmälig einzuschieben. Am schärfsten bestimmbar und am besten wahrzunehmen ist dieser Uebergang in den tiefsten Schichten des Untercarbon, deren Entwickelung und Benennung äusserst mannigfaltig ist, deren gleiches Alter aber durch das Auftreten im Hangenden des Oberdevon (Chemung) gesichert erscheint. Die mannigfach entwickelten und mit vielen Namen[1]) belegten sandigen Schichten von Pennsylvanien enthalten im wesentlichen die Landpflanzen des europäischen Culm (*Lepidodendron*, *Palaeopteris*, *Triphyllopteris*); jedoch kommen schon hier ein-

Pecopteris arborescens = Rothliegendes. 7) Dolomitische Kalke mit *Schizodus Schlotheimi* und *Pseudomonotis Hausmanni* = Zechstein (Magnesian limestone).

[1]) Vespertine series der ersten Survey von Pennsylvanien (Rogers); Pocono sandstone der zweiten Survey (Lesley); Greenbrier von Stevenson. Genaueres bei H. S. WILLIAMS, Correlation papers. Devonian and Carboniferous. S. 94 ff.

gelagert kalkige Bänke[1]) mit marinen Arten vor, welche weiter im Westen wiederkehren. In dieser Richtung fortschreitend treffen wir in Michigan die Marshall group und in Ohio die Waverley-Schichten, marine Bildungen, die fast ausschliesslich aus Sandstein bestehen. Erst in Indiana (Goniatite limestone von Rockford), Illinois (Kinderhook group), Jowa und Missouri (Chouteau limestone) herrschen Kalksteine vor. Ebenso ist im ganzen Osten der Rocky Mountains, in Idaho, Utah, Colorado, Neu-Mexiko und Arizona der untere marine Kohlenkalk ein im Gebirgsbau und im Charakter der Landschaft scharf hervortretendes Schichtglied, meist das mächtigste des ganzen Palaeozoicum. In Utah hat der 7000 — 8000 ' mächtige Kalk seinen Namen von dem gewaltigen Wahsatschgebirge erhalten, umschliesst aber in seinen tiefsten Theilen noch Aequivalente des Devon. Weiter südlich im grossen Cañon (Arizona) bildet der massige, schneeweisse, aber oberflächlich roth überlaufene Kalk des „Red Wall" ein scharf nach oben und unten abgegrenztes Gebirgsglied. Die wild zerklüfteten Thürme und Pfeiler gemahnen an die Formen der Tiroler Dolomiten. Aber weiter westlich und südlich, in Nevada und Texas, beweisen die geologischen Durchschnitte schon wieder die Nähe eines carbonischen Festlandes.

2. Das Obercarbon und seine Verbreitung.

Bekanntlich wurden früher in unrichtiger Verallgemeinerung der westeuropäischen Verhältnisse die marinen Schichten als bezeichnend für das untere, die Kohlenflötze als eigentümlich für das obere Carbon angesehen. Wenn man auch später mächtige marine Kalke im Obercarbon kennen gelernt hat, so bleibt doch von der älteren Ansicht so viel übrig, dass terrestrische Bildungen und Kohlenflötze für das Untercarbon eine verhältnissmässig geringe Bedeutung besitzen (vergl. oben). Ferner ist die Thatsache erwähnenswerth, dass die productiven

---

[1]) Im Petroleumgebiet von West-Virginia unterscheidet WHITE über dem Oberdevon 1) Pocono sandstone (ölführend), 2) Kohlenkalk (bis 30 m mächtig), 3) Mauch Chunk shale (cf. Culm), 4) Pottsville Conglomerate (= Millstone grit), 5) Lower Coal Measures, 6) Barren Coal Measures, 7) Upper Coal Measures, 8) Perm (in terrestrischer Entwickelung). Bull. geol. soc. of America. Vol. III. Pl. 6.

Steinkohlenbildungen der Südhemisphäre, besonders diejenigen Australiens schon der Dyas angehören; dies „Kohlenrothliegende" fehlt bekanntlich auch in Deutschland nicht.

Ueber der vergleichenden Stratigraphie des Carbon schwebt ein gewisser Unstern. Zuerst wurde durch die weite Fassung des Artbegriffes bei DE KONINCK und DAVIDSON die palaeontologische Abgrenzung der einzelnen marinen Horizonte fast unmöglich gemacht. Nachdem durch mühevolle Untersuchungen, deren Hauptverdienst WAAGEN zufällt, dieser Uebelstand behoben war, wurde durch einen — allerdings mehr formellen als sachlichen — Missgriff STUR's die Unterscheidung der nichtmarinen Carbonabtheilungen in ähnlicher Weise erschwert.

In den zahlreichen, die Carbonflora und ihre Stratigraphie behandelnden Arbeiten des genannten Forschers findet sich durchgehend eine Auffassung über die Abgrenzung der beiden Hauptabtheilungen, welche mit der historischen Entwickelung unserer Kenntnisse ebenso wie mit den geologischen und palaeontologischen Beobachtungen im Widerspruch steht. Die Waldenburger (= Ostrauer) Schichten Schlesiens werden ebenso wie ihr englisches Aequivalent, der Millstone grit, als Culm II zum tieferen Carbon gestellt. (U. a. im Jahrb. d. geol. R. A. 1889. S. 16; allerdings trägt die Abhandlung den bezeichnenden Titel „Momentaner Stand meiner Kenntnisse über die Steinkohlenformation Englands"). Da man nach der längst eingebürgerten, auch auf dem Continent vielfach üblichen englischen Bezeichnung Culm und Millstone grit als zwei durch Versteinerungsführung und petrographischen Charakter scharf geschiedene Bildungen ansieht, kann man nicht wohl den Culm s. str. als Culm I und den Millstone grit als Culm II bezeichnen. (Mit demselben Rechte würde man etwa den Schlerndolomit und Hauptdolomit als Schlerndolomit I und II neu benennen können.)

Aus stratigraphischen Gründen ist die Aenderung STUR's so unglücklich wie möglich. Die wichtigste Discordanz, welche sich in den palaeozoischen Schichten Europas zwischen Schlesien (DATHE[1]), dem Harz und Spanien, zwischen Frankreich und Kärnten findet, liegt zwischen den Waldenburger Schichten und dem Culm. Alle späteren, das Ober-

- - - - -

[1] Geologische Beschreibung der Umgegend von Salzbrunn. Abh. d. preuss. geol. Landesanstalt. Neue Folge. H. 13. S. 131—135.

carbon und Perm betreffenden Discordanzen besitzen mehr
locale Bedeutung. In phytopalaeontologischer Hinsicht ist die
Ansicht STUR's stets von einem der hervorragendsten Kenner
fossiler Pflanzen, von WEISS bekämpft worden und nach den
eignen Arbeiten des Wiener Forschers ist die Zahl der in
„Culm I" und „Culm II" vorkommenden Arten nicht bedeutend.
Ganz allgemein gesprochen können Aenderungen des historisch
gewordenen Formationsschemas nur dann Aussicht auf allgemeine Annahme haben, wenn nachweisbar unrichtige Paralleli-
sirungen — wie in der „Hercynfrage" — mit untergelaufen
sind. Vor ganz kurzer Zeit hat TIETZE — in wesentlicher
Uebereinstimmung mit den obigen Ausführungen — auf die
Unhaltbarkeit der Ansicht STUR's hingewiesen. Da mir die
betr. Notiz erst nach Niederschrift obiger Bemerkungen zu Ge-
sicht gekommen ist. habe ich dieselben unverändert gelassen.

Die Vergleichung der verschiedenen Vorkommen des Rothliegenden und Obercarbon wird fast überall dadurch erschwert, dass dieselben zum grossen Theile den Charakter
einzelner Beckenausfüllungen tragen. Legen wir für eine
Vergleichung der terrestrischen Carbonbildungen Europas die
Forschungen STUR's mit der besprochenen Abweichung zu
Grunde, so lässt sich in Europa und dem Osten von Nordamerika fast überall eine Dreitheilung erkennen; die beiden
älteren Floren zeigen eine wesentlich gleichförmigere Verbreitung als die jüngere.

I. Das unterste Schichtenglied umfasst die Ostrau-
Waldenburger Schichten, die Flötze von Hainichen, Chem-
nitz, den flötzleeren Sandstein von Westfalen, das „Terrain
houiller non exploité" (Belgien) und den Millstone grit;
dasselbe ist nach Osten bis zum Donez, ja bis zum West- und
Ostabhang des Ural verfolgt worden und enthält auch hier
bezeichnende Landpflanzen wie *Lepidodendron Veltheimianum*
STBG. und *Volkmannianum* STBG., *Calamites approximatus* BRGT.
und *Stigmaria inaequalis* GOEPP.[1] Ja von Spitzbergen, vom
Robertthal in der Recherche-Bay hat HEER eine Flora beschrieben, die sowohl nach Ansicht des hochverdienten Schweizer
Forschers wie nach STUR[2]) dem unteren Horizonte angehört.

---

[1]) STUR, Verhandl G. R. A. 1878. S. 217 ff.   [2]) Ibid. G. R. A. 1877. S. 81.

Das Vorkommen bekannter mitteldeutscher Arten wie *Lepidodendron Sternbergi* Brgt., *Sphenopteris distans* Stbg. und
Cordaites borassifolius Stbg. spricht hierfür. Andererseits
dürfte das vollkommene Fehlen von *Calamites* nebst *Asterophyllites*, von Annularien, Neuropteriden und Pecopteriden kaum,
wie Heer annimmt, auf Mangelhaftigkeit der Aufsammlungen
zurückzuführen sein, sondern wohl eher auf geographische bezw.
klimatische Verschiedenheiten hindeuten. Im Osten Amerikas
stimmen das Pottsville conglomerate (Pennsylvanien)
und der Sandstein mit *Dadoxylon acadicum* (Neu-Schottland) stratigraphisch und faciell vollkommen mit dem Millstone grit überein.

II. Die Verbreitung der nächsten Flora der Saarbrücken-
Schatzlarer Schichten beschränkt sich bereits auf ein
weniger ausgedehntes Gebiet. Es gehören hierhin die
technisch wichtigsten Vorkommen Europas, die grosse Mehrzahl der englischen, nordfranzösischen (Valenciennes),
belgischen und Saarbrückener Flötze, ferner die ganze
productive Schichtenfolge des Ruhrgebietes und ein sehr bedeutender Theil der Schichtfolgen des böhmisch-nieder-
schlesischen und oberschlesisch-polnischen Beckens.
Auch die Kohlenflötze am Donez gehören zum Theil hierher,
wie das häufige Vorkommen der wichtigen Leitpflanze *Neuropteris gigantea* Stbg. ergiebt. Jedoch sind genaue Floren-
aequivalente aus dem fernen Norden oder Osten nicht bekannt.
Die Kohlenflötze von Neu-Schottland liegen ebenfalls in
diesem Horizont, aber die Gliederung des productiven Carbon
in Pennsylvanien ist verschieden.

Während dieser beiden früheren Abschnitte des Obercarbon
wurden die europäischen Steinkohlenschiefer und Flötze in gewaltigen dem Meere benachbarten („paralischen") Niederungen
und Lagunen abgelagert, die von gelegentlichen Ueberfluthungen
aus dem nordöstlich gelegenen Ocean (s. o.) heimgesucht wurden.

III. Indem etwa gleichzeitig die Auffaltung der
carbonischen Hochgebirge in Mittel- und Westeuropa
stattfand, erfolgte (zur Zeit der Ottweiler Schichten) durch
den Wechsel der geographischen Bedingung eine Spezialisi-
rung der einzelnen Local-Floren, welche, wie es scheint, in

den kleinen böhmischen Becken ihre höchste Entwickelung erreicht. Jede dieser Steinkohlenbildungen lagert —
ähnlich wie die Vorkommen des französischen Centralplateaus
— discordant auf einem Grundgebirge von meist archäischem
Alter. Die Ablagerung in „limnischen" Gebirgsseen und
Tiefebenen ist für die meisten Vorkommen wahrscheinlich und
in Frankreich durch den genauen Nachweis der „structure
torrentielle" der carbonischen Wildbachdeltas bei Commen-
try zur Gewissheit erhoben worden. Es ist daher kein Wunder,
wenn STUR für seine „Miröschauer, Radnitzer, Zemech- und
Wiskauer Schichten" im Westen vergebens nach Aequivalenten
gesucht hat.[1] Denn überall auf der Linie Swansea, Bristol,
Forest of Dean, Forest of Wyre, Shrewsbury lagert das lim-
nische Obercarbon in isolirten Partien discordant über viel älteren Gesteinen. Dasselbe gilt für die zahlreichen Steinkohlen-
becken des Centralplateaus und diejenigen der unteren
Loire. Auch für die vier, dem obersten Carbon (ob. Ottweiler
Stufe) angehörigen Vorkommen des Schwarzwaldes[2] hebt
SANDBERGER hervor, „dass sie in keinem Zusammenhang
mit einander gestanden haben können, da sie fast keine Art
mit einander gemein haben." Ausser in der genannten Gegend
lagert auch in Thüringen (Wettin), Sachsen und im Banat
das oberste Carbon discordant auf älteren Gesteinen. Die Vorkommen von Saarbrücken und Niederschlesien (Walden-
burg), welche eine ununterbrochene nichtmarine Schichtenfolge von der Mitte des Carbon bis zum oberen Rothliegenden zeigen, sind seltene Ausnahmen.

Dass die kleinen im Alter der Saarbrücker und besonders
der Ottweiler Stufe entsprechenden Vorkommen der Centralalpen durchaus mit den isolirten mitteleuropäischen Becken
übereinstimmen, braucht kaum besonders bemerkt zu werden.
Ueber das Vorhandensein eines Hochgebirges, welches zur Carbonzeit an der Stelle der heutigen südlichen und centralen Ost-
Alpen lag, besteht kein Zweifel; zum Ueberfluss erweist es noch

---

[1] Jahrb. G. R. A. 1889. S. 1 ff. bes. S. 14. Nur die Rossitzer (obere
Ottweiler Schichten) sind vertreten.

[2] Hohengeroldseck, Hinterohlsbach, Baden-Baden, Oppenau. Vergl.
SANDBERGER, Jahrb. G. R. A. 1890. S. 90.

der häufige regellose Wechsel von Conglomeraten, Sandstein und Schiefer die Deltaausfüllung alter Seen. .

Die Mächtigkeitsverhältnisse der einzelnen Stufen stehen mit der eben entwickelten Verschiedenheit der paralischen und limnischen Entstehung in bestem Einklang. Der flötzleere Sandstein und seine englischen Aequivalente sind auf sinkendem Meeresboden in einem flachen Meere zum Absatz gelangt und verdanken ihr Material der massenhaften Sedimentzufuhr der Flüsse. Die Sandsteine besitzen daher die gewaltige Mächtigkeit (in England bis 5000') und Versteinerungsarmuth, welche derartigen Bildungen häufig eigentümlich ist.

Ganz andere Absatzbedingungen herrschten zur Zeit des mittleren Obercarbon, nachdem durch die Ablagerung des mächtigen Sandsteines ausgedehnte Gebiete dem Meere abgenommen waren. In den weiten flachen Inlandsbecken, in welchen die Kohle wohl meist an Ort und Stelle, seltener durch Zusammenschwemmung gebildet wurde, und in welchen Seen und Sümpfe bestanden, ging die Sedimentirung viel langsamer vor sich. Trotz der bedeutenden Dicke der Flötze ist die Gesammtmächtigkeit der Saarbrücker Schichten sowie ihrer steinkohlenreichen Aequivalente nicht so bedeutend wie die des flötzleeren Sandsteins oder des obersten Carbon. Während der Ablagerung der letztgenannten Schichtengruppe war die Flötzbildung auf die Seebecken und Niederungen im Inneren der neuentstandenen Gebirge beschränkt; die local sehr bedeutende Mächtigkeit, welche infolgedessen hier zu beobachten ist, ist ebenfalls bezeichnend für die unter solchen Verhältnissen gebildeten Schuttkegel und Deltas.

Was für das oberste Carbon gilt, trifft fast durchweg auch für die isolirten terrestrischen Vorkommen der nächstjüngeren Formation, des „Kohlenrothliegenden" zu, das ja früher wegen des Vorkommens abbauwürdiger Kohlenflötze noch dem Carbon zugerechnet wurde (Manebach in Thüringen).

Im obersten productiven Carbon scheinen marine Einschaltungen, wie sie für die tieferen Schichten durchweg bezeichnend sind, vollkommen zu fehlen. Hingegen gewinnt zu dieser Zeit ein rein marines Schichtenglied, der Fusulinenkalk, in dem mediterranen Gebiet der alten Welt

d. h. zwischen Asturien und Indien grosse Bedeutung. Ausgedehnte Ablagerungen dieser Formation sind aus Japan und China bekannt und die faunistische Verwandtschaft macht einen Zusammenhang mit Indien nicht unwahrscheinlich.

Von den einzelnen Vorkommen des Fusulinenkalkes sowie von dem Abwechseln desselben mit terrestrischen Bildungen war bereits die Rede; es sei daher hier nur hervorgehoben, dass die Ausdehnung des Kalkes in Gebieten, welchen ältere Meeresbildungen fehlen, die Annahme einer localen Transgression gestattet. Die oben geschilderte Zunahme der kalkigen Sedimente im obersten Theile des Karnischen Obercarbon führt zu demselben Rückschluss. Insbesondere ist aus dem östlichen Mittelmeergebiet und dem westlichen Indien von mittleren palaeozoischen Bildungen nur das Unterdevon des Bosporus und das höhere Devon von Kleinasien und Armenien bekannt. Fusulinenkalk liegt vor aus dem nordwestlichen Kleinasien (Balia in Mysien), von Chios, von Wadi el Arabah (Arabische Wüste von Aegypten), sowie aus der Salzkette — vorausgesetzt dass man die unteren Productuskalke hierher rechnet. Von einer grossen, allgemeinen Transgression kann um so weniger gesprochen werden, als gleichzeitig mit dem Vorrücken des Meeres im Osten im westlichen Mittelmeergebiet der entgegengesetzte Vorgang eingetreten ist. In Asturien lässt sich dies am deutlichsten verfolgen: Das untere und mittlere Obercarbon (Schichten von Leña und Lama) bestehen aus einem Wechsel mariner und terrestrischer Schichten; das oberste Obercarbon, die Schichten von Tineo enthalten nur Landpflanzen. Ebenso gehören die zerstreuten Reste, welche man aus Languedoc, den Seealpen, Sardinien und Toscana kennt, der obersten Stufe des terrestrisch entwickelten Carbon an.

Woher die östliche Transgression gekommen ist, lässt sich im einzelnen schwer nachweisen, um so weniger, als bei den drei Vorkommen des östlichen Mittelmeergebietes noch nicht festgestellt ist, ob oberer (Gshel-Stufe) oder unterer Fusulinenkalk (Moskauer Stufe) vorliegt.

Doch kann man immerhin so viel sagen, dass die von SUESS[1]) befürwortete südliche Herkunft der Transgression deshalb wenig Wahrscheinlichkeit für sich hat, weil älteres

---

[1]) Antlitz der Erde II. S. 213.

Carbon in mariner Entwickelung aus den in Frage kommenden Gegenden (Nordafrika, Arabien und Südindien) nicht bekannt ist. Die von STACHE aus der westlichen Sahara beschriebene Fauna ist zwar carbonisch, zeigt aber einen geographisch fremdartigen Charakter, der eine eingehendere Vergleichung mit europäischen Horizonten nicht zulässt. Die von STACHE angenommene Zurechnung zur Stufe des *Productus giganteus* kann nicht als sicher angesehen werden.

Das Fehlen altcarbonischer Marinbildungen im Süden könnte selbstverständlich durch spätere Abrasion bedingt sein; aber es liegt näher, die Transgression des mediterranen Fusulinenkalkes aus anderen Gegenden herzuleiten, umsomehr als der Zusammenhang der Faunen des Unter- und Obercarbon mit grosser Sicherheit nachweisbar ist. (Bekanntlich erschwerte gerade die nahe Verwandtschaft der meisten ober- und untercarbonischen Arten die genaue Unterscheidung der beiden Abtheilungen). Die Zahl der neuen Gattungen ist äusserst gering *(Enteles, Meekella, Bothrophyllum, Petalaxis, Gshelia)* und ihre Ableitung von älteren Formen ohne Schwierigkeit möglich. Letzteres gilt auch für die Fusulinen.

Für die Herleitung der obercarbonischen Transgression des östlichen Mittelmeergebietes kommen in erster Linie der Westen und der Nordosten in Betracht. Im Westen ist der typische Kohlenkalk mit *Productus giganteus* aus Asturien und Languedoc bekannt. Wenn auch aus Deutschland (von Niederschlesien her) Ausläufer des carbonischen Meeres bis in die südlichen Ostalpen (Bleiberg) hinabreichten, so schneidet doch gerade die Bildung der carbonischen Hochgebirge einen Zugang von dieser Richtung her ab. Hingegen herrschten im grössten Theile des mittleren (Moskau) und östlichen Russlands vom Beginne des Carbon an ununterbrochen marine Absatzbedingungen und an diese Gegend ist wohl für die Ableitung der mediterranen Transgression des Obercarbon in erster Linie zu denken.

Mit Sicherheit lässt sich im hohen Norden von Russland selbst eine kleinere selbstständige Transgression für die in Frage stehende Periode feststellen: Am Timan liegt nach TSCHERNYSCHEW das untere Obercarbon (mit *Sp. mosquensis*) unmittelbar auf devonischen Bildungen.

3. Das Perm (Dyas) und seine Abgrenzung vom Carbon.

Die Lösung der Frage nach der Selbstständigkeit des sogenannten Permischen Systems bezw. die Abgrenzung desselben vom Carbon ist durch eine ganze Reihe sachlicher und formeller Schwierigkeiten und Irrtümer erschwert worden.

In allgemeinerer Weise ist zuerst das Problem der „Zwischenschichten" (z. B. Tithon, Rhaet) kurz zu erörtern, deren Vertreter im vorliegenden Falle das Permo - Carbon der russischen Geologen (nicht das Permo - Carbon bei LAPPARENT[1] u. a.) ist. Die Lücken der geologischen Schichtenfolge in England und Deutschland haben bekanntlich eine allmälige Ergänzung gefunden und bei jedem dieser neu hinzutretenden Formationsgliedern erhob sich naturgemäss die Frage nach der Zugehörigkeit. Man liest vielfach die Meinung, so u. a. in der vortrefflichen Arbeit KARPINSKY's über die Artinskischen Ammoneen,[2] dass derartige Bildungen „einfach als Uebergangsschichten zwischen den Systemen zu bezeichnen, nicht aber unbedingt in einem derselben unterzubringen seien". Zur Begründung dieser Anschauung pflegt man die Künstlichkeit unserer stratigraphischen Eintheilung hervorzuheben. Dieser letztere Umstand ist jedoch so sehr als feststehende Thatsache anzusehen, dass — falls nicht ein anderes Eintheilungsprincip zu Grunde gelegt werden kann —, lediglich die Gründe historischer Priorität und äusserer Zweckmässigkeit für die Abgrenzung der Systeme oder Formationen in Anwendung zu bringen sind.

Vom Standpunkte der Zweckmässigkeit kann es jedoch keinem Zweifel unterliegen, dass die allgemeine Einführung von „Zwischenschichten" das an und für sich künstliche System um kein Haarbreit natürlicher, wohl aber unbequemer und unübersichtlicher machen würde. Wir hätten dann die doppelte Zahl von Formationsnamen zu lernen, ohne dass sachlich irgend etwas gebessert wäre. Ferner würden, nachdem auf diese Weise der Grundsatz historischer Priorität verlassen ist, die formellen Streitigkeiten über die Zurechnung der einzelnen

---

[1] Derselbe fasst Perm und Carbon zu einem System zusammen, das er „Permocarbonifère" benennt. Schon wegen dieser recht erheblichen Vieldeutigkeit ist die betr. Bezeichnung am besten ganz auszumerzen.

[2] Mém. de l'Acad. de St. Pétersbourg. Sér. 7. T. 37. S. 95.

Stufen kein Ende nehmen. Denn die Reihe der „Zwischen-schichten" ist bereits ziemlich vollständig: Ordovician, Hercyn oder Uebersilur, Permocarbon, Rhaet, Tithon, Liburnische Stufe.

Eine Aenderung des Eintheilungsprinzips dadurch, dass im Sinne von SUESS und NEUMAYR die grossen Verschiebungen von Festland und Meer, sowie etwa noch die Perioden der Gebirgsbildung in den Vordergrund gestellt würden, erscheint für die mesozoische Aera discutirbar. Für die palaeozoische Zeit ergeben unsere bisherigen Kenntnisse trotz ihrer Lücken-haftigkeit schon so viel, dass die erwähnten Veränderungen durchweg locale Bedeutung besitzen und daher für allgemeine Eintheilungen unanwendbar sind. Zuweilen hat sogar eine in einem Welttheil nachgewiesene grosse Transgression gar keinen bezw. einen negativen Einfluss auf die Verbreitung der Organismen. Die Paradoxidesschichten (Mittelcambrium) ent-halten in Europa und im östlichen Nordamerika eine in allen wesentlichen Beziehungen übereinstimmende Fauna. Im Ober-cambrium bedeckt eine ausgedehnte Transgression das heutige Nordamerika; aber in dieser Zeit ist von einer faunistischen Uebereinstimmung mit Europa keine Rede mehr. Auch die in Mittel- und Westeuropa überall nachgewiesene mittelcarboni-sche Gebirgsbildung hat weder in Russland noch in Nordasien und Nordamerika irgendwelche Spuren hinterlassen.

Man wird daher auf absehbare Zeit bei dem „künstlichen" System verbleiben und sich bemühen müssen, dasselbe durch eine geschickte Abstufung der Gliederung und umsichtiges Parallelisiren möglichst übersichtlich zu gestalten. Die viel-umstrittenen Zwischenschichten ordnen sich meist derart ein, dass durch ausgedehntere Forschungen die Gleichstellung der heterogenen Bildungen möglich wird, deren verschiedenartige Ausbildung anfangs nur durch Altersunterschiede erklärbar schien. Dies wenigstens war die Entwickelung der Hercyn- und Tithon-Frage, während in der Rhaetischen Stufe eine thatsächliche Uebergangsbildung vorliegt.

Ungewöhnlich complicirt ist infolge ursprünglicher Beobach-tungsfehler[1]) und unglücklich gewählter vieldeutiger Bezeich-

---

[1]) Der Artinskische Sandstein, der Hauptvertreter des pelagischen Perm (bezw. Permo-Carbon) wurde anfänglich von MURCHISON an die Basis des Obercarbon (Millstone grit) versetzt.

nungen die vorliegende „permocarbonische" Frage. Die sach-
liche Schwierigkeit der Parallelisirung mariner und Landpflanzen-
führenden Schichten erscheint für Europa gehoben, seitdem die
Wechsellagerung des oberen Fusulinenkalkes (Gshel-
Stufe) mit den Pflanzen führenden Aequivalenten der oberen
Ottweiler Schichten feststeht. (Gleich alt sind ferner der
Lower Productus limestone (Amb) im Pendschab und die Upper
Coal measures von Nordamerika; vergl. unten.)

Abb. 87.   **Productus semireticulatus var. bathycolpos**
SCHELLW. (*Pr. boliviensis auct.*)
Ob. Obercarbon.

Die beiden oberen Exemplare aus der Spiriferenschicht, das untere Exemplar ans Schicht 6
der Krone. (Nach SCHELLWIEN.)

Die Gshelstufe überlagert im Moskauer Gebiet den
Kalk von Mjatschkowa (unteres Obercarbon; Moskauer Stufe
bei NIKITIN) und bildet somit den jüngsten obercarbonischen
Horizont. Bei einem Vergleich mit den Karnischen Alpen ist
angesichts der weiteren verticalen Verbreitung sehr zahlreicher
Arten besonderer Werth auf das Vorkommen von *Euomphalus*

Froch, Die Karnischen Alpen.   24 *pernodosus* MEEK (= *canaliculatus* TRAUTSCHOLD) und *Spirifer supramosquensis* NIK. (jüngere Mutation des *Spir. mosquensis* = *Spir. Fritschi* SCHELLWIEN) zu legen. Beide Arten sind sowohl dem unteren Obercarbon wie der marinen Dyas (Artinskische Stufe) fremd. Auch die von NIKITIN als *Prod. boliviensis* D'ORB. bezeichnete tiefeingebuchtete Mutation des *Productus semireticulatus* kommt bei Moskau und Pontafel vor. (Vergl. S. 370.) Die Verwandtschaft der beiden Faunen würde noch mehr hervortreten, wenn der Erhaltungszustand der russischen Fossilien günstiger und die Faciesentwickelung der Gshelstufe der alpinen ähnlich wäre: Die Stufe von Gshel besteht jedoch aus reinem Dolomit mit Versteinerungen in Steinkernerhaltung, die Karnischen Brachiopoden stammen aus Kalk, Schieferkalk und Schiefer.

Andrerseits enthalten die mit den marinen Schichten eng verbundenen pflanzenführenden Horizonte des Karnischen Obercarbon nach der übereinstimmenden Ansicht von v. FRITSCH und STUR die Leitformen der oberen Ottweiler (= Radowenzer) Schichten. Eine Parallelisirung der sonst schwer vergleichbaren marinen und terrestrischen Carbon-Permbildungen erscheint somit nach unten wie nach oben ermöglicht: In erster Linie wird hierdurch die schon von russischen Forschern (besonders KRASSNOPOLSKY) vermuthete Homotaxie der marinen Artinskischen Stufe mit dem deutschen Rothliegenden (Cuseler und Lebacher Schichten mit Landflora und Süss- bezw. Brackwasserthieren) zur vollen Gewissheit erhoben. Die Artinskische Stufe überlagert am Ural den oberen Fusulinenkalk, welcher mit der mittelrussischen Stufe von Gshel so gut wie ident ist (NIKITIN); andrerseits liegen die Cuseler und Lebacher Schichten bei Saarbrücken über der Ottweiler Stufe und die gleiche Aufeinanderfolge Landpflanzen führender Bildungen findet sich im Waldenburger Gebiet in Schlesien (DATHE). Weniger leicht ist die Vergleichung des marinen unteren Obercarbon (Moskauer Stufe von Mjatschkowa) mit den Schatzlarer bezw. Saarbrücker und den Waldenburger Schichten (= Flötzleerer Sandstein in Westfalen = Millstone grit).[1] Da jedoch der obere Kohlenkalk mit *Productus*

---

[1] Man vergleiche TSCHERNYSCHEW, Note sur le rapport des dépôts carbonifères russes avec ceux de l'Europe occidentale. Ann. soc. géol. du Nord. Bd. 17. 1890. Ref. im N. J. 1892. I. S. 542.

giganteus das Liegende der Moskauer Stufe einerseits, des „Flötz-leeren" und des Millstone grit andrerseits bildet, so wird sich gegen eine ungefähre Gleichstellung nicht viel einwenden lassen. Festzuhalten ist jedoch daran, dass die Grenze zwischen dem unteren und dem oberen marinen Obercarbon keineswegs der Abgrenzung in den gleichaltrigen terrestrischen Bildungen ent-spricht: Man vermag im Obercarbon auf Grund der marinen Fauna zwei, auf Grund der Landflora drei Stufen von allgemeinerer Verbreitung festzuhalten. Nur die Grenze gegen das Untercarbon und das Perm ist deutlich und unzweifelhaft.

Die reichhaltigste und wichtigste Marinfauna der Dyas-formation liegt in dem indischen Productuskalke, und eine kurze Besprechung desselben ist schon mit Rücksicht auf die neueren russischen Untersuchungen nothwendig.

Durch die wichtigen Beobachtungen KRASSNOPOLSKY's [1]) werden einige Ausführungen WAAGEN's über die Altersverhält-nisse der dyado-carbonischen Grenzbildungen richtig gestellt. Der letztgenannte Forscher musste aus den unvollkommeneren, damals vorliegenden geologischen Angaben über den Ural den Schluss ziehen, [2]) dass hier eine erhebliche Schichtenunter-brechung vorliege. Dieser Lücke sollen die wichtigen glacialen „Boulder beds" der Salzkette mit ihrer australischen Meeres-fauna entsprechen; die Artinskischen Sandsteine werden infolge-dessen mit der unteren Zone des Productus-Kalkes (Amb und Katta beds) einerseits, mit den Lebacher Schichten (Mittl. Roth-liegendes) andrerseits in Parallele gestellt.

Thatsächlich fand jedoch in dem alten uralischen Meer keine Unterbrechung des Absatzes, sondern nur ungleichmässige Sedimentation und Faciesentwickelung statt. [1]) Die Artinski-sche Stufe bildet also das marine Aequivalent des unteren Rothliegenden (Cuseler Schichten) und ist andrerseits mit den mittleren Horizonten des Productuskalkes zu ver-gleichen. Die Brachiopodenfauna der Artinskischen Schichten stimmt allerdings mit der des oberen Fusulinenkalkes in den meisten Beziehungen überein; ein neues Element

---

[1]) Allgem. geologische Karte von Russland (Bl. 126 Perm-Soliansk). Vol. XI. 1. S. 506 ff. Vgl. unten.

[2]) Salt Range fossils. Vol. IV. Part 2 (Geological results). S. 177.

24*

der Fauna bilden jedoch die Ammoneen mit ihrem ausgeprägten mesozoischen Habitus: *Medlicottia, Propinacoceras, Popanoceras, Thalassoceras*. Die palaeozoischen goniatitenartigen Typen wie *Glyphioceras, Gastrioceras* und *Pronorites* treten zurück.

Die Ammoneen des Productuskalkes, welche der zweithöchsten Zone (Jabi beds) angehören, lassen einen palaeozoischen Charakter kaum mehr erkennen; Formen wie *Medlicottia, Popanoceras, Xenodiscus, Sageceras, Arcestes, Cyclolobus* erinnern vielmehr an triadische Formen. Eine unmittelbare Gleichstellung der oberen Productushorizonte mit den Artinskischen Schichten erscheint somit ausgeschlossen. Ob man an die mittleren oder die unteren Horizonte der Salzkette denken darf, ist auf diesem Wege nicht wohl festzustellen, da Ammoneen in denselben gänzlich fehlen.

Hingegen hat Tschernyschew auf Grund eines eingehenden Studiums der Artinskischen Brachiopoden den Nachweis geführt, dass dieselben die nächste Verwandtschaft mit der Fauna der mittleren Productuskalke zeigten (Mém. du Comité géologique III. No. 4).

Hiernach würde sich für den unteren Productuskalk (Boulder beds[1]) und Amb beds = Speckled sandstone) ein obercarbonisches Alter ergeben. Waagen hat diese Anschauung früher (1887) vertreten, ist aber neuerdings wesentlich auf Grund der Annahme der erwähnten Schichtenunterbrechung am Ural zu einem abweichenden Resultate gelangt; er hält seine gesammte Productus-Serie für jünger als das europäische Obercarbon. Die neuesten (nach Waagen's letzter Arbeit erschienenen) Arbeiten russischer Forscher sind der älteren Ansicht günstiger. Vor allem hebt Nikitin[2]) hervor, dass die Perm- und Carbonablagerungen Russlands

---

[1]) Als gleich alt mit den nordindischen Boulder beds werden gewöhnlich die Eccaschichten und die Dwykaconglomerate in Südafrika, die Talchirschichten der ostindischen Halbinsel und die Bacchusmarshschichten von Australien angesehen. Alle diese Bildungen führen geschrammte und geschliffene Geschiebe, deren glacialer Ursprung von der Mehrzahl der Forscher angenommen wird. Die indischen Boulder beds enthalten eine australische Fauna. Vergl. u. a. Waagen Jahrb. d. G. R. A. 1887. S. 170 und Salt Range fossils. IV. Tabelle. S. 235.

[2]) Mém. comité géologique V, 5.

lückenlos, ohne jede Unterbrechung abgelagert seien. Ferner ist nach den neuesten Mittheilungen von NIKITIN über die Fauna des oberen Moskauer Fusulinenkalkes (Stufe von Gshel) und den älteren Angaben von TSCHERNYSCHEW über die gleichalten Schichten des Ural die Zahl der auch im unteren Productuskalk vorkommenden Arten recht erheblich (22). Zu den 13 von WAAGEN angeführten Arten (Bd. IV. S. 164), welche im oberen russischen Fusulinenkalk und im Productuskalk in Indien vorkommen, treten noch hinzu:

> *Spirifer fasciger* KEYS. (= *musakhelensis* DAV.)
> *Spir. semiplanus* MART.
> *Spiriferina ornata* WAAG. (ob. Prod. K.)
> *Athyris pectinifera* SOW.
> *Retzia grandicosta* DAV.
> *Camarophoria Purdoni* DAV. (mittl. Prod. K.)
> *Dielasma elongatum* SCHL.
> *Productus semireticulatus* var. *bathycolpos* SCHELLW.
> (= *P. boliviensis* bei NIKITIN. S. o.)
> *Fusulina longissima* MOELL.

Ueber die angeblichen, von WAAGEN in den Vordergrund seiner Beweisführung gestellten Discordanzen im russischen Carbon und Perm macht KRASSNOPOLSKY (l. c.) die folgenden Angaben: Im nördlichen und östlichen Theile des europäischen Russland wird der Fusulinenkalk von marinem Perm unmittelbar überlagert. Bei Beginn des Perm wölbte sich die dem heutigen Ural entsprechende Inselkette zu einem Gebirge auf. Im mittleren Ural ging die Erhebung rasch vor sich; hier lagern sandige Meeressedimente der Artinskischen Stufe, welche auf eine nahe liegende Küste hindeuten, über dem Fusulinenkalk. Im südlichen Ural vollzog sich das Ereigniss langsamer, denn hier finden sich über dem Obercarbon sandige Kalksteine und Mergel, welche in grösserer Entfernung von der Küste abgesetzt wurden. Im eigentlichen russischen Becken fand keine Erhebung statt; hier wird der rein marine Fusulinenkalk von Artinskischen Schichten mit einer pelagischen Ammoneenfauna überlagert.

Abgesehen von der scharf ausgeprägten Erhebung des Ural (welche eine gelegentliche, für die Chronologie nicht ins Gewicht fallende Discordanz der Artinskischen Stufen über dem Fusulinenkalk bedingt) fand während der Permzeit ein langsames Zurückweichen des Meeres statt. Am Schlusse derselben befindet sich im Osten von Russland ein geschlossenes mittelländisches Becken.

Gleichzeitig mit der Gebirgserhebung erfolgte in den pelagischen Gewässern des mittleren Ural eine theilweise „Umprägung" der Thierwelt. Man findet noch einzelne auf dem Goniatiten-Stadium verbliebene carbonische Typen (*Gastrioceras*, *Pronorites*) zusammen mit den Ammoneen von permo-triadischem Habitus und den Vorläufern der Zechsteinfauna wie *Modiolopsis Pallasi*, *Pseudomonotis speluncaria*, *Bakewellia ceratophaga*, *Cythere curtha*, *Kirkbya permiana*. Die letztgenannten Zweischaler und Ostracoden sind Seichtwasserbewohner, welche in den litoralen Teilen des Meeres lebten, während gleichzeitig in der tieferen See die Ammoneen-Fauna gedieh. Eigentliche terrestrische Bildungen fehlen; aber die Pflanzen des Artinskischen Sandsteines tragen bereits permischen Character.

In den früheren, den Karnischen Fusulinenkalk behandelnden Arbeiten Stache's wurden die geologischen Verhältnisse des Amerikanischen Westens, insbesondere die Schichten von Nebraska city mit Vorliebe zum Vergleich herangeholt. Die Uebereinstimmung einzelner Mollusken und Brachiopoden kann nicht Wunder nehmen, seit in dem Productuskalk und der Artinskischen Stufe der enge Zusammenhang der Marinfaunen von Perm und Carbon entdeckt worden sind. Die geologische Schichtenfolge ist jedoch in dem mir durch eigene Anschauung bekannten „Far West" gänzlich verschieden von den in den Alpen beobachteten und stimmt andrerseits in vielen wesentlichen Punkten mit der des Ural überein. In den Alpen finden wir zwei nicht unerhebliche Discordanzen, während in den beiden anderen Gebieten eine ununterbrochene Meeresbedeckung vom Carbon bis zum oberen Perm zu beobachten ist. Abweichungen im Einzelnen, so das Einschieben einer mächtigen Sandsteinbildung an der Basis des Obercarbon (Aubrey sandstone des Colorado-Cañon) sind nicht selten, vermögen aber die überraschende Aehnlichkeit der geologischen Entwickelung nicht zu beeinträchtigen. Auch aus

Texas ist neuerdings die pelagische Fauna der Artinskischen Stufe bekannt geworden. Die Wichita beds, welche
das oben besprochene Obercarbon unmittelbar überlagern,
enthalten u. a. *Medlicottia Copei* WHITE und *Popanoceras
Walcotti* WHITE, so dass jedenfalls eine ungefähre Altersgleich-
heit mit der besprochenen russischen Stufe anzunehmen ist.
Gegen Ende des Perm zeigte auch in Amerika die Ablagerung
bunter gypsreicher Mergel und Sandsteine (cf. Kupfersandstein
in Russland), die nur ganz ausnahmsweise spärliche Zwei-
schalerreste enthalten, einen langsamen Rückzug desMeeres an.

Von den sonstigen vereinzelt gefundenen permischen Ammo-
neenfaunen besitzt, wie KARPINSKY[1]) ausführt, diejenige von
Darwas in Buchara gleiches Alter mit der Artinskischen, wäh-
rend die versteinerungsreichen Schichten des Fiume Sosio in
Sicilien etwas jünger sind. Es sei gestattet, hier die wenig
beachtet gebliebene Thatsache hervorzuheben, dass die erste
Feststellung des Alters der Sosiokalke das Verdienst von MOJ-
SISOVICS[2]), nicht das von GEMMELLARO ist.

Anhang.

Ueber das Vorkommen von untercarbonischen Nötscher
Schichten im Veitschthal (Mürzgebiet, Steiermark).

Während des Druckes geht mir durch die Liebenswürdig-
keit des Herrn Bezirksgeologen Dr. KOCH (Berlin) eine kleine
Sammlung von Versteinerungen zu, die derselbe 1892 in den
mit Kalken wechselnden Schiefern des Grossen Veitschthal gefunden und im Wesentlichen bereits richtig gedeutet hatte.
Eine genauere Bestimmung der nicht sonderlich günstig erhal-
haltenen, meist verdrückten Steinkerne ergab das Vorkommen
folgender Arten:

> *Productus semireticulatus* MART. Zwei gut erhaltene,
>   sicher bestimmbare Exemplare. (Visé)
> *Productus scabriculus* MART.
> *Productus punctatus* MART. (= *Pr. Buchianus* DE KON.
>   Bleiberg t. I. f. 17, 17a entspricht kleinen, etwas
>   verdrückten Exemplaren von *Pr. punctatus.*

---

[1]) Ueber die Ammoneen der Artinsk-Stufe. Mém. Ac. St. Pétersbourg.
Tome XXXVII. No. 2. p. 91.   [2]) Verhandl. G. R. A. 1882. S. 31.

Orthis resupinata MART.   Zahlreiche kleine Steinkerne.
DAVIDSON Carbon. Brach. Monogr. T. 30. f. 3, 5
(ventral valve gut übereinstimmend).   (Visé)
Orthothetes crenistria PHILL.
Orthothetes sp.
Spirifer octoplicatus Sow.   (Visé)
Euomphalus sp.
Bryozoenreste.
Crinoidenstiele (in grosser Menge).
Cladochonus Michelini M. EDW. et HAIME.
Reste von *Calamites.*

Ueber die Altersbestimmung der Kalke und Schiefer des Grossen Veitschthals kann nach der obigen Liste ein Zweifel nicht obwalten: Sämmtliche Arten kommen in der oberen Abtheilung des Untercarbon, der Stufe von Visé mit *Productus giganteus* vor, die hierdurch zum ersten Male im Norden der Centralkette festgestellt ist. Oberes Carbon, das durch Funde von Landpflanzen hier bereits verschiedentlich nachgewiesen wurde, liegt nicht vor; das Vorkommen der sicher bestimmten Arten *Orthothetes crenistria, Spirifer octoplicatus, Orthis resupinata, Productus scabriculus* und *Cladochonus Michelini* ist durchaus bezeichnend für die tieferen Schichten. Insbesondere geht die Gattung *Cladochonus* nicht in das Obercarbon hinauf.

Für einen Theil der bisher dem Silur bezw. dem Obercarbon zugerechneten „nördlichen Grauwackenzone" wird somit eine zuverlässige Altersbestimmung als Untercarbon gegeben. Die facielle Entwickelung stimmt in allen wesentlichen Beziehungen mit der der südalpinen Nötscher Schichten überein; nur sind in den letzteren die Conglomerate weit häufiger, während die Schichten des Veitschthales sich als kalkreicher erweisen und der Eruptivbildungen entbehren. Auch hier haben wir es mit einer schiefrigen Entwickelung des Untercarbon zu thun, welche nicht als Culm zu bezeichnen ist.

In nördlicher Richtung vorschreitend finden wir gleichalte untercarbonische Schichten erst bei Altwasser in Schlesien und im Fichtelgebirge. Das Vorkommen des Veitschthales bildet also die Vermittelung zwischen diesen Vorkommen und Kärnten.

In tabellarischer Form lässt sich das Altersverhältniss des Karnischen Carbon incl. Perm (vergl. Cap. XI Schluss) zu der normalen marinen oder terrestrischen Entwickelung folgendermassen veranschaulichen:

	Marine Entwickelung	Nichtmarine Entwickelung	Karnische Alpen
Perm (Dyas)	Oberer Zechstein, Mittl. Zechstein, Unterer Zechstein — Djulfa, Araxes — Productus-Kalk der Salzkette (obere Horizonte) — Productus-Kalk (mittlere Horizonte), Artinskische Stufe, Darwas (Buchara), Wichita Beds (Texas)	Rothe, fast versteinerungsleere Mergel. Texas, Russland. — Rothliegendes: (Oberrothliegendes ohne organische Reste) Lebacher Schichten, Kuseler Schichten	Bellerophon-Kalk — Grödener Sandstein und Conglomerat („Verrucano") — Transgressions-Lücke
Obercarbon	Productus-Kalk (untere Horizonte), Gabel-Stufe, oberer Fusulinen-Kalk m. Spir. supramosquensis — Unterer Fusulinen-Kalk (Moskauer Stufe) m. Sp. mosquensis	Ottweiler Schichten (= Schwadowitzer und Radowenzer Sch.) — Saarbrücker Sch. (= Schatzlarer Sch.) — Waldenburg-Ostrauer Sch. (= Flötzleerer Sdst. = Millstone grit)	Obercarbon: Fusulinen-Kalk und Schichten m. Landpflanzen im Wechsel
Untercarbon	Kohlen-Kalk von Visé mit Productus giganteus — Stufe von Tournai mit Spir. tornacensis, Marbre Griotte, Kalk von Erdbach	Calciferous sandstone (Schottland) — Culm mit marinen Resten und Landpflanzen — Horton series (Neu-Schottland)	Transgression und Gebirgs-Faltung — Culm mit Landpflanzen — Nötscher Schichten m. Prod. giganteus im Gailthal und Veitschthal
Devon	Devon: Clymenien-Kalk	Old red sandstone	Clymenien-Kalk

XII. KAPITEL.

Die Trias.

Die alpine Trias bildet die Fortsetzung der permischen Bildungen und ist mit diesen durch concordante Lagerung und petrographische Uebergänge eng verbunden.

Wenn die Ostalpen mit Recht als das klassische Land der rein marinen Triasentwickelung angesehen werden, so bildet das Gebiet der Karnischen Hauptkette in gewisser Hinsicht eine Ausnahme. Einmal fehlen demselben die gesammten Bildungen von den Raibler Schichten an aufwärts, und ferner ist die Versteinerungsarmuth der meisten Schichten eine derartige, dass der Schlerndolomit sowohl in der Karnischen Kette wie in den Karawanken wiederholt als Kohlenkalk bezw. Perm gedeutet werden konnte („Gailthaler Dolomit" der älteren Beobachter, „permischer Dolomit" bei STACHE.).

Trotzdem ist die Bedeutung der Karnischen Hauptkette für die geologische Geschichte der Alpen zur Triaszeit unverkennbar: Die Grenzlinie der nord- und südalpinen Entwickelung der Trias folgt der Kammlinie des heutigen Gebirges und verläuft auf der Südseite der Karawanken weiter nach Osten. Diese Thatsache ist mit besonderer Betonung der verschiedenartigen Entwickelung der Raibler Schichten schon von früheren Beobachtern hervorgehoben worden, aber erst bei der geologischen Einzelaufnahme mit aller Schärfe hervorgetreten. (Vergl. die Besprechung der Raibler Schichten Abschn. 6.) Die besprochene Grenzlinie ist um so wichtiger, als die Unterscheidung einer juvavischen und mediterranen Triasprovinz, welche früher den Ausgangspunkt für die geographische Gliederung der Alpentrias bildete, als unzutreffend nachgewiesen worden ist.

Im Norden des Gailthales fehlen die Bellerophonschichten wahrscheinlich vollkommen; die Entwickelung der Werfener Schichten, des Muschelkalks und Schlerndolomits[1]) ist vielfach übereinstimmend; nur das Fehlen der bunten Kalkconglomerate und Schiefer des Muschelkalks im Norden ist bemerkenswerth.

Am schärfsten erscheint die Verschiedenheit in der Entwickelung der Raibler Schichten und der Aequivalente des Hauptdolomits ausgeprägt. In der Rhaetischen und oberen Karnischen Stufe ist die Facies der Kössener Schichten und der dunkelen, hornsteinreichen Plattenkalke auf den Norden, die des Dachsteinkalkes mit *Megalodus* im Wesentlichen auf den Süden beschränkt; Hauptdolomit findet sich im Norden und Süden.

1. Die obere Trias und ihre Gliederung.

a. Die neueren Ansichten über die Benennung der Hauptstufen.

Die Gliederung und Eintheilung der unteren Trias ist seit längerer Zeit unverändert geblieben; hingegen sind durch eine vor kurzem veröffentlichte Mittheilung von Mojsisovics'[2]) die Anschauungen über die Gliederung und Parallelisirung der oberen alpinen Triashorizonte in wesentlichen Beziehungen umgestaltet worden. Eine kurze Erörterung der neuen Anschauungen erscheint um so mehr geboten, als A. Bittner[3]), ohne die Ansicht von Mojsisovics' sachlich zu bekämpfen, in formeller Hinsicht wesentlich abweichende Vorschläge für die Benennung der verschiedenen Hauptstufen gemacht hat.

Die veränderte Auffassung von Mojsisovics' lässt sich dahin zusammenfassen, dass die Hallstätter Kalke nicht eine continuirliche Folge über den korallenreichen Zlambach-

---

[1]) Ich verstehe unter diesem durch Kürze und gute Begründung ausgezeichneten stratigraphischen Namen — etwa im Sinne der ursprünglichen Definition von Richthofen's — die Dolomit-Kalk-Entwickelung der Schichten zwischen Muschelkalk einschliesslich und Raibler Horizont ausschliesslich.

[2]) Die Hallstätter Entwickelung der Trias. Sitz.-Ber. d. K. Akademie d. Wissensch. Bd. 101. Abth. I. S. 796.

[3]) Was ist Norisch? Jahrb. G. R. A. 1892. S. 387—396.

schichten bilden; letztere liegen nicht unter den Hallstätter Kalken, sondern als heterope Einlagerung in denselben.

Die Reihenfolge der Hallstätter Cephalopoden-zonen wird — abgesehen von einigen Aenderungen im ein-zelnen — derart umgekehrt, dass die früher nach unten gestellten norischen Kalke (ü. a. die grauen Kalke des Stein-bergkogels mit *Pinacoceras Metternichi*) das Hangende, die früher nach oben gerückte Zone des *Trachyceras aonoides* (= Raibler Schichten) das Liegende bilden. Die Buchen-steiner und Wengener Schichten von Südtirol, welche früher als Aequivalente der norischen Kalke (z. B. mit *Pinacoceras Metternichi*) galten, werden durch versteinerungsleere Schichten im Liegenden der Aonoides-Zone vertreten. Die juvavische Meeres-Provinz, welche zur Erklärung der faunistischen Ver-schiedenheiten innerhalb der norischen Stufe errichtet war, wird aufgelassen und im Anschluss hieran eine veränderte Be-nennung der Hauptstufen der oberen Alpentrias in Vorschlag gebracht.

Um eine längere Auseinandersetzung zu vermeiden, stelle ich in tabellarischer Form die frühere und die jetzige Be-nennung von Mojsisovics', sowie die abweichenden Vorschläge Bittner's gegenüber:

v. Mojsisovics 1869—1891	v. Mojsisovics 1892	Bittner 1892	Normale, unverändert gebliebene Schichtenfolge
←— Rhaet —→			Kössener Schichten
Karnische Stufe { obere. Juvavische St.	Norische St.	Hauptdolomit u. Dach-steinkalk
untere. Karnische St.	Karnische St.	Cassianer und Raibler Schichten
Norische Stufe . . . . . Norische St.	Ladinische St.	{ Buchensteiner und Wengener Schichten der Südalpen

Alpiner Muschelkalk

Die kritischen Einwendungen A. Bittner's erscheinen z. Th. einleuchtend, seine positiven Gegenvorschläge sind als missglückt zu betrachten. Dass die Norische Stufe nicht grade im Ge-biete des alten Noricum fehlen und in Südtirol ihre nor-male Entwickelung haben darf (Mojsisovics 1892), dürfte kaum zu bestreiten sein. Wenn aber BITTNER auf Grund der älteren Benennung von MOJSISOVICS' die Norische Stufe im gesammten Gebiete der Alpen über die Karnische stellt, so wird allerdings der der verzwickten nomenclatorischen Entwickelung Unkundige (und das sind bei Weitem die meisten Geologen) einen vollkommenen „Zusammenbruch" der früheren Ansichten anzunehmen berechtigt sein. In Wahrheit handelt es sich nur um eine für zwei vereinzelte Gegenden wichtige Aenderung; im Gesammtgebiete der Ostalpen bleibt die Aufeinanderfolge unverändert.

Der Standpunkt der historischen Priorität, welchen BITTNER für die Horizont-Bezeichnungen annimmt, ist formell klar und unzweideutig, führt aber in der Praxis, wo es sich um Veränderungen in der Bedeutung desselben Namens handelt, zu sehr erheblichen Unzuträglichkeiten.

Der genannte Forscher will im vorliegenden Falle die Hallstätter und Zlambachschichten, welche im Salzkammergut als norisch bezeichnet wurden und dort ihre stratigraphische Stellung gewechselt haben, auch fernerhin als norisch bezeichnen. Er berücksichtigt dabei nicht, dass die Aequivalente derselben, Hauptdolomit und Dachsteinkalk, welche nun ebenfalls als norisch bezeichnet werden müssen, in den übrigen Theilen der Alpen eine bei weitem bedeutendere Verbreitung als jene besitzen und von jeher als wichtige Vertreter der oberen Karnischen Stufe galten. Die Namen Norisch und Karnisch wurden allerdings schon 1869 von MOJSISOVICS aufgestellt, aber erst 1874 vollständiger begründet. Den Ausgangspunkt der Gliederung bildete in dem letzteren Jahre die „mediterrane" Triasprovinz und in dieser wurden Hauptdolomit und Dachsteinkalk als Glieder der oberen Karnischen Stufe betrachtet. Es dürfte das Naheliegendste sein, diesen Namen auch jetzt vorläufig noch beizubehalten, die Bezeichnung Norisch aber angesichts der mit ihr zusammenhängenden Verwirrung ganz fallen zu lassen.

Die allein in Frage stehenden Buchensteiner und Wengener Schichten (Norische Stufe von MOJSISOVICS, Ladinische Stufe BITTNER) können eine zusammenfassende Bezeichnung um so mehr entbehren, als sie in den wichtigsten nordalpinen Entwickelungsgebieten palaeontologisch kaum vertreten sind. In der Partnach- und Reiflinger Facies sind dieselben ebenso wie die Cassianer Schichten nur durch versteinerungsarme, wenig mächtige Mergel mit einer, von der südalpinen vielfach abweichenden Brachiopodenfauna[1]), im Hallstätter Gebiet durch versteinerungsleere Kalke vertreten. Sogar in den vom Schlerndolomit oder Wettersteinkalk eingenommenen Gebieten bildet die ci-devant Norische Stufe zwar den unteren Theil der mächtigen Kalk-Dolomit-Massen, ist aber selbst in normalen Profilen kartographisch nur künstlich auszuscheiden.

Es dürfte vorläufig am nächsten liegen, die Buchenstein-Wengener Schichten mit dieser Combination der beiden Namen oder nach Mojsisovics als Zonen des *Trachyceras Curionii* (Buchenstein) und *Archelaus* (Wengen) zu bezeichnen. Die etwas grössere Länge des Namens dürfte durch die Unzweideutigkeit reichlich aufgewogen werden, welche weder der Bezeichnung „Norisch" noch „Ladinisch" zukommt. Denn bei letzterem, recht unzweckmässigen Namen denkt man unwillkürlich zunächst an St. Cassian.

Die Bezeichnung kann aus mehreren Gründen nur eine vorläufige sein; z. B. wäre die Frage wohl der Ueberlegung werth, ob die Eintheilung der zwischen Muschelkalk und Lias liegenden Schichten in 4 Hauptstufen den geologischen Verhältnissen entspricht. Das Rhaet verdankt seine Ausscheidung als Hauptstufe dem transgressiven Auftreten in ausgedehnten Theilen Europas. Auch die Buchensteiner, Wengener und Cassianer Schichten besitzen in palaeontologischer Hinsicht vieles Gemeinsame. Es wäre somit die Frage der Erwägung werth, ob man nicht die genannten drei Zonen als untere, die Aequivalente der Raibler Schichten sowie die des Hauptdolomites als mittlere und das Rhaet als obere Hauptstufe auffassen solle.

Jedoch dürfte es sich nicht empfehlen, jetzt schon bestimmte Vorschläge zu machen; vielmehr ist die Erledigung der Frage so lange zu vertagen, bis die Ergebnisse der in Vorbereitung befindlichen Monographien der triadischen Zweischaler, Gastropoden und der trachyostraken Cephalopoden vorliegen. Auch die Bearbeitung der Korallen ist noch nicht abgeschlossen.

---

[1]) A. Bittner, Brachiopoden der alpinen Trias. S. 167.

Die frühere Eintheilung war bekanntlich von MoJSI-sovics ausschliesslich auf die Cephalopoden begründet worden. Es soll nicht bestritten werden, dass die Ammoneen für die feinere Einzelgliederung (schon vom Oberdevon an) die besten Handhaben bieten. Aber für die Abgrenzung der Hauptgruppen, welche im vorliegenden Falle in der Umbildung begriffen ist, kann die in absehbarer Zeit mögliche Heranziehung der übrigen Thierklassen nur von Vortheil sein.

b) Ueber die geologische Entwickelung der Triaskorallen.

Die Erforschung der Korallenfaunen gestattet ganz bestimmte Folgerungen in Bezug auf die stratigraphische Gliederung. Zwar habe ich bisher nur die Bearbeitung der Hallstätter, Zlambach- und Rhaetkorallen zum Abschluss gebracht, aber die Cassianer Fauna immerhin hinreichend berücksichtigt, um die wichtigsten Unterschiede hervorheben zu können. Es bedarf keiner weiteren Ausführung, dass die geologischen Ergebnisse, wie sie in Palaeontographica Bd. 37 S. 112 zusammengefasst wurden, infolge der veränderten Stratigraphie der Hallstätter Schichtenfolge einer gründlichen Umgestaltung bedürfen. Jedenfalls entspricht die berichtigte Hallstätter Schichtenfolge den Beobachtungen über die Entwickelung der Korallenfaunen viel besser als die frühere Annahme, dass die Zlambachschichten unmittelbar über dem Muschelkalk lägen. Der innige Zusammenhang zwischen den Rhaet- und Zlambachkorallen musste damals ebenso auffallend erscheinen, wie die nahe Verwandtschaft der letzteren mit der Fauna des Hauptdolomites (bezw. Hochgebirgskorallenkalkes). Jetzt erscheint dieser Zusammenhang ganz naturgemäss. Der korallenführende angebliche „Muschelkalk" vom Rudolfsbrunnen bei Ischl, dessen stratigraphische Beziehungen keineswegs klar sind, dürfte auf Grund des Zlambachcharakters seiner Korallenfauna ebenfalls den Hallstätter Kalken zugerechnet werden.

Eine scharfe Grenzscheide in der Entwickelung der Korallenfaunen liegt über den Raibler Schichten. Die in diesem Horizont vorherrschende Mergelentwickelung war dem Gedeihen der Korallen wenig günstig. Die spärlichen vorkommenden Formen schliessen sich der Cassianer Fauna an. Es sind bisher beobachtet: *Thamnastraea, Montlivaultia, Thecosmilia* und eine *Astrocoenia* (von Heiligenkreuz), welche durchgängig zu den wenigen Typen gehören, die in ähnlicher Ausbildung nach oben fortsetzen. Hingegen gehen die Gattungen *Coelocoenia* (= „*Phyllocoenia*" *decipiens* Lbe), *Axosmilia* (hierher auch „*Rhabdophyllia*" *recondita*), *Microsolena* (wahrscheinlich generisch von den jurassischen Arten verschieden) und das Tabulatengeschlecht *Araeopora* (nov. sp. auf der Seelandsalp.) nicht mehr bis in die Raibler Schichten hinein. In den Zlambachschichten und den Hallstätter Kalken erscheint eine vollkommen neuartige Korallenfauna, welche keine einzige Art und nur eine geringe Anzahl von Gattungen (*Montlivaultia, Thecosmilia, Isastraea*[1]), *Astrocoenia, Thamnastraea*) mit den älteren Karnischen Bildungen gemein hat. Auch bei den, gemeinsamen Gattungen angehörenden Arten ist nur bei wenigen Formen von *Montlivaultia, Thecosmilia* und *Isastraea* ein phylogenetischer Zusammenhang wahrscheinlich.

Die grosse Mehrzahl der in den Hallstätter und Zlambachschichten vorkommenden Gattungen ist neu und offenbar durch Einwanderung an ihren Fundort gelangt. Hierfür spricht besonders der Umstand, dass die altertümlichen, zu den palaeozoischen Pterocoralliern gehörenden Gattungen *Gigantostylis, Coccophyllum* und *Pinacophyllum* in tieferen alpinen Bildungen fehlen. Ferner sind neu die Familien der Spongiomorphiden, Gorgoniden, Heterastrididen, sowie die Unterfamilien Stylophyllinae und Astracomorphinae mit den Gattungen *Stylophyllum, Maeandrostylis, Stylophyllopsis, Stephanocoenia, Phyllocoenia, Rhabdophyllia, Heptastylis, Heptastylopsis, Spongiomorpha, Stromatomorpha, Astracomorpha, Procyclolites, Prographularia* und *Heterastridium*.

Die rhaetische Korallenfauna stellt, wie schon früher ausgeführt wurde, einen Ausläufer der oberkarnischen dar, während die liassische wieder mit der rhaetischen zusammenhängt.

Die vollkommene Erneuerung, welche die alpine Korallenfauna in der oberkarnischen Stufe (juvavischen MoJs., norischen

---

[1] *Elysastraea* Lbe aus den Cassianer Schichten beruht auf einem pathologisch veränderten Exemplar von *Isastraea*.

BITTNER nec MOJS.) erfährt, wird durch die ununterbrochene Entwickelung der Korallen in den folgenden Formationen noch auffälliger. Derartige leicht wahrnehmbare Abschnitte in der Entwickelung einzelner Thierklassen sind massgebend für die stratigraphische Eintheilung. Auch manche Ammoneen erscheinen in den Hallstätter Kalken in ähnlich unvermittelter Weise, so besonders die Tropitiden *(Tropites, Halorites, Jurarites, Sagenites* und *Distichites).*

Für die Herkunft der obertriadischen Korallen liegen bereits einige Anhaltspunkte vor. Die Korallen, welche TOULA aus dem östlichen Balkan als neocomische Arten beschrieben hat, wurden mir, da nachträglich Zweifel an der Richtigkeit der Deutung entstanden, vorgelegt und erwiesen sich als oberkarnisch. Ich erkannte vor allem die durchaus bezeichnenden Gattungen *Astraeomorpha* und *Stylophyllum,* ferner *Thamnastraea, Thecosmilia* und *Phyllocoenia* in Arten, welche denen der Zlambachschichten sehr nahe stehen. *Heterastridium* war schon früher durch STEINMANN von dem gleichen Fundort bestimmt worden. Dieselbe Gattung kommt auch in der ostindischen Trias am Karakorum-Pass (Himalaya) vor. Somit dürfen wir mit ziemlicher Sicherheit einen östlichen Ursprung der Korallenfauna der Zlambach-Hallstätterschichten annehmen.

Im westlichen Kleinasien (Balia in Mysien) liegen triadische Bildungen, welche im Alter dem Rhaet und Hauptdolomit (BITTNER) entsprechen, discordant und transgredirend über dem Obercarbon (nach BUKOWSKI); es liegt nahe, die gleichzeitig erfolgende Einwanderung der Korallen in das ostalpine Triasmeer auf diese östliche Transgression zurückzuführen.

c) Vergleich der Hallstätter und Greifensteiner Faciesentwickelung.

Die Beschreibung, welche v. MOJSISOVICS neuerdings[1]) von dem Auftreten der Versteinerungen innerhalb der Hallstätter Kalke entworfen hat, erheischt eine kurze Besprechung, da dieselbe von allgemeinerer Bedeutung für das Auftreten von

---

[1]) Sitz.-Ber. d. Kaiserl. Akademie. Wien. Bd. 101. I. Abth. S. 771.

Frech, Die Karnischen Alpen. 25

Versteinerungen in reinen Kalkbildungen ist. In den eigentlichen (fossilfreien) Hallstätter Kalken treten locale linsenförmige Anhäufungen von Fossilien auf, die eine Dicke
von 1 m selten übersteigen und eine Längsausdehnung von 10
bis 30 m erreichen. Neben den überall vorherrschenden Cephalopoden findet man fast in jeder Linse Schwärme von
Halobien und verwandten dünnschaligen Muscheln. Alle sonstigen Thierreste, Zweischaler, Gastropoden, Brachiopoden,
Crinoiden und Heterastridien sind selten oder nur local häufiger.
Innerhalb der Linsen treten die Fossilien nicht, wie es in
normalen Sedimenten der Fall ist, in annähernd gleichmässiger
Vertheilung auf, sondern von einigen wenigen ganz gemeinen
Formen abgesehen, finden sich einzelne Arten oder selbst
Formengruppen wieder nur nesterförmig, in kleineren oder
grösseren Schwärmen. An derselben Fundstelle werden gewisse
Arten oft Jahre hindurch nicht angetroffen, dann aber plötz-
lich wieder in mehreren Exemplaren gefunden.

Diese Beschreibung passt fast Wort für Wort auf die
Greifensteiner (Hercyn-) Facies des Devon, deren Eigentümlichkeiten oben (S. 274 und Zeitschr. d. deutschen geolog.
Gesellschaft 1889. S. 264) eingehender geschildert sind. Insbesondere konnten in den tieferen, ebenfalls rothgefärbten F_2-
Schichten von Konieprus in Böhmen vollkommen übereinstimmende Beobachtungen gemacht werden. Z. B. ist das Vorkommen von *Bronteus thysanopeltis*, von *Proteocystites flarus*
(zusammen mit *Phacops fecundus*), von *Anarcestes lateseptatus*
und den mannigfachen Proütusarten bei Konieprus ein durchaus
localisirtes.

Zum Vergleich mit den Angaben von MOJSISOVICS' über
Hallstatt gebe ich die früheren (Zeitschrift d. deutschen geol.
Ges. 1887. S. 387) über den Pic de Cabrières veröffentlichten
Beobachtungen wieder. „Die Versteinerungen sind unregelmässig
nesterweis durch den unteren Theil der Kalkmasse vertheilt.
An den einzelnen Fundorten erscheinen immer nur bestimmte
Arten in grösserer Häufigkeit, die an anderen Punkten fehlen.
So liegen in einem schwach mergeligen Kalk *Spirifer indifferens*
BARR. (sehr häufig) und *Orthis tenuissima* BARR. (etwas seltener),
die sonst nirgends gefunden werden; anderwärts kommt *Phacops
fecundus* var. *major*. BARR. in ziemlicher Häufigkeit vor. Die

Mehrzahl der Trilobiten (*Proëtus*) wurde zusammen mit zahlreichen kleinen Brachiopoden an einem dritten Orte gesammelt" u. s. w.

Bei Konieprus und am Kollinkofel lässt sich ein unmittelbarer Zusammenhang von den die Versteinerungslinsen
führenden Kalken mit Korallenkalken nachweisen, während die
Hallstätter Kalke nur an wenigen Stellen durch eingreifende Ko-
rallenriff-Entwickelung unterbrochen werden. Das Vorkommen
von Greifenstein selbst ist räumlich äusserst beschränkt.
Trotzdem kann man auch hier nachweisen, dass bestimmte
Arten nur an bestimmten Puncten vorgekommen sind.

Jedenfalls besteht zwischen Devon und Trias auch die
Analogie, dass sowohl die Greifensteiner wie die Hallstätter
Faciesentwickelung wegen des vollständig unregelmässigen
Auftretens der Versteinerungen die schwierigsten und inter-
essantesten Probleme bieten, deren Lösung in beiden Fällen
trotz jahrelanger Arbeit noch nicht vollständig gelungen ist.

d) Kurze Uebersicht der alpinen Triasbildungen.

Trotz der im Vorstehenden berührten formellen Schwierigkeiten, die allerdings, wie ich aus charakteristischen Aensse-
rungen nichtösterreichischer Geologen entnehmen konnte, dem
Uneingeweihten den Eindruck grösster Verworrenheit machen,
ist die normale Gliederung der alpinen Trias eine äusserst
einfache[1]); allerdings werden durch häufigen Facieswechsel
mannigfache Aenderungen bedingt. Die geographischen
Unterschiede bestehen wesentlich darin, dass bestimmte
Faciesbildungen, so die Hallstätter Entwickelung, die Südtiroler Tuffmergel oder die Salzburger Hochgebirgskorallenkalke
und die Kössener Schichten (Nordalpen, Lombardei) auf bestimmte Gebiete beschränkt sind.

Die Abgrenzung der mächtigen Kalk- und Dolomitmassen
wird durch drei, im Allgemeinen beständige Mergelhorizonte
ermöglicht, von denen allerdings nur der untere niemals in
rein kalkiger Facies erscheint. Es sind die Werfener (I, vergl.

---

[1]) Es ist dies selbstredend keine neue Wahrheit; u. a. hat A. BITTNER
in letzter Zeit häufig auf die Einfachheit der Normalgliederung hingewiesen
(Jahrb. G. R. A. 1892. S. 393.)

25*

oben), die Raibler (III) und die Kössener Schichten (V, Rhaet);
wir erhalten somit eine Reihe von fünf, allerdings paleontolo-
gisch ungleichwerthigen Gebirgsgliedern, deren Aufzählung
hier nur didaktischen Zwecken dient:

I. Die Werfener Schichten (Seisser Schichten unten; Campiler und Myophorienschichten LEPSIUS non ROTHPLETZ oben;
Haselgebirge von Berchtesgaden und Hallstatt mit Salz und
Gyps), bilden das fast niemals fehlende Anfangsglied der Alpentrias und bestehen aus bunten Sandsteinen, Schiefern und Kalk-
mergeln mit massenhaften Zweischalern. Reine Kalke sind selten.

II a. Im ˙Hangenden der Werfener Schichten (I) ist der
Muschelkalk (II a) (Guttensteiner Kalk, Reichenhaller Kalk,
Myophorienschichten ROTHPLETZ non! LEPSIUS[1]), Virgloriakalk
im unteren Theile, Reiflinger Kalk z. Th. und Prezzokalk im
oberen Horizont) meist deutlich unterscheidbar.

II b. Dann folgt im Hangenden der Schlerndolomit
(Wettersteinkalk der nördlichen Kalkalpen, Esinokalk der Lom-
bardei, erzführender Kalk von Raibl, Bleiberg und Unter-
Petzen).

Zuweilen beginnt schon im oberen Muschelkalk (Mendola-

---

[1] Die Bezeichnung Myophorienschichten wurde, wie BITTNER auseinandergesetzt hat, zuerst von LEPSIUS für eine Ausbildungsform des Südtiroler Buntsandsteins vorgeschlagen; für die nach BITTNER dem alpinen
Muschelkalk angehörigen Myophorienschichten von ROTHPLETZ war schon
früher der Name Reichenhaller Kalk (versteinerungsreiche Facies des Guttensteiner Kalkes) in Anwendung. Mir will es scheinen, als ob die stratigraphische Begrenzung der Myophorienschichten von ROTHPLETZ (Zeitschr.
d. D.-Oest. Alpenvereins. 1888. S. 413) nicht hinreichend scharf sei, um eine
Vergleichung desselben mit anderen Horizonten zu ermöglichen. Dieselben
werden im Karwendel zwar vom Muschelkalk gleichförmig überlagert;
hingegen sind die Lagerungsverhältnisse „an den beiden Orten, wo Werfener
Schichten mit den Myophorienkalken zusammen auftreten, so gestört, dass
man nicht sowohl von einer regelmässigen Ueberlagerung, als vielmehr nur
von einer allseitigen Begrenzung der ersteren durch die letzteren
sprechen kann." Die Rauchwacken, welche die Myophorienschichten kennzeichnen und auch in den Südalpen an der Grenze von Werfener Schichten
und Muschelkalk auftreten, werden von mir zu den ersteren gerechnet (vgl.
unten). Jedoch ist, ganz abgesehen von dem Fehlen der Versteinerungen
im Süden, die Mächtigkeit derselben nirgends bedeutend genug, um die
Ausscheidung eines besonderen Gebirgsgliedes zu rechtfertigen.

dolomit, Spizzekalk) oder unmittelbar über den Werfener
Schichten die Dolomitentwickelung (Mürzgebiet, Enns-
thaler Kalkhochalpen, Koschutta in den Karawanken).
Man bezeichnet dann diese bis zu den Raibler Schichten rei-
chende Dolomitmasse als Unteren Dolomit[1]). In den Südalpen liegen als hetcrope Acquivalente des wesentlich durch
Korallenthätigkeit aufgebauten Dolomites zwischen Muschelkalk
und Raibler Schichten die durch Cephalopoden und (an der
oberen Grenze) durch Korallen wohl gekennzeichneten Buchensteiner, Wengener und Cassianer Schichten. Die geologische Verbreitung der beiden tieferen Zonen in der Mergelfacies
ist in den Südalpen weitaus bedeutender als die der höheren.
Gleichzeitig fanden im Süden vom Muschelkalk an bedeutende
vulkanische Ausbrüche statt, deren Material meist in der
Form submariner, meist fossilreicher Tuffe zwischen den
Dolomitriffen abgelagert wurde. In den Nordalpen liegen
local mergelige fossilarme Bildungen (Partnachschichten

---

[1]) A. BITTNER bezeichnet die untere Kalkmasse als „Muschelkalk im
weitesten Sinne“ und folgt hierin dem Vorgehen anderer, welche Wettersteinkalk und ausseralpinen oberen Muschelkalk mit einander verglichen
haben. Ueber diese Parallelisirung lässt sich wenig pro oder contra sagen,
so lange wir über die Fauna des Wettersteinkalkes so ungenügend unterrichtet sind wie bisher. Diejenigen alpinen Faunen, welche nach dem
neueren Umschwung der Ansichten mit dem mitteldeutschen Muschelkalk
verglichen werden können, sind die der Buchensteiner und Wengener
Schichten, und hier sind — selbst bei weitgehender Berücksichtigung
facieller und geographischer Verschiedenheiten — die Unterschiede so gross
wie möglich. Es sei nur daran erinnert, dass *Ceratites*, das bezeichnende
Cephalopodengeschlecht des oberen Muschelkalkes, in den fraglichen Horizonten der Alpen ebenso vollkommen fehlt, wie *Trachyceras* in Deutschland. Auch E. FRAAS lässt (Scenerie der Alpen) den „Alpinen Muschelkalk“ bis zu den Cassianer Schichten“ emporreichen. Allerdings wird trotz
der sachgemässen und klaren Uebersicht der Trias (S. 115 ff.) die Tabelle
(S. 146) der Darstellung der verwickelten aequivalenten Faciesbildungen
graphisch nicht gerecht. Vor allem veranlasst das wenig aussichtsvolle
Bestreben einer Parallelisirung der alpinen und deutschen Trias manche
Irrtümer; so wird der mittlere deutsche Muschelkalk mit den überaus
versteinerungsreichen Cassianer und Wengener Schichten verglichen. Derselbe ist eine locale, durch zeitweisen Rückzug des Meeres bedingte, wenig
mächtige Schichtgruppe, die entsprechend der Art der Entstehung sehr
arm an organischen Resten ist und auch nicht eine einzige eigentümliche
oder neu auftretende Art enthält.

vergl. unten) zwischen Muschelkalk und Carditaschichten. Auch im Hallstätter und Reiflinger Gebiet finden sich an Stelle der drei Südtiroler Horizonte fossilleere, wenig mächtige Kalke, ohne dass eine Unterbrechung des Absatzes nachweisbar wäre.

III. Die Raibler oder Carditaschichten (obere Abtheilung: Torer und Opponitzer Kalke; untere Abtheilung: Schlernplateauschichten von Südtirol, Bleiberger Schichten in Kärnten, Carditaschichten s. str. nach v. WÖHRMANN, Lüner Schichten in Vorarlberg; Reingrabener Schiefer, Lunzer Sandstein in Oesterreich)[1] sind in ihrem unteren Theile von der Cassianer Stufe schwer zu trennen, wenn beide in Zweischalerfacies entwickelt sind. Der untere Theil der nordalpinen Carditaschichten entspricht dem Cassianer Horizont. Nur selten, so im Comelico und bei Recoaro, sind die Raibler Schichten kalkig entwickelt; auch in der Trias der Centralalpen, am Ortler, Reschenscheideck („Ortlerkalk") und Tribulaun (Brenner) konnten die Raibler Schichten nicht ausgeschieden werden. Eine Gliederung der mächtigen Kalk- oder Dolomitmassen ist in solchen Fällen kaum möglich.

IV. Die mächtige obere Kalk-Dolomit-Masse besteht aus drei aequivalenten Faciesgebilden, die in den Nordalpen zuweilen eine regelmässige zonenförmige Anordnung erkennen lassen, dem versteinerungsleeren Hauptdolomit, dem an *Megalodon* reichen Dachsteinkalk (= Plattenkalk SUESS vergl. unten) und dem Salzburger Hochgebirgskorallenkalk; derselbe ist u. a. auf der Südseite des Dachstein-, des Tännen- und Hagengebirges verbreitet und stellt eine unzweifelhafte Riffbildung dar. Der Hallstätter Kalk (vergl. oben) mit seinen Cephalopoden reichen Kalklinsen entspricht, abgesehen von dem in gleicher Facies ausgebildeten Muschelkalk der Schreyer Alp, ebenfalls den Raibler Schichten (Zone des *Trachyceras aonoides* und *Tr. austriacum*) sowie dem Hauptdolomit. Die korallenreichen Zlambachschichten nehmen als Einlagerung ein hohes Niveau in dem Hallstätter Kalk ein. Die Gebiete des Hallstätter Kalkes sind stets durch Gebirgsbrüche von denen des Dachsteinkalkes getrennt und zeigen eine erheblich

---

[1] Schichten von Gorno und Dossena in der Lombardei.

geringere Mächtigkeit der Schichten als dieser (200 m gegen 1500—2000 m).

V. Die Erscheinung des Rhaet wird ebenfalls durch Faciesverschiedenheiten wesentlich beeinflusst. Die rein kalkige Entwickelung der Hochgebirgskorallenkalke oder des geschichteten Dachsteinkalkes mit *Megalodon* geht stellenweise (die letztere vor allem in Südtirol) durch die Karnische und Rhaetische Stufe hindurch. Zuweilen finden sich Korallenbänke (Lithodendronkalk; *Lithodendron=Thecosmilia*) eingelagert in anderen Faciesgebilden. In der mergeligen Entwickelungsform beobachtet man eine Zweischalerfacies (die schwäbische), zwei Brachiopodenfacies (die Karpathische und die Kössener, letztere mit *Spirigera oxycolpos*) und eine Cephalopodenfacies (die Salzburger mit *Choristoceras Marshi* und *Psiloceras planorboides*). In einem mittleren Striche der Nordkalkalpen erscheinen diese Facies in der genannten Reihenfolge übereinander [1].

2. Die Werfener Schichten.

Die Werfener Schichten sind der (in Bezug auf Faciesentwickelung und Versteinerungsführung) beständigste Horizont der gesammten ostalpinen Trias und scheinen sogar in den Westalpen (Quartenschiefer) vertreten zu sein. Das verbreitetste Gestein sind rothe, sandige, glimmerreiche Schiefer, deren Schichtflächen meist vollständig mit Steinkernen von Zweischalern („*Myacites*", *Pseudomonotis*) bedeckt ist. Der Fossilreichthum ist zugleich das beste Unterscheidungsmerkmal von den rothen Grödner Schichten, die zuweilen in ganz ähnlicher Schieferentwickelung auftreten und dann in stark dislocirten Gebieten, wie in der Gegend von Tarvis, verwechselt werden können. Vielfach gestattet das Vorkommen von groben rothen Sandsteinen, Dolomitknollen und Conglomeraten in dem tieferen Niveau auch eine petrographische Unterscheidung. Eine Verwechselung mit den Conglomeraten der Grödener

[1] Vergl. v. Mojsisovics, Dolomitriffe S. 74—78.

Schichten ist um so weniger möglich, als derartige Bildungen im Werfener Horizont überall so gut wie gänzlich fehlen.

Die Werfener Schiefer liegen in ganz Südtirol, Venetien und Kärnten zwischen heteropen kalkigen Bildungen und sind sowohl mit den hangenden Muschelkalken wie mit den liegenden Bellerophonkalken durch Wechsellagerung verknüpft.

I. Die liegende Abtheilung der Werfener Schichten besteht aus grauen, gelben oder röthlichen Mergelkalken, die z. B. im Schwefelgraben bei Lussnitz *Pseudomonotis Clarai* führen und auch bei Pontafel (Bahnhof) gut entwickelt sind.

II. Die mittlere, aus rothen glimmerigen Schiefern, Sandsteinen und Mergeln bestehende Abtheilung enthält in dem Lussnitzer Aufschluss (nach STACHE) *Myacites fassaensis* WISSM., *Pecten venetianus* HAU. sp. (*Avicula* bei HAUER, vergl. unten), *Turbo* cf. *rectecostatus* und *Dinarites* sp. Vereinzelte Arten sind auch auf der Kühweger Alp am Fusse des Gartnerkofels gefunden, so (nach E. SUESS) *Myacites fassaensis* und *Pseudomonotis*. Eine reichere Fauna enthalten die rothen sandigen Werfener Schichten vom Achomitzer Berg; ich bestimmte aus der von TOULA gesammelten und in der k. k. technischen Hochschule zu Wien befindlichen Suite:

Tirolites cassianus QU. sp.
Natiria costata MSTR. sp.[1] („*Naticella*" auct.)
„ *aff. costatae*, eine grössere Form.
Myophoria costata ZENK.
Myacites fassaensis WISSM.
Pecten cf. *discites* BR.
Pecten venetianus v. HAU. sp.[2]

---

[1] Die Ableitung der triadischen Schnecke von den palaeozoischen Natirien hat E. KOKEN ausführlich nachgewiesen. (Ueber die Entwickelung der Gastropoden Beilageband VI des N. J., S. 475.) Die Angabe l. c., dass *Naticella costata* aus den Wengener Schichten stammt, ist wohl nur ein lapsus calami oder ein Druckfehler.

[2] Wie die Untersuchung der in der geologischen Reichsanstalt befindlichen HAUER'schen Originale bewies, ist *Avicula venetiana* v. HAUER (Denkschriften der Wiener Akademie I. S. 110. t. 18. f. 1—3) ein Pecten und mit *Pecten Fuchsi* (id. ibid. S. 112. t. 18. f. 8a, b) zu identificiren. Die Verschiedenheit der beiden Formen beruht vor allem auf der abweichenden

Pecten sp. (gestreifte Art)

Gervillia aff. *polyodontae* CREDN.

Pseudomonotis angulosa LEPSIUS sp. die grossen auffallenden, von BITTNER (Verhandlungen der geolog. Reichsanstalt 1886. S. 389) besprochenen Formen.

Auch am Achomitzer Berg fehlt die für die tieferen Schichten bezeichnende *Pseudomonotis Clarai* EMMR. Hingegen stimmt die Fauna der ebenfalls aus dem höheren Werfener Schiefer von Südtirol, Südsteiermark und Eisenerz bekannten kalkigen Myophorienbänke im Wesentlichen mit der vorstehenden überein. Bemerkenswerth ist an der von BITTNER [1]) gegebenen Zusammenstellung der Eisenerzer Fauna die Häufigkeit glatter Myophorien (*M. ovata* BR. und *M. rotunda* v. ALB?)

III. Die Rauchwacken, Zellendolomite und Kalke, welche in Val Sugana, bei Recoaro und im Westen der Etsch die obere Grenze der Werfener Schichten kennzeichnen, finden sich auch in unserem Gebiet, vor allem im Pontebbanathal bei Pontafel wieder. Die bezeichnenden aus Tirol beschriebenen rothen Gastropoden-Oolithe sind in schöner Entwickelung in den tieferen Schichten des Achomitzer Berges sowie am Waltischer-Hof bei Arnoldstein gefunden worden. Hingegen sind weder reichere Cephalopodenfundorte noch die Sandsteine mit *Lingula* aus unserem Gebiete bekannt.

Sandsteine mit Wellenfurchen sind an der Mündung des Bombaschgrabens bei Pontafel aufgeschlossen und erinnern an die gleichartigen Bildungen im rheinischen Spiriferensandstein. Ueberhaupt erscheint die Aehnlichkeit mancher Flachseebildungen des Devon mit den Werfener Schichten bemerkenswerth; vor allem ist die Uebereinstimmung der „Dolabrasandsteine" der höheren belgischen und norddevonischen Schichten mit den Myacitenbänken unverkennbar.

Bemerkenswerth ist die Gleichartigkeit der Gliederung

Art der Erhaltung; *Avicula venetiana* liegt in grauem, kalkigem Sandstein und besitzt eine gut erhaltene Oberfläche, *Pecten Fuchsi* ist ein Steinkern aus rothem, glimmerigen Sandstein.

[1]) Verhandlungen der geologischen Reichsanstalt 1886 S. 389. Vergleiche ferner noch für die Werfener Schichten MOJSISOVICS Dolomitriffe p. 42, BITTNER, Recoaro, Jahrb. d. K. K. geol. Reichsanstalt 1883, S. 582, T. HARADA, Comelico, ibid. S. 155.

der Werfener Schichten auch im östlichen Südtirol. Hier unterscheidet man nach Lepsius und Bittner [1]) von unten nach oben

    I. 1. Untere Röthplatten, in den oberen Bänken mit *Pseudomonotis Clarai,*

    II. 2. Gastropoden-Oolithe voll von *Holopella gracilior,*

         3. Obere Röthplatten mit *Tirolites Cassianus, Natiria costata* und *Myophoria costata;* im oberen Theile dieser Schichten zeichnet sich eine Myophorienbank aus,

    III. 4. Zellendolomit mit Rauchwacke und Gyps als obere Grenzbildung.

Da die Gastropoden-Oolithe mit den echten Werfener Schieferplatten wechsellagern und somit keine eigentliche stratigraphische Selbstständigkeit beanspruchen können, ergiebt sich eine sehr bemerkenswerthe stratigraphische und facielle Uebereinstimmung zwischen Osten und Westen. Die untere Abtheilung (*I*) entspricht den Seisser, die obere (*II*) den Campiler Schichten von Richthofen's; die versteinerungsleeren Rauchwacken sind wohl vielfach — mit gleichem Recht — zum Muschelkalk gestellt worden.

3. Der Muschelkalk.

Der durch seine Gesteine im Allgemeinen wohl charakterisirte Muschelkalk ist für den Aufbau des östlichen Theiles der Karnischen Hauptkette nicht unwichtig, zeichnet sich aber überall durch eine ungewöhnliche Armuth an Versteinerungen aus. Cephalopoden wurden bisher überhaupt nicht gefunden; die bezeichnenden Brachiopoden des Wellenkalkes sind nur an einigen Fundorten in dem nördlichen Gailthaler Gebirge vorgekommen.

Bei der Versteinerungsarmuth der in Frage kommenden Bildungen und der Häufigkeit der Dislocationen konnte eine stratigraphische Scheidung in unteren und oberen Muschelkalk,

---

[1]) Ueber die geologischen Aufnahmen in Iudicarien und Val Sabbia, Jahrb. der geol. R.-A. 1881, S. 222 ff.

die Zonen des *Ceratites binodosus* und *trinodosus,* nicht durch-
geführt werden. Die dunkelen z. Th. mergeligen Platten-
kalke der Guttensteiner Facies mit ihren hellen Kalk-
spathadern und Hornsteinausscheidungen und der braungelben
Verwitterungsrinde sind jedoch ebensowenig zu verkennen wie
die blutrothen glimmerigen Schiefer und die bunten
Kalkconglomerate des unteren Südtiroler Muschelkalkes.
Sehr häufig ist in den angrenzenden Südtiroler und Venetianer
Gebieten der obere Muschelkalk durch weissen Dolomit oder
Kalk von den auflagernden Bildungen getrennt (Mendola-
Dolomit, Kalk des Monte Spizze bei Recoaro), und dieser
kann von dem hangenden Schlerndolomit nur in sehr deutlichen
Profilen ohne Hilfe von Versteinerungen unterschieden werden.
In unserem versteinerungsleeren, arg dislocirten Gebiet musste
auf eine Abgrenzung dieses Dolomites von den gleichartigen
Bildungen der Karnischen Stufe verzichtet werden. Jedoch
beweisen einige Brachiopoden, welche Herr Professor SUESS
im obersten Garnitzengraben nicht weit vom Schulterköferle
sammelte, dass auch in der Karnischen Hauptkette ein Theil
der Kalk-Dolomitmassen wohl noch zum alpinen Muschelkalk
zu rechnen ist. Herr Dr. A. BITTNER bestimmte die nicht
sonderlich wohl erhaltenen Reste als *Spiriferina Mentzeli*
DUNK., *Sp.* cf. *fragilis* SCHL., *Terebratula* cf. *vulgaris* SCHL.

Vielfach dürfte auch der obere Muschelkalk durch
die dunkelen Plattenkalke vertreten sein, so in dem Profile des Bombaschgrabens, wo ein allmäliger Uebergang
in die jüngeren Dolomite und Kalke zu beobachten ist.

In dem Profile bei Kaltwasser in den Julischen
Alpen wird der obere Muschelkalk mitsammt den Buchensteiner Schichten durch die „Doleritischen Tuffe von
Kaltwasser" vertreten. Dieselbe eruptive Facies findet sich
auch am Massessnik nördlich von Malborget und Uggowitz
sowie am Gartnerkofel und wurde durch eine besondere
Farbe (roth) ausgezeichnet. An der Thörlhöhe und dem Gartnerkofel beobachtet man über den Werfener Schiefern eine
mannigfaltig entwickelte Schichtfolge (Abb. 16 u. 17, S. 44,
Abb. 84, S. 343):

    1. Grauen wohlgeschichteten Plattenkalk.

2. Rothen Glimmersandstein und Schiefer.

3. Buntes Kalkconglomerat mit untergeordnetem rothen Kalk und Knollenkalk.

4. Grünen Porphyrtuff (Pietra verde), bald auskeilend; darin Kalkgeschiebe von Quarzporphyr umflossen.

5. Schlerndolomit, die Masse des Gartnerkofels bildend; im untersten Theile grauen, wohlgeschichteten Kalk, den Buchensteiner Schichten entsprechend.

Die Bildung der grünlichen Tuffe steht am Gartnerkofel wie bei Raibl in unmittelbarem Zusammenhang mit der der rothen „Raibler Quarzporphyre". Da die Auffassung des Raibler Profils auch für die dislocirten, aber petrographisch gleichartigen Gesteine der Karnischen Alpen massgebend ist, so muss ich ausdrücklich hervorheben, dass eine aufmerksame Begehung der Strasse Raibl-Kaltwasser die Angaben Dieners [1] durchaus bestätigt hat, was hier entgegen der von Stur [2] veröffentlichten Kritik der Diener'schen Arbeit ausdrücklich hervorzuheben ist.

Die „beiden Muschelkalke bei Kaltwasser" (l. c. S. 16) hat Herr D. Stur „nicht gefunden," was auch in Anbetracht der Vertretung des oberen Muschelkalkes durch die Tuffe (Diener l. c. S. 664) nicht wohl zu erwarten war. Die bunten Conglomerate bezieht derselbe Forscher auf die „permischen Uggowitzer Conglomerate," eine Anschauung, die auf die oben widerlegte Auffassung Staches zurückzuführen ist.

Aehnlich wie der erzführende Kalk von Bleiberg und Raibl (II b der obigen Uebersicht) enthält auch der Muschelkalk lagenförmig eingesprengten Bleiglanz. Das Vorkommen bei Arnoldstein in den Westkarawanken wurde oben S. 37 (Abb. 12) beschrieben.

Die Versteinerungsfunde im Muschelkalke der Karnischen Hauptkette beschränken sich, abgesehen von den oben erwähnten Brachiopoden, auf Crinoidenreste und die eigentümliche, einer *Retzia* ähnliche *Spiriferina Peneckei* Bittner, welche in den hornsteinreichen Plattenkalken des Malborgeter

---

[1] Jahrbuch der geol. Reichsanstalt 1884, S. 663.

[2] Verhandlungen d. geol. Reichsanstalt 1887 (Jahresbericht) S. 17.

und Filza Grabens vorgekommen sind. Obwohl es sich in beiden Fällen um Aufquetschungen im Gebiete des Schlern-dolomites handelt, lässt die petrographische Beschaffenheit der Guttensteiner Kalke keinen Zweifel über die Alterstellung.

Eine kleine Anzahl von Versteinerungen, welche aus dem Kofflergraben (Kreutzengraben) bei Feistritz an der Drau stammen, erwähnt K. A. PENECKE (Verhandl. G. R.-A. 1884, S. 382). Ueber Grödener Sandstein und kalkigen Werfener Schichten, die den Nordfuss des Bleiberger Erzberges bilden, erscheint ein dunkeler Kalk, der vollkommen an die dunkele Terebratelbank des Kaltenleutgebener Grabens erinnert. Der-selbe enthält *Terebratula vulgaris* SCHLT. in grosser Menge; seltener sind *Rhynchonella decurtata* DKR., *Retzia trigonella* SCHLT., *Spiriferina Mentzeli* DKR. und *Lima* sp. Aus einem sehr tiefen Horizont des Muschelkalkes giebt auch E. SUESS in dem oben S. 150 beschriebenen Durchschnitt Lind (Drau-thal)—Weissensee *Retzia trigonella* und *Spiriferina fragilis* an.

Ueber der Brachiopodenfacies des unteren Muschel-kalkes (Zone des *Ceratites binodosus*) folgt — wie am Weissen-see — ein dunkeler, splittriger, bankig abgesonderter Kalk mit zahlreichen Hornsteinausscheidungen, dessen unterer Theil dem oberen Muschelkalk (Zone des *Ceratites trinodosus*) entsprechen dürfte, während der höhere Theil den Buchen-steiner Schichten (Zone des *Trachyceras Reitzi*) zu vergleichen ist. In den unteren Theilen des Kalkes sammelte K. A. PENECKE ebenfalls noch *Terebratula vulgaris* sowie Gastropoden (? *Chem-ritzia* und ? *Trochus*).

Aehnliche schwarze Kalke mit Brachiopoden und Ger-villien erwähnt TELLER aus der Umgegend von Vellach in den Karawanken (Verhandl. G. R.-A. 1887, S. 263).

Das unserem Gebiet zunächst liegende Vorkommen der Cephalopodenfacies des unteren Muschelkalkes befindet sich in Val Talagona bei Pieve di Cadore; die Versteinerungen wurden meist durch v. MOJSISOVICS bestimmt (HARADA, Jahr-buch der K. K. geol. Reichsanstalt 1883, S. 156) und gehören dem tieferen Muschelkalk an:

Balatonites bragsensis LORETZ

Ptychites sp.

Arcestes sp.

Gymnites aff. *Humboldti* Mojs.

? *Balatonites* cf. *Ottonis* v. B.

Ceratites binodosus v. Hau.

Pecten discites Schloth.

Die Cephalopodenfacies der höheren Zone des *Ceratites trinodosus* ist bisher weder aus dem Karnischen Gebiet noch aus dem angrenzenden Südtirol bekannt geworden. Die Hauptfundorte derselben liegen in Judicarien, der Lombardei und im Salzkammergut (Schreyer Alp). Die manigfachste Faciesentwickelung zeigt der Muschelkalk bei Recoaro [1]), wo

a) zu unterst Zweischalerkalke mit *Encrinus gracilis*,

b) dann Brachiopodenkalke mit *Encrinus liliiformis* und den schon oben (von Feistritz) angeführten Brachiopoden des deutschen Wellenkalkes und eingelagerten Landpflanzenschiefern vorkommen. Diese beiden Facies entsprechen der Zone des *Ceratites trinodosus*. Darüber liegen

c) rothe sandige Mergel von wechselnder Mächtigkeit,

d) graue Kalke mit *Gyroporella triassina*, Thamnastraeenrasen, Zweischalern (*Aricula*, *Pecten*, *Myophoria* cf. *vulgaris*) und Gastropoden; das hangendste Glied bilden die

e) weissen Kalke des Monte Spizze.

„Die obersten Lagen des Spizzekalkes gehen in rothbunte, grellgelbe, stellenweise auch breccienartig gefleckte Gesteine über, welche hie und da Hornsteinausscheidungen, sowie unregelmässige tuffige Einschlüsse zeigen" (Bittner). Diese Entwickelung erinnert an die Beschaffenheit der an der oberen Muschelkalkgrenze liegenden Kalke des Gartnerkofels; leider fehlen an letzterem Orte die Brachiopoden, Zweischaler und Cephalopoden, welche diese Lager des Spizzekalkes erfüllen.

In Iudicarien unterscheidet Bittner:

I. {
a. Unteren Muschelkalk = Horizont des *Dadocrinus gracilis* von Recoaro, bildet die Masse des Muschelkalkes in einer Mächtigkeit bis zu 300 m und entspricht in Bezug auf Versteinerungsarmuth

---

[1]) Eingehende Angaben bei Bittner, Jahrbuch der K. K. geol. Reichsanstalt 1883, S. 584—594.

[2]) Jahrbuch der Geol. R.-A. 1881, S. 229.

I.
> sowie petrographischen Charakter den Gutten-
> steiner Kalken oder den Plattenkalken des
> Karnischen Gebietes.
>
> b. Brachiopodenkalk (Niveau vom Ponte de
> Cimego) Hauptlager des *Ceratites binodosus* und
> *Ptychites Studeri.*

II. Oberen Muschelkalk (Niveau vom Prezzo und
Dosso Alto), Zone des *Ceratites trinodosus, Balatonites euryomphalus* und *Ptychites gibbus.*

Die ausführlichsten Angaben über die Fauna des alpinen
Muschelkalkes finden sich bei BITTNER (l. c. S. 569 ff.) und
bei MOJSISOVICS Dolomitriffe (S. 46 ff.).

4. Ueber die pelagischen Aequivalente der unteren Trias und die rothen Perm-Triasschichten.

Die grosse, zwischen der palaeozoischen und mesozoischen
Thierwelt klaffende Lücke wird vor allem durch die Ver-
steinerungsarmuth bezw. das Fehlen mariner Thierreste im
Rothliegenden und Buntsandstein bedingt; die verarmte „sar-
matische" Thierwelt des Zechsteins, welche nur unter den
Zweischalern vereinzelte neuartige Typen (*Hinnites, Bake-
wellia*) enthält, ist nicht als vermittelndes Glied aufzufassen.
Jedoch giebt es pelagische Ausbildungsformen der Dyas in
verhältnissmässig geringer Zahl, die wir wenigstens in ihren
Hauptvertretern kennen gelernt haben.

Auch die an der Basis der Trias vorhandene Lücke,
welche in einer fast noch fühlbareren Weise die fortlaufende
Entwickelung des thierischen Lebens zu unterbrechen schien,
wird durch neuere Forschungen mehr und mehr ausgefüllt. In
den Karnischen Alpen werden Altertum und Mittelalter der
Erde durch eine ununterbrochene Reihe mariner Schichten
verbunden. Da dieselben jedoch in den entscheidenden Horizonten versteinerungsarm oder versteinerungsleer sind, so erscheint ein kurzer Hinweis auf die anderwärts beobachteten
Faunen gerechtfertigt.

Eine wie es scheint ununterbrochene palaeontologische
Entwickelung lässt die von ABICH entdeckte und beschriebene

Schichtenfolge der Araxesenge bei Djulfa (Armenien) erkennen. Nach den Deutungen von Mojsisovics [1]) enthält dieselbe folgende Horizonte:

Oben

Trias ?	a. *Rhizocorallium* führende Platten des unteren Muschelkalkes. b. Schiefrig-kalkige Bänke mit *Pseudomonotis* cf. *Clarai* und ? *Tirolites* = Werfener Schichten.
Ob. Perm	c. Dunkelgraue, feste, plattenförmige Kalke im Wechsel mit bituminösen, Alaunschiefer ähn-lichen, gypsreichen Bänken = ? Bellerophon-kalk. d. Bänke festen spröden Kalkes mit thonig-stei-nigen Mergeln wechselnd.

In den Mergelbänken finden sich Brachiopoden, besonders
Productiden. An der Basis des Horizontes c liegt die von
ABICH ausgebeutete Fundstelle von Ammoniten (*Otoceras,
Hungarites*) und Goniatiten (*Gastrioceras*). Die Aehnlichkeit
des höheren Theiles der Schichtfolge mit alpinen Horizonten
ist augenfällig, wenngleich für eine eingehendere Parallelisirung
die Anhaltspunkte noch spärlich sind. Der oberste Permhori-
zont könnte etwa dem Bellerophonkalk entsprechen; allerdings
ist eine pelagische Ammoneenfauna, welche jünger ist als der
obere indische Productuskalk [2]) und die Schichten des Sosio
auf Sicilien, in den Alpen nicht vorhanden.

Die älteste triadische, dem unteren Bundsandstein ho-
motaxe Ammonitenfauna kommt nach Mojsisovics [3]) im Himalaya (Spiti) vor. Es sind die von GRIESBACH entdeckten
Otoceras-beds, welche hauptsächlich *Xenodiscus*, seltener
Otoceras, Meekoceras und *Prosphingites* enthalten. Sowohl die
Unterlagerung durch Productuskalke wie die Entwickelungsstufe der Ammoneen weisen auf die tiefste Trias an. Gonia-
titische Formen fehlen — abweichend von Djulfa — vollständig und die armenischen Otoceras-Formen stehen auf einer
tieferen Entwickelungsstufe als die indischen Arten.

---

[1]) Verhandlungen der K. K. geol. Reichsanstalt 1879, S. 173.

[2]) KARPINSKY, Ammoneen der Artinskstufe S. 92.

[3]) Sitzungsberichte d. K. K. Akademie d. Wissenschaften Wien, Bd. 101,
Abth. I (1892) S. 377.

Auch in der indischen Salzkette überlagert die untere Trias in reicher Entwickelung der Faunen den Productuskalk ohne deutliche Discordanz, enthält aber eine durchaus abweichende Thierwelt. Bemerkenswerth ist der Umstand, dass in den 7 verschiedenen Ammoneenfaunen, von denen WAAGEN die 5 unteren mit dem Buntsandstein, die 2 oberen mit dem Muschelkalk vergleicht, nur ceratitenähnliche Formen vorhanden sind; Formen mit ammonitenähnlicher Lobenentwickelung, welche bereits im oberen Productuskalk vorhanden waren, fehlen vollkommen. Die Reihenfolge der Faunen ist nach WAAGEN[1]) von unten nach oben:

1. Unterer Ceratitenkalk: *Gyronites* (verw. mit *Meekoceras*, früher als *Xenodiscus* bezeichnet), *Dinarites*.

2. Ceratitenmergel: *Proptychites, Meekoceras, Gyronites* (selten), *Dinarites*.

3. Unterer Ceratitensandstein: *Meekoceras, Dinarites, Ceratites, Celtites*.

4. Mittl. Ceratitensandstein: *Flemingites, Meekoceras, Dinarites, Celtites, Stachella*.

5. Oberer Ceratitensandstein: Flemingitesschichten, *Flemingites, Acrochordiceras* und sämmtliche in den tieferen Schichten vorkommenden Gattungen. *Proptychites* hat hier seinen letzten Vertreter.

WAAGEN hebt (a. a. O. S. 381) als wahrscheinlich hervor, dass „der grössere Theil dieser fünf Cephalopodenfaunen im Alter den Werfener Schichten vorangehe." Diese Annahme ist durchaus zutreffend, sowie man an Stelle der Worte „Werfener Schichten" „Cephalopodenfauna der Werfener Schichten" (Zone des *Tirolites cassianus*) einsetzt. Die Ammoneen kommen nur im mittleren bezw. (— wenn man von den höheren versteinerungsleeren Rauchwacken absieht —) im oberen Theile der Werfener Schichten vor. Die unteren Werfener (Seisser) Schichten sind zwar nicht, wie WAAGEN bemerkt fossilleer, aber allerdings nur mit einer wenig bezeichnenden Bivalvenfauna erfüllt; die Veränderungen der letzteren sind im Vergleiche mit der Umprägung der Cephalopodenfaunen kaum bemerkbar.

---

[1]) Jahrb. der geol. R.-A. 1892 (Bd. 42) S. 379 ff.

Auf Grund der früheren unvollkommenen Kenntnisse konnte von Mojsisovics im Jahre 1879 [1]) auf die Möglichkeit hinweisen, dass der Bellerophonkalk mit seiner permischen Fauna dem deutschen Haupt- (oder unteren) Buntsandstein homotax sei, und dass demgemäss eine Revision der Grenzen von Mesozoicum und Palaeozoicum stattzufinden habe. Jetzt hat derselbe Forscher hervorgehoben, dass im Himalaya über den tieftriadischen Otoceras-beds ein mächtiger Schichtencomplex vorkäme, der den Ceratitenschichten der Salzkette ungefähr entspräche.

Wie die Vergleichung im Einzelnen ausfallen wird, kann erst nach dem Abschluss der von Waagen und Diener begonnenen Bearbeitung der Faunen entschieden werden. Jedenfalls wird man aber so viel sagen dürfen, dass dem versteinerungsarmen [1]), durch seine Bivalven nur ungenügend gekennzeichneten unteren Buntsandstein eine pelagische Ceratitenfauna von rein triadischem Gepräge entspricht. Für die Richtigkeit der bisherigen Altersdeutung des unteren Buntsandsteins spricht ferner das Vorkommen von *Gervilleia Murchisoni*, die man neuerdings in weiterer Verbreitung kennen gelernt hat. Denn die Gattung *Gervilleia* ist permischen Schichten fremd; *Gervilleia ceratophaga* gehört zu dem Genus *Bakewellia*.

Während die der Basis der Trias entsprechende Ammonitenfauna nur aus Indien bekannt ist, finden sich cephalopodenreiche Schichten vom Alter des oberen Buntsandsteins ausser in den Alpen noch im südöstlichen Russland (Bogdo) und im nordöstlichen Sibirien an der Olenekmündung ins Eismeer. Das Vorkommen von Ammoniten des Werfener Horizontes am Bogdo in der Astrachanischen Steppe ist besonders für die Altersbestimmung der fast versteinerungsleeren „bunten Mergel" von Bedeutung, welche den Norden und Osten des europäischen Russland grossen Theils bedecken. Dieselben werden von der marinen Artinskischen Stufe unterlagert und stellen somit eine Uebergangsbildung zwischen Palaeozoicum und Mesozoicum dar, die dem höheren Zechstein und dem tieferen Buntsandstein aequivalent ist.[2]) Der ameri-

---

[1]) Dolomitriffe S. 37.

[2]) Man vergleiche besonders das Referat im N. J. 1887, I, S. 84, welches Nikitin über Amalizkys Arbeit „das Alter der Stufe der bunten Mergel im Bassin der Wolga und Oka" veröffentlicht hat.

kanische Südwesten (Texas, Arizona), dessen geologische
Entwickelung während des letzten Theiles der palaeozoischen
Aera so viele Analogien mit Russland zeigt, weist auch derartige bunte Mergel in gleicher stratigraphischer Stellung
auf. Die überaus spärlichen Funde von Zweischalern, welche
von der Wolga wie aus Texas vorliegen, gestatten keine zuverlässige Altersbestimmung. Rothe Sandsteine und Mergel
liegen auch in den Nord- und Centralalpen (Ortler) d. h. dort
wo der Bellerophonkalk fehlt, an der Grenze von mesozoischen
und palaeozoischen Schichten. Auch im vorliegenden Falle
ist die Unterscheidung von Grödener und Werfener Schichten
schwierig oder unmöglich. In den Alpen wurden die rothen
Schichten in einem flachen auf altem Festlande vordringenden
Meere, in Westamerika und Russland in einem langsam aus-
trocknenden Binnensee abgelagert. Im grössten Theile
des letztgenannten Gebietes verschwand derselbe während der
Triaszeit; nur im Südosten trat am Ende der Buntsandstein-
epoche eine vorübergehende Transgression des hohen
Meeres ein (Werfener Schichten des Bogdo in der Astrachanischen Steppe.)

In Amerika beschränkt sich die negative Bewegung
des triadischen Meeres auf den Südwesten (Texas, New-
Mexico, Colorado, Arizona). Nördlich davon liegt im
Herzen des Felsengebirges (von 112" und 117" westl. L.) in
Utah und Nevada ein weites Gebiet, in dem mesozoische Ablagerungen gänzlich fehlen. Weiter nördlich
greifen jedoch die Bildungen des arktisch-pacifischen Trias-
meeres bis auf den Ostabhang des heutigen Gebirges hinüber.
Man kennt durch White und Peale aus Idaho und dem
westlichen Wyoming Kalke mit *Meekoceras* und *Xenodiscus*,
welche etwa dem oberen Buntsandstein entsprechen.[1]

Die eigentümlichen geographischen Beziehungen der einzelnen alttriadischen Cephalopodenfaunen, das Hinabreichen
sibirischer Typen (*Sibirites*, *Dinarites glacialis*, *Ceratites
subrobustus* und *glacialis*[2]) bis in die Salzkette kann hier

---

[1] Mojsisovics, Verhandl. d. geol. R.-A. 1886, Nr. 7.

[2] In der sechsten Cephalopodenzone, den oberen Ceratitenkalken
Waagen l. c. S. 381. Dieselben enthalten leiostrake Ammoniten aus der

26*

nur angedeutet werden. Andererseits schliesst sich die Fauna des Himalaya durch die dort vorkommenden Ptychiten und Ceratiten (*Dinarites*) und *Meekoceras* mehr an alpine Bildungen an. Doch fehlen die für die europäische untere Trias bezeichnenden Tiroliten und Balatoniten sowohl in Sibirien wie in Indien. Die Bearbeitung der interessanten indischen Faunen wird hoffentlich weitere Aufschlüsse bringen.

5. Der Schlerndolomit und seine Aequivalente.

In den Triasmassen der Ostalpen sind scharfe Unterscheidungen von Kalk und Dolomit schwer zu machen; nur die Endpunkte der Reihe kennzeichnen sich allerdings sowohl in der chemischen Analyse, wie in der Natur durch die sandige Verwitterungsoberfläche und die klüftige Beschaffenheit des Dolomites. Für die meisten hierher gehörigen Gesteine gilt jedoch der Ausspruch eines der Veteranen der Alpengeologie [1], „dass man bei der Bezeichnung Kalk und Dolomit eine scharfe Unterscheidung nicht machen kann, man müsste denn jede einzelne Schicht chemisch analysiren; sehr häufig erweisen sich körnige, dolomitisch aussehende Gesteine als zum Kalk gehörig, wie andrerseits dichte kalkähnliche Gesteine eine dolomitische Zusammensetzung besitzen." Die äussere mikroskopische Betrachtung lehrt im vorliegenden Falle, dass ein ungeschichteter schneeweisser, sehr klüftiger Dolomit im Osten der Karnischen Hauptkette weitaus vorwiegt. Die oben wiedergegebenen Bilder des Gartnerkofels und das nebenstehende Lichtbild des Schinuz bei Malborget veranschaulichen die landschaftliche Form dieses Gesteins. Zerklüftung im Kleinen und senkrechte Absonderung im Grossen bilden fast überall den hervorstechendsten Charakter. Undeutliche horizontale Schichtung beobachtet man z. B. am Fusse des Schinuz; seltener, so an der nah gelegenen Kathreiner

---

Verwandtschaft von *D. glacialis*, *Sibirites* (10 Arten), *Acrochordiceras* (mit einer nah verwandten neuen Gattung), *Celtites*, *Ceratites* mit zahlreichen Gruppen, sowie eine verwandte Gattung; das Vorkommen von *Balatonites* wird als zweifelhaft bezeichnet.

[1] v. GÜMBEL, über die Thermen von Bormio und das Ortlergebirge, Sitz.-Ber. d. phys. math. K. bayer. Akad. d. Wiss. 1891, Bd. 21, S. 101.

NO.

SW.

Sägemühle finden sich deutlicher ausgeprägte Bänke (Fallen 50° SW.).

Am Rosskofel (Taf. II), an der westlichen Kirche von Saifnitz, sowie am Dobratsch bildet geschichteter Kalk das weitaus vorherrschende Gestein. Röthliche Färbung wurde besonders am Trogkofel, Alpenkofel und Dobratsch beobachtet.

Die Versteinerungen, welche bisher aus dem Schlern-dolomit der Karnischen Hauptkette bekannt geworden sind, zeichnen sich zwar weder durch zahlreiches Vorkommen noch durch gute Erhaltung aus, genügen jedoch vollkommen um das triadische Alter des Gebirgsgliedes über jeden Zweifel zu erheben. STACHE hat bekanntlich früher den Schlerndolo-mit ebenso wie die Uggowitzer Breccie für permisch erklärt. Kalkalgen (*Diplopora*) besitzen die grösste Verbreitung; die-selben liegen vor vom Südabhang des Gartnerkofels (E. SUESS und eigene Beob.), vom Wege Pontafel zur Alp „Im Loch," vom Kapin bei Tarvis und endlich vom Fusse des Mulei (Gruppe der *Diplopora annulata* [1]) nach TOULA). Derselbe Forscher fand zwischen Mulei und Achomitzer Berg *Encrinus* cf. *granulosus* MSTR. Während Kalkalgen eine gewisse Verbreitung besitzen, habe ich Korallen nur einmal zusammen mit einem unbestimmbaren *Megalodon* im Kalke des Rosskofels gefunden. Dieselben gehören zu der verbreiteten und bezeichnenden Trias-gattung *Thecosmilia* und sind mit *Thecosmilia confluens* MSTR. von St. Cassian nahe verwandt. Von besonderer strati-graphischer Wichtigkeit ist ein von E. SUESS am Gartner-kofel gesammelter durch v. MOJSISOVICS als *Daonella* cf. *Taramellii* MOJS. bestimmter Zweischaler.

Für den Kalk des Dobratsch sind die grossen turm-förmigen Schnecken des nordalpinen Wettersteinkalkes bezeich-nend. Die vorliegenden Durchschnitte erinnern an *Pseudo-melania Rosthorni* M. HOERN. In dem Bleiglanz führenden Kalk von Deutsch Bleiberg, der dem gleichen Horizonte an-gehört, ist vor allem bemerkenswerth das Vorkommen von *Megalodon triqueter* WULFEN (s. str.; von den Arten des Dachsteinkalkes verschieden). Das Auftreten von Bleiglanz ist auch in Raibl an den tieferen Kalkhorizont gebunden.

---

[1] Verhandl. d. geol. R.-A. 1887, S. 296.

Das Bleiglanzlager der Windischen Höhe und das des Jaukens wurde von mir nicht näher untersucht. (Ueberhaupt sei darauf hingewiesen, dass die Aufnahme des nördlichen Gailthaler Gebirges, abgesehen von der Grenzregion gegen das alte Gebirge, nicht vollkommen zum Abschluss gelangt ist.)

Mergelige Zwischenlagen sind sehr selten; im Westen, in der Gegend von Pontafel fehlen selbige ganz, im Osten ist die Unterscheidung von den im gleichen Gebiete vorkommenden Aufquetschungen schwierig. Ein kleines fossilleeres Mergelvorkommen im obersten Theile des Malborgeter Grabens ist wahrscheinlich eine Einlagerung; wie die Mergel der Kalischnikwiese am Südabhange des Mulei (mit *Posidonia wengensis* WISSM.) zu deuten sind, konnte wegen der Mangelhaftigkeit der Aufschlüsse nicht festgestellt werden.

Im Gebiete der Karnischen Hauptkette ist also fast ausschliesslich reines Kalk- und Dolomitsediment zum Absatz gelangt; die von den Quarzporphyrausbrüchen des obersten Muschelkalkes herrührenden grünen Tuffe, welche auf der Grenze von Muschelkalk und Buchensteiner Schichten stehen, besitzen nur ganz beschränkte Ausdehnung. Wie die fast überall beobachtete Schichtungslosigkeit des Dolomites beweist, handelt es sich um Riffe, an deren Aufbau jedoch die Diploporen den Hauptantheil gehabt haben dürften. Oblitterirte Reste dieser Kalkalgen scheinen in den Karnischen Alpen häufiger zu sein als die oben erwähnten deutlicheren Vorkommen; Korallen wurden, wie erwähnt, nur ein einziges Mal nachgewiesen. In den Dolomiten der centralalpinen Triaszone sind ebenso wie in vielen Gebieten des nordalpinen Wettersteinkalkes nur Diploporen (mit Ausschluss der Korallen) als Gesteinsbildner bekannt geworden; man wird somit nicht fehlgehen, wenn man diesen gegen chemische Umwandlung wenig widerstandsfähigen Resten einen Hauptantheil am Aufbau der geschichteten und ungeschichteten Kalk-Dolomitmassen zuschreibt. Die Ansicht von MOJSISOVICS, der die Diploporen nur als Bewohner der Lagunen und Riffkanäle ansehen will,[1] dürfte somit kaum haltbar sein.

In eingehenderer Weise hat J. WALTHER in einer „die

---

[1] Dolomitriffe S. 502.

Kalkalgen des Golfes von Neapel"[1]) betitelten Studie die oro-
genetische Wichtigkeit der kalkbildenden Algen betont.
Der Verfasser geht von der im Dachsteinkalk gemachten Beobachtung aus, dass Bänke, die er als detritogen, psammogen
und korallogen bezeichnet, mit einander wechseln; des weiteren
finden sich Kalke ohne organische Structur ("structur-
los" bei WALTHER). Auch in dem tieferen Kalkhorizonte der
Trias (Wettersteinkalk und Schlerndolomit) herrschen ungefähr
die gleichen Verhältnisse; nur wiegen hier die „structurlosen"
Kalke und Dolomite bei Weitem vor.

J. WALTHER hat nun in Italien an recenten und jung-
tertiären Kalken beobachtet, dass die den detritogenen Lagern
eingeschalteten Lithothamnienbänke anorganische Structur
annehmen und folgert daraus, dass auch die „dichten Bänke des
Dachsteinkalkes aus Lithothamnien ähnlichen Kalkalgen entstanden seien." Nun sind aber triadische Lithothamnien zur
Zeit der Abfassung von WALTHER's Arbeit überhaupt unbekannt
gewesen und auch seitdem nur in ganz vereinzelten Funden bekannt geworden, deren Richtigkeit z. Th. noch näherer Prüfung
bedarf. Man könnte nun an Stelle der Lithothamnien ähnlichen Kalkalgen die Diploporen einsetzen. (Diese Verschiedenheit ist keineswegs unerheblich, da die einen zur Ordnung der Florideen, die anderen zu der der Siphoneen gehören
und etwa ebenso grosse Verschiedenheiten der Structur aufweisen, wie Korallen und Hydractinien.)

Aber selbst wenn wir den Diploporendolomit der östlichen
Karnischen Alpen und den korallogenen Schlerndolomit einerseits, den „structurlosen" Dachsteinkalk und Hochgebirgskorallenkalk andrerseits als analog gebildete Gebirgsglieder
verschiedener Alterstellung auffassen wollten, so würden dem
erhebliche, besonders von A. BITTNER[2]) hervorgehobene Ein-
wände entgegenstehen. Noch weniger gelingt es auf diesem
Wege, eine Vorstellung von der Bildungsart des Hauptdolomits
zu bekommen. Denn während der Karnische Dolomit und der
Wettersteinkalk durch selteneres oder häufigeres Vorkommen

---

[1]) Zeitschrift der deutschen geologischen Gesellschaft 1885, S. 229
bis 257.
[2]) Verhandl. d. geol. R.-A. 1885, S. 286 ff.

von Diploporen einen Hinweis auf die Entstehung geben, ist der Hauptdolomit in dem vorliegenden Gebiete (Comelico, Reisskofel, nördl. Gitschthaler Berge) wie auch sonst im Allgemeinen fast fossilleer. Die Abwesenheit klastischer Bestandtheile macht die Theilnahme von Organismen an der Gesteinsbildung wahrscheinlich; geht doch nach STEINMANN die Entstehung structurloser Kalke im Meere durch Vermittelung von Eiweissverbindungen und schwefelsaurem Kalk unausgesetzt vor sich. Jedoch sind wir betreffs der Beschaffenheit der Organismen, welche bei der Entstehung des Hauptdolomits mitgewirkt haben, im Wesentlichen auf Vermuthungen angewiesen.

Um so mehr muss angesichts mancher (allerdings meist mündlich geäusserter) Zweifel über die Entstehung von Schlerndolomit und Hochgebirgskorallenkalk darauf hingewiesen werden, dass der Uebergang von organisch struirtem Kalk zu krystallinem Gestein nicht nur wahrscheinlich, sondern in allen einzelnen Stadien nachweisbar ist. Bekanntlich erhält sich die innere Structur fossiler Korallen am besten in Mergelschichten, deren Wasserundurchlässigkeit einer chemischen Umsetzung weniger günstig ist, als der von Klüften durchzogene und an und für sich im Wasser lösliche Kalk.

Die besten bekannten Fundorte fossiler Korallen, Gotland, die Eifler Devonschichten, die Gosau und das Vicentiner Tertiär liegen sämmtlich in derartigen Bildungen; die Erhaltung ist im Allgemeinen um so besser, je kalkärmer und thonreicher das Gestein ist.

Für die Beobachtung des Ueberganges von organischer Structur zu krystallinem Kalk sind die Riffsteine (Cipitkalke) am meisten geeignet, welche die am Fusse des Riffes angehäuften und ganz oder theilweise in Mergel eingehüllten Gerölle darstellen. An einem der berühmtesten, häufig beschriebenen Vorkommen, dem Richthofen-Riff zwischen St. Cassian und Cortina d'Ampezza konnte ich auf der Forcella di Set Sass, also auf der oberen der beiden in das Riff eingreifenden Mergelzungen die nachfolgenden Beobachtungen machen: Die vollkommen in den versteinerungsreichen Mergel eingebetteten Bruchstücke einer häufigen *Thecosmilia* zeigen im Dünnschliffe auch bei starker Vergrösserung alle Einzelheiten der inneren Structur in vorzüglichster Weise. In einigen grösseren, mehr in der Nähe des Set Sass-Riffes gesammelten Stücken, ist die organische Structur theilweise oblitterirt; doch kann an den hie und da erhaltenen Septen der Speciescharakter noch deutlich festgestellt werden. Bei einer weiteren Gruppe von Stücken ist die äussere Form der Koralle deutlich erkennbar, die Structur des Skeletts jedoch vollkommen verwischt und endlich beobachtete ich theils im unmittelbaren Zusammenhang mit den letzteren Gebilden, theils in der Wand des Set Sass die bekannten verzweigten Systeme von cylindrischen Hohlräumen, welche auch am Schlern die letzte Andeutung des fortgeführten Korallengerüstes darstellen. Die Höhlungen sind hier wie überall mit kleinen Dolomitspathkrystallen bedeckt. Wenn man sich vorstellt, dass die Löcher endlich ganz mit Dolomitsubstanz ausgefüllt werden, so haben wir das am häufigsten auftretende Endproduct des ganzen Vorganges [1]), den massigen Schlerndolomit. Es bedarf keines besonderen Hinweises, dass in den triadischen wie in den recenten Riffen der die Lücken ausfüllende Korallensand in umkrystallisirtem Zustande von den umgeänderten Korallenstücken nicht zu unterscheiden ist.

Selbstverständlich erfolgt die Umwandelung der Korallenstructur in fossilen Riffen nicht immer in gleicher Weise. Für die Trias wie für die älteren Formationen scheint der Satz allgemeine Giltigkeit zu besitzen, dass im Dolomit die chemische Umsetzung viel gründlicher vor sich geht als im Kalk. Es ist mir z. B. niemals gelungen, aus den Eifeler Stringocephalus-Dolomiten ein Stück mit bestimmbarer Korallenstructur zu gewinnen, während in dem oberdevonischen Riffkalke des Iberges ziemlich erfolgreiche Untersuchungen von Dünnschliffen ausgeführt werden konnten.

In analoger Weise enthält auch der dem höheren Kalkhorizont (IV vgl. oben) angehörende Salzburger Hochgebirgskorallenkalk an zahlreicheren Puncten Korallenreste von einigermassen bestimmbarer Form, während im eigentlichen Schlerndolomit kaum noch Spuren erhalten sind. So lassen

---

[1]) Die einzelnen Umwandlungsproducte gedenke ich in anderem Zusammenhange abbilden zu lassen.

sich am Hohen Göll (Berchtesgaden) und am Grossen Donner-kogel (Gosau) überall Reste von Korallen erkennen und eine Anzahl von Arten konnte mit grösserer oder geringerer Sicher-heit bestimmt werden.[1])

a. Die Buchensteiner Schichten.

Die mergelig-tuffigen Aequivalente des Schlern-dolomites fehlen im Gebiete der Karnischen Hauptkette so gut wie ganz und besitzen im Norden eine höchst geringfügige, im Süden eine grössere Verbreitung. Die einzigen hierher ge-hörigen Bildungen der Hauptkette sind ausser den zweifel-haften mergeligen Bildungen die grünen mit dem Quarzporphyr in Zusammenhang stehenden Tuffe des Massessnik bei Mal-borget und der Thörlscharte am Gartnerkofel.

Am Massessnik oberhalb von Malborget bilden die Tuffe eine von Schlerndolomit allseitig umgebene Aufquetschung; man beobachtet von SW nach NO die folgenden Gesteine:

1. Weissen Schlerndolomit.
2. Grünen Porphyrtuff mit Geröllen von rothem Raibler Quarzporphyr.
3. In Wechsellagerung mit dem Tuff erscheint glimmer-haltiger, bröckliger Sandstein, meist roth, sel-tener grünlich oder dunkel gefärbt.
4. Grünen Porphyrtuff in massigen Bänken.
5. Schwarzer Plattenkalk (Guttensteiner Kalk).
6. Schlerndolomit, von Porphyrgeröll überschottert; auf ersterem steht das Massessnikhaus (1415 m).

Dem Buchensteiner Horizont dürften ferner die grauen wohlgeschichteten Kalke entsprechen, welche am Nordabhang des Gartnerkofels zwischen dem bunten Kalkconglomerat und dem weissen Diploporendolomit liegen.

Im südlichen Gebirge sind die licht- bis dunkelgrauen kieselreichen Buchensteiner Kalke mit Hornsteinen und den ein-gelagerten Bänken des grünen Tuffes (Pietra Verde) besonders bei Bladen verbreitet. Der Weg, welcher von diesem Orte am Zötzbach (Torrente Sesis) zum Bladener Joch emporführt,

---

[1]) Vgl. Palaeontogr. Bd. 37, S. 109; der Hochgebirgskorallenkalk ist hier weniger zutreffend als Hauptdolomit bezeichnet.

bleibt lange in diesem Horizonte. Bei Bladen finden sich nach HARADA Daonellen (wahrscheinlich *Daonella Taramellii* MOJS.). In der Schichtenfolge, welche man an der Strasse Raibl—Tarvis beobachtet, entsprechen die bekannten „Doleritischen Tuffe von Kaltwasser," d. h. ein Complex von Schiefern, Sandsteinen, Tuffen und Conglomeraten dem oberen Muschelkalk und dem Buchensteiner Horizont. Der oberen Abtheilung der Tuffe ist ein Lager von rothem Quarzporphyr eingeschaltet. Die Aehnlichkeit mit dem Vorkommen der Thörlscharte (vgl. oben) ist bemerkenswerth.

Weiter im Osten, in den Karawanken ist der Buchensteiner Horizont fast nur durch Dolomit und Kalk vertreten. Doch erwähnt F. TELLER,[1] dass in den Saunthaler Alpen südlich vom Oistrizza im Liegenden der versteinerungsreichen Wengener Schichten ein Wechsel von plattigen bituminösen Hornsteinkalken, schieferig-mergeligen Gesteinslagen und Pietra-Verde-Bänken zu beobachten sei. Versteinerungen fehlen; jedoch ist die petrographische Uebereinstimmung dieses im Osten sonst nicht wieder gefundenen Gesteines mit den Buchensteiner Schichten bemerkenswerth.

b. Die Wengener Schichten.

Die Wengener Schichten besitzen eine ähnliche Verbreitung wie die Buchensteiner. Doch sind die kalkig-mergeligen und thonig-sandigen Glieder der Schichtfolge noch weit im Osten nachgewiesen. Das Verhältniss dieser das Riff umgebenden Schichten zu den dolomitisch-kalkigen Korallenbildungen ist am besten am Monte Clapsavon in Tirol zu beobachten;[2] hier umgeben rothe Kalke mit Cephalopoden sowie Sandsteine und Schiefer mit *Daonella Lommeli* ein altes Riff auf drei Seiten, und in den zum Tagliamentothal hinabtauchenden Gebirgslehnen sind Korallen- und Cidaritenkalke als Ausläufer des Riffes eingeschaltet. Die hier vorkommenden, zu *Trachyceras, Arcestes, Procladiscites, Megaphyllites, Monophyllites, Meekoceras* und *Gymnites* gehörenden Ammoniten sind von MOJSISOVICS beschrieben worden.

---

[1] Verhandl. d. geol. R.-A. 1885, S. 357.
[2] Ibid. 1880, S. 221.

In den Julischen Alpen ist der Wengener Horizont nur in der Dolomitfacies vertreten; die früher hierher gerechneten Raibler Fischschiefer gehören der Cassianer Zone an.

Aus dem Osten, aus der Gegend von Cilli in Südsteiermark erwähnt jedoch TELLER[1]) in den „Pseudogailthaler Schiefern“ das Vorkommen von typischen Wengener Versteinerungen wie *Daonella Lommeli* WISSM. sp. und *Trachyceras Julium* MOJS. Erst darüber folgen die kalkig-dolomitischen Bildungen. Auch in den Sannthaler Alpen besitzen nach demselben Forscher[2]) die stark bituminösen, bräunlich-schwarzen Kalkbänke des Wengener Horizontes bedeutende Verbreitung. Dieselben trennen hier — ähnlich wie anderwärts die Carditaschichten — eine obere von einer unteren Kalk-Dolomitmasse. Die letztere entspricht dem Muschelkalk und z. Th. den Buchensteiner Schichten, die obere der Cassianer Stufe. Der Versteinerungsfundort, welcher die palaeontologischen Grundlagen für die Altersdeutung lieferte, liegt zwischen Oistrizza und Versič und enthält

Trachyceras Archelaus LBE.

Monophyllites wengensis (KLIPST.) MOJS.

Lobites n. sp.

Chemnitzia cf. *longissima* MSTR.

Daonella Lommeli WISSM. sp.

Posidonia wengensis WISSM.

Perna (Odontoperna) Bouéi v. HAU.

Voltzia Fötterlei STUR.

Cassianer Schichten in mergeliger Facies fehlen in der Karnischen Hauptkette sowie im Osten derselben. Im Norden dürfte der schwarze „Raibler Fischschiefer“ (vgl. oben S. 149, 150 und das Profil) am Weissensee wohl als ungefähres Aequivalent der Cassianer Schichten angesehen werden können. Auf der Karte ist derselbe irrtümlich als zu den Buchensteiner Schichten gehörig angegeben worden. Diese Angabe konnte leider nicht mehr berichtigt werden.

In den Nordalpen bilden die Partnachschichten das in der Mergelfacies entwickelte Aequivalent der drei soeben besprochenen südalpinen Horizonte.

---

[1]) Verhandl. d. geol. R.-A. 1885, S. 319.
[2]) Ibid. 1885, S. 356 ff.

Als Partnachschichten sind ursprünglich von Gümbel bekanntlich alle in der Partnachschlucht vorhandenen, vom oberen Muschelkalk (s. str.) bis zum Hauptdolomit (excl.) hinauf reichenden Bildungen bezeichnet worden. Den obersten Theil derselben bilden also die Aequivalente der Carditaschichten. In den Partnachschichten der typischen Localität wies Stur schon 1865 die pflanzenführende Facies des Raibler Horizontes, den Lunzer Sandstein nach; auch nach der neueren Arbeit von Skuphos liegen die pflanzenführenden Sandsteine nur in dem jüngeren Niveau.

Es ergab sich somit die Nothwendigkeit, den Begriff der Partnachschichten, wenn derselbe überhaupt erhalten bleiben sollte, enger zu fassen. Rothpletz bezeichnete diesen unteren Complex als Cassianer Schichten, E. Fraas (im Wendelsteingebiete) als Cassianer oder Partnachschichten, während Skuphos den Namen Partnachschichten annimmt, der also nur dem unteren Theile der früheren Partnachschichten Gümbels entspricht.[1]) Die Bezeichnung Partnachschichten ist dem Namen „Cassianer Schichten der Bayerischen Alpen" schon desshalb vorzuziehen, weil dieselben ja, abgesehen von dem letztgenannten Südtiroler Horizonte, auch noch den Buchensteiner und Wengener Schichten aequivalent sein müssen. Der im Liegenden der Partnach- und Buchensteiner Schichten folgende Horizont des oberen Muschelkalkes mit *Ceratites trinodosus* ist in den nördlichen und südlichen Kalkalpen gleichmässig entwickelt. Ein den Partnachschichten des Wendelstein analoges Brachiopodenniveau mit *Koninckina Leonhardi* Wissm. sp., *triadica* Bittn., *Spiriferina Fraasi* Bittn. u. a. hat Bittner neuerdings im Ennsthale nachgewiesen.[2]) Die Fauna der nordalpinen Partnach- („Cassian-") Schichten besteht wesentlich aus Brachiopoden, unter denen sich einige bekannte Cassianer Arten wie *Koninckina Leonhardi* und *Spirigera indistincta* neben ganz eigenthümlichen Formen befinden; gerade der beste Kenner der Triasbrachiopoden weist in dem grossen diesen

---

[1]) Vergl. A. Bittner, Verhandl. d. geol. R.-A. 1892, S. 307 (Referat über Skuphos, die stratigraphische Stellung der Partnachschichten etc. Geognostische Jahreshefte d. Kgl. bayer. Oberbergamtes IV. 1891).

[2]) Verhandl. 1892. S. 302.

Gegenstand behandelnden Werke darauf hin,[1] dass die fraglichen Schichten ein tieferes Niveau einnähmen als die Cassianer.

6. Die Raibler Schichten.

Für die Vertheilung der Organismen innerhalb der Raibler Schichten bildet die Karnische Hauptkette eine wichtige Grenze. Jedoch kann ein Eingehen auf diese palaeogeographischen Verhältnisse nur auf Grund einer eingehenderen Kenntniss der Zonengliederung des in Frage kommenden Horizontes erfolgen.

Durch die Untersuchungen v. Wöhrmann's ist nachgewiesen, dass in den Nordalpen der untere Theil (1), des bis dahin als Carditaschichten bezeichneten Gebirgsgliedes nur Cassianer Versteinerungen enthält (u. a. *Macrodon strigillatus, Opis Hoeninghausi*, zahlreiche Cidariten) und somit diesem Horizonte (Zone des *Trachyceras Aon.* Mojs.) entspricht.

2a. Darüber folgen ziemlich mächtige versteinerungsleere Kalke und dann

2b. die eigentlichen Carditaschichten[2] mit *Carnites floridus* und einer Fauna, welche viele Aehnlichkeit mit den faciell etwas abweichenden Schichten des Schlernplateaus besitzt.

3. Noch höhere Bänke mit *Ostrea montis Caprilis* und *Pecten filosus* (ohne *Cardita Gümbeli*) sind dem Horizonte

---

[1] A. Bittner, Brachiopoden der alpinen Trias S. 152 u. 157.

[2] v. Wöhrmann benennt die drei von ihm unterschiedenen Horizonte 1. Carditaschichten mit Cassianer Fauna, 2. Carditaschichten mit Schlernfauna, 3. Torerschichten. Da sich gegen die Deutung von 1. wenig einwenden lässt, halte ich auch die Bezeichnung Cassianer Schichten für nothwendig, da anderenfalls das Vorhandensein von zweierlei Carditaschichten stets Verwirrung anrichten würde. Man würde in letzterem Falle zu sehr an die „oberen" und „unteren" Carditaschichten Pichler's erinnert werden, deren endgiltige Beseitigung doch gerade ein Hauptverdienst der Arbeit v. Wöhrmann's ist. Auch lassen sich gegen die Bezeichnung „Carditaschichten mit Schlernfauna" sachliche Bedenken geltend machen. Fehlt doch *Carnites floridus*, das bezeichnende Leitfossil der in Rede stehenden Nordtiroler Schichten am Schlern, während bezeichnende Schlernformen, *Myophoria Kefersteini, Trigonodus, Pachycardia, Pecten Deeckei* und die zahlreichen Schnecken, vor allem *Pustularia alpina* Eichw. („*Chemnitzia*") in den Nordalpen nicht vorkommen.

des Torer Sattels (= Opponitzer Kalk in Niederöstreich) gleichzustellen. In Raibl selbst entspricht der grössere Theil der mächtigen Schichtenfolge von Dolomiten, Fischschiefern und Mergeln, welche man beim Anstieg vom Kunzengraben zum Torer Sattel übersteigt, den Cassianer (Fischschiefer) und dem tieferen Theile der Raibler Schichten (1 und 2). Eine scharfe Scheidung der einzelnen Zweischalerbänke in Zonen, welche an Kenntlichkeit etwa mit den Ammonitenzonen wetteifern könnten, ist, wie schon oft hervorgehoben ist, nicht möglich. Die Faciesentwickelung bedingt grössere Aehnlichkeit als die Altersunterschiede [1]).

Die Dreitheilung der bisher im Norden unter dem gemeinsamen Namen „Carditaschichten" zusammengefassten Gebilde stimmt auf das beste überein mit der schon vor Jahren von E. SUESS bei Raibl selbst aufgestellten Gliederung. Derselbe unterscheidet [2]) (die Zahlen sind dieselben wie oben):

1. Untere Gruppe: Fischführende Schiefer bis zu den tauben Schiefern; dazwischen Korallenbänke (Cassianer Schichten, Zone des *Trachyceras Aon*).

2. Mittlere Gruppe: Raibler Schichten im engeren Sinne, Schichten mit *Myophoria Kefersteini* und *Solen caudatus*. Darüber Lage mit *Joannites Joannis Austriae*, *Pinna* und *Spiriferina Lipoldi*, zu oberst Bänke mit *Megalodon carintiacus* (= Bleiberger Schichten und Schlernplateauschichten = Carditaschichten (2) s. str.).

3. Obere Gruppe: Torer Schichten. Hauptlager von *Astartopsis* („*Corbula*") *Rosthorni*, *Myophoria Whateleyae*, *Odontoperna Bouéi*, *Ostrea montis caprilis*, *Pecten filosus* (= Opponitzer Kalke).

Da v. WÖHRMANN die Schichtenfolge bei Raibl nicht aus eigener Anschauung kennt, so ist die Uebereinstimmung um so erfreulicher. Die Darstellung DIENER's, welcher mehr den

---

[1]) Die vereinzelten Ammoniten, welche sich in den Torer Schichten gefunden haben, *Arcestes Gaytani* und *Joannites cymbiformis* sind ebenfalls nicht absolut bezeichnend, da dieselben schon in den echten Cassianer Schichten (1. oben) vorkommen und somit die letzteren mit den höheren Horizonten verbinden. BITTNER, Verh. d. geol. R.-A. 1885, S. 65.

[2]) Jahrb. d. geol. R.-A. 1867, S. 579. Vgl. auch A. BITTNER, Verh. d. geol. R.-A. 1885, S. 59.

mannigfachen Facieswechsel zwischen Fischschiefer, Zwei-
schalerbänken und Korallenriffdolomit betont, widerspricht
dieser Vergleichung nicht, da derselbe auf die Vertheilung der
einzelnen Arten wenig Rücksicht nimmt. Doch ist jedenfalls
soviel sicher, dass angesichts der wechselvollen heteropen Erscheinungen die Feststellung der Zonengrenzen und die obigen
Vergleichungen der einzelnen Horizonte nur im Allgemeinen
zutreffend sein können.

Die Raibler Schichten des nördlichen Gailthaler Ge-
birges sind wenig mächtig, meist versteinerungsarm und ent-
sprechen wohl zweifellos den nordalpinen Carditaschichten
s. str. (2), den „Carditaschichten mit Schlernfauna“ bei v.
Wöhrmann. Abgesehen von den altbekannten schwarzen
Schiefern mit *Carnites floridus*, welche das Hangende des
Bleiberger erzführenden Kalkes bilden, finden wir grünliche
oder röthliche Glimmersandsteine, wohlgeschichtete
Mergel und oolithische Kalkmergel mit Zweischalern und
Brachiopoden. E. Suess führt *Cardita* aus der Gegend des
Weissensees, E. Toula Lumachellen mit *Corbis Mellingi* v.
Hau. und *Myophoria Whateleyae* v. B. von einem Fundorte
zwischen Mittenwalde und Bleiberg an. Das Dellacher Vor-
kommen von *Terebratula* und *Spiriferina Lipoldi* Bittn. (=
gregaria auct.), einer Leitform der nordalpinen Carditaschichten
wurde schon oben (S. 145) erwähnt.

Der Gegensatz von nordalpiner und südalpiner Entwicke-
lung der Raibler Schichten setzt weiter nach Osten fort. Wie
F. Teller[1]) ausführt, sind in dem nördlichen der beiden
Aeste des an der Nordabdachung des Loibl sich spaltenden
Triasgebietes der Karawanken, im Gerloutz, Setiče, Obir und
Petzen, die Raibler Schichten nur in der nordalpinen Ent-
wickelung der Carditaschichten bekannt.

Wie in dem nördlichen Gailthaler Gebirge treten auch
hier dunkele Mergelthonschiefer mit *Halobia rugosa* und *Carnites floridus*, Kalke und Oolithe mit *Cardita Gümbeli*, *Corbis
Mellingi* und *Spiriferina Lipoldi* auf. Im südlichen Aste,
am Ostabhang der Koschutta findet sich der gleiche Horizont in der bei Raibl selbst vorherrschenden Mergel-

---

[1]) Verhandl. d. geol. R.-A. 1887, Nr. 14.

schieferentwickelung. An keinem anderen Punkte der
Alpen sind die beiden petrographisch und faunistisch verschiedenen Facies des in Rede stehenden Horizontes so nahe
gerückt, wie hier. Zwischen dem südlichsten Vorkommen des
Schiefers mit *Halobia rugosa* am Hochobir und den Raibler
Mergeln am Potok (Koschutta) liegt, in der Richtung des Meri-
dianes gemessen, ein Abstand von nur 3.5 km.

Auch in den tieferen Triashorizonten bereiten gewisse
Faciesverschiedenheiten die Herausbildung grösserer Unterschiede vor. Der mit den Carditaschichten eng verknüpften
Facies des erzführenden Kalkes mit seiner reichen Gastropodenfauna (Fladung, Unterpetzen) steht im Süden, in der Koschutta
eine einförmige Dolomitentwickelung (Schlerndolomit) gegenüber. Auch TELLER sieht somit die Annahme getrennter
Bildungsräume für die Ablagerungen des nördlichen und südlichen Zuges der Karawanken als wahrscheinlich an. „Die
Annahme, dass der heute an parallelen Längsbrüchen tief eingesunkene Streifen altkrystalliner Schiefer- und Massengesteine
einstmals als Inselgebirge emporragte, liegt nicht ausserhalb des
Bereiches zulässiger geologischer Hypothesen".

Eine fast vollständige Uebersicht der Fauna des Raibler
Horizontes im Norden und Süden ist durch die vor Kurzem
erschienenen Monographien von v. WÖHRMANN, KOKEN und
PARONA ermöglicht. Die geologische Vergleichung lehrt, dass
abgesehen von den eigenartigen, durch reiche Entwickelung
der Gastropoden und vollkommenes Fehlen der Brachiopoden
ausgezeichneten Schlernplateaumergeln die facielle Entwickelung der Schichten im Norden und Süden die gleiche
ist. Die vorherrschenden Zweischalermergel werden hier
wie dort durch Bänke mit Landpflanzen (Lunzer Sandstein,
Voltzia-Schiefer bei Raibl) und reine versteinerungsleere Kalke unterbrochen. Die wesentlichen Verschiedenheiten, welche die Gattungen und die vorherrschenden Arten
aufweisen, sind also durch geographische Trennung der Meere
zu erklären. Für die nördlichen Carditaschichten sind
bezeichnend in erster Reihe die Leitformen *Cardita Gümbeli,
Carnites floridus, Halobia rugosa* sowie ferner *Dimyodon intusstriatus* und *Sageceras*. Reicher an eigentümlichen Formen
sind die südlichen Raibler Schichten infolge der mannig-

faltigeren Faciesentwickelung. Von eigenttümlichen Leitformen
sind zu nennen *Myophoria Kefersteini* und *Pachycardia Haueri*,
sowie ferner die Gattungen *Trigonodus*. *Modiola, Myoconcha,
Pustularia* (die riesige „*Chemnitzia* alpina EICHW. vom Schlern).
*Pseudofossarus, Neritaria, Hologyra, Platychilina, Angularia,
Undularia, Hypsipleura, Zygopleura, Katosira*. Von einer eingehenderen Vergleichung der Fischfauna kann abgesehen
werden, da die Unterschiede auf physikalische Verhältnisse
zurückzuführen sind. Die Fische des Raibler Schiefers gehören zu rein marinen Gattungen, während die aus den Nordalpen beschriebene. Gattung *Ceratodus* wohl schon damals auf
süsse oder brackische Gewässer beschränkt war.

Weniger einfach ist die Frage nach der Lage und Erstreckung des trennenden Inselgebirges zu beantworten.
Dass die alte palaeozoisch-krystalline Kette der Karnischen
Alpen und Karawanken in erster Linie in Frage kommt, wurde
schon oben erwähnt. Eine Fortsetzung dieser Insel nach
Westen bis etwa zur Judicarienlinie ist aus tektonischen Gründen
wahrscheinlich (vergl. den folgenden Theil). Doch kann andrerseits diese Insel der obercarbonischen Zeit nicht als Denudationsrest des carbonischen Hochgebirges aufgefasst
werden. Die Transgression der Grödener Schichten, welche
nicht in der offenen See sondern in einem Binnenmeere abgelagert wurden, überflutete bereits die alte Karnische Kette.
Dann fand allerdings der locale von Süden her erfolgende
Einbruch eines oberpermischen Meeres (Bellerophonschichten)
hier sein Ende. Doch ist dies ein Ereigniss von localer Bedeutung, da der Bellerophonkalk nicht nur im Norden sondern
auch im Osten, in den Karawanken zu fehlen scheint.

Während der Bildung des alpinen Buntsandsteins und
Muschelkalkes sind einzelne Faciesbildungen, wie die bunten
Kalkeonglomerate (Süd) oder die rothen Ammonitenkalke (Nord,
z. B. Schreyeralp), auf bestimmte Gegenden beschränkt; aber
die Verbreitung der vorherrschenden Gattungen und Arten ist
eine allgemeine. Man darf also weder an ein Fortbestehen der
karnischen Hauptkette noch — im Sinne älterer Anschauungen
an ein centralalpines Inselgebirge denken. Im Engadin und
Ortlergebiet sind Werfener Schichten und Guttensteiner
k. vorhanden; weiter im Osten, von den Oetzthaler Alpen

an, sind dieselben zwar nicht mehr mit Sicherheit nachgewiesen; jedoch sprechen keinerlei thiergeographische Erwägungen für eine Trennung der alten Meere.

Während der Bildungszeit der Buchensteiner. Wengener und Cassianer Schichten entwickelten sich die Ablagerungen im heutigen Südtirol infolge der gleichzeitigen Bildung von Korallenriffen und submarinen Eruptivlagern so eigentümlich, dass ein Vergleich mit den einförmigen Mergeln und Wettersteinkalken der Nordalpen nur annähernd möglich ist. Erwägt man jedoch die Schwierigkeiten, welche die Vergleichung der vor Kurzem entdeckten Brachiopodenfauna der Partnachschichten (sog. „Cassianerschichten") mit den wohlbekannten südalpinen Horizonten macht, so erscheint die Annahme einer, den Norden und Süden trennenden Schranke nicht fernliegend. Das vereinzelte Vorkommen von *Daonella Lommeli* (nach v. Wöhrmann) und die ärmliche Fauna der „Carditaschichten mit Cassianer Versteinerungen" sprechen jedenfalls nicht für eine ungehinderte Verbindung.

Während des Absatzes der Raibler Schichten bestand jedenfalls eine deutliche Schranke, ein Inselgebirge, das sich in der Richtung der alten carbonischen Alpen wohl durch „posthume Faltung" neu aufgewölbt hatte. Dass diese Aufwölbung schon zur Zeit der Buchensteiner und Wengener Schichten begann, ist nach dem Vorhergehenden nicht undenkbar.

7. Der Hauptdolomit und das Rhaet.

a. Die nördliche Entwickelung.

Im Hangenden der Raibler Schichten folgt die obere Karnische Stufe der älteren Nomenclatur, die Juvavische (v. Mojs. 1892) oder Norische (Bittner, non Mojsisovics) der neueren. Die Faciesbildung des Hauptdolomites ist in den Nord- und Südalpen am meisten verbreitet und eignet sich demnach am besten zur vorläufigen Benennung des polyglotten Horizontes.

Der meist ungeschichtete Hauptdolomit besitzt im nördlichen Gailthaler Gebirge, also im Norden des Gitschthales, im Zuge des Reisskofels (hier in mehr kalkiger Ausbildung), ferner am

27*

Schatzbühel und Eckenkofel grosse Verbreitung und würde auch kartographisch von den wie es scheint aequivalenten dunkelen und hellen wohlgeschichteten Kalken nicht allzu schwierig zu trennen sein. Doch ist, wie erwähnt, die Untersuchung des nördlichen Gebietes nicht zum Abschluss gekommen.

Noch verbreiteter ist im nördlichen Gailthaler Gebirge ein schwarzer, mergeliger. z. Th. bituminöser, Hornstein führender Plattenkalk, der am normalsten am Gailbergsattel entwickelt ist und auf den älteren Karten als Guttensteiner Kalk figurirt. Bei dem Mangel an Versteinerungen war für diese Altersdeutung das unmittelbare Angrenzen an den Grödener Sandstein (prius Buntsandstein) massgebend. Die Feststellung der Bruchgrenze einerseits und der Carditaschichten andrerseits bedingen eine abweichende Auffassung, welche durch das Vorkommen einiger Versteinerungen im Osten und Westen bestätigt wird. Aus dem Lienzer Gebirge citirt EMMRICH *Dimyodon intusstriatus;* ferner findet sich daselbst *Thecosmilia Omboni* STOPP., eine Art des Lombardischen Rhaet. Am Fusse des Golz bei Hermagor sammelte ich *Megalodus Damesi* HOERN. (Materialien zu einer Monographie d. Gattung *Megalodon:* Denkschr. d. K. K. Akademie Wien. Bd. 42. T. V f. 3; die auffallend kleinen Exemplare stimmen im Umriss vollkommen mit der citirten Abbildung überein).

Die Plattenkalke mit ihren Einlagerungen von mergeligen oder sandigen Gesteinen und Rauchwacken nehmen. wie die beiden Profile des Gitschthaler Gebirges (oben S. 149 und 150) beweisen, eine etwas höhere Stellung als der Hauptdolomit ein und entsprechen der rhaetischen Stufe. Die Grenze beider ist keineswegs scharf, sondern wird z. B. am Möschacher Wipfel durch hellen wohlgeschichteten Kalk und Dolomit vermittelt. Die ungleiche Mächtigkeit, welche der Dolomit und der dunkele Plattenkalk im Zuge des Gebirges zwischen Gitschthal und Gailberg aufweisen, dürfte dadurch zu erklären sein, dass die über den Carditaschichten beginnende Dolomitentwickelung in dem einen Gebiete weiter hinaufreicht als in dem anderen.

In der weiteren östlichen Fortsetzung der Karnischen Hauptkette, in den Ostkarawanken finden sich nach

Teller [1]) am Fusse des Kleinen Obir und am Jögartkogel unweit des Vellachdurchbruches Kalkschiefer und dunkele Mergelkalke mit bituminösen Zwischenlagen, welche mit den Gesteinen des Gailthaler Gebirges übereinstimmen und die Versteinerungen der Kössener Schichten an verschiedenen Fundpunkten enthalten. Von der Urtitsch-Hube (Kl. Obir) werden *Terebratula gregaria* Suess, *Cardita austriaca* v. H., *Megalodus* sp. u. a. angeführt. An der Urichmühle finden sich *Avicula contorta* Portl., *Dimyodon intusstriatus* Emmr. sp., *Megalodus* sp. und *Terebratula gregaria*, am Jögartkogel *Modiola minuta* Gf., *Anomia alpina* Winkl. und *Lithophagus faba* Winkl.

Die Bezeichnung Plattenkalk wurde im Vorstehenden in rein petrographischem Sinne für plattige, bituminöse, dunkele Kalke mit thonigen Zwischenlagen gebraucht, die Rhaetisches oder Oberkarnisches (Juvavisches v. Mojs.) Alter besitzen. E. Suess bezeichnet bekanntlich den weissen, thonfreien Dachsteinkalk in toto als Plattenkalk, was nicht im Einklange mit der sonst üblichen Namengebung steht und daher auch keine weitere Nachahmung gefunden hat.

Hingegen dürfte unsere Bezeichnung sich vollkommen oder fast vollkommen mit dem decken, was man in den bayerischen Alpen nach v. Gümbel's Vorgang als Plattenkalk bezeichnet. So schreibt v. Ammon: [2]) „Die Plattenkalke in den westlichen und mittleren Theilen der bayerischen Alpen bestehen aus einem Complex von bituminösen, meist grauen Kalkbänken, welche nach unten in directem Zusammenhange mit dem Hauptdolomit stehen und von demselben in ihrer Hauptmasse nicht getrennt werden dürfen; die oberen, allerdings noch im Allgemeinen die gleiche petrographische Beschaffenheit zeigenden Lagen schliessen dagegen Versteinerungen ein, welche diese Region schon dem Rhaet einzuverleiben nöthigen." Den Hauptdolomit selbst trennt der genannte Forscher auf Grund der Untersuchung der Gastropoden vom Rhaet, womit die Ergebnisse der Korallenuntersuchung (Zlambachschichten — Kothalpschichten) gut übereinstimmen. Die Eigentümlichkeiten des Plattenkalkes der Gailthaler Alpen dürften darin bestehen,

---

[1]) Verhandl. d. geol. R.-A. 1888, Nr. 4.
[2]) Die Gastropoden des Hauptdolomits und Plattenkalks der Alpen.

dass derselbe meist viel bedeutendere Mächtigkeit besitzt und sicher noch höhere, möglicherweise auch tiefere Horizonte umfasst als das gleichnamige Gebilde der bayerischen Alpen.

b. Die südliche Entwickelung.

Der Hauptunterschied, welchen die südliche Entwickelung der obersten Triashorizonte in Südtirol, in den Venetianer und Julischen Alpen sowie in Südsteiermark (Oberburg) aufweist, besteht in dem vollkommenen Fehlen der dunkelen Plattenkalke und der Kössener Schichten. Die letzteren stellen sich erst weiter westlich in den lombardischen Alpen wieder ein, wo die Schichten von Azzarola eine mit den Mergeln der Kothalp am Wendelstein und den Voralpen bei Altenmarkt (Enns) vollkommen übereinstimmende Korallenfauna enthalten. Das Fehlen der rhaetischen Mergel ist kein scheinbares; denn überall erscheint in den vorstehend genannten Gebieten im Hangenden der wohlgeschichteten reinen Dachsteinkalke unmittelbar der Lias.

Wie in den Oesterreichischen Alpen ist auch im Süden ungeschichteter Riffdolomit (oder -Kalk) mit wohlgeschichteten Megalodonkalken eng verbunden.

Eigenartige Verhältnisse finden sich im Sextener Gebirge, im Comelico und in einzelnen Theilen der Julischen Alpen (Martulikgraben), wo die Raibler Schichten dolomitisch-kalkig ausgebildet sind und wo dann die Kalk-Dolomitentwickelung vom Schlerndolomit (Buchensteiner Horizont) durch die Karnische Stufe bis in das Rhaet hinaufreicht. So überlagert am Colle di Mezzo Giorno und am Monte Cornon südlich von Comelico Inferiore der Hauptdolomit mit *Turbo solitarius* BEN. und *Megalodus Gümbeli* STOPP. unmittelbar ohne mergelige Zwischenlage den Schlerndolomit;[1] übereinstimmende Betrachtungen machte R. HOERNES am Zwölferkofel und Monte Giralba. Der Dachsteinkalk des Ampezzaner und Sextener Gebietes besteht an der Basis aus schwach dolomitischen Kalken, in seiner grössten Mächtigkeit aus ziemlich reinem röthlichem Kalkstein und nur in seinen

---

[1] HARADA, Jahrb. d. geol. R.-A. 1883, S. 172.

obersten Lagen unmittelbar unter den grauen Liaskalken aus stärker dolomitischem Gestein.[1]) In der Gegend des Antelao, im Val Oten, kommt in dem Dachsteinkalke ausser den vorherrschenden Megalodonten eine reiche Gastropodenfauna vor.[2])

Die Faciesentwickelung der obersten Trias in den Julischen Alpen bildet in mancher Hinsicht ein Analogon zu der des Berchtesgadener und Hallstätter Gebietes. Neben den vorherrschenden wohlgeschichteten Massen des Karnischen und Rhaetischen Dachsteinkalkes (vergl. die Abbildung S. 170 und 172) finden sich ungeschichtete korallogene Riffdolomite. Am Triglav[3]) ist die Grenze des geschichteten Kalkes und des von Korallen erfüllten Riffdolomites besonders scharf. Im Hintergrunde des Martulikgrabens[4]) zeigen die Korallenriffdolomite am Ferdame Palica und Spik deutliche Uebergangsschichtung und ziehen weiter bis zur Wochein und Assling an der Save. Die Karte von DIENER lässt das Gebiet des geschichteten und ungeschichteten Kalkes deutlich hervortreten.

Ob die geographische Trennung der nördlichen und südlichen Meere, welche zur Zeit der Raibler Schichten bestand, noch während der jüngsten Triaszeit angedauert hat, dürfte schwer zu entscheiden sein. Die Versteinerungsarmuth der meisten hierher gehörigen Bildungen gestattet keine endgiltige Lösung der Frage. Denn das Fehlen von Hallstätter Kalken im Süden kann ebenso wie die ungleiche Vertheilung der Kössener Schichten auf Faciesunterschiede zurückgeführt werden.

[1]) v. MOJSISOVICS, Dolomitriffe S. 284.

[2]) L. c. S. 307.

[3]) DIENER, Centralstock der Julischen Alpen, Jahrb. d. geol. R.-A. 1884, S. 691.

[4]) Ibid. S. 679.

C.

Der Gebirgsbau der Karnischen Alpen in seiner Bedeutung für die Tektonik.

Die Einzelheiten des geologischen Aufbaues der Karnischen Alpen sind im ersten Haupt-Abschnitte dargelegt worden. Im Folgenden soll der Versuch gemacht werden, die Grundzüge des tektonischen Aufbaues in grossen Zügen zu schildern und die einzelnen Phasen der Gebirgsbildung zu verfolgen. Die mannigfachen Thatsachen, welche die Untersuchung unseres verwickelten Gebietes enthüllt hat, bedingen ein weiteres Eingehen auf tektonische Fragen. Da die Alpen das bei weitem am besten gekannte Hochgebirge der Erde darstellen, so beanspruchen neue hier gemachte Erfahrungen stets allgemeinere Bedeutung.

I. (Kap. XIII) Die Erörterung einiger tektonischer Einzelfragen allgemeinen Inhalts (Klippen, Aufquetschungen, Grabenspalten u. s. w.) bildet den Inhalt des ersten Abschnittes. Es handelt sich gleichzeitig um Einführung einiger neuer Kunstausdrücke[1]) zur Bezeichnung von Erscheinungen, deren Eigentümlichkeiten bisher noch nicht in genügender Weise klargelegt worden sind.

II. (Kap. XIV) In einem zweiten Abschnitte soll der Versuch gemacht werden, die verschiedenen Phasen der. Gebirgsbildung in den Karnischen Alpen im Zusammenhang mit der Orogenie des gesammten Gebirges ein-

---

[1]) Vergleiche HEIM und MARGERIE, die Dislocationen der Erdrinde. Zürich 1888. WURSTER u. Comp.

heitlich darzustellen. Dieser Gegenstand ist kürzlich von
DIENER im Anschluss an die Abhandlung über den Bau der
Westalpen eingehend erörtert worden; jedoch machen neu gewonnene Erfahrungen hie und da Aenderungen und Erweiterungen notwendig.

III. (Kap. XV) Eine Darstellung der tektonischen Leitlinien der südlichen Ostalpen bildet den Inhalt des dritten
Hauptabschnittes. Schon der Umstand, dass drei der wichtigsten Tiroler Bruchlinien, die Iudicarien-, Villnösser- und
Sugana-Linie in das Gebiet der Karnischen Hauptkette fortsetzen, lassen ein Hinausgreifen über die Grenzen des engeren
Untersuchungsgebietes gerechtfertigt erscheinen.

IV. Auf Grund der im Vorstehenden gewonnenen Anhaltspunkte soll der Versuch einer Erörterung der vielumstrittenen
Frage gemacht werden, ob den „Senkungen" oder den „Hebungen"
der Hauptantheil an den Dislocationen der Erdrinde gebühre.
Nach der neueren von SUESS vertretenen Anschauung ist die
Wichtigkeit der ersteren Dislocationsform, nach der älteren,
neuerdings von LAPPARENT verfochtenen Theorie die der letzteren bei weitem überwiegend. Es dürfte der Nachweis möglich sein, dass auf beiden Seiten die Wichtigkeit des einen,
allein zur Erklärung benutzten Factors überschätzt worden ist.

XIII. KAPITEL.

Tektonische Einzelfragen.

Trotz der merkwürdigen Verwickelungen, welche der Gebirgsbau der Karnischen Alpen zeigt, ist die Zahl der bisher noch nicht beschriebenen oder genauer begrenzten tektonischen Erscheinungen nicht sonderlich bedeutend. Dieselben sollen in der Reihenfolge des Buches von HEIM und de MARGERIE besprochen werden.

1. Grabenspalten.

(Man vergleiche HEIM und de MARGERIE, Dislocationen S. 36.)

Am Lanzenboden und an der Kleinen Kordinalp (S. 56 u. 57, Tafel III und Profil III S. 58) finden sich inmitten des von Brüchen durchsetzten Obercarbon versenkte schmale Streifen von Grödener Sandstein nebst untergeordneten Resten von Bellerophonkalk. Dieselben stellen eine eigenartige Ausbildungsform von tektonischen Gräben dar. Eine besondere Bezeichnung und Unterscheidung dürfte jedoch gerechtfertigt sein, weil die versenkten Schichten nicht, wie in einem normalen Graben flach liegen, sondern zusammengefaltet und zerquetscht sind (Tafel III, S. 56 links). Ferner sind diese schmalen Versenkungen in ganz bestimmter Weise unmittelbar von den grossen Längs- und Querbrüchen abhängig, welche das Gebirge durchsetzen. Die etwas breitere Scholle der Kleinen Kordinalp liegt an dem Hochwipfelbruch, ist also recht eigentlich in die Spalte zwischen Untersilur und Obercarbon eingebrochen. Die im Lanzenthal von der Maldatschen Hütte bis zur Alp Pittstall ziehende, mit Grödener Sandstein ausgefüllte Grabenspalte ist die geradlinige Fortsetzung des Rosskofelbruches, der seinerseits dem Lanzenbache folgt und nach zweimaligem („bajonettförmigen") Umbiegen sich wieder mit der Grabenspalte vereinigt. Als eine Grabenspalte von einfacherer Zusammensetzung ist der schmale Streifen von Triaskalken anzusehen, der bei Laas und Kötschach in den Grödener Sandstein bezw. in den letzteren und den Quarzphyllit eingebrochen ist. (Man vergleiche unten den Abschnitt 5 d „Interferenzerscheinungen".)

Als Grabenspalte ist auch die schmale aus Bellerophonkalk und untergeordnetem Grödener Sandstein bestehende Scholle an der Bordaglia-Alp zu bezeichnen (Abb. 45 u. 46 S. 105 u. 106). Dieselbe ist im Sinne der alten carbonischen Faltungsrichtung und anderseits in der Richtung des Villnösser Bruches eingebrochen und erscheint in sehr eigentümlicher Weise jederseits mit schmalen „Aufquetschungen" von Untersilurschiefer combinirt. Dieser von Untersilur flankirte Einbruch permischen Gesteins in devonischen Riffkalk ist wohl die eigenartigste der „pathologischen" Deformationen, welche das Karnische Gebirge erlitten hat.

2. Die „Aufpressungen" von älteren plastischen Gesteinen in starren jüngeren Massen.

(Man vergleiche Heim und de Margerie S. 66 „abgequetschter Gewölbekern" und „Grabenhorst" ex parte bei Bittner.)

Während „Grabenspalten" zu den seltenen tektonischen Erscheinungen gehören, sind die in der Ueberschrift bezeichneten Aufpressungen im Gebiete der Alpen häufig und u. a. von A. Bittner und C. Diener[1] verschiedentlich erwähnt und richtig gedeutet worden. Jedoch hat die jedenfalls eigenartige Erscheinung, welche morphologisch gewissermassen eine

---

[1] Jahrb. d. geol. R.-A. 1884, S. 692 sagt C. Diener bei der Beschreibung eines Vorkommens von „gequältem" Werfener Schiefer im Dachsteinkalk der Tose-Alp: „Die ganze Erscheinung macht vollständig den Eindruck, als sei durch das Absinken des Gebirges die weiche Unterlage der Werfener Schiefer an dem Bruchrande zwischen dem stehen gebliebenen und dem abgesunkenen Flügel emporgepresst und gequetscht worden, analog dem Haselgebirge in manchen Salzlagerstätten der Nordalpen".

umgekehrte Grabenspalte darstellt, bei HEIM und MARGERIE
keine Erwähnung und auch sonst wenig Beachtung gefunden.
Der zunächst vergleichbare. l. c. S. 66 erwähnte „abgequetschte
Gewölbekern" von Gneiss im Jurakalk des Gstellihornes
ist eine untergeordnete Nebenerscheinung, welche auftritt, wenn
unter hochgesteigertem Gebirgsdruck zwei Gesteine von ähnlicher Härte mit einander verquetscht werden. Als Aufpressung bezeichne ich hingegen das in den Ostalpen nicht
seltene Auftreten eines verhältnissmässig schmalen Streifens
von weichem Werfener Schiefer inmitten einer starren
Masse von jüngerem Triaskalk.

Die Erscheinung wurde oben (S. 27—36 Taf. I und Abb. 11)
als Einquetschung in Spalten des jüngeren auflagernden Gesteins gedeutet und kann der Natur der Sache nach sowohl
in gebrochenem wie in gefaltetem Gebirge (Julische und Karnische Alpen) auftreten. Wie ausführlich dargelegt wurde,
bilden die Aufpressungen auf dem Südabhange der östlichen Karnischen Hauptkette den hervorstechendsten
tektonischen Charakterzug. Wo immer ein spalten-
reiches starres Gestein von einer plastischen Masse
unterlagert wird, hat die letztere sowohl bei faltenden aufwärts gerichteten, wie bei senkenden abwärts gerichteten
Gebirgsbewegungen das Bestreben, intrusiv in die Spalten
einzudringen.

Bei der Beschreibung und Abbildung des Profils im Tor-
rennerthal (das ich auch aus eigener Anschauung kenne) schlägt
BITTNER die Bezeichnungen „Grabenhorst" bezw., „wenn man
annehmen will, dass der Torrennerthalzug zwischen den fix
verbliebenen beiderseitigen Gebirgsmassen gehoben worden
sei", „positiven oder gehobenen Graben" vor.

Die langausgedehnten Aufbrüche von Werfener Schiefer
inmitten von Dachsteinkalk oder Hauptdolomit, welche
A. BITTNER [1] wiederholt aus den Nordalpen beschrieben hat,
liegen in gefaltetem Gebirge und sind den beobachteten
kleinen Aufpressungen vergleichbar, zeigen aber andererseits
nicht unwesentliche Verschiedenheiten. Wie BITTNER hervor-

---

[1] Verhandl. d. geol. R.-A. 1884, S. 78. Jahrb. d. geol. R.-A. 1887,
S. 415, 416. Verhandl. d. geol. R.-A. 1887, S. 97.

hebt [1]) herrscht in den aussen gelegenen Theilen der nördlichen Kalkalpenzone ein sehr constantes Einfallen nach Süden resp. gegen die Centralzone hin; man nimmt somit als den wesentlichsten diesen Bau bedingenden Factor das Vorhandensein gesprengter liegender Falten, sowie Bildung von Ueberschiebungsflächen an. Erst im innern Drittel des Gesammtprofils der Kalkalpenzone pflegt sich eine umgekehrte nördliche Einfallsrichtung allgemein einzustellen. Die Scheidelinie der beiden Einfallsrichtungen ist in der Störungsregion zu suchen, welche als Aufbruchslinie Buchberg—Mariazell—Windischgarsten bezeichnet wird. In dieser Störungszone treten Werfener Schichten derart zu Tage, dass die von beiden Seiten nach Süden bezw. Norden einfallenden Trias- und Juraschichten unter die bei weitem älteren Bildungen einzufallen scheinen. Es ist diese Linie also kein einfacher Aufbruch, von dem die jüngeren Schichten allseitig abfallen müssten, sondern eine complicirte Zone grösster Störungen inmitten der Kalkalpen oder geradezu eine Zone der grössten Zertrümmerung des Kalkgebirges.

Abgesehen von der Grossartigkeit der Erscheinungen unterscheiden sich also die „Aufbrüche" in den gefalteten Kalkalpen von den Aufpressungen im gebrochenen Gebirge durch das Einfallen der jüngeren Formation nach der Störungszone.

Ausser diesen grossartigen Aufbrüchen finden sich auch in dem gefalteten Gebirge der nördlichen Kalkalpen Aufpressungen älterer Gesteine, welche in Folge ihrer geringeren Grössenverhältnisse mit den aus den Südalpen beschriebenen Erscheinungen vollkommen übereinstimmen. So beschreibt BITTNER aus der Gegend von Guttenstein in Niederösterreich einen, in zahlreiche Querschollen zertheilten Streifen Guttensteiner Kalke, der rings von Hauptdolomit umgeben ist: die begrenzende Verschiebungsfläche erscheint bedeckt mit vertikalen Gleitspuren. In tektonischer Hinsicht erinnert unmittelbar an die Karnischen Alpen ein Zug von Lunzer Sandstein und Opponitzer Kalk (mit Versteinerungen der Carditaschichten), welcher ebenfalls in-

---

[1]) Verhandl. d. geol. R.-A. 1887, S. 97.
[2]) Verhandl. d. geol. R.-A. 1892, S. 402.

mitten des Hauptdolomites gelegen und gelegentlich durch Querverwerfungen aus einander gerissen ist.

Auch an der Bordaglia-Alp ist, wie oben (S. 105) angedeutet wurde, der Gang der tektonischen Ereignisse wohl der gewesen, dass bei der carbonischen Faltung ein schmaler Streifen silurischen Schiefers in den devonischen Riffkalk aufgepresst wurde; bei der jüngeren Gebirgsbildung brach auf dieser nachgiebigen Unterlage der Bellerophonkalk ein.

Hingegen wird man am Südabfalle der Karnischen Kette, in Bezug auf den zwischen Hochwipfelbruch und Fella-Savebruch gelegenen Graben (S. 35) nicht von eigentlicher Faltung als der Hauptursache reden können. Allerdings sind an dem Hochwipfelbruche, der Silur und Trias trennt, die älteren Schichten emporgewölbt worden; jedoch fanden spätere Nachbrüche statt (vergl. unten 5a), und die südlichere Störungslinie, längs deren Werfener Schichten und Schlerndolomit aneinander grenzen, ist mit grösster Wahrscheinlichkeit als Senkungsbruch anzusehen. Die Deutung als Längsgraben wird im vorliegenden Falle auch durch den Umstand unterstützt, dass weiter westlich, von Lussnitz und Leopoldskirchen an, wo der Fellabruch sich in eine Antiklinale verwandelt, die Aufpressungen gänzlich fehlen.

Die Aufpressungen bestehen aus Kohlenschiefer mit Fusulinenkalk und haben dadurch Anlass zu der irrtümlichen Vorstellung gegeben, der Schlerndolomit sei palaeozoisch. Man findet ferner Grödener Sandstein, Werfener Schichten, Muschelkalkconglomerat, Raibler Quarzporphyr und Tuff, vor allem jedoch die weichen plastischen Mergel-Plattenkalke des Muschelkalkes, welche in dem schönen Profil des Guggberges (Taf. III, S. 28) aufgeschlossen sind. Die härteren Gesteine wie Porphyr und Conglomerat sind nur in wenig ausgedehnten Fetzen beobachtet worden.

3. Tektonische Klippen.

Durch Uhlig ist in neuerer Zeit der Nachweis geführt worden, dass die von Neumayr versuchte Deutung der Karpathischen Juraklippen nicht den thatsächlichen Verhältnissen netspricht. Die Klippen sind nicht, wie Neumayr meint, bei der Faltung als unnachgiebige starre Massen durch die weichen Hüllschichten hindurch gestossen worden, sie stellen vielmehr die Ueberreste eines alten cretaceischen Gebirgsbogens dar, der von den Wogen des Flyschmeeres in einzelne Inseln und Klippen zerrissen wurde. Die heutige Form der Karpathenklippen ist also nicht auf tektonische sondern auf erosive Kräfte zurückzuführen. Für die Klippen von Hoch-Savoien hat D. HOLLANDE in neuerer Zeit den gleichen Nachweis erbracht.[1]

Trotzdem erscheint die Annahme, dass Schichten von wesentlich verschiedener Härte und Plasticität sich der Faltung gegenüber verschieden verhalten, so naheliegend, dass man fast a priori erwarten sollte, Klippen von der durch NEUMAYR geschilderten Zusammensetzung irgendwo zu finden. Diese tektonischen Klippen würden demnach auf dieselbe Grundursache zurück zu führen sein, wie die Aufpressungen. In dem einen Falle wird hartes unterlagerndes Gestein in weiche auflagernde Massen hineingetrieben, in dem anderen werden weiche, tiefliegende Schichten in die Spalten einer darüberliegenden starren Felsart aufgepresst.

In der That ist das oberdevonische Korallenriff des Iberges bei Grund (Harz), das rings von steil aufgerichteten Culmschichten umgeben ist, von jeher als starre, durch die auflagernden plastischen Schichten durchgestossene Masse angesehen worden. Der Umstand, dass die Culmschichten in der Nähe des Iberger Kalkriffes die normale Beschaffenheit zeigen und nicht, wie in den Karpathen, als Geröllmantel entwickelt sind, die Thatsache, dass kleine Fetzen von Culmschiefer sich in offenbar stark dislocirter Stellung auf der Oberfläche des Riffes finden, erheben die vorgeschlagene Deutung des Iberger Kalkes als „tektonische Klippe" (im Sinne NEUMAYR's) fast zur Gewissheit. Als wichtig ist auch der Umstand hervorzuheben, dass der ganze Iberger Kalkstock von zahlreichen Verwerfungen, Harnischen, Erzgängen und -Nestern durchsetzt ist.

Es sei endlich daran erinnert, dass BALTZER und HEIM die Lehre von dem ungleichen Verhalten verschiedenartiger

---

[1] Bull. soc. géol. de France [3]. Bd. 17, S. 690—718. Vergl. N. J. 1892, 1. S. 129.

Gesteine gegenüber dem Gebirgsdruck besonders entwickelt und Profile veröffentlicht haben, die bei fortschreitender Denudation Anlass zur Entstehung tektonischer Klippenformen geben könnten.

In unserem engeren Gebiete finden sich am Tischlwanger Kofel und Promoser Jöchl, im Val Grande und an der Croda Bianca isolirte Massen von Devonkalk inmitten des Culmschiefers, welche nur als tektonische Klippen gedeutet werden können. Die beiden aus Clymenienkalk bestehenden Klippen am Promoser Jöchl sind, wie die Abbildung 31 (S. 82) deutlich erkennen lässt, die Fortsetzung der Antiklinale des Tischlwanger Kofels und nur durch die in ungleichem Material verschiedenartig wirkende Faltung von diesem und unter sich getrennt. Noch deutlicher tritt der Zusammenhang mit einer Antiklinale in den beiden kleinen, in der Tiefe des Val Grande liegenden Kalkkeilen hervor (vgl. Abb. 32 und S. 84). Eine etwas abweichende tektonische Beschaffenheit besitzen hingegen die an der Croda Bianca vom Culmschiefer umschlossenen Klippen von devonischem Kalk, welche die Ueberreste einer auseinander gesprengten liegenden Falte darstellen (vergl. S. 108 u. 109 mit fünf Abbildungen).

An die tektonische Erscheinung von Harnischen, Reibungsbreccien, Erzvorkommen, welche die Grenze der Klippen kennzeichnen und in dem topographischen Theile eingehender beschrieben worden sind, sei hier nur kurz erinnert. Im Folgenden werden noch einmal übersichtlich die Unterschiede zusammengestellt, welche zwischen Klippen tektonischen und erosiven Ursprunges bestehen:

1. Der geologische Altersunterschied zwischen den Kalken der Klippe und den Hüllschiefern ist bei Gebilden erosiven Ursprungs meist bedeutend. Die savoischen und karpathischen Klippen gehören dem mittleren und oberen Jura, die Hüllschiefer der obersten Kreide oder dem Eocaen an. Der Iberg bei Grund dagegen besteht aus unterem Oberdevon, der Hüllschiefer ist untercarbonisch. An den Klippen des Promoser Jöchl (Clymenienkalk—Culm) ist überhaupt kein Altersunterschied wahrnehmbar. Im Val Grande bestehen die Klippen aus oberem oder mittlerem Devon; an der Croda Bianca wird

das wahrscheinlich höhere Alter des Devonkalkes durch die horizontale Faltung erklärt.

2. Die Gesteinsgrenze ist bei Erosionsklippen durch einen Geröllmantel, bei tektonischen Klippen durch Reibungsbreccien, Harnische und Erzführung gekennzeichnet; letztere ist selbst dort vorhanden, wo keine stratigraphische Lücke zwischen den in Frage kommenden Formationen besteht (Promoser Jöchl). Der Erzbergbau hat am Iberg bei Grund wie bei Tischlwang in früheren Zeiten grosse Bedeutung besessen; auch auf der Nordseite des Tischlwanger Kofels finden sich an der Grenze von Clymenienkalk und Culm Spuren von Malachit und Kupferlasur, die zu einem Versuchsstolln Anlass gegeben haben.

In der äusseren Erscheinung ähneln den tektonischen Klippen, die besonders im Westen der Hauptkette vorkommenden Kalkriffe der Königswand, Liköflwand und Porze Jedoch ist der tektonische Vorgang genau umgekehrt. Während am Promosjöchl die härteren Kalke durch die weicheren Schiefer hindurch gestossen wurden, sind hier die ersteren in ihre Unterlage tief eingefaltet und später durch die Wirkung der Denudation wieder „herauspräparirt" worden (vergl. oben S. 118—130 bes. Abb. 62. 63 u. Taf. XII).

4. Blattverschiebung.

(HEIM und de MARGERIE S. 75, Schiebungsflexur v. RICHTHOFEN, Führer für Forschungsreisende S. 608.)

Auf dem Nordabhange des Hohen Trieb wurde in zwei saiger stehenden, von Schiefer eingeschlossenen Kalklagern eine bruchlose zweimalige Umknickung beobachtet. Die rothe Farbe und die Verwitterungsform des von schwarzem Schiefer umgebenen südlichen (breiteren) Kalkzuges lassen über die Richtigkeit der kartographischen Abgrenzung um so weniger einen Zweifel aufkommen, als gerade die wichtigsten Punkte waldfrei und nur von spärlichem Graswuchs bedeckt sind (vergl. oben S. 71 und die Karte). Ein weniger ausgeprägtes Vorkommen von stumpfwinkliger Umbiegung findet sich in der südöstlichen Fortsetzung des einen Kalkzuges an der Alp Peccol di Chiaul.

Dieser jedenfalls selten vorkommende Fall von bruchloser Umbiegung ist, wie mir scheint, in der Natur noch nicht beobachtet aber schon auf theoretischem Wege als wahrscheinlich angenommen und mit Namen belegt worden. v. Richthofen [1]) bezeichnet ihn als Schiebungsflexur, Heim und Margerie als Flexurblatt. Bei dem Namen Flexur denkt man zunächst an die Tektonik der Plateaux des amerikanischen Westens, während wir in unserem Falle ein typisches Faltengebirge vor uns haben. Es würde daher diese irreführende Bezeichnung zu vermeiden und lieber der Name Blattverschiebung anzuwenden sein. Eine horizontale Dislocation, die durch einen Bruch ausgelöst wird, würde mit Suess als Blatt s. str., scharfes Blatt Heim und Margerie (Wildkirchli, Wiener Neustadt) oder im Gegensatz zur Blattverschiebung als Blattverwerfung zu bezeichnen sein. Der von Heim und Margerie vorgeschlagene Kunstausdruck „Bruchblatt" (S. 74) klingt hart und undeutsch; ausserdem ist bei allen auf -blatt endenden Zusammensetzungen die Verwechselung mit anderen Blättern naheliegend.

5. Complicirte Faltungs- und Interferenzerscheinungen.

Obwohl der ganze topographische Theil des vorliegenden Buches mit den in der Ueberschrift erwähnten Erscheinungen zu thun hat, mögen hier noch einige besonders verwickelte und seltene Fälle von geologischen „Fracturen und Luxationen" kurz besprochen werden. Zum Theil (a und b) handelt es sich um Erscheinungen, die mit einfachen Faltungen oder Verwerfungen zusammenhängen; viel verwickelter sind die Vorgänge, welche auf verschiedene, in demselben Gebirgstheile nacheinander wirkende Kräfte (Faltung und Bruch) zurückgeführt werden müssen.

a. Auswalzung an Brüchen (Hochwipfelbruch).

Die anfangs vielfach bezweifelte und bestrittene „Auswalzung" ist jetzt fast allgemein als ein wichtiger Factor in der Gebirgsbildung erkannt worden. Allerdings ist der

---

[1]) Führer S. 608.

Hochwipfelbruch im Osten der Karnischen Hauptkette, der überaus mannigfache Erscheinungen dieser Art geliefert hat, in erster Linie durch die erneute Aufwölbung des alten palaeozoischen Kernes gebildet worden. Hierauf deutet schon die erhebliche Höhe hin, bis zu welcher die leicht verwitternden Silurschiefer emporragen. Die Höhe des Hochwipfels selbst bleibt um noch nicht 100 m hinter der des aus Triaskalk bestehenden Rosskofels zurück (2189 m — 2271 m). Da man nun — allgemein gesprochen — hier wie anderwärts in den Alpen unmöglich annehmen kann, dass die heutigen Höhen des Gebirges durch Absenkung der umliegenden Länder entstanden sind, muss man die ersteren auf „Hebungen" oder besser gesagt Aufwölbungen zurückführen.

Andererseits ist jedoch der Bruchcharakter an dem Hochwipfelbruch oft ungemein deutlich ausgeprägt. Besonders überzeugend wirkt in dieser Hinsicht die durch staffelförmige Brüche und secundäre Gräben gekennzeichnete Grenze von Trias und Silur in den Westkarawanken (S. 36). Der scheinbar widerspruchsvolle Charakter des Hochwipfelbruches könnte am einfachsten dadurch erklärt werden, dass zuerst eine Aufwölbung der nördlichen, palaeozoischen Zone stattgefunden hat. Die südlicher gelegenen Massen des Schlerndolomites wurden zunächst mit emporgezerrt, brachen dann aber wieder nach und zwar erfolgte der Abbruch an den verschiedenen Abschnitten des über 30 km langen Bruches bis zu verschiedener Tiefe.

Der Bruch bildet in seinem westlichen Theile, wo er abgesehen von einer kleinen Spaltenverwerfung Obercarbon und Untersilur trennt, einen sehr stumpfen, nach Norden offenen Winkel; vom Gartnerkofel an wird die vorherrschende Richtung SSO. Ueberall, wo diese Richtung rein ausgeprägt ist, oder wo der Bruch etwas nach N. vorspringt, grenzt jüngerer Triaskalk unmittelbar an Untersilur; die älteren Glieder der permo-triadischen Schichtenfolge sind hier durch die wiederholten, entgegengesetzt wirkenden Gebirgsbewegungen ausgequetscht oder ausgewalzt worden. Nur an den haken- oder bajonettförmigen Ausbiegungen des Bruches konnten diese älteren meist ziemlich plastischen Gesteine sich erhalten. So würde das un-

28*

regelmässige, rasch auskeilende Vorkommen älterer Schichten südlich von Thörl (S. 36) und am Achomitzer Berg zu erklären sein (vergl. Abb. 7, 8, S. 24 und Profil-Tafel I, S. 15).

Allerdings sind an der bedeutendsten hakenförmigen Ausbuchtung, am Kok, ältere Schichten (Grödener Sandstein) nur in geringer Erstreckung bekannt. Jedoch ist hier die ältere Schichtenfolge durch eine ungewöhnlich mächtige Einlagerung von Orthocerenkalk gebildet, und es ist einleuchtend, dass zwischen diesem harten Gestein und dem Schlerndolomit die weniger mächtigen bezw. plastischen Schichtglieder der permo-triadischen Serie ausgewalzt werden mussten.

b. Beeinflussung des Streichens der Schieferschichten durch Kalkmassen.

Die alten Schichten der Karnischen Hauptkette zeigen ein im Allgemeinen ausserordentlich regelmässiges Streichen in der Richtung WNW—OSO. Es ist daher von Wichtigkeit, die wenig zahlreichen Abweichungen festzustellen und den Gründen derselben nachzuforschen. Man beobachtet nun, dass dort, wo umfangreiche devonische Kalkriffe klotzartig und unregelmässig in plastischen Schiefer eingefaltet sind, das Streichen des letzteren sich der Richtung des ersteren anschmiegt. Am Süd-West-Abhange der Paralba konnte das NNW-SSO Streichen, welches an diesem Berge und der angrenzenden Hartkarspitz zu beobachten ist, auf 3 km Entfernung bis zum Rio d'Antola beobachtet werden. Allerdings darf man, wie die genauen Angaben S. 116 beweisen, hier eher von einer allgemeinen Verworrenheit der Schichtstellung als von einer bestimmten Streichrichtung reden. Doch scheint der altsilurische Kalkphyllitzug dem NNW-Streichen zu folgen. Vollkommen regellos wird das Streichen dort, wo mehrere Kalkmassen allseitig eine Schieferpartie umgeben. Während unmittelbar am Ostabhange des Mooskofels der Schiefer sich dem Kalke vollkommen anschmiegt (oben S. 97), sind in der Tiefe des Valentinthals zwischen dem genannten Berge, dem Pollinigg und dem Cellonkofel die Schieferschichten wie zwischen Schraubstöcken in der unregelmässigsten Weise verquetscht, verdreht und verschoben.

c. Nachbrechen eingefalteter Kalkmassen
bei erneuter Gebirgsbildung.

Im Durchschnitt des Valentinbaches deutet das Zusammenfallen des Plöckener Querbruches mit der Querverwerfung des Gailberges und der Obervellacher Erdbebenlinie (S. 144) darauf hin, dass die eingefalteten devonischen Kalkmassen während der Kreide- und Tertiärzeit
bei dem Wiederaufleben der gebirgsbildenden Kräfte weiter
in die weichen Schiefer eingebrochen sind. Noch deutlicher
sind derartige Vorgänge auf dem Nordabhange des Kok zu
beobachten. Wie der schematische Längsschnitt 5 auf Seite 20
zeigt, liegen im Sinne der Längsrichtung des Gebirges in derselben Zone: Silurschiefer (Untersilur), Orthocerenkalk (Obersilur), Silurschiefer, Mitteldevon, Silurschiefer, Orthocerenkalk,
Schlerndolomit. Ursprünglich waren Devon und Orthocerenkalk
in den weicheren Schiefer eingefaltet, wobei das erstere infolge
der massigen Structur der Riffe an älteren Querbrüchen tiefer
einsank. Der Umstand, dass auch der Schlerndolomit am
Schönwipfel in derselben Senkungszone liegt, beweist,
dass bei einer jüngeren Gebirgsbildung (Kreide oder
Tertiär) die alte Störungsrichtung wieder auflebte.

d. Interferenzerscheinungen
von verschiedenen Bruchrichtungen.

Dort wo ein Hauptbruch eine andere Richtung annimmt oder wo Querbrüche das Gebirge durchsetzen,
beobachtet man eigenartige „Interferenzerscheinungen", wie
man diese gegenseitige Beeinflussung von Spannungs-
richtungen in übertragenem Sinne zu bezeichnen pflegt. Bestimmte Anzeichen, welche für „Schichtenverdrehung" oder
Torsion sprächen, habe ich nicht wahrnehmen können. Man
beobachtet nur, dass der Hauptbruch durch ein in der Richtung
der schwächeren Spannung verlaufendes Sprungbündel complicirt wird.

In der Gegend des Kok biegt der Hochwipfelbruch
aus OSO genau nach O um; aber in der ursprünglichen
Richtung splittern zwei kleinere Sprünge in den Schlerndolomit ab und schliessen eine keilförmig begrenzte Scholle

von Muschelkalkconglomerat (Uggowitzer Breccie) ein.
Der südliche Abschluss des letzteren wird wieder von einer
genau O—W streichenden Verwerfung gebildet (oben S. 25
bis 27). Man würde im Laboratorium die gegenseitige Beeinflussung von zwei sich durchkreuzenden Spannungsrichtungen
kaum besser zur Darstellung bringen können, als es hier in
der Natur geschehen ist.

Ein ganz ähnliches, infolge der grösseren Zahl der betroffenen Formationen complicirteres Bündel von kreuzenden
Sprüngen lehrte die kartographische Aufnahme am Nordab-
falle des Gartnerkofels kennen: Hier biegt der Hochwipfelbruch aus ONO nach OSO um und die Brüche liegen
somit theils in den beiden Hauptrichtungen theils genau in
O—W.

Dort wo Querspalten das Gebirge durchsetzen, erweisen
dieselben sich meist als die kräftigeren und lenken somit
die Längsstörungen um Kilometer ab. Dann beobachtet
man jedoch, dass eine schmale, mit jüngerem Gestein angefüllte Grabenspalte im Sinne der ursprünglichen Längsrichtung
fortsetzt und sich schliesslich mit dem Hauptbruche wieder
vereinigt. Es entsteht auf diese Weise eine Scholle, die ungefähr die Gestalt eines rechtwinkligen Dreiecks mit sehr
ungleichen Katheten besitzt. Die Länge der Hypotenuse beträgt auf dem Lanzenboden (Rosskofelbruch) 4 km, am
Gailberg (Gailbruch) 9 km.

Als „Interferenzerscheinung" ist auch die rechtwinke-
ige Umbiegung der eingefalteten Devonkalke des
Niedergailthales zu deuten (vergl. die Karte und Abb. 42,
43, S. 103). Das durch den Plöckener Querbruch (Abschnitt e)
nach ONO umgekehrte Streichen wendet hier in scharfem
Winkel nach WNW zurück.

e. Blattverwerfung
mit Ablenkung des Streichens.

Die Gegend des Plöckenpasses ist, wie im topographischen
Theile eingehend dargelegt wurde, durch eine Reihe tektonischer
Merkwürdigkeiten ausgezeichnet. In N (bis NNO)-Richtung
durchschneidet der Plöckener Querbruch das Gebirge;

östlich von demselben liegen (am Pal) die Devonkalke 1000 m niedriger als im Westen. Auf der letztgenannten Seite (zwischen dem unteren Theil des Valentin- und Wolayer-Thales) ist ausserdem das Schichtstreichen aus der normalen WNW-Richtung nach ONO umgedreht. Wenn das Unterdevon des Pollinigg dem Unterdevon des Cellon, das Mitteldevon des Pal der Mitteldevonzunge des Casa Monuments entspricht, so ist die westliche Scholle an einer Blatt-verwerfung in südlicher Richtung etwas herausgedrängt und ausserdem in ihrer gesammten Streichrichtung beeinflusst worden; gleichzeitig oder bei einer späteren Gebirgsbildung ist die östliche Scholle abgesunken. Wenn irgendwo, so wird in dieser „zone of diverse displacement" die Chronologie der einzelnen tektonischen Bewegungen unaufgeklärt bleiben müssen. Treffen doch in einem durch carbonische Faltung und Ueber-schiebung arg dislocirten Gebiet einerseits die Ausläufer des Villnösser Bruches, andrerseits die vom Gailberg her kom-mende „Obervellacher Erdbebenlinie" zusammen. Sogar das Auge des Laien beobachtet an der verzerrten Lagerung der Schichten und an der phantastischen Form der Kalkzacken, dass hier gebirgsbildende Kräfte in ungewöhnlicher Weise ihr Spiel getrieben haben.

XIV. KAPITEL.

Die Phasen der Gebirgsbildung in den Karnischen Alpen.

1. Die palaeozoische Faltung.

a. Die mittelcarbonische Faltung in den Ostalpen.

Die Annahme einer wiederholten Gebirgsbildung, welche das Gebiet der Karnischen Alpen betroffen hat, beruht nicht allein auf der grossen Zahl und Complication der Störungen sowie auf dem Nebeneinander von gefalteten und ungefalteten Schollen: Vielmehr lässt sich der bestimmte Nachweis führen, dass die permische Transgression ältere Bruchlinien (die von St. Georgen) überdeckt und dass die Erscheinungen der Faltung und Aufrichtung mit verschwindenden Ausnahmen auf die altpalaeozoischen Gesteine vom Culm abwärts beschränkt sind.

Die Annahme mehrfacher Gebirgsbildung, die ohne den bestimmten Nachweis einer Transgression nur auf der Complication der tektonischen Erscheinungen beruht, trägt stets einen hypothetischen Charakter. Im Karwändelgebirge hat ROTHPLETZ den Nachweis zu führen gesucht, dass auf eine mittelcretaceische, durch Brüche gekennzeichnete Periode eine jüngere, tertiäre Faltungsphase gefolgt sei. Da jedoch nirgends in dem fraglichen Gebiete obere Kreide in transgredirender Lagerung bekannt ist, so könnte die Faltung ebenso gut ohne wesentliche Unterbrechung auf die Bruchperiode gefolgt sein.[1] In einem anderen Falle erscheint eine wesentliche Aenderung

---

[1] Nur weil weiter östlich die soeben gekennzeichnete Form der Lagerung bekannt ist, wird auch für das Karwändelgebirge die Annahme einer mittelcretaceischen Faltung über das Niveau einer unbewiesenen Hypothese erhoben.

der gebirgsbildenden Kraft innerhalb einer einheitlichen orogenetischen Periode zum mindesten höchst wahrscheinlich: Das alte Harzgebirge ist nach LOSSEN durch eine doppelte Faltung gebildet, die das eine Mal in nordöstlicher, das andere Mal in nordwestlicher Richtung wirksam war. Jedoch kann es keinem Zweifel unterliegen, dass die ganze Faltung in mittelcarbonischer Zeit erfolgt ist: Denn während die altcarbonischen Culmschichten überall aufgerichtet sind, ist das obere, häufig rothgefärbte Carbon ungefaltet und fast ungestört dem Südrand der alten Masse über- und angelagert.

In den Karnischen Alpen ist, abgesehen von der unzweideutigen Ueberlagerung einer älteren Bruchlinie, der Gegensatz in der Schichtenstellung zwischen den bis zum Untercarbon einschliesslich reichenden Formationen und den jüngeren Bildungen scharf ausgeprägt. Steile Aufrichtung und Faltung ist für die ersteren die Regel (z. B. Profil-Tafel IV S. 76); jedoch wurden die gewaltigen Devonischen Kalkmassen von der Faltung nur theilweise bewältigt und zeigen daher oft flache Lagerung. Ausgedehnte Ueberschiebungen erscheinen ebenfalls auf die altpalaeozoischen Schichten beschränkt. Andrerseits sind die jüngeren Formationen vom Obercarbon aufwärts nicht gefaltet; flache Lagerung herrscht bei weitem vor (Profil-Tafel III S. 58, Tafel III S. 56). Kleinere Falten finden sich nur in unmittelbarer Nähe der Hauptbrüche (Abb. 23, S. 52, Abb. 19, S. 47) oder dort, wo schmale Fetzen weicheren Gesteins in Spalten des Dolomites aufgequetscht (Abb. 11, S. 31) oder eingesunken sind (Profil-Tafel III, S. 58).

Auch die randliche Aufbiegung, welche Perm und Trias in der Sextener Gegend zeigen, ist nicht als Faltung zu bezeichnen.

Der auffällige Gegensatz der Lagerung hat sogar bei der Kartirung praktische Dienste für die Unterscheidung indifferenter Schiefer geleistet.

Dass die Verschiedenheit der Lagerung nur in der Karnischen Hauptkette und dem südlichen Gebirgsland wahrnehmbar ist, sei hier noch einmal hervorgehoben. Das nördliche Gailthaler Gebirge ist in Bezug auf Faciesentwickelung und Gebirgsbau ein Theil der Nordalpen.

Auch in der östlichen Fortsetzung, in den Karawanken

ist wegen der geringen Intensität der älteren Faltung die Verschiedenheit der tektonischen Beschaffenheit wenig ausgeprägt.

Wie aus der Tektonik des Gebirges und dem gänzlichen Fehlen des unteren Obercarbon (Ostrau-Waldenburger Schichten = Moskauer Stufe) hervorgeht, fällt die hauptsächliche Aufwölbung des Karnischen Alpengebirges in die Mitte der Carbonzeit[1]). Doch ist dieser ganze Abschnitt der Erdgeschichte im Gegensatz zu der nur selten durch vulkanische Ereignisse unterbrochenen marinen Entwickelung der älteren palaeozoischen Perioden auch in unserem engeren Gebiete durch häufige Verschiebungen des Meeresniveaus, vulkanische Ausbrüche und Dislocationen gekennzeichnet.

Zur jüngeren Devonzeit war fast ganz Europa noch von einem offenen, ziemlich tiefen Meere bedeckt, dessen Hochseefauna vom Ural bis Südfrankreich und von Devonshire bis Steiermark keine Unterschiede aufweist. Die massenhafte Anhäufung untercarbonischer klastischer Sedimente (Culm), welche in dem weiten Gebiete zwischen Russland und Portugal, zwischen dem Balkan und England den Kohlenkalk begleitet, weist auf eine wesentliche Aenderung der physikalischen Verhältnisse des Meeres hin. Ein allgemeiner Rückzug bezw. ein Flacherwerden der europaeischen Meere kann, wie oben (S. 352—356) ausführlich dargelegt wurde, allein diese bemerkenswerthe Aenderung erklären. Das Gebiet der Ostalpen, in dem sogar die rein-marine Kohlenkalkfauna bei Nötsch und im Veitschthal von klastischem Materiale umschlossen wird, zeigt diese Erscheinung in besonders ausgesprochenem Maasse. Halten wir uns gegenwärtig, dass die Mitte der Carbonzeit durch gewaltige faltende Bewegungen ausgezeichnet ist, so liegt der Gedanke nicht fern, das Flacherwerden der untercarbonischen Meere durch den Beginn der Gebirgsfaltung zu erklären. In unserem engeren Gebiete würde hierfür der Umstand sprechen, dass der untercarbonische Culm mit rein terrestrischer Flora auf den Süden beschränkt ist; die Zone der grössten Faltungsintensität der mittelcarbonischen Gebirgsbildung, die Ueberschiebungen an

---

[1]) Nicht, wie ich früher auf Grund weniger ausgedehnter Untersuchungen annehmen musste, in das oberste Carbon oder Perm.

dem Südabhange des Kollinkofelzuges und der Croda Bianca grenzt unmittelbar an das Gebiet terrestrischer Entwickelung.

Immerhin ist es im Gebiete der Karnischen Alpen während der Untercarbonzeit kaum zu einer eigentlichen Gebirgs- oder Inselbildung gekommen. Auch die vulcanischen Eruptionen, die gewaltigsten, welche wir aus diesem Gebiete überhaupt kennen, erfolgten submarin.

Die Richtung der carbonischen Faltung war eine südliche. Hierfür ist vor allem die Tendenz der Ueberschiebungen beweisend, weniger der Umstand, dass den nördlich liegenden älteren Schichten südwärts jüngere folgen. Das allseitig isolirte Silur, welches am Grubenspitz (Profil IV, S. 76, Abb. 40, S. 99) das Devon überschiebt, ist wegen der tiefgreifenden Denudation und allseitigen Isolirung für diese Auffassung nicht beweisend, ohne derselben andrerseits zu widersprechen. Hingegen zeigen die Ansichten des Südgehänges des Kollinkofels (S. 92), des Wolayergebirges (S. 107) und vor allem die zahlreichen besonders zu diesem Zwecke gemachten Aufnahmen der Croda Bianca (S. 108), dass die Kalkschollen im Norden mit der Masse des Devon zusammenhängen und dass nach Süden zu eine Auflockerung des Zusammenhanges und ein allmäliges Auskeilen stattfindet. In südlicher Richtung ist ferner die Blattverwerfung des Plöckenpasses erfolgt.

Suess hatte geglaubt, in der nordwärts gerichteten Convexität der drei Gebirgsbögen von Europa eine stetig nordwärts gerichtete Tendenz der Faltung erkennen zu können. Ich habe neuerdings[1]) die Annahme wahrscheinlich zu machen gesucht, dass innerhalb der plastischen Zonen der Erdrinde die Richtung der Faltung nicht durch eine einseitig wirkende Kraft bestimmt ist, sondern dass die Vertheilung älterer starrer Kerne eine asymmetrische Entwickelung der Faltenzonen bedingt. Ein convexer Faltungsbogen kann entweder dadurch entstehen, dass ein umfangreicherer älterer Kern von jüngeren Faltungen umwallt wird (Karpathen und Südtirol), oder dass eine Reihe solcher Kerne als stauende Hindernisse fungiren (Schwarzwald bis Böhmen).

_____

[1]) Die Tribulaungruppe am Brenner.

Sehr verwickelt wird der Verlauf der jüngeren Gebirge, wenn eine Anzahl älterer Kerne die in den Zwischenräumen entstehenden Faltenzüge beeinflussen (westliches Mittelmeer).

Wenn auch wenig über die präcarbonischen Faltungen Europas bekannt ist, so steht doch fest, dass der bayerisch-böhmische Wald ein uraltes Gebirgsmassiv darstellt. Der nach N convexe Bogen der carbonischen Hochgebirge des mittleren und östlichen Deutschland umgiebt nun diesen alten Kern wenigstens theilweise (Sudeten — Thüringer Wald). Der nach N concave Bogen der carbonischen Alpen könnte als Umwallung der anderen Seite angesehen werden. In ähnlicher Weise umgeben der Apennin und die sicilischen nach Nordafrika fortsetzenden Ketten das uralte Faltungsgebiet von Sardinien.

Allerdings mahnen die Verschiedenheiten der Faltungsrichtung, welche in scheinbar einheitlich gebauten Faltungsgebieten beobachtet werden, zur grössten Vorsicht bei der Reconstruction älterer Gebirge. So ist nach BITTNER in der nördlichen Zone der nordöstlichen Kalkalpen die Faltung und die Richtung der Ueberschiebungen südwärts gerichtet, nur in der Nähe der centralen Kette tritt eine nördlich orientirte Faltungstendenz auf. In den die Brennerfurche begrenzenden Gebirgen beobachtet man, dass von einer Mittellinie aus die Ueberschiebungen im Norden nordwärts, im Süden südwärts gerichtet sind u. s. w.

Ueber die Ausdehnung des ostalpinen carbonischen Hochgebirges kann man nur auf indirectem Wege eine Vorstellung erhalten. Das gesammte Gebiet der Ostalpen war zur Zeit des Devon und Untercarbon vom Meere bedeckt. Die nahe Uebereinstimmung der betreffenden marinen Bildungen mit den deutschen Vorkommen lassen diesen Schluss notwendig erscheinen.

Allerdings war das durch abweichende Fauna und eigenartige Sedimente ausgezeichnete Grazer Gebiet zur Mitteldevonzeit durch eine Inselbarriere gegen Westen abgeschlossen, wurde aber zur Oberdevonzeit wieder von der normalen Clymenienfauna bevölkert. Auch kann mit Sicherheit angenommen werden, dass zur Zeit des Mitteldevon das mittelböhmische Meer gegen West und Süd abgeschlossen wurde. Das Gebiet der heutigen Central- und Nordalpen war vollständig vom Meere bedeckt. Wenn in der sonst sachgemäss beschriebenen Uebersicht von FRAAS[1]) zur Zeit des oberen Devon und Carbon eine den heutigen Centralalpen entsprechende Insel figurirt, so beweist dies nur, wie schwer bei palaeo-geographischen Erwägungen die Abstraction von den heutigen Oberflächenformen ist. Schon die vollkommen gleichmässige Vertheilung der devonischen und altcarbonischen Meeres-Fauna musste diese Annahme einer langgestreckten Insel hinfällig erscheinen lassen. Dass Korallenriffe keinen Rückschluss auf „Landzungen" oder „Untiefen" gestatten, beweisen die Vorkommen im heutigen Pacific.

Ganz abgesehen von diesen theoretischen Erwägungen haben die glücklichen Funde von KOCH[2]) und TOULA[3]) das Vorkommen von marinem Untercarbon und Mitteldevon in den Nordalpen bezw. in den Niedern Tauern unmittelbar erwiesen.

Erst in der Mitte des Carbon wurde die centrale und nördliche Hauptkette des heutigen Alpengebirges durch Faltung zu Gebirgszügen von wahrscheinlich mittlerer Höhe aufgewölbt; gleichzeitig wurde eine landfeste Verbindung mit den Hochgebirgen von Mitteleuropa ausgebildet. Die Sandsteine, Conglomerate und Kohlen des Obercarbon enthalten in der Centralkette der Alpen nirgends einen Hinweis auf marinen Ursprung. Das untercarbonische Meer hat sich also jedenfalls zurückgezogen. Wie schon oben S. 363 nachgewiesen wurde, erinnert die petrographische Beschaffenheit der centralalpinen Carbonvorkommen an die „structure torrentielle" der Kohlenbecken des französischen Centralplateaus. Der Absatz erfolgte also in Gebirgsseen und Thalniederungen. Die Zone stärkster Faltung und grösster Erhebung entsprach der heutigen Karnischen Hauptkette. Aus dem Gebiete der centralen und nördlichen Ostalpen ist kaum eine Andeutung[4]) palaeozoischer

---

[1]) Scenerie der Alpen. S. 71—87.

[2]) S. o. S. 375 und Zeitschrift d. deutschen geol. Ges. 1893.

[3]) N. J. für Mineralogie etc. 1893. II. S. 169.

[4]) Am Schneeberg, zwischen Passeier und Ridnaunthal, ist die Richtung der eingefalteten Triasdolomite und der an Dislocationen gebundenen Erzgänge verschieden von dem Streichen der alten Glimmerschiefer; man könnte hieraus den Schluss auf eine palaeozoische (vortriadische) Faltung der letzteren ziehen.

Falten bekannt. Die mächtige Einwirkung einer jüngeren Gebirgsbildung hat hier jede Erinnerung an die alte Zeit verwischt. Es ist das kein Wunder, wenn man bedenkt, dass z. B. am Brenner Glimmerschiefer, Phyllit, Obercarbon und höhere Trias zu flachen Falten zusammengelegt sind, in denen jede Andeutung von Discordanz zwischen diesen altersverschiedenen Bildungen durch tektonische Kraft vernichtet wurde.

Gleichzeitig mit der Erhebung des carbonischen Hochgebirges begann die Einebnung desselben, an der die Brandungswelle des von Südosten vordringenden Meeres und die denudirenden Kräfte des Festlandes gleichzeitig arbeiteten. Zur Obercarbonzeit ragte das Gebirge noch hoch empor; hingegen scheint die etwa in die Mitte des deutschen Rothliegenden fallende Transgression des Grödener Sandsteines die Einebnung im Wesentlichen vollendet zu haben. Doch reichte die südliche Transgression noch nicht weit, da bekanntlich der Bellerophonkalk im Centrum und Norden der Alpen fehlt. Als letzter Ueberrest der carbonischen Hochgebirge ist vielleicht die Landbarriere anzusehen, welche zur Triaszeit das deutsche Binnenmeer von der Hohen See im Süden trennte.

Die tektonische Entwickelung der im Osten die Hauptkette fortsetzenden Karawanken ist eine durchaus übereinstimmende; nur die Intensität der alten Faltung scheint allmälig abgenommen zu haben. Die älteren palaeozoischen Schichten bis zum Oberdevon einschliesslich (Untercarbon fehlt) sind stark gefaltet. Die eigentümliche tektonische Entwickelung der jüngeren Carbonbildungen wird dadurch erwiesen, dass die räumliche Trennung der Verbreitungsbezirke ebenso deutlich ausgeprägt ist, wie in der Karnischen Hauptkette. Der Umstand, dass die Fusulinenkalke und Obercarbonschiefer hier mitgefaltet sind, ist z. Th. auf die geringere Breite der Vorkommen zurückzuführen (Eisenkappel). Im Allgemeinen kann man ferner annehmen, dass das Gebiet, welches von der älteren Faltung nur in untergeordnetem Masse betroffen wurde, während der jüngeren cretaceischen und tertiären Gebirgsbildung um so erheblicher dislocirt werden konnte.

Die auf bestimmte Zonen beschränkte Verbreitung des Obercarbon ist besonders deutlich an den östlichsten Vorkommen von Weitenstein und Wotschdorf bei Rohitsch (Steiermark, oben S. 333), wo ältere palaeozoische Schichten überhaupt fehlen. Die zerquetschte und zusammengedrückte Structur der obercarbonischen Aufbruchswellen, die am meisten an die oben beschriebenen „Aufpressungen" erinnert, ist selbstverständlich das Werk einer jüngeren Gebirgsbildung. Die demnächst zu erwartende ausführliche Darstellung TELLER's wird Näheres über den verwickelten Bau der Ostkarawanken bringen.

b. Die carbonisch-permische Faltung im westlichen Theile der Alpen.

Solange man nach den früher vorliegenden, unvollständigen Beobachtungen die Faltung in den Ostalpen als unterpermisch oder spätcarbonisch ansehen musste, deuteten die aus dem Westen vorliegenden Beobachtungen auf eine Gleichzeitigkeit der alten Gebirgsbildung im Gesamtgebiete der Alpen hin. Nach neueren Untersuchungen ist es zweifellos, dass die Faltung der östlichen Alpen mit der Aufrichtung der carbonischen Hochgebirge in Mitteldeutschland, Frankreich und Südengland zusammenfällt. (Varistische und armorikanische Gebirge bei SUESS.) Was westlich von Lugano und dem Ortlergebirge im Gebiet der Alpen an palaeozoischen Faltungen bekannt geworden ist, deutet auf ein sehr spätes carbonisches oder unterpermisches Alter.

An den meisten Punkten ist allerdings eine genaue geologische Bestimmung der alten Gebirgsbildung ausgeschlossen, da vom Unterengadin bis zur Zone des Mont Blanc meist Trias oder Lias discordant den gefalteten älteren Schiefergesteinen aufruht. Auch an den Punkten, wo „Verrucano" die aufgerichteten Gneiss- und Glimmerschiefer bedeckt (wie im Aarmassiv nach BALTZER), erscheint eine genaue Datirung der Gebirgsbildung ausgeschlossen, selbst wenn man den westalpinen Verrucano dem Grödener Conglomerat der Ostalpen (= mittleres Rothliegendes oben S. 339) gleichstellen wollte.

In der Litteratur sind bisher nur zwei Angaben vorhanden, welche eine sichere Altersbestimmung der Faltung in dem westlichen Theile der Alpen gestatten:

Am Bifertengrätli an der Ostseite des Tödi fand

Rothpletz[1]) zwischen Gneiss und Verrucano eingefaltet nnd discordant von letzterem überdeckt Sandsteine, Conglomerate und Thonschiefer mit Anthracitschmitzen. Die Flora weist auf Obercarbon und zwar (nach freundlicher mündlicher Mitteilung von Herrn Professor von Fritsch) auf untere Ottweiler Schichten hin (vergl. oben S. 335 und Tabelle S. 377).

Im Wesentlichen übereinstimmend ist das Vorkommen von Manno am Luganer See. Hier lagert nach Schmidt und Steinmann ein von Conglomerat und Sandstein (= Grödener Schichten) bedeckter Porphyrstrom über dem gefalteten Grundgebirge. Tektonisch zu dem letzteren gehören carbonische Conglomerate, welche ungefähr das gleiche Alter wie die Steinkohlenformation des Tödi zu besitzen scheinen.

Hiernach trat die alte Faltung in den Westalpen etwas später als im übrigen Mitteleuropa ein; sie fällt an die Wende von Carbon und Perm, in die Zeit der oberen Ottweiler und der Kuseler Schichten. Die gewaltigen Porphyrergüsse der dyadischen Zeit waren überall jünger als die Faltung.

Die Faltungsgebiete der carbonischen Ost- und Westalpen scheinen durch eine ungestört verbliebene Zone getrennt worden zu sein. Wie Gümbel in der Beschreibung des Ortlergebirges[2]) mehrfach hervorhebt, lagert der triadische Ortlerkalk concordant auf den alten Quarzphylliten, von diesen nur durch wenig mächtige Vertreter der Grödener und Werfener Schichten getrennt. Allerdings hat v. Gümbel, (wie er ausdrücklich hervorhebt) nur einen Theil des Gebirges untersucht, und es wäre somit nicht ausgeschlossen, dass die Concordanz, ähnlich wie in manchen Aufschlüssen der Brennergegend, durch tektonische Einflüsse bedingt ist. Dem würde jedoch der „im Ganzen sehr ruhige Aufbau" des Ortlerstockes widersprechen. Eine gründliche kartographische Aufnahme des Gebirges, welche durchaus fehlt, könnte allein diese Fragen entscheiden.

Die Anzeichen permischer Faltung in den westlichen

---

[1]) Abhandl. d. Schweizer palaeontolog. Gesellschaft. 1879. Bd. VI. — Vergl. auch Fraas: Scenerie d. Alpen. S. 81.

[2]) Sitzungsberichte d. math.-physik. Klasse der K. bayerischen Akademie d. Wissenschaften. München. Bd. XXI. Heft 1. 1891. besonders S. 96 und S. 114.

Alpen sind von Diener[1]) in mustergiltiger Weise zusammengestellt worden. Es sei daher nur erwähnt, dass diese Faltung im Unterengadin, im Aarmassiv, im Glarner Gebiet (wahrscheinlich), in den Luganer Alpen und in der Zone des Mont Blanc nachgewiesen ist. In den südlich und nördlich an letztere angrenzenden Zonen des Monte Rosa und des Briançonnais, sowie in den Ligurischen Alpen lagern hingegen mesozoische und ältere Formationen concordant.

Kilian hat nicht ganz ohne Grund darauf hingewiesen, dass die Annahme älterer palaeozoischer Gebirgsbewegungen im Gebiete der Westalpen wahrscheinlich sei. Eine Discordanz ist allerdings nur einmal, im Massiv von Pormenaz (Hoch-Savoien) von Michel Lévy beobachtet worden.[2]) Aber das gänzliche Fehlen palaeozoischer Meeresbildungen in den Westalpen, sowie die mit der ostalpinen übereinstimmende detritogene Beschaffenheit des Obercarbon lassen die Annahme von einigen, wenn auch nicht sonderlich hohen Gebirgszügen als nicht gerade fernliegend erscheinen. Allerdings würde ein erheblicher Rückzug des Meeres ebensowohl hinreichen, um die vorliegenden Thatsachen zu erklären.

2. Die jüngeren (cretaceischen und tertiären) Faltungen.

a. Cretaceische Gebirgsbildung.

Ausser der bedeutenden Faltung, welche in der Mitte des Carbon erfolgte (oben S. 301) hat möglicherweise eine Aufwölbung der alten Karnischen Kette vor oder zur Zeit der Raibler Schichten stattgefunden. Doch könnte die Entstehung eines Inselgebirges in der Mitte der oberen Trias auch durch den Rückzug des Meeres von einer älteren Untiefe veranlasst sein; in keinem Falle war das Ausmass der aus palaeontologischen Beobachtungen gefolgerten posthumen Faltung (oben S. 418 ff.) gross genug, um wahrnehmbare tektonische Spuren in dem stark dislocirten Gebirge zu hinterlassen. Die Fetzen von Grödener Sandstein, welche auf dem Südabhang der Karnischen Hauptkette (M. Dimon, Comelico) eingefaltet

---

[1]) Der Gebirgsbau der Westalpen. Wien 1891. S. 190—196.
[2]) Kilian, Bull. soc. géologique de France. [3] Bd. XIX. S. 650.

29

sind. könnten ebenso gut während der Tertiärzeit ihre heutige Lagerungsform angenommen haben.

Das Vorhandensein einer mittelcretaceischen Gebirgsbildung wird in den Ostalpen durch mannigfache Thatsachen bewiesen, während im Westen nur local eine Unterbrechung der marinen Absätze stattfand. Nur in den westlichen an den Jura angrenzenden Teilen der Schweiz sowie in einzelnen Bezirken des mittleren Schweizer Kreidegebirges fand am Ende der Neocomzeit ein Rückzug des Meeres statt. Dasselbe kehrte erst in der Eocaenperiode wieder, so dass in dieser Gegend der Flysch discordant auf erodirten Neocomgesteinen lagert.[1]

Auch für die französischen Alpen hebt KILIAN das Vorhandensein einer noch wenig studirten orogenetischen Phase zur Zeit von Jura und Kreide, sowie einer liassischen und cenomanen Transgression hervor:

Bei Castellet überlagert nach ZACCAGNA und PORTIS das Tithon discordant den Lias und in den Hochregionen der Cottischen und See-Alpen findet sich der Malm in breccienartiger (Guillestre) und korallogener Entwickelung (Barcellonnette).[2]

In den Ostalpen besteht im Gegensatz zum Westen fast überall ein durchgreifender Unterschied in der Ausbildung und Lagerung der unteren und oberen Kreide. Nach der übersichtlichen Zusammenstellung von C. DIENER[3] hat schon PETERS 1852 auf die eigentümlichen Lagerungsverhältnisse der Gosauschichten in den nordöstlichen Alpen hingewiesen und betont, dass dem Absatze derselben eine Erhebung und Schichtenstörung der älteren Formationsglieder vorangegangen sein müsse. Es hat ferner MOJSISOVICS darauf aufmerksam gemacht, dass die grossen Stauungsbrüche der nordöstlichen Kalkalpen, die den Conturen der Südspitze der böhmischen Massen folgen, von der zwischen dem Rande der letzteren und den Kalkalpen durchstreichenden Flyschzone abgeschnitten werden, mithin älter als die Faltung der Flyschzone seien. Seither hat BITTNER gezeigt, dass der wichtigste

[1] Vergl. FRAAS, Scenerie der Alpen. S. 249.
[2] Bull. soc. géologique de France. [3] Bd. XIX. S. 651.
[3] Der Gebirgsbau der Westalpen. S. 209.

jener Stauungsbrüche, die Aufbruchslinie Buchberg-Maria-
zell-Windischgarsten, an der die Aufpressung und Zertrümmerung des Kalkgebirges ihren Höhepunkt erreichte, schon
während der oberen Kreidezeit in annähernd gleicher Gestaltung bestanden haben müsse; denn alle ausgedehnteren Vorkommen der Gosauschichten sind mit geringer Ausnahme an
dieselbe gebunden und lagern innerhalb dieser Störungszone
zumeist wieder direct dem Werfener Schiefer auf. Ebenso
konnte Mojsisovics im Salzkammergut in Bezug auf das
Auftreten der Gosaukreide feststellen, dass die Längenausdeh-
nung der Gosaubecken sehr häufig mit bedeutenden alten
Bruchlinien zusammenfällt, deren Ränder durch die Ablagerungen der Gosaukreide überbrückt werden. Es verdient hervorgehoben zu werden, dass diese Bruchlinien, deren Bildung
sonach in die Zeit zwischen dem Neocom und der Gosaukreide
fällt, zu den wichtigsten, die Tektonik des ganzen Gebietes
beherrschenden Gebirgsbrüchen gehören.

Für die südlichen Ostalpen ist eine cretaceische Gebirgsbildung wahrscheinlich, aber ebensowenig wie für das Karwändelgebirge und die angrenzenden Gebiete auf dem Wege
unmittelbarer Beobachtung zu erschliessen. Der von Mojsisovics
hervorgehobene Gegensatz zwischen dem Schollengebiete von
Südtirol und dem jenseits der Belluneser Linie folgenden Fal-
tungsland deutet auf ein ungleiches Alter beider Gebirgstheile
hin; allerdings könnte die grössere Starrheit des gebrochenen
Schollenlandes ebensowohl auf eine palaeozoische wie auf eine
cretaceische Gebirgsbildung zurückgeführt werden.

Jüngere Kreide und Eocaen sind fast ganz auf die südliche, jenseits der Belluneser Bruchlinie und der frattura periadriatica liegende Faltungszone beschränkt. Immerhin giebt
Mojsisovics von zwei Puncten des Berglandes zwischen Enne-
berg und Ampezzo, von Antruilles und vom Col Becchei das
Vorkommen von Conglomeraten an, die aus Trias und Jura-
geröllen sowie aus selteneren Quarzgeschieben bestehen und
mit grösster Wahrscheinlichkeit der oberen Kreide angehören.[1]

[1] Dolomitriffe S. 288. K. Futterer (Die oberen Kreidebildungen der
Umgebung des Lago di Sta. Croce, S. 72) hat diese Angabe nicht beachtet
und gelangt, indem er das vollkommene Fehlen von oberer Kreide in den
nördlicheren Gebieten annimmt, zu ungenauen Schlussfolgerungen.

29*

Da Neocomschichten an den grossen Brüchen des Südtiroler Hochlandes häufiger erhalten sind, Gaultbildungen aber fehlen, würde die Combination dieser Thatsachen auf indirectem Wege die Annahme einer mittelcretaceischen Gebirgsbildung im Süden wahrscheinlich machen.

Zu immerhin ähnlichen Schlüssen führen die Beobachtungen, die TELLER in der Gegend von Cilli (Südsteiermark) machte. Derselbe hebt hervor, dass ostwestlich streichende Dislocationen schon ursprünglich den Rahmen bestimmt haben, der für die Verbreitung der Tertiärgebilde massgebend war.[1]) Da die obere Kreide fehlt, so ist eine genauere Altersbestimmung unthunlich.

Das Vorkommen der Gerölle von permischem Quarzporphyr und Sandstein, welche nach MOJSISOVICS[2]) wiederholt in den oberjurassischen Ammonitenkalken von Trient gefunden sind, scheint anzudeuten, dass die Trockenlegung des Hochlandes stellenweise schon am Ende der Jurazeit begann. Zu ganz übereinstimmenden Schlüssen berechtigen die Beobachtungen, welche K. FUTTERER neuerdings in der Friauler Kreide gemacht hat: Die untere Kreide fehlt hier allerdings gänzlich;[3]) doch sind auf diesen Umstand keine weiter gehenden Folgerungen zu begründen, da möglicherweise Versteinerungsarmut oder geringe Mächtigkeit der Schichten ihre Erkennung erschweren. Die zur mittleren Kreide gerechneten Schieferkalke sind bituminös und enthalten Landpflanzen, was jedenfalls auf die Nähe der Küste deutet. Die in dem südlichen Theile von Friaul vorhandene Discordanz zwischen Kreide und Eocaen fehlt im Westen und deutet darauf hin, dass auch während der sonst ruhigen Perioden vereinzelte Störungen im Gebiete der Alpen vorkamen.

Nach alledem scheint es, dass theils im Laufe, theils gegen Ende der Kreidezeit das Gebiet der südlichen Ostalpen trocken gelegt wurde; von der erneuten Transgression des eocaenen Nummulitenmeeres wurde nur der südliche Rand des Gebirges betroffen.

[1]) Verhandl. d. geol.. R.-A. 1889. Nr. 12. Sonderabdruck S. 6.
[2]) Dolomitriffe S. 528.
[3]) Die Gliederung der oberen Kreide in Friaul. Sitz.-Ber. d. Kgl. preuss. Ak. d. Wissenschaften. 1893. S. 873.

b. Tertiäre Gebirgsbildung.

Während zur palaeozoischen und mesozoischen Zeit die Entwickelung der Gebirge und Meere im Osten und Westen des heutigen Alpengebietes die grössten Verschiedenheiten aufweist, wurden während der Tertiärzeit die Alpen zu ihrer heutigen Form aufgewölbt; die verschiedenen Phasen der Faltung stimmen somit im Osten und Westen überein.

Während eine cretacische Gebirgsbildung in den südlichen Ostalpen nur auf indirectem Wege nachweisbar ist, haben die tertiären Gebirgsbewegungen in der östlichen Fortsetzung der Karnischen Hauptkette deutliche Spuren hinterlassen.

Die Verbreitung altoligocaener Nummulitenkalke ist unabhängig von der der oberoligocaenen Sotzkaschichten und durch mitteloligocaene Störungen bedingt.[1]) Andrerseits haben die Faltungsprocesse, welche die vorherrschenden Längsverwerfungen und die untergeordneten Querbrüche der Karawanken bedingt haben, auch noch nach Ablagerung der aquitanischen Sotzkaschichten angedauert.[2]) Denn nur unter dieser Voraussetzung sind die Einfaltungen und Ueberschiebungen zu erklären, welche einzelne Theile der in weitem Umfange über das ältere Gebirge transgredirenden Sotzkaschichten erfahren haben. Eine mitteloligocaene (bezw. oligocaene) und eine miocaene Faltungsphase lassen sich auch in den Westalpen mit hinlänglicher Deutlichkeit von einander scheiden; die hauptsächliche Energie der Gebirgsbildung wurde während der miocaenen Zeit entfaltet.

Dass die seismischen Kräfte in posthumer Entwickelung noch in der Gegenwart an den grossen Längslinien thätig sind, beweist das Erdbeben des Dobratsch.

Nach dem Vorstehenden haben in verschiedenen geologischen Perioden tektonische Bewegungen und Verschiebungen der Strandlinie im Gebiete der Karnischen Alpen stattgefunden. Zu der tabellarischen Uebersicht ist Folgendes zu bemerken: Ein bestimmter Nachweis kann nicht erbracht werden, dass Gebirgsbewegungen sowohl in mittelcretaceischer wie

---

[1]) Teller, Verhandl. d. geol. R.-A. 1889, Nr. 12, Sonderabdruck S. 7.
[2]) Id. ibid. 1889, Nr. 16, 17, Sonderabdruck S. 10.

in mitteloligocaener (prae-aquitanischer) Zeit stattgefunden
haben. Als gesichert kann nur die Annahme betrachtet werden,
dass in einer nicht genauer bestimmbaren Zeit am Ende des
Mesozoicum oder am Beginn des Tertiär gewaltige Längsbrüche
ausgebildet wurden. Sehr wahrscheinlich ist ferner die Vermuthung, dass die miocaene Faltung, welche das aus verschiedenartigen Bestandtheilen zusammengesetzte Gebiet der
heutigen Alpen zu einem einheitlichen Kettengebirge zusammen-
schweisste, im Gebiete der Karnischen Hauptkette nur geringe
Veränderungen hervorbrachte. Vielleicht sind die Querbrüche,
deren jugendlicheres Alter aus dem Zusammenfallen von Erd-
bebenlinien mit dem Zirkelbruch und dem Gailbergbruch hervorgeht, theilweise erst in dieser jüngeren tektonischen Periode
entstanden.

Uebersicht der tektonischen Geschichte der Karnischen Alpen.

Meeresschwankungen ohne wesentliche tektonische Veränderungen.	Perioden der Gebirgsbildung.
	1. Mittelcarbonische Faltung, vorher submarine Eruption von Diabasdecken, nachher obercarbonische partielle Transgression (ausschliesslich der heutigen Centralzone).
2. Vollständige Einebnung des Gebirges und Transgression der permotriadischen Schichten, beginnend mit dem Erguss des Bozener Quarzporphyrs und der Ablagerung des Grödener Sandsteins. 3. Trockenlegung der Hauptkette und der Karawanken zur Zeit der Karnischen Stufe (besonders der Raibler Schichten).	

Meeresschwankungen ohne wesentliche tektonische Veränderungen.	Perioden der Gebirgsbildung.

Die Rhaetische Transgression überdeckt wahrscheinlich die Karnische Insel.

4. Durch eine sehr schwache mittelcretaceische Gebirgsbildung wird wahrscheinlich der grösste Theil der südlichen Ostalpen trocken gelegt. Ein späterer Rückzug des Meeres wird durch die Liburnische Stufe des istro-dalmatischen Küstenlandes angedeutet.

5. Längsbrüche im Sinne der alten Faltung werden in der Mitte des Tertiär (mitteloligocaen) gebildet. Genauere Zeitbestimmung unmöglich.

6. Eocaene und oligocaene Meeresbedeckung der Südzone der Ostalpen. Eine Ausdehnung derselben auf die palaeozoischen und triadischen Gebiete der Ostalpen ist unwahrscheinlich.

7. Miocaene (postoligocaene) Faltung, für die Karnischen Alpen wahrscheinlich von untergeordneter Wichtigkeit,

8. in seismischen Bewegungen bis zur Gegenwart fortgesetzt (Erdbeben des Dobratsch an dem Gailbruch. Tagliamento - Linie, Obervellacher Linie).

Die vorstehende Uebersicht dürfte — abgesehen von geringen localen Aenderungen — die Gebirgsentwickelung der ganzen südlichen Ostalpen zur Anschauung bringen. Nachzutragen wären nur für das Vicentinische die grossartigen Eruptionen der mittleren Tertiärzeit. Ausserdem ist hervorzuheben, dass in demselben Gebiete eine sehr ausgesprochene Discordanz zwischen dem Miocaen und den älteren Bildungen bemerkbar ist. Ferner weisen die jüngeren miocaenen Schichten am Südrande der Alpen noch namhafte Störungen auf.

Auch die Entwickelung der centralen und nördlichen Ostalpen zeigt nur wenige Abweichungen. Der Hauptunterschied besteht darin, dass die Zone der stärksten Gebirgsbildung zur mittleren Carbonzeit im Süden, zur mittleren Kreidezeit im Norden lag; nach Norden bezw. nach Süden nahm die Intensität der tektonischen Kraft jeweilig ab. Wir hatten gesehen, dass die carbonische Faltung in der Centralzone unerheblich war, während in den nördlichen Kalkalpen Aufschlüsse älterer Schichten so gut wie ganz fehlen. Andrerseits erreicht die cretaceische Gebirgsbildung gerade in den früher wenig oder gar nicht dislocirten Nordalpen ihren höchsten Grad; in der Centralzone sind keine Ablagerungen aus dieser Zeit bekannt und in dem schon gefalteten Südgebiet vermochte eine posthume cretaceische Aufwölbung keine erheblichen Spuren zu hinterlassen.

Am Nordrande [1]) der Flyschzone der Ostalpen sind östlich von der Salzach jungmiocaene Schichtstörungen nicht zu beobachten. Am Südrande der Ostalpen nehmen jüngere Schichten an der Aufrichtung des Gebirges theil, als es im Nordosten der Fall ist.

Die zeitliche Parallelität der Gebirgsentwickelung, welche zwischen den Ostalpen und dem mitteleuropaeischen Bergland besteht, setzt sich bis in die Tertiärzeit fort. Die alte Faltung des mittleren Carbon erfolgte in beiden Gebieten gleichzeitig und die Bruchperiode, welche die mitteleuropaeischen Horste entstehen liess, fällt mit dem Höhepunct der Alpenfaltung zur Zeit des Miocaen zusammen.

---

[1]) Vergl. DIENER, Westalpen S. 223.

Uebersicht der tektonischen Entwickelung der Westalpen.

Zur Veranschaulichung der oben gemachten Angabe, dass die tektonische Geschichte der westlichen Alpen erst von der Mitte der Tertiärzeit an mit der ostalpinen zusammenfällt, möge eine tabellarische Uebersicht der hauptsächlichen Thatsachen hier gegeben werden. Dieselbe beruht im Wesentlichen auf den Zusammenstellungen von DIENER und KILIAN:[1])

1. Trockenlegung des westalpinen Gebietes am Beginn der palaeozoischen Zeit (eine palaeozoische Meeresbildung ist nicht bekannt); eine schwache Faltung erscheint nicht ausgeschlossen.

2. Faltung zur Zeit des obersten Carbon oder unteren Perm. Transgression des Verrucano (= Grödener Schichten).

3. Wenig oder gar nicht unterbrochene Meeresbedeckung zur Zeit des Mesozoicum. Anzeichen von cretaceischer Faltung fehlen. Hingegen verweisen einige Beobachtungen auf unbedeutende Verschiebungen des Meeresniveaus zur Trias- und Jurazeit. Die Centralmassive waren höchst wahrscheinlich vom Meere bedeckt.[2])

4. Rückzug des Meeres am Ende der Kreidezeit und Transgression des Nummuliten führenden Eocaen. (Der Meeresrückzug am Ende der Kreidezeit ist ein Ereigniss, dessen Spuren in der ganzen Nordhemisphäre bemerkbar sind; die Transgression des Eocaen beschränkt sich auf die Gegend des „centralen Mittelmeeres", d. h. auf die eurasiatische Faltungszone.)

5. Faltungen der mittleren Tertiärzeit, welche die einheitliche Ausbildung des heutigen Gebirges bedingen. Gleichzeitigkeit der Faltungsphasen im

---

[1]) DIENER, Gebirgsbau der Westalpen S. 218 ff., KILIAN, Bull. soc. géologique de France [3] Bd. 19, S. 650—657.

[2]) Die E. FRAAS'sche Karte (Scenerie der Alpen S. 223): Verbreitung der Jura-Meere in den Alpen, beweist, dass der Verfasser die von NEUMAYR für derartige Reconstruction aufgestellten Grundsätze ausser Acht gelassen hat. Die Unmöglichkeit das „centralalpine Gebiet als Insel" anzusehen, wird sowohl durch den Hochseecharakter der zunächst liegenden nordalpinen Sedimente wie durch das verschiedentlich beobachtete Vorkommen von centralalpinem, in Tiefseefacies entwickeltem Lias erwiesen.

Westen und Osten; gleichzeitig mit der miocaenen Faltung werden die wichtigsten Brüche in Mitteleuropa ausgebildet.

    a. mittel- (oder ober-) oligocaene Falten und Brüche (Nummulitenschichten und untere oligocaene Meeresmolasse sind dislocirt. Die Absätze der mittelmiocaenen, helvetischen Meeresmolasse deuten auf das Vorhandensein einer scharf ausgeprägten prae-helvetischen Gebirgsküste.)

    b. Stärkste Faltungsphase in nachhelvetischer (jungmiocaener) Zeit. Die Faltung dislocirt die mittelmiocaenen helvetischen Schichten, ist aber jünger als die obermiocaenen Conglomerate (Les Mées). Das Meer ist auf das Rhonethal beschränkt.

7. Schwache jungpliocaene Faltungen sind nur in den randlichen Gebieten nachweisbar, und setzen sich durch die Quartärperiode bis in die Jetztzeit fort. (Moderne Erdbeben.)

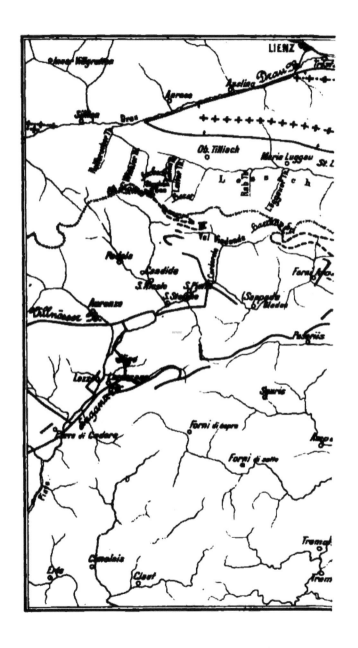

653

XV. KAPITEL.

Die Karnischen Alpen in ihrer Bedeutung für den Bau des Gebirges.

Die ungemeine Complication des tektonischen Baues, welcher die Karnische Hauptkette auszeichnet, ist in erster Linie auf die Wirkungen einer mehrfach wiederholten Gebirgsbildung zurückzuführen. Indirect hängt hiermit die Thatsache zusammen, dass die Karnische Hauptkette die Grenze zweier Gebiete bildet, in welchem wesentlich verschiedene Typen des Gebirgsbaues zur Ausbildung gelangt sind. Das nördliche Gailthaler Gebirge ist durch die Entwickelung der Formationen und der Tektonik ein nach Süden vorgeschobener Posten der Nordalpen. Die Grundanlage des Gebirges bilden Syn- und Antikinalen; auch die grossen Längsstörungen, in Sonderheit die der Drau und Gail im Norden und Süden sind echte Faltungsbrüche: die Schenkel der grossen Triassynklinale — denn als solche ist das Lienzer Gebirge in toto aufzufassen — sind infolge des Uebermasses der Spannung abgequetscht oder mit anderen Worten in Brüche übergegangen.

Im Süden grenzt an die Karnische Hauptkette das Bruch- und Schollengebiet der südalpinen Trias. Abgesehen von den den Bau des Gebirges beherrschenden Senkungsbrüchen bilden die antiklinalen Aufwölbungen

---

[1]) Gegenüber einer Annahme, welche in dem Gailbruch nur einen steilen Synklinalflügel sehen möchte, sei hervorgehoben, dass das vollkommene Fehlen der im Norden und Süden wohl entwickelten Werfener Schichten auf einen echten Bruch deutet; die Sprunghöhe des letzteren war allerdings stellenweise nicht bedeutend.

älterer Formationen (Cima d'Asta, Recoaro, Lorenzago) einen wichtigen Charakterzug dieses Gebietes; die bedeutendste derselben ist die Karnische Hauptkette selbst.

Der zweite Grund der ausserordentlichen Zersplitterung, welche besonders das centrale Gebiet der devonischen Kalkriffe auszeichnet, ist darin zu suchen, dass die drei wichtigsten Bruchsysteme der südlichen Ostalpen sich hier wie in einem Brennpunkte vereinigen. Der Drau- und Gailbruch, welche die östlichen Ausläufer der Judicarienlinie darstellen, bilden den Nordrand des Gebirges. Mit dem östlichen Theil des Karnischen Südrandes verbindet sich die Suganalinie, die Fortsetzung der emporgewölbten Cima d'Asta. Zwischen beiden trifft die wichtigste Verwerfung des nördlichen Südtirol, die Villnösser Linie, welche sich kurz vorher mit zwei weniger bedeutenden Dislocationen, dem Falzarego- und Antelao-Bruch vereinigt hat, auf die Hochregion der Kellerwand und des Plöcken-Passes.

Die gewaltige Zertrümmerung, welche theilweise eine genauere Verfolgung der Dislocationstendenz unmöglich macht, beruht also auf historischen und localen Ursachen.

1. Das Bruchnetz der Karnischen Alpen in seinem Zusammenhang mit den tektonischen Linien der Ostalpen.

Bei einer summarischen Uebersicht des Verlaufes der Hauptbrüche sind die auf die mittelcarbonische Faltung zurückführbaren Dislocationen zu scheiden von den jüngeren, mittelcretaceischen[1] oder tertiären Brüchen (vergl. das vorhergehende Kapitel). An manchen Punkten, besonders zwischen Osternigg und Polüdnigg ist der unmittelbare Nachweis möglich, dass die letzteren der Richtung der ersteren folgen. Auf der beiliegenden Karte wurde in diesem Falle die Signatur der jüngeren Brüche gewählt. Die Lage der tieferen Scholle ist durch das Zeichen des Pfeiles ausgedrückt. Auf der Kartenlegende ist dies Zeichen durch das Wort „Absenkungsrichtung" bezeichnet. Doch handelt es sich nur zum

---

[1] Eine abweichende graphische Bezeichnung von Faltungs- und Tafellandbrüchen würde die Uebersichtlichkeit beeinträchtigen.

Theil um unzweifelhafte „Tafellandbrüche"; andrerseits kommen „Faltungsbrüche" (Gail und Drau) sowie am Hochwipfel „Hebungsbrüche" (s. u.) in Frage. Absenkungsbrüche begrenzen vor allem die Scholle, welche zwischen dem Sugana-Savebruch und dem östlichen Theile des Hochwipfelbruches (von Uggowitz nach Ost) gelegen ist und einen echten „Graben" bildet. Hingegen fand auf dem westlichen Theile der Hochwipfellinie zwischen Osternigg und Hochwipfel eine Aufwölbung des nördlichen Silurzuges statt. Noch jetzt nimmt das Silur am Hochwipfel selbst eine orographisch höhere Stellung ein, als der gegen Verwitterung widerstandsfähigere Fusulinendolomit. An anderen Stellen ist die grössere Höhe der jüngeren Gebilde durch den Umstand zu erklären, dass die Nähe der breiten Gailthalfurche eine raschere Abtragung des Nordabhanges bedingt hat.

Der Beginn des Draubruches im Osten des kartographisch dargestellten Gebietes ist nicht genauer nachweisbar, da die alten geologischen Aufnahmen unzureichend und die neueren noch nicht zur Veröffentlichung gelangt sind. Der Draubruch geht wahrscheinlich östlich von Greifenburg in eine einfache Falte über. Wie das SUESS'sche Profil von Lind (S. 150) zeigt, überlagern hier der steil nach Süd fallende Grödener Sandstein und die Trias den Quarzphyllit, sind also im Verhältniss zu letzterem als synklinale Einfaltung anzusehen. Ein unmittelbarer Zusammenhang von Gail- und Gitschbruch in der Gegend der Franzenshöhe ist unwahrscheinlich. Hingegen giebt MOJSISOVICS an, dass „nahezu parallel mit dem Drauthal" aus der Gegend von Villach in nordwestlicher Richtung bis Paternion eine Bruchlinie verläuft; möglicherweise ist diese östliche Verwerfung die Fortsetzung des bei Greifenburg aufhörenden Draubruches.

Auch der Anfang des Gailbruches östlich von Villach dürfte schwer nachzuweisen sein, da das Klagenfurter Becken in ausgedehntem Maasse mit Glacialbildungen, jüngerem Alluvium und Seen bedeckt ist. Weiterhin fällt die Verwerfung mit dem Südrande des Dobratsch zusammen, um dann nach einem kurzen nordwestlich gerichteten Umbiegen weiter nach W zu streichen. Auch die Gegend des Bleiberger Erzberges ist von zahlreichen Längs- und Querstörungen durchsetzt, über

deren Verlauf leider keine genaueren Nachrichten vorliegen.[1])
Die kleinen Abweichungen und Unregelmässigkeiten, welche
der Gailbruch in seinem weiteren WNW bis W gerichteten
Verlaufe zeigt, die Querbrüche des Gailberges u. s. w. sind im
V Kapitel (S. 134 ff.) ausführlich geschildert worden. Es sei
hier nur hervorgehoben, dass das Vorhandensein eines Bruches
auch im Westen durch die ungleichmässige, zuweilen bis zum
vollkommenen Verschwinden gesteigerte Breite der Grödener
Schichten, sowie durch das gänzliche Fehlen des Werfener Horizontes sichergestellt erscheint. Im Osten wird durch Versteinerungsfunde das geringe Alter der nördlichen Triaskalke
erwiesen.

Während der Gailbruch durchaus auf die Nordseite des
Thales beschränkt ist, zeigt die Lage des Draubruches mannigfache Abwechselung (vergl. die Uebersichtskarte). Die Sprunghöhe des letzteren ist viel bedeutender als bei dem ersteren;
fehlen doch die Grödener Sandsteine mit Ausnahme des kleinen
Gebietes am Tristacher See überall. Nachdem Gail- und
Draubruch bei Abfaltersbach ihre Vereinigung vollzogen
haben, verschwindet die Störung scheinbar vollständig und
lebt erst ca. 10 km weiter westlich bei Wimbach unweit
Sillian wieder auf. Die weitere Verfolgung derselben
nach Westen lehrt, dass der Gailbruch zu demselben System gehört wie die Judicarienlinie, und somit die gross-
artigste Dislocation im gesammten Gebiete der Alpen
darstellt.

Von Wimþach bis Bruneck durchsetzt ein 33 km
langer, aus Triasgesteinen und Liaskalken bestehender Zug
jüngerer Bildungen das Villgrattener Gebirge; eine zweite
parallel verlaufende Kalkfalte ist weniger bedeutend. Von
Bruneck an bildet — ebenfalls nach Teller's Untersuchungen
— der eruptive Granitzug Franzensfeste — Meran die

---

[1]) In der älteren Arbeit von Peters (Jahrb. d. geol. R.-A. 1856,
S. 67 - 90) wird der dem Wettersteinkalk zu vergleichende „erzführende
Kalk" zum Theil in den Horizont des Dachsteinkalkes gestellt; eine richtige Auffassung der verwickelten Lagerungsverhältnisse ist somit ausgeschlossen. Die neueren Angaben von Mojsisovics (Verhandl. d. geol.
R.-A. 1872, S. 352) sind sehr kurz gehalten, da auch diesem Forscher nicht
die für wirkliche „Detailaufnahmen" notwendige Zeit zur Verfügung stand.

Fortsetzung der tektonischen Linie. Derselbe lagert wie ein Gewölbe unter den angrenzenden Gesteinszonen und erreicht im Eisackthal seine grösste Breite. Am Penser Joch, zwischen Eisack und Passeier treten im Norden des Granites noch einmal eingefaltete Triaskalke in nordalpiner Entwickelung auf. Dieselben fallen nördlich, sind also in südlicher Richtung überschoben.

Auf der Südflanke des Granitzuges ist in der Gegend von Meran bereits der Bruchcharakter ausgeprägt und verstärkt sich immer mehr. nachdem die Dislocation die Etsch überschritten und jenseits derselben in die eigentliche NNO— SSW-Richtung der Judicarienlinie (im engeren Sinne) umgebogen ist. Der Verlauf der letzteren ist aus verschiedenen Darstellungen bekannt.

Eine kurze Uebersicht der Länge der einzelnen Strecken beweist die Richtigkeit der oben geäusserten Behauptung, dass die 330 km lange Gail-Judicarienlinie die gewaltigste Störung im Gebiete der Alpen ist: Vom Idrosee bis Weissenbach im Penserthal misst die Länge des eigentlichen im Norden durch Granit gekennzeichneten Judicarienbruches 128 km; von hier bis zum Eisackthal verfolgen wir die eingefaltete Trias 14 km weit. Von Stilfes im Eisackthal bis Bruneck beträgt die Länge des Granitzuges ca. 35 km, die der Villgrattener Triasfalten vom Dolomitriff bei Bruneck bis Wimbach bei Sillian 33 km. Nach einer wenig über 10 km langen Unterbrechung setzen bei Abfaltersbach Drau- und Gailbruch wieder ein; der letztere und vielleicht auch der erstere lässt sich bis Villach auf eine 110 km lange Strecke nachweisen, erreicht aber sein Ende wohl erst viel weiter im Osten.

Die Gebirgsfaltung ist die ursprüngliche Ursache der tektonischen Gail-Judicarienlinie. In dem Mittelstück lässt sich ein eigentlicher Bruch überhaupt nicht nachweisen; die Wichtigkeit der Faltung geht ferner aus der Thatsache hervor, dass das Streichen der centralen krystallinischen Schiefer in der Gegend der Umbiegung des Judicarienbruches (Meran—Schneeberg) genau den verschiedenen Richtungen der tektonischen Linie parallel ist. Für das Gailgebiet ergiebt sich die Richtigkeit dieser Auffassung aus der vorhergehenden

Darstellung, für die Gegend von Judicarien aus den gründlichen Untersuchungen von VACEK und BITTNER.

Die genannten Forscher beweisen ferner, dass nicht nur im Norden sondern auch im Westen, in der Brentagruppe und am Gardasee die randlichen Gebiete des ostalpinen Schollen- und Bruchlandes durch regelmässige Faltungszonen gekennzeichnet sind.

Während die randlichen Faltungsbrüche den Nordrand der Karnischen Hauptkette bilden, treffen wir die Fortsetzungen der grossen Tafellandbrüche von Südtirol, die Villnösser- und Suganalinie im Centrum und am Südrande unseres Gebirges. An der Villnösser Linie ist ferner ein Zusammenfallen mit den älteren carbonischen Dislocationen nachweisbar.

Die Einfaltung devonischer Kalkmassen in den westlichen Karnischen Alpen (Königswand, Heret, Porze, Val Visdende) gehören ausschliesslich der älteren, carbonischen Faltungsperiode an. Allerdings verläuft von dem am oberen Cordevole zersplitternden Villnösser Bruch ein Sprung in nordwestlicher Richtung zum Sasso Lungerin und legt sich hier durch unregelmässiges Umbiegen nach W parallel zur Längsrichtung der Porze (Karte I und Profil-Tafel VI, S. 132, Mitte der oberen Abbildung).

Die Unterbrechung der tektonischen Störungen im oberen Val Visdende ist vielleicht nur scheinbar, da die indifferente Beschaffenheit der altsilurischen Schiefer genauere Beobachtungen ausschliesst. An der Hartkarspitz und dem Hochweisstein setzen die carbonischen Faltungsbrüche wieder ein, und bald wird hier wieder am Abhange des Monte Vas und auf der Bordaglia-Alm ein in normaler NO-Richtung streichender Ausläufer des Villnösser Bruches sichtbar. Der letztere ist die wichtigste Störungslinie des nördlichen Theiles von Südtirol und vereinigt sich westlich von dem kartographisch dargestellten Gebiete in der Gegend von Cortina d'Ampezzo mit zwei tektonischen Linien von geringerer Bedeutung, der Falzarego- und Antelao-Linie. Mannigfache Unregelmässigkeiten, vor allem auch locale Unterbrechungen kennzeichnen die Villnösser Linie in Tirol wie in Kärnten.

Oestlich von Monte Vas bildet ein Faltungsbruch von geringer Sprunghöhe den Südrand des Kalkgebirges Kellerwand — Kollinkofel sowie des Zuges Pal — Tischlwanger Kofel. Die in nordöstlicher Richtung fortsetzenden, mehrfach unterbrochenen und zersplitterten Villnösser Sprünge sind andrerseits (so an der Bordaglia-Alp) in Zusammenhang mit den carbonischen Störungen getreten.[1]

Der Nordostrichtung folgt nun die kurze Dislocation zwischen Bordaglia-Alm und Heuriesenweg sowie der westliche Theil des Plöckener Längsbruchs; ganz unregelmässig verläuft die Bruchgrenze der Devonkalke an der Plenge und und dem Mooskofel, welche Berge durch das Auftreten silurischer Ueberschiebungen ausgezeichnet sind. Der Plöckener Längsbruch biegt bald darauf nach SO um und entsendet einen zweiten Sprung direct nach O. Diese südöstlichen Dislocationen werden von dem Plöckener Querbruch abgeschnitten, der seinerseits bald in die Ostrichtung umbiegt.. Auch der nördliche Zweig des Plöckener Längsbruches dreht an dem Elferspitz in die Südostrichtung um und lässt überall auf das deutlichste seinen Zusammenhang mit der carbonischen Faltung erkennen; die eigenthümlichen Blattverwerfungen finden sich ausschliesslich hier.

In der nördlich von Paularo gelegenen Region der Querbrüche und Grabenspalten treten jüngere Längsbrüche wieder im unmittelbaren Zusammenhang mit der östlichen Endigung des palaeozoischen Plöckener Bruches auf. Man könnte also diese jüngeren Störungen, den Hochwipfelbruch und den kürzeren Rosskofelbruch noch zu dem System der Villnösser Linie rechnen. Jedoch ist die Verworrenheit der palaeozoischen Faltungsbrüche zwischen Forni Avoltri und dem Kollen Diaul so gross, dass eine Verfolgung der jüngeren Dislocationen durch diese Spalten gewiss aussichtslos erscheint.

---

[1] Auf der Karte (I) wurden dieselben sämmtlich mit der Signatur der älteren Dislocationen versehen, da eine unzweideutige Trennung schon aus sachlichen Gründen unmöglich erscheint und wegen des kleinen Maasstabes der Karte auch graphisch undurchführbar wäre. Ein Nachbrechen der alten Dislocationen in späterer Zeit lässt sich mit voller Sicherheit nur für die Bordaglia-Alm, mit grosser Wahrscheinlichkeit für den Plöckener Längs- und Querbruch annehmen.

Frech, Die Karnischen Alpen. 30

Der Rosskofelbruch ist mit dem östlichen Theile des Hochwipfelbruches durch zwei Dislocationen verbunden, welche
quer zur Längsrichtung des Gebirges verlaufen (Zirkelbruch);
sie schliessen somit das Pontafeler Obercarbon allseitig ein.
Diese carbonische Scholle stellt — selbst wenn man von der
eingebrochenen Triasmasse des Trogkofels absieht — keinen
einheitlichen Längsgraben dar. Vielmehr könnte der westliche und nördliche Theil des Obercarbon (im Verhältniss
zu dem angrenzenden Silur) als Graben, der östliche und südöstliche als Horst bezeichnet werden. (Man vergleiche die
Richtung der Pfeile auf Karte I.) Es ergiebt sich somit auch
aus dieser Erwägung, dass während der jüngeren Gebirgsbildung das Silur an dem Hochwipfelbruche „gehoben wurde";
die südlich angrenzenden Schollen erfuhren wahrscheinlich eine
unregelmässige „Emporzerrung", um dann später wieder nach-
zubrechen.

Südlich vom Rosskofelbruch findet sich — ebenfalls durch
einen Querbruch verbunden — eine dritte, die Trias des Monte
Pizzul abschneidende Längsstörnng; in geringer Entfernung von
dieser verlaufen die zu dem südlichen Sugana-Save-System
gehörenden Dislocationen der Gegend von Pontafel.

Der östliche Verlauf des Hochwipfelbruches, der von
nun an das alte, im Wesentlichen silurische Gebirge des Nordens
von der Trias im Süden trennt, wird zunächst durch eine
ältere eingefaltete Scholle complicirt. Die Devonzüge des
Osternigg-Poludnigg und Starhand sind zwar ähnlich wie die
übereinstimmend gebauten Kalke der Königswand und Porze
zur Carbonzeit eingefaltet, aber später weiter nachgebrochen
(vergl. S. 431). Es splittern daher von dem im Süden vorbei-
ziehenden, nach OSO streichenden Hauptbruch verschiedentlich
Sprünge in rein östlicher Richtung ab.

Nachdem auch der Hauptbruch wieder in die Ostrichtung
umgebogen ist, folgt (zwischen Malborget und Weissenfels) die
S. 27 ff. und 421 ff. besprochene Region der Aufpressungen; dieselbe wird südlich vom Savebruch begrenzt und ist als ein
durch nachträgliche Senkung entstandener Längsgraben zu
deuten. Nach der eigentümlichen bajonettförmigen Umknickung
von Maglern setzt der durch staffelförmige Absenkungen complicirten Hochwipfelbruch in die Westkarawanken hinüber.

Der weitere östliche Verlauf ist hier noch nicht näher erforscht; nur soviel steht fest, dass die Störung auf der Südseite des weithin sichtbaren Mittagskofels (Abb. 1) weiter streicht.

Auch die im Vorstehenden schon mehrfach erwähnte Sugana-Savelinie beginnt weit vor der Grenze unserer Karte und folgt zunächst mit fast genau westlichem Streichen dem Oberlauf der Save. Die N—S verlaufenden Querbrüche, deren bedeutendste bei Lengenfeld und Weissenfels auf den Savebruch treffen, haben die Tendenz, das Gebirge nach Osten (Laibach) zu senken. Diese Querbrüche werden durch transversale Störungen verbunden. Ein Zusammenhang mit den „periadriatischen Brüchen" dürfte kaum nachweisbar sein. Aus dem Thale der Wurzener Save setzt der Bruch in das obere Gailitz- und das Fellathal hinüber und folgt demselben bis in die Gegend von Pontafel. Ueberall bilden Werfener- oder ältere Triasschichten die Basis der Julischen Alpen im Süden, während im Norden Schlerndolomit die Karnische Hauptkette zusammensetzt.

Kurz vor Pontafel, bei Leopoldskirchen erscheint für eine kurze Strecke eine Antiklinale ausgebildet, deren Nordflügel überkippt ist. Ein wenig westlich von Pontafel lebt der (im Norden von parallelen Störungen, im Süden von steilen Falten begleitete) Bruch wieder auf, erreicht aber östlich von Paularo ein vorläufiges Ende. Nach einer längeren Unterbrechung findet sich in der gradlinigen Fortsetzung der Savelinie, innerhalb der Senke von Ravascletto, eine kleine Störung auf der Grenze der älteren und der permotriadischen Schichtenfolge. Schärfer ausgeprägt ist der Suganabruch, die Fortsetzung der Savelinie im Gebirge zwischen Bladen (Sappada) und Zahre (Sauris); hier trennt derselbe die Dolomitmassen des Nordens von den Werfener Schichten im Süden.

Im weiteren nach SW gerichteten Verlaufe des Suganabruches ist zunächst eine mannigfache Zersplitterung desselben wahrzunehmen. Gleichzeitig beobachtet man an demselben Anfwölbungen älterer gefalteter Quarzphyllite, die als verkleinerte Abbilder der Karnischen Hauptkette anzusehen sind. Aus der Gegend von Lorenzago am Piave hat HARADA mehrere derartige von Grödener Schichten umgebene Vorkommen beschrieben. Am Ende des nach WSW und W um-

30*

biegenden Bruches liegt das von Granit durchsetzte Phyllit-
gebirge der Cima d' Asta. E. Suess hat dasselbe als Horst
gedeutet, v. Mojsisovics hingegen auf Grund umfassenderer
Untersuchungen angenommen, dass dasselbe „wie ein älterer
Aufbruch unter dem jüngeren Deckengebirge emportauche".
Die Cima d' Asta liegt an dem Sugana-Savebruch d. h. an
derselben Dislocationslinie wie die Karnischen Alpen, und ist
somit auch desshalb in Bezug auf die Art der Entstehung mit
diesen zu vergleichen.

Die genannten drei grossen Bruchsysteme der südlichen
Ostalpen stehen, wie die Kartenskizze II zeigt (und bereits
früher[1]) von mir dargelegt wurde) mit einander in bestimmter
Verbindung und haben vor allem das Gemeinsame, dass an
ihnen ältere gefaltete Bildungen inmitten der triadischen Deck-
schichten aufgewölbt sind. Es liegt nahe, den weit ge-
spannten Bogen der Gail-Judicarienlinie und den die
Sehne bildenden Sugana-Savebruch durch das Vorhandensein eines von jüngeren Brüchen durchsetzten und von jüngeren
Faltungen umwallten carbonischen Gebirgskernes erklären. Die erste Anlage dieser Brüche dürfte in die cretaceische oder oligocaene Zeit fallen.

Die im Süden folgende „frattura periadriatica", die Belluneser Linie und der im Osten anschliessende Isonzobruch
verwirft hingegen das Triasgebirge gegen die jüngeren
Kreide und Tertiärschichten; dieselbe gehört zeitlich sowie
tektonisch einer späteren, wahrscheinlich miocaenen Bil-
dungsperiode an.

Parallel zu dem periadriatischen Bruche und somit diesem
vergleichbar verläuft der weiter südlich folgende Randbruch
(K. Futterer[2])), welcher die Tertiärschichten des Südrandes
von der oberitalienischen Ebene scheidet.

Ueber den Zusammenhang der Karnischen Alpen
mit den Gebirgen der Balkaninsel lässt sich leider wenig
sagen. Allerdings wissen wir aus der geologischen Beschrei-

---

[1]) Die Tribulaungruppe am Brenner. Richthofen-Festschrift. Berlin
D. Reimer 1893.

[2]) Dieser auf beiden Seiten des Tagliamento parallel zu der nördlichen „periadriatischen" Störung verlaufende Bruch konnte auf dem fertigen
Cliché nicht mehr nachgetragen werden.

bung von Bosnien, dass die dortige Schichtenfolge die grösste Aehnlichkeit mit der der Ostalpen besitzt (v. MOJSISOVICS und BITTNER): Ueber palaeozoischen Gesteinen, in denen wenigstens an einer Stelle Carbonfossilien mit Sicherheit nachgewiesen sind, liegt die permotriadische Serie mit Grödener Conglomeraten, Sandstein, Bellerophonkalk und Werfener Schichten beginnend, ganz wie in den südöstlichen Alpen. Eine Discordanz zwischen älteren palaeozoischen und Grödener Schichten wird zwar nur aus Serbien (Zujovics) angegeben, könnte aber aus dem transgressiven Charakter, welchen das basale Conglomerat[1]) auch in Bosnien besitzt, gefolgert werden. In diesem letzteren Falle würde das „orientalische Festland", das von MOJSISOVICS für die jüngere palaeozoische und ältere mesozoische Zeit angenommen, von TIETZE bestritten wurde, auch in orogenetischer Hinsicht wohl begründet erscheinen.

Vorläufig kann aus dem NW-Streichen, welches sowohl in den alten palaeozoischen, wie in den jüngeren Theilen der bosnischen Gebirge zu beobachten ist, eine Folgerung mit Sicherheit gezogen werden: Ein directer Uebergang der Karnischen Kette und der weiter östlich genau O—W streichenden Karawanken in die Dinarischen Faltenzüge findet nicht statt. Jedenfalls spricht die vollkommene Unabhängigkeit des Streichens, welche in den genau südlich von den Karawanken gelegenen Bosnischen Gebirgen zu beobachten ist, gegen die Annahme von SUESS, der die Dinarischen Ketten ebenfalls als integrirenden Theil der fächerartig ausstrahlenden Alpen ansieht. Ein selbständiges Inselgebirge der jüngeren palaeozoischen Zeit im Sinne von MOJSISOVICS würde dieser Anschauung viel besser entsprechen. Wenn E. TIETZE[2]) hieraus einen Widerspruch der genannten Forscher herausconstruirt (weil MOJSISOVICS l. c. S. 18 sich dem Vergleich von SUESS im Allgemeinen angeschlossen hat) so erledigt sich dieser Einwurf damit, dass dasselbe Gebiet während der ver-

---

[1]) Sowohl MOJSISOVICS wie BITTNER betonen ausdrücklich, dass der untere Theil des „Werfener" Complexes von Bosnien in Bezug auf stratigraphische und petrographische Beschaffenheit den Verucanoconglomeraten und Grödener Sandsteinen der Ostalpen entspricht. Jahrb. d. geol. R.-A. 1881 S. 192, 358, 365.

[2]) Z. d. geol. Gesellschaft 1881. S. 287.

schiedenen Phasen der Gebirgsbildung eine verschiedene Rolle gespielt haben kann.

Die von E. Tietze in dem angeführten Aufsatze hervorgehobene Schwierigkeit, dass das alte „orientalische Festland", welches nur bis zur Liaszeit über dem Meere lag, auch später während der tertiären Gebirgsbildung noch als „stauendes Hinderniss" für die Entwicklung der Dinarischen Ketten gewirkt hätte, würde unter der folgenden Voraussetzung verschwinden: Wenn man aus der stratigraphischen Uebereinstimmung mit den südlichen Ostalpen auch den Hinweis auf eine gleichartige tektonische Vorgeschichte entnehmen wollte, so hätten wir die Auffaltung eines jungpalaeozoischen Inselgebirges anzunehmen, das erst während der Liaszeit vom Meere bedeckt wurde. Wenngleich dies Festland also nicht mehr über den Meeresspiegel hervorragte, so verblieb doch hier zweifellos ein abradirter alter Gebirgskern. Dass ein solcher, selbst wenn seine Lage in der Litoralzone des Meeres zu suchen ist, die weitere tektonische Entwicklung seiner Umgebung zu beeinflussen vermag, ist einleuchtend.[1]) Nur die Bezeichnung „Festland" ist bei einem überflutheten alten Gebirgskern unglücklich gewählt.

Leider verhindert die unvollkommene Kenntniss, welche wir von den älteren Formationen Bosniens besitzen, eine sichere Begründung der obigen Vermuthungen.

Immerhin ist soviel klar: Wenn man annehmen will[2]), dass auch im Nordwesten der Balkaninsel zur Carbonzeit eine Faltung erfolgte, so stand das hierdurch entstandene „orientalische" Inselgebirge mit der weit nach Ost fortsetzenden alten Karnischen Kette in keinem unmittelbaren Zusammenhang. Aber ähnlich wie die ursprünglich abweichend gebauten östlichen und westlichen Alpen durch jüngere tektonische Bewegungen zu einem Gebirge zusammengeschweisst wurden, lässt

---

[1]) In welcher Weise derartige versenkte alte Kerne den Gebirgsbau zu beeinflussen vermögen, das zeigen u. a. die schönen Profile, welche H. Schardt aus der Umgegend von Montreux veröffentlicht hat. (Eclogae geologicae Helvetiae IV Taf. 3.)

[2]) Ein bestimmter Beweis kann, wie aus dem vorhergehenden ersichtlich ist, wegen Mangels an bestimmten Beobachtungen nicht geführt werden.

sich auch im SO, wenigstens in den der Adria zugekehrten Gebirgsfalten ein übereinstimmender Bau beobachten. Verschiedene Beobachter, welche zu verschiedenen Zeiten und völlig unabhängig von einander die äussere Zone der Gebirge vom Comer See und der Etschbucht bis zur Peloponnes untersucht haben, sind zu völlig übereinstimmenden Ergebnissen gelangt. Ueberall haben wir schiefe knieförmige Falten mit nach aussen gerichtetem Scheitel, in deren weiterer Entwicklung Brüche und Ueberschiebung der gebirgseinwärts liegenden Schollen über die äusseren Zonen einzutreten pflegen.[1]) Die eingehende von BITTNER gelieferte Zusammenstellung der Litteratur weist diesen Gebirgsbau nach am Comer See, im Hochveronesischen, Vicentinischen und Bellunesischen Gebiet, in Friaul, im Isonzothal, in Istrien, Dalmatien, Bosnien und der Hercegovina; nach den neueren Beobachtungen von Philippson ist im westlichen Griechenland und in der Peloponnes derselbe Grundzug des tektonischen Aufbaues zu erkennen.

Der letzte, tertiäre Act des grossen erdgeschichtlichen Dramas, „die Entstehung des Alpensystems", zeigt, wie wir auch hier sehen, eine einheitliche Entwicklung in den entlegensten Gebieten des Mittelmeergebietes; der Anfang besteht aus einer Anzahl von Scenen, die zusammenhangslos oft in unmittelbar benachbarten Gebieten (Westalpen, Ostalpen, Bosnien) neben und nach einander gespielt haben.

2. Einfluss der Brüche auf die Thalbildung.

In der zweiten Hälfte den Miocännzeit erreichten die gebirgsbildenden Vorgänge im Alpengebiete im Wesentlichen ihr Ende; Verwitterung und Erosion des fliessenden Wassers, deren Thätigkeit gleichzeitig mit der Emporwölbung begann, kennzeichnen den Abschluss der Tertiärperiode. Die Bedeutsamkeit dieser tertiären Denudation erhellt aus theoretischen Betrachtungen ebensowohl, wie aus der bekannten Thatsache, dass das gesamte Abflusssystem der Alpen vor dem Eintritt der

---

[1]) BITTNER, Jahrb. d. geol. R.-A. 1881. S. 366 und 367.

Eiszeit in einer von der heutigen wenig abweichenden Form
fertig gebildet vorlag. Die Denudationsprodukte der Neogenzeit sind allerdings durch die diluvialen Gletscher fast vollständig ausgeputzt worden; nur für sehr vereinzelte inneralpine
Bildungen, wie das Mühlsteinconglomerat der Berchtesgadener
Ramsau ist ein präglacialer, tertiärer Ursprung nicht ausgeschlossen.

Gegenüber der älteren „Kataklysmen-Auffassung", welche
in den Thälern klaffende Risse und Spalten der Erdrinde sah,
ist in neuerer Zeit eine naturgemässere Anschauung getreten,
die der Erosion des fliessenden Wassers den wesentlichsten
Einfluss auf die Entstehung der Gebirgsthäler zuerkennt. Jedoch hat sich diese Betrachtungsweise von Uebertreibungen
nicht freigehalten und den Einfluss von Gebirgsstörungen auf
die Thalbildung gänzlich geleugnet. Es giebt allerdings viele
Alpenthäler, welche die verschiedenartigsten Schichten und
Gebirgsstörungen quer durchschneiden und somit reine Ero-
sionsgebilde sind. Bei anderen Thalformen ist der Einfluss
der tektonischen und petrograpischen Verhältnisse um so
deutlicher erkennbar. Allerdings hat auch hier das fliessende
Wasser die aktive Ausräumungsarbeit im Wesentlichen
vollbracht; aber ebensowenig lässt sich verkennen, dass die
Richtung, in der das Wasser seine ausnagende Thätigkeit ent-
faltete, durch den Gebirgsbau vorgezeichnet war.

Klassische Beispiele für derartige tektonische Hauptthäler
bilden die Flussläufe der Gail, Drau, Fella und der oberen
Save. (Man vergleiche die beiliegende Karte.)

In anderen Fällen hat das Zusammenfallen von Brüchen
mit wesentlichen petrographischen Verschiedenheiten wenigstens
zur Bildung von längs gerichteten Nebenthälern Veranlassung
gegeben, so am Egger-See, der Pontebbana, dem Winkler-Bach
(bei Pontafel; vergl. unten), und auf der Linie Lorenzago—Prato
Carnico — Paluzza. Ein gemeinsames Merkmal dieser tektonischen Längsthäler ist ihre Zugehörigkeit zu verschiedenen
Flusssystemen. So wechselt die Abflussrichtung des Wassers
auf der zuletzt erwähnten Längsbruchlinie viermal. Dieselbe
lehrt uns ferner, dass nicht das Vorhandensein eines Bruches,
sondern nur das geradlinige Aneinandergrenzen von verschiedenen Gesteinen den Anlass zur Herausbildung von

Depressionen giebt. Zwischen Paluzza und Paularo überlagern die weichen permischen Gesteine (Sandstein. Gyps und Rauchwerke) die älteren Schiefer in einer geraden Linie, während weiter westlich Brüche von verschiedener Sprunghöhe die Grenze der verschiedenen harten Gesteine kennzeichnen. Trotzdem ist die Oberflächenform der Depression überall die gleiche.

Die Vorbedingungen zur Bildung eines grossen tektonischen Längsthales waren auch hier theilweise gegeben; doch liegt die Friauler Carnia schon zu nahe an der Südabdachung des Gebirges. Daher treten hier die rein erosiven Querthäler als hauptsächliche Abflussrinnen hervor, während die tektonischen Längsthäler in zweiter Linie stehen. Das nördlicher gelegene Gailthal zeigt das umgekehrte Verhältniss.

Ein Blick auf die gegebene Karte lässt erkennen, wo ein Bruch von Wichtigkeit für die Thalbildung war und wo nicht. Die palaeozoischen Brüche sind wegen ihrer Kürze und Unregelmässigkeit für die Thalbildung bedeutungslos, umsomehr als sie häufig von den (mit ganzen Linien bezeichneten) jüngeren Brüchen durchschnitten werden. Zum Teil folgen allerdings die letzteren der Richtung der ersteren.

Im Gailthal wird die Abhängigkeit der Thalbildung von einem Bruche erst bei näherer Untersuchung deutlich; beide Thalgehänge bestehen von Tilliach bis Nötsch aus Thonschiefern und Thonglimmerschiefer, welche der erodirenden Kraft des Wassers gegenüber das gleiche Verhalten zeigen und in ihrem Streichen von dem Flusse in sehr spitzem Winkel geschnitten werden.

Jedoch ermöglicht die geologische Untersuchung des Nordgehänges eine leichte Lösung dieser auf den ersten Blick rätselhaften Thalbildung. Von Abfaltersbach bei Sillian bis kurz vor Deutsch-Bleiberg zieht, kaum durch irgendwelche Unregelmässigkeit unterbrochen der Gailbruch parallel zu der Furche des Gailflusses. (Vergl. die tektonischen Linien der Karte.) Nördlich des Bruches erheben sich die Triasberge der Gailthaler Alpen, südlich davon bilden die grünen, gerundeten Phyllithöhen die Vorlage gegen die heutige Thalfurche. In den Bruch eingeklemmt ist ein Streifen von vertikalgestellten, roten Grödener Sandsteinen und Conglomeraten.

Die leicht verwitternden Grödener Sandsteine boten nun

dem Wasser den ersten Angriffspunkt, und die Ausbildung
einer vollkommen regelmässigen Thalfurche wurde durch die
parallel zu dem Bruche verlaufende Gesamtneigung des Gebirges begünstigt. Später glitt das Flussbett naturgemäss tiefer
und tiefer in die weicheren Schiefer hinab, und gleichzeitig
wurden dieselben von der Verwitterung stärker angegriffen als
die härteren Gesteine der Trias. Die Parallelität von Thalfurche und Bruch erklärt sich aus der gleichförmigen Gesteinsbeschaffenheit und Lagerung der Phyllite und Thonschiefer.
Bedeutungsvoll für die Beschaffenheit der Thäler werden Verwerfungen also nur dort, wo verschiedenartige Gesteine, etwa
Kalk mit Schiefer oder Sandstein zusammenstossen. Wo hingegen Kalk an Kalk oder Dolomit stösst, wie am Poludnigg
(Devon-Trias), da bleiben oft die bedeutendsten Störungen ohne
jeden Einfluss auf die Oberflächenform. Eine Unregelmässigkeit im Verlaufe der tektonischen Linie des Gailthales und
-Bruches findet sich dort, wo der Bruch aus seiner zwischen O
und OSO schwankenden Richtung etwas nach NO abgelenkt
wird. Entsprechend der allgemeinen nach Osten gerichteten
Abdachung des Gebirges hat sich auch hier die Hauptfurche in
ihrer bisherigen Richtung fortgesetzt und verläuft also ausnahmsweise nicht mehr parallel zu dem nach NO abspringenden
Bruche. Das im Norden des Hauptthales liegende Phyllitge-
birge, der Zug der Hohenmauth wird also hier ungewöhnlich
breit, und infolge dessen hat sich auf der Bruchgrenze von
Phyllit und Triaskalk [1]) noch eine zweite spitzwinklig zum
Gailthal verlaufende Furche, die des Gitschthales, eingesenkt.
Aus dem geringeren Alter des Gitschthales erklärt sich die
Thatsache, dass die Thalfurche hier weniger weit in den Phyllit
abgeglitten ist, als im Gailthal.

Das Thal der Gail ist überaus scharf in einen oberen
und einen unteren Abschnitt gegliedert, eine oroplastische
Scheidung, welcher auch die volkstümlichen Bezeichnungen
Lessachthal (für die obere Terrasse) und Gailthal (für den
Unterlauf) Rechnung tragen. Die Sohle des ersteren liegt
250—300 m über der des letzteren, wenn man unter der Thalsohle die Terrasse versteht, auf welcher die Ortschaften des

[1) Der Grödner Sandstein scheint hier vollkommen zu fehlen

Lessachthales liegen; der Höhenunterschied zwischen den beiden nur 6 km von einander entfernten Orten Kötschach und St. Jacob beträgt 240 m. Allerdings hat sich die Gail in die alte Thalsohle ein tiefes Bett mit steilen Rändern in postglacialer Zeit eingegraben und die Höhenverschiedenheit wird noch dadurch vergrössert, dass auf der alten Sohle des Lessachthals Glacialschotter in nicht unerheblicher Mächtigkeit lagert. Aber die erwähnte Stufe von 240 m besteht nur zum kleinsten Theile aus losen Massen, zum grösseren aus anstehendem Gestein. Es kann somit keinem Zweifel unterliegen, dass dieselbe schon in präglacialer Zeit vorhanden war.

Für das Verständniss der bezeichnenden aus anstehendem Gestein bestehenden Querstufe des Lessachthals ist die Thatsache von Bedeutung, dass auch das Gailthal auf seinem Nord- und Südgehänge eine schmale, vielfach durch jüngere Erosion zerrissene Längsterrasse aufweist. Dieselbe ist ebenfalls in das anstehende Gestein eingeschnitten, nach ihrer Höhenlage die unmittelbare Fortsetzung des Lessachthales und entsprechend den Gefällsverhältnissen des heutigen Thales nach Osten zu allmälig gesenkt. Vielfach liegen Einzelhöfe auf dieser Stufe, so im Süden Dölling (916 m, ca. 200 m über Mauthen), Krieghof, Kronhof, Ober- und Unter-Buchach (884 m), sowie Burgstall (790 m) bei Watschig (595 m). Denselben entsprechen auf dem anderen Thalgehänge Dobra, Lanz, Stollwitz, ferner die uralte Ansiedelung Gurina bei Dellach, sowie weiterhin Wiesenberg. Auch dort, wo Höfe oder Felder fehlen, hebt sich die Längsterrasse als ein wohl gekennzeichnetes Element der Landschaft ab und liegt, wie die obigen Höhenangaben beweisen, überall ce. 200 m über der heutigen Thalsohle. Der Unterschied entspricht also ungefähr demjenigen von Kötschach und St. Jacob (240 m). Die letztere Zahl wird einmal durch die räumliche Entfernung der beiden Orte (6 km) und ferner durch die Mächtigkeit der Glacialschotter des Lessachthales vergrössert. Im unteren Gailthal sind die Hochflächen von Egg, St. Stefan, Hohenthurm und Seltschach als Fortsetzungen den Längsterrassen zu betrachten und wie die breiteren Flächen des Lessachthales mit Glacialgebilden bedeckt. Die um ca. 100 m geringere Höhe von Egg und Hohenthurm erklärt sich aus der Lage dieser Hochflächen, welche allseitig freiliegen und somit einer stärkeren Abtragung ausgesetzt waren.

Die Querstufe des Lessachthals und die Längsstufen, welche das Gailthal begleiten, stellen also diejenige Form kombinirter Terassen dar, welche v. RICHTHOFEN (Führer für Forschungsreisende S. 199) als Strombeckenstufen bezeichnet hat und entsprechen ohne Zweifel einem älteren Thalboden der Tertiärzeit. Die Annahme, dass auf der 47 km langen Strecke zwischen Kötschach und Feistritz (im unteren Gailthal) eine ca. 200 m mächtige und fast 2 km breite Gesteinsmasse durch die diluvialen Gletscher ausgeräumt wurde, dürfte selbst extremen Anhängern der Glacialerosion etwas weitgehend erscheinen.

Es bleibt also nur die auch aus anderen Gründen (vergl. unten) wahrscheinlichere Annahme übrig, dass die fragliche Erosionsarbeit durch fliessendes Wasser während der jüngeren Tertiärzeit geleitet wurde. — Aber wo kamen die Wassermengen her, welche die Thalsohle des Lessachthals unberührt liessen und nur von Kötschach an abwärts eine so tief eingreifende Thätigkeit entfalteten?

Die Erklärung wird durch die Thatsache nahe gelegt, dass unmittelbar nördlich von Kötschach eine über 1000 m tiefe Einschartung den Zug der Gailthaler Alpen unterbricht. Der Gailbergsattel liegt nur 970 m über dem Meere, während ca. 4 km westlich der Schatzbühel 2095 m und im Osten der 3 km entfernte Juckbühel 1891 m Höhe erreichen. Nun finden sich zwar im Süden des Passes einige tektonische Störungen, welche den ersten Anlass für die Ausbildnng einer Scharte gegeben haben, aber im Norden streichen die widerstandfähigen Rhätschichten ungestört über die Einsattelung fort und die Entstehung derselben ist somit vor allem auf erodirende Kräfte zurückzuführen.

Kombinirt man nun mit dieser Thatsache das auffällige Absetzen der Lessachthaler Stufe unmittelbar oberhalb Kötschach, so erscheint die Hypothese keineswegs zu gewagt, dass in einem mittleren Abschnitte der Tertiärzeit das obere Stromgebiet der Drau nicht durch das heutige Bett, sondern über den Gailberg und durch das Gailthal entwässert wurde. Besonderer Wert ist auf den Umstand zu legen, dass der Gailbergsattel (970 m) ungefähr dieselbe Höhe besitzt wie die Lessachterrasse bei St. Jacob (948 m). Die etwas bedeutendere Höhe des Gailbergs erklärt sich aus den Massen von recentem Gehängeschutt, welcher die Passhöhe überkleidet. Im Sinne dieser Hypothese würden also in der Thalgeschichte des Gailgebiets während der Neogenzeit drei Phasen zu unterscheiden sein:

1. Ausbildung des alten durch die Strombeckenstufen gekennzeichneten gleichmässig von W nach O gesenkten Gailbettes 200 m über der heutigen Thalsohle.

2. Ablenkung der Drau; dieselbe fliesst über den Gailbergsattel, der infolge tektonischer Unregelmässigkeiten auf der Südseite als Einsenkung vorgebildet war, in das Gailgebiet und erodirt durch die bedeutendere Wassermenge das heutige Gailthal. Die Ablenkung der Drau erfolgte wahrscheinlich durch die ? miocaenen Brüche und Einsenkungen, welche noch jetzt die tiefe Einschartung des Gailbergsattels kennzeichnen und hier eine rückwärts vorschreitende Erosion bedingten. Ein jüngeres Alten der Querbrüche ist auch aus geologischen Gründen nicht unwahrscheinlich.

3. Durch die Erosion wird während des letzten Abschnittes des Tertiärzeit das untere Draubett tiefer gelegt und der Fluss somit durch die abermalige Wirkung der rückschreitenden Erosion in sein altes Bett zurückgeleitet. Bereits vor Eintritt der Eiszeit war das heutige Abflussystem fertig vorgebildet, wie die Verteilung der Glacialschotter und Moränen beweist. Die letzteren haben nur im Verlauf der Nebenbäche untergeordnete Veränderungen der Abflussrichtung bewirkt.

Einen Gegensatz zu der regelmässigen Gestaltung des Thales im mittleren und oberen Laufe der Gail bilden die unregelmässigen Oberflächenformen, welche die Gegend zwischen St. Stephan und Villach auszeichnen. Aus dem Ost-West streichenden Zuge des Gailthaler Gebirges springt das lang gestreckte Kalkplateau des Dobratsch nach Süden vor. Im Norden wird derselbe von dem auf untergeordnete Störungen zurückzuführenden Längsthal von Deutsch-Bleiberg, auf den drei anderen Seiten durch weit ausgedehnte Niederungen begrenzt. Die Form des Berges steht in unmittelbarster Abhängigkeit von den geologischen Störungslinien. Von Hermagor bis Ober-Kreuth bei Bleiberg verläuft der Gailbruch genau in ost-westlicher Richtung, biegt dann in rechtem Winkel nach Süden um, lenkt aber westlich von Nötsch wieder in die alte Richtung zurück. Das westlich vom Dobratsch liegende Gebiet besteht aus leicht denudirbaren Gesteinen der Steinkohlenformation und aus Thonglimmerschiefer; dasselbe wurde durch die geschützte Lage in dem Winkel des Kalkgebirges vor völliger Abtragung geschützt und bildet jetzt das sogenannte Mittelgebirge. Der südliche Absturz des Dobratsch, dessen heutige Form durch den gewaltigen Bergsturz von 1348 verursacht ist, entspricht also ungefähr der Bruchlinie. Auch der geologische Bau der stark abgedachten östlichen Hälfte des Berges kann nicht unmittelbar untersucht werden, da Glacialbildungen ziemlich weit emporreichen und das an den Triaskalk angrenzende Gestein vollkommen verdecken. Doch ist hier das Hervorbrechen von warmen Quellen (bei Bad Villach) als Anzeichen geologischer Störungen aufzufassen.

Als tektonische Längsbruchthäler sind, wie erwähnt, auch die Linien Pontebbana-Fella-Gailitz-Save und das Drauthal aufzufassen. Jedoch folgt in beiden Fällen die heutige Erosionsrinne viel genauer der alten Störungsrichtung, als es bei dem Gailthal der Fall ist. Bei der südlichen Längsbruchlinie ist der Grund naheliegend. Hier ist durch die Verwerfung der Schlerndolomit mit den weichen Werfener Sandsteinen sowie dem leicht zerstörbaren Bellerophonkalk in dieselbe Höhenlage gebracht. Da die beiden letzteren nun normal von härterem Muschelkalk und Schlerndolomit überlagert werden, erscheint es selbstverständlich, dass der Wasserabfluss dauernd in der schmalen Zone weicheren Gesteines erfolgt.

Auch das Drauthal zeigt kaum Abweichungen von der Dislocationslinie (E. Suess), trotzdem die Gesteine die gleichen sind wie im Gailthal (Triaskalk und Thonglimmerschiefer). Allerdings zeigt der Bruch zwei deutliche Umbiegungen bei Lienz und bei Oberdrauburg; dieser gebrochene Verlauf dürfte wohl das Abgleiten des Flusses nach der Seite des weicheren Gesteins verhindert haben.

Bei Oberdrauburg, bei Dellach (im Drauthal) und an einer

Stelle zwischen den genannten Orten liegen noch auf dem Nordgehänge schmale, stark dislocirte Fetzen von Trias. Die letztere ist hier die weichere, aus Mergeln und Rauchwacken bestehende Formation; der Thonglimmerschiefer ist quarzreich und ziemlich hart. Ein Abgleiten des Flusslanfes in nördlicher Richtung war somit gegeben. Bei Lienz bedingt das spitzwinklige Ausbiegen der Drau nach Norden, dass die Bruchlinie für eine kurze Strecke inmitten des südlichen Gehänges verläuft. Diese Abweichung ist jedoch nur durch die Einmündung der Isel bei Lienz bedingt, welche die Drau an Bedeutung übertrifft und somit an ihrer Ausmündung eine bedeutendere Erosionsarbeit geleistet hat.[1]

3. Zur Tektonik der Ostalpen.

Es bestand ursprünglich die Absicht, einen kurzen Abriss der geologischen Leitlinien der Ostalpen im Anschluss an die Darstellung der Karnischen Kette zu geben, in ähnlicher Weise wie C. DIENER dies für die Westalpen unternommen hat. Jedoch ergab sich aus dem Studium der Litteratur ebenso wie aus Besprechungen mit befreundeten Forschern, dass ein solcher Versuch zur Zeit undurchführbar ist. Wenn schon im Süden der Alpen empfindliche Lücken in der tektonischen Kenntniss[2] des Gebirges verschiedentlich vorhanden sind, so überwiegen in der Centralkette und den nördlichen Kalkalpen die unvollkommen bekannten Gebiete die genauer durchforschten bei weitem. In den nördlichen Alpen wechseln wohl durchforschte und nicht genügend beschriebene Gebiete ungefähr mosaikartig mit einander ab, so dass eine ungefähre Uebersicht mit Hilfe eines gewissen Grades von Combinationsgabe erreichbar scheint. In den Centralalpen sind es aber fast nur die den süd-

---

[1] Eine zusammenhängende Darstellung der Oberflächengeologie, welche ursprünglich für das vorliegende Werk bestimmt war, musste mit Rücksicht auf die Kosten in der Zeitschrift der Gesellschaft für Erdkunde in Berlin (1892) untergebracht werden. Nur der vorstehende Abschnitt konnte in der zusammenhängenden Darstellung des Gebirgsbaues nicht übergangen werden.

[2] Ich erinnere nur an die nördlichen Gailthaler Berge, den westlichen Theil der Julischen Alpen, die östliche Karnia, das Ortlergebiet u. s. w.

lichen Theil der Oetzthaler und Zillerthaler Gruppe betreffenden ausgezeichneten Aufnahmen Teller's, welche über die älteren „Uebersichtsaufnahmen" hinausgehen. Wie wenig diese letzteren den auf ein Verständiss des Gebirgsbaues gerichteten Ansprüchen genügen, beweist am besten die im Sommer 1892 und 93 in Angriff genommene Kartirung des Brennergebietes. Wenngleich hier die stratigraphische Deutung der älteren Aufnahme im Wesentlichen (abweichend von den Karnischen Alpen) Bestätigung fand, blieb andrerseits von dem — allerdings überraschend einfachen — Gebäude der früheren Profile kaum „ein Stein auf dem anderen".[1] Soweit die wenigen sicheren, die Centralkette betreffenden Anhaltspunkte Rückschlüsse gestatten, sind dieselben bereits in dem vorstehenden Abschnitte verwerthet worden.

Die einzige Erwägung von allgemeinerer Tragweite, welche auf Grund der bisherigen Anhaltspunkte möglich ist, betrifft die Vergleichung von nördlichen und südlichen Kalkalpen, oder mit anderen Worten die Frage, ob bezw. in wie weit die Alpen ein „symmetrisches" Gebirge darstellen.[2]

Die Frage der symmetrischen oder asymmetrischen Entwickelung der Kettengebirge, insbesondere der Alpen ist in theoretischer Weise nach dem Erscheinen der beiden Hauptwerke von Suess verschiedentlich erörtert worden. Die ältere bis zum Jahre 1875 herrschende Lehrmeinung nahm bekanntlich an, dass die Centralzone durch eine vertikal wirkende „Hebung", oder Auffaltung entstanden sei. Der Faltenwurf der nördlichen und südlichen Nebenkette wurde bedingt durch den seitlich nach Norden und Süden wirkenden Druck. In scharfem Gegensatze hierzu wird der einseitige, tangential von Norden nach Süden wirkende Druck von Suess 1875 für die „Entstehung der Alpen"[3] ausschliesslich als

---

[1] Es soll dies selbstverständlich kein Vorwurf gegen die Pfadfinder der alpinen Geologie sein. Vielmehr beanspruchen die Leistungen derselben zu einer Zeit, wo weder genauere Karten in grossem Maasstabe, noch Gasthäuser und Unterkunftshütten und geübte Führer im heutigen Sinne vorhanden waren, unbedingte Anerkennung.

[2] Man vergleiche auch meine allerdings sehr kurz gehaltenen Auseinandersetzungen in „Die Tribulanngruppe am Brenner", Richthofen-Festschrift, Sonderabdruck S. 28—30.

[3] In dem gleichnamigen Werke.

tektonische Ursache angenommen. Die zusammengeschobenen Ketten des Alpensystems stauen sich an der Zone der alten Gebirgsrümpfe Mitteleuropas und treten in der ungarischen Ebene, wo der stauende Einfluss aufhört, fächerförmig nach Norden und Süden auseinander.

Die fortschreitende Aufnahme des Gebirges, die im Osten der Etsch vor allem durch Mojsisovics und seine Mitarbeiter, im Westen durch Bittner, Teller, Vacek und Lepsius gefördert wurde, liess erkennen, dass eine so einfache Grundformel nicht die complicirten Verhältnisse des Gebirgsbaues auszudrücken vermöge.

Suess zögerte nicht den veränderten Voraussetzungen [1] gerecht zu werden. Er hob die Wichtigkeit des Einbruches der Adria hervor, dessen Einwirkungen er bis in die Centralzone der Alpen verfolgen zu können glaubt; er wies ferner

---

[1] Antlitz der Erde I, 1885. Wenn mehrfach (und nicht mit Unrecht) z. B. Verhandl. d. geol. R.-A. 1885, S. 24 ff.; 1886, S. 374 auf die Umgestaltung hingewiesen worden ist, welche die modernen Ansichten über Gebirgsbildung durchgemacht haben, so kann im Sinne der Entwickelungsgeschichte hierin nur ein Vorzug gesehen werden. Während die Theorie von E. de Beaumont in starrer dogmatischer Form immer mehr verknöcherte und schliesslich allseitig verlassen wurde, liegt der Lehre von Suess eine Tendenz zu Grunde, die zu einer stetigen Entwickelung und Vervollkommnung führt. A. Bittner wundert sich allerdings darüber, dass „der Urheber einer Idee" selbst dann nicht aus seiner Reserve heraustritt, wenn die ursprüngliche Ansicht von den eigenen Nachfolgern und Anhängern „nach und nach total umgestaltet wird". Wie Bittner war auch ich in der Lage, auf Grund eigener Beobachtungen die Suess'schen Ansichten umzugestalten, glaube aber, dass das von Bittner hervorgehobene „Auffallende und Merkwürdige" in sehr einfacher Weise erklärt werden kann. Wenn es sich um stratigraphische oder palaeontologische Beobachtungen handelte, so wäre allerdings der Urheber derselben verpflichtet, im Falle einer Controverse seine Wahrnehmungen unmittelbar zu verteidigen. So weit ist man aber auf dem Gebiete der Tektonik noch lange nicht. Wenn beispielsweise eine Discordanz von dem einen hochgeschätzten Geologen als Product ungleichmässiger Faltung, von dem anderen als Transgressionserscheinung gedeutet wird (Karpathische Klippen, Glarner Alpen), so wird unmittelbar klar, dass in der Deutung tektonischer Beobachtungen der subjectiven Auffassung vorläufig noch ein grösserer Spielraum gelassen ist, als auf anderen Gebieten der Geologie. Theorien werden wohl stets, besonders aber auf dem schwierigen Gebiete der tektonischen Geologie, der Umgestaltung unterliegen; im vorliegenden Falle ist dieselbe Hand in Hand mit einer Erweiterung der positiven Kennt-

darauf hin, dass die südwärts gerichteten Faltungen des Südrandes aus dem Bestreben hervorgegangen seien, „die Senkung
zu überschieben" („Rückfaltung"). Infolge dieser von SUESS
selbst eingeführten Aenderung wurde nun von einigen Kritikern
angenommen (vgl. die Anm. S. 481), auch SUESS sei thatsächlich zu der Lehre von dem symmetrischen Aufbau der Alpen
zurückgekehrt; nur die Convexität bezw. Concavität des „Aussen-
und Innenrandes" sei von der „einseitigen Ausbildung" des
Gebirges übrig geblieben. Da auch meine neuerdings veröffentlichten und durch die Aufnahmen des Sommers 1893 allseitig bestätigten Beobachtungen über die nord- und südwärts
gerichteten Ueberschiebungen am Brenner dieser Auffassung
günstig zu sein scheinen, erscheint eine neuerliche Besprechung
der Frage angezeigt.

Kehrt doch in den Auseinandersetzungen BITTNER's der
Gedanke immer wieder, dass nachdem SUESS selbst das Vorhandensein südwärts gerichteter Falten in den Südalpen zugegeben hat, ein wesentlicher tektonischer Unterschied gegenüber den Nordalpen kaum mehr vorhanden sei: [1] „Wenn SUESS
selbst zugiebt, dass die tektonischen Elemente im Norden und
Süden der Centralkette dieselben sind, dass in den Nordalpen
lange Brüche mit gegen vorne gesenkten Ketten vorkommen,
und dass hier senkende Bewegungen nicht ausgeschlossen sind,
während in den Südalpen Flexuren (oder schiefe Falten) ebenso auftreten wie in den Nordalpen, wo bleibt da der grosse
Unterschied zwischen den beiden Gebieten, der nur durch einseitigen Schub des ganzen Gebirges zu erklären sein soll? Obwohl ich keineswegs ein Anhänger des ausschliesslich einseitig
wirkenden Gebirgsschubes bin, und die von BITTNER hervorgehobene Uebereinstimmung theilweise [2] als richtig anerkenne.

nisse gegangen. Da nun ferner die Anregung zur Erweiterung des Be-
obachtungsmaterials in vielen Fällen (z. B. bei C. DIENER und dem Verfasser) unmittelbar oder mittelbar auf SUESS selbst zurückgeht, lag für
diesen um so weniger Veranlassung vor, sich gegen etwaige hieraus
hervorgehende theoretische Abweichungen zu wenden.

[1] Jahrb. der geol. R.-A. 1887, S. 409.
[2] Die „tektonischen Elemente im Norden und Süden der Centralzone" sind nicht „dieselben". Gebilde, welche der Cima d'Asta und den
Karnischen Alpen vergleichbar, fehlen im Norden überhaupt, mag
man dieselben als „Horste" oder als Aufwölbungen auffassen.

halte ich dennoch die Annahme der tektonischen Gleichartigkeit von Nord- und Südalpen für gänzlich verfehlt.

Wie im XIV. Kapitel nachgewiesen wurde, ist die tektonische Vorgeschichte beider Gebiete in vielen Beziehungen
abweichend: die südlichen Ostalpen haben in der Mitte
der Carbonzeit, die nördlichen in der Mitte der Kreidezeit eine Gebirgsbildung erfahren, deren Spuren jedesmal in
der gegenüberliegenden Zone gar nicht vorhanden oder zweifelhaft sind.

Aus dieser verschiedenartigen Vorgeschichte erklären sich die zahlreichen Unterschiede, welche den Bau
der nördlichen und südlichen Ostalpen kennzeichnen:

1. Eruptivgesteine, die im Norden so gut wie gänzlich [1]) fehlen, sind im Süden seit der Dyas in fast allen
geologischen Perioden in ausgedehntem Masse zum Aus-
bruch gelangt. Nach den local beschränkten Diabasaus-
brüchen der älteren Carbonzeit haben wir die altdya-
dischen Quarzporphyre von Bozen, die ausgedehnten
Quarz- und Augitporphyrlaven der mittleren und oberen
Trias, endlich die Granite von Meran—Franzensfeste und
dem Adamello, welchen letzteren mit Rücksicht auf die Con-
tactveränderungen triadischer Kalke ein spät- oder nachtria-
disches Alter zukommt. Während die Kreidezeit im Allgemeinen frei von Eruptionen geblieben zu sein scheint, ist in
dem südlichsten Gebiete das Tertiär wieder durch massenhafte
und ausgedehnte Ausbrüche gekennzeichnet. Warum die Südzone im Gegensatz zum Norden und dem Centrum durch diese
Lebhaftigkeit vulcanischer Eruptionen gekennzeichnet ist,
wissen wir nicht. Jedenfalls muss diese bedeutende Anhäufung massiger Gesteine schon aus rein mechanischen
Gründen den Gebirgsbau beeinflussen. So weist VACEK nach,
dass die Dislocationen der Trientiner Gegend von den Granit-
massen der Cima d'Asta und des Adamello in ihrem Verlaufe
beeinflusst werden. Ebenso reichen die südwärts gerichteten
Ueberschiebungen des Gebietes zwischen Eisack und Etsch
nicht über den Granitwall von Franzensfeste hinaus.

_ _ _ _

[1]) Die kleinen Diabasvorkommen des Algäu bilden die einzige Ausnahme.

31*

Ferner ist soviel klar, dass die Eruptionen der Südalpen nicht in Zusammenhang mit der „Innenseite"
des heutigen Gebirges stehen. Der heutige Gebirgsbogen
ist junger Entstehung, Eruptionen fanden aber hier schon zur
Carbon- und Dyaszeit statt, als die Anordnung der da-
maligen Kettengebirge eine gänzlich abweichende war;
es erscheint nach dem Vorstehenden sogar nicht ausgeschlossen,
dass die heutige Innenseite damals die Aussenseite war.

2. Obwohl die tektonischen Elemente im Süden und
Norden zum Theil die gleichen sind,[1] ist die Vertheilung
derselben im Norden und Süden gänzlich verschieden. Sieht
man von den überall auftretenden Querbrüchen ab, so verlaufen im Norden die langgedehnten Brüche und Falten der
Centralkette parallel; im Süden wird der Verlauf beider
durch den langgedehnten gegen die Centralkette convexen
Bogen der Judicarien-Gail-Linie bedingt; die Villnösser-
und Sugana-Save-Linie bilden die Sehne des Bogens, stehen
also auch in keiner wahrnehmbaren Abhängigkeit von der
Centralkette.

3. In einem fast überall wahrnehmbaren Zusammenhang
mit diesem selbstständigen System von Dislocationen stehen die
Aufbrüche älterer gefalteter Gesteine bei Recoaro, an der
Cima d'Asta, bei Lorenzago, in der Karnischen Hauptkette und den Karawanken. Die eigentümliche Vertheilung
der Brüche und der alten Kerne dürfte auf die weite Verbreitung eines carbonischen Faltungskernes zurückzuführen sein.

4. Die Vertheilung des gefalteten und gebrochenen
Gebietes ist im Norden und Süden gänzlich verschieden.
Während im Norden der Schollen- und Plateau-Charakter auf
das verhältnissmässig kleine Gebiet zwischen den Berchtesgadener Kalkhochflächen und dem Todten Gebirge [2] beschränkt

---

[1] An den langen geraden Dislocationslinien erscheinen im Norden
(Buchberg—Mariazell—Windischgarsten) wie im Süden (Sugana-Save-Linie)
zuweilen dieselben Aufbrüche von Werfener Schiefer inmitten der jüngeren
Triaskalke.

[2] Watzmann, Untersberg, Göll, Steinernes Meer und Uebergossene
Alm, Tennen- und Hagengebirge, Dachstein und Todtes Gebirge. Auch
in der Rofangruppe am Achensee herrscht, wie u. a. die schöne photo-
graphische Aufnahme der liassischen Riffe von F. Wähner zeigt, der

ist, bildet dasselbe im Süden die Masse des Ganzen von den Julischen Alpen im Osten bis in das westliche Südtirol. Im Osten schliesst sich der nordalpinen Schollenregion das gefaltete Gebiet von Niederösterreich an, in dem das vorwiegende Fallen der Schichten nördlich von der Windischgartener Aufbruchslinie südwärts, südlich von derselben nordwärts gerichtet ist. „Grossartige, südwärts gerichtete Ueberschiebungen" nimmt MOJSISOVICS vor allem für das Mürzgebiet an. Im Westen folgen den Berchtesgadener Gebirgen die langgezogenen Ketten der Nordtiroler und Bayerischen Kalkalpen, in denen Faltungen, Faltungsbrüche und Ueberschiebungen den Gebirgsbau beherrschen, wie sogar die in kleinerem Maasstabe ausgeführten geologischen Karten erkennen lassen. Die Faltungen sind hingegen im Süden auf die peripherischen Zonen beschränkt: sie begleiten, wie oben dargelegt wurde, die Gail-Judicarienlinie in ihrer ganzen Erstreckung und beherrschen ebenso — zusammen mit O—W streichenden Faltungsbrüchen — den Gebirgsbau der Karawanken.[1]) Ferner wird die südlichste Grenzzone vom Comer See bis Dalmatien durch südwärts geschobene Falten gekennzeichnet. Der zum Theil nachgewiesene, zum Theil angenommene carbonische Gebirgskern erscheint allseitig von Falten umwallt; eine Ausbildung dieser Dislocationsform über bezw. in der Kernmasse wird durch die Starrheit derselben verhindert.

Während die Nordtiroler Kalkalpen gefaltet und zusammengeschoben, bildeten sich in dem Hauptgebiete der Südalpen

Plateaucharakter vor. Im Allgemeinen ist in dem genannten Gebiet die flache Lagerung nur durch Brüche unterbrochen; Faltungen gehören zu den Ausnahmen (GEYER l. c. S. 250). Die einzige übersichtliche Darstellung findet sich bei G. GEYER, Ueber die Lagerung der Hierlatzschichten in der südlichen Zone der Nordalpen zwischen Pass Pyhrn und dem Achensee. Jahrb. d. geol. R.-A. 1886, bes. S. 245 ff.

[1]) TELLER beschreibt (Verhandl. d. geol. R.-A. 1886, S. 105) das Vorkommen silurischer Gesteine am Seeberg in den Karawanken als antiklinalen Aufbruch, der von Längsstörungen begrenzt wird. „Das Gebirge ist buchstäblich in einzelne schmale Bänder und Streifen von Gesteinszonen verschiedenen Alters zerschnitten". Diese Häufung paralleler, meist sehr tief greifender Längsstörungen muss geradezu als das „hervorstechendste Moment im Gebirgsbau des östlichen Theiles der Karawanken bezeichnet werden".

Sprünge, längs welchen das Gebirge stufenweise gegen Norden emporgezerrt wurde (v. Mojsisovics), und an der Grenze der beiden verschiedenartigen tektonischen Regionen fand die höchste Emporwölbung des Gebirges statt.

E. Suess hat bekanntlich den Versuch gemacht, die Bruchlinien der südlichen Ostalpen und vor allem auch die Entstehung der peripherischen südlichen Faltungszone mit dem Einbruch' der Adria in ursächliche Beziehung zu setzen. Die Falten seien bestimmt, die Senkung zu überschieben.

Nach den neuesten Angaben Stache's über die tektonische Geschichte des dalmatinischen Küstenlandes [1] soll nun allerdings die neogene Faltung der dinarischen Ketten dem Einbruch des alten adriatischen Festlandes vorausgegangen sein; die beiden tektonischen Phasen wären sogar durch „die lange neogenquartäre Periode eines ausgedehnten, verhältnismässig stabilen Festlandbestandes" von einander getrennt. Wenn sich diese vorläufigen Angaben bestätigen sollten, würde ein Zusammenhang zwischen den älteren Dislocationen der Ostalpen und dem quartären Einbruch der Adria nicht angenommen werden können. Dass die Gail-Judicarien- und die Sugana-Save-Linie nichts mit dem adriatischen Einbruche zu thun haben, wurde schon früher nachgewiesen.[2]

4. Kommen an Bruchlinien „Hebungen" vor?

Im Vorstehenden ist bereits mehrfach darauf hingewiesen worden, dass die Karnischen Alpen und Karawanken, trotzdem Brüche die beherrschende Rolle im Gebirgsbau spielen, eine Emporwölbung, nicht einen Horst darstellen. Das nördliche Gailthaler Gebirge wurde in toto als eine Synklinale aufgefasst, und somit konnte die südlich liegende Karnische Hauptkette nur als antiklinale Aufwölbung gedeutet werden. Der Gailbruch ist der gebrochene Schenkel der Falte. Die südliche Begrenzung des altpalaeozoischen Aufbruches berechtigt zu demselben Schlusse. Wenn die Trias im Osten der

---

[1] Verhandl. d. geol. R.-A. 1888, S. 52 und Uebersicht der geologischen Verhältnisse der Küstenländer, 1889, S.-A. S. 83.

[2] Die Tribulanngruppe am Brenner, S. 31, 32.

Hauptkette nur durch Absenkung in ihre heutige Lage gekommen wäre, würde die Höhe, zu welcher die silurischen
Schiefer am Hochwipfel emporragen, schlechtweg unerklärlich
sein. (Die Höhe der unmittelbar benachbarten Schiefer- und
Dolomitberge ist fast gleich, trotzdem die Widerstandsfähig-
keit des ersteren Gesteins gegen denudirende Einflüsse viel
geringer ist.)

Aehnliche, die verticale Bewegung betreffende Annahmen
sind für die durch Hochwipfel-, Zirkel- und Rosskofelbrüche
umgebene Carbonscholle notwendig. Auch diese aus weichem
Gesteine bestehende Masse hat einst, wie die eigentümliche
Anordnung der Thäler beweist, die Dolomitmassen überragt.
Abgesehen von einzelnen späteren Nachbrüchen [1] hat also im
Allgemeinen eine Aufwärtsbewegung an den Dislocationen
stattgefunden.

Auch hier werden wir also zu derselben Anschauung geführt, die Mojsisovics schon längst für die Brüche von Südtirol ausgesprochen hat: An den grossen Längsstörungen
des Gebirges fand eine ungleichmässige Hebung oder
besser gesagt Emporzerrung der Schollen statt.

Es ist ohne weiteres klar, dass die Auffassung in unmittelbarem Widerspruch zu der Suess'schen Lehre steht: Es giebt
keine aufsteigende Bewegung im Festen ausser derjenigen,
welche etwa mittelbar aus der Faltung resultirt. Eine ver-
mittelnde Anschauung in dem Sinne, dass anfangs eine Hebung,
später ein Nachbruch stattgefunden hätte, ist nur für einzelne
Fälle, [1] nicht aber für die grossen Hochgebirge der Erde
möglich.

Die Untersuchung der Structur des einzelnen Bruches ergiebt keine unmittelbaren Anhaltspunkte für die Tendenz der
Bewegung; Schleppungen und Abquetschungen der Schichten
werden in genau derselben Weise erfolgen, mag nun die eine
Scholle gehoben, oder die andere gesenkt sein. Wir werden
also die geologischen und die Höhenverhältnisse in jedem
einzelnen Falle in Betracht zu ziehen und dann aus den sicher

---

[1] Die Längsscholle des Fellathales, die vom Hochwipfel- und Save-
bruch begrenzt wird, dürfte theilweise auf einen derartigen Nachbruch
zurückzuführen sein.

festgestellten Beispielen allgemeine Schlüsse über die Tendenz
der Erdkrustenbewegungen abzuleiten haben.

Für die Alpen liegt nach dem Vorstehenden die Frage
ziemlich klar: Die Einzelbeobachtungen beweisen für eine
grosse Zahl von Brüchen Emporzerrung oder Hebung; für
die bedeutendsten Dislocationen der Südalpen, die Gail-Judi-
carien- sowie die Sugana-Save-Linie ist ein unmittelbarer Zusammenhang mit der Faltung nachgewiesen, und bei den
anderen Dislocationen des Tiroler Schollengebietes wird der
Bruchcharakter wahrscheinlich nur durch die Starrheit der
Unterlage bedingt. Der grossartige und sicher festgestellte
Einbruch der Adria fällt aber wahrscheinlich in eine junge
geologische Zeit, in der die Aufrichtung des Gebirges schon
ihren Abschluss gefunden hatte.

Ein zweites für die Erörterung dieser Fragen mit Vorliebe
herangezogenes Gebiet ist der amerikanische Westen, insbesondere die Schollenregion des Great Basin. Auch hier
nimmt bekanntlich Suess gewaltige Senkungen an, um das
Vorhandensein von Brüchen zu erklären, während die amerikanischen Geologen an dem Vorhandensein von Hebungen fest-
halten: „Die grossen Ketten und Plateaux der Felsengebirge
sind durch vertical wirkende Kräfte gehoben worden. Horizontale Compression fehlt ganz, oder wo sie spurenweise vorhanden ist, resultirt sie aus der Aufwärtsbewegung des plastischen Kernes, im geraden Gegensatz zu der meist verbreiteten
Meinung über Gebirgsbildung, welche die Aufwärtsbewegung
zur Resultirenden einer unwiderstehlich wirkenden horizontalen Zusammenschiebung macht. Die Berge des Westens sind
also nicht durch horizontalen Druck gebildet, sondern durch
die Wirkung unbekannter Kräfte unter ihnen gehoben worden." [1]

So kurz der Aufenthalt war, der den europäischen Geologen der „great western excursion" im Jahre 1891 an den
einzelnen hochinteressanten Punkten gegönnt war, so war es
doch, dank der ungewöhnlichen Klarheit der Aufschlüsse, möglich, ein Bild von dem Bau des Gebirges zu erhalten. Von
besonderem Interesse waren für die vorliegenden Fragen be-

---

[1] DUTTON, VI Annal. Rep. 1884—85, S. 197. Vergl. BITTNER, Jahrb.
d. geol. R.-A. 1887, S. 416.

sonders die Umgebungen der Basin Ranges (Utah) und der Rand des Hochgebirges der Front Range im Staate Colorado. Die grosse Randspalte des Gebirges, welche hier die Kreidebildungen der grossen Ebenen in ziemlich nahe[1]) Berührung mit den Graniten des Pikes Peak und den archaischen Gesteinen der Royal Gorge bringt, trägt ganz und gar nicht den Charakter eines Senkungsbruches. Statt der peripherischen Staffelbrüche und der Radialspalten, welche eine grosse Senkung begleiten, ist die Grenze durch einige Falten und schräge Verschiebungen und Ueberschiebungen[2]) gekennzeichnet. Besonders bemerkenswerth ist die ruhige, ungestörte Lagerung, die „mesa structure" der Kreide- und Tertiärbildungen in der grossen Ebene. Eine derartige Abwesenheit aller Brüche wäre für wirkliche Senkungsfelder unerhört.

Ebenso wenig wie der Rand des Hochgebirges ist die Structur des „Basin ranges", der merkwürdigen aus Monoklinalen oder durchgerissenen Antiklinalen bestehenden Gebirge von Utah durch Senkung des umliegenden Landes erklärbar. Auch im Great Basin umfasst die Vorgeschichte des Gebirges eine Reihe von mannigfachen Phasen. Abgesehen von einer grossartigen postarchaischen Transgression der Algonkischen und palaeozoischen Schichten sowie von kleineren Meeresschwankungen der älteren und mittleren Aera, fand die hauptsächliche Faltung z. B. in den Wahsatch- und Uintabergen am Ende der Kreidzeit statt. Das Eocaen transgredirt mit Conglomeraten über die älteren aufgerichteten Bildungen. Aber wie in den Alpen dauerten die Hebungen („uplift") hier in verminderter Energie während der älteren und mittleren Tertiär-Tertiärzeit fort. Die Erscheinungsweise der heutigen

---

1) Die zwischenlagernden palaeozoischen Gesteine, besonders Silur und Carbon, sowie die rothe Trias-Jura Serie ist durch die Dislocation stark reducirt und besitzt im Allgemeinen eine im Vergleich zu den sedimentären Vorketten anderer Hochgebirge gar nicht in Betracht kommende Breite.

2) Durch eine derartige Bewegung ist der devonische fischreiche Old-Red sandstone in das Untersilur von Canyon city gerathen. Das regelmässige, von WALCOTT publicirte Profil entspricht den natürlichen Verhältnissen nicht.

Basin-Ranges mit ihren durchgerissenen Synklinalen (Wahsatch), ist auf dies „uplifting", dem eine energisch wirkende Denudation folgte, zurückzuführen. Die am meisten hervortretenden Brüche des Hochplateaux von Utah[1]) stehen in derselben Abhängigkeit von der Längsrichtung des Gebirges wie etwa die zweifellosen Faltungsbrüche der Nordalpen. Völlig verschieden ist die Anordnung der Einbruchsspalten in echten Senkungsgebieten, wie sie etwa das Liparische oder Aegaeische Meer oder die Senkungen am Ostende der Alpen darstellen.

Die soeben gekennzeichnete Verschiedenheit ist dem Scharfblicke von Suess nicht entgangen: „Die Vorstellungen, welche sich auf den engen umgrenzten Gebieten des mittleren Europas bilden, sind aber zum guten Theile nicht übertragbar auf jene weiten Regionen anderer Welttheile, in welchen horizontal geschichtete Platten auf ausserordentliche Strecken hin durchschnitten sind von grossen Störungslinien, in welchen der Begriff von peripherischen Linien selten, jener von radialen Linien noch seltener Geltung erlangen kann".

Auf eine Consequenz der Auffassung, die in zahlreichen Hochgebirgen oder Hochgebirgstheilen „Horste" sieht, wurde schon hingewiesen. Man müsste nicht nur die Oceane, deren tektonischer Bau im Wesentlichen unbekannt ist, sondern auch die grossen Ebenen der Erde, wie die russische oder nordamerikanische Tafel als Senkungsgebiete auffassen. Ein solches Senkungsgebiet müsste aber von Brüchen umgeben sein. Hingegen war am Rande der Rocky Mountains der Nachweis möglich, dass die vorliegenden Dislocationen nicht dem Typus der Senkungsbrüche entsprechen und an den Rändern der Russischen Tafel fehlen derartige tektonische Erscheinungen überhaupt.

Das Bild, welches wir uns von dem Bau der Erdrinde zu machen haben, wird durch Berücksichtigung neuerer Forschungen immer verwickelter. Während bei den älteren Geologen[2]),

---

1) Wiedergabe bei Suess, Antlitz der Erde I, S. 163.

2) Und bei Lapparent, der, indem er einige Auswüchse der neueren Richtung mit Glück bekämpft, auch die wesentlichen und wichtigen Fortschritte derselben zu verkennen geneigt ist. (Vergl. Frech, Zeitschrift d. Gesellschaft f. Erdkunde. Berlin 1887. S. 151 ff. u. 155 ff.

vor allem bei Elie de Beaumont die selbständige Hebung womöglich jeder einzelnen Falte angenommen wurde, gliederte Suess in grossartiger Uebersichtlichkeit die Dislocationen in tangentiale und verticale (senkende). Bei der einen Grundform sind Faltung und mittelbar aus derselben resultirend Hebung, bei der anderen Bruch und Absenkung die Aeusserungen der tektonischen Kraft.

Im Vorstehenden ist der Nachweis versucht worden, dass nicht nur gelegentlich, sondern als weit verbreitete Dislocationsform Hebungen an Bruchlinien vorkommen. In zwei Gebieten, deren eines seit Jahrzehnten ein Lieblingsgegenstand geologischer Forschung war, während das andere in unbeschreiblich klaren und grossartigen Aufschlüssen seinen inneren Bau enthüllt, konnte dieselbe Thatsache durch das Zeugniss verschiedener Beobachter nachgewiesen werden.

Wenn ein schon einmal gefalteter starrer Gebirgsrumpf einer neuerlichen Gebirgsbildung (Aufwölbung) unterliegt, so erfolgt nicht eine zweite Faltung oder Emporwölbung, sondern eine Aufwärtsbewegung der Gebirgsmassen an grossen, einheitlichen, der Längsrichtung des Gebirges folgenden Brüchen.

Ich habe im Vorstehenden den Versuch gemacht, das Wenige, was über den tektonischen Charakter und die Bildungsgeschichte der Ostalpen sicher bekannt ist, in möglichst gedrängter Form zusammenzufassen. Möge man nachsichtig über die Mängel hinwegsehen, welche jedem derartigen Versuche anhaften, der bei dem Widerstreit der Meinungen jetzt doppelt schwierig ist.

Für unsere Kenntniss des alpinen Gebirgsbaues gilt noch immer das Wort, mit dem vor 16 Jahren v. Mojsisovics seine Dolomitriffe abschloss: „Wir stehen am Beginne des Erkennens und Begreifens, ein weiter Weg liegt noch vor uns!"

Orts- und Sach-Register.[1]

A

Aarmassiv 449
Abfaltersbach 137, 462, 463
Abflusssystem der Alpen 471
Acanthospongia 263
Achomitz 15, 211
— (Profil zum Achomitzer Berg) 16
Achomitzer Berg 436
Acidaspis gibbosa MSTR. sp. 241
Acrochordiceras 401
Actinostroma 235
— *clathratum* NICHOLS. 259
— *intertextum* NICHOLS. 233
— *verrucosum* GF. sp. 259
Adamello 483
Adamellogebiet 196
Adneter Knollenkalke 290.
Adneter Schichten 134
Adria (Einbruch) 486
Aegaeisches Meer 490
Agordo 168
Alpelspitz, 1304 m, 28
Alpelweg 28
Altoligocaener Nummulitenkalke 453
Altwasser 305
Alveolites Labechei M. EDW. et H. 233
— nov. sp. (aff. *reticulato* STEIN) 264
— *suborbicularis* LAM. 262, 263, 264

Amariana, Monte 170
Amblysiphonella sp. 315
Ampezzo 6
Amphibol siehe Hornblende
Amphicoelia 294
— *europaea* nov. sp. inscr. 252
Amplexus 267
— *coronae* FRECH mscr. 315, 328
— *hercynicus* A. ROEM. 263
Anarcestes (Böhmen F₂, Wolayer Thörl) 248
— *lateseptatus* BEYR. 220
Angerthal 80
Angerthaler Culm 85
Angularia 418
Annularia sphenophylloides ZENK. sp. 313
— *stellata* SCHLOTH. sp. 313
Anomia alpina WINKL. 421
Antelao 423
Antelao-Linie 464
Antholzer Gruppe 196
Anthracitflötzchen 311
Antolobach 115
Antruilles 451
Apennin 444
Aphyllites 91
— (Böhmen F₄ Wolayer Thörl) 248
— *zorgensis* A. ROEM. sp. (= *Goniatites evexus* KAYS. 298

[1] Die Namen der Autoren sind nicht aufgenommen.

496

Addenda et Corrigenda.

Seite 16 lies Grauwacken statt Grauwacken.

„ 36 „ Westkarawanken statt Ostkarawanken.

„ 44 Abb. 16 Unterschrift, lies Knollenkalk statt Krollenkalk.

„ 93 lies üblichen statt üblicheu.

„ 94 „ Blattverwerfung statt Blattwerfung.

„ 113 „ Abb. 43 statt Aub. 43

„ 226 *Encrinurus* nov. sp. ist, wie ein Vergleich mit dem Original lehrt, = *Calymene subvariolaris* Mstr. (Beitr. III. t. 5. f. 1.) Die Art ist demnach als *Encrinurus subvariolaris* Mstr. sp. (= *Cromus Muensteri* Guemb. ex parte) zu bezeichnen und desshalb von stratigraphischer Bedeutung, weil sie die nahe Uebereinstimmung der Kalke von Elbersreuth (S. 240 ff.) mit der Zone des *Orthoceras alticola* beweist.

„ 248 lies *Celaeceras* statt *Celaecerus*.

„ 250 „ *Bellerophon (Bucanella) telescopus* statt *Bellerophon (Tropidocyclus) telescopus*.

„ 250 Das Citat bei *Pleurotomaria* sp. gehört zu *Murchisonia Davyi* Barrois.

„ 268 *Porcellia* nov. sp. ist (nach Untersuchung des in Breslau befindlichen Originalexemplars) identisch mit *Goniatites porcellioides* Tietze (von Ebersdorf) und wäre somit als *Porcellia porcellioides* zu bezeichnen; der durch die Aenderungen der Genusbestimmung sinnwidrig gewordene Speciesname wäre besser in *Porcellia Tietzei* zu ändern.

„ 291 lies *Burtini* statt *Bartini*.

„ 333 „ Längsbrüchen statt Längsrücken.

„ 335 „ Titlis und — zu streichen.

„ 351 „ Nord Devonshire statt Nord Devonshiere.

„ 398 „ *Avicula* statt *Aricula*.

„ 404 „ *Gymnites* statt *Dinarites* und *Meekoceras*.

Druck von Ehrhardt Karras in Halle.

Burmeister, H., Cephalocoma und Phylloscyrtus, zwei merkwürdige Orthopteren-Gattungen der Fauna Argentina. Mit 1 Tafel. 1880.
ℳ 1,60

Eisler, P., Der Plexus lumbosacralis des Menschen. Mit 3 Tafeln und einer Zinkographie. 1892. ℳ 6.00

von Fritsch. Zumoffens Höhlenfunde im Libanon. 1893. gr. 8. ℳ 3,00

Gerland, G., Anthropologische Beiträge. Band I: Werth und Aufgabe der Anthropologie. Betrachtungen über die Entwickelungs- und Urgeschichte der Menschheit. 1875. 8. ℳ 8,00

Grenacher, H., Abhandlungen zur vergleichenden Anatomie des Auges. I. Die Retina der Cephalopoden. Mit 1 Tafel. 1884. ℳ 3,00

— — II. Das Auge der Heteropoden, geschildert am Pterotrachea coronata Forsk. 1886. Mit 2 Tafeln. ℳ 4,00

Kölliker, A., Embryologische Mittheilungen. Mit 2 Tafeln. ℳ 1,60

Kraus, G., Ueber die Wasservertheilung in der Pflanze. I—IV. Mit 2 Holzschn. 1879 84. ℳ 13,00

Leydig, F., Neue Beiträge zur anatomischen Kenntniss der Hautdecke und Hautsinnesorgane der Fische. Mit 3 Tafeln. ℳ 4,50

Röder, H. A., Beitrag zur Kenntniss des Terrain à Chailles und seiner Zweischaler in der Umgegend von Pfirt im Ober-Elsass. 1882. gr. 8. Mit 4 Tafeln. ℳ 8,00

Schimper, A. F. W., Die Vegetationsorgane der Prosopanche Burmeisteri. Mit 2 Tafeln. 1880. ℳ 2,00

Schmeil, O., Copepoden des Rhätikon-Gebirges. Mit 4 Tafeln. 1893. gr. 8. ℳ 3.00

Schmidt, K., Beziehungen zwischen Blitzspur u. Saftstrom bei Bäumen. Mit 2 Figuren u. 1 Tafel. 1893. gr. 8. ℳ 1,00

Solger, B., Beiträge zur Kenntniss der Niere und besonders der Nierenpigmente niederer Wirbelthiere. M. 1 Taf. u. 3 Holzschn. 1882. ℳ 2,40

Strasser, H., Ueber die Grundbedingungen der activen Locomotion. Mit 12 Holzschnitten. 1880. ℳ 4,00

Taschenberg, O., Weitere Beiträge zur Kenntniss ectoparasitischer mariner Trematoden. Mit 2 Tafeln. ℳ 3,60

— Histor. Entwickelung der Lehre v. d. Parthenogenesis. 1892. ℳ 3,00

— Die Flöhe. Die Arten der Insektenordnung Suctoria nach ihrem Chitinskelet monographisch dargestellt. Mit 4 lithogr. Tafeln. 4. 1880. ℳ 7,00

— — Die Lehre von der Urzeugung sonst und jetzt. Ein Beitrag zur historischen Entwicklung derselben. 1882. 8. ℳ 2,00

Zopf, W., Ueber einige niedere Algenpilze (Phycomyceten) und eine neue Methode ihre Keime aus dem Wasser zu isoliren. Mit 2 Tafeln. 1887. ℳ 2,40

— — Untersuchungen über Parasiten a. d. Gruppe der Monadinen. Mit 3 Taf. 1888. 4 ℳ 6,00